Grundkurs Analysis 2

Klaus Fritzsche

Grundkurs Analysis 2

Differentiation und Integration in mehreren Veränderlichen

2., überarbeitete und erweiterte Auflage

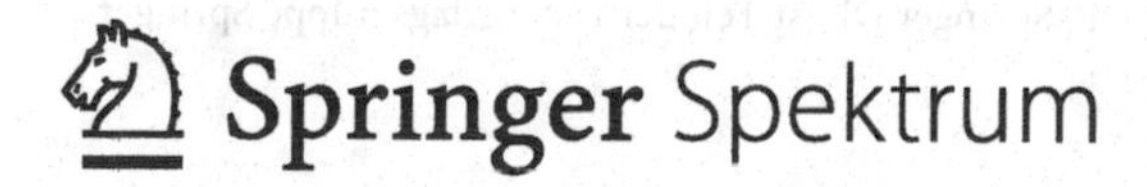

Prof. Dr. Klaus Fritzsche
Fachbereich C Mathematik und Naturwissenschaften
Bergische Universität Wuppertal
Wuppertal, Deutschland

ISBN 978-3-642-37494-4 ISBN 978-3-642-37495-1 (eBook)
DOI 10.1007/978-3-642-37495-1

Die Deutsche Nationalbibliothek verzeichnet diese Publikation in der Deutschen Nationalbibliografie; detaillierte bibliografische Daten sind im Internet über http://dnb.d-nb.de abrufbar.

Springer Spektrum

Planung und Lektorat: Dr. Andreas Rüdinger, Barbara Lühker

Gedruckt auf säurefreiem und chlorfrei gebleichtem Papier

Springer Spektrum ist eine Marke von Springer DE. Springer DE ist Teil der Fachverlagsgruppe Springer Science+Business Media.
www.springer-spektrum.de

Aus dem Vorwort zur ersten Auflage:

Mit diesem Buch liegt der zweite und abschließende Teil einer zweisemestrigen Einführung in die Analysis vor. Es wendet sich an Studierende in Mathematik, Physik, Informatik und den Ingenieurwissenschaften und eignet sich zum Selbststudium, als Begleitlektüre und ganz besonders auch zur Prüfungsvorbereitung. Schwerpunkte bilden die Differentialrechnung in mehreren Veränderlichen und die Theorie des Lebesgue-Integrals. Dem schließt sich noch ein Kapitel über die Integralsätze der Vektoranalysis an. Einige oft als schwierig oder abstrakt empfundene Themen werden zunächst ausgeklammert, dann aber in den optionalen Ergänzungsteilen aufgegriffen. Sie können auch in den behandelten Stoff integriert werden.

Zum Inhalt im Einzelnen: Zunächst werden allgemeine normierte Vektorräume und ihre topologischen Eigenschaften untersucht. Hinzu kommt der Überdeckungssatz von Heine-Borel und der Banach'sche Fixpunktsatz. Die schon in Band 1 vorgestellte partielle Differenzierbarkeit wird in das etwas allgemeinere Konzept der Richtungsableitungen integriert. Deren Schwächen geben dann Anlass zur Einführung der totalen Differenzierbarkeit.

Zur Bestimmung von lokalen Extremwerten wird die Taylorformel 2. Ordnung hergeleitet, im Ergänzungsteil folgt aber auch die allgemeine Taylor'sche Formel. Der Satz über implizite Funktionen wird in Abschnitt 1.5 aus dem in 1.4 bewiesenen Umkehrsatz hergeleitet und bei der Behandlung von Untermannigfaltigkeiten eingesetzt, auch bei der Bestimmung von Extremwerten unter Nebenbedingungen. Kapitel 1 schließt mit einem Abschnitt über Vektorfelder und Kurvenintegrale.

Kapitel 2 führt in das Lebesgue-Integral ein. Am Anfang stehen Treppenfunktionen und ihre offensichtlichen Integrale. Dann werden Lebesgue-Nullmengen definiert und Funktionen betrachtet, die fast überall Grenzwert einer monoton wachsenden Folge von Treppenfunktionen sind. Lebesgue-integrierbare Funktionen sind Differenzen solcher Funktionen. Es folgen die mächtigen Grenzwertsätze, Aussagen über Parameterintegrale, etwas Lebesgue'sche Maßtheorie und der Satz von Fubini. Als besondere Zugabe wird parallel auch immer das Riemann-Integral behandelt.

Das dritte Kapitel beginnt mit der Transformationsformel für Lebesgue-Integrale, weiter geht es mit den klassischen Integralsätzen von Green, Stokes und Gauß. Am Schluss wird kurz die Theorie der Differentialformen vorgestellt und damit ein allgemeiner Stokes'scher Satz gewonnen. Speziell an Anwender wendet sich das Rechnen in krummlinigen Koordinaten, das mit Differentialformen sehr viel eleganter erledigt werden kann.

Ich möchte mich bei Barbara Lühker und Andreas Rüdinger vom Spektrum-Verlag bedanken, die mir wieder mit viel Geduld und konstruktiver Kritik geholfen haben, sowie bei meiner Frau, die mich sehr liebevoll unterstützt und bei vielen Alltagsproblemen entlastet hat.

Wuppertal, im Februar 2006 Klaus Fritzsche

Vorwort zur 2. Auflage:

Das Buch wurde vollständig überarbeitet und enthält zahlreiche Neuerungen, aber die Struktur ist gleich geblieben: Mit einer kurzen **Einführung** startet der **„Grundkurs“**, der nicht Bezug auf Themen aus dem Ergänzungsteil nimmt. Am Ende des Abschnittes vermittelt eine **Zusammenfassung** noch einmal in kompakter Form einen Überblick. Erst dann folgt der optionale **Ergänzungsteil**, der wichtige und manchmal auch etwas anspruchsvollere Zusatzinformationen enthält.

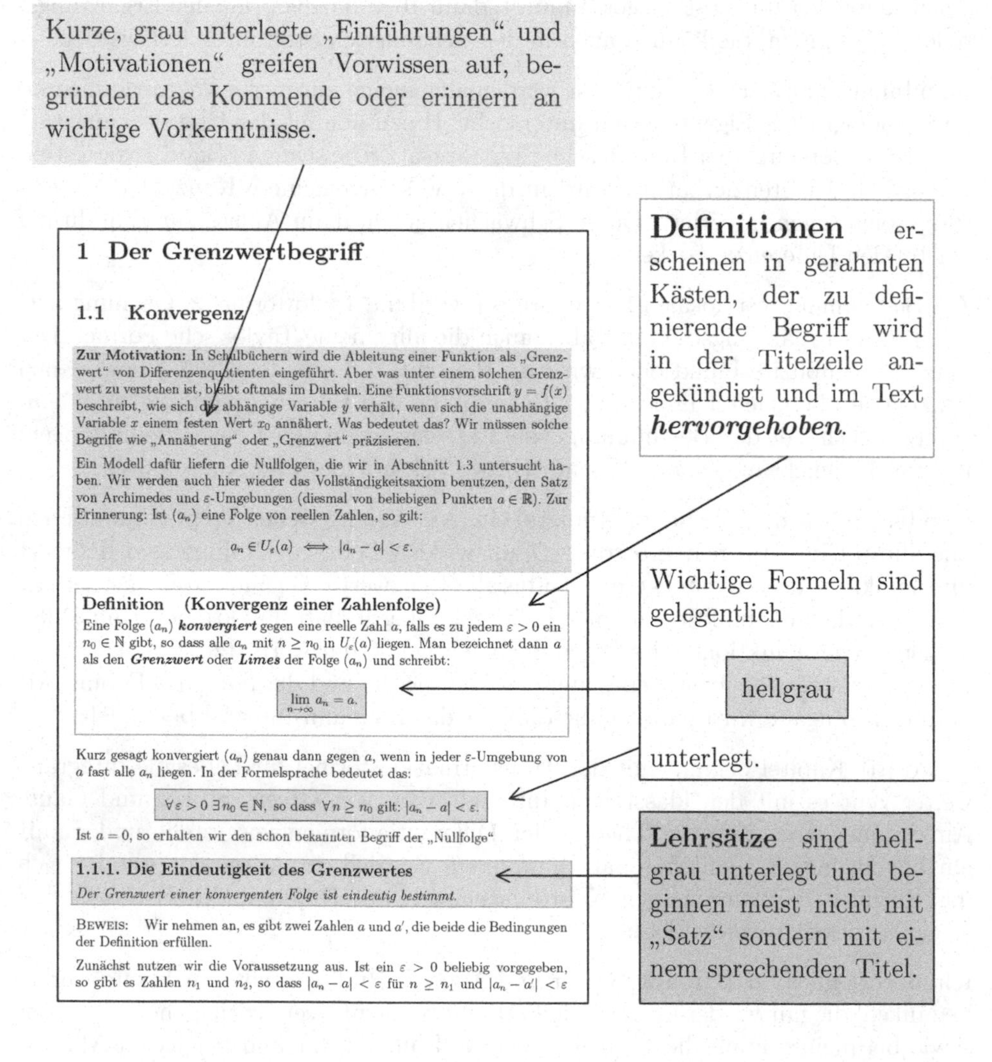

Ganz am Schluss stehen jeweils die **Übungsaufgaben**. Hinweise dazu findet man unter ***http://www2.math.uni-wuppertal.de/~fritzsch/***

Entscheidender Bestandteil des didaktischen Konzeptes der 1. Auflage war das zweifarbige Layout. Um eine flexiblere Auflagenplanung des Grundkurses Analysis 2 zu ermöglichen, hat der Verlag beschlossen, das Werk ab der zweiten Auflage einfarbig zu drucken. Die Abbildungen wurden dafür alle sehr sorgfältig überarbeitet und ebenso wie die besonderen Textauszeichnungen so mit Graustufen gestaltet, dass keine Informationen gegenüber der bisherigen Zweifarbigkeit verloren gegangen sind und vielleicht sogar größere Klarheit erreicht wurde. Im Gegenzug wurde Raum für die zahlreichen Neuerungen und Erweiterungen zur Verfügung gestellt.

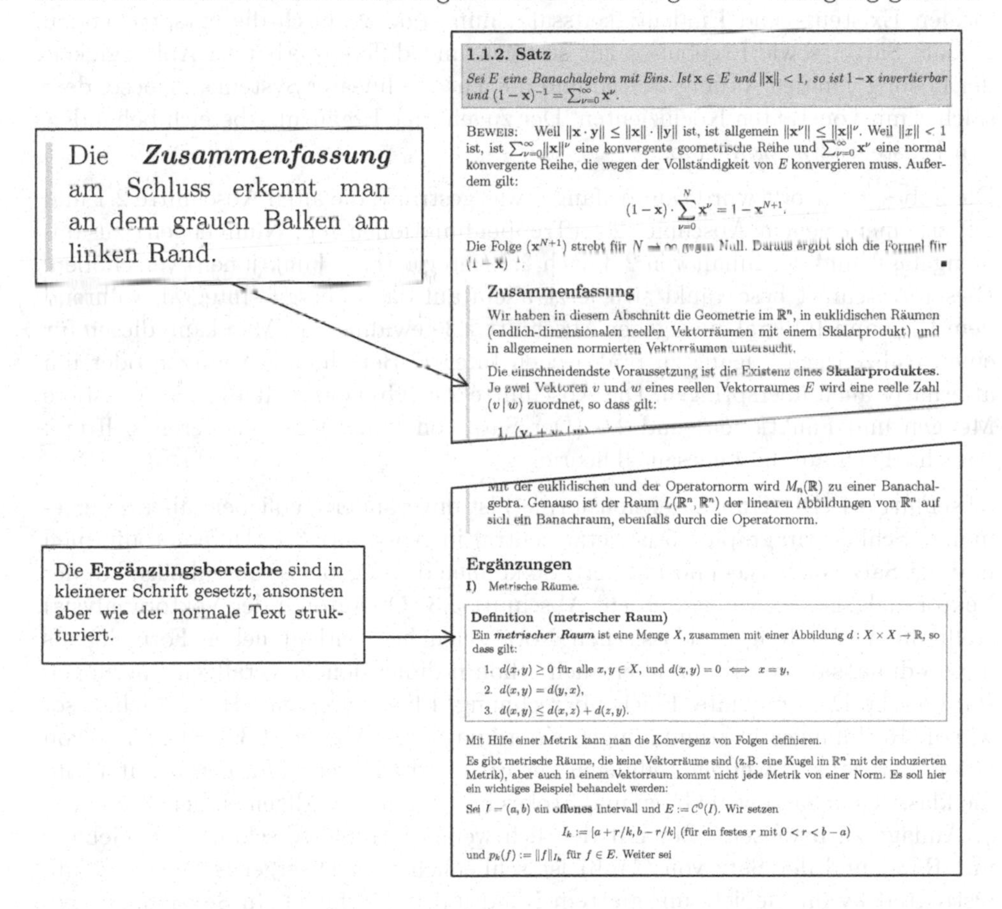

Die wichtigsten inhaltlichen Änderungen gegenüber der 1. Auflage sollen hier kurz vorgestellt werden: Zunächst wurde aus einem Teil des Beweises zum Lagrange'schen Multiplikator (in Abschnitt 1.3, Extremwerte) ein Lemma über die durch eine Gleichung implizit gegebenen Funktionen extrahiert und in den Abschnitt 1.2 (Differenzierbarkeit) gestellt. Außer dem Zwischenwert- und dem Mittelwertsatz braucht man dafür nicht viel, und aus dem Lemma kann dann in Abschnitt 1.4 (Differenzierbare Abbildungen) der allgemeine Satz über implizite Funktionen einfach mit vollständiger Induktion hergeleitet werden. Dieses Vorgehen ist nicht neu, man findet es schon bei Fichtenholz [33], und in jüngerer Zeit wieder bei Endl/Luh und de Jong ([32] und [34]). Der manchmal etwas gefürchtete Satz von der Umkehrabbildung (1.4.11) ergibt sich anschließend recht einfach (wie bei Forster, [5]). Der heute gerne gewählte Weg über den Fixpunktsatz ist deutlich komplizierter und eigentlich nur vorzuziehen, wenn die Analysis auf Banachräumen anvisiert wird. Ein alternativer Beweis mit Hilfe des Newton-Verfahrens findet sich nach wie vor im Ergänzungsbereich. Neu zu Kapitel 1 hinzugekommen ist Abschnitt 1.7 (Differentialgleichungen) mit dem (in der 1. Auflage noch im Ergänzungsbereich enthaltenen) lokalen Existenz- und Eindeutigkeitssatz, nun ergänzt durch die entsprechenden globale Sätze, sowie Ergebnisse zur stetigen und differenzierbarern Abhängigkeit der Lösung von den Anfangswerten und die Theorie linearer Systeme, insbesondere solcher mit konstanten Koeffizienten. Der zugehörige Ergänzungsbereich behandelt den Existenzsatz von Peano.

Die Lebesguetheorie wurde am Anfang etwas gestrafft, die alten Abschnitte 2.1 und 2.2 zu einem neuem Abschnitt 2.1 (Treppenfunktionen und Nullmengen) zusammengefasst und der Inhalt von 2.3 nach 2.2 (integrierbare Funktionen) verschoben. Dieser Abschnitt beschränkt sich jetzt allein auf das Lebesgue-Integral, während dem Riemann-Integral ein eigener Abschnitt 2.3 gewidmet ist. Man kann diesen für einen frühzeitigen Zugang zu praktischen Integral-Berechnungen nutzen oder ihn alternativ auch überspringen. Die Abschnitte 2.4 (Grenzwertsätze), 2.5 (Messbare Mengen und Funktionen) und 2.6 (Der Satz von Fubini) konzentrieren sich nun ausschließlich auf die Lebesgue-Theorie.

Abschnitt 3.1 (Die Transformationsformel) ist unverändert geblieben, aber der ehemalige Schlussparagraph 3.5 ist jetzt zentral in Abschnitt 3.2 (Differentialformen und der Satz von Stokes) positioniert. So können die Ergebnisse anschließend in der Vektoranalysis angewandt werden. Abschnitt 3.3 (Operatoren der Vektoranalysis) stellt die Verbindung zu klassischen Notationen her, enthält neben Formeln aus dem 3-dimensionalen Raum aber auch schon n-dimensionale Verallgemeinerungen (Gram'sche Determinante, Flächenberechnung, Fluss durch eine Hyperfläche), sowie die Rechnungen in krummlinigen Koordinaten. In Abschnitt 3.4 (Die Sätze von Green und Stokes) werden Teilungen der Eins und Differentialformen benutzt, um die klassischen Sätze von Green und Stokes in der gleichen Allgemeinheit wie in der 1. Auflage zu beweisen, aber mit deutlich weniger Mühe. Abschnitt 3.5 (Gebiete mit Rand und der Satz von Gauß) ist schließlich dem Divergenzsatz von Gauß-Ostrogradsky für Gebiete mit glattem Rand im $\mathbb{R}^n$ gewidmet. In Spezialfällen gelingt die Übertragung auf n-dimensionale Gebiete mit nicht-glatten Rändern, was die Theorie deutlich anwendbarer macht, ohne zu technisch zu werden. Der Anhang zur linearen Algebra wurde um Elemente der multilinearen Algebra erweitert.

Wuppertal, im März 2013 Klaus Fritzsche

Inhaltsverzeichnis

1 Differentialrechnung in mehreren Variablen

1.1 Die Geometrie euklidischer Räume

Zur Erinnerung: Die Elemente des $\mathbb{R}^n$ schreiben wir normalerweise als Zeilenvektoren:

$$\mathbf{x} = (x_1, \ldots, x_n).$$

Kommen Matrizen ins Spiel, so ist manchmal die Spalten-Schreibweise vorteilhafter:

$$\vec{x} := \mathbf{x}^\top = \begin{pmatrix} x_1 \\ \vdots \\ x_n \end{pmatrix}.$$

Ist $A \in M_{n,m}(\mathbb{R})$ eine Matrix mit n Zeilen und m Spalten, so induziert sie eine lineare Abbildung $f_A : \mathbb{R}^m \to \mathbb{R}^n$ durch $f_A(\vec{x}) := A \cdot \vec{x}$, in Zeilenschreibweise also

$$f_A(\mathbf{x})^\top := A \cdot \mathbf{x}^\top \quad \text{oder} \quad f_A(\mathbf{x}) := (A \cdot \mathbf{x}^\top)^\top = \mathbf{x} \cdot A^\top.$$

Dabei steht der Punkt für die normale Matrizenmultiplikation.

Das euklidische Skalarprodukt zweier Vektoren $\mathbf{v}, \mathbf{w}$ wird durch

$$\mathbf{v} \bullet \mathbf{w} := \mathbf{v} \cdot \mathbf{w}^\top = \sum_{\nu=1}^{n} v_\nu w_\nu,$$

erklärt, die euklidische Norm eines Vektors $\mathbf{v}$ durch

$$\|\mathbf{v}\| := (\mathbf{v} \bullet \mathbf{v})^{1/2} = \sqrt{(v_1)^2 + \cdots + (v_n)^2}.$$

Von den Eigenschaften des Skalarproduktes und der Norm seien noch einmal die folgenden erwähnt:

1. $|\mathbf{v} \bullet \mathbf{w}| \le \|\mathbf{v}\| \cdot \|\mathbf{w}\|$ (Schwarz'sche Ungleichung),
2. Der Winkel θ zwischen $\mathbf{v}$ und $\mathbf{w}$ ist gegeben durch $\cos\theta = \dfrac{\mathbf{v} \bullet \mathbf{w}}{\|\mathbf{v}\| \cdot \|\mathbf{w}\|}$.

Über weitere Ergebnisse aus der linearen Algebra wird im Anhang übersichtsartig berichtet.

Wir werden uns in diesem Abschnitt mit der „Topologie" des $\mathbb{R}^n$ und allgemeinerer Vektorräume beschäftigen. Das Wort „Topologie" kommt vom griechischen „topos" und bedeutet „Ort„, „Stelle", „Raum". Es geht also um die Wissenschaft vom Raum und der Lage der Dinge zueinander. Dabei soll der Raumbegriff möglichst allgemein gefasst werden, um die gewonnenen Erkenntnisse später in möglichst vielen und auch recht komplexen Situationen anwenden zu können. Wir bleiben dabei aber in der Kategorie der Vektorräume, der noch allgemeinere Begriff des „topologischen Raumes“ wird nur im Ergänzungsteil kurz angesprochen.

Die räumliche Lage der Dinge zueinander wird u.a. durch ihren Abstand, in Vektorräumen also durch die Norm ihres Verbindungsvektors bestimmt. Wir beginnen unsere Untersuchungen mit der Feststellung, dass es neben der euklidischen Norm noch viele andere Normen gibt.

Definition (allgemeine Normen)

Eine ***Norm*** auf einem $\mathbb{R}$-Vektorraum E ist eine Funktion $N : E \to \mathbb{R}$ mit folgenden Eigenschaften:

1. $N(\mathbf{v}) \ge 0$ für jedes $\mathbf{v} \in E$, und $N(\mathbf{v}) = 0 \iff \mathbf{v} = \mathbf{0}$,
2. $N(\alpha\,\mathbf{v}) = |\alpha| \cdot N(\mathbf{v})$ für $\alpha \in \mathbb{R}$ und $\mathbf{v} \in E$,
3. $N(\mathbf{v} + \mathbf{w}) \le N(\mathbf{v}) + N(\mathbf{w})$ für $\mathbf{v}, \mathbf{w} \in E$ (Dreiecks-Ungleichung).

Ein ***normierter Vektorraum*** ist ein Vektorraum E, auf dem eine Norm gegeben ist.

1.1.1. Beispiele

A. Die ***kanonische euklidische Norm*** auf dem $\mathbb{R}^n$, gegeben durch $\|\mathbf{v}\| := \sqrt{\mathbf{v} \bullet \mathbf{v}}$, kennen wir schon.

B. Für $\mathbf{v} = (v_1, \ldots, v_n) \in \mathbb{R}^n$ sei die ***Maximumsnorm*** definiert durch

$$|\mathbf{v}| := \max_{i=1,\ldots,n} |v_i|.$$

Offensichtlich sind die Bedingungen (1) und (2) erfüllt, und es ist

$$|\mathbf{v} + \mathbf{w}| = \max_i |v_i + w_i| \le \max_i (|v_i| + |w_i|) \le \max_i |v_i| + \max_i |w_i| = |\mathbf{v}| + |\mathbf{w}|.$$

Eine „Kugel“ in dieser Norm ist in Wirklichkeit ein Würfel.

C. Ist $I = [a, b]$ ein abgeschlossenes Intervall, so ist der Raum $E := \mathscr{C}^0(I)$ der stetigen Funktionen auf I ein Beispiel für einen unendlich-dimensionalen Vektorraum. Durch

$$\|f\|_I := \sup\{|f(x)| : x \in I\}$$

wird eine Norm auf E eingeführt.

Zwei Normen N_1 und N_2 auf einem Vektorraum E heißen ***äquivalent***, falls es Konstanten $c, c^* > 0$ gibt, so dass gilt:

$$c \cdot N_1(\mathbf{v}) \leq N_2(\mathbf{v}) \leq c^* \cdot N_1(\mathbf{v}) \quad \text{für alle } \mathbf{v} \in E.$$

1.1.2. Beispiel

Wir betrachten die beiden Normen $N_1(\mathbf{x}) = \|\mathbf{x}\|$ und $N_2(\mathbf{x}) = |\mathbf{x}|$ auf dem $\mathbb{R}^n$. Dann ist

$$\begin{aligned} \|\mathbf{x}\|^2 &= |x_1|^2 + \cdots + |x_n|^2 \leq n \cdot (\max_i |x_i|)^2 \\ \text{und} \quad \max_i |x_i| &= \sqrt{(\max_i |x_i|)^2} \leq \sqrt{|x_1|^2 + \cdots + |x_n|^2}, \end{aligned}$$

also $\dfrac{1}{\sqrt{n}} \cdot \|\mathbf{x}\| \leq |\mathbf{x}| \leq \|\mathbf{x}\|$.

Die euklidische Norm und die Maximumsnorm sind demnach äquivalent.

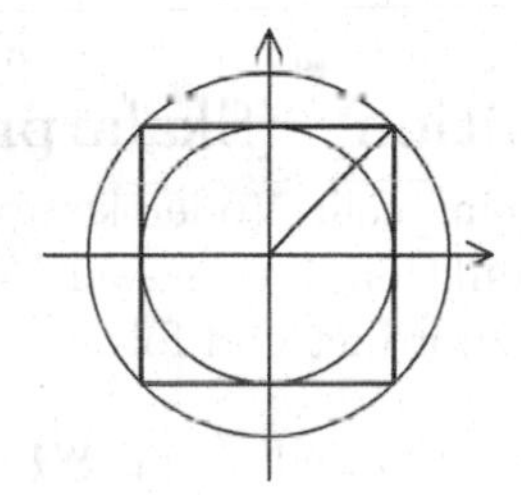

Die im Beispiel gewonnene Aussage ist kein Zufall.

1.1.3. Satz

Je zwei Normen auf dem $\mathbb{R}^n$ sind äquivalent.

BEWEIS: Ist die Norm N_1 äquivalent zur Norm N_2, so ist auch N_2 äquivalent zu N_1. Ist N_1 äquivalent zu N_2 und N_2 äquivalent zu N_3, so ist auch N_1 äquivalent zu N_3. Daher reicht es zu zeigen, dass eine beliebige Norm N äquivalent zur Maximumsnorm ist.

Jeder Vektor $\mathbf{x} \in \mathbb{R}^n$ besitzt eine eindeutige Darstellung $\mathbf{x} = x_1\mathbf{e}_1 + \cdots + x_n\mathbf{e}_n$. Daraus folgt die Beziehung $N(\mathbf{x}) \leq |x_1| \cdot N(\mathbf{e}_1) + \cdots + |x_n| \cdot N(\mathbf{e}_n) \leq c^* \cdot |\mathbf{x}|$, mit $c^* := N(\mathbf{e}_1) + \cdots + N(\mathbf{e}_n)$.

Wir nehmen nun an, es gibt kein $c > 0$, so dass $c \cdot |\mathbf{x}| \leq N(\mathbf{x})$ für alle $\mathbf{x}$ ist. Dann gibt es zu jedem $\nu \in \mathbb{N}$ ein $\mathbf{x}_\nu$ mit $|\mathbf{x}_\nu| > \nu \cdot N(\mathbf{x}_\nu)$, also

$$N(\mathbf{y}_\nu) < \frac{1}{\nu}, \text{ für } \mathbf{y}_\nu := \frac{\mathbf{x}_\nu}{|\mathbf{x}_\nu|}.$$

Weil $|\mathbf{y}_\nu| = 1$ ist, ist die Folge $(\mathbf{y}_\nu)$ beschränkt und besitzt eine konvergente Teilfolge. Ohne Beschränkung der Allgemeinheit können wir annehmen, dass $(\mathbf{y}_\nu)$ schon selbst gegen ein $\mathbf{y}_0$ (in der euklidischen Norm) konvergiert. Dann konvergiert aber $|\mathbf{y}_\nu - \mathbf{y}_0|$ gegen Null. Außerdem ist

$$\begin{aligned} N(\mathbf{y}_0) &= N(\mathbf{y}_0 - \mathbf{y}_\nu + \mathbf{y}_\nu) \le N(\mathbf{y}_0 - \mathbf{y}_\nu) + N(\mathbf{y}_\nu) \\ &\le c^* \cdot |\mathbf{y}_0 - \mathbf{y}_\nu| + \frac{1}{\nu}. \end{aligned}$$

Da die rechte Seite gegen Null konvergiert, ist $N(\mathbf{y}_0) = 0$, also $\mathbf{y}_0 = 0$. Aber andererseits ist

$$1 = |\mathbf{y}_\nu| = |\mathbf{y}_0 + (\mathbf{y}_\nu - \mathbf{y}_0)| \le |\mathbf{y}_0| + |\mathbf{y}_\nu - \mathbf{y}_0|.$$

Das ergibt einen Widerspruch. ∎

Wir haben schon in Band 1 Umgebungen eines Punktes mit Hilfe der euklidischen Norm definiert. Das kann man genauso mit jeder anderen Norm machen. Der gerade bewiesene Satz besagt für zwei beliebige Normen auf dem $\mathbb{R}^n$: Jede N_1-Umgebung eines Punktes enthält eine N_2-Umgebung des gleichen Punktes, und umgekehrt. Weitere Konsequenzen werden wir bald kennenlernen.

Definition (Skalarprodukt)

Sei E ein reeller (oder komplexer) Vektorraum. Ein ***Skalarprodukt*** auf E ist eine Funktion, die je zwei Vektoren $v, w \in E$ eine reelle (bzw. komplexe) Zahl $(v \,|\, w)$ zuordnet und folgende Eigenschaften besitzt:

1. $(\mathbf{v}_1 + \mathbf{v}_2 \,|\, \mathbf{w}) = (\mathbf{v}_1 \,|\, \mathbf{w}) + (\mathbf{v}_2 \,|\, \mathbf{w})$ für $\mathbf{v}_1, \mathbf{v}_2, \mathbf{w} \in E$,
2. $(\alpha\, \mathbf{v} \,|\, \mathbf{w}) = \alpha \cdot (\mathbf{v} \,|\, \mathbf{w})$ für $\alpha \in \mathbb{R}$ (bzw. in $\mathbb{C}$) und $\mathbf{v}, \mathbf{w} \in E$,
3. $(\mathbf{w} \,|\, \mathbf{v}) = \overline{(\mathbf{v} \,|\, \mathbf{w})}$ für $\mathbf{v}, \mathbf{w} \in E$.
4. Ist $\mathbf{v} \ne \mathbf{0}$, so ist $(\mathbf{v} \,|\, \mathbf{v}) > 0$.

Unter einem ***euklidischen Raum*** (bzw. einem ***unitären Raum***) verstehen wir einen reellen (bzw. komplexen) Vektorraum mit einem Skalarprodukt.

Ein Skalarprodukt auf einem reellen Vektorraum ist also eine symmetrische Bilinearform(vgl. Anhang 4.4, Seite 355), die zusätzlich ***positiv definit*** ist (Eigenschaft (4)). Im komplexen Fall nennt man eine Funktion mit den Eigenschaften (1) bis (3) eine ***hermitesche Form***. Auch sie wird zum Skalarprodukt, wenn sie positiv definit ist.

Im reellen Fall ist $(w \,|\, v) = (v \,|\, w)$ für $v, w \in E$. Im komplexen Fall ist $(v \,|\, v)$ stets reell und $(v \,|\, \alpha\, w) = \overline{\alpha} \cdot (v \,|\, w)$ für $\alpha \in \mathbb{C}$ und $v, w \in E$.

1.1.4. Beispiele

A. Das Skalarprodukt $(\mathbf{x}, \mathbf{y}) \mapsto \mathbf{x} \bullet \mathbf{y}$ bezeichnet man als das ***kanonische Skalarprodukt*** auf dem $\mathbb{R}^n$.

B. Das ***kanonische „hermitesche“ Skalarprodukt*** auf dem $\mathbb{C}^n$ wird gegeben durch

$$<\mathbf{v} \,|\, \mathbf{w}> := \sum_{\nu=1}^{n} v_\nu \overline{w}_\nu \,.$$

C. Ist $f = g + \mathrm{i}\, h$ eine stetige komplexwertige Funktion über $[a, b] \subset \mathbb{R}$, so setzen wir

$$<f \,|\, g> := \int_a^b f(t)\overline{g(t)}\, dt \,.$$

Offensichtlich liefert das eine hermitesche Form auf dem Raum der stetigen komplexwertigen Funktionen auf $[a, b]$, und es ist

$$<f \,|\, f> = \int_a^b |f(t)|^2\, dt \geq 0 \text{ für alle } f.$$

Ist eine stetige Funktion $f : [a, b] \to \mathbb{C}$ nicht die Nullfunktion, so gibt es ein $t_0 \in [a, b]$ mit $f(t_0) \neq 0$, und wegen der Stetigkeit gibt es ein $\varepsilon > 0$, so dass $f(t) \neq 0$ auf $U_\varepsilon(t_0) \cap [a, b]$ ist. Dann nimmt $|f|$ auf $\{t \in [a, b] : |t - t_0| \leq \varepsilon/2\}$ ein Minimum $\delta > 0$ an, und es gibt ein Teilintervall der Länge $\geq \varepsilon/2$, wo $|f| \geq \delta$ ist. Daraus folgt:

$$<f \,|\, f> = \int_a^b |f(t)|^2\, dt \geq \delta^2 \cdot \varepsilon/2 > 0 \,.$$

Also liegt sogar ein Skalarprodukt auf $\mathcal{C}^0([a, b]; \mathbb{C})$ vor.

1.1.5. Die Ungleichung von Cauchy-Schwarz

Sei E ein euklidischer oder unitärer Vektorraum. Dann gilt für $v, w \in E$:

$$|(v \,|\, w)|^2 \leq (v \,|\, v) \cdot (w \,|\, w) \,.$$

Beweis: Sei $a := (v \,|\, v)$, $b := (v \,|\, w)$ und $c := (w \,|\, w)$. Dann sind a, c reell und ≥ 0. Ist $v = w = 0$, so ist auch $a = b = c = 0$ und nichts mehr zu zeigen. Da die Aussage symmetrisch in v und w ist, können wir annehmen, dass $w \neq 0$ ist, also $c > 0$. Ist $\lambda \in \mathbb{C}$ beliebig, so gilt:

$$0 \leq (v + \lambda w \,|\, v + \lambda w) = a + \lambda \overline{b} + \overline{\lambda} b + |\lambda|^2 c \,.$$

Mit $\lambda = -b/c$ erhalten wir:

$$0 \leq a - \frac{b\overline{b}}{c} - \frac{b\overline{b}}{c} + \frac{b\overline{b}}{c^2} \cdot c = a - \frac{b\overline{b}}{c},$$

also $b\overline{b} \leq a \cdot c$. Und genau das war zu zeigen. ∎

Zwei Elemente $v, w \in V$ heißen ***orthogonal***, falls $(v \,|\, w) = 0$ ist. Sind v, w orthogonal, so ist

$$(v + w \mid v + w) = (v \mid v) + (w \mid w) \quad \text{(Satz des Pythagoras)}.$$

1.1.6. Beispiel

Im Raum der stetigen Funktionen auf $I = [-\pi, \pi]$ ist

$$<e^{\mathrm{i}nt} \mid e^{\mathrm{i}mt}> = \int_{-\pi}^{\pi} e^{\mathrm{i}(n-m)t}\, dt = \begin{cases} 2\pi & \text{falls } n = m \\ 0 & \text{falls } n \neq m. \end{cases}$$

Für $n \neq m$ sind also die Funktionen $e^{\mathrm{i}nt}$ und $e^{\mathrm{i}mt}$ orthogonal zueinander. Die Funktionen

$$f_n(t) := \frac{1}{\sqrt{2\pi}} \cdot e^{\mathrm{i}nt}, \quad n \in \mathbb{Z},$$

bilden dann ein „Orthonormalsystem“ im Raum $\mathcal{C}^0([-\pi, \pi]; \mathbb{C})$, d.h. es ist $<f_n \mid f_m> = 0$ für $n \neq m$ und $<f_n \mid f_n> = 1$ für alle n.

Eine Norm auf einem komplexen Vektorraum definiert man genauso wie im Reellen. Jedes Skalarprodukt liefert eine Norm, durch

$$N(\mathbf{v}) := (\mathbf{v} \mid \mathbf{v})^{1/2}.$$

Die Dreiecksungleichung folgt mit Hilfe der Cauchy-Schwarz'schen Ungleichung: Ist $z = x + \mathrm{i}y \in \mathbb{C}$, so ist $z + \overline{z} = 2x = 2\,\mathrm{Re}(z)$, also

$$\begin{aligned} N(\mathbf{a}+\mathbf{b})^2 = (\mathbf{a}+\mathbf{b} \mid \mathbf{a}+\mathbf{b}) &= (\mathbf{a} \mid \mathbf{a}) + 2\,\mathrm{Re}\,(\mathbf{a} \mid \mathbf{b}) + (\mathbf{b} \mid \mathbf{b}) \\ &\leq N(\mathbf{a})^2 + 2 \cdot |(\mathbf{a} \mid \mathbf{b})| + N(\mathbf{b})^2 \\ &\leq N(\mathbf{a})^2 + 2 \cdot N(\mathbf{a}) \cdot N(\mathbf{b}) + N(\mathbf{b})^2 \\ &= \big(N(\mathbf{a}) + N(\mathbf{b})\big)^2. \end{aligned}$$

Wurzelziehen auf beiden Seiten ergibt die gewünschte Dreiecksungleichung.

Nicht jede Norm wird mit Hilfe eines Skalarproduktes definiert. Ein typisches Beispiel für eine Norm, die nicht von einem Skalarprodukt kommt, ist die Supremumsnorm.

Definition (Metrik)

Sei E ein reeller (oder komplexer) Vektorraum. Unter einer ***Metrik*** auf E versteht man eine Abbildung $d : E \times E \to \mathbb{R}$ mit folgenden Eigenschaften:

1. $d(\mathbf{x}, \mathbf{y}) \geq 0$ und $= 0 \iff \mathbf{x} = \mathbf{y}$,
2. $d(\mathbf{x}, \mathbf{y}) = d(\mathbf{y}, \mathbf{x})$,
3. $d(\mathbf{x}, \mathbf{y}) \leq d(\mathbf{x}, \mathbf{z}) + d(\mathbf{z}, \mathbf{y})$ (Dreiecksungleichung).

Jede Norm N führt zu einer Metrik d_N durch

$$d_N(\mathbf{v}, \mathbf{w}) := N(\mathbf{v} - \mathbf{w}).$$

Die Eigenschaften (1) und (2) einer Metrik sind für d_N offensichtlich erfüllt, und auch die Dreiecksungleichung folgt leicht:

$$\begin{aligned} d_N(\mathbf{x}, \mathbf{y}) &= N(\mathbf{x} - \mathbf{y}) = N\big((\mathbf{x} - \mathbf{z}) + (\mathbf{z} - \mathbf{y})\big) \\ &\leq N(\mathbf{x} - \mathbf{z}) + N(\mathbf{z} - \mathbf{y}) \\ &= d_N(\mathbf{x}, \mathbf{z}) + d_N(\mathbf{z}, \mathbf{y}). \end{aligned}$$

Wir haben also folgende Abhängigkeit:

Skalarprodukt $\longrightarrow$ Norm $\longrightarrow$ Metrik.

Die Supremumsnorm ist ein typisches Beispiel für eine Norm, die nicht von einem Skalarprodukt kommt, und im Ergänzungsteil (Seite 27) wird auch eine Metrik vorgestellt, die nicht von einer Norm kommt.

Mit Hilfe einer Norm oder der zugehörigen Metrik kann man ε-Umgebungen und damit offene Mengen definieren.

Zur Erinnerung: Eine Menge $M \subset \mathbb{R}^n$ heißt offen, falls es zu jedem Element $\mathbf{x}_0 \in M$ ein $\varepsilon > 0$ gibt, so dass

$$U_\varepsilon(\mathbf{x}_0) := \{\mathbf{x} \in \mathbb{R}^n : \operatorname{dist}(\mathbf{x}, \mathbf{x}_0) < \varepsilon\}$$

ganz in M enthalten ist. Eine Menge $A \subset \mathbb{R}^n$ heißt abgeschlossen, falls ihr Komplement $\mathbb{R}^n \setminus A$ offen ist.

Ist nun E ein euklidischer Raum und d die zugehörige Metrik, so definiert man analog:

Definition (offene und abgeschlossene Mengen)

Eine Menge $M \subset E$ heißt ***offen***, falls es zu jedem Element $\mathbf{x}_0 \in M$ ein $\varepsilon > 0$ gibt, so dass

$$U_\varepsilon(\mathbf{x}_0) := \{\mathbf{x} \in E : d(\mathbf{x}, \mathbf{x}_0) < \varepsilon\}$$

ganz in M enthalten ist.

Eine Menge $A \subset E$ heißt ***abgeschlossen***, falls ihr Komplement $E \setminus A$ offen ist.

Die offenen Mengen in E haben gewisse typische Eigenschaften:

- Die leere Menge besitzt kein Element, für das man etwas nachprüfen müsste. Deshalb ist sie offen. Und auch der ganze Raum E ist trivialerweise offen.

- Sind M_1 und M_2 offene Mengen und ist $\mathbf{x}_0 \in M_1 \cap M_2$, so gibt es $\varepsilon_1, \varepsilon_2 > 0$, so dass $U_{\varepsilon_1}(\mathbf{x}_0) \subset M_1$ und $U_{\varepsilon_2}(\mathbf{x}_0) \subset M_2$ ist. Setzt man $\varepsilon := \min(\varepsilon_1, \varepsilon_2)$, so ist $U_\varepsilon(\mathbf{x}_0) \subset M_1 \cap M_2$. Das zeigt, dass die Schnittmenge $M_1 \cap M_2$ offen ist.

  Der Durchschnitt von unendlich vielen offenen Mengen braucht nicht mehr offen zu sein! So ist z.B. der Durchschnitt aller offenen Nullumgebungen in $\mathbb{R}$ die Menge $\{0\}$, und die ist nicht offen.

- Ist $(M_\iota)_{\iota \in I}$ ein beliebiges System von offenen Mengen und

$$\mathbf{x}_0 \in M := \bigcup_{\iota \in I} M_\iota = \{\mathbf{x} \in E \,:\, \exists \iota \in I \text{ mit } \mathbf{x} \in M_\iota\},$$

  so gibt es ein $\iota_0 \in I$ mit $\mathbf{x}_0 \in M_{\iota_0}$ und daher ein $\varepsilon > 0$, so dass $U_\varepsilon(\mathbf{x}_0) \subset M_{\iota_0} \subset M$ ist. Also ist die Vereinigung M offen.

Das System aller offenen Mengen legt eine neue Art von Struktur auf unseren Raum. Was hat es damit auf sich?

Im Jahre 1914 erschien das Buch „Grundzüge der Mengenlehre" von Felix Hausdorff, in dem erstmals die wichtigsten Grundbegriffe der „mengentheoretischen Topologie" zusammenhängend dargestellt wurden, also die Eigenschaften, die ein Raum mit einem System offener Mengen aufweist. Ermöglicht wurde das durch Vorarbeiten von Riemann, Poincaré und vielen anderen Mathematikern, vor allem aber durch Cantors Einführung der Mengenlehre gegen Ende des 19. Jahrhunderts.

Es besteht ein enger Zusammenhang zwischen Topologie und Analysis. Im Zentrum der Analysis steht der Grenzwertbegriff und zur Beschreibung von Grenzprozessen haben wir ε-Umgebungen benutzt, also die Metrik des Raumes. Nach Einführung der offenen Mengen (Band 1, Abschnitt 2.1) haben wir aber gesehen, dass es nicht auf die Metrik ankommt, sondern nur auf die Verfügbarkeit eines Umgebungsbegriffes (vgl. Band 1, Abschnitt 2.3). Die allgemeinste Situation, in der solche Umgebungen definiert werden können, bietet der „topologische Raum", eine Menge, deren einzige Struktur ein Vorrat an ausgezeichneten Teilmengen darstellt, die man in Analogie zum metrischen Raum als „offen " bezeichnet und die nur axiomatisch über ihre Eigenschaften definiert werden. Diese abstrakte Begriffsbildung hat den Vorteil, dass nun sehr viele Räume, z.B. auch Funktionenräume oder Mengen von Klassen von Funktionen mit einer Topologie und damit einem Umgebungsbegriff versehen werden können. Auch wird es möglich, analytische Methoden auf Flächen beliebiger Dimension und noch allgemeinere „Mannigfaltigkeiten" zu übertragen.

Wir werden metrische und topologische Räume in dieser Allgemeinheit nur im Optionalbereich ansprechen, aber die „Topologie", also das System der offenen Mengen, ist auch im $\mathbb{R}^n$ und – etwas allgemeiner – in normierten Vektorräumen ein Thema. Eine wichtige Anwendung ist z.B. das Arbeiten mit der auf Teilmengen induzierten „Relativtopologie".

Wir gehen deshalb daran, **jedes** Mengensystem, das die typischen Eigenschaften des Systems der offenen Mengen des $\mathbb{R}^n$ aufweist, schon als ein System offener Mengen aufzufassen.

Definition (Topologie)

Sei E ein normierter reeller (oder komplexer) Vektorraum und $X \subset E$ eine beliebige nicht leere Teilmenge. Eine ***Topologie*** auf X ist ein System $\mathscr{O}$ von Teilmengen von X mit folgenden Eigenschaften:

1. $\varnothing \in \mathscr{O}$ und $X \in \mathscr{O}$.
2. $M, N \in \mathscr{O} \implies M \cap N \in \mathscr{O}$.
3. Ist $(M_\iota)_{\iota \in I}$ eine Familie von Elementen aus $\mathscr{O}$, so gehört auch $\bigcup_{\iota \in I} M_\iota$ zu $\mathscr{O}$.

1.1.7. Beispiele

A. Das System aller offenen Mengen (zu einer Metrik d) in E bildet eine Topologie auf E.

B. Sei E mit einer Topologie versehen und $X \subset E$ eine nicht leere Teilmenge. Wir nennen $M \subset X$ ***(relativ) offen***, falls es eine offene Menge $\widehat{M} \subset E$ mit $M = X \cap \widehat{M}$ gibt.

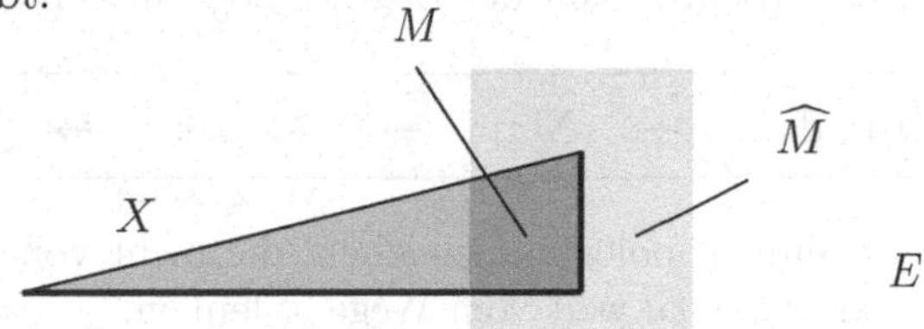

- Weil $\varnothing = X \cap \varnothing$ und $X = X \cap E$ ist, sind $\varnothing$ und X relativ offen.
- Sind $M_1 = X \cap \widehat{M_1}$ und $M_2 = X \cap \widehat{M_2}$ relativ offen, so ist auch

$$M_1 \cap M_2 = (X \cap \widehat{M_1}) \cap (X \cap \widehat{M_2}) = X \cap (\widehat{M_1} \cap \widehat{M_2})$$

relativ offen.

- Sei $(M_\iota)_{\iota \in I}$ ein System von relativ offenen Mengen in X. Dann gibt es zu jedem $\iota \in I$ eine offene Menge $\widehat{M_\iota}$ in E mit $M_\iota = X \cap \widehat{M_\iota}$. Aber dann ist auch

$$\bigcup_{\iota \in I} M_\iota = \bigcup_{\iota \in I} (X \cap \widehat{M_\iota}) = X \cap \bigcup_{\iota \in I} \widehat{M_\iota}$$

relativ offen.

Also bilden die relativ offenen Mengen in X eine Topologie $\mathscr{O}_X$ auf X, die sogenannte ***Relativtopologie*** (oder ***induzierte Topologie***).

1.1.8. Satz

Zwei äquivalente Normen auf einem Vektorraum E definieren die gleiche Topologie.

BEWEIS: Es seien N_1, N_2 zwei Normen, und es gebe Konstanten $c, c^* > 0$, so dass $c \cdot N_1(\mathbf{v}) \leq N_2(\mathbf{v}) \leq c^* \cdot N_1(\mathbf{v})$ für alle $\mathbf{v} \in \mathbb{R}^n$ gilt. Ist $\mathbf{v}_0 \in E$ ein beliebiger Punkt, so reicht es zu zeigen, dass jede Kugel der Gestalt $\{\mathbf{v} : N_1(\mathbf{v} - \mathbf{v}_0) < r_1\}$ eine Kugel der Gestalt $\{\mathbf{v} : N_2(\mathbf{v} - \mathbf{v}_0) < r_2\}$ enthält, und umgekehrt.

a) Ist $r_1 > 0$ gegeben, so setzen wir $r_2 := c \cdot r_1$. Ist $N_2(\mathbf{v} - \mathbf{v}_0) < r_2$, so ist $N_1(\mathbf{v} - \mathbf{v}_0) \leq (1/c) \cdot N_2(\mathbf{v} - \mathbf{v}_0) < r_2/c = r_1$.

b) Ist $r_2 > 0$ gegeben, so setzen wir $r_1 := (1/c^*) \cdot r_2$. Ist $N_1(\mathbf{v} - \mathbf{v}_0) < r_1$, so ist $N_2(\mathbf{v} - \mathbf{v}_0) \leq c^* \cdot N_1(\mathbf{v} - \mathbf{v}_0) = r_2$. ∎

1.1.9. Folgerung

Jede Norm auf dem $\mathbb{R}^n$ induziert die gleiche Topologie.

BEWEIS: Wir haben gezeigt (1.1.3, Seite 3), dass auf dem $\mathbb{R}^n$ alle Normen äquivalent sind . ∎

Jetzt können wir die Abhängigkeit der Begriffe noch um eine Stufe erweitern:

Skalarprodukt $\longrightarrow$ Norm $\longrightarrow$ Metrik $\longrightarrow$ Topologie.

Es ist nicht schwer, eine Topologie anzugeben, die nicht von einer Metrik kommt. Das würde uns aber etwas zu weit vom Wege ablenken.

Sei jetzt E ein normierter Vektorraum und $M \subset E$ eine Teilmenge. Ist $\mathbf{x}_0 \in E$ ein beliebiger Punkt, so kann man die möglichen Positionen von $\mathbf{x}_0$ gegenüber der Menge M mit Hilfe von Umgebungen beschreiben. Eine Teilmenge $U \subset E$ heißt eine ***Umgebung*** von $\mathbf{x}_0$, falls es eine offene Menge W mit $\mathbf{x}_0 \in W \subset U$ gibt. Dann heben wir die folgenden Situationen besonders hervor:

1. Es gibt eine Umgebung U von $\mathbf{x}_0$ in E, die ganz in M liegt. Dann heißt $\mathbf{x}_0$ ein ***innerer Punkt*** von M.

2. Jede Umgebung von $\mathbf{x}_0$ enthält unendlich viele Punkte von M. Dann heißt $\mathbf{x}_0$ ein ***Häufungspunkt*** von M.

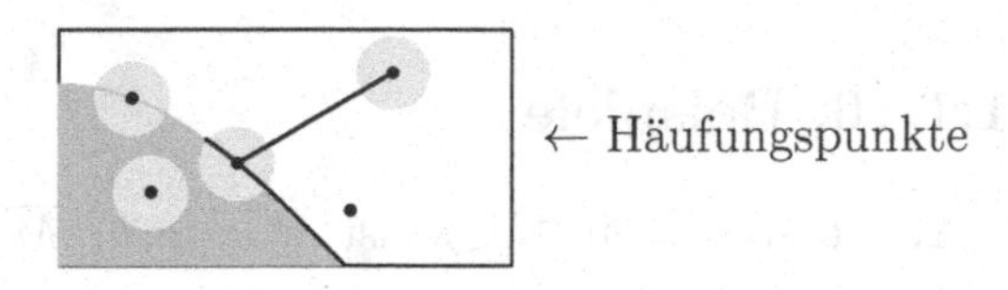

3. Jede Umgebung von $\mathbf{x}_0$ enthält wenigstens einen Punkt von M. Dann heißt $\mathbf{x}_0$ ein ***Berührungspunkt*** von M.

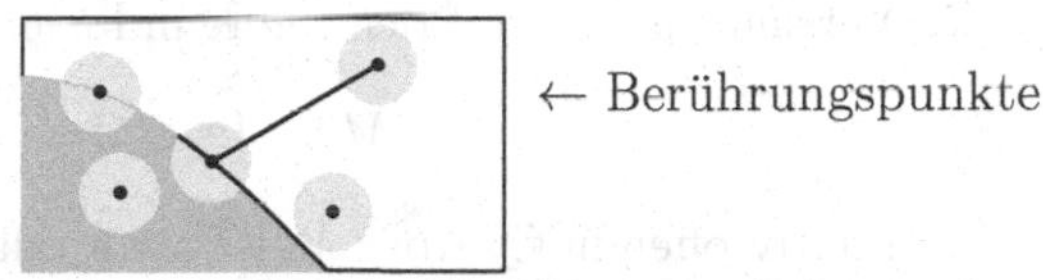

Jeder innere Punkt ist auch ein Häufungspunkt, aber die Umkehrung gilt i.a. nicht. Jeder Häufungspunkt ist ein Berührungspunkt, aber nicht nicht unbedingt umgekehrt. Ein Berührungspunkt $\mathbf{x}_0$, der kein Häufungspunkt ist, besitzt eine Umgebung U, so dass $U \cap M = \{\mathbf{x}_0\}$ ist. Dann nennt man $\mathbf{x}_0$ einen ***isolierten Punkt*** von M. Ist $\mathbf{x}_0$ nicht einmal ein Berührungspunkt von M, so gibt es eine Umgebung von $\mathbf{x}_0$, die keinen Punkt von M enthält.

Definition (offener Kern und abgeschlossene Hülle)

Die Menge $\mathring{M}$ der inneren Punkte von M nennt man den ***offenen Kern*** von M.

Die Menge $\overline{M}$ der Berührungspunkte von M nennt man die ***abgeschlossene Hülle*** von M.

Die inneren Punkte von M gehören immer zu M. Für Häufungspunkte trifft das nicht unbedingt zu. So ist zum Beispiel 1 ein Häufungspunkt des offenen Intervalls $I := (0,1)$, gehört aber nicht zu I. Isolierte Punkte einer Menge gehören immer zu der Menge dazu.

Die abgeschlossene Hülle $\overline{M}$ besteht aus den Häufungspunkten und den isolierten Punkten von M. Also ist $\overline{M}$ die Vereinigung von M mit allen Häufungspunkten von M.

Definition (Rand einer Menge)

Die Menge $\partial M := \overline{M} \setminus \mathring{M}$ heißt der ***Rand*** von M.

Ein Punkt $\mathbf{x}$ liegt also genau dann im Rand von M, wenn jede Umgebung von $\mathbf{x}$ sowohl M als auch $E \setminus M$ trifft. Es ist $M \cup \partial M = \overline{M}$ und $M \setminus \partial M = \mathring{M}$.

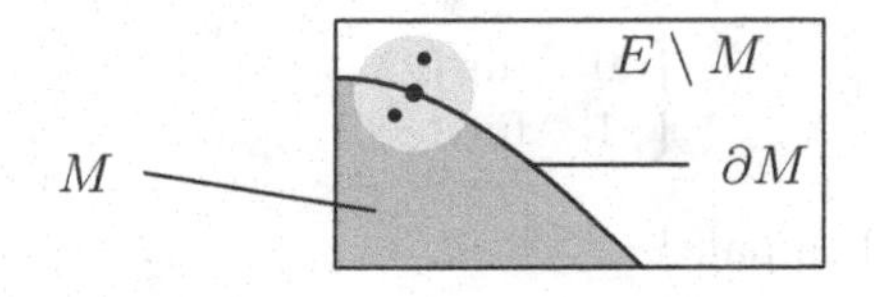

1.1.10. Beispiele

A. Ist $M = [a, b) \subset \mathbb{R}$, so ist $\overset{\circ}{M} = (a, b)$, $\overline{M} = [a, b]$ und $\partial M = \{a, b\}$.

B. Sei $M = [a, b] \cap \mathbb{Q}$. Dann ist $\overset{\circ}{M} = \varnothing$, $\overline{M} = [a, b]$ und $\partial M = [a, b]$.

C. Versieht man $\mathbb{Q}$ mit der von $\mathbb{R}$ induzierten Relativtopologie, so ist die Menge

$$M := \{x \in \mathbb{Q} : -\sqrt{2} < x < \sqrt{2}\}$$

relativ offen in $\mathbb{Q}$. Aber M ist auch relativ abgeschlossen in $\mathbb{Q}$, denn weil $\sqrt{2}$ keine rationale Zahl ist, ist das Komplement von M die Menge

$$\mathbb{Q} \setminus M = \{x \in \mathbb{Q} : |x| > \sqrt{2}\},$$

und die ist relativ offen. Also ist dann $\overline{M} = \overset{\circ}{M} = M$ und $\partial M = \varnothing$. Das gilt, wie gesagt, in der Relativtopologie. In $\mathbb{R}$ ist M weder offen, noch abgeschlossen. Dort ist $\overline{M} = [-\sqrt{2}, \sqrt{2}]$ und $\overset{\circ}{M} = \varnothing$, also $\partial M = \overline{M}$.

Häufungspunkte und Grenzwerte von Punktfolgen in einem normierten Vektorraum E definiert man wie im $\mathbb{R}^n$. Ein Punkt $\mathbf{a}_0 \in E$ ist ***Häufungspunkt*** einer Folge $(\mathbf{a}_\nu)$ in E, falls in jeder Umgebung von $\mathbf{a}_0$ unendlich viele Folgenglieder liegen. Er ist ***Grenzwert*** der Folge, falls in jeder Umgebung von $\mathbf{a}_0$ fast alle Folgenglieder liegen. Äquivalent dazu ist, dass $d_N(\mathbf{a}_\nu, \mathbf{a}_0)$ eine Nullfolge (in $\mathbb{R}$) ist. Der Satz von Bolzano-Weierstraß (dass jede beschränkte Folge einen Häufungspunkt besitzt) steht allerdings in einem beliebigen normierten Vektorraum nicht zur Verfügung.

Zur Erinnerung: Eine Menge $K \subset \mathbb{R}^n$ heißt *kompakt*, wenn jede unendliche Punktfolge in K eine Teilfolge besitzt, die gegen einen Punkt aus K konvergiert (siehe Band 1, Abschnitt 2.3). Äquivalent dazu ist die Bedingung, dass jede Punktfolge in K wenigstens einen Häufungspunkt in K besitzt. Diese Eigenschaft wird in der Literatur meistens *„folgenkompakt“* genannt.

Wir haben auch gezeigt, dass eine Menge im $\mathbb{R}^n$ genau dann (folgen)kompakt ist, wenn sie abgeschlossen und beschränkt ist. In einem beliebigen normierten Vektorraum stimmt das nicht mehr. Sei etwa $E := \mathscr{C}^0([0,1]; \mathbb{R})$, versehen mit der Supremumsnorm. Die Konvergenz in E ist ganz einfach die gleichmäßige Konvergenz. Die Menge $B := \{f \in E : \|f\| \le 1\}$ kann man sicher als beschränkt bezeichnen, und sie ist abgeschlossen. Die Folge der Funktionen $f_\nu(t) := t^\nu$ liegt in B. Jede Teilfolge davon konvergiert punktweise gegen die unstetige Funktion

$$f_0(t) := \begin{cases} 0 & \text{für } 0 \le t < 1, \\ 1 & \text{für } t = 1. \end{cases}$$

Damit ist B nicht (folgen)kompakt!

Sei E ein beliebiger normierter Raum und $X \subset E$ eine beliebige Teilmenge. Eine ***offene Überdeckung*** von X ist ein System $(U_\iota)_{\iota \in I}$ von offenen Teilmengen von E mit

$$X \subset \bigcup_{\iota \in I} U_\iota .$$

Ist $I_0 = \{\iota_1, \ldots, \iota_N\} \subset I$ eine endliche Teilmenge und $X \subset U_{\iota_1} \cup \ldots \cup U_{\iota_N}$, so nennt man $\{U_{\iota_1}, \ldots, U_{\iota_N}\}$ eine ***endliche Teilüberdeckung***.

Definition (Überdeckungseigenschaft)

Eine Teilmenge $K \subset E$ besitzt die ***Überdeckungseigenschaft***, falls jede offene Überdeckung von K eine endliche Teilüberdeckung enthält.

Diese Definition ist zwar nicht sehr anschaulich, aber recht praktisch.

1.1.11. Überdeckungssatz von Heine-Borel

Eine Teilmenge $K \subset E$ ist genau dann kompakt, wenn sie die Überdeckungseigenschaft besitzt.

BEWEIS: 1) Wir setzen voraus, dass K die Überdeckungseigenschaft besitzt und betrachten eine Folge $(\mathbf{x}_\nu)$ in K, so dass $F := \{\mathbf{x}_\nu : \nu \in \mathbb{N}\}$ eine unendliche Menge ist (sonst ist nichts zu zeigen).

Wenn F keinen Häufungspunkt in K besitzt, dann gibt es zu jedem $\mathbf{x} \in K$ eine offene Umgebung $U_\mathbf{x}$, so dass $U_\mathbf{x} \cap F$ endlich ist. Die Mengen $U_\mathbf{x}$ überdecken K. Wegen der Gültigkeit der Überdeckungseigenschaft gibt es endlich viele offene Mengen $U_1, \ldots, U_N$, die schon K überdecken und für die stets $U_i \cap F$ endlich ist. Das bedeutet, dass F endlich ist. Da haben wir unseren Widerspruch, K muss (folgen)kompakt sein!

2) Ist umgekehrt K kompakt, so betrachten wir eine offene Überdeckung $(U_\iota)_{\iota \in I}$ von K und zeigen, dass es eine endliche Teilüberdeckung gibt.

a) Wir beweisen zunächst, dass es ein $\varepsilon > 0$ und zu jedem $\mathbf{x}$ ein $\iota(\mathbf{x}) \in I$ mit $U_\varepsilon(\mathbf{x}) \subset U_{\iota(\mathbf{x})}$ gibt.

Gibt es nämlich dieses ε nicht, so finden wir zu jedem $\nu \in \mathbb{N}$ ein $\mathbf{x}_\nu \in K$, so dass $U_{1/\nu}(\mathbf{x}_\nu)$ in keinem U_ι enthalten ist. Weil K kompakt ist, können wir aus der Folge $(\mathbf{x}_\nu)$ eine Teilfolge $\mathbf{y}_i = \mathbf{x}_{\nu_i}$ auswählen, die gegen ein $\mathbf{y}_0 \in K$ konvergiert. Natürlich muss dieses $\mathbf{y}_0$ in einem Überdeckungselement U_{ι_0} liegen.

Wir wählen ein $r > 0$, so dass auch noch $U_r(\mathbf{y}_0) \subset U_{\iota_0}$ ist. Ist $i \in \mathbb{N}$ hinreichend groß, so ist $1/\nu_i < r/2$ und damit $\mathbf{y}_i \in U_{r/2}(\mathbf{y}_0)$. Für alle $\mathbf{x} \in U_{1/\nu_i}(\mathbf{y}_i)$ gilt dann

$$\text{dist}(\mathbf{x}, \mathbf{y}_0) \leq \text{dist}(\mathbf{x}, \mathbf{y}_i) + \text{dist}(\mathbf{y}_i, \mathbf{y}_0) < \frac{1}{\nu_i} + \frac{r}{2} < r.$$

Also liegt $U_{1/\nu_i}(\mathbf{x}_{\nu_i}) = U_{1/\nu_i}(\mathbf{y}_i)$ in $U_r(\mathbf{y}_0) \subset U_{\iota_0}$. Das widerspricht der Konstruktion.

b) Wir können also annehmen, dass ein ε mit der gewünschten Eigenschaft existiert. Nun konstruieren wir eine neue Folge in K.

Zunächst wählen wir einen beliebigen Punkt $\mathbf{x}_1 \in K$, dann einen Punkt $\mathbf{x}_2 \in K \setminus U_\varepsilon(\mathbf{x}_1)$, dann einen Punkt $\mathbf{x}_3 \in K \setminus (U_\varepsilon(\mathbf{x}_1) \cup U_\varepsilon(\mathbf{x}_2))$ und so weiter.

Wenn $(U_\iota)_{\iota \in I}$ keine endliche Teilüberdeckung besitzt, dann kann man K auch nicht mit endlich vielen Umgebungen $U_\varepsilon(\mathbf{x}_n)$ überdecken. Also bricht die Folge der $\mathbf{x}_n$ nicht ab. Eine geeignete Teilfolge $\mathbf{z}_\mu = \mathbf{x}_{n_\mu}$ muss einen Grenzwert $\mathbf{z}_0 \in K$ besitzen. Für großes μ muss dann $\text{dist}(\mathbf{z}_\mu, \mathbf{z}_{\mu+1}) < \varepsilon$ sein, aber andererseits liegt $\mathbf{z}_{\mu+1}$ nach Konstruktion nicht in $U_\varepsilon(\mathbf{z}_\mu)$. Das ist ein Widerspruch zu der Annahme, dass $(U_\iota)_{\iota \in I}$ keine endliche Teilüberdeckung besitzt. Also besitzt K die Überdeckungseigenschaft. ∎

Hier kommt eine Anwendung:

1.1.12. Satz

Sei $M \subset \mathbb{R}^n$ offen und $K \subset M$ kompakt. Dann gibt es eine offene Menge $U \subset \mathbb{R}^n$, so dass $\overline{U}$ kompakt und $K \subset U \subset \overline{U} \subset M$ ist.

BEWEIS: Zu jedem $\mathbf{x} \in K$ gibt es eine offene Kugel $B_\mathbf{x}$ um $\mathbf{x}$, die noch ganz in M enthalten ist. Dann sei $B'_\mathbf{x}$ die Kugel mit dem halben Radius, so dass sogar $\overline{B'_\mathbf{x}} \subset M$ ist. Wegen der Kompaktheit von K gibt es endlich viele Punkte $\mathbf{x}_1, \ldots, \mathbf{x}_N$, so dass die Kugeln $B'_\nu := B'_{\mathbf{x}_\nu}$, $\nu = 1, \ldots, N$, schon ganz K überdecken. Dann ist $U = B'_1 \cup \ldots \cup B'_N$ offen, $\overline{U}$ kompakt, $K \subset U$ und $\overline{U} \subset M$. ∎

Bemerkung: Man sagt, eine offene Menge U liegt ***relativ-kompakt*** in einer offenen Menge W, falls $\overline{U}$ kompakt und in W enthalten ist. Als Abkürzung dafür schreiben wir „$U \subset\subset W$".

Definition (Gebiet)

Eine **offene** Menge $G \subset \mathbb{R}^n$ heißt ***zusammenhängend*** (oder ein ***Gebiet***), falls es zu je zwei Punkten $\mathbf{x}$ und $\mathbf{y}$ aus G einen stetigen Weg $\boldsymbol{\alpha} : [0,1] \to G$ mit $\boldsymbol{\alpha}(0) = \mathbf{x}$ und $\boldsymbol{\alpha}(1) = \mathbf{y}$ gibt.

Für abgeschlossene (oder gar beliebige) Teilmengen des $\mathbb{R}^n$ ist der Begriff „zusammenhängend" etwas komplizierter zu definieren. Darauf wollen wir hier nicht weiter eingehen.

1.1.13. Satz

Sei $G \subset \mathbb{R}^n$ ein Gebiet. Ist $U \subset G$ offen und nicht-leer und $G \setminus U$ ebenfalls offen, so muss $U = G$ sein.

BEWEIS: Sei $\mathbf{x}_0 \in U$ und $\mathbf{y}_0 \in G$ ein beliebiger Punkt. Es gibt einen stetigen Weg $\boldsymbol{\alpha} : [0,1] \to G$ mit $\boldsymbol{\alpha}(0) = \mathbf{x}_0$ und $\boldsymbol{\alpha}(1) = \mathbf{y}_0$. Dann setzen wir

$$t_0 := \sup\{t \in [0,1] \,:\, \boldsymbol{\alpha}(t) \in U\}.$$

Offensichtlich ist $0 < t_0 \leq 1$, und es gibt eine Folge von Zahlen $t_\nu < t_0$ mit $\lim_{\nu\to\infty} t_\nu = t_0$ und $\boldsymbol{\alpha}(t_\nu) \in U$. Läge $\mathbf{z}_0 := \boldsymbol{\alpha}(t_0)$ in der offenen Menge $G \setminus U$, so müsste – wegen der Stetigkeit von $\boldsymbol{\alpha}$ – auch schon $\boldsymbol{\alpha}(t_\nu)$ für hinreichend großes ν in $G \setminus U$ liegen. Das ist ein Widerspruch. Also liegt $\mathbf{z}_0$ in U. Ist $t_0 < 1$, so gibt es Zahlen t mit $t_0 < t < 1$ und $\boldsymbol{\alpha}(t) \in U$. Das kann nicht sein. Also ist $t_0 = 1$ und $\mathbf{y}_0 = \boldsymbol{\alpha}(1) = \mathbf{z}_0 \in U$. ■

1.1.14. Satz

Sei $G \subset \mathbb{R}^n$ ein Gebiet. Dann lassen sich je zwei Punkte von G durch einen Streckenzug in G verbinden.

BEWEIS: Sei $\mathbf{x}_0 \in G$ ein fester Punkt und

$$U := \{\mathbf{y} \in G \,:\, \mathbf{x}_0 \text{ und } \mathbf{y} \text{ lassen sich in } G \text{ durch einen Streckenzug verbinden}\}.$$

Weil $\mathbf{x}_0$ zu U gehört, ist U nicht leer. Liegt $\mathbf{y}$ in U, so wählen wir ein $\varepsilon > 0$, so dass $U_\varepsilon(\mathbf{y}) \subset G$ ist. Da jeder Punkt von $U_\varepsilon(\mathbf{y})$ durch eine Strecke mit $\mathbf{y}$ verbunden werden kann, gehört die ganze ε-Umgebung zu U. Das bedeutet, dass U offen ist.

Wenn $\mathbf{y}$ in $G \setminus U$ liegt, wählen wir ebenfalls eine ε-Umgebung um $\mathbf{y}$, die noch ganz in G liegt. Könnte irgend ein Punkt $\mathbf{x} \in U_\varepsilon(\mathbf{y})$ mit $\mathbf{x}_0$ durch einen Streckenzug verbunden werden, so könnte man diesen Weg um die Strecke von $\mathbf{x}$ nach $\mathbf{y}$ verlängern, und $\mathbf{y}$ müsste in U liegen. Das wäre ein Widerspruch. Also ist auch $G \setminus U$ offen.

Nach Satz 1.1.13 ist dann $U = G$. ■

Wir wollen jetzt Reihen in normierten Vektorräumen betrachten. Sei E ein solcher Vektorraum. Wir bezeichnen die Norm eines Vektors $\mathbf{x} \in E$ mit $\|\mathbf{x}\|$. Ist $(\mathbf{a}_\nu)$ eine Folge von Elementen von E, so versteht man unter der ***Reihe*** $\sum_{\nu=1}^{\infty} \mathbf{a}_\nu$ die Folge der Partialsummen $S_N := \sum_{\nu=1}^{N} \mathbf{a}_\nu$. Damit ist klar, was man unter der Konvergenz einer solchen Reihe und unter ihrem Grenzwert versteht. Die Reihe heißt ***normal konvergent*** (oder ***absolut konvergent***), falls die Zahlenreihe $\sum_{\nu=1}^{\infty} \|\mathbf{a}_\nu\|$ konvergiert.

Definition (vollständiger Vektorraum)

Der Vektorraum E heißt ***vollständig*** oder ein ***Banachraum***, falls für jede Folge $(\mathbf{a}_\nu)$ in E gilt: Ist $\sum_{\nu=1}^{\infty} \mathbf{a}_\nu$ normal konvergent, so konvergiert die Reihe auch im gewöhnlichen Sinne.

Zur Erinnerung: Eine Reihe $\sum_{\nu=1}^{\infty} c_\nu$ reeller oder komplexer Zahlen konvergiert genau dann, wenn es zu jedem $\varepsilon > 0$ ein $N_0 \in \mathbb{N}$ gibt, so dass $|\sum_{\nu=N_0+1}^{N} c_\nu| < \varepsilon$ für $N > N_0$ gilt. Man spricht dabei vom *Cauchykriterium*.

Wir sagen nun, eine Reihe $\sum_{\nu=1}^{\infty} \mathbf{a}_\nu$ in einem normierten Vektorraum erfüllt das ***Cauchykriterium***, falls es zu jedem $\varepsilon > 0$ ein $N_0 \in \mathbb{N}$ gibt, so dass $\|\sum_{\nu=N_0+1}^{N} \mathbf{a}_\nu\| < \varepsilon$ für $N > N_0$ gilt.

Wie bei den Zahlenreihen (Band 1, Satz 2.2.5) folgt auch hier, dass jede konvergente Reihe das Cauchykriterium erfüllt. Die Umkehrung ist nicht in jedem normierten Vektorraum wahr. Vielmehr gilt:

1.1.15. Satz

Wenn in E jede Reihe, die das Cauchykriterium erfüllt, konvergiert, dann ist E vollständig.

BEWEIS: Die Voraussetzung sei erfüllt und die Reihe $\sum_{\nu=1}^{\infty} \mathbf{a}_\nu$ sei normal konvergent. Nach Satz 2.2.5 in Band 1 gibt es zu jedem $\varepsilon > 0$ ein $N_0 \in \mathbb{N}$, so dass $\sum_{\nu=N_0+1}^{N} \|\mathbf{a}_\nu\| < \varepsilon$ für $N > N_0$ gilt. Wegen der Ungleichung

$$\|\sum_{\nu=N_0+1}^{N} \mathbf{a}_\nu\| \le \sum_{\nu=N_0+1}^{N} \|\mathbf{a}_\nu\|$$

folgt, dass die Reihe das Cauchykriterium erfüllt. Also konvergiert sie. ∎

1.1.16. Beispiele

A. In $\mathbb{R}$ und $\mathbb{C}$ ist die normale Konvergenz gleichbedeutend mit der absoluten Konvergenz. Da wir in Band 1 gezeigt haben, dass jede absolut konvergente Reihe von Zahlen auch im gewöhnlichen Sinne konvergiert, sind $\mathbb{R}$ und $\mathbb{C}$ vollständig.

Das gleiche gilt für den $\mathbb{R}^n$ mit der Maximumsnorm. Sei $\mathbf{a}_\nu = (a_1^{(\nu)}, \ldots, a_n^{(\nu)})$, für $\nu \in \mathbb{N}$. Erfüllt die Reihe $\sum_{\nu=1}^{\infty} \mathbf{a}_\nu$ das Cauchykriterium, so auch jede der Reihen $\sum_{\nu=1}^{\infty} a_i^{(\nu)}$, $i = 1, \ldots, n$. Die Reihen konvergieren also. Aus der Gleichung

$$\sum_{\nu=1}^{N} \mathbf{a}_\nu = \Big(\sum_{\nu=1}^{N} a_1^{(\nu)}, \ldots, \sum_{\nu=1}^{N} a_n^{(\nu)}\Big)$$

folgt dann auch die Konvergenz der vektoriellen Reihe.

Wegen der Äquivalenz der Normen bleibt das Ergebnis für jede Norm richtig, und damit auch für jeden endlich-dimensionalen Vektorraum.

B. Sei $E = \mathscr{C}^0([a,b])$, versehen mit der Supremumsnorm. Sei (f_ν) eine Folge in E, so dass $\sum_{\nu=1}^\infty f_\nu$ normal konvergiert. Die Funktionenreihe konvergiert dann punktweise auf $[a,b]$ gegen eine stetige Funktion f (Satz 2.4.2 und Satz 2.4.3 in Band 1), und die Folge der Partialsummen $S_N := \sum_{n=1}^N f_n$ konvergiert gleichmäßig gegen f (Satz 4.1.5 in Band 1). Aber die gleichmäßige Konvergenz ist die Konvergenz in E bezüglich der Supremumsnorm.

Also ist auch E ein Banachraum.

In der Literatur wird Vollständigkeit häufig mit Hilfe von Cauchyfolgen definiert. Wir zeigen im Ergänzungsbereich, dass die Definitionen äquivalent sind.

Definition (kontrahierende Abbildung)

Sei E ein Banachraum und $M \subset E$ eine Teilmenge. Eine Abbildung $f : M \to M$ heißt ***kontrahierend***, falls es eine reelle Zahl q mit $0 < q < 1$ gibt, so dass $\|f(\mathbf{x}_1) - f(\mathbf{x}_2)\| \le q \cdot \|\mathbf{x}_1 - \mathbf{x}_2\|$ für alle $\mathbf{x}_1, \mathbf{x}_2 \in M$ gilt.

Bemerkung: Ein Element $\mathbf{x}_0 \in M$ heißt ***Fixpunkt*** der Abbildung $f : M \to M$, falls $f(\mathbf{x}_0) = \mathbf{x}_0$ ist. Ist f kontrahierend, so kann f höchstens einen Fixpunkt besitzen. Gäbe es nämlich zwei verschiedene Fixpunkte $\mathbf{x}_1, \mathbf{x}_2$, so wäre

$$\|\mathbf{x}_1 - \mathbf{x}_2\| = \|f(\mathbf{x}_1) - f(\mathbf{x}_2)\| \le q \cdot \|\mathbf{x}_1 - \mathbf{x}_2\| < \|\mathbf{x}_1 - \mathbf{x}_2\|.$$

Das kann aber nicht sein.

1.1.17. Banach'scher Fixpunktsatz

Sei E ein Banachraum, $A \subset E$ abgeschlossen und $f : A \to A$ eine kontrahierende Abbildung. Dann besitzt f einen (eindeutig bestimmten) Fixpunkt.

BEWEIS: Die Eindeutigkeit ist schon klar, wir müssen noch die Existenz zeigen. Dazu definieren wir induktiv eine Folge $\mathbf{x}_\nu$ in E. Der Anfangspunkt $\mathbf{x}_0$ kann beliebig gewählt werden. Dann setzen wir

$$\mathbf{x}_{\nu+1} := f(\mathbf{x}_\nu).$$

Offensichtlich ist

$$\begin{aligned} \|\mathbf{x}_{\nu+1} - \mathbf{x}_\nu\| &= \|f(\mathbf{x}_\nu) - f(\mathbf{x}_{\nu-1})\| \\ &\le q \cdot \|\mathbf{x}_\nu - \mathbf{x}_{\nu-1}\| \\ &\le \cdots \le q^\nu \cdot \|\mathbf{x}_1 - \mathbf{x}_0\|. \end{aligned}$$

Daraus folgt: Die Reihe $\sum_{\nu=0}^\infty (\mathbf{x}_{\nu+1} - \mathbf{x}_\nu)$ ist normal konvergent. Weil E ein Banachraum ist, konvergiert die Reihe in E gegen ein Element $\mathbf{z}$, und die Folge

$$\mathbf{x}_{N+1} = \sum_{\nu=0}^N (\mathbf{x}_{\nu+1} - \mathbf{x}_\nu) + \mathbf{x}_0$$

konvergiert gegen $\mathbf{x}^* := \mathbf{z} + \mathbf{x}_0$. Weil $A \subset E$ abgeschlossen ist, liegt $\mathbf{x}^*$ in A.

Für beliebiges ν ist außerdem

$$\begin{aligned} \|f(\mathbf{x}^*) - \mathbf{x}^*\| &\leq \|f(\mathbf{x}^*) - f(\mathbf{x}_\nu)\| + \|f(\mathbf{x}_\nu) - \mathbf{x}^*\| \\ &\leq q \cdot \|\mathbf{x}^* - \mathbf{x}_\nu\| + \|\mathbf{x}_{\nu+1} - \mathbf{x}^*\|, \end{aligned}$$

und dieser Ausdruck strebt gegen Null. Also ist $f(\mathbf{x}^*) = \mathbf{x}^*$. ∎

Für Anwendungen ist eventuell die folgende Fassung nützlich.

1.1.18. Spezieller Fixpunktsatz

Sei $M \subset \mathbb{R}^n$ eine beliebige Teilmenge, $\mathbf{f} : M \to \mathbb{R}^n$ stetig, $\mathbf{x}_0 \in M$ und $A := \overline{B_r(\mathbf{x}_0)} \subset M$. Außerdem gebe es eine reelle Zahl λ mit $0 < \lambda < 1$, so dass gilt:

1. ***Startbedingung:*** $\|\mathbf{f}(\mathbf{x}_0) - \mathbf{x}_0\| \leq (1 - \lambda)r$,
2. ***Kontraktionsbedingung:*** $\|\mathbf{f}(\mathbf{x} - \mathbf{f}(\mathbf{y})\| \leq \lambda\|\mathbf{x} - \mathbf{y}\|$ *für alle* $\mathbf{x}, \mathbf{y} \in M$.

Dann gibt es (genau ein) $\mathbf{x}^* \in \overline{B_r(\mathbf{x}_0)}$ mit $\mathbf{f}(\mathbf{x}^*) = \mathbf{x}^*$.

BEWEIS: $E := \mathbb{R}^n$ ist ein Banachraum und $A \subset E$ abgeschlossen.

a) Ist $\mathbf{x} \in A$, so ist $\|\mathbf{x} - \mathbf{x}_0\| \leq r$ und

$$\begin{aligned} \|\mathbf{f}(\mathbf{x}) - \mathbf{x}_0\| &\leq \|\mathbf{f}(\mathbf{x}) - \mathbf{f}(\mathbf{x}_0)\| + \|\mathbf{f}(\mathbf{x}_0) - \mathbf{x}_0\| \\ &\leq \lambda r + (1 - \lambda)r \leq r. \end{aligned}$$

Also bildet $\mathbf{f}$ die Menge A auf sich ab.

b) Die Kontraktionsbedingung gilt speziell in A.

Alles zusammen ergibt mit dem Banach'schen Fixpunktsatz die Existenz des Fixpunktes $\mathbf{x}^*$. ∎

Der Fixpunktsatz ist Ausgangspunkt vieler Näherungsverfahren. Am Beispiel des Newton-Verfahrens haben wir das schon in Band 1 (Abschnitt 4.3) gesehen.

In einer Veränderlichen lässt sich die Fixpunkt-Iteration besonders schön graphisch veranschaulichen. Sei $f : [a, b] \to \mathbb{R}$ eine stetige (oder sogar stetig differenzierbare) Funktion mit Werten in $[a, b]$, die sich kontrahierend verhält. Ausgehend von einem Startwert x_0 sucht man darüber den Punkt (x_0, y_0) auf dem Graphen von f. Von dort aus bewegt man sich horizontal zum Punkt (y_0, y_0). Jetzt ist $x_1 := y_0 = f(x_0)$ der neue Startwert. Auf der Vertikalen $x = x_1$ findet man den Punkt (x_1, y_1) auf dem Graphen von f und von dort geht man wieder horizontal zum Punkt (y_1, y_1). Dann setzt man $x_2 := y_1$ und wiederholt die Prozedur. Der Banach'sche Fixpunktsatz zeigt, dass die Folge der Punkte (x_0, y_0), (x_1, y_1), (x_2, y_2), ... gegen einen Punkt (x^*, x^*) konvergiert. x^* ist der gesuchte Fixpunkt.

Wir zeigen hier zwei Beispiele. Im ersten Fall handelt es sich um eine Funktion f mit $0 < f' < 1$, im zweiten Fall um eine Funktion mit $-1 < f' < 0$. Die Bedingung $|f'| < 1$ (in der Nähe von x^*) sichert, dass f kontrahierend ist.

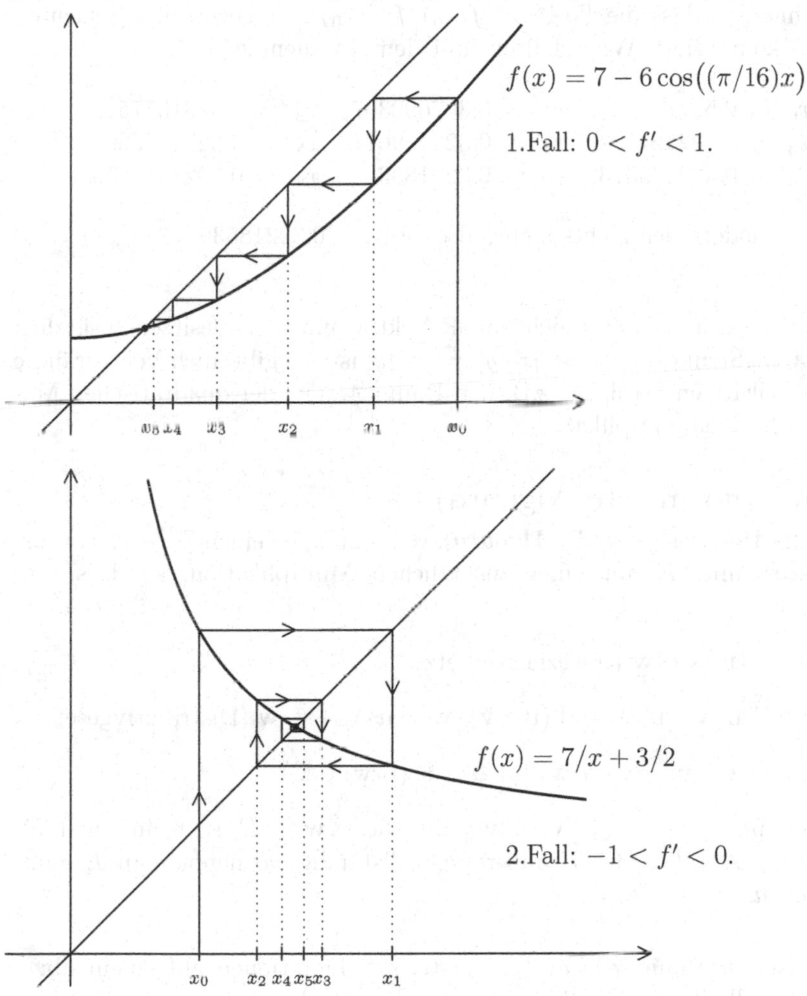

1.1.19. Beispiel

Gesucht ist eine Nullstelle der Funktion $g(x) := x^3 + 3x - 1$. Weil $g(0) = -1$ und $g(1) = 3$ ist, muss eine solche Nullstelle im Intervall $[0,1]$ liegen. Offensichtlich gilt:

$$x^* \text{ Nullstelle von } g \quad \Longleftrightarrow \quad x^* \text{ Fixpunkt von } f(x) := \frac{1}{x^2+3}.$$

Es ist $f(0) = 1/3$ und $f(1) = 1/4$. Außerdem ist $f'(x) = -2x/(x^2+3)^2 < 0$, also f streng monoton fallend. Damit kann man schließen, dass $f\big([0,1]\big) \subset [0,1]$ ist.

Nach dem Mittelwertsatz gibt es zu $x < y$ stets ein c mit $x < c < y$ und $|f(x) - f(y)| = |f'(c)| \cdot |x - y| \leq (2/9)|x - y|$. Also ist f kontrahierend. Nach dem Fixpunktsatz können wir ein beliebiges Element $x_0 \in [0, 1]$ (z.B. $x_0 := 1/2$) wählen, so dass die Folge $x_0, f(x_0), f(f(x_0)), \ldots$ gegen den gesuchten Fixpunkt konvergiert. Wir erhalten (mit dem Taschenrechner):

$$\begin{aligned} x_0 &= 0.5, & x_1 &= 0.307692307, & x_2 &= 0.323135755, \\ x_3 &= 0.322121703, & x_4 &= 0.322189611, & x_5 &= 0.322185069, \\ x_6 &= 0.322185373, & x_7 &= 0.322185353, & x_8 &= 0.322185354. \end{aligned}$$

Danach verändert sich nichts mehr, also ist $x^* = 0.32218535\ldots$.

Die Zahlenbereiche $\mathbb{R}$ und $\mathbb{C}$ sind nicht nur $\mathbb{R}$-Vektorräume, sie besitzen zusätzlich eine multiplikative Struktur, so dass $|x \cdot y| = |x| \cdot |y|$ ist. Es gibt auch Vektorräume mit einer multiplikativen Struktur, z.B. den Raum $M_n(\mathbb{R})$ der quadratischen Matrizen mit der Matrizenmultiplikation.

Definition (normierte Algebra)

Unter einer ***$\mathbb{R}$-Algebra*** (bzw. ***$\mathbb{C}$-Algebra***) versteht man einen $\mathbb{R}$-Vektorraum (bzw. $\mathbb{C}$-Vektorraum) E mit einer zusätzlichen Multiplikation, so dass für $\mathbf{u}, \mathbf{v}, \mathbf{w} \in E$ gilt:

1. $\mathbf{u} \cdot (\mathbf{v} \cdot \mathbf{w}) = (\mathbf{u} \cdot \mathbf{v}) \cdot \mathbf{w}$ (Assoziativgesetz),
2. $\mathbf{u} \cdot (\mathbf{v} + \mathbf{w}) = \mathbf{u} \cdot \mathbf{v} + \mathbf{u} \cdot \mathbf{w}$ und $(\mathbf{u} + \mathbf{v}) \cdot \mathbf{w} = \mathbf{u} \cdot \mathbf{w} + \mathbf{v} \cdot \mathbf{w}$ (Distributivgesetze).
3. $\alpha(\mathbf{v} \cdot \mathbf{w}) = (\alpha\mathbf{v}) \cdot \mathbf{w} = \mathbf{v} \cdot (\alpha\mathbf{w})$ für $\alpha \in \mathbb{R}$ (bzw. $\in \mathbb{C}$).

Ist E normiert und $\|\mathbf{v} \cdot \mathbf{w}\| \leq \|\mathbf{v}\| \cdot \|\mathbf{w}\|$ für alle $\mathbf{v}, \mathbf{w} \in E$, so nennt man E eine ***normierte Algebra***. Ist E außerdem vollständig, so nennt man E eine ***Banachalgebra***.

Offensichtlich ist der Raum $\mathscr{C}^0([a, b])$ der stetigen Funktionen auf einem abgeschlossenen Intervall ein Beispiel für eine normierte Algebra.

Wir wollen zeigen, dass auch $M_n(\mathbb{R})$ eine normierte $\mathbb{R}$-Algebra ist. Dazu müssen wir noch die Norm einer Matrix einführen.

Für eine Matrix

$$A = \left(a_{ij} \;\middle|\; \begin{matrix} i = 1, \ldots, n \\ j = 1, \ldots, n \end{matrix} \right) \in M_n(\mathbb{R})$$

setzen wir

$$\|A\| := \sqrt{\sum_{i,j} a_{ij}^2}.$$

Das ist nichts anderes als die gewöhnliche euklidische Norm von A in $M_n(\mathbb{R}) \cong \mathbb{R}^{n^2}$. Nun gilt:

1. $\|A + B\| \le \|A\| + \|B\|$.
2. $\|\lambda \cdot A\| = |\lambda| \cdot \|A\|$ für $\lambda \in \mathbb{R}$.
3. $\|A\| = 0 \iff A = 0$.
4. Sind $A, B \in M_n(\mathbb{R})$, so ist $\|A \cdot B\| \le \|A\| \cdot \|B\|$.

   Diese Aussage muss noch bewiesen werden. $A \cdot B$ hat an der Stelle (i, j) den Eintrag

$$\sum_{k=1}^{n} a_{ik} b_{kj} = \mathbf{z}_i(A) \bullet \mathbf{s}_j(B),$$

   wenn man mit $\mathbf{z}_i(A) \in \mathbb{R}^n$ die i-te Zeile von A und mit $\mathbf{s}_j(B) \in \mathbb{R}^n$ die j-te Spalte von B bezeichnet. Mit Hilfe der Schwarz'schen Ungleichung folgt dann:

$$\begin{aligned} \|A \cdot B\|^2 &= \sum_{i,j} (\mathbf{z}_i(A) \bullet \mathbf{s}_j(B))^2 \\ &\le \sum_{i,j} \|\mathbf{z}_i(A)\|^2 \cdot \|\mathbf{s}_j(B)\|^2 \\ &= \Big(\sum_i \|\mathbf{z}_i(A)\|^2\Big) \cdot \Big(\sum_j \|\mathbf{s}_j(B)\|^2\Big) \\ &= \|A\|^2 \cdot \|B\|^2. \end{aligned}$$

Also ist $M_n(\mathbb{R})$ eine normierte Algebra. Eng verwandt mit dem Raum der Matrizen ist der Raum $L(\mathbb{R}^n, \mathbb{R}^n)$ der linearen Abbildungen von $\mathbb{R}^n$ nach $\mathbb{R}^n$, mit der Verknüpfung von Abbildungen als Multiplikation. Hier bietet sich eine andere Norm an, die genauso auch für Matrizen verwendet werden kann.

Definition (Norm einer linearen Abbildung)

Sei $f : \mathbb{R}^n \to \mathbb{R}^n$ linear. Dann nennen wir

$$\|f\|_{\text{op}} := \sup\{\|f(\mathbf{x})\| \,:\, \|\mathbf{x}\| \le 1\}$$

die ***Operator-Norm*** von f.

1.1.20. Satz

Die Operator-Norm ist eine Norm, und für $\mathbf{x} \in \mathbb{R}^n$ ist $\|f(\mathbf{x})\| \le \|f\|_{\text{op}} \cdot \|\mathbf{x}\|$. Außerdem ist $\|f \circ g\|_{\text{op}} \le \|f\|_{\text{op}} \cdot \|g\|_{\text{op}}$.

BEWEIS: 1) Offensichtlich ist stets $\|f\|_{\text{op}} \ge 0$ und $\|f\|_{\text{op}} = 0 \iff f = 0$.

2) Für $\alpha \in \mathbb{R}$ ist $\|\alpha f\|_{\text{op}} = \sup\limits_{\|\mathbf{x}\|\le 1} \|(\alpha f)(\mathbf{x})\| = |\alpha| \cdot \sup\limits_{\|\mathbf{x}\|\le 1} \|f(\mathbf{x})\| = |\alpha| \cdot \|f\|_{\text{op}}$.

3) Es ist $\|f+g\|_{\text{op}} = \sup\limits_{\|\mathbf{x}\|\le 1} \|(f+g)(\mathbf{x})\| \le \sup\limits_{\|\mathbf{x}\|\le 1} \big(\|f(\mathbf{x})\| + \|g(\mathbf{x})\|\big) \le \|f\|_{\text{op}} + \|g\|_{\text{op}}$.

4) Ist $\mathbf{x}$ ein beliebiger Vektor, so ist

$$\frac{\|f(\mathbf{x})\|}{\|\mathbf{x}\|} = \|f\Big(\frac{\mathbf{x}}{\|\mathbf{x}\|}\Big)\| \le \|f\|_{\text{op}}, \text{ also } \|f(\mathbf{x})\| \le \|f\|_{\text{op}} \cdot \|\mathbf{x}\|.$$

5) Es ist $\|f \circ g\|_{\text{op}} = \sup\limits_{\|\mathbf{x}\|\le 1} \|f(g(\mathbf{x}))\| \le \sup\limits_{\|\mathbf{x}\|\le 1} \|f\|_{\text{op}} \cdot \|g(\mathbf{x})\| = \|f\|_{\text{op}} \cdot \|g\|_{\text{op}}$. ■

Jede Matrix $A \in M_n(\mathbb{R})$ definiert eine lineare Abbildung $f_A : \mathbb{R}^n \to \mathbb{R}^n$ durch $f_A(\mathbf{x}) := \mathbf{x} \cdot A^\top$. Daher kann man $\|A\|_{\text{op}} := \|f_A\|_{\text{op}}$ setzen. Außerdem sei $|A|$ die (wie im $\mathbb{R}^n$ definierte) Maximumnorm von A.

1.1.21. Satz

Für die Normen auf $M_n(\mathbb{R})$ gilt $|A| \le \|A\|_{\text{op}} \le \|A\|$.

BEWEIS: 1) Es ist $f_A(\mathbf{e}_j) = \mathbf{s}_j(A)$ und daher

$$|a_{ij}| \le \sqrt{a_{1j}^2 + \cdots + a_{nj}^2} = \|f_A(\mathbf{e}_j)\| \le \|f_A\|_{\text{op}}.$$

Daraus folgt die Ungleichung $|A| \le \|A\|_{\text{op}}$.

2) Bezeichnen wir weiterhin die i-te Zeile von A mit $\mathbf{z}_i(A)$, so sind die Komponenten von $A \cdot \mathbf{x}^\top$ die Skalarprodukte $\mathbf{z}_i(A) \bullet \mathbf{x}$. Daraus folgt:

$$\begin{aligned}
\|A\|_{\text{op}}^2 &= \sup_{\|\mathbf{x}\|\le 1} \|A \cdot \mathbf{x}\|^2 = \sup_{\|\mathbf{x}\|\le 1} \sum_{i=1}^n (\mathbf{z}_i(A) \bullet \mathbf{x})^2 \\
&\le \sup_{\|\mathbf{x}\|\le 1} \sum_{i=1}^n \|\mathbf{z}_i(A)\|^2 \cdot \|\mathbf{x}\|^2 \quad \text{(Cauchy-Schwarz)} \\
&\le \sum_{i=1}^n \|\mathbf{z}_i(A)\|^2 = \|A\|.
\end{aligned}$$

■

Eine Banachalgebra mit Eins ist eine Banachalgebra E mit einem Element 1, so dass $\mathbf{x} \cdot 1 = 1 \cdot \mathbf{x} = \mathbf{x}$ für alle $\mathbf{x} \in E$ gilt. Der Raum $M_n(\mathbb{R})$ ist eine solche Banachalgebra mit Eins, das Einselement ist die Einheitsmatrix E_n. Genauso ist $L(\mathbb{R}^n, \mathbb{R}^n)$ eine Banachalgebra mit Eins, das Einselement ist hier die identische Abbildung $\text{id} : \mathbb{R}^n \to \mathbb{R}^n$.

1.1.22. Satz

Sei E eine Banachalgebra mit Eins. Ist $\mathbf{x} \in E$ und $\|\mathbf{x}\| < 1$, so ist $1-\mathbf{x}$ invertierbar und $(1-\mathbf{x})^{-1} = \sum_{\nu=0}^{\infty} \mathbf{x}^{\nu}$.

BEWEIS: Weil $\|\mathbf{x}\cdot\mathbf{y}\| \le \|\mathbf{x}\|\cdot\|\mathbf{y}\|$ ist, ist allgemein $\|\mathbf{x}^{\nu}\| \le \|\mathbf{x}\|^{\nu}$. Weil $\|x\| < 1$ ist, ist $\sum_{\nu=0}^{\infty}\|\mathbf{x}\|^{\nu}$ eine konvergente geometrische Reihe und $\sum_{\nu=0}^{\infty}\mathbf{x}^{\nu}$ eine normal konvergente Reihe, die wegen der Vollständigkeit von E konvergieren muss. Außerdem gilt:

$$(1-\mathbf{x})\cdot\sum_{\nu=0}^{N}\mathbf{x}^{\nu} = 1-\mathbf{x}^{N+1}.$$

Die Folge $(\mathbf{x}^{N+1})$ strebt für $N \to \infty$ gegen Null. Daraus ergibt sich die Formel für $(1-\mathbf{x})^{-1}$. ∎

Zusammenfassung

Wir haben in diesem Abschnitt die Geometrie im $\mathbb{R}^n$, in euklidischen Räumen (endlich-dimensionalen reellen Vektorraumen mit einem Skalarprodukt) und in allgemeinen normierten Vektorräumen untersucht.

Die einschneidendste Voraussetzung ist die Existenz eines **Skalarproduktes**. Je zwei Vektoren v und w eines reellen Vektorraumes E wird eine reelle Zahl $(v \,|\, w)$ zuordnet, so dass gilt:

1. $(\mathbf{v}_1 + \mathbf{v}_2 \,|\, \mathbf{w}) = (\mathbf{v}_1 \,|\, \mathbf{w}) + (\mathbf{v}_2 \,|\, \mathbf{w})$ für $\mathbf{v}_1, \mathbf{v}_2, \mathbf{w} \in E$,

2. $(\alpha\,\mathbf{v} \,|\, \mathbf{w}) = \alpha\cdot(\mathbf{v} \,|\, \mathbf{w})$ für $\alpha \in \mathbb{R}$ und $\mathbf{v}, \mathbf{w} \in E$,

3. $(\mathbf{w} \,|\, \mathbf{v}) = (\mathbf{v} \,|\, \mathbf{w})$ für $\mathbf{v}, \mathbf{w} \in E$.

4. Ist $\mathbf{v} \ne \mathbf{0}$, so ist $(\mathbf{v} \,|\, \mathbf{v}) > 0$.

Liegt ein komplexer Vektorraum vor, so darf $(v \,|\, w)$ eine komplexe Zahl sein. Die Eigenschaft (2) muss auch für komplexes α gelten und an Stelle der Symmetrie (3) muss die Gleichung $(\mathbf{w} \,|\, \mathbf{v}) = \overline{(\mathbf{v} \,|\, \mathbf{w})}$ für $\mathbf{v}, \mathbf{w} \in E$ gelten. So ist gesichert, dass $(\mathbf{v} \,|\, \mathbf{v})$ immer reell ist und die Forderung $(\mathbf{v} \,|\, \mathbf{v}) > 0$ sinnvoll bleibt.

Im $\mathbb{R}^n$ arbeiten wir meist mit dem **kanonischen euklidischen Skalarprodukt** $\mathbf{v} \bullet \mathbf{w} := v_1 w_1 + \cdots + v_n w_n$. Andere relevante Beispiele begegnen uns vor allem bei unendlich-dimensionalen Räumen (vgl. z.B. Seite 5).

Jedes Skalarprodukt liefert eine Norm durch $\|\mathbf{v}\| := \sqrt{(\mathbf{v} \,|\, \mathbf{v})}$. Es gibt aber auch Normen, die nicht von einem Skalarprodukt herrühren. Ganz allgemein versteht man unter einer **Norm** auf einem reellen (oder komplexen) Vektorraum E eine Funktion $N : E \to \mathbb{R}$ mit folgenden Eigenschaften:

1. $N(\mathbf{v}) \ge 0$ für jedes $\mathbf{v} \in E$, und $N(\mathbf{v}) = 0 \iff \mathbf{v} = \mathbf{0}$,

2. $N(\alpha\,\mathbf{v}) = |\alpha| \cdot N(\mathbf{v})$ für $\alpha \in \mathbb{R}$ (oder $\alpha \in \mathbb{C}$) und $\mathbf{v} \in E$,

3. $N(\mathbf{v}+\mathbf{w}) \le N(\mathbf{v}) + N(\mathbf{w})$ für $\mathbf{v},\mathbf{w} \in E$ (Dreiecks-Ungleichung).

Typisches Beispiel auf dem $\mathbb{R}^n$ ist die **kanonische euklidische Norm**

$$\|\mathbf{v}\| := \sqrt{v_1^2 + \cdots + v_n^2}.$$

Sehr nützlich ist aber auch die **Maximumsnorm** $|\mathbf{v}| := \max\limits_{i=1,\ldots,n} |v_i|$, die nicht von einem Skalarprodukt herrührt. Ihre Verallgemeinerung auf Funktionenräumen ist die Supremumsnorm .

Je zwei Normen N_1, N_2 auf dem $\mathbb{R}^n$ sind äquivalent, d.h., es gibt Konstanten $c, c^* > 0$, so dass $c \cdot N_1(\mathbf{v}) \le N_2(\mathbf{v}) \le c^* \cdot N_1(\mathbf{v})$ für alle $\mathbf{v} \in \mathbb{R}^n$ gilt. Speziell ist $\dfrac{1}{\sqrt{n}} \cdot \|\mathbf{v}\| \le |\mathbf{v}| \le \|\mathbf{v}\|$.

Jede Norm liefert eine Metrik, durch $\text{dist}(\mathbf{v},\mathbf{w}) := \|\mathbf{v}-\mathbf{w}\|$. Auch hier gilt wieder: Nicht jede Metrik kommt von einer Norm (z.B. wird durch $d(x,y) := |e^x - e^y|$ eine Metrik auf $\mathbb{R}$ definiert, aber $N(x) := d(x,0) = |e^x - 1|$ ist keine Norm). Dafür ist der Begriff der Metrik so allgemein gehalten, dass Metriken nicht nur auf Vektorräumen existieren. Unter einer **Metrik** auf einer Menge E (die bei uns immer ein Vektorraum ist) versteht man eine Abbildung $d : E \times E \to \mathbb{R}$ mit folgenden Eigenschaften:

1. $d(\mathbf{x},\mathbf{y}) \ge 0$ und $= 0 \iff \mathbf{x} = \mathbf{y}$,

2. $d(\mathbf{x},\mathbf{y}) = d(\mathbf{y},\mathbf{x})$,

3. $d(\mathbf{x},\mathbf{y}) \le d(\mathbf{x},\mathbf{z}) + d(\mathbf{z},\mathbf{y})$ (Dreiecksungleichung).

Tatsächlich werden bei dieser Definition die Vektorraum-Eigenschaften von E gar nicht benutzt.

Als Nächstes wurden offene und abgeschlossene Mengen eingeführt. Dafür braucht man nur eine Metrik und die damit definierbaren ε-Umgebungen

$$U_\varepsilon(\mathbf{x}_0) := \{\mathbf{x} \in E \,:\, d(\mathbf{x},\mathbf{x}_0) < \varepsilon\}.$$

$M \subset E$ heißt **offen**, falls es zu jedem Punkt $\mathbf{x} \in M$ ein $\varepsilon > 0$ gibt, so dass $U_\varepsilon(\mathbf{x}) \subset M$ ist. $A \subset E$ heißt **abgeschlossen**, falls $E \setminus A$ offen ist. Es gilt:

1. Die **leere Menge** und der **ganze Raum** E sind offen und abgeschlossen.

2. **Endliche Durchschnitte** von offenen Mengen sind wieder offen. Endliche Vereinigungen von abgeschlossenen Mengen sind wieder abgeschlossen.

3. **Beliebige Vereinigungen** von offenen Mengen sind wieder offen. Beliebige Durchschnitte von abgeschlossenen Mengen sind wieder abgeschlossen.

Jedes Mengensystem, das die oben genannten Eigenschaften der offenen Mengen aufweist, nennt man eine **Topologie** auf E. Man kann auch auf Teilmengen von E Topologien einführen. Ein typisches Beispiel ist die **Relativtopologie**: Ist $X \subset E$ eine beliebige Teilmenge, so heißt $M \subset X$ relativ-offen, falls es eine offene Menge $\widehat{M} \subset E$ mit $M = \widehat{M} \cap X$ gibt.

Ist $M \subset E$ eine beliebige Teilmenge, so kann ein Punkt $\mathbf{x}_0 \in E$ auf folgende Weise in Beziehung zu M stehen:

1. $\mathbf{x}_0$ ist **innerer Punkt** von M, falls es ein $\varepsilon > 0$ mit $U_\varepsilon(\mathbf{x}_0) \subset M$ gibt. Insbesondere gehört $\mathbf{x}_0$ dann zu M.

2. $\mathbf{x}_0$ ist **Häufungspunkt** von M, falls in jeder Umgebung von $\mathbf{x}_0$ unendlich viele Punkte von M liegen. Dafür braucht $\mathbf{x}_0$ nicht unbedingt selbst zu M zu gehören.

3. $\mathbf{x}_0$ ist **isolierter Punkt** von M, falls es eine Umgebung U von $\mathbf{x}_0$ gibt, so dass $U \cap M = \{\mathbf{x}_0\}$ ist. Natürlich gehört $\mathbf{x}_0$ dann zu M.

4. $\mathbf{x}_0$ ist **Berührungspunkt** von M, falls in jeder Umgebung von $\mathbf{x}_0$ mindestens ein Punkt von M liegt. Innere Punkte, Häufungspunkte und isolierte Punkte sind auch immer Berührungspunkte.

5. $\mathbf{x}_0$ ist **Randpunkt** von M, falls in jeder Umgebung U von $\mathbf{x}_0$ sowohl Punkte von M als auch Punkte von $E \setminus M$ liegen. Randpunkte können zur Menge M dazugehören, müssen es aber nicht.

Die Menge aller inneren Punkte von M bezeichnet man mit $\mathring{M}$ („offener Kern" von M), die Menge aller Berührungspunkte von M bezeichnet man mit $\overline{M}$ („abgeschlossene Hülle" von M). Die Menge ∂M aller Randpunkte von M ist die Menge aller Berührungspunkte, die keine inneren Punkte sind.

Eine Menge $K \subset \mathbb{R}^n$ wird hier **kompakt** genannt, falls jede Punktfolge in K einen Häufungspunkt besitzt, der selbst schon zu K gehört. Das ist gleichbedeutend damit, dass K abgeschlossen und beschränkt ist (Satz von Heine-Borel). Die Definition der kompakten Menge kann auch auf Teilmengen beliebiger normierter Vektorräume übertragen werden, aber der Satz von Heine-Borel gilt nur im $\mathbb{R}^n$. In einem normierten Vektorraum ist eine Teilmenge K genau dann kompakt, wenn sie die **Überdeckungseigenschaft** besitzt: Jede offene Überdeckung von K enthält eine endliche Überdeckung von K. Diese Charakterisierung kompakter Mengen kann auch auf abstraktere Räume ohne Vektorraum-Struktur übertragen werden.

Eine zusammenhängende Menge ist anschaulich gesehen eine Menge, die nicht in mehrere Teile zerfällt. Um das sauber zu formulieren, braucht man den Begriff der Relativtopologie. Wir haben hier darauf verzichtet und nur den einfacheren Fall einer **zusammenhängenden offenen Menge** (eines sogenannten **Gebietes**) betrachtet. Eine offene Teilmenge $G \subset E$ heißt ein Gebiet, falls es zu je zwei Punkten aus G einen stetigen Weg $\boldsymbol{\alpha} : [0,1] \to G$ gibt, der die Punkte in G miteinander verbindet. Gebiete kann man als Verallgemeinerung der offenen Intervalle auf höhere Dimensionen auffassen, insbesondere gilt auf ihnen der Zwischenwertsatz.

Zum Schluss wurde die Vollständigkeit von normierten Vektorräumen behandelt. Unendliche Reihen, sowie die Konvergenz und die normale Konvergenz von Reihen kann man wie im $\mathbb{R}^n$ definieren. Ein normierter Vektorraum E heißt **vollständig**, falls jede normal konvergente Reihe in E konvergiert. Das ist gleichbedeutend damit, dass jede Reihe, die das Cauchykriterium erfüllt, konvergiert (vgl. Seite 16). Ein vollständiger normierter Vektorraum wird auch **Banachraum** genannt. Kommt die Norm von einem Skalarprodukt, so spricht man von einem **Hilbertraum**.

Sei E ein Banachraum und $M \subset E$ eine Teilmenge. Eine Abbildung $f : M \to M$ heißt **kontrahierend**, falls es eine reelle Zahl q mit $0 < q < 1$ gibt, so dass $\|f(\mathbf{x}_1) - f(\mathbf{x}_2)\| \le q \cdot \|\mathbf{x}_1 - \mathbf{x}_2\|$ für alle $\mathbf{x}_1, \mathbf{x}_2 \in M$ gilt. Der **Banach'sche Fixpunktsatz** besagt dann: *Ist E ein Banachraum, $A \subset E$ abgeschlossen und $f : A \to A$ eine kontrahierende Abbildung, so besitzt f einen (eindeutig bestimmten) Fixpunkt.*

Ist E ein normierter Vektorraum mit einem zusätzlichen Produkt, so dass $\|\mathbf{v} \cdot \mathbf{w}\| \le \|\mathbf{v}\| \cdot \|\mathbf{w}\|$ für alle $\mathbf{v}, \mathbf{w} \in E$ gilt, so nennt man E eine **normierte Algebra** (bzw. im vollständigen Falle eine **Banachalgebra**). Wichtigstes Beispiel (neben $\mathbb{R}$ und $\mathbb{C}$) ist die Algebra $M_n(\mathbb{R})$ der quadratischen Matrizen. Hier hat man sogar drei Normen zur Auswahl, die sich auf natürliche Weise anbieten. Die Maximumsnorm $|A|$, die euklidische Norm $\|A\|$ und die Operatornorm $\|A\|_{\text{op}}$ mit

$$\|A\|_{\text{op}} := \sup\{\|\mathbf{x} \cdot A^{\top}\| \,:\, \|\mathbf{x}\| \le 1\}.$$

Mit der euklidischen und der Operatornorm wird $M_n(\mathbb{R})$ zu einer Banachalgebra. Genauso ist der Raum $L(\mathbb{R}^n, \mathbb{R}^n)$ der linearen Abbildungen von $\mathbb{R}^n$ auf sich ein Banachraum, ebenfalls durch die Operatornorm.

Ergänzungen

I) Metrische Räume:

Definition (metrischer Raum)

Ein ***metrischer Raum*** ist eine Menge X, zusammen mit einer Abbildung $d : X \times X \to \mathbb{R}$, so dass gilt:

1. $d(x,y) \ge 0$ für alle $x, y \in X$, und $d(x,y) = 0 \iff x = y$,
2. $d(x,y) = d(y,x)$,
3. $d(x,y) \le d(x,z) + d(z,y)$.

Mit Hilfe einer Metrik kann man die Konvergenz von Folgen definieren.

Es gibt metrische Räume, die keine Vektorräume sind (z.B. eine Kugel im $\mathbb{R}^n$ mit der induzierten Metrik), aber auch in einem Vektorraum kommt nicht jede Metrik von einer Norm. Es soll hier ein wichtiges Beispiel behandelt werden:

Sei $I = (a, b)$ ein **offenes** Intervall und $E := \mathcal{C}^0(I)$. Wir setzen

$$I_k := [a + r/k, b - r/k] \text{ (für ein festes } r \text{ mit } 0 < r < b - a)$$

und $p_k(f) := \|f\|_{I_k}$ für $f \in E$. Weiter sei

$$\delta(f) := \sum_{k=1}^{\infty} 2^{-k} \cdot \frac{p_k(f)}{1 + p_k(f)} \quad \text{und} \quad d(f, g) := \delta(f - g).$$

Behauptung: d ist eine Metrik auf E.

BEWEIS: 1) Für jede reelle Zahl $x \geq 0$ ist $0 \leq \dfrac{x}{1+x} < 1$. Also ist die Reihe sicherlich immer konvergent und $d(f, g)$ eine nicht-negative reelle Zahl. Speziell ist $\delta(0) = 0$, und wenn $\delta(f) = 0$ ist, so muss $p_k(f) = 0$ sein, für alle k. Das geht nur, wenn $f = 0$ ist. Somit ist $d(f, g) = 0 \iff f = g$.

2) Die Gleichung $d(f, g) = d(g, f)$ ist trivialerweise erfüllt.

3) Es bleibt die Dreiecks-Ungleichung. Die Funktion $h(x) = x/(1 + x)$ ist auf $\mathbb{R}_+$ differenzierbar und $h'(x) = 1/(1+x)^2 > 0$. Also wächst h streng monoton. Außerdem ist $h(x+y) = x/(1+x+y) + y/(1+x+y) \leq h(x) + h(y)$. Benutzt man schließlich noch die schon bekannte Dreiecksungleichung für p_k, so erhält man:

$$h(p_k(f + g)) \leq h(p_k(f) + p_k(g)) \leq h(p_k(f)) + h(p_k(g)).$$

Das ergibt die Ungleichung $\delta(f + g) \leq \delta(f) + \delta(g)$, und damit ist

$$\begin{aligned} d(f,g) &= \delta(f - g) = \delta((f - f_0) + (f_0 - g)) \\ &\leq \delta(f - f_0) + \delta(f_0 - g) = d(f, f_0) + d(f_0, g). \end{aligned}$$

Also ist d eine Metrik. ∎

Aber $\delta(f) = d(f, 0)$ ist offensichtlich keine Norm.

Definition (topologischer Raum)

Ein ***topologischer Raum*** ist eine Menge X mit einer Topologie. Die Topologie $\mathscr{O}$ bezeichnet man dann auch als das System der ***offenen*** Mengen von X.

1.1.23. Beispiele

A. Jeder metrische Raum (X, d) ist auch ein topologischer Raum. Eine Menge $U \subset X$ gehört zum System $\mathscr{O}$ der offenen Mengen von X, wenn es zu jedem $x \in U$ ein $\varepsilon > 0$ gibt, so dass $U_\varepsilon(x) \subset U$ ist.

B. Ist X ein topologischer Raum und $Y \subset X$ eine Teilmenge, so trägt Y die „Relativtopologie" oder „Spurtopologie". Man nennt eine Menge $U \subset Y$ offen, falls es eine offene Menge $\widehat{U} \subset X$ mit $\widehat{U} \cap Y = U$ gibt. Die Eigenschaften einer topologischen Struktur lassen sich leicht nachrechnen (wie in einem normierten Vektorraum).

C. Es kann auf einer Menge X i.a. viele verschiedene topologische Strukturen geben. So ist z.B. $\mathscr{O} = \{\varnothing, X\}$ immer eine Topologie (auch die „Klumpen-Topologie" genannt), und die Familie $P(X)$ aller Teilmengen von X (die „Potenzmenge" von X) ist ebenfalls eine Topologie.

Auch in einem allgemeinen topologischen Raum X existiert der Begriff der Umgebung. Eine Teilmenge $M \subset X$ heißt ***Umgebung*** von $x \in X$, falls es eine offene Teilmenge $U \in \mathscr{O}$ gibt, so dass $x \in U \subset M$ gilt.

Definition (Hausdorffraum)

Ein topologischer Raum X heißt ein ***Hausdorffraum***, falls gilt: Zu je zwei verschiedenen Elementen x und y aus X gibt es Umgebungen U von x und V von y mit $U \cap V = \varnothing$.

Jeder metrische Raum ist ein Hausdorffraum, aber eine Menge X mit der Klumpen-Topologie und mit mindestens 2 Elementen ist sicherlich kein Hausdorff-Raum. Es gibt auch noch interessantere topologische Räume, die nicht metrisch sind, aber darauf soll hier nicht näher eingegangen werden.

Übrigens nennen wir auch in einem beliebigen topologischen Raum eine Teilmenge ***abgeschlossen***, wenn ihr Komplement offen ist.

Sei X ein metrischer Raum und $M \subset X$ eine beliebige Teilmenge. Ein Punkt $x_0 \in X$ heißt ein ***Häufungspunkt*** von M, falls in jeder Umgebung von x_0 unendlich viele Punkte von M liegen.

1.1.24. Satz

Eine Teilmenge M eines metrischen Raumes X ist genau dann abgeschlossen, wenn sie alle ihre Häufungspunkte enthält.

BEWEIS: 1) Sei M abgeschlossen und x_0 ein Häufungspunkt von M. Wenn x_0 nicht zu M gehört, dann liegt x_0 in der offenen Menge $X \setminus M$. Also existiert ein $\varepsilon > 0$, so dass auch noch $U := U_\varepsilon(x_0)$ zu $X \setminus M$ gehört. Das ist ein Widerspruch.

2) Es sei M eine Menge, die alle ihre Häufungspunkte enthält. Wir betrachten einen beliebigen Punkt $x_0 \in X \setminus M$. Da x_0 kein Häufungspunkt von M ist, gibt es eine Umgebung $V = V(x_0) \subset X$, die höchstens endlich viele Punkte $y_1, \ldots, y_m \in M$ enthält. Wegen der Hausdorffschen Trennungs-Eigenschaft gibt es Umgebungen $U_i = U_i(y_i)$ und $V_i = V_i(x_0)$ mit $U_i \cap V_i = \varnothing$, für $i = 1, \ldots, m$. Dann ist $W := V \cap V_1 \cap \ldots \cap V_m$ eine Umgebung von x_0, die keinen Punkt von M enthält.

Weil so etwas mit jedem Punkt $x_0 \in X \setminus M$ geht, ist $X \setminus M$ offen und M selbst abgeschlossen. ∎

II) Anmerkungen zur Vollständigkeit:

Sei E ein normierter Vektorraum.

1. Eine Folge $(\mathbf{x}_\nu)$ in E heißt ***Cauchyfolge***, falls es zu jedem $\varepsilon > 0$ ein ν_0 gibt, so dass $\|\mathbf{x}_\nu - \mathbf{x}_\mu\| < \varepsilon$ für $\nu, \mu \ge \nu_0$ gilt.
2. $(\mathbf{x}_\nu)$ heißt ***schnelle Cauchyfolge***, falls $\sum_{\nu=1}^\infty \|\mathbf{x}_\nu - \mathbf{x}_{\nu+1}\| < \infty$ ist.

1.1.25. Satz

Jede schnelle Cauchyfolge ist eine Cauchyfolge.

BEWEIS: Sei $(\mathbf{x}_\nu)$ eine schnelle Cauchyfolge, also $\sum_{\nu=1}^\infty \|\mathbf{x}_\nu - \mathbf{x}_{\nu+1}\| < \infty$. Dann ist

$$\lim_{N\to\infty} \sum_{\nu=N}^{\infty} \|\mathbf{x}_\nu - \mathbf{x}_{\nu+1}\| = 0.$$

Sei jetzt $\varepsilon > 0$ vorgegeben. Dann gibt es ein N_0, so dass $\sum_{\nu=N_0}^\infty \|\mathbf{x}_\nu - \mathbf{x}_{\nu+1}\| < \varepsilon$ ist. Ist nun $n > m \ge N_0$, so ist $\mathbf{x}_m - \mathbf{x}_n = (\mathbf{x}_m - \mathbf{x}_{m+1}) + (\mathbf{x}_{m+1} - \mathbf{x}_{m+2}) + \cdots + (\mathbf{x}_{n-1} - \mathbf{x}_n)$, also

$$\|\mathbf{x}_m - \mathbf{x}_n\| \le \sum_{\nu=m}^{n-1} \|\mathbf{x}_\nu - \mathbf{x}_{\nu+1}\| < \varepsilon.$$

Das bedeutet, dass $(\mathbf{x}_\nu)$ eine Cauchyfolge ist. ∎

1.1.26. Satz

Folgende Aussagen sind äquivalent:

1. *Jede schnelle Cauchyfolge in E konvergiert.*
2. *Jede Cauchyfolge in E konvergiert.*
3. *Jede normal konvergente Reihe in E konvergiert.*

BEWEIS: (1) $\Longrightarrow$ (2): Wir setzen voraus, dass jede schnelle Cauchyfolge konvergiert. Sei $(\mathbf{x}_\nu)$ eine gewöhnliche Cauchyfolge. Dann gibt es zu jedem $k \in \mathbb{N}$ eine Zahl $N(k)$, so dass $\|\mathbf{x}_m - \mathbf{x}_n\| < 2^{-k}$ für $m, n \ge N(k)$ gilt. Man kann dabei erreichen, dass $N(1) < N(2) < N(3) < \ldots$ ist. Setzen wir $\mathbf{y}_k := \mathbf{x}_{N(k)}$, so ist

$$\sum_{k=1}^{\infty} \|\mathbf{y}_k - \mathbf{y}_{k+1}\| = \sum_{k=1}^{\infty} \|\mathbf{x}_{N(k)} - \mathbf{x}_{N(k+1)}\| < \sum_{k=1}^{\infty} 2^{-k} = 1.$$

Also ist $(\mathbf{y}_k)$ eine schnelle Cauchyfolge und nach Voraussetzung gegen ein $\mathbf{y} \in E$ konvergent.

Sei jetzt ein $\varepsilon > 0$ vorgegeben. Dann gibt es ein k_0, so dass $\|\mathbf{y}_k - \mathbf{y}\| < \varepsilon/2$ für $k \ge k_0$ ist. Außerdem gibt es ein N_0, so dass $\|\mathbf{x}_\nu - \mathbf{x}_\mu\| < \varepsilon/2$ für $\nu, \mu \ge N_0$ ist. Wir wählen ein $k \ge k_0$, so dass $N(k) \ge N_0$ ist. Dann ist

$$\|\mathbf{x}_\nu - \mathbf{y}\| \le \|\mathbf{x}_\nu - \mathbf{x}_{N(k)}\| + \|\mathbf{x}_{N(k)} - \mathbf{y}\| < \frac{\varepsilon}{2} + \frac{\varepsilon}{2} = \varepsilon$$

für jedes $\nu \ge N_0$. Das bedeutet, dass $(\mathbf{x}_\nu)$ gegen $\mathbf{y}$ konvergiert.

(2) $\Longrightarrow$ (3): Jede Cauchyfolge in E sei konvergent und $\sum_{\nu=1}^{\infty} \mathbf{x}_\nu$ sei normal konvergent. Wir setzen $S_N := \sum_{\nu=1}^{N} \mathbf{x}_\nu$. Für $M > N$ ist dann

$$\|\sum_{\nu=N+1}^{M} \mathbf{x}_\nu\| \le \sum_{\nu=N+1}^{M} \|\mathbf{x}_\nu\|.$$

Wegen der normalen Konvergenz der Reihe wird die rechte Seite beliebig klein, wenn nur N genügend groß ist. Diese Aussage gilt dann erst recht für die linke Seite. Das bedeutet, dass die Folge der Partialsummen S_N eine Cauchyfolge ist. Also konvergiert die Reihe.

(3) $\Longrightarrow$ (1): Jetzt sei jede normal konvergente Reihe konvergent. Ist $(\mathbf{x}_\nu)$ eine schnelle Cauchyfolge, so ist die Reihe $\sum_{\nu=1}^{\infty}(\mathbf{x}_\nu - \mathbf{x}_{\nu+1})$ normal konvergent. Also muss die Folge der Partialsummen

$$S_N := \sum_{\nu=1}^{N}(\mathbf{x}_\nu - \mathbf{x}_{\nu+1}) = \mathbf{x}_1 - \mathbf{x}_{N+1}$$

konvergieren. Das bedeutet aber auch, dass $(\mathbf{x}_\nu)$ konvergiert. ∎

In einem metrischen Raum stehen i.a. keine Reihen zur Verfügung, aber man kann Cauchyfolgen definieren. Deshalb heißt ein metrischer Raum vollständig, falls jede Cauchyfolge konvergiert. In einem beliebigen topologischen Raum kann man nicht mehr feststellen, ob sich die Punkte einer Folge beliebig nahe kommen. Dann existiert der Begriff der Cauchyfolge nicht mehr und man kann auch nicht mehr von Vollständigkeit reden.

1.1.27. Aufgaben

A. Sei E die Menge der Folgen $\mathbf{a} = (a_i)_{i\in\mathbb{N}}$ mit $\sum_{i=1}^{\infty}|a_i| < \infty$. Zeigen Sie, dass E ein reeller Vektorraum ist, wenn man die Addition und die Multiplikation mit reellen Skalaren komponentenweise erklärt. Zeigen Sie, dass durch $N(\mathbf{a}) := \sum_{i=1}^{\infty}|a_i|$ eine Norm auf E erklärt wird.

B. Sei $M \subset \mathbb{R}^n = \mathbb{R}^p \times \mathbb{R}^q$ offen, $\mathbf{x}_0 = (\mathbf{x}_0', \mathbf{x}_0'') \in M$. Zeigen Sie, dass es Zahlen $\varepsilon', \varepsilon'' > 0$ gibt, so dass $U_{\varepsilon'}(\mathbf{x}_0') \times U_{\varepsilon''}(\mathbf{x}_0'') \subset M$ ist.

C. Zeigen Sie, dass durch

$$d_1(\mathbf{x}, \mathbf{y}) := \sum_{i=1}^{n}|x_i - y_i| \quad \text{und} \quad d_2(\mathbf{x}, \mathbf{y}) := \frac{\|\mathbf{x} - \mathbf{y}\|}{1 + \|\mathbf{x} - \mathbf{y}\|}$$

Metriken auf dem $\mathbb{R}^n$ definiert werden.

D. Bestimmen Sie alle inneren Punkte, alle Häufungspunkte und alle Berührungspunkte der folgenden Mengen:

$$\begin{aligned}
M_1 &:= \mathbb{Q} \cap \{x \in \mathbb{R} : 0 < x^2 < 2\}, \\
M_2 &:= (2,5] \times [3,7), \\
M_3 &:= \{x \in \mathbb{R} : x(x+2) > 0\}, \\
M_4 &:= \{(x,y) \in \mathbb{R}^2 : \exists n \in \mathbb{N} \text{ mit } y = 1/n \text{ und } |x| \le 1/n\}, \\
M_5 &:= (0,1) \times (0,1) \setminus \bigcup\nolimits_{n\ge 2}\{(1/n, y) : y < 1/2\} \\
\text{und} \quad M_6 &:= \mathbb{R}^2 \setminus \{(x,y) : x \in \mathbb{Q} \text{ oder } y \in \mathbb{Q}\}.
\end{aligned}$$

E. Zeigen Sie für beliebige Mengen $M_1, M_2 \subset \mathbb{R}^n$:

$$(M_1 \cap M_2)^\circ = \overset{\circ}{M}_1 \cap \overset{\circ}{M}_2 \quad \text{und} \quad \overset{\circ}{M}_1 \cup \overset{\circ}{M}_2 \subset (M_1 \cup M_2)^\circ,$$
$$\overline{M_1 \cup M_2} = \overline{M}_1 \cup \overline{M}_2 \quad \text{und} \quad \overline{M_1 \cap M_2} \subset \overline{M}_1 \cap \overline{M}_2.$$

Geben Sie Beispiele an, die zeigen, dass oben „$\subset$" nicht durch „$=$" ersetzt werden kann.

F. Zeigen Sie für Mengen $M \subset \mathbb{R}^n$:

(a) $\overset{\circ}{M}$ ist offen. Ist M selbst schon offen, so ist $\overset{\circ}{M} = M$.

(b) Es ist $\overset{\circ}{M} = \bigcup\limits_{\substack{V \subset M \\ V \text{ offen}}} V$.

G. Zeigen Sie für Mengen $M \subset \mathbb{R}^n$:

(a) $\overline{M}$ ist abgeschlossen. Ist M selbst schon abgeschlossen, so ist $\overline{M} = M$.

(b) Es ist $\overline{M} = \bigcap_{\substack{A \supset M \\ A \text{ abgeschlossen}}} A$.

H. Sei $N \subset \mathbb{R}^n$ und $M \subset \mathbb{R}^m$. Dann gilt:

(a) $\partial(N \times M) = (\partial N \times \overline{M}) \cup (\overline{N} \times \partial N)$.

(b) Ist $n = m$ und $\overline{N} \cap \overline{B} = \varnothing$, so ist $\partial(N \cup M) = \partial N \cup \partial M$.

Zeigen Sie: Ist N offen oder abgeschlossen, so ist $(\partial N)^\circ = \varnothing$.

I. Man nennt eine Teilmenge $M \subset \mathbb{R}^n$ *dicht* (im $\mathbb{R}^n$), falls $\overline{M} = \mathbb{R}^n$ ist. Sie heißt *nirgends dicht*, falls $\mathbb{R}^n \setminus \overline{M}$ dicht im $\mathbb{R}^n$ ist. Zeigen Sie, dass M genau dann nirgends dicht ist, wenn $(\overline{M})^\circ = \varnothing$ ist.

J. Sei $K \subset \mathbb{R}^n$ kompakt und $A \subset K$ eine Teilmenge, zu der eine offene Menge $U \subset \mathbb{R}^n$ existiert, so dass $K \setminus A = U \cap K$ ist. Zeigen Sie, dass A kompakt ist.

K. Sei $A \subset \mathbb{R}^n$ abgeschlossen und $K \subset \mathbb{R}^n$ kompakt, $A \cap K = \varnothing$. Zeigen Sie, dass es Punkte $\mathbf{x}_0 \in A$ und $\mathbf{y}_0 \in K$ gibt, so dass

$$\operatorname{dist}(\mathbf{x}_0, \mathbf{y}_0) = \inf\{\operatorname{dist}(\mathbf{x}, \mathbf{y}) \,:\, \mathbf{x} \in A \text{ und } \mathbf{y} \in K\}$$

ist. Insbesondere ist diese Zahl (die man mit $\operatorname{dist}(A, K)$ bezeichnet) positiv. Geben Sie ein Beispiel dafür an, dass $\operatorname{dist}(A, K) = 0$ sein kann, wenn K nur abgeschlossen ist.

L. Zeigen Sie, dass eine offene Menge $G \subset \mathbb{R}^n$ genau dann ein Gebiet ist, wenn jede stetige Funktion $f : G \to \mathbb{R}$, die höchstens die Werte 0 oder 1 annimmt, auf G konstant ist.

M. Sei $B \subset \mathbb{R}^n$ offen und $\mathbf{x}_0 \in B$. Das größte Gebiet $G \subset B$ mit $\mathbf{x}_0 \in G$ bezeichnet man als (die) *Zusammenhangskomponente* (von $\mathbf{x}_0$ in B). Zeigen Sie:

(a) Die Zusammenhangskomponente von $\mathbf{x}_0$ besteht aus allen Punkten $\mathbf{x} \in B$, die in B durch einen stetigen Weg mit $\mathbf{x}_0$ verbunden werden.

(b) Enthalten zwei Zusammenhangskomponenten einen gemeinsamen Punkt, so sind sie gleich.

(c) B zerfällt in höchstens abzählbar viele Zusammenhangskomponenten.

N. Eine Folge $(\mathbf{x}_n)$ im $\mathbb{R}^n$ heißt *schnelle Cauchy-Folge*, falls $\sum_{n=1}^{\infty} \|\mathbf{x}_n - \mathbf{x}_{n+1}\| < \infty$ ist. Zeigen Sie, dass eine Teilmenge $K \subset \mathbb{R}^n$ genau dann kompakt ist, wenn jede schnelle Cauchyfolge in K gegen einen Punkt in K konvergiert.

O. Sei $G \subset \mathbb{R}^n$ ein Gebiet, $f : G \to \mathbb{R}$ stetig, $f(\mathbf{x}_1) = a$ und $f(\mathbf{x}_2) = b$. Zeigen Sie: Ist $a < c < b$, so gibt es einen Punkt $\mathbf{x}_0 \in G$ mit $f(\mathbf{x}_0) = c$.

P. Sei $(G_\iota)_{\iota\in I}$ eine Familie von Gebieten im $\mathbb{R}^n$ und $\bigcap_{\iota\in I} G_\iota \neq \varnothing$. Zeigen Sie, dass $G := \bigcup_{\iota\in I} G_\iota$ wieder ein Gebiet ist.

Q. Zeigen Sie, dass $G := \{\mathbf{x} \in \mathbb{R}^n :: \|\mathbf{x}\| \neq 1\}$ kein Gebiet ist.

R. Berechnen Sie die drei Normen $|A|$, $\|A\|$ und $\|A\|_{\text{op}}$ der Matrix $A = \begin{pmatrix} 1 & 1 \\ 1 & -1 \end{pmatrix}$.

S. Sei $f : \mathbb{R} \to \mathbb{R}$ eine differenzierbare Funktion und $f'(x) \neq 1$ für alle $x \in \mathbb{R}$. Zeigen Sie, dass f höchstens einen Fixpunkt besitzt.

T. Zeigen Sie, dass $f : [0, \pi/3] \to [0, 1]$ mit $f(x) := \cos x$ kontrahierend ist.

U. Zeigen Sie, dass $f(x) := 7/x + 3/2$ das Intervall $[3, 4]$ kontrahierend auf sich abbildet. Benutzen Sie das Fixpunktverfahren, um eine Lösung der quadratischen Gleichung $x^2 - (3/2)x - 7 = 0$ im Intervall $[3, 4]$ zu bestimmen. Vergleichen Sie das Ergebnis mit der Lösung, die man wie üblich durch quadratische Ergänzung gewinnt.

1.2 Differenzierbarkeit

Zur Einführung: Wir nähern uns der Differenzierbarkeit von Funktionen von mehreren Veränderlichen. Zunächst bilden wir Richtungsableitungen, das sind Ableitungen nach einer Variablen, so wie wir sie schon aus Band 1, Kapitel 3, kennen. Als Spezialfall finden sich dabei die partiellen Ableitungen wieder, die wir auch schon in Band 1 in Abschnitt 4.5 eingeführt haben. Leider reicht es nicht, wenn eine Funktion von mehreren Variablen in jeder Richtung differenzierbar ist. Wenn wir unter Differenzierbarkeit die Möglichkeit verstehen, eine Funktion f an einer Stelle $\mathbf{a}$ so durch eine lineare Funktion L zu approximieren, dass L eine Hyperebene beschreibt, die den Graphen von f bei $\mathbf{x} = \mathbf{a}$ tangential berührt, so erhalten wir den Begriff der totalen Differenzierbarkeit. Die approximierende Hyperebene ist dann eindeutig bestimmt und wird als Tangentialebene (an den Graphen) bezeichnet.

Definition (Richtungsableitung)

Sei $B \subset \mathbb{R}^n$ offen, $\mathbf{a} \in B$, $f : B \to \mathbb{R}$ eine Funktion und $\mathbf{v} \neq \mathbf{0}$ ein beliebiger Vektor im $\mathbb{R}^n$. Wenn der Grenzwert

$$D_{\mathbf{v}} f(\mathbf{a}) := \lim_{t\to 0} \frac{f(\mathbf{a} + t\mathbf{v}) - f(\mathbf{a})}{t}$$

existiert, so bezeichnet man ihn als die ***Richtungsableitung*** von f in $\mathbf{a}$ in Richtung $\mathbf{v}$. Man sagt dann auch, dass f im Punkte $\mathbf{a}$ ***in Richtung*** $\mathbf{v}$ ***differenzierbar*** ist.

Was bedeutet das anschaulich?

Durch $\boldsymbol{\alpha}(t) := \mathbf{a} + t\mathbf{v}$ wird eine Gerade $L \subset \mathbb{R}^n$ parametrisiert, die bei $t = 0$ den Punkt $\mathbf{a}$ trifft und $\mathbf{v}$ als Richtungsvektor besitzt. Die Funktion

$$f_{\mathbf{a},\mathbf{v}}(t) := f \circ \boldsymbol{\alpha}(t) = f(\mathbf{a} + t\mathbf{v})$$

ist eine gewöhnliche Funktion einer Veränderlichen, und die Richtungsableitung $D_{\mathbf{v}}f(\mathbf{a})$ ist nichts anderes als die gewöhnliche Ableitung $(f_{\mathbf{a},\mathbf{v}})'(0)$ (zu den Details siehe Aufgabe B am Ende dieses Abschnittes).

Den Graphen von $f_{\mathbf{a},\mathbf{v}}$ erhält man, indem man den Graphen von f mit der über der Geraden L gelegenen Ebene $\{(\mathbf{x}, z) \in \mathbb{R}^n \times \mathbb{R} : \mathbf{x} \in L\}$ schneidet.

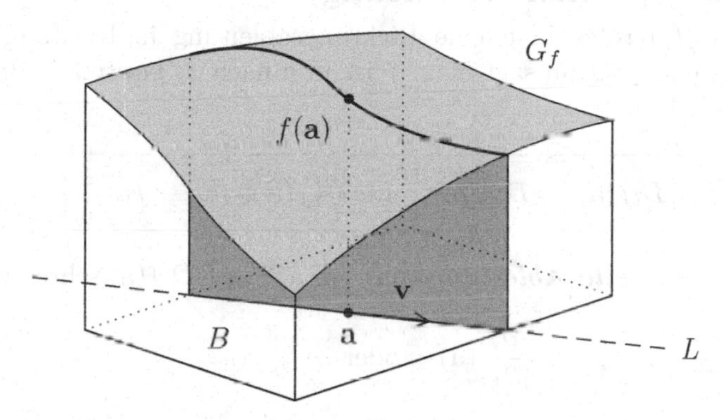

1.2.1. Beispiel

Sei $f : \mathbb{R}^2 \to \mathbb{R}$ definiert durch $f(x) := 1 - \mathbf{x} \bullet \mathbf{x}$, $\mathbf{a} \in \mathbb{R}^2$ ein beliebiger Punkt und $\mathbf{v} \neq \mathbf{0}$ eine beliebige Richtung. Dann ist

$$\begin{aligned} f_{\mathbf{a},\mathbf{v}}(t) &= f(\mathbf{a} + t\mathbf{v}) = 1 - (\mathbf{a} + t\mathbf{v}) \bullet (\mathbf{a} + t\mathbf{v}) \\ &= 1 - \mathbf{a} \bullet \mathbf{a} - (2\mathbf{a} \bullet \mathbf{v})t - (\mathbf{v} \bullet \mathbf{v})t^2, \end{aligned}$$

also $D_{\mathbf{v}}f(\mathbf{a}) = (f_{\mathbf{a},\mathbf{v}})'(0) = -2\mathbf{a} \bullet \mathbf{v}$.

1.2.2. Satz

Die Zuordnung $f \mapsto D_{\mathbf{v}}f(\mathbf{a})$ ist linear in f.

BEWEIS: Die Behauptung folgt unmittelbar aus der Linearität der Ableitung bei Funktionen von einer Veränderlichen. ∎

1.2.3. Produktregel

Existieren die Richtungsableitungen von f und g in $\mathbf{a}$ in Richtung $\mathbf{v}$, so existiert auch die Richtungsableitung von $f \cdot g$ in $\mathbf{a}$ in Richtung $\mathbf{v}$, und es gilt:

$$D_{\mathbf{v}}(f \cdot g)(\mathbf{a}) = f(a) \cdot D_{\mathbf{v}}g(\mathbf{a}) + D_{\mathbf{v}}f(\mathbf{a}) \cdot g(a).$$

BEWEIS: Es ist $(f\cdot g)_{\mathbf{a},\mathbf{v}} = (f_{\mathbf{a},\mathbf{v}})\cdot(g_{\mathbf{a},\mathbf{v}})$, und mit der Produktregel für Funktionen einer reellen Veränderlichen folgt:

$$\begin{aligned} D_{\mathbf{v}}(f\cdot g)(\mathbf{a}) &= ((f\cdot g)_{\mathbf{a},\mathbf{v}})'(0) = (f_{\mathbf{a},\mathbf{v}}\cdot g_{\mathbf{a},\mathbf{v}})'(0) \\ &= f_{\mathbf{a},\mathbf{v}}(0)\cdot(g_{\mathbf{a},\mathbf{v}})'(0) + (f_{\mathbf{a},\mathbf{v}})'(0)\cdot g_{\mathbf{a},\mathbf{v}}(0) \\ &= f(\mathbf{a})\cdot D_{\mathbf{v}}g(\mathbf{a}) + D_{\mathbf{v}}f(\mathbf{a})\cdot g(\mathbf{a}). \end{aligned}$$

■

Eine besondere Rolle spielen die Ableitungen in Richtung der Einheitsvektoren.

Definition (partielle Ableitung)

Die Funktion f besitze in $\mathbf{a}$ eine Richtungsableitung in Richtung des i–ten Einheits–Vektors $\mathbf{e}_i$. Dann sagt man, f ist in $\mathbf{a}$ nach x_i ***partiell differenzierbar***, und die Zahl

$$D_i f(\mathbf{a}) := D_{\mathbf{e}_i} f(\mathbf{a}) = \lim_{t\to 0}\frac{1}{t}\big(f(\mathbf{a}+t\mathbf{e}_i) - f(\mathbf{a})\big)$$

heißt die i–te ***partielle Ableitung*** von f in $\mathbf{a}$. Statt $D_i f(\mathbf{a})$ schreibt man auch

$$\frac{\partial f}{\partial x_i}(\mathbf{a}) \quad \text{oder} \quad f_{x_i}(\mathbf{a}).$$

Wenn alle partiellen Ableitungen von f in $\mathbf{a}$ existieren, dann heißt f in $\mathbf{a}$ ***partiell differenzierbar***.

Ist $B \subset \mathbb{R}^n$ offen und $f : B \to \mathbb{R}$ in allen Punkten von B partiell differenzierbar, so bilden die partiellen Ableitungen $D_i f$ wieder reellwertige Funktionen auf B. Sind sie alle in einem Punkt $\mathbf{a} \in B$ stetig, so nennt man f in $\mathbf{a}$ ***stetig partiell differenzierbar***.

Wir haben die partielle Differenzierbarkeit schon einmal in Band 1, Kapitel 4, eingeführt und wollen hier an zwei wichtige Ergebnisse erinnern.

1.2.4. Lemma (schwacher Mittelwertsatz)

Sei $f : U_\varepsilon(\mathbf{x}_0) \to \mathbb{R}$ *partiell differenzierbar und* $\mathbf{x} \in U_\varepsilon(\mathbf{x}_0)$ *beliebig. Die Punkte* $\mathbf{z}_0, \ldots, \mathbf{z}_n$ *seien definiert durch* $\mathbf{z}_0 := \mathbf{x}_0$ *und* $\mathbf{z}_i := \mathbf{z}_{i-1} + (x_i - x_i^{(0)})\cdot\mathbf{e}_i$ *für* $i \geq 1$.

Dann liegen alle $\mathbf{z}_i$ *und die Verbindungsstrecken von* $\mathbf{z}_{i-1}$ *nach* $\mathbf{z}_i$ *in* $U_\varepsilon(\mathbf{x}_0)$, *und auf jeder dieser Verbindungsstrecken gibt es einen Punkt* $\mathbf{c}_i$, *so dass gilt:*

$$f(\mathbf{x}) = f(\mathbf{x}_0) + \sum_{i=1}^{n}\frac{\partial f}{\partial x_i}(\mathbf{c}_i)\cdot(x_i - x_i^{(0)}).$$

1.2.5. Spezielle Kettenregel

Ist $B \subset \mathbb{R}^n$ offen, $\boldsymbol{\alpha} : I \to B$ in $t_0 \in I$ differenzierbar und $f : B \to \mathbb{R}$ partiell differenzierbar und in $\mathbf{a} := \boldsymbol{\alpha}(t_0)$ sogar stetig partiell differenzierbar, so ist auch $f \circ \boldsymbol{\alpha}$ in t_0 differenzierbar, und es gilt:

$$(f \circ \boldsymbol{\alpha})'(t_0) = \sum_{i=1}^{n} \frac{\partial f}{\partial x_i}(\boldsymbol{\alpha}(t_0)) \cdot \alpha_i'(t_0).$$

Die Bildung der partiellen Ableitung $D_i f$ kann man auch als Anwendung eines „linearen Operators“ D_i auf die Funktion f verstehen. Man fasst nun gerne die n partiellen Ableitungs–Operatoren zu einem vektoriellen Operator zusammen:

$$\nabla := (D_1, \ldots, D_n) \quad \text{(gesprochen: „Nabla“)}$$

Ist $f : B \to \mathbb{R}$ eine stetig partiell differenzierbare Funktion, so heißt der Vektor $\mathbf{grad}\, f(\mathbf{a}) = \nabla f(\mathbf{a}) = \left(\frac{\partial f}{\partial x_1}(\mathbf{a}), \ldots, \frac{\partial f}{\partial x_n}(\mathbf{a})\right)$ der ***Gradient*** von f im Punkt $\mathbf{a}$.

1.2.6. Folgerung

Ist $B \subset \mathbb{R}^n$ offen, $\boldsymbol{\alpha} : I \to B$ in $t_0 \in I$ differenzierbar und $f : B \to \mathbb{R}$ partiell differenzierbar und in $\mathbf{a} := \boldsymbol{\alpha}(t_0)$ sogar stetig partiell differenzierbar, so ist

$$(f \circ \boldsymbol{\alpha})'(t_0) = \nabla f(\mathbf{a}) \bullet \boldsymbol{\alpha}'(t_0).$$

Nun ergibt sich:

1.2.7. Formel für die Richtungsableitung

Ist $B \subset \mathbb{R}^n$ offen, $f : B \to \mathbb{R}$ partiell differenzierbar und in $\mathbf{a} \in B$ sogar stetig partiell differenzierbar, so existieren in $\mathbf{a}$ alle Richtungsableitungen von f, und es ist $D_{\mathbf{v}} f(\mathbf{a}) = \nabla f(\mathbf{a}) \bullet \mathbf{v}$.

BEWEIS: Für einen beliebigen Richtungsvektor $\mathbf{v}$ sei $\boldsymbol{\alpha}(t) := \mathbf{a} + t\mathbf{v}$. Dann ist $f \circ \boldsymbol{\alpha}$ in $t = 0$ differenzierbar, und weil $\boldsymbol{\alpha}'(t) \equiv \mathbf{v}$ ist, folgt: $(f \circ \boldsymbol{\alpha})'(0) = \nabla f(\mathbf{a}) \bullet \boldsymbol{\alpha}'(0) = \nabla f(\mathbf{a}) \bullet \mathbf{v}$. Andererseits ist

$$(f \circ \boldsymbol{\alpha})'(0) = \lim_{t \to 0} \frac{f \circ \boldsymbol{\alpha}(t) - f \circ \boldsymbol{\alpha}(0)}{t - 0} = \lim_{t \to 0} \frac{f(\mathbf{a} + t\mathbf{v}) - f(\mathbf{a})}{t},$$

und das ist die Richtungsableitung $D_{\mathbf{v}} f(\mathbf{a})$. ∎

Wir können jetzt das Wesen des Gradienten etwas besser ergründen:

Sei $B \subset \mathbb{R}^n$ offen und $f : B \to \mathbb{R}$ eine stetig partiell differenzierbare Funktion. Für $c \in \mathbb{R}$ sei $F_c := \{\mathbf{x} \in B \mid f(\mathbf{x}) = c\}$ die entsprechende ***Niveaumenge*** von f.

1.2.8. Satz

Sei $\mathbf{a} \in B$, $f(\mathbf{a}) = c$ *und* $\nabla f(\mathbf{a}) \neq \mathbf{0}$.

1. $\nabla f(\mathbf{a})$ *zeigt in die Richtung, in der* f *am schnellsten wächst.*
2. *Ist* $\boldsymbol{\alpha} : (-\varepsilon, \varepsilon) \to \mathbb{R}^n$ *ein differenzierbarer Weg mit* $\boldsymbol{\alpha}(0) = \mathbf{a}$, *der ganz in* F_c *verläuft, so steht* $\nabla f(\mathbf{a})$ *auf* $\boldsymbol{\alpha}'(0)$ *senkrecht.*

BEWEIS: 1) Ist $\mathbf{v} \neq \mathbf{0}$ und $\lambda > 0$, so ist

$$D_{\lambda\mathbf{v}} f(\mathbf{a}) = \lim_{t \to 0} \frac{f(\mathbf{a} + t(\lambda\mathbf{v})) - f(\mathbf{a})}{t} = \lambda \cdot \lim_{t\lambda \to 0} \frac{f(\mathbf{a} + (t\lambda)\mathbf{v}) - f(\mathbf{a})}{t\lambda} = \lambda \cdot D_{\mathbf{v}} f(\mathbf{a}).$$

Wir brauchen deshalb nur Vektoren $\mathbf{v}$ mit $\|\mathbf{v}\| = 1$ zu betrachten. Zu zeigen ist, dass $D_{\mathbf{v}} f(\mathbf{a})$ genau dann sein Maximum annimmt, wenn $\mathbf{v}$ in die Richtung des Gradienten zeigt. Tatsächlich ist

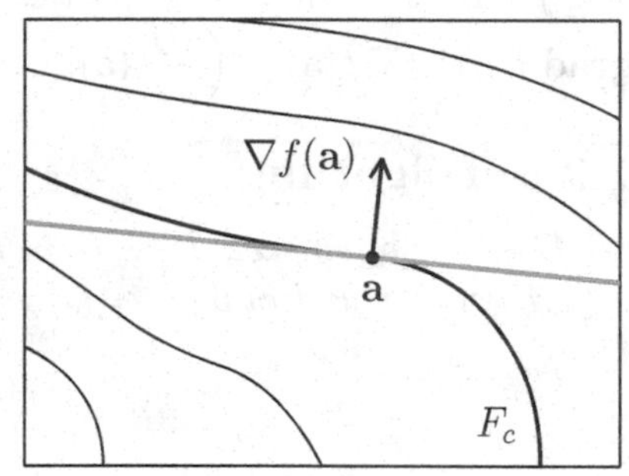

$$D_{\mathbf{v}} f(\mathbf{a}) = \nabla f(\mathbf{a}) \bullet \mathbf{v} = \|\nabla f(\mathbf{a})\| \cdot \|\mathbf{v}\| \cdot \cos\theta,$$

wobei $\theta \in [0, \pi]$ der Winkel zwischen $\mathbf{v}$ und $\nabla f(\mathbf{a})$ ist. Dieser Ausdruck wird genau dann maximal, wenn $\theta = 0$ ist, also

$$\mathbf{v} = \frac{\nabla f(\mathbf{a})}{\|\nabla f(\mathbf{a})\|}.$$

2) Verläuft $\boldsymbol{\alpha}$ ganz in F_c, so ist $f \circ \boldsymbol{\alpha}(t) \equiv c$ und $0 = (f \circ \boldsymbol{\alpha})'(0) = \nabla f(\mathbf{a}) \bullet \boldsymbol{\alpha}'(0)$. ∎

Man sagt deshalb auch, **der Gradient steht auf der Niveaumenge senkrecht**.

Wir haben in Band 1 (4.5.3, Beispiel C) gesehen, dass die partielle Differenzierbarkeit nicht einmal die Stetigkeit der Funktion selbst zur Folge hat. Eine weitere Schwäche der partiellen Ableitungen tritt bei höhere Ableitungen auf.

Definition (Zweite partielle Ableitung)

Sei $B \subset \mathbb{R}^n$ offen und $f : B \to \mathbb{R}$ überall partiell differenzierbar. Sind alle partiellen Ableitungen $D_j f$ in einem Punkt $\mathbf{a} \in B$ wiederum partiell differenzierbar, so definiert man für $i, j = 1, \ldots, n$:

$$\frac{\partial^2 f}{\partial x_i \partial x_j}(\mathbf{a}) := D_i(D_j f)(\mathbf{a}).$$

Man nennt diesen Ausdruck die *2-**te partielle Ableitung*** von f nach x_i und x_j an der Stelle $\mathbf{a}$ und schreibt dafür auch $f_{x_i x_j}(\mathbf{a})$.

1.2.9. Beispiel

Bei zweiten partiellen Ableitungen werden die einzelnen Ableitungen von rechts nach links abgearbeitet, d.h. es ist $f_{x_i x_j} = (f_{x_j})_{x_i}$.

Sei z.B. $f(x_1, x_2) := e^{kx_1} \cdot \cos x_2$. Dann gilt:

$$\frac{\partial f}{\partial x_1}(\mathbf{x}) = k \cdot e^{kx_1} \cdot \cos x_2 \quad \text{und} \quad \frac{\partial f}{\partial x_2}(\mathbf{x}) = -e^{kx_1} \cdot \sin x_2,$$

$$\text{sowie} \quad \frac{\partial^2 f}{\partial x_1 \partial x_2}(\mathbf{a}) = \frac{\partial^2 f}{\partial x_2 \partial x_1}(\mathbf{a}) = -ke^{ka_1} \sin a_2.$$

Im vorliegenden Beispiel konnten die Ableitungen miteinander vertauscht werden. Leider ist das nicht generell der Fall.

1.2.10. Beispiel

$$\text{Sei} \quad f(x,y) := \begin{cases} xy\dfrac{x^2 - y^2}{x^2 + y^2} & \text{für } (x,y) \neq (0,0), \\ 0 & \text{für } (x,y) = (0,0). \end{cases}$$

Dann gilt für $(x, y) \neq (0, 0)$:

$$\begin{aligned} \frac{\partial f}{\partial x}(x,y) &= \frac{\partial}{\partial x}\left(\frac{x^3 y - y^3 x}{x^2 + y^2}\right) = \frac{(3x^2 y - y^3)(x^2 + y^2) - (x^3 y - y^3 x)2x}{(x^2 + y^2)^2} \\ &= \frac{x^4 y + 4x^2 y^3 - y^5}{(x^2 + y^2)^2}, \text{ also } \frac{\partial f}{\partial x}(0, y) = -y \text{ für } y \neq 0. \end{aligned}$$

Weil außerdem $\dfrac{\partial f}{\partial x}(0,0) = \lim\limits_{x \to 0} \dfrac{f(x,0) - f(0,0)}{x} = 0$ ist, ist sogar

$$\frac{\partial f}{\partial x}(0, y) \equiv -y \text{ für alle } y, \text{ sowie } \frac{\partial^2 f}{\partial y \partial x}(0, 0) = -1.$$

Entsprechend erhalten wir für $(x, y) \neq (0, 0)$:

$$\begin{aligned} \frac{\partial f}{\partial y}(x,y) &= \frac{\partial}{\partial y}\left(\frac{x^3 y - y^3 x}{x^2 + y^2}\right) \\ &= \frac{(x^3 - 3y^2 x)(x^2 + y^2) - (x^3 y - y^3 x)2y}{(x^2 + y^2)^2} \\ &= \frac{x^5 - 4x^3 y^2 - xy^4}{(x^2 + y^2)^2}, \end{aligned}$$

$$\text{also} \quad \frac{\partial f}{\partial y}(x, 0) \equiv x \text{ für } x \neq 0, \quad \text{und} \quad \frac{\partial f}{\partial y}(0, 0) = \lim_{y \to 0} \frac{f(0, y) - f(0, 0)}{y} = 0.$$

Somit ist $\dfrac{\partial^2 f}{\partial x \partial y}(0, 0) = +1$.

Hier ist ein Bild der Funktion:

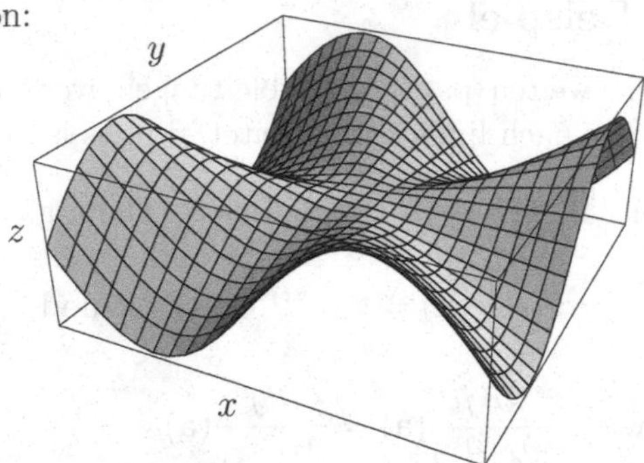

Zum Glück gilt folgendes hinreichende Kriterium für die Gleichheit der gemischten zweiten Ableitungen:

1.2.11. Satz von Schwarz

Sei $B \subset \mathbb{R}^n$ offen und $f : B \to \mathbb{R}$ auf ganz B nach allen Variablen partiell differenzierbar, $\mathbf{x}_0 \in B$.

Wenn die gemischten zweiten Ableitungen $D_i(D_j f)$ und $D_j(D_i f)$ auf einer Umgebung von $\mathbf{x}_0$ in B existieren und in $\mathbf{x}_0$ stetig sind, so ist

$$D_i(D_j f)(\mathbf{x}_0) = D_j(D_i f)(\mathbf{x}_0).$$

Beweis: Es reicht, den Fall $n = 2$ zu betrachten. Wir bezeichnen die Variablen mit x und y und betrachten f in der Nähe eines Punktes (x_0, y_0), in dem f stetig partiell differenzierbar ist.

Für kleines $\varepsilon > 0$ ist f auf dem Rechteck $[x_0 - \varepsilon, x_0 + \varepsilon] \times [y_0 - \varepsilon, y_0 + \varepsilon]$ definiert und zweimal partiell differenzierbar. Für $0 < h < \varepsilon$ und $0 < k < \varepsilon$ betrachten wir die Größe

$$F(h,k) := f(x_0 + h, y_0 + k) - f(x_0 + h, y_0) - f(x_0, y_0 + k) + f(x_0, y_0).$$

$(x_0, y_0 + k)$ $(x_0 + h, y_0 + k)$

$-$ $+$

$+$ $-$

(x_0, y_0) $(x_0 + h, y_0)$

Wir halten h und k fest und setzen

$$\varphi(x) := f(x, y_0 + k) - f(x, y_0) \quad \text{und} \quad \psi(y) := f(x_0 + h, y) - f(x_0, y).$$

Die Funktionen φ und ψ sind für $x_0 \le x \le x_0 + h$ bzw. $y_0 \le y \le y_0 + k$ differenzierbar. Eine zweimalige Anwendung des Mittelwertsatzes liefert Zahlen $c, \widetilde{c}$ zwischen x_0 und $x_0 + h$ und Zahlen $d, \widetilde{d}$ zwischen y_0 und $y_0 + k$, so dass gilt:

$$\begin{aligned} F(h,k) &= \varphi(x_0 + h) - \varphi(x_0) = \varphi'(c) \cdot h \\ &= \big(D_1 f(c, y_0 + k) - D_1 f(c, y_0)\big) \cdot h \\ &= D_2 D_1 f(c, d) \cdot hk \end{aligned}$$

und

$$\begin{aligned} F(h,k) &= \psi(y_0 + k) - \psi(y_0) = \psi'(\widetilde{d}) \cdot k \\ &= \big(D_2 f(x_0 + h, \widetilde{d}) - D_2 f(x_0, \widetilde{d})\big) \cdot k \\ &= D_1 D_2 f(\widetilde{c}, \widetilde{d}) \cdot hk. \end{aligned}$$

Also ist $D_2 D_1 f(c,d) = D_1 D_2 f(\widetilde{c}, \widetilde{d})$, und wegen der Stetigkeit der zweiten Ableitungen in (x_0, y_0) erhält man beim Grenzübergang $h \to 0$ und $k \to 0$ die Gleichung $D_2 D_1 f(x_0, y_0) = D_1 D_2 f(x_0, y_0)$. ∎

Es genügt übrigens schon, dass eine der beiden gemischten Ableitungen in der Nähe von $\mathbf{x}_0$ existiert und in $\mathbf{x}_0$ stetig ist. Dann kann man die Existenz der anderen Ableitung und die Gleichheit beweisen.

Wir wollen jetzt den Differenzierbarkeitsbegriff noch einmal überdenken. Dazu erinnern wir uns an die Situation in einer Veränderlichen.

Zur Erinnerung: Sei $I \subset \mathbb{R}$ ein offenes Intervall, $t_0 \in I$ und $f : I \to \mathbb{R}$ eine Funktion. Ist f in t_0 differenzierbar, so existiert der Grenzwert

$$f'(t_0) := \lim_{t \to t_0} \frac{f(t) - f(t_0)}{t - t_0}.$$

Setzen wir $\delta(t) := \dfrac{f(t) - f(t_0)}{t - t_0} - f'(t_0)$, so gilt:

1. $f(t) = f(t_0) + f'(t_0) \cdot (t - t_0) + \delta(t) \cdot (t - t_0)$ für $t \in I$.

   Hier ist $L(t) := f(t_0) + f'(t_0) \cdot (t - t_0)$ eine affin-lineare Funktion mit $L(t_0) = f(t_0)$, und der Ausdruck $\delta(t) \cdot (t - t_0)$ ist der „Fehler", den man macht, wenn man f durch L approximiert.

2. $\lim_{t \to t_0} \delta(t) = 0$. Was bedeutet das?

   Ist $L_m(t) := f(t_0) + m(t - t_0)$ eine beliebige affin-lineare Funktion mit $L_m(t_0) = f(t_0)$, so können wir

$$\delta_m(t) := \frac{f(t) - L_m(t)}{t - t_0} = \frac{f(t) - f(t_0)}{t - t_0} - m$$

setzen und erhalten die Gleichung $f(t) = L_m(t) + \delta_m(t) \cdot (t - t_0)$. Aber diesmal ist $\lim_{t \to t_0} \delta_m(t) = f'(t_0) - m$, also

$$\begin{aligned} \lim_{t \to t_0} \delta_m(t) = 0 \quad &\iff \quad m = f'(t_0) \\ &\iff \quad m \text{ ist die Richtung der Tangente an } f \text{ in } t_0. \end{aligned}$$

Die Beziehung $\lim_{t \to t_0} \delta(t) = 0$ ist damit der Ausdruck dafür, dass der Graph von $L(t) := f(t_0) + f'(t_0) \cdot (t - t_0)$ den Graphen von f bei t_0 tangential berührt.

Bei Funktionen von mehreren Veränderlichen versuchen wir jetzt genauso vorzugehen. Der Einfachheit halber betrachten wir zunächst den Fall $n = 2$.

Sei $G \subset \mathbb{R}^2$ ein Gebiet und $z = f(x, y)$ eine **stetig partiell differenzierbare** Funktion. Wir suchen die „Tangentialebene“ an den Graphen im Punkt (a, b, c) mit $c = f(a, b)$. Eine solche Ebene im $\mathbb{R}^3$ wird durch eine Gleichung der Form

$$A(x - a) + B(y - b) + C(z - c) = 0$$

beschrieben, mit $(A, B, C) \neq (0, 0, 0)$.

Damit die Ebene nicht senkrecht auf der x-y-Ebene steht, muss $C \neq 0$ sein. Also kann man die Gleichung folgendermaßen auflösen:

$$z = c + p(x - a) + q(y - b), \text{ mit } p = -A/C \text{ und } q = -B/C.$$

Die (senkrechte) Ebene $y = b$ trifft den Graphen von f in einem 1-dimensionalen Graphen $z = f(x, b)$ (vgl. die Skizze auf Seite 33). Die Tangente an diesen Graphen im Punkt $(x, b, z) = (a, b, c)$ ist durch die Gleichungen $y = b$ und $z = c + f_x(a, b)(x - a)$ gegeben. Wir erwarten natürlich, dass diese Tangente in der gesuchten Tangentialebene enthalten ist. Also muss $p = f_x(a, b)$ sein. Analog schließt man, dass $q = f_y(a, b)$ ist. Die Gleichung der Tangentialebene ist demnach

$$z = f(a, b) + \frac{\partial f}{\partial x}(a, b) \cdot (x - a) + \frac{\partial f}{\partial y}(a, b) \cdot (y - b).$$

Jetzt müssen wir noch den Fehler untersuchen, der auftritt, wenn man f durch diese affin-lineare Funktion approximiert.

Sei (x, y) ein Punkt in der Nähe von (a, b). Weil wir vorausgesetzt haben, dass $z = f(x, y)$ stetig partiell differenzierbar ist, gibt es (nach dem schwachen Mittelwertsatz) einen Punkt $\mathbf{c}_1$ zwischen (a, b) und (x, b) und einen Punkt $\mathbf{c}_2$ zwischen (x, b) und (x, y), so dass gilt:

$$\begin{aligned} f(x, y) &= f(a, b) + f_x(\mathbf{c}_1)(x - a) + f_y(\mathbf{c}_2)(y - b) \\ &= f(a, b) + f_x(a, b)(x - a) + f_y(a, b)(y - b) \\ &\quad + \delta_1(x, y)(x - a) + \delta_2(x, y)(y - b), \end{aligned}$$

mit

$$\delta_1(x,y) := f_x(\mathbf{c}_1) - f_x(a,b) \quad \text{und} \quad \delta_2(x,y) := f_y(\mathbf{c}_2) - f_y(a,b).$$

Für $(x,y) \to (a,b)$ streben die Punkte $\mathbf{c}_1, \mathbf{c}_2$ gegen (a,b), und wegen der Stetigkeit der partiellen Ableitungen strebt dann $\boldsymbol{\delta}(x,y) := (\delta_1(x,y), \delta_2(x,y))$ gegen Null. Der Ausdruck $\boldsymbol{\delta}(x,y) \bullet (x-a, y-b) = \delta_1(x,y)(x-a) + \delta_2(x,y)(y-b)$ ist offensichtlich der gesuchte Fehlerterm.

Definition (totale Differenzierbarkeit)

Sei $B \subset \mathbb{R}^n$ offen, $f : B \to \mathbb{R}$ eine Funktion und $\mathbf{x}_0 \in B$ ein Punkt. f heißt in $\mathbf{x}_0$ ***(total) differenzierbar***, wenn es einen Vektor $\mathbf{a} \in \mathbb{R}^n$ und eine auf B definierte vektorwertige Funktion $\boldsymbol{\delta}$ gibt, so dass in der Nähe von $\mathbf{x}_0$ gilt:

1. $f(\mathbf{x}) = f(\mathbf{x}_0) + \mathbf{a} \bullet (\mathbf{x} - \mathbf{x}_0) + \boldsymbol{\delta}(\mathbf{x}) \bullet (\mathbf{x} - \mathbf{x}_0)$.
2. $\lim\limits_{\mathbf{x} \to \mathbf{x}_0} \boldsymbol{\delta}(\mathbf{x}) = \mathbf{0}$.

Nicht den Vektor $\mathbf{a}$, sondern die durch $Df(\mathbf{x}_0)(\mathbf{v}) := \mathbf{a} \bullet \mathbf{v}$ definierte Linearform $Df(\mathbf{x}_0)$ (die man auch mit $(df)_{\mathbf{x}_0}$ bezeichnet) nennt man die ***(totale) Ableitung*** (oder das ***(totale) Differential***) von f in $\mathbf{x}_0$.

Wir hätten natürlich auch den Vektor $\mathbf{a}$ als Ableitung $f'(\mathbf{x}_0)$ bezeichnen können. Stattdessen mit der Linearform $Df(\mathbf{x}_0) : \mathbf{v} \mapsto \mathbf{a} \bullet \mathbf{v}$ zu arbeiten, bringt den Vorteil, dass sich der Begriff der Differenzierbarkeit auch auf Vektorräume übertragen lässt, in denen kein Skalarprodukt zur Verfügung steht. Das werden wir weiter unten noch deutlicher sehen.

1.2.12. Berechnung der totalen Ableitung

Sei $f : B \to \mathbb{R}$ in $\mathbf{x}_0 \in B$ differenzierbar. Dann existieren in $\mathbf{x}_0$ sämtliche Richtungsableitungen von f, die Ableitung $Df(\mathbf{x}_0)$ ist eindeutig bestimmt und für jeden Richtungsvektor $\mathbf{v} \ne \mathbf{0}$ ist

$$Df(\mathbf{x}_0)(\mathbf{v}) = D_{\mathbf{v}} f(\mathbf{x}_0).$$

Insbesondere ist f in $\mathbf{x}_0$ nach allen Variablen partiell differenzierbar und für alle $\mathbf{v} \in \mathbb{R}^n$ ist $Df(\mathbf{x}_0)(\mathbf{v}) = \nabla f(\mathbf{x}_0) \bullet \mathbf{v}$.

BEWEIS: Ist f in $\mathbf{x}_0$ differenzierbar, so haben wir eine Darstellung

$$f(\mathbf{x}) = f(\mathbf{x}_0) + \mathbf{a} \bullet (\mathbf{x} - \mathbf{x}_0) + \boldsymbol{\delta}(\mathbf{x}) \bullet (\mathbf{x} - \mathbf{x}_0) \text{ mit } \lim_{\mathbf{x} \to \mathbf{x}_0} \boldsymbol{\delta}(\mathbf{x}) = \mathbf{0}.$$

Ist $\mathbf{v} = (v_1, \ldots, v_n)$ ein Richtungsvektor $\ne \mathbf{0}$ und $t \in \mathbb{R}$, $t \ne 0$, so ist

$$f(\mathbf{x}_0 + t\mathbf{v}) = f(\mathbf{x}_0) + t \cdot \mathbf{a} \bullet \mathbf{v} + t \cdot \boldsymbol{\delta}(\mathbf{x}_0 + t\mathbf{v}) \bullet \mathbf{v},$$

also

$$\lim_{t \to 0} \frac{f(\mathbf{x}_0 + t\mathbf{v}) - f(\mathbf{x}_0)}{t} = \mathbf{a} \bullet \mathbf{v} + \lim_{t \to 0} \boldsymbol{\delta}(\mathbf{x}_0 + t\mathbf{v}) \bullet \mathbf{v} = \mathbf{a} \bullet \mathbf{v}.$$

Damit ist f in $\mathbf{x}_0$ in Richtung $\mathbf{v}$ differenzierbar und die Ableitung $Df(\mathbf{x}_0)$ an der Stelle $\mathbf{v}$ durch $D_{\mathbf{v}}f(\mathbf{x}_0) = Df(\mathbf{x}_0)(\mathbf{v})$ festgelegt. Insbesondere ist f partiell differenzierbar und

$$\frac{\partial f}{\partial x_i}(\mathbf{x}_0) = \lim_{t \to 0} \frac{f(\mathbf{x}_0 + t\mathbf{e}_i) - f(\mathbf{x}_0)}{t} = \mathbf{a} \bullet \mathbf{e}_i = a_i \text{ für } i = 1, \ldots, n,$$

also $Df(\mathbf{x}_0)(\mathbf{v}) = \nabla f(\mathbf{x}_0) \bullet \mathbf{v}$. ∎

Man beachte, dass eine differenzierbare Funktion nicht stetig partiell differenzierbar zu sein braucht. Dafür werden wir weiter unten ein Beispiel sehen. Bei der Herleitung des Differenzierbarkeitsbegriffes aus der 1-dimensionalen Situation heraus hatten wir die Stetigkeit der partiellen Ableitungen von f noch vorausgesetzt. Diese Bedingung wird bei der totalen Differenzierbarkeit durch die Beziehung $\lim_{\mathbf{x} \to \mathbf{x}_0} \boldsymbol{\delta}(\mathbf{x}) = \mathbf{0}$ ersetzt! Sie signalisiert, dass die affin-lineare Funktion $\mathbf{x} \mapsto f(\mathbf{x}_0) + Df(\mathbf{x}_0)(\mathbf{x} - \mathbf{x}_0)$ die Funktion f bei $\mathbf{x}_0$ tangential berührt.

Die Gleichung der ***Tangentialebene*** an den Graphen von f im Punkte $(\mathbf{x}_0, f(\mathbf{x}_0)) \in \mathbb{R}^{n+1}$ ist daher gegeben durch

$$x_{n+1} = f(\mathbf{x}_0) + \nabla f(\mathbf{x}_0) \bullet (\mathbf{x} - \mathbf{x}_0).$$

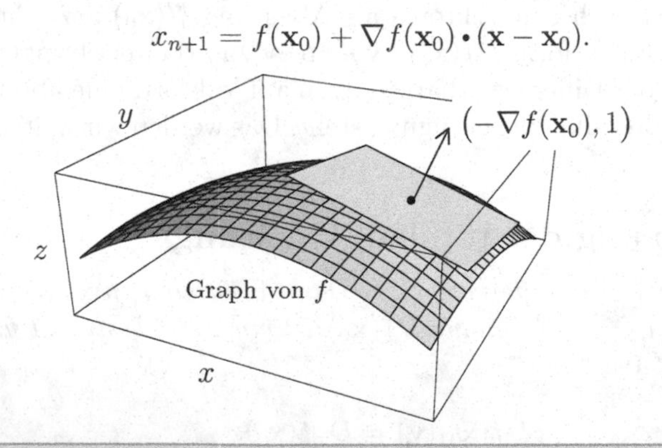

1.2.13. Erstes Differenzierbarkeitskriterium

$f : B \to \mathbb{R}$ ist genau dann in $\mathbf{x}_0$ differenzierbar, wenn es eine Linearform $L : \mathbb{R}^n \to \mathbb{R}$ und eine Funktion $r : B \to \mathbb{R}$ gibt, so dass gilt:

1. $f(\mathbf{x}) = f(\mathbf{x}_0) + L(\mathbf{x} - \mathbf{x}_0) + r(\mathbf{x} - \mathbf{x}_0)$.
2. $\lim_{\mathbf{h} \to \mathbf{0}} \frac{r(\mathbf{h})}{\|\mathbf{h}\|} = 0$.

BEWEIS: a) Ist f in $\mathbf{x}_0$ differenzierbar, so gibt es eine (eindeutig bestimmte) Darstellung

$$f(\mathbf{x}) = f(\mathbf{x}_0) + \mathbf{a} \bullet (\mathbf{x} - \mathbf{x}_0) + \boldsymbol{\delta}(\mathbf{x}) \bullet (\mathbf{x} - \mathbf{x}_0) \text{ mit } \lim_{\mathbf{x} \to \mathbf{x}_0} \boldsymbol{\delta}(\mathbf{x}) = \mathbf{0},$$

und man braucht nur $L := Df(\mathbf{x}_0)$ und $r(\mathbf{h}) := \boldsymbol{\delta}(\mathbf{x}_0 + \mathbf{h}) \bullet \mathbf{h}$ zu setzen.

Dann strebt $\left| \frac{r(\mathbf{h})}{\|\mathbf{h}\|} \right| = \left| \boldsymbol{\delta}(\mathbf{x}_0 + \mathbf{h}) \bullet \frac{\mathbf{h}}{\|\mathbf{h}\|} \right| \le \|\boldsymbol{\delta}(\mathbf{x}_0 + \mathbf{h})\|$ für $\mathbf{h} \to \mathbf{0}$ gegen 0.

b) Sei nun das Kriterium erfüllt, also L und r gegeben. Es gibt einen Vektor $\mathbf{a}$, so dass $L(\mathbf{v}) = \mathbf{a} \bullet \mathbf{v}$ für alle $\mathbf{v} \in \mathbb{R}^n$ gilt. Außerdem setzen wir

$$\boldsymbol{\delta}(\mathbf{x}) := \frac{\mathbf{x} - \mathbf{x}_0}{\|\mathbf{x} - \mathbf{x}_0\|^2} \cdot \big(f(\mathbf{x}) - f(\mathbf{x}_0) - L(\mathbf{x} - \mathbf{x}_0)\big) = \frac{\mathbf{x} - \mathbf{x}_0}{\|\mathbf{x} - \mathbf{x}_0\|} \cdot \frac{r(\mathbf{x} - \mathbf{x}_0)}{\|\mathbf{x} - \mathbf{x}_0\|}.$$

Offensichtlich strebt $\boldsymbol{\delta}(\mathbf{x})$ für $\mathbf{x} \to \mathbf{x}_0$ gegen Null, und es ist

$$\boldsymbol{\delta}(\mathbf{x}) \bullet (\mathbf{x} - \mathbf{x}_0) = f(\mathbf{x}) - f(\mathbf{x}_0) - L(\mathbf{x} - \mathbf{x}_0).$$

Damit sind die Bedingungen für die Differenzierbarkeit von f in $\mathbf{x}_0$ erfüllt. ∎

Bemerkung: Das Kriterium entspricht der in der Literatur gebräuchlichen Definition der totalen Differenzierbarkeit. Da kein Skalarprodukt benutzt wird, kann Differenzierbarkeit auf diese Weise auch in jedem Banachraum eingeführt werden.

Manchmal benutzt man auch das folgende Kriterium:

1.2.14. Zweites Differenzierbarkeitskriterium

$f : B \to \mathbb{R}$ ist genau dann in $\mathbf{x}_0$ differenzierbar, wenn es eine Linearform L gibt, so dass gilt:

$$\lim_{\mathbf{h} \to \mathbf{0}} \frac{f(\mathbf{x}_0 + \mathbf{h}) - f(\mathbf{x}_0) - L(\mathbf{h})}{\|\mathbf{h}\|} = 0.$$

BEWEIS: 1) Ist f differenzierbar, so erfüllt f das erste Differenzierbarkeitskriterium. Es gibt also eine Linearform L und eine Funktion r mit $r(\mathbf{h})/\|\mathbf{h}\| \to 0$ für $\mathbf{h} \to \mathbf{0}$, so dass gilt: $f(\mathbf{x}_0 + \mathbf{h}) = f(\mathbf{x}_0) + L(\mathbf{h}) + r(\mathbf{h})$. Daraus folgt die Beziehung

$$\lim_{\mathbf{h} \to \mathbf{0}} \frac{f(\mathbf{x}_0 + \mathbf{h}) - f(\mathbf{x}_0) - L(\mathbf{h})}{\|\mathbf{h}\|} = 0.$$

2) Ist umgekehrt das zweite Differenzierbarkeitskriterium erfüllt, so setzen wir $r(\mathbf{h}) := f(\mathbf{x}_0 + \mathbf{h}) - f(\mathbf{x}_0) - L(\mathbf{h})$. Dann folgt sofort das erste Differenzierbarkeitskriterium. ∎

Partiell differenzierbare Funktionen brauchen nicht stetig zu sein. Dagegen gilt:

1.2.15. Total differenzierbare Funktionen sind stetig

Ist f in $\mathbf{x}_0$ total differenzierbar, so ist f dort auch stetig.

Beweis: Wir haben $f(\mathbf{x}) = f(\mathbf{x}_0) + \nabla f(\mathbf{x}_0) \bullet (\mathbf{x} - \mathbf{x}_0) + \boldsymbol{\delta}(\mathbf{x}) \bullet (\mathbf{x} - \mathbf{x}_0)$, wobei $\boldsymbol{\delta}(\mathbf{x})$ für $\mathbf{x} \to \mathbf{x}_0$ gegen $\mathbf{0}$ strebt. Dann strebt $f(\mathbf{x})$ für $\mathbf{x} \to \mathbf{x}_0$ gegen $f(\mathbf{x}_0)$. ∎

Wir stehen damit vor folgendem Dilemma: Wir wissen, wie man partielle Ableitungen berechnet, und mit Hilfe dieser Ableitungen erhalten wir auch die totale Ableitung. Bevor wir aber die Ableitung einer Funktion f mit Hilfe der partiellen Ableitungen ausrechnen können, müssen wir die totale Differenzierbarkeit beweisen. Zum Glück gibt es den folgenden Satz:

1.2.16. Hinreichendes Kriterium für die Differenzierbarkeit

Sei $B \subset \mathbb{R}^n$ offen, $f : B \to \mathbb{R}$ eine Funktion und $\mathbf{x}_0 \in B$ ein Punkt. Wenn es eine offene Umgebung U von $\mathbf{x}_0$ in B gibt, so dass alle partiellen Ableitungen von f auf U existieren und in $\mathbf{x}_0$ stetig sind, dann ist f in $\mathbf{x}_0$ total differenzierbar.

Beweis: Wir gehen wie bei unseren einführenden Überlegungen im Falle $n = 2$ vor und benutzen den schwachen Mittelwertsatz. Wir können annehmen, dass U eine ε-Umgebung ist. Zu jedem $\mathbf{x} \in U$ definieren wir die Punkte $\mathbf{z}_0 := \mathbf{x}_0$ und $\mathbf{z}_i := \mathbf{z}_{i-1} + (x_i - x_i^{(0)}) \cdot \mathbf{e}_i$. Dann gibt es Punkte $\mathbf{c}_i$ zwischen $\mathbf{z}_{i-1}$ und $\mathbf{z}_i$ mit

$$f(\mathbf{x}) = f(\mathbf{x}_0) + \sum_{i=1}^{n} \frac{\partial f}{\partial x_i}(\mathbf{c}_i) \cdot (x_i - x_i^{(0)}) .$$

Wir setzen $\delta_i(\mathbf{x}) := \dfrac{\partial f}{\partial x_i}(\mathbf{c}_i) - \dfrac{\partial f}{\partial x_i}(\mathbf{x}_0)$ für $i = 1, \ldots, n$ und $\boldsymbol{\delta} := (\delta_1, \ldots, \delta_n)$. Dann ist $\lim\limits_{\mathbf{x} \to \mathbf{x}_0} \boldsymbol{\delta}(\mathbf{x}) = 0$ und

$$\begin{aligned}
& f(\mathbf{x}_0) + \nabla f(\mathbf{x}_0) \bullet (\mathbf{x} - \mathbf{x}_0) + \boldsymbol{\delta}(\mathbf{x}) \bullet (\mathbf{x} - \mathbf{x}_0) = \\
&= f(\mathbf{x}_0) + \sum_{i=1}^{n} \frac{\partial f}{\partial x_i}(\mathbf{x}_0)(x_i - x_i^{(0)}) + \sum_{i=1}^{n} \Big(\frac{\partial f}{\partial x_i}(\mathbf{c}_i) - \frac{\partial f}{\partial x_i}(\mathbf{x}_0) \Big)(x_i - x_i^{(0)}) \\
&= f(\mathbf{x}_0) + \sum_{i=1}^{n} \frac{\partial f}{\partial x_i}(\mathbf{c}_i)(x_i - x_i^{(0)}) = f(\mathbf{x}).
\end{aligned}$$

Also ist f in $\mathbf{x}_0$ differenzierbar. ∎

Man beachte, dass die Stetigkeit der partiellen Ableitungen für die totale Differenzierbarkeit nicht notwendig ist!

1.2.17. Beispiele

A. Sei $f(\mathbf{x}) \equiv c$ konstant. Dann verschwinden alle partiellen Ableitungen, und da die Nullfunktion stetig ist, ist f total differenzierbar und $Df(\mathbf{x}) = 0$ (die „Null-Form") in jedem Punkt $\mathbf{x}$ des $\mathbb{R}^n$.

B. Sei $f(\mathbf{x}) := \mathbf{u} \bullet \mathbf{x} = u_1 x_1 + \cdots + u_n x_n$ selbst schon eine Linearform. Dann ist $f_{x_i}(\mathbf{x}) \equiv u_i$ konstant (und damit stetig) für alle i. Also ist f überall total differenzierbar, und offensichtlich ist $Df(\mathbf{x})(\mathbf{v}) = \mathbf{u} \bullet \mathbf{v} = f(\mathbf{v})$ für jedes $\mathbf{x}$. Die Ableitung einer Linearform f stimmt in jedem Punkt $\mathbf{x}$ des $\mathbb{R}^n$ mit genau dieser Linearform überein.

Ein Spezialfall ist die Linearform $x_i : \mathbf{v} \mapsto \mathbf{e}_i \bullet \mathbf{v} = v_i$. In jedem Punkt $\mathbf{x}$ ist das ***Differential*** $(dx_i)_{\mathbf{x}} = Dx_i(\mathbf{x})$ die Projektion auf die i-te Komponente (mehr zu „Differentialen" ist am Ende von Abschnitt 1.6 zu erfahren).

C. Nun sei $A = (a_{ij}) \in M_{n,n}(\mathbb{R})$ eine symmetrische Matrix, d.h. $A^\top = A$, und

$$\begin{aligned} f(\mathbf{x}) &:= \mathbf{x} \cdot A \cdot \mathbf{x}^\top \\ &= (x_1, \dots, x_n) \cdot \Big(\sum_{j=1}^n a_{1j}x_j, \dots, \sum_{j=1}^n a_{nj}x_j \Big)^\top = \sum_{i,j=1}^n a_{ij}x_ix_j \end{aligned}$$

die durch A bestimmte „quadratische Form". Um die Ableitung in einem Punkt $\mathbf{x}_0$ zu bestimmen, bleiben wir bei der vektoriellen Schreibweise. Es ist

$$\begin{aligned} f(\mathbf{x}_0 + \mathbf{h}) - f(\mathbf{x}_0) &= (\mathbf{x}_0 + \mathbf{h}) \cdot A \cdot (\mathbf{x}_0 + \mathbf{h})^\top - \mathbf{x}_0 \cdot A \cdot \mathbf{x}_0^\top \\ &= \mathbf{x}_0 \cdot A \cdot \mathbf{x}_0^\top + \mathbf{h} \cdot A \cdot \mathbf{x}_0^\top + \mathbf{x}_0 \cdot A \cdot \mathbf{h}^\top + \mathbf{h} \cdot A \cdot \mathbf{h}^\top \\ &\quad -\mathbf{x}_0 \cdot A \cdot \mathbf{x}_0^\top \\ &= 2\mathbf{x}_0 \cdot A \cdot \mathbf{h}^\top + \mathbf{h} \cdot A \cdot \mathbf{h}^\top = \mathbf{a} \bullet \mathbf{h} + \boldsymbol{\delta}(\mathbf{x}_0 + \mathbf{h}) \bullet \mathbf{h}, \end{aligned}$$

mit $\mathbf{a} := 2\mathbf{x}_0 \cdot A$ und $\boldsymbol{\delta}(\mathbf{x}) := (\mathbf{x} - \mathbf{x}_0) \cdot A$. Offensichtlich ist $\lim_{\mathbf{x} \to \mathbf{x}_0} \boldsymbol{\delta}(\mathbf{x}) = \mathbf{0}$ und daher f total differenzierbar und $Df(\mathbf{x}_0)(\mathbf{h}) = 2\mathbf{x}_0 \cdot A \cdot \mathbf{h}^\top$.

D. Sei $f(x,y) := e^{x^2} \cdot \cos(y)$ und $\mathbf{x}_0 := (0, \pi/4)$.

Dann ist $f_x = 2xe^{x^2} \cdot \cos(y)$ und $f_y = -e^{x^2} \cdot \sin(y)$, also

$$Df(\mathbf{x}_0)(v_1, v_2) = f_x(\mathbf{x}_0)\, v_1 + f_y(\mathbf{x}_0)\, v_2 = -\frac{1}{2}\sqrt{2}\, v_2.$$

E. Sei $f(x,y) := \begin{cases} \dfrac{xy^2}{x^2+y^2} & \text{für } (x,y) \ne (0,0) \\ 0 & \text{für } (x,y) = (0,0). \end{cases}$

Wir zeigen zunächst, dass f im Nullpunkt stetig ist: Sei $(\mathbf{x}_\nu)$ eine Nullfolge. Dann können wir schreiben: $\mathbf{x}_\nu = (r_\nu \cos\varphi_\nu, r_\nu \sin\varphi_\nu)$, für $\nu \in \mathbb{N}$. Dabei konvergiert $r_\nu = \|\mathbf{x}_\nu\|$ gegen Null, und unabhängig von φ_ν ist

$$(\cos\varphi_\nu)^2 + (\sin\varphi_\nu)^2 = 1 \text{ und } 0 \le |\cos\varphi_\nu|, |\sin\varphi_\nu| \le 1.$$

Also konvergiert $|f(\mathbf{x}_\nu)| = |\dfrac{r_\nu^3 \cos\varphi_\nu (\sin\varphi_\nu)^2}{r_\nu^2}| \le r_\nu$ gegen Null.

Weiter ist $f(x,0) \equiv 0$ und $f(0,y) \equiv 0$. Also ist f im Nullpunkt auch partiell differenzierbar, und es gilt:

$$\frac{\partial f}{\partial x}(0,0) = \frac{\partial f}{\partial y}(0,0) = 0.$$

Es existieren sogar beliebige Richtungsableitungen:

Da $f(tx, ty) = t \cdot f(x, y)$ für alle t und beliebiges (x, y) gilt (man nennt eine solche Funktion ***homogen*** vom Grad 1), ist

$$D_{\mathbf{h}} f(\mathbf{0}) = \lim_{t \to 0} \frac{f(t\mathbf{h}) - f(\mathbf{0})}{t} = f(\mathbf{h}).$$

Man kann also im Nullpunkt in jeder beliebigen Richtung eine Tangente an den Graphen G_f legen.

Wäre f in $\mathbf{0}$ total differenzierbar, so müsste $Df(\mathbf{0})(\mathbf{h}) = 0$ für jedes $\mathbf{h}$ gelten. Für $\mathbf{h} := (r, r)$ ist aber

$$\frac{f(\mathbf{h}) - f(\mathbf{0}) - 0}{\|\mathbf{h}\|} = \frac{r^3}{2r^2 \cdot \sqrt{2}|r|} = \pm\frac{1}{2\sqrt{2}},$$

und dieser Ausdruck strebt für $\mathbf{h} \to \mathbf{0}$ nicht gegen Null.

Also ist f im Nullpunkt nicht total differenzierbar, und der Graph von f besitzt dort keine Tangentialebene. Wie soll man sich das vorstellen?

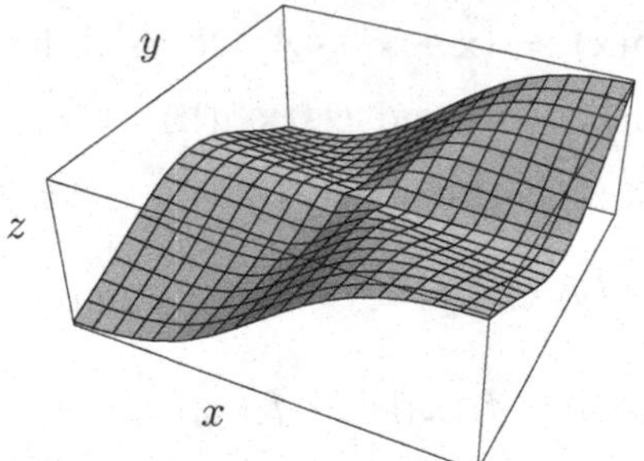

Da f homogen ist, gehört mit $(\mathbf{x}, z)$ auch jeder Punkt $(t\mathbf{x}, tz)$ zum Graphen von f, also die ganze Gerade durch $(\mathbf{x}, z)$ und den Nullpunkt. Diese Geraden sind dann natürlich auch Tangenten, und sie müssten daher auch in einer etwa existierenden Tangentialebene enthalten sein. Das ist nicht möglich, weil die Geraden gar nicht alle in einer Ebene liegen. Die Punkte $(1, 1, \frac{1}{2})$, $(1, -1, \frac{1}{2})$ und $(1, 0, 0)$ liegen z.B. auf G_f, sind aber linear unabhängig.

Tatsächlich hat G_f im Nullpunkt so etwas wie einen „Knick", und dieser Mangel an Glattheit verhindert die totale Differenzierbarkeit.

Wir müssen nun die spezielle Kettenregel noch einmal aufgreifen. Um die Differenzierbarkeit der Verknüpfung $f \circ \boldsymbol{\alpha}$ von einer differenzierbaren Funktion f mit einem differenzierbaren Weg $\boldsymbol{\alpha}$ in $t_0 \in \mathbb{R}$ beweisen zu können, mussten wir bisher die **stetige** Differenzierbarkeit von f in $\boldsymbol{\alpha}(t_0)$ voraussetzen. Davon wollen wir uns lösen.

1.2.18. Spezielle Kettenregel für differenzierbare Funktionen

Ist $B \subset \mathbb{R}^n$ offen, $\boldsymbol{\alpha} : I \to B$ in $t_0 \in I$ und $f : B \to \mathbb{R}$ in $\mathbf{x}_0 = \boldsymbol{\alpha}(t_0)$ differenzierbar, so ist auch $f \circ \boldsymbol{\alpha}$ in t_0 differenzierbar, und es gilt:

$$(f \circ \boldsymbol{\alpha})'(t_0) = \nabla f(\mathbf{x}_0) \bullet \boldsymbol{\alpha}'(t_0).$$

BEWEIS: Nach Voraussetzung gibt es eine in t_0 stetige Funktion $\boldsymbol{\Delta} : I \to \mathbb{R}^n$ mit

$$\boldsymbol{\alpha}(t) = \boldsymbol{\alpha}(t_0) + \boldsymbol{\Delta}(t) \cdot (t - t_0) \quad \text{auf } I$$

und $\boldsymbol{\Delta}(t_0) = \boldsymbol{\alpha}'(t_0)$ (vgl. Band 1, Satz 3.1.2).

Außerdem gibt es eine Funktion $\boldsymbol{\delta} : B \to \mathbb{R}^n$ mit $\lim\limits_{\mathbf{x} \to \mathbf{x}_0} \boldsymbol{\delta}(\mathbf{x}) = \mathbf{0}$, so dass für alle $\mathbf{x}$ in der Nähe von $\mathbf{x}_0 := \boldsymbol{\alpha}(t_0)$ gilt:

$$f(\mathbf{x}) = f(\mathbf{x}_0) + \nabla f(\mathbf{x}_0) \bullet (\mathbf{x} - \mathbf{x}_0) + \boldsymbol{\delta}(\mathbf{x}) \bullet (\mathbf{x} - \mathbf{x}_0).$$

Dann ist

$$\begin{aligned} \frac{f \circ \boldsymbol{\alpha}(t) - f \circ \boldsymbol{\alpha}(t_0)}{t - t_0} &= \frac{\nabla f(\boldsymbol{\alpha}(t_0)) \bullet (\boldsymbol{\alpha}(t) - \boldsymbol{\alpha}(t_0)) + \boldsymbol{\delta}(\boldsymbol{\alpha}(t)) \bullet (\boldsymbol{\alpha}(t) - \boldsymbol{\alpha}(t_0))}{t - t_0} \\ &= \nabla f(\boldsymbol{\alpha}(t_0)) \bullet \boldsymbol{\Delta}(t) + \boldsymbol{\delta}(\boldsymbol{\alpha}(t)) \bullet \boldsymbol{\Delta}(t), \end{aligned}$$

und dieser Ausdruck strebt für $t \to t_0$ gegen $\nabla f(\boldsymbol{\alpha}(t_0)) \bullet \boldsymbol{\alpha}'(t_0)$. ■

Definition (konvexe Menge)

Eine Teilmenge $M \subset \mathbb{R}^n$ heißt ***konvex***, falls mit je zwei Punkten $\mathbf{x}_0$ und $\mathbf{y}_0$ aus M auch ihre Verbindungsstrecke $S(\mathbf{x}_0, \mathbf{y}_0) := \{\mathbf{x} = \mathbf{x}_0 + t(\mathbf{y}_0 - \mathbf{x}_0) \,:\, 0 \le t \le 1\}$ zu M gehört.

1.2.19. Beispiel

Jede (offene oder abgeschlossene) Kugel ist konvex:

BEWEIS: Wir betrachten eine offene Kugel B vom Radius r um $\mathbf{0}$. Ist $\mathbf{x}_0 \in B$ und $\mathbf{y}_0 \in B$, so folgt:

$$\begin{aligned} \|\mathbf{x}_0 + t(\mathbf{y}_0 - \mathbf{x}_0)\| &= \|(1-t)\mathbf{x}_0 + t\mathbf{y}_0\| \\ &\le (1-t) \cdot \|\mathbf{x}_0\| + t \cdot \|\mathbf{y}_0\| \\ &< (1-t)r + tr = r. \end{aligned}$$

Für offene Kugeln mit beliebigem Mittelpunkt und für beliebige abgeschlossene Kugeln wird der Beweis sinngemäß geführt. ■

1.2.20. Der Mittelwertsatz

Sei $B \subset \mathbb{R}^n$ offen und konvex, $f : B \to \mathbb{R}$ eine differenzierbare Funktion. Zu je zwei Punkten $\mathbf{a}, \mathbf{b} \in B$ gibt es ein $t \in (0,1)$ mit

$$f(\mathbf{b}) - f(\mathbf{a}) = \nabla f(\mathbf{a} + t(\mathbf{b} - \mathbf{a})) \bullet (\mathbf{b} - \mathbf{a}).$$

BEWEIS: Sei $\boldsymbol{\alpha}(t) := \mathbf{a} + t(\mathbf{b} - \mathbf{a})$. Dann ist $h(t) := f \circ \boldsymbol{\alpha}(t)$ eine auf $[0,1]$ differenzierbare Funktion.

Nach dem Mittelwertsatz in einer Veränderlichen gibt es ein $t \in (0,1)$, so dass $h(1) - h(0) = h'(t) \cdot (1 - 0) = h'(t)$ ist. Es ist aber $h(1) - h(0) = f(\mathbf{b}) - f(\mathbf{a})$ und $h'(t) = \nabla f(\boldsymbol{\alpha}(t)) \bullet \boldsymbol{\alpha}'(t) = \nabla f(\mathbf{a} + t(\mathbf{b} - \mathbf{a})) \bullet (\mathbf{b} - \mathbf{a})$. ∎

1.2.21. Folgerung

Sei $G \subset \mathbb{R}^n$ ein Gebiet, $f : G \to \mathbb{R}$ differenzierbar und $\nabla f(\mathbf{x}) = \mathbf{0}$ für alle $\mathbf{x} \in G$. Dann ist f konstant.

BEWEIS: Sei $\mathbf{x}_0 \in G$ und $c := f(\mathbf{x}_0)$. Dann ist die Menge

$$M := \{\mathbf{x} \in G \,:\, f(\mathbf{x}) = c\}$$

nicht leer. Ist $\mathbf{y} \in M$, so gibt es eine kleine Kugel $U = U_\varepsilon(\mathbf{y})$, die noch ganz in G liegt. Für $\mathbf{x} \in U$ ist $f(\mathbf{x}) - f(\mathbf{y}) = \nabla f(\mathbf{y} + t(\mathbf{y} - \mathbf{x})) \bullet (\mathbf{y} - \mathbf{x}) = 0$, also $f(\mathbf{x}) = f(\mathbf{y}) = c$. Damit gehört U zu M und M ist offen. Weil f stetig ist, ist auch die Menge $G \setminus M = \{\mathbf{x} \in G \,:\, f(\mathbf{x}) \neq c\}$ offen. Also muss $M = G$ sein. ∎

Bemerkung: Bei der obigen Aussage ist natürlich die Voraussetzung, dass G ein Gebiet (also eine zusammenhängende offene Menge) ist, wesentlich!

Zum Schluss dieses Abschnittes wollen wir noch das zu Bedingung (4) in Satz 3.1.2 in Band 1 analoge (und sehr nützliche) Differenzierbarkeitskriterium behandeln.

1.2.22. Drittes Differenzierbarkeitskriterium (nach Grauert)

Sei $B \subset \mathbb{R}^n$ offen und $\mathbf{x}_0 \in B$ ein Punkt. Eine Funktion $f : B \to \mathbb{R}$ ist genau dann in $\mathbf{x}_0$ differenzierbar, wenn es eine eine Funktion $\boldsymbol{\Delta} : B \to \mathbb{R}^n$ gibt, so dass gilt:

1. $f(\mathbf{x}) = f(\mathbf{x}_0) + (\mathbf{x} - \mathbf{x}_0) \cdot \boldsymbol{\Delta}(\mathbf{x})^\top$.
2. *$\boldsymbol{\Delta}$ ist stetig in $\mathbf{x}_0$.*

BEWEIS: a) Sei f in $\mathbf{x}_0$ differenzierbar,

$$f(\mathbf{x}) = f(\mathbf{x}_0) + \nabla f(\mathbf{x}_0) \bullet (\mathbf{x} - \mathbf{x}_0) + \boldsymbol{\delta}(\mathbf{x}) \bullet (\mathbf{x} - \mathbf{x}_0).$$

Dann setzen wir

$$\mathbf{\Delta}(\mathbf{x}) := \nabla f(\mathbf{x}_0) + \boldsymbol{\delta}(\mathbf{x}).$$

Offensichtlich ist $(\mathbf{x}-\mathbf{x}_0)\cdot\mathbf{\Delta}(\mathbf{x})^\top = (\nabla f(\mathbf{x}_0)+\boldsymbol{\delta}(\mathbf{x}))\bullet(\mathbf{x}-\mathbf{x}_0)$ und $\mathbf{\Delta}$ in $\mathbf{x}_0$ stetig.

b) Ist das Grauert'sche Differenzierbarkeitskriterium erfüllt, also

$$f(\mathbf{x}) = f(\mathbf{x}_0) + (\mathbf{x}-\mathbf{x}_0)\cdot\mathbf{\Delta}(\mathbf{x})^\top$$

mit einer in $\mathbf{x}_0$ stetigen Funktion $\mathbf{\Delta} : B \to \mathbb{R}^n$, so setzen wir $\mathbf{a} := \mathbf{\Delta}(\mathbf{x}_0)$ und $\boldsymbol{\delta}(\mathbf{x}) := \mathbf{\Delta}(\mathbf{x})-\mathbf{\Delta}(\mathbf{x}_0)$. Offensichtlich strebt $\boldsymbol{\delta}(\mathbf{x})$ für $\mathbf{x}\to\mathbf{x}_0$ gegen Null. Außerdem ist $\mathbf{a}\bullet(\mathbf{x}-\mathbf{x}_0)+\boldsymbol{\delta}(\mathbf{x})\bullet(\mathbf{x}-\mathbf{x}_0) = \mathbf{\Delta}(\mathbf{x})\bullet(\mathbf{x}-\mathbf{x}_0) = (\mathbf{x}-\mathbf{x}_0)\cdot\mathbf{\Delta}(\mathbf{x})^\top$. Daraus folgt die Differenzierbarkeit von f in $\mathbf{x}_0$. ∎

Man kann das Grauert'sche Kriterium auch so formulieren:

$f : B \to \mathbb{R}$ ist genau dann in $\mathbf{x}_0$ differenzierbar, wenn es Funktionen $\Delta_i : B \to \mathbb{R}$ gibt, so dass gilt:

1. $f(\mathbf{x}) = f(\mathbf{x}_0) + \sum_{i=1}^n \Delta_i(\mathbf{x})(x_i - x_i^{(0)})$.
2. *Alle Δ_i sind stetig in $\mathbf{x}_0$.*

Bemerkung: Das Grauert'sche Kriterium lässt sich leicht noch weiter verallgemeinern. Durch $\mathbf{x}\mapsto(\Lambda(\mathbf{x}) : \mathbf{v}\mapsto\mathbf{v}\cdot\mathbf{\Delta}(\mathbf{x})^\top)$ wird eine Abbildung $\Lambda : B \to L(\mathbb{R}^n,\mathbb{R})$ definiert. Ist E ein beliebiger Banachraum, so wird der Raum $L(E,\mathbb{R})$ der stetigen Linearformen $\lambda : E \to \mathbb{R}$ durch die Operatornorm auch zu einem normierten Vektorraum. Ist $B \subset E$ offen, so heißt eine Funktion $f : B \to \mathbb{R}$ genau dann in $\mathbf{x}_0$ differenzierbar, wenn es eine eine Funktion $\Lambda : B \to L(E,\mathbb{R})$ gibt, so dass gilt:

1. $f(\mathbf{x}) = f(\mathbf{x}_0) + \Lambda(\mathbf{x})(\mathbf{x}-\mathbf{x}_0)$.
2. Λ ist stetig in $\mathbf{x}_0$.

Weil in dieser Definition die Norm nicht explizit vorkommt, kann man sie sogar auf noch allgemeinere Vektorräume ausdehnen. Darauf wollen wir hier aber nicht weiter eingehen.

Manchmal ist eine differenzierbare Funktion $y = y(x)$ nur implizit als Lösung einer Gleichung $f(x,y) = 0$ gegeben. Betrachten wir dazu ein einfaches Beispiel. Sei $f : \mathbb{R}^2 \to \mathbb{R}$ definiert durch $f(x,y) := x^2 + y^2 - 1$. Dann ist

$$\{(x,y)\in\mathbb{R}^2 : f(x,y) = 0\} = \{\mathbf{x}\in\mathbb{R}^2 : \|\mathbf{x}\| = 1\} = S^1$$

der Einheitskreis.

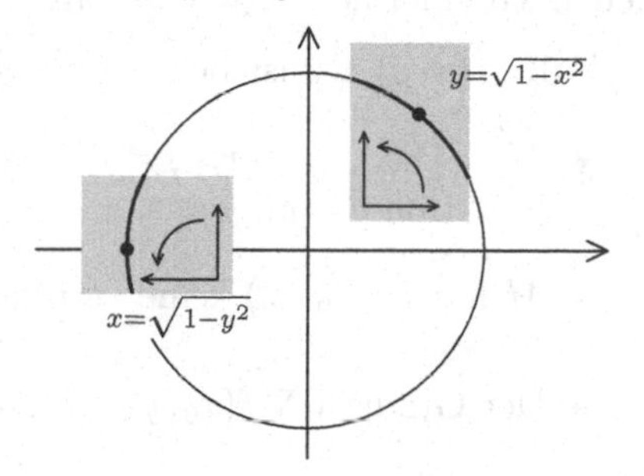

Ist $(a,b)\in S^1$, $a \neq \pm 1$, so gilt in der Nähe von (a,b):

$$f(x,y) = 0 \iff y^2 = 1 - x^2$$
$$\iff y = g(x) := \pm\sqrt{1-x^2}.$$

Die Lösungsmenge sieht also in der Nähe von (a, b) wie der Graph einer differenzierbaren Funktion aus. Es gibt eine Umgebung $U = V \times W$ von (a, b), so dass gilt:

$$\{(x, y) \in U \mid f(x, y) = 0\} = \{(x, g(x)) \mid x \in V\}.$$

Man kann sehr leicht die Ableitung von g berechnen. Da $f(x, g(x)) \equiv 0$ ist, folgt mit der Kettenregel:

$$0 = \frac{\partial f}{\partial x}(x, g(x)) \cdot 1 + \frac{\partial f}{\partial y}(x, g(x)) \cdot g'(x),$$

also

$$g'(x) = -\frac{f_x(x, g(x))}{f_y(x, g(x))} = -\frac{2x}{2g(x)} = -\frac{x}{g(x)}.$$

Bei dieser Umformung hätten wir natürlich erst einmal überprüfen müssen, ob $f_y(x, g(x))$ in der Nähe von $x = a$ nicht verschwindet. Tatsächlich ist $f_y(a, b) = 2b = 0$ für ein $(a, b) \in S^1$ genau dann, wenn $a^2 = 1$ ist, also $a = \pm 1$. Deshalb ist die Bedingung „$a \neq \pm 1$" gerade die Bedingung für die Auflösbarkeit nach y.

Die Ableitung g' haben wir hier durch „Implizite Differentiation" gewonnen. Da wir $g(x)$ explizit zur Verfügung haben, hätten wir natürlich genauso gut „explizit" differenzieren können.

Der Kreis S^1 ist eine so symmetrische Figur, dass nicht einzusehen ist, warum die Punkte $(1, 0)$ und $(-1, 0)$ eine Ausnahme bilden sollten. Wenn wir das Koordinatensystem um 90° drehen, dann sieht der Kreis auch in diesen Punkten lokal wie ein Graph aus, allerdings wie der Graph einer Funktion $x = h(y)$. Tatsächlich ist dort $h(y) = \pm\sqrt{1 - y^2}$.

Wie kann man erkennen, nach welcher Variablen aufgelöst werden kann? Der Kreis kann überall dort als Graph einer differenzierbaren Funktion $y = g(x)$ aufgefaßt werden, wo er **keine vertikale Tangente** besitzt, und er kann überall dort als Graph einer differenzierbaren Funktion $x = h(y)$ aufgefaßt werden, wo er **keine horizontale Tangente** besitzt. Weil der Gradient einer Funktion f auf der jeweiligen Niveaulinie senkrecht steht, kann man die Auflösbarkeit auch an der Richtung des Gradienten ablesen.

Ist also eine Gleichung $f(x, y) = 0$ vorgelegt, so können wir bezüglich der Auflösbarkeit nach einer der Variablen folgende Unterscheidung treffen:

1. Fall. $f(x, y) = 0$ ist bei (x_0, y_0) ***nach*** y ***auflösbar***, falls gilt:

- $M = \{(x, y) : f(x, y) = 0\}$ sieht in der Nähe von (x_0, y_0) wie der Graph einer Funktion $y = g(x)$ aus,
- M hat in (x_0, y_0) keine vertikale Tangente,
- Der Gradient $\nabla f(x_0, y_0)$ verläuft nicht horizontal, es ist $\dfrac{\partial f}{\partial y}(x_0, y_0) \neq 0$.

2. Fall. $f(x,y)=0$ ist bei (x_0,y_0) ***nach*** x ***auflösbar***, falls gilt:

- $M=\{(x,y) : f(x,y)=0\}$ sieht in der Nähe von (x_0,y_0) wie der Graph einer Funktion $x=h(y)$ aus,
- M hat in (x_0,y_0) keine horizontale Tangente,
- Der Gradient $\nabla f(x_0,y_0)$ verläuft nicht vertikal, es ist $\dfrac{\partial f}{\partial x}(x_0,y_0)\neq 0$.

Die obigen Überlegungen bleiben gültig, wenn man eine Gleichung $f(x_1,\ldots,x_n,y)=0$ in der Form $y=y(x_1,\ldots,x_n)$ auflösen will.

1.2.23. Lemma über implizite Funktionen

Sei $B\subset\mathbb{R}^n\times\mathbb{R}$ offen, mit Koordinaten $x_1,\ldots,x_n$ und y, sowie $f:B\to\mathbb{R}$ stetig differenzierbar, $\mathbf{a}=(\mathbf{a}_x,a_y)\in B$ und $f(\mathbf{a})=0$. Ist $f_y(\mathbf{a})>0$, so gibt es offene Umgebungen $U=U(\mathbf{a}_x)\subset\mathbb{R}^n$ und $V=V(a_y)\subset\mathbb{R}$ mit $U\times V\subset B$, sowie eine stetig differenzierbare Funktion $g:U\to V$, so dass gilt:

1. *$f_y(\mathbf{x},y)>0$ für alle $(\mathbf{x},y)\in U\times V$.*
2. *Für $(\mathbf{x},y)\in U\times V$ ist $f(\mathbf{x},y)=0 \iff y=g(\mathbf{x})$.*
3. *Für $\mathbf{x}\in U$ und $i=1,\ldots,n$ ist $g_{x_i}(\mathbf{x})=-f_{x_i}(\mathbf{x},g(\mathbf{x}))/f_y(\mathbf{x},g(\mathbf{x}))$.*

BEWEIS: Die Idee des Beweises lässt sich am einfachsten im Falle $n=1$ erklären. Wir bezeichnen die Variablen mit x und y und setzen $\mathbf{a}=(x_a,y_a)$. In der Nähe von $\mathbf{a}$ ist $f_y>0$.

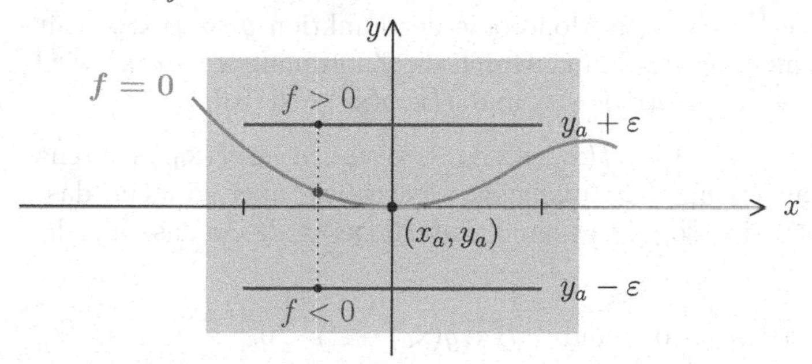

Sei $h(t):=f(x_a,y_a+t)$. Dann ist $h(0)=0$ und $h'(0)>0$. Also wächst h in der Nähe von 0 streng monoton, und man kann ein $\varepsilon>0$ finden, so dass $h(t)<0$ auf $(-\varepsilon,0)$ und >0 auf $(0,\varepsilon)$ ist. Aus Stetigkeitsgründen ist dann $f(x,y_a-\varepsilon)<0<f(x,y_a+\varepsilon)$ für x nahe bei x_a.

Der Zwischenwertsatz liefert für jedes solche x ein $g(x)\in(y_a-\varepsilon,y_a+\varepsilon)$ mit $f(x,g(x))=0$. Damit hat man schon die implizit gegebene Funktion g gefunden, die sich bei etwas genauerem Hinsehen zudem als stetig erweist. Es bleibt noch der Nachweis der Differenzierbarkeit von g. Das funktioniert mit dem Mittelwertsatz:

Ist x_0 nahe x_a fest vorgegeben, so gibt es zu jedem x nahe x_0 einen Punkt (ξ, η) auf der Verbindungsstrecke von $(x_0, g(x_0))$ und $(x, g(x))$, so dass gilt:

$$0 = f(x, g(x)) - f(x_0, g(x_0)) = \nabla f(\xi, \eta) \cdot (x - x_0, g(x) - g(x_0)),$$

also $g(x) - g(x_0) = -\dfrac{f_x(\xi, \eta)}{f_y(\xi, \eta)} \cdot (x - x_0)$. Das geht, weil $f_y > 0$ ist.

Dividiert man die Gleichung durch $x - x_0$ und lässt dann x gegen x_0 gehen (wobei (ξ, η) gegen $(x_0, g(x_0))$ strebt), so erhält man die Differenzierbarkeit von g, und aus der Gleichung $g'(x) = -f_x(x, g(x))/f_y(x, g(x))$ kann man die Stetigkeit von g' ablesen.

Nun zum eigentlichen Beweis, der genau nach diesem Schema verläuft und nichts außer Stetigkeit, Differenzierbarkeit, dem Zwischenwertsatz und dem Mittelwertsatz benutzt:

Dass es offene Mengen $U_0 \subset \mathbb{R}^n$ und $V_0 \subset \mathbb{R}$ mit $\mathbf{a} \in U_0 \times V_0 \subset B$ und $f_y(\mathbf{x}, y) > 0$ für $(\mathbf{x}, y) \in U_0 \times V_0$ gibt, folgt aus der stetigen Differenzierbarkeit von f.

Weil $f(\mathbf{a}) = 0$ und $y \mapsto f(\mathbf{a}_x, y)$ auf V_0 streng monoton wachsend ist, gibt es ein $\varepsilon > 0$ mit $V := (a_y - \varepsilon, a_y + \varepsilon) \subset V_0$ und

$$f(\mathbf{a}_x, a_y - \varepsilon) < 0 < f(\mathbf{a}_x, a_y + \varepsilon).$$

Weil f auf $U_0 \times V_0$ stetig ist, gibt es außerdem ein $\delta > 0$ mit $U := B_\delta(\mathbf{a}_x) \subset U_0$, so dass gilt:

$$f(\mathbf{x}, a_y - \varepsilon) < 0 < f(\mathbf{x}, a_y + \varepsilon) \text{ für } \mathbf{x} \in U.$$

Nach dem Zwischenwertsatz gibt es zu jedem $\mathbf{x} \in U$ ein $g(\mathbf{x}) \in V$, so dass $f(\mathbf{x}, g(\mathbf{x})) = 0$ ist. Wegen der strengen Monotonie der Funktion $y \mapsto f(\mathbf{x}, y)$ (für $\mathbf{x} \in U$) ist $g(\mathbf{x})$ jeweils eindeutig bestimmt. Durch die Zuordnung $\mathbf{x} \mapsto g(\mathbf{x})$ wird also eine Funktion $g : U \to V$ mit $g(\mathbf{a}_x) = a_y$ und $f(\mathbf{x}, g(\mathbf{x})) = 0$ definiert.

g ist sogar stetig. Ist $\mathbf{x}_0 \in U$, so ist $f(\mathbf{x}_0, g(\mathbf{x}_0)) = 0$ und $y \mapsto f(\mathbf{x}_0, y)$ streng monoton wachsend. Ist außerdem $\varepsilon' > 0$ beliebig vorgegeben, aber so klein, dass $\big(g(\mathbf{x}_0) - \varepsilon', g(\mathbf{x}_0) + \varepsilon'\big) \subset V$ ist, so gibt es ein δ' mit $B_{\delta'}(\mathbf{x}_0) \subset U$, so dass für alle $\mathbf{x} \in B_{\delta'}(\mathbf{x}_0)$ gilt:

$$f(\mathbf{x}, g(\mathbf{x}_0) + \varepsilon') > 0 \quad \text{ und } \quad f(\mathbf{x}, g(\mathbf{x}_0) - \varepsilon') < 0.$$

Für jedes $\mathbf{x} \in B_{\delta'}(\mathbf{x}_0)$ liegt dann aber $g(\mathbf{x})$ zwischen $g(\mathbf{x}_0) - \varepsilon'$ und $g(\mathbf{x}_0) + \varepsilon'$, und es ist $|g(\mathbf{x}) - g(\mathbf{x}_0)| < \varepsilon'$.

Sei nun $\mathbf{x}_0 = (x_1^{(0)}, \ldots, x_n^{(0)}) \in U$ beliebig. Wir wollen zeigen, dass g in $\mathbf{x}_0$ differenzierbar ist. Nach dem Mittelwertsatz (Satz 1.2.20, Seite 48) gibt es zu jedem $\mathbf{x} = (x_1, \ldots, x_n) \in U$ ein $c = c(\mathbf{x}) \in (0, 1)$ mit

$$f(\mathbf{x}, g(\mathbf{x})) - f(\mathbf{x}_0, g(\mathbf{x}_0)) =$$

$$\nabla f\big(\mathbf{x}_0 + c\,(\mathbf{x}-\mathbf{x}_0), g(\mathbf{x}_0) + c\,(g(\mathbf{x}) - g(\mathbf{x}_0))\big) \bullet (\mathbf{x}-\mathbf{x}_0, g(\mathbf{x}) - g(\mathbf{x}_0)).$$

Weil $f(\mathbf{x}, g(\mathbf{x})) = 0$ für alle $\mathbf{x} \in U$ gilt, folgt für solche $\mathbf{x}$ daraus die Gleichung

$$\begin{aligned} 0 &= \sum_{i=1}^{n} f_{x_i}\big(\mathbf{x}_0 + c\,(\mathbf{x}-\mathbf{x}_0), g(\mathbf{x}_0) + c\,(g(\mathbf{x}) - g(\mathbf{x}_0))\big) \cdot (x_i - x_i^{(0)}) \\ &\quad + f_y\big(\mathbf{x}_0 + c\,(\mathbf{x}-\mathbf{x}_0), g(\mathbf{x}_0) + c\,(g(\mathbf{x}) - g(\mathbf{x}_0))\big) \cdot (g(\mathbf{x}) - g(\mathbf{x}_0)). \end{aligned}$$

Die Funktionen

$$\Delta_i(\mathbf{x}) := -\frac{f_{x_i}\big(\mathbf{x}_0 + c\,(\mathbf{x}-\mathbf{x}_0), g(\mathbf{x}_0) + c\,(g(\mathbf{x}) - g(\mathbf{x}_0))\big)}{f_y\big(\mathbf{x}_0 + c\,(\mathbf{x}-\mathbf{x}_0), g(\mathbf{x}_0) + c\,(g(\mathbf{x}) - g(\mathbf{x}_0))\big)}$$

sind (wegen der stetigen Differenzierbarkeit von f) stetig in $\mathbf{x}_0$, und es gilt:

$$g(\mathbf{x}) = g(\mathbf{x}_0) + \sum_{i=1}^{n} \Delta_i(\mathbf{x}) \cdot (x_i - x_i^{(0)}).$$

Also ist g in $\mathbf{x}_0$ differenzierbar und

$$g_{x_i}(\mathbf{x}_0) = \Delta_i(\mathbf{x}_0) = -\frac{f_{x_i}(\mathbf{x}_0, g(\mathbf{x}_0))}{f_y(\mathbf{x}_0, g(\mathbf{x}_0))}\,.$$

Weil die rechte Seite stetig von $\mathbf{x}_0$ abhängt, ist g sogar stetig differenzierbar. ∎

Wir betrachten ein Beispiel, die Gleichung $x^3 + y^3 = 6xy$, also $f(x, y) = 0$ (für $f(x, y) := x^3 + y^3 - 6xy$.

Dadurch wird eine ebene Kurve beschrieben, die man als ***cartesisches Blatt*** bezeichnet. Hier ist eine explizite Auflösung $y = y(x)$ oder $x = x(y)$ zumindest recht schwierig. Wir beschränken uns auf die Untersuchung eines einzelnen Punktes.

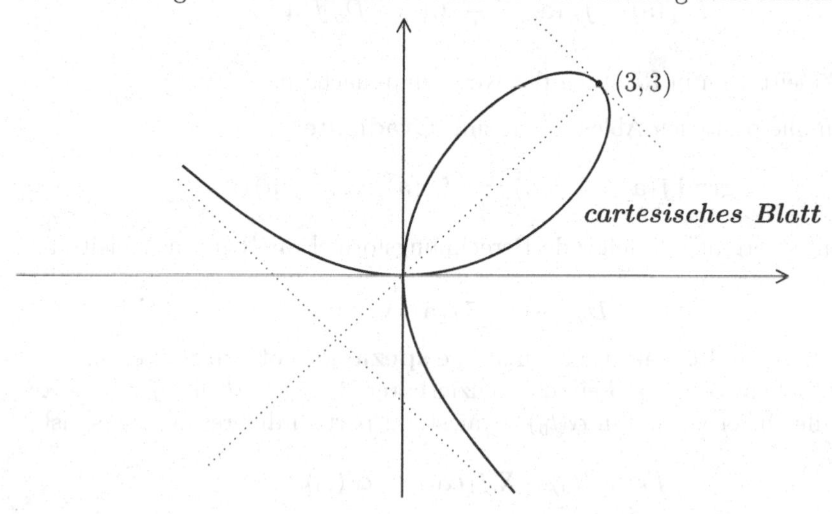

Offensichtlich liegt $\mathbf{x}_0 := (3,3)$ auf der Kurve. Es ist $f_y(x,y) = 3y^2 - 6x$, also $f_y(\mathbf{x}_0) = 27 - 18 = 9 \neq 0$. Damit ist die Gleichung $f(x,y) = 0$ in der Nähe von $\mathbf{x}_0$ in der Form $y = g(x)$ auflösbar, mit $g(3) = 3$, und es gilt:

$$\begin{aligned} x^3 + g(x)^3 &= 6x \cdot g(x), \\ \text{also} \quad 3x^2 + 3g(x)^2 g'(x) &= 6g(x) + 6x \cdot g'(x). \end{aligned}$$

Diese Gleichung lässt sich leicht nach $g'(x)$ auflösen, es ist

$$g'(x) = \frac{x^2 - 2g(x)}{2x - g(x)^2} \quad \text{und speziell} \quad g'(3) = \frac{9-6}{6-9} = -1.$$

Das ist auch tatsächlich die Richtung der Tangente an das cartesische Blatt in $\mathbf{x}_0$. Man kann also Ableitungen der implizit gegebenen Funktion berechnen, ohne die Funktion selbst zu kennen.

Zusammenfassung

Zentrales Thema dieses Abschnittes ist der Begriff der Differenzierbarkeit für Funktionen von mehreren Variablen. Zunächst haben wir Richtungsableitungen eingeführt. Ist $\mathbf{a} \in \mathbb{R}^n$ ein Punkt im Definitionsbereich der Funktion f und $\mathbf{v} \neq \mathbf{0}$ ein „Richtungsvektor", so nennt man

$$D_{\mathbf{v}} f(\mathbf{a}) := \lim_{t \to 0} \frac{f(\mathbf{a} + t\mathbf{v}) - f(\mathbf{a})}{t}$$

die **Richtungsableitung** von f in $\mathbf{a}$ in Richtung $\mathbf{v}$. Das ist nichts anderes als die gewöhnliche Ableitung der Funktion $t \mapsto f(\mathbf{a} + t\mathbf{v})$ an der Stelle $t = 0$. Ein Spezialfall der Richtungsableitungen sind die **partiellen Ableitungen**

$$D_i f(\mathbf{a}) = f_{x_i}(\mathbf{a}) = \frac{\partial f}{\partial x_i}(\mathbf{a}) := D_{\mathbf{e}_i} f(\mathbf{a}),$$

also die Ableitungen in Richtung der Koordinatenachsen.

Fasst man alle partiellen Ableitungen zum **Gradienten**

$$\mathbf{grad}\, f(\mathbf{a}) = \nabla f(\mathbf{a}) := \big(f_{x_1}(\mathbf{a}), \dots, f_{x_n}(\mathbf{a})\big)$$

zusammen, so ergibt sich folgende Berechnungsformel für Richtungsableitungen:

$$D_{\mathbf{v}} f(\mathbf{a}) = \nabla f(\mathbf{a}) \bullet \mathbf{v}.$$

An dieser Stelle sollte man sich auch an die **spezielle Kettenregel** erinnern: Ist $B \subset \mathbb{R}^n$ offen, $\boldsymbol{\alpha} : I \to B$ ein differenzierbarer Weg, $t_0 \in I$ und $f : B \to \mathbb{R}$ partiell differenzierbar und in $\boldsymbol{\alpha}(t_0)$ sogar stetig partiell differenzierbar, so ist

$$(f \circ \boldsymbol{\alpha})'(t_0) = \nabla f(\boldsymbol{\alpha}(t_0)) \bullet \boldsymbol{\alpha}'(t_0).$$

Damit kann man auch leicht herleiten, dass der Gradient einer Funktion in einem Punkt immer auf der Niveaufläche durch diesen Punkt senkrecht steht.

Eine partiell differenzierbare Funktion braucht nicht stetig zu sein, sie besitzt i.a. keine eindeutig bestimmten Tangentialebenen und höhere Ableitungen lassen sich i.a. nicht beliebig vertauschen. All diese Mängel lassen sich beheben, wenn man immer mit stetiger partieller Differenzierbarkeit arbeitet (so besagt z.B. der **Satz von Schwarz**, dass $D_i D_j f(\mathbf{x}_0) = D_j D_i f(\mathbf{x}_0)$ ist, wenn f in einer Umgebung von $\mathbf{x}_0$ zweimal partiell differenzierbar ist und die zweiten partiellen Ableitungen in $\mathbf{x}_0$ noch stetig sind). Besser ist es, den Begriff der totalen Differenzierbarkeit einzuführen.

Sei $B \subset \mathbb{R}^n$ offen und $\mathbf{x}_0 \in B$. Eine Funktion $f : B \to \mathbb{R}$ heißt in $\mathbf{x}_0$ **(total) differenzierbar**, wenn es einen Vektor $\mathbf{a} \in \mathbb{R}^n$ und eine vektorwertige Funktion $\boldsymbol{\delta}$ auf B gibt, so dass in der Nähe von $\mathbf{x}_0$ gilt:

1. $f(\mathbf{x}) = f(\mathbf{x}_0) + \mathbf{a} \bullet (\mathbf{x} - \mathbf{x}_0) + \boldsymbol{\delta}(\mathbf{x}) \bullet (\mathbf{x} - \mathbf{x}_0)$
2. $\lim\limits_{\mathbf{x} \to \mathbf{x}_0} \boldsymbol{\delta}(\mathbf{x}) = \mathbf{0}$.

Die durch $Df(\mathbf{x}_0)(\mathbf{v}) := \mathbf{a} \bullet \mathbf{v}$ definierte Linearform $Df(\mathbf{x}_0)$ nennt man die **(totale) Ableitung**. Man schreibt dafür auch $(df)_{\mathbf{x}_0}$ und spricht vom **(totalen) Differential**). Es zeigt sich, dass eine differenzierbare Funktion auch partiell differenzierbar ist, und es gilt:

$$Df(\mathbf{x}_0)(\mathbf{v}) = D_{\mathbf{v}} f(\mathbf{x}_0) = \nabla f(\mathbf{x}_0) \bullet \mathbf{v} \quad \text{für alle } \mathbf{v} \neq \mathbf{0}.$$

Der Vektor $\mathbf{a}$ in der Definition der totalen Differenzierbarkeit ist nichts anderes als der **Gradient** von f an der Stelle $\mathbf{x}_0$.

Wir haben drei äquivalente Formulierungen der totalen Differenzierbarkeit:

1. Es gibt eine Linearform $L : \mathbb{R}^n \to \mathbb{R}$ und eine Funktion $r : B \to \mathbb{R}$ mit
$$f(\mathbf{x}) = f(\mathbf{x}_0) + L(\mathbf{x} - \mathbf{x}_0) + r(\mathbf{x} - \mathbf{x}_0) \quad \text{und} \quad \lim_{\mathbf{h} \to \mathbf{0}} \frac{r(\mathbf{h})}{\|\mathbf{h}\|} = 0.$$
2. Es gibt eine Linearform $L : \mathbb{R}^n \to \mathbb{R}$, so dass gilt:
$$\lim_{\mathbf{h} \to \mathbf{0}} \frac{f(\mathbf{x}_0 + \mathbf{h}) - f(\mathbf{x}_0) - L(\mathbf{h})}{\|\mathbf{h}\|} = 0.$$
3. (Grauert-Kriterium) Es gibt eine Funktion $\boldsymbol{\Delta} : B \to \mathbb{R}^n$, so dass gilt:
   (a) $f(\mathbf{x}) = f(\mathbf{x}_0) + (\mathbf{x} - \mathbf{x}_0) \cdot \boldsymbol{\Delta}(\mathbf{x})^\top$.
   (b) $\boldsymbol{\Delta}$ ist stetig in $\mathbf{x}_0$.

   oder (äquivalent dazu):

   Es gibt Funktionen $\Delta_i : B \to \mathbb{R}$ für $i = 1, \ldots, n$, so dass gilt:

(a)' $f(\mathbf{x}) = f(\mathbf{x}_0) + \sum_{i=1}^{n} \Delta_i(\mathbf{x})(x_i - x_i^{(0)})$.
(b)' Alle Δ_i sind stetig in $\mathbf{x}_0$.

Hinzu kommt noch ein hinreichendes Kriterium: *Ist f in einer Umgebung von $\mathbf{x}_0$ partiell differenzierbar und in $\mathbf{x}_0$ sogar stetig partiell differenzierbar, so ist f in $\mathbf{x}_0$ auch total differenzierbar.* Dieses Kriterium ist allerdings nicht notwendig.

Weiter ist festzustellen, dass eine in $\mathbf{x}_0$ differenzierbare Funktion dort auch stetig ist. Auf einer **konvexen** offenen Menge B (die mit je zwei Punkten auch immer deren Verbindungsstrecke enthält) gilt der **Mittelwertsatz**: *Ist $f : B \to \mathbb{R}$ differenzierbar, so gibt es zu je zwei Punkten $\mathbf{a}, \mathbf{b} \in B$ ein $t \in (0,1)$ mit*

$$f(\mathbf{b}) - f(\mathbf{a}) = \nabla f(\mathbf{a} + t(\mathbf{b} - \mathbf{a})) \bullet (\mathbf{b} - \mathbf{a}).$$

Als Folgerung ergibt sich daraus: *Sei $G \subset \mathbb{R}^n$ ein Gebiet, $f : G \to \mathbb{R}$ differenzierbar und $\nabla f(\mathbf{x}) = \mathbf{0}$ für alle $\mathbf{x} \in G$. Dann ist f konstant.*

Am Schluss des Abschnittes steht das Lemma über implizite Funktionen, das zeigt, unter welchen Umständen eine Gleichung $f(x_1, \ldots, x_n, y) = 0$ in der Form $y = g(x_1, \ldots, x_n)$ mit einer differenzierbaren Funktion g aufgelöst werden kann. Voraussetzung ist die Bedingung $f_y \neq 0$ (im Text wird nur der Fall $f_y > 0$ behandelt, der Fall $f_y < 0$ geht genauso), und dann kann man sogar die partiellen Ableitungen von g ausrechnen: $g_{x_i} = -f_{x_i}/f_y$.

Das Prinzip ist besonders gut am Beispiel einer (nichtlinearen) Gleichung mit zwei Unbekannten zu verstehen. Ist eine Gleichung der Gestalt $f(x, y) = 0$ (mit einer stetig differenzierbaren Funktion f) vorgelegt, so kann man versuchen, diese Gleichung nach x oder y aufzulösen. Dabei kann man i.a. nicht erwarten, dass sich die implizit gegebene Funktion durch einen geschlossenen Ausdruck darstellen lässt. Trotzdem kann sich das Wissen um die Existenz einer solchen Funktion als sehr nützlich erweisen, und die Ableitung der impliziten Funktion lässt sich sogar in jedem einzelnen Punkt explizit berechnen.

1. Fall. Damit $f(x, y) = 0$ in der Nähe von $\mathbf{x}_0 = (x_0, y_0)$ nach y auflösbar ist, muss die Nullstellenmenge $N = \{(x, y) : f(x, y) = 0\}$ dort wie der Graph einer Funktion $y = g(x)$ aussehen. Äquivalent dazu ist, dass N in der Nähe von $\mathbf{x}_0$ glatt ist und in $\mathbf{x}_0$ keine vertikale Tangente besitzt. Und das gilt genau dann, wenn $\nabla f(\mathbf{x}_0)$ nicht horizontal verläuft, wenn also $f_y(\mathbf{x}_0) \neq 0$ ist.

2. Fall. Damit $f(x, y) = 0$ in der Nähe von $\mathbf{x}_0$ nach x auflösbar ist, muss N wie der Graph einer Funktion $x = h(y)$ aussehen, oder äquivalent dazu: N ist in $\mathbf{x}_0$ glatt und hat dort keine horizontale Tangente, bzw.: $\nabla f(\mathbf{x}_0)$ verläuft nicht vertikal, d.h., es ist $f_x(\mathbf{x}_0) \neq 0$.

Umgekehrt kann man sagen:

Die Auflösung nach y ist **nicht** möglich, falls die Tangente vertikal, der Gradient horizontal oder $f_y(x_0, y_0) = 0$ ist.

Die Auflösung nach x ist **nicht** möglich, falls die Tangente horizontal, der Gradient vertikal oder $f_x(x_0, y_0) = 0$ ist.

Ergänzungen

I) Zum Schrankensatz, der in Band 1 im Ergänzungssatz bewiesen wurde (3.2.24), gibt es in mehreren Veränderlichen ein Analogon. Dafür brauchen wir die Operatornorm.

1.2.24. Schrankensatz

Sei $B \subset \mathbb{R}^n$ offen und konvex, $f : B \to \mathbb{R}$ differenzierbar und $\|Df(\mathbf{x})\|_{\text{op}} \le C$ für alle $\mathbf{x} \in B$. Dann ist

$$|f(\mathbf{b}) - f(\mathbf{a})| \le C \cdot \|\mathbf{b} - \mathbf{a}\| \text{ für alle } \mathbf{a}, \mathbf{b} \in B.$$

BEWEIS: Es interessiert nur der Fall, dass $\mathbf{a} \ne \mathbf{b}$ ist. Wegen der Konvexität von B liegt die Verbindungsstrecke von $\mathbf{a}$ und $\mathbf{b}$ ganz in B. Dann gibt es auf der Verbindungsstrecke ein $\mathbf{c}$ mit $f(\mathbf{b}) - f(\mathbf{a}) = Df(\mathbf{c})(\mathbf{b} - \mathbf{a})$, und es ist

$$|f(\mathbf{b}) - f(\mathbf{a})| = |Df(\mathbf{c})(\mathbf{b} - \mathbf{a})| \le \|Df(\mathbf{c})\|_{\text{op}} \cdot \|\mathbf{b} - \mathbf{a}\| \le C \cdot \|\mathbf{b} - \mathbf{a}\|.$$

■

II) Auch der Satz über die Vertauschbarkeit von Limes und Ableitung (Band 1, 4.1.9) lässt sich auf den Fall von mehreren Veränderlichen verallgemeinern.

Ist (f_n) eine Folge von Abbildungen von einer offenen Menge $B \subset \mathbb{R}^n$ in einen normierten Vektorraum E, so kann man den Begriff der *gleichmäßigen Konvergenz* erklären.

(f_n) ***konvergiert gleichmäßig*** gegen $f : B \to E$, falls gilt:

$$\forall \varepsilon > 0 \; \exists n_0 \in \mathbb{N}, \text{ so dass für } n \ge n_0 \text{ und alle } \mathbf{x} \in B \text{ gilt: } \|f_n(\mathbf{x}) - f(\mathbf{x})\| < \varepsilon.$$

Ist ein $\varepsilon > 0$ vorgegeben und n_0 so gewählt, dass sogar $\|f_n(\mathbf{x}) - f(\mathbf{x})\| < \varepsilon/2$ für $n \ge n_0$ und alle $\mathbf{x} \in B$ gilt, so folgt für $n, m \ge n_0$:

$$\|f_n(\mathbf{x}) - f_m(\mathbf{x})\| \le \|f_n(\mathbf{x}) - f(\mathbf{x})\| + \|f(\mathbf{x}) - f_m(\mathbf{x})\| \le \varepsilon/2 + \varepsilon/2 = \varepsilon.$$

1.2.25. Theorem

Sei $B \subset \mathbb{R}^n$ offen und (f_n) eine Folge von differenzierbaren Funktionen auf B, die punktweise gegen eine Funktion $f : B \to \mathbb{R}$ konvergiert. Wenn die Folge der Ableitungen (Df_n) auf B gleichmäßig gegen eine Abbildung $g : B \to L(\mathbb{R}^n, \mathbb{R})$ konvergiert, dann ist f differenzierbar und $Df = g$.

BEWEIS: Wir gehen so ähnlich wie bei dem Beweis des entsprechenden Satzes in einer Veränderlichen vor. Sei $\mathbf{x}_0$ ein fester Punkt von B und $U = U_r(\mathbf{x}_0)$ eine Kugelumgebung, deren Abschluss noch in B liegt. Setzen wir $f_{nm} := f_n - f_m$, so folgt aus dem Schrankensatz für $\mathbf{x} \in U$:

$$\|f_{nm}(\mathbf{x}) - f_{nm}(\mathbf{x}_0)\| \le \|\mathbf{x} - \mathbf{x}_0\| \cdot \sup_U \|Df_{nm}(\mathbf{x})\|_{\text{op}}. \qquad (*)$$

Nun sei $\varepsilon > 0$. Wegen der gleichmäßigen Konvergenz von (Df_n) gegen g auf B kann man ein $n_0 \in \mathbb{N}$ finden, so dass

$$\sup_U \|Df_{nm}(\mathbf{x})\|_{\text{op}} < \varepsilon \text{ und } \sup_U \|Df_n(\mathbf{x}) - g(\mathbf{x})\|_{\text{op}} < \varepsilon$$

für $n, m \geq n_0$ ist.

Lassen wir in $(*)$ m gegen Unendlich gehen, so erhalten wir:

$$\|(f_n(\mathbf{x}) - f(\mathbf{x})) - (f_n(\mathbf{x}_0) - f(\mathbf{x}_0))\| \leq \|\mathbf{x} - \mathbf{x}_0\| \cdot \varepsilon \text{ für } n \geq n_0.$$

Jetzt halten wir ein solches n fest. Da f_n differenzierbar ist, gibt es ein $\delta > 0$, so dass

$$\|f_n(\mathbf{x}) - f_n(\mathbf{x}_0) - Df_n(\mathbf{x}_0)(\mathbf{x} - \mathbf{x}_0)\| \leq \|\mathbf{x} - \mathbf{x}_0\| \cdot \varepsilon$$

für $\|\mathbf{x} - \mathbf{x}_0\| < \delta$ gilt. Daraus folgt:

$$\begin{aligned}
\|f(\mathbf{x}) - f(\mathbf{x}_0) - g(\mathbf{x}_0)(\mathbf{x} - \mathbf{x}_0)\| &\leq \|(f_n(\mathbf{x}) - f(\mathbf{x})) - (f_n(\mathbf{x}_0) - f(\mathbf{x}_0))\| \\
&\quad + \|f_n(\mathbf{x}) - f_n(\mathbf{x}_0) - Df_n(\mathbf{x}_0)(\mathbf{x} - \mathbf{x}_0)\| \\
&\quad + \|Df_n(\mathbf{x}_0)(\mathbf{x} - \mathbf{x}_0) - g(\mathbf{x}_0)(\mathbf{x} - \mathbf{x}_0)\| \\
&\leq 3\varepsilon \cdot \|\mathbf{x} - \mathbf{x}_0\|.
\end{aligned}$$

Das bedeutet, dass f in $\mathbf{x}_0$ differenzierbar und $Df(\mathbf{x}_0) = g(\mathbf{x}_0)$ ist. ∎

1.2.26. Aufgaben

A. (a) Bestimmen Sie den maximalen Definitionsbereich D_f und den zugehörigen Wertebereich der Funktion $f(x, y) := \sqrt{9 - x^2 - y^2}$. Skizzieren Sie den Funktionsgraphen!

(b) Sei $h(x, y) := 5 - 3x + 2y$ für beliebiges $(x, y) \in \mathbb{R}^2$, G_h der Graph von h. Skizzieren Sie $G_h \cap \{(x, y, z) : x \geq 0,\ z \geq 0 \text{ und } y \leq 0\}$. Bestimmen Sie den Wertebereich von h auf $[0, 3] \times [-3, 0]$. In welchen Punkten von $[0, 3] \times [-3, 0]$ werden Maximum und Minimum angenommen?

B. Sei $B \subset \mathbb{R}^n$ offen, $f : B \to \mathbb{R}$ eine Funktion, $\mathbf{a} \in B$ und $\mathbf{v} \in \mathbb{R}^n$ ein beliebiger Vektor $\neq \mathbf{0}$. Zeigen Sie:

(a) Es gibt ein $\varepsilon > 0$, so dass $\boldsymbol{\alpha}(t) := \mathbf{a} + t\mathbf{v}$ für $t \in (-\varepsilon, \varepsilon)$ in B liegt.

(b) Ist $f_{\mathbf{a},\mathbf{v}} : (-\varepsilon, \varepsilon) \to \mathbb{R}$ mit $f_{\mathbf{a},\mathbf{v}}(t) := f(\mathbf{a} + t\mathbf{v})$ in $t = 0$ differenzierbar, so existiert die Richtungsableitung $D_{\mathbf{v}}f(\mathbf{a})$ und stimmt mit $f'_{\mathbf{a},\mathbf{v}}(0)$ überein.

C. Berechnen Sie die Richtungsableitung $D_{\mathbf{v}}f(\mathbf{a})$ für beliebiges $\mathbf{a} \in \mathbb{R}^n$, $\mathbf{v} \neq \mathbf{0}$ und $f(\mathbf{x}) := \|\mathbf{x}\|^4$.

D. Zeigen Sie:

(a) Es gibt eine Funktion $f : \mathbb{R}^n \to \mathbb{R}$ und einen Richtungsvektor $\mathbf{v} \neq \mathbf{0}$, so dass $D_{\mathbf{v}}f(\mathbf{a}) > 0$ für alle $\mathbf{a} \in \mathbb{R}^n$ gilt.

(b) Es gibt **keine** Funktion $f : \mathbb{R}^n \to \mathbb{R}$, so dass an einer Stelle $\mathbf{a} \in \mathbb{R}^n$ die Ungleichung $D_{\mathbf{v}}f(\mathbf{a}) > 0$ für alle Richtungen $\mathbf{v} \neq \mathbf{0}$ gilt.

E. Zeigen Sie:

(a) $\lim_{(x,y)\to(0,0)} \dfrac{\sin(x^2+y^2)}{x^2+y^2} = 1.$

(b) $\lim_{(x,y)\to(0,0)} \dfrac{x^2-y^2}{x^2+y^2}$ existiert nicht!

(c) Für $(x,y) \neq (0,0)$ sei $f(x,y) := \dfrac{3x^2y}{x^2+y^2}$. Dann gibt es zu jedem $\varepsilon > 0$ ein $\delta > 0$, so dass $|f(x,y)| < \varepsilon$ für $0 < \|(x,y)\| < \delta$ ist.

(d) Für $(x,y) \neq (0,0)$ sei $f(x,y) := \dfrac{xy^3}{x^2+4y^6}$. Dann existiert $\lim_{x\to 0} f(x,mx)$ für jedes $m \neq 0$, aber $\lim_{(x,y)\to(0,0)} f(x,y)$ existiert nicht!

F. Sei $f(x,y) := \begin{cases} \dfrac{y^3}{x^2+y^2} & \text{für } (x,y) \neq (0,0), \\ 0 & \text{für } (x,y) = (0,0) \end{cases}.$

Zeigen Sie, dass im Nullpunkt alle Richtungsableitungen von f existieren, dass aber i.a. $D_{\mathbf{u}}f(0,0) \neq \nabla f(0,0) \bullet \mathbf{u}$ ist.

G. (a) Berechnen Sie die partiellen Ableitungen f_x, f_y, f_z, f_{xy}, f_{xz}, f_{yz} und f_{xyz} für $f(x,y,z) := xe^y/z$ und $z \neq 0$.

(b) Sei $f(x,y) := \ln\sqrt{x^2+y^2}$ für $(x,y) \neq (0,0)$. Zeigen Sie, dass $f_{xx} + f_{yy} = 0$ ist.

H. (a) Sei $f(x,y) := \cos(x/(1+y))$ für $y > 0$. Berechnen Sie $f_x(\pi,1)$ und $f_y(\pi,1)$.

(b) Sei $f(x,y,z) := x/(y+z)$ für $y > 0$ und $z > 0$. Berechnen Sie $\nabla f(3,2,1)$.

I. Die Funktion $f : \mathbb{R}^n \to \mathbb{R}$ sei stetig partiell differenzierbar und es gebe ein $p \in \mathbb{N}$, so dass $f(t\mathbf{x}) = t^p \cdot f(\mathbf{x})$ für alle $t \in \mathbb{R}$ und $\mathbf{x} \in \mathbb{R}^n$ gilt. Zeigen Sie:

$$\sum_{i=1}^{n} x_i \frac{\partial f}{\partial x_i}(\mathbf{x}) = p \cdot f(\mathbf{x}) \quad \text{für alle } \mathbf{x} \in \mathbb{R}^n.$$

J. Sei $B \subset \mathbb{R}^n$ offen. Die Funktion $f : B \to \mathbb{R}$ sei partiell differenzierbar und die partiellen Ableitungen von f seien auf B beschränkt. Zeigen Sie, dass f dann auf B stetig ist.

K. Sei $f(x,y) := x^3 + xy + y^2$, $\mathbf{a} := (1,1)$. Bestimmen Sie Zahlen $A, B \in \mathbb{R}$ und Funktionen $\delta_1, \delta_2 : \mathbb{R}^2 \to \mathbb{R}$, so dass gilt:

$$f(\mathbf{x}) = f(\mathbf{a}) + A(x-1) + B(y-1) + \delta_1(\mathbf{x})(x-1) + \delta_2(\mathbf{x})(y-1) \quad \text{für } \mathbf{x} \in \mathbb{R}^2.$$

L. Bestimmen Sie jeweils die Tangentialebene an den Graphen von $z = f(x,y)$,

(a) für $f(x,y) := 5 - 2x^2 - y^2$ im Punkt $(x,y,z) = (1,1,2)$,

(b) für $f(x, y, z) := \sin(\pi xy/2)$ im Punkt $(x, y, z) = (3, 5, -1)$.

M. Es sei

$$f(x,y) := \begin{cases} \dfrac{xy}{\sqrt{x^2+y^2}} & \text{für } (x,y) \neq (0,0), \\ 0 & \text{für } (x,y) = (0,0). \end{cases}$$

(a) Zeigen Sie, dass die partiellen Ableitungen f_x und f_y auf ganz $\mathbb{R}^2$ existieren und beschränkt sind!

(b) Ist f im Nullpunkt total differenzierbar?

N. Es sei

$$f(x,y) := \begin{cases} (x^2+y^2) \cdot \sin\Big(\dfrac{1}{\sqrt{x^2+y^2}}\Big) & \text{für } (x,y) \neq (0,0), \\ 0 & \text{für } (x,y) = (0,0). \end{cases}$$

Zeigen Sie, dass f überall (total) differenzierbar, aber im Nullpunkt nicht stetig differenzierbar ist.

O. Sei $f : \mathbb{R}^3 \to \mathbb{R}$ definiert durch $f(x, y, z) := xyz$. Bestimmen Sie ein $\mathbf{c}$ auf der Verbindungsstrecke von $\mathbf{a} := (1, 1, 0)$ und $\mathbf{b} := (0, 1, 1)$, so dass $f(\mathbf{b}) - f(\mathbf{a}) = \nabla f(\mathbf{c}) \bullet (\mathbf{b} - \mathbf{a})$ ist.

P. Sei $U \subset \mathbb{R}^n$ offen, $\mathbf{a} \in U$, $f : U \to \mathbb{R}$ stetig und auf $U \setminus \{\mathbf{a}\}$ differenzierbar. Wenn der Grenzwert $\lambda = \lim\limits_{\mathbf{x} \to \mathbf{a}} Df(\mathbf{x})$ in $L(\mathbb{R}^n, \mathbb{R})$ existiert, dann ist f auch in $\mathbf{a}$ differenzierbar und $Df(\mathbf{a}) = \lambda$.

Q. Bestimmen Sie (mit Hilfe des Lemmas über implizite Funktionen) die Steigung der Tangente an die Ellipse $2x^2 + y^2 = 2$ im Punkt $(1/\sqrt{2}, 1)$.

R. Zeigen Sie, dass man die Gleichung $y + 1 - \cos y - xy = 0$ in der Nähe von $(0, 0)$ in der Form $y = g(x)$ nach y mit einer differenzierbaren Funktion g auflösen kann. Berechnen Sie $g'(0)$.

1.3 Extremwerte

Zur Einführung: Wir werden in diesem Abschnitt lokale Extremwerte von differenzierbaren Funktionen von mehreren Veränderlichen untersuchen. Dabei finden sich gewisse Parallelen zu eindimensionalen Theorie, aber es gibt auch Komplikationen, die z.B. daher rühren, dass so viele verschiedene Richtungen zu betrachten sind. Insbesondere kann es passieren, dass eine Funktion in einer Richtung ein Minimum und senkrecht dazu ein Maximum besitzt. Das führt zu dem neuen Begriff des „Sattelpunktes“.

Definition (relative Extrema)

Sei $M \subset \mathbb{R}^n$ eine Teilmenge, $f : M \to \mathbb{R}$ stetig, $\mathbf{a} \in M$ ein Punkt.

f hat in $\mathbf{a}$ auf M ein relatives (oder lokales) ***Maximum*** bzw. ein relatives (oder lokales) ***Minimum***, wenn es eine offene Umgebung $U(\mathbf{a}) \subset \mathbb{R}^n$ gibt, so dass

$$f(\mathbf{x}) \le f(\mathbf{a}) \quad (\text{bzw.} \quad f(\mathbf{x}) \ge f(\mathbf{a})\ )$$

für alle $\mathbf{x} \in U \cap M$ ist. In beiden Fällen spricht man von einem relativen (oder lokalen) ***Extremum***.

Gilt die Ungleichung sogar für alle $\mathbf{x} \in M$, so spricht man von einem ***absoluten*** (oder ***globalen***) Maximum oder Minimum.

1.3.1. Notwendiges Kriterium für relative Extremwerte

Sei $B \subset \mathbb{R}^n$ offen und $f : B \to \mathbb{R}$ in $\mathbf{a} \in B$ differenzierbar.

Besitzt f in $\mathbf{a}$ ein relatives Extremum, so ist $\nabla f(\mathbf{a}) = \mathbf{0}$.

BEWEIS: Für $i = 1, \dots, n$ besitzt auch $g_i(t) := f(\mathbf{a} + t\mathbf{e}_i)$ in $t = 0$ ein lokales Extremum. Nach dem notwendigen Kriterium aus der Differentialrechnung einer Veränderlichen muss dann $(g_i)'(0) = 0$ sein. Es ist aber

$$(g_i)'(0) = \frac{\partial f}{\partial x_i}(\mathbf{a}), \text{ für } i = 1, \dots, n.$$

Daraus folgt die Behauptung. ∎

Definition (kritischer Punkt)

Ist f in $\mathbf{a}$ differenzierbar und $\nabla f(\mathbf{a}) = \mathbf{0}$, so heißt $\mathbf{a}$ ein ***stationärer*** (oder ***kritischer***) Punkt von f.

Ein stationärer Punkt $\mathbf{a}$ von f heißt ***Sattelpunkt*** von f, falls es in jeder Umgebung von $\mathbf{a}$ Punkte $\mathbf{b}$ und $\mathbf{c}$ gibt, so dass $f(\mathbf{b}) < f(\mathbf{a}) < f(\mathbf{c})$ ist.

Beispiele dazu werden wir später betrachten. Ein hinreichendes Kriterium für die Existenz eines Extremwertes erhält man in einer Veränderlichen durch Untersuchung der höheren Ableitungen, insbesondere der zweiten Ableitung.

Wir kommen nun nicht umhin, die Taylorformel in n Veränderlichen zu beweisen. Für die Untersuchung von Extremwerten brauchen wir sie zumindest bis zur Ordnung 2.

Definition (höhere Differenzierbarkeit)
Eine Funktion $f : B \to \mathbb{R}$ heißt auf B stetig differenzierbar, wenn f total differenzierbar ist und alle partiellen Ableitungen stetig sind. Dafür reicht aber schon aus, dass f stetig partiell differenzierbar ist. Deshalb nennen wir f auf B ***k–mal stetig differenzierbar***, wenn f partielle Ableitungen bis zur Ordnung k besitzt, also Ableitungen der Form

$$f_{x_i} = \frac{\partial f}{\partial x_i}, \quad f_{x_i x_j} = \frac{\partial^2 f}{\partial x_i \partial x_j} \quad \text{usw.},$$

bis hin zu

$$\frac{\partial^{i_1+\cdots+i_n} f}{\partial x_1^{i_1} \partial x_2^{i_2} \ldots \partial x_n^{i_n}} \quad \text{mit} \quad i_1 + \cdots + i_n \le k,$$

und wenn alle partiellen Ableitungen der Ordnung k auf B noch stetig sind.
Die Menge aller k–mal stetig differenzierbaren Funktionen auf B wird mit dem Symbol $\mathcal{C}^k(B)$ bezeichnet.

Bemerkung: Ist $k \ge 1$ und $f \in \mathcal{C}^k(B)$, so ist f insbesondere in jedem Punkt von B total differenzierbar. Darüber hinaus ist f sogar „k–mal total differenzierbar“, aber dieser Begriff ist schwer zu erklären und nicht sehr intuitiv. Wir gehen hier nicht näher darauf ein, behandeln aber zumindest die zweite totale Ableitung im Ergänzungsbereich.

Wir betrachten nun eine Funktion $f \in \mathcal{C}^2(B)$ und einen Punkt $\mathbf{a} \in B$. Für eine beliebige Richtung $\mathbf{h} = (h_1, \ldots, h_n) \in \mathbb{R}^n$ und kleines $\varepsilon > 0$ sei $\boldsymbol{\alpha}_\mathbf{h} : (-\varepsilon, \varepsilon) \to B$ definiert durch $\boldsymbol{\alpha}_\mathbf{h}(t) := \mathbf{a} + t\mathbf{h}$ und $g(t) := f \circ \boldsymbol{\alpha}_\mathbf{h}(t) = f(\mathbf{a} + t\mathbf{h})$. Dann folgt aus der speziellen Kettenregel:

$$\begin{aligned} g'(t) &= \nabla f(\alpha_\mathbf{h}(t)) \bullet \mathbf{h} \\ &= \sum_{i=1}^{n} \frac{\partial f}{\partial x_i}(\mathbf{a} + t\mathbf{h}) \cdot h_i. \end{aligned}$$

Da $\dfrac{\partial f}{\partial x_i}(\mathbf{x})$ nach Voraussetzung auf ganz B stetige partielle Ableitungen besitzt, also insbesondere total differenzierbar ist, ist auch $g'(t)$ ein weiteres Mal differenzierbar. Es gilt:

$$\begin{aligned} g''(t) &= \sum_{i=1}^{n} \left(\frac{\partial f}{\partial x_i} \circ \boldsymbol{\alpha}_\mathbf{h} \right)'(t) \cdot h_i \\ &= \sum_{i=1}^{n} \left(\sum_{j=1}^{n} \frac{\partial^2 f}{\partial x_i \, \partial x_j}(\boldsymbol{\alpha}_\mathbf{h}(t)) \cdot h_j \right) \cdot h_i \\ &= \sum_{i,j=1}^{n} h_i \cdot \frac{\partial^2 f}{\partial x_i \, \partial x_j}(\mathbf{a} + t\mathbf{h}) \cdot h_j. \end{aligned}$$

Definition (Hesse-Matrix)
Sei f in der Nähe von $\mathbf{a} \in \mathbb{R}^n$ zweimal stetig differenzierbar. Dann heißt die symmetrische Matrix

$$H_f(\mathbf{a}) := \left(\frac{\partial^2 f}{\partial x_i \, \partial x_j}(\mathbf{a}) \;\middle|\; i, j = 1, \ldots, n \right)$$

die ***Hesse–Matrix*** von f in $\mathbf{a}$.

Wir haben gerade ausgerechnet, dass $g''(t) = \mathbf{h} \cdot H_f(\mathbf{a} + t\mathbf{h}) \cdot \mathbf{h}^\top$ ist.

Bemerkung: Die Symmetrie der Hesse–Matrix folgt aus der Vertauschbarkeit der 2. Ableitungen, und die ist nur gegeben, weil f in einer ganzen Umgebung von $\mathbf{a}$ zweimal stetig differenzierbar ist. Diese Voraussetzung ist also wichtig!

Im Falle $n = 2$ ist $H_f(x,y) = \begin{pmatrix} f_{xx}(x,y) & f_{xy}(x,y) \\ f_{yx}(x,y) & f_{yy}(x,y) \end{pmatrix}$.

Nun können wir die benötigte Taylorformel formulieren und beweisen:

1.3.2. Taylorformel 2.Ordnung

Sei $B = B_r(\mathbf{a})$ eine offene Kugel um $\mathbf{a}$, $f : B \to \mathbb{R}$ zweimal stetig differenzierbar. Dann gibt es eine auf $B_r(\mathbf{0})$ definierte Funktion R mit

$$\lim_{\mathbf{h} \to \mathbf{0}} \frac{R(\mathbf{h})}{\|\mathbf{h}\|^2} = 0,$$

so dass für $\|\mathbf{h}\| < r$ gilt:

$$f(\mathbf{a} + \mathbf{h}) = f(\mathbf{a}) + \nabla f(\mathbf{a}) \bullet \mathbf{h} + \frac{1}{2}\mathbf{h} \cdot H_f(\mathbf{a}) \cdot \mathbf{h}^\top + R(\mathbf{h}).$$

BEWEIS: Ist $\mathbf{h} \in B_r(\mathbf{0})$, so liegt $\alpha_{\mathbf{h}}(t) = \mathbf{a} + t\mathbf{h}$ für $t \in [-1, 1]$ in $B_r(\mathbf{a})$, und deshalb ist $g(t) := f \circ \alpha_{\mathbf{h}}(t)$ auf $[-1, 1]$ definiert und zweimal stetig differenzierbar. Wir wenden auf g in $t = 0$ den Satz von der Taylorentwicklung in einer Veränderlichen an:

Nach Band 1, Satz 4.2.4, gibt es eine (von t abhängige) Zahl c mit $0 < c < t$, so dass gilt:

$$g(t) = g(0) + g'(0) \cdot t + \frac{1}{2} g''(0) \cdot t^2 + \eta(t) \cdot t^2,$$

mit

$$\eta(t) := \frac{1}{2} \cdot (g''(c) - g''(0)), \text{ also } \lim_{t \to 0} \eta(t) = 0.$$

Setzen wir $t = 1$, so erhalten wir:

$$\begin{aligned} f(\mathbf{a}+\mathbf{h}) &= g(1) = g(0) + g'(0) + \frac{1}{2}g''(0) + \eta(1) \\ &= f(\mathbf{a}) + \nabla f(\mathbf{a}) \bullet \mathbf{h} + \frac{1}{2}\mathbf{h} \cdot H_f(\mathbf{a}) \cdot \mathbf{h}^\top + \eta(1). \end{aligned}$$

Das ist die gewünschte Taylorformel, mit

$$\begin{aligned} R(\mathbf{h}) &:= \eta(1) = \frac{1}{2}\mathbf{h} \cdot (H_f(\mathbf{a}+c\mathbf{h}) - H_f(\mathbf{a})) \cdot \mathbf{h}^\top \\ &= \frac{1}{2}\sum_{i,j=1}^{n} \left(\frac{\partial^2 f}{\partial x_i \, \partial x_j}(\mathbf{a}+c\mathbf{h}) - \frac{\partial^2 f}{\partial x_i \, \partial x_j}(\mathbf{a}) \right) h_i h_j \end{aligned}$$

und $0 < c < 1$. Diesen Ausdruck müssen wir noch abschätzen.

Zunächst bemerken wir, dass $|h_i| = |\mathbf{h} \bullet \mathbf{e}_i| \le \|\mathbf{h}\| \cdot \|\mathbf{e}_i\| = \|\mathbf{h}\|$ ist.

Die Summe enthält n^2 Summanden, und da f zweimal stetig differenzierbar ist, die zweiten partiellen Ableitungen also stetig sind, gibt es zu jedem $\varepsilon > 0$ ein $\delta > 0$, so dass

$$\left| \frac{\partial^2 f}{\partial x_i \, \partial x_j}(\mathbf{a}+c\mathbf{h}) - \frac{\partial^2 f}{\partial x_i \, \partial x_j}(\mathbf{a}) \right| < \varepsilon$$

für $\mathbf{h} \in B_\delta(\mathbf{0})$ ist. Für solche $\mathbf{h}$ ist dann $|R(\mathbf{h})| < \frac{\varepsilon}{2} \cdot n^2 \cdot \|\mathbf{h}\|^2$. Daraus ergibt sich die gewünschte Limesbeziehung: $\lim_{\mathbf{h}\to\mathbf{0}} \frac{R(\mathbf{h})}{\|\mathbf{h}\|^2} = 0$. ■

Es gibt selbstverständlich auch Taylorformeln höherer Ordnung, aber mit denen werden wir uns nur im Ergänzungsbereich beschäftigen.

Ist nun f in $\mathbf{a}$ stationär, also $\nabla f(\mathbf{a}) = \mathbf{0}$ und

$$f(\mathbf{a}+\mathbf{h}) - f(\mathbf{a}) = \frac{1}{2}\mathbf{h} \cdot H_f(\mathbf{a}) \cdot \mathbf{h}^\top + R(\mathbf{h}),$$

so hängt das Verhalten von f in der Nähe von $\mathbf{a}$ im Wesentlichen von der Hesse-Matrix ab, denn $R(\mathbf{h})$ verschwindet ja in $\mathbf{a}$ von höherer Ordnung. Das führt uns zu einem ähnlichen hinreichenden Kriterium für Extremwerte, wie wir es aus der eindimensionalen Theorie kennen. Allerdings ist die Lage hier doch etwas komplizierter.

Ist $A \in M_n(\mathbb{R})$ eine symmetrische Matrix und $\varphi_A(\mathbf{x}, \mathbf{y}) := \mathbf{x} \cdot A \cdot \mathbf{y}^\top$ die zugehörige symmetrische Bilinearform, so nennt man die Funktion

$$q(\mathbf{h}) = q_A(\mathbf{h}) := \mathbf{h} \cdot A \cdot \mathbf{h}^\top$$

die zugehörige ***quadratische Form***. Es ist

$$q(t\mathbf{h}) = t^2 \cdot q(\mathbf{h}) \text{ für } t \in \mathbb{R} \text{ und } \mathbf{h} \in \mathbb{R}^n.$$

Insbesondere ist natürlich $q(\mathbf{0}) = 0$.

Definition (Definitheit von quadratischen Formen)
Eine quadratische Form $q(\mathbf{h})$ heißt

$$\begin{aligned}
\textit{positiv semidefinit} &:\iff q(\mathbf{h}) \ge 0 \text{ für alle } \mathbf{h},\\
\textit{positiv definit} &:\iff q(\mathbf{h}) > 0 \text{ für alle } \mathbf{h} \ne \mathbf{0},\\
\textit{negativ semidefinit} &:\iff q(\mathbf{h}) \le 0 \text{ für alle } \mathbf{h},\\
\textit{negativ definit} &:\iff q(\mathbf{h}) < 0 \text{ für alle } \mathbf{h} \ne \mathbf{0},\\
\textit{indefinit} &:\iff \exists\, \mathbf{h}_1, \mathbf{h}_2 \text{ mit } q(\mathbf{h}_1) < 0 < q(\mathbf{h}_2).
\end{aligned}$$

Im Anhang (Seite 357 und 358) wird an folgende Ergebnisse aus der linearen Algebra erinnert: Alle Eigenwerte einer symmetrischen Matrix $A \in M_n(\mathbb{R})$ sind reell und es gibt im $\mathbb{R}^n$ eine Orthonormalbasis von Eigenvektoren von A.

Sind nun $\lambda_1 \le \lambda_2 \le \ldots \le \lambda_n$ die n (reellen) Eigenwerte von A und ist $\{\mathbf{a}_1, \ldots, \mathbf{a}_n\}$ die zugehörige ON-Basis von Eigenvektoren von A, so kann man jeden Vektor $\mathbf{h} \in \mathbb{R}^n$ in der Form $\mathbf{h} = h_1\mathbf{a}_1 + \cdots + h_n\mathbf{a}_n$ darstellen, und es folgt:

$$\begin{aligned}
q_A(\mathbf{h}) := \mathbf{h} \cdot A \cdot \mathbf{h}^\top &= \sum_{i,j} h_i h_j (\mathbf{a}_i \cdot A \cdot \mathbf{a}_j^\top)\\
&= \sum_{i,j} h_i h_j \mathbf{a}_i \cdot (\lambda_j \mathbf{a}_j^\top) = \sum_{i=1}^{n} \lambda_i (h_i)^2.
\end{aligned}$$

Daraus kann man sofort ablesen:

$$\begin{aligned}
q_A \textbf{ positiv definit} &\iff \mathbf{h} \cdot A \cdot \mathbf{h}^\top > 0 \text{ für alle } \mathbf{h} \ne \mathbf{0}\\
&\iff \sum_{i=1}^{n} \lambda_i (h_i)^2 > 0 \text{ für alle } (h_1, \ldots, h_n) \ne (0, \ldots, 0)\\
&\iff \lambda_1, \ldots, \lambda_n > 0.
\end{aligned}$$

Genauso sieht man, dass q_A genau dann **negativ definit** ist, wenn alle $\lambda_i < 0$ sind, und genau dann **indefinit**, wenn es ein i und ein j mit $\lambda_i < 0 < \lambda_j$ gibt.

Weil z.B. $\lambda_1, \ldots, \lambda_n > 0$ genau dann gilt, wenn $\lambda_1 > 0$ (und $\lambda_1, \ldots, \lambda_n < 0$ genau dann, wenn $\lambda_n < 0$) ist, erhalten wir den folgenden Satz:

1.3.3. Definitheit symmetrischer Matrizen

$\lambda_1 \le \lambda_2 \le \ldots \le \lambda_n$ seien die Eigenwerte der symmetrischen Matrix A. Dann ist die quadratische Form q_A

$$\begin{aligned}
&\textit{positiv definit} \iff \lambda_1 > 0,\\
&\textit{negativ definit} \iff \lambda_n < 0\\
\textit{und}\quad &\textit{indefinit} \iff \lambda_1 < 0 < \lambda_n.
\end{aligned}$$

Im Falle $n = 2$ gibt es noch ein einfacheres Kriterium:

1.3.4. Definitheit im Falle der Dimension 2

Sei $A = \begin{pmatrix} a & b \\ b & d \end{pmatrix} \in M_2(\mathbb{R})$ *eine symmetrische Matrix. Dann gilt:*

1. *Ist* $\det(A) < 0$, *so ist* q_A *indefinit.*
2. *Ist* $\det(A) > 0$ *und* $a > 0$, *so ist* q_A *positiv definit.*
3. *Ist* $\det(A) > 0$ *und* $a < 0$, *so ist* q_A *negativ definit.*

BEWEIS: Sei $\Delta := \det(A) = ad - b^2$. Zur Berechnung der Eigenwerte brauchen wir noch das charakteristische Polynom:

$$p_A(x) = \det \begin{pmatrix} a - x & b \\ b & d - x \end{pmatrix} = (a - x)(d - x) - b^2 = x^2 - (a + d)x + \Delta.$$

Die Eigenwerte λ_1, λ_2 von A sind die beiden Nullstellen dieses quadratischen Polynoms. Die Gleichungen von Vieta (Band 1, Seite 81) liefern

$$\lambda_1 + \lambda_2 = a + d \quad \text{und} \quad \lambda_1 \cdot \lambda_2 = \Delta.$$

Ist $\Delta < 0$, so haben die beiden Eigenwerte verschiedenes Vorzeichen, und q_A ist indefinit. Ist $\Delta > 0$, so sind λ_1 und λ_2 beide $\neq 0$, und sie haben das gleiche Vorzeichen. Außerdem ist $ad = \Delta + b^2 > 0$. Ist nun $a > 0$, so ist auch $d > 0$ und damit $\lambda_1 + \lambda_2 > 0$. In diesem Fall ist q_A positiv definit. Genauso folgt aus $a < 0$, dass q_A negativ definit ist. ■

Jetzt wenden wir die Theorie der quadratischen Formen auf die Extremwertbestimmung an.

1.3.5. Hinreichendes Kriterium für Extremwerte

Sei $B \subset \mathbb{R}^n$ *offen,* $f \in \mathcal{C}^2(B)$. *Weiter sei* $\mathbf{a} \in B$ *ein stationärer Punkt von* f, *also* $\nabla f(\mathbf{a}) = \mathbf{0}$.

1. *Ist* $H_f(\mathbf{a})$ *positiv definit, so besitzt* f *in* $\mathbf{a}$ *ein relatives Minimum.*
2. *Ist* $H_f(\mathbf{a})$ *negativ definit, so besitzt* f *in* $\mathbf{a}$ *ein relatives Maximum.*
3. *Ist* $H_f(\mathbf{a})$ *indefinit, so liegt in* $\mathbf{a}$ *ein Sattelpunkt vor.*

BEWEIS:

1) Sei $H_f(\mathbf{a})$ positiv definit und $q(\mathbf{h}) := \mathbf{h} \cdot H_f(\mathbf{a}) \cdot \mathbf{h}^\top$. Da f in $\mathbf{a}$ stationär ist, ergibt die Taylorformel:

$$f(\mathbf{a} + \mathbf{h}) - f(\mathbf{a}) = \frac{1}{2} q(\mathbf{h}) + R(\mathbf{h}).$$

Die Funktion q ist stetig und nach Voraussetzung > 0 außerhalb des Nullpunktes. Insbesondere nimmt sie auf der abgeschlossenen und beschränkten und daher kompakten Menge

$$S^{n-1} := \{\mathbf{x} \in \mathbb{R}^n : \|\mathbf{x}\| = 1\}$$

ein Minimum $m > 0$ an. Daher gilt für beliebiges $\mathbf{h} \in \mathbb{R}^n \setminus \{\mathbf{0}\}$:

$$q(\mathbf{h}) = \|\mathbf{h}\|^2 \cdot q(\frac{\mathbf{h}}{\|\mathbf{h}\|}) \geq m \cdot \|\mathbf{h}\|^2.$$

Ist jetzt ein ε mit $0 < \varepsilon < m/2$ vorgegeben und dazu ein $r = r(\varepsilon)$ so gewählt, dass

$$|R(\mathbf{h})| \leq \varepsilon \cdot \|\mathbf{h}\|^2 \text{ für } \mathbf{h} \in B_r(\mathbf{0})$$

ist, so ist

$$f(\mathbf{a}+\mathbf{h}) - f(\mathbf{a}) = \frac{1}{2}q(\mathbf{h}) + R(\mathbf{h}) \geq (\frac{m}{2} - \varepsilon) \cdot \|\mathbf{h}\|^2 \geq 0$$

für alle $\mathbf{h} \in B_r(\mathbf{0})$.

Also ist $f(\mathbf{a}+\mathbf{h}) \geq f(\mathbf{a})$ für kleines $\mathbf{h}$, und es liegt ein relatives Minimum in $\mathbf{a}$ vor.

2) Der Fall des Maximums kann durch Übergang von f zu $-f$ auf (1) zurückgeführt werden.

3) Ist q indefinit, so gibt es in jeder Umgebung von $\mathbf{0}$ Vektoren $\mathbf{h}_1$ und $\mathbf{h}_2$ mit $q(\mathbf{h}_1) < 0 < q(\mathbf{h}_2)$. Die Funktionen

$$\begin{aligned} f_1(t) &:= f(\mathbf{a}+t\mathbf{h}_1) \\ \text{und} \quad f_2(t) &:= f(\mathbf{a}+t\mathbf{h}_2) \end{aligned}$$

sind dann definiert und zweimal differenzierbar, und es gilt:

$$(f_1)'(0) = (f_2)'(0) = 0, \quad (f_1)''(0) = q(\mathbf{h}_1) < 0 \quad \text{und} \quad (f_2)''(0) = q(\mathbf{h}_2) > 0.$$

Also besitzt f_1 in $t = 0$ ein isoliertes Maximum und f_2 in $t = 0$ ein isoliertes Minimum. Das bedeutet, dass f beliebig nahe bei $\mathbf{a}$ sowohl Werte $< f(\mathbf{a})$ als auch Werte $> f(\mathbf{a})$ annimmt. Damit liegt ein Sattelpunkt vor. ∎

Bemerkung: Ist $H_f(\mathbf{a})$ nur semidefinit, so kann man keine genaue Aussage machen!

1.3.6. Beispiele

A. Sei $f(x,y) := x^2 + y^2$. Dann ist $\nabla f(x,y) = (2x, 2y)$, also $(0,0)$ der einzige stationäre Punkt von f.

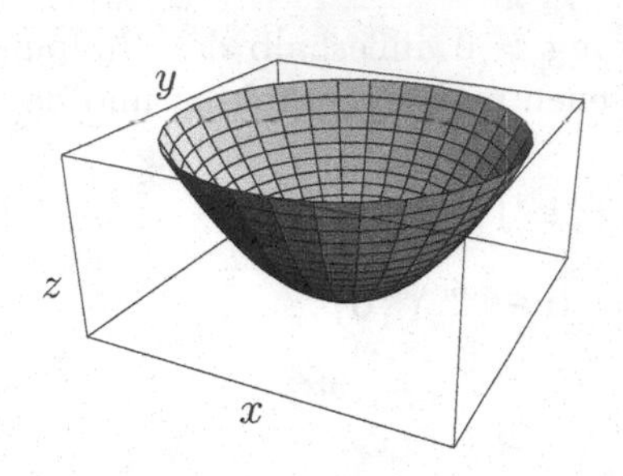

Da $f(0,0) = 0$ und allgemein $f(x, y) \geq 0$ ist, liegt ein absolutes Minimum vor.

Tatsächlich ist

$$H_f(x, y) = \begin{pmatrix} 2 & 0 \\ 0 & 2 \end{pmatrix}.$$

Offensichtlich ist $H_f(x, y)$ positiv definit. Das hinreichende Kriterium bestätigt also, dass f im Nullpunkt ein lokales Minimum besitzt.

B. Sei $f(x, y) := 1 - x^2 - y^2$. Dann ist $\nabla f(x, y) = (-2x, -2y)$ und wieder $(0,0)$ der einzige stationäre Punkt.

Die Hesse-Matrix

$$H_f(x, y) = \begin{pmatrix} -2 & 0 \\ 0 & -2 \end{pmatrix}$$

ist offensichtlich negativ definit. Also liegt im Nullpunkt ein Maximum vor.

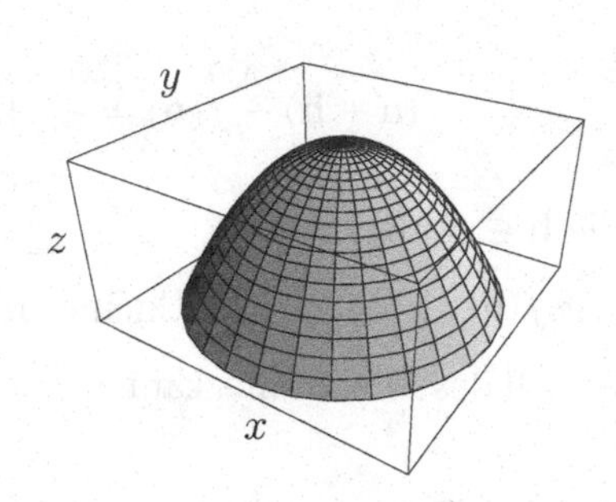

C. Sei $f(x, y) := x^2 - y^2$.

In diesem Falle ist $\nabla f(x, y) = (2x, -2y)$ und

$$H_f(x, y) = \begin{pmatrix} 2 & 0 \\ 0 & -2 \end{pmatrix}.$$

Da $\det H_f(x, y) < 0$ ist, liegt im Nullpunkt ein Sattelpunkt vor.

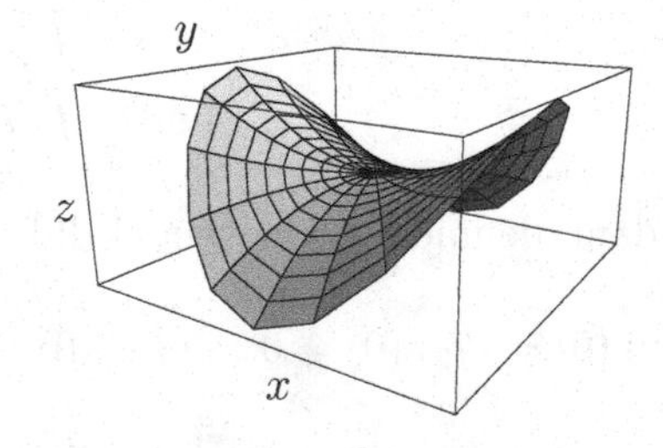

D. Sei $f(x, y) := x^4 - 2x^2 + 2x^2y^2 - y^2$. Dann ist

$$\nabla f(x, y) = (4x^3 - 4x + 4xy^2, 4x^2y - 2y) = \big(4x(x^2 - 1 + y^2), 2y(2x^2 - 1)\big).$$

Zunächst bestimmen wir die kritischen Punkte. Sei also $\nabla f(x, y) = (0, 0)$.

- Ist $x = 0$, so muss auch $y = 0$ sein.
- Ist $y = 0$ und $x \neq 0$, so muss $x^2 - 1 = 0$, also $x = \pm 1$ sein.

- Ist $x \neq 0$ und $y \neq 0$, so muss $x^2 + y^2 = 1$ und $2x^2 = 1$ sein. Dann ist $x^2 = y^2 = 1/2$, also $x = \pm 1/\sqrt{2}$ und $y = \pm x$.

Das ergibt die sieben kritischen Punkte

$$(0,0), \quad \pm(1,0), \quad \pm\Big(\frac{1}{\sqrt{2}}, \frac{1}{\sqrt{2}}\Big)$$

und $\pm\Big(\frac{1}{\sqrt{2}}, -\frac{1}{\sqrt{2}}\Big)$.

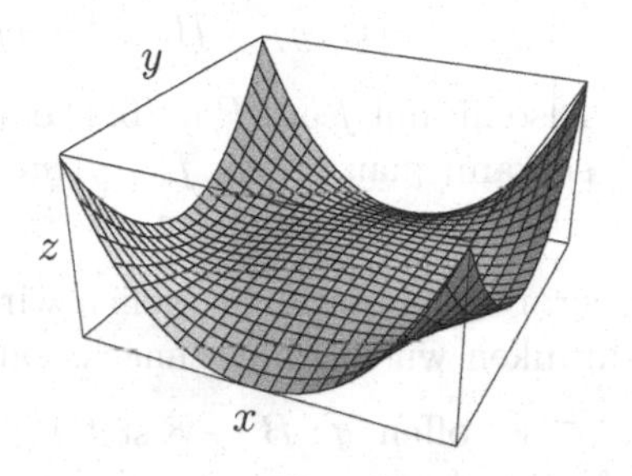

Als Hesse-Matrix ergibt sich

$$H_f(x,y) = \begin{pmatrix} 12x^2 - 4 + 4y^2 & 8xy \\ 8xy & 4x^2 - 2 \end{pmatrix}.$$

Setzen wir die kritischen Punkte ein, so erhalten wir:

$$H_f(0,0) = \begin{pmatrix} -4 & 0 \\ 0 & -2 \end{pmatrix} \text{ ist negativ definit,}$$

$$H_f(\pm 1,0) = \begin{pmatrix} 8 & 0 \\ 0 & 2 \end{pmatrix} \text{ ist positiv definit,}$$

$$H_f\Big(\pm\big(\frac{1}{\sqrt{2}}, \frac{1}{\sqrt{2}}\big)\Big) = \begin{pmatrix} 4 & 4 \\ 4 & 0 \end{pmatrix} \text{ ist indefinit}$$

$$\text{und} \quad H_f\Big(\pm\big(\frac{1}{\sqrt{2}}, -\frac{1}{\sqrt{2}}\big)\Big) = \begin{pmatrix} 4 & -4 \\ -4 & 0 \end{pmatrix} \text{ ist ebenfalls indefinit.}$$

Demnach liegt im Nullpunkt ein Maximum vor, in den Punkten $(1,0)$ und $(-1,0)$ Minima und in den anderen kritischen Punkten Sattelpunkte.

Manchmal interessiert man sich auch dafür, ob unter gewissen Nebenbedingungen ein Extremwert angenommen wird.

1.3.7. Beispiel

Sei $f(x,y) := y$. Diese auf ganz $\mathbb{R}^2$ definierte Funktion misst die Höhe über der x–Achse, und sie besitzt weder einen globalen noch einen lokalen Extremwert. Der Gradient $\nabla f(x,y) = (0,1)$ verschwindet nirgends.

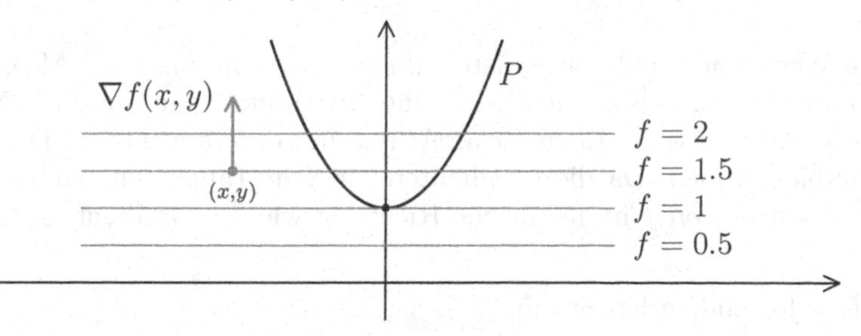

Wenn wir f allerdings auf die Parabel $P := \{(x, y) \mid y = x^2+1\}$ einschränken, so erhalten wir dort:

$$f(x, y) = f(x, x^2 + 1) = x^2 + 1 \geq 1 \quad \text{und} \quad f(0, 1) = 1.$$

Also nimmt f auf P in $(0, 1)$ ein Minimum an. Setzt man $g(x, y) := y - x^2 - 1$, so kann man sagen: $f(x, y)$ *nimmt unter der Nebenbedingung* $g(x, y) = 0$ *in* $(0, 1)$ *ein Minimum an.*

Für derartige Situationen wollen wir ein allgemeines Verfahren entwickeln. Dabei beschränken wir uns hier zunächst auf **eine** Nebenbedingung.

Sei $B \subset \mathbb{R}^n$ offen, $g : B \to \mathbb{R}$ stetig differenzierbar und $N(g) := \{\mathbf{x} \in B \mid g(\mathbf{x}) = 0\}$ die „Nullstellenmenge" von g. Wir setzen voraus, dass $\nabla g(\mathbf{x}) \neq \mathbf{0}$ für alle $x \in N(g)$ ist. Weiter sei $\mathbf{a} \in N(g)$, $U(\mathbf{a}) \subset B$ eine offene Umgebung und $f : U \to \mathbb{R}$ eine stetig differenzierbare Funktion.

Definition (Extremwert unter einer Nebenbedingung)

f hat in $\mathbf{a}$ ein ***relatives Maximum*** bzw. ***relatives Minimum***

unter der Nebenbedingung $g(\mathbf{x}) = 0$, mit $\nabla g(\mathbf{x}) \neq \mathbf{0}$,

falls $f(\mathbf{x}) \leq f(\mathbf{a})$ bzw. $f(\mathbf{x}) \geq f(\mathbf{a})$ für alle $\mathbf{x} \in U \cap N(g)$ gilt.

Wie kann man solche Extrema unter Nebenbedingungen bestimmen? Ein hinreichendes Kriterium ist schwer zu finden, aber zumindest können wir mit Hilfe eines notwendigen Kriteriums mögliche Kandidaten für Extremwerte ermitteln. Um eine Idee zu bekommen, betrachten wir eine Skizze:

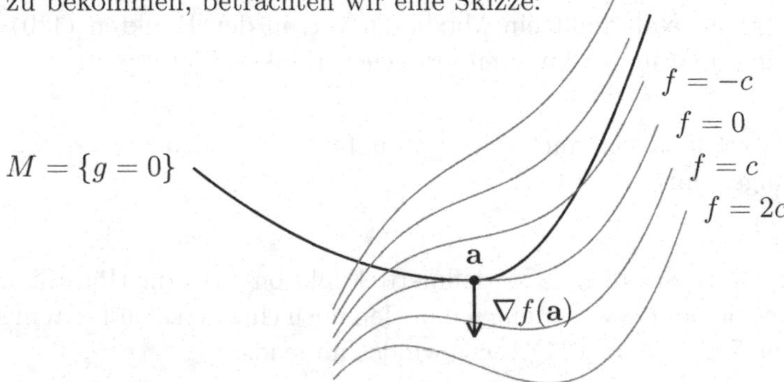

Damit die Werte von f auf der Nullstellenmenge M von g in $\mathbf{a}$ ein Maximum oder Minimum annehmen, müssen sich bei $\mathbf{a}$ eine Niveaulinie von f und die Niveaulinie M berühren. Also muss die Tangente an M in $\mathbf{a}$ mit der Tangente an die Niveaulinie von f übereinstimmen. Da die Gradienten auf den Tangenten senkrecht stehen, muss der Gradient von f in die gleiche Richtung wie der Gradient der Funktion g zeigen.

Das führt zu folgendem Kriterium:

1.3.8. Methode des Lagrange'schen Multiplikators

Hat f in $\mathbf{a}$ ein relatives Extremum unter der Nebenbedingung

$$g(\mathbf{x}) = 0 \qquad (\textit{mit } \nabla g(\mathbf{x}) \neq \mathbf{0}\ ),$$

so gibt es eine Zahl $\lambda \in \mathbb{R}$, so dass gilt:

$$\nabla f(\mathbf{a}) = \lambda \cdot \nabla g(\mathbf{a}).$$

Die Zahl λ nennt man den ***Lagrange'schen Multiplikator***. Man beachte, dass es sich hier wirklich nur um ein notwendiges Kriterium handelt! Die Punkte, die die angegebene Bedingung erfüllen, können Extremwerte sein. Ob sie es wirklich sind, muss man mit anderen Mitteln feststellen.

BEWEIS: Wir werden den gleichen Satz in allgemeinerer Form (mit mehreren Nebenbedingungen) im Abschnitt 1.5 behandeln.

Hier werden wir den Satz zunächst auf eine 2-dimensionale Situation reduzieren und dann die vorab geschilderte Idee verwirklichen.

1. Schritt: Die Menge $N(g) = \{\mathbf{x} \in \mathbb{R}^n : g(\mathbf{x}) = 0\}$ können wir uns als eine „$(n-1)$-dimensionale Fläche" vorstellen. Der Einheitsvektor

$$\mathbf{v} := \frac{\nabla g(\mathbf{a})}{\|\nabla g(\mathbf{a})\|}$$

steht in $\mathbf{a}$ auf dieser Fläche senkrecht und zeigt in die Richtung, in der g am stärksten wächst.

Wir wählen jetzt einen beliebigen Einheitsvektor $\mathbf{h}$, der auf $\mathbf{v}$ senkrecht steht, und halten diesen Vektor fest. Dann gibt es offene Intervalle I, J, die beide die Null enthalten, so dass $\mathbf{a} + t\mathbf{h} + s\mathbf{v}$ für $(t, s) \in I \times J$ im Definitionsbereich $U \subset B$ von f enthalten ist.

Wir betrachten die stetige Funktion $\varrho(\mathbf{x}) := \nabla g(\mathbf{x}) \bullet \mathbf{v}$. Weil $\varrho(\mathbf{a}) = \|\nabla g(\mathbf{a})\| > 0$ ist, können wir I und J so klein wählen, dass auch noch $\varrho(\mathbf{a} + t\mathbf{h} + s\mathbf{v}) > 0$ für $(t, s) \in I \times J$ ist. Dann setzen wir $\gamma(t, s) := g(\mathbf{a} + t\mathbf{h} + s\mathbf{v})$ auf $I \times J$.

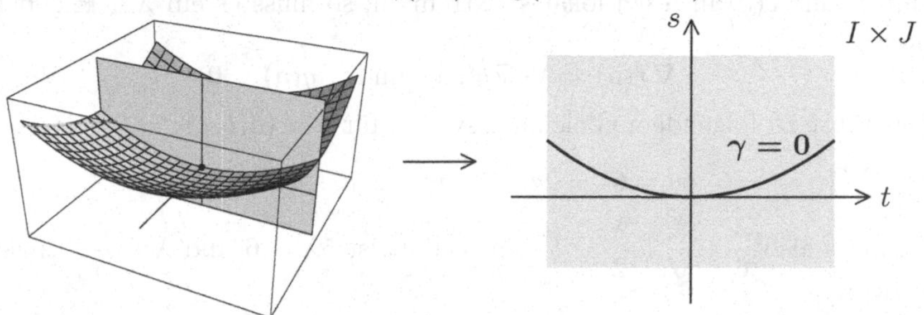

Dann ist $\{(t,s) \in I \times J : \gamma(t,s) = 0\} = \{(t,s) \in I \times J : \mathbf{a} + t\mathbf{h} + s\mathbf{v} \in N(g)\}$ und insbesondere $\gamma(0,0) = 0$. Für später notieren wir noch:

$$\frac{\partial \gamma}{\partial t}(0,0) = \nabla g(\mathbf{a}) \bullet \mathbf{h} = 0$$

$$\text{und} \quad \frac{\partial \gamma}{\partial s}(t,s) = \nabla g(\mathbf{a} + t\mathbf{h} + s\mathbf{v}) \bullet \mathbf{v} = \varrho(\mathbf{a} + t\mathbf{h} + s\mathbf{v}) > 0 \text{ für } (t,s) \in I \times J.$$

Die zweite Aussage bedeutet, dass $s \mapsto \gamma(t,s)$ für jedes feste $t \in I$ auf J streng monoton wachsend ist. Außerdem zeigt $\nabla\gamma(0,0)$ nach oben.

2. Schritt: Die Grundidee für den Beweis kann man folgendermaßen formulieren: Wenn $\nabla f(\mathbf{a}) \bullet \mathbf{h} = 0$ für **jeden** Einheitsvektor $\mathbf{h}$ gilt, der auf $\nabla g(\mathbf{a})$ senkrecht steht, dann muss $\nabla f(\mathbf{a})$ parallel zu $\nabla g(\mathbf{a})$ sein, d.h., es gibt ein $\lambda \in \mathbb{R}$, so dass $\nabla f(\mathbf{a}) = \lambda \nabla g(\mathbf{a})$ ist.

Wie kann man aber zeigen, dass $\nabla f(\mathbf{a}) \bullet \mathbf{h} = 0$ für jeden Einheitsvektor $\mathbf{h}$ gilt, der auf $\nabla g(\mathbf{a})$ senkrecht steht? Diese Bedingung ist sicher erfüllt, wenn für jeden solchen Einheitsvektor $\mathbf{h}$ ein Weg $\boldsymbol{\alpha}_\mathbf{h}$ mit $\boldsymbol{\alpha}_\mathbf{h}(0) = \mathbf{a}$ und $\boldsymbol{\alpha}_\mathbf{h}'(0) = \mathbf{h}$ existiert, der in $t = 0$ differenzierbar ist und ganz in $N(g) = \{\mathbf{x} : g(\mathbf{x}) = 0\}$ verläuft. Denn dann hat ja $f \circ \boldsymbol{\alpha}_\mathbf{h}$ in $t = 0$ ein lokales Extremum, und es ist $0 = (f \circ \boldsymbol{\alpha}_\mathbf{h})'(0) = \nabla f(\mathbf{a}) \bullet (\boldsymbol{\alpha}_\mathbf{h})'(0) = \nabla f(\mathbf{a}) \bullet \mathbf{h}$.

Wir wählen jetzt also einen beliebigen Vektor $\mathbf{h}$, der auf $\nabla g(\mathbf{a})$ senkrecht steht. Mit diesem Vektor können wir das im ersten Schritt beschriebene 2-dimensionale Koordinatensystem konstruieren. Wir erinnern uns außerdem an das Lemma über implizite Funktionen. Danach gibt es unter den gegebenen Voraussetzungen eine stetig differenzierbare Funktion $\alpha : I \to J$ mit $\alpha(0) = 0$, $\gamma(t, \alpha(t)) \equiv 0$ und $\alpha'(0) = -\gamma_t(0,0)/\gamma_s(0,0) = 0$. Setzen wir $\boldsymbol{\alpha}_\mathbf{h}(t) := \mathbf{a} + t\mathbf{h} + \alpha(t)\mathbf{v}$, so ist $g \circ \boldsymbol{\alpha}_\mathbf{h}(t) = g(\mathbf{a} + t\mathbf{h} + \alpha(t)\mathbf{v}) = \gamma(t, \alpha(t)) \equiv 0$, d.h. $\boldsymbol{\alpha}_\mathbf{h}$ verläuft tatsächlich ganz in $N(g)$. Außerdem ist $\boldsymbol{\alpha}_\mathbf{h}(0) = \mathbf{a}$ und $\boldsymbol{\alpha}_\mathbf{h}'(0) = \mathbf{h}$. Damit ist alles gezeigt. ∎

1.3.9. Beispiele

A. Wir untersuchen die Funktion

$$f(x,y,z) := 3x^2 + 3y^2 + z^2$$

unter der Nebenbedingung $g(x,y,z) = 0$, mit $g(x,y,z) := x + y + z - 1$.

Hat f auf $N(g)$ in $\mathbf{a}$ ein lokales Extremum, so muss es ein $\lambda \in \mathbb{R}$ geben, so dass gilt:

$$\nabla f(\mathbf{a}) = \lambda \cdot \nabla g(\mathbf{a}) \quad \text{und} \quad g(\mathbf{a}) = 0.$$

Das führt zu folgendem Gleichungssystem für $\mathbf{a} = (a,b,c)$:

$$6a = 6b = 2c = \lambda \quad \text{und} \quad a + b + c = 1.$$

Es muss also $\dfrac{\lambda}{6} + \dfrac{\lambda}{6} + \dfrac{\lambda}{2} = 1$ sein. Damit ist $5\lambda = 6$ und $\lambda = \dfrac{6}{5}$. Einsetzen ergibt:

$$\mathbf{a} = (a,b,c) = \left(\frac{1}{5}, \frac{1}{5}, \frac{3}{5}\right).$$

Man überprüft sofort, dass $\mathbf{a}$ tatsächlich auf $N(g)$ liegt. Außerdem ist

$$f(\mathbf{a}) = \frac{3}{25} + \frac{3}{25} + \frac{9}{25} = \frac{15}{25} = \frac{3}{5}.$$

Jetzt fängt der schwierige Teil an. Man muss irgendwie herausfinden, ob f in $\mathbf{a}$ wirklich ein Extremum besitzt, und wenn ja, was für eine Art von Extremum. Es sollen hier drei verschiedene Methoden vorgestellt werden:

1) Berechnung von $f(\mathbf{a}+\mathbf{h})$ für kleines $\mathbf{h}$ mit $g(\mathbf{a}+\mathbf{h}) = 0$.

Es ist

$$\begin{aligned}
f(\mathbf{a}+\mathbf{h}) &= f(\frac{1}{5}+h_1, \frac{1}{5}+h_2, \frac{3}{5}+h_3) \\
&= 3(\frac{1}{5}+h_1)^2 + 3(\frac{1}{5}+h_2)^2 + (\frac{3}{5}+h_3)^2 \\
&= 3(\frac{1}{25}+\frac{2h_1}{5}+(h_1)^2) + 3(\frac{1}{25}+\frac{2h_2}{5}+(h_2)^2) + (\frac{9}{25}+\frac{6h_3}{5}+(h_3)^2) \\
&= \frac{3}{5}+\frac{6}{5}(h_1+h_2+h_3) + 3(h_1)^2 + 3(h_2)^2 + (h_3)^2 \\
&\geq \frac{3}{5}+\frac{6}{5}(h_1+h_2+h_3) = \frac{3}{5} = f(\mathbf{a}),
\end{aligned}$$

denn da $\mathbf{a}+\mathbf{h}$ auf $N(g)$ liegen soll, ist

$$1 = (a+h_1)+(b+h_2)+(c+h_3) = 1+h_1+h_2+h_2,$$

also $h_1+h_2+h_3 = 0$.

Damit ist klar, dass f in $\mathbf{a}$ ein Minimum unter der Nebenbedingung $g(\mathbf{x}) = 0$ besitzt. Der Lagrange'sche Multiplikator diente lediglich zum Auffinden des richtigen Punktes.

2) Abstrakte Argumentation:

Da $N(g)$ abgeschlossen ist, ist die Menge

$$M := \{\mathbf{x} \in \mathbb{R}^3 \, : \, g(\mathbf{x}) = 0 \text{ und } \|\mathbf{x}\| \leq 1\}$$

kompakt, und die stetige Funktion f nimmt auf M ihr Minimum und ihr Maximum an. Weil $f(\mathbf{a}) = 3/5 < 1 = f(0,0,1)$ und $(0,0,1) \in M$ ist, kann $\mathbf{a}$ nicht das Maximum sein. Weil außerdem $f(\mathbf{x}) = 2(x^2+y^2) + \|\mathbf{x}\|^2 \geq 1$ außerhalb von $B_1(\mathbf{0})$ ist, muss das Minimum von f auf M sogar ein globales Minimum sein. Es gibt aber nur einen Punkt, der dafür in Frage kommt, nämlich den Punkt $\mathbf{a}$.

3) Einsetzen der Nebenbedingung:

Diese Methode funktioniert nur dann, wenn man die Nebenbedingung nach einer Variablen auflösen kann. Dann braucht man allerdings keinen Lagrange'schen Multiplikator. Im vorliegenden Fall gilt:

$$g(x, y, z) = 0 \iff z = 1 - x - y.$$

Nun suchen wir nach Extremwerten der Funktion

$$\begin{aligned} q(x, y) &:= f(x, y, 1 - x - y) = 3x^2 + 3y^2 + (1 - x - y)^2 \\ &= 4x^2 + 4y^2 + 2xy - 2x - 2y + 1. \end{aligned}$$

Dabei können wir wie gewohnt mit dem Gradienten und der Hesseschen arbeiten. Es ist $\nabla q(x, y) = (8x + 2y - 2, 8y + 2x - 2)$. Man rechnet schnell nach, dass $\nabla q(x, y)$ genau dann verschwindet, wenn $x = y = 1/5$ ist, also $(x, y, z) = \mathbf{a}$.

Weiter ist $H_q(x, y) = \begin{pmatrix} 8 & 2 \\ 2 & 8 \end{pmatrix}$ positiv definit (unabhängig von (x, y)). Also muss q in $(1/5, 1/5)$ ein Minimum besitzen, und das bedeutet, dass f unter der Nebenbedingung $g(\mathbf{x}) = 0$ ein Minimum in $\mathbf{a}$ besitzt.

B. Sei $A \in M_n(\mathbb{R})$ eine symmetrische Matrix und $f : \mathbb{R}^n \to \mathbb{R}$ definiert durch $f(\mathbf{x}) := \mathbf{x} \cdot A \cdot \mathbf{x}^\top$. Da f stetig und

$$S^{n-1} = \{\mathbf{x} \in \mathbb{R}^n : \|\mathbf{x}\| = 1\}$$

eine kompakte Menge ist, nimmt f auf S^{n-1} ein Maximum an. Dieses Maximum wollen wir suchen.

Die Nebenbedingung wird hier durch die Funktion $g(\mathbf{x}) := \mathbf{x} \cdot \mathbf{x}^\top - 1$ definiert. Offensichtlich ist $\nabla g(\mathbf{x}) = 2\mathbf{x} \neq \mathbf{0}$ auf S^{n-1}, und es ist $\nabla f(\mathbf{x}) = 2\mathbf{x} \cdot A$.

Wenn f in $\mathbf{x}$ ein Maximum unter der Nebenbedingung $g(\mathbf{x}) = 0$ besitzt, so muss gelten:

$$\nabla f(\mathbf{x}) = \lambda \cdot \nabla g(\mathbf{x}) \quad \text{und} \quad g(\mathbf{x}) = 0.$$

Das führt zu dem Gleichungssystem:

$$2\mathbf{x} \cdot A = 2\lambda \mathbf{x} \quad \text{und} \quad \mathbf{x} \cdot \mathbf{x}^\top = 1.$$

Insbesondere muss $(A - \lambda \cdot E_n) \cdot \mathbf{x}^\top = 0$ sein, also $\mathbf{x}$ Eigenvektor von A zum Eigenwert λ. Dabei ist

$$\lambda = \lambda \cdot (\mathbf{x} \cdot \mathbf{x}^\top) = \mathbf{x} \cdot (\lambda \mathbf{x})^\top = \mathbf{x} \cdot (A \cdot \mathbf{x}^\top) = f(\mathbf{x}).$$

Da die Existenz eines Maximums gesichert ist, folgt das schon bekannte Resultat:

A besitzt wenigstens einen reellen Eigenwert.

Zusammenfassung

Höhere totale Ableitungen sind kompliziert zu definieren. Das wird nur im Falle der zweiten Ableitung und lediglich im Ergänzungsbereich durchgeführt. Im Hauptteil arbeiten wir nur mit höheren partiellen Ableitungen.

Eine Funktion f heißt in $\mathbf{x}_0$ **k-mal stetig differenzierbar**, wenn in einer Umgebung von $\mathbf{x}_0$ alle partiellen Ableitungen von f bis zu Ordnung k existieren und diese Ableitungen in $\mathbf{x}_0$ noch stetig sind. Der Raum der k-mal stetig differenzierbaren Funktionen auf einer offenen Menge B wird mit dem Symbol $\mathscr{C}^k(B)$ bezeichnet.

Ist $B = B_r(\mathbf{a})$ eine Kugel, so gibt es für eine zweimal stetig differenzierbare Funktion $f : B \to \mathbb{R}$ die **Taylorformel 2. Ordnung:**

Es gibt eine auf B definierte Funktion R mit $\lim_{\mathbf{h}\to\mathbf{0}} R(\mathbf{h})/\|\mathbf{h}\|^2 = 0$ und

$$f(\mathbf{a}+\mathbf{h}) = f(\mathbf{a}) + \nabla f(\mathbf{a}) \bullet \mathbf{h} + \frac{1}{2}\mathbf{h} \cdot H_f(\mathbf{a}) \cdot \mathbf{h}^\top + R(\mathbf{h}) \text{ für } \|\mathbf{h}\| < r.$$

Dabei ist $H_f(\mathbf{a})$ die **Hesse–Matrix**

$$H_f(\mathbf{a}) := \left(\frac{\partial^2 f}{\partial x_i \partial x_j}(\mathbf{a}) \;\middle|\; i,j = 1,\dots,n \right).$$

Es gibt auch eine Taylorformel k-ter Ordnung, die allerdings nur im Ergänzungsteil behandelt wird: Ist f auf einer offenen konvexen Menge k-mal differenzierbar, so nennt man

$$T_k f(\mathbf{x};\mathbf{x}_0) := \sum_{|\nu|\le k} \frac{1}{\nu!} D^\nu f(\mathbf{x}_0)(\mathbf{x}-\mathbf{x}_0)^\nu$$

das k-te **Taylorpolynom** von f in $\mathbf{x}_0$. Es gibt dann eine Darstellung

$$f = T_k f + R_k \text{ mit } \lim_{\mathbf{x}\to\mathbf{x}_0} \frac{R_k(\mathbf{x})}{\|\mathbf{x}-\mathbf{x}_0\|^k} = 0.$$

Dabei wird die Multiindex-Schreibweise verwendet, es ist

$$\nu! := \nu_1! \cdots \nu_n!, \quad |\nu| := \nu_1 + \cdots + \nu_n \quad \text{und} \quad D^\nu f := D_1^{\nu_1} D_2^{\nu_2} \cdots D_n^{\nu_n} f,$$

sowie $\mathbf{h}^\nu := h_1^{\nu_1} \cdots h_n^{\nu_n}$ für einen Vektor $\mathbf{h} = (h_1,\dots,h_n)$.

Eine stetige Funktion f auf einer Menge $M \subset \mathbb{R}^n$ hat in $\mathbf{a} \in M$ ein **relatives** (oder **lokales**) **Maximum** bzw. **Minimum**, wenn es eine offene Umgebung $U(\mathbf{a}) \subset \mathbb{R}^n$ gibt, so dass

$$f(\mathbf{x}) \le f(\mathbf{a}) \quad (\text{bzw. } f(\mathbf{x}) \ge f(\mathbf{a}))$$

für alle $\mathbf{x} \in U \cap M$ ist. In beiden Fällen spricht man von einem relativen (oder lokalen) **Extremum**. Gilt die Ungleichung sogar für alle $\mathbf{x} \in M$, so spricht man von einem **absoluten** (oder **globalen**) Maximum oder Minimum.

Ist f in $\mathbf{a}$ differenzierbar und $\nabla f(\mathbf{a}) = \mathbf{0}$, so heißt $\mathbf{a}$ ein **stationärer** (oder **kritischer**) **Punkt** von f. Liegt in einem Punkt ein Extremum vor, so muss dieser Punkt stationär sein.

Ein stationärer Punkt $\mathbf{a}$ von f heißt **Sattelpunkt** von f, falls es in jeder Umgebung von $\mathbf{a}$ Punkte $\mathbf{b}$ und $\mathbf{c}$ gibt, so dass $f(\mathbf{b}) < f(\mathbf{a}) < f(\mathbf{c})$ ist.

Neben diesem notwendigen gibt es auch ein **hinreichendes Kriterium**:

Sei $B \subset \mathbb{R}^n$ offen, $f \in \mathcal{C}^2(B)$. Weiter sei $\mathbf{a} \in B$ ein stationärer Punkt von f, also $\nabla f(\mathbf{a}) = \mathbf{0}$.

1. *Ist $H_f(\mathbf{a})$ positiv definit, so besitzt f in $\mathbf{a}$ ein relatives Minimum.*
2. *Ist $H_f(\mathbf{a})$ negativ definit, so besitzt f in $\mathbf{a}$ ein relatives Maximum.*
3. *Ist $H_f(\mathbf{a})$ indefinit, so liegt in $\mathbf{a}$ ein Sattelpunkt vor.*

Ist $A \in M_n(\mathbb{R})$ eine symmetrische Matrix, so ist $\varphi_A(\mathbf{x}, \mathbf{y}) := \mathbf{x} \cdot A \cdot \mathbf{y}^\top$ eine symmetrische Bilinearform. Die Funktion

$$q(\mathbf{h}) = q_A(\mathbf{h}) := \mathbf{h} \cdot A \cdot \mathbf{h}^\top$$

nennt man die zugehörige **quadratische Form**. Sie heißt

$$\begin{aligned}
\textbf{positiv semidefinit} \; &:\Longleftrightarrow \quad q(\mathbf{h}) \geq 0 \text{ für alle } \mathbf{h}, \\
\textbf{positiv definit} \; &:\Longleftrightarrow \quad q(\mathbf{h}) > 0 \text{ für alle } \mathbf{h} \neq \mathbf{0}, \\
\textbf{negativ semidefinit} \; &:\Longleftrightarrow \quad q(\mathbf{h}) \leq 0 \text{ für alle } \mathbf{h}, \\
\textbf{negativ definit} \; &:\Longleftrightarrow \quad q(\mathbf{h}) < 0 \text{ für alle } \mathbf{h} \neq \mathbf{0}, \\
\textbf{indefinit} \; &:\Longleftrightarrow \quad \exists\, \mathbf{h}_1, \mathbf{h}_2 \text{ mit } q(\mathbf{h}_1) < 0 < q(\mathbf{h}_2).
\end{aligned}$$

Bestimmt man die Eigenwerte von A, so erhält man ein handliches Kriterium:

$\lambda_1 \leq \lambda_2 \leq \ldots \leq \lambda_n$ seien die Eigenwerte der symmetrischen Matrix A. Dann ist q_A positiv definit, falls $\lambda_1 > 0$ ist, negativ definit, falls $\lambda_n < 0$ ist und indefinit, falls $\lambda_1 < 0 < \lambda_n$ ist.

Im Falle $n = 2$ vereinfacht sich dieses Kriterium noch.

Sei $A = \begin{pmatrix} a & b \\ b & d \end{pmatrix} \in M_2(\mathbb{R})$ eine symmetrische Matrix. Dann gilt:

1. *Ist $\det(A) < 0$, so ist q_A indefinit.*
2. *Ist $\det(A) > 0$ und $a > 0$, so ist q_A positiv definit.*

3. *Ist* $\det(A) > 0$ *und* $a < 0$, *so ist* q_A *negativ definit.*

Sei $B \subset \mathbb{R}^n$ offen, $g : B \to \mathbb{R}$ stetig differenzierbar und $N(g) := \{\mathbf{x} \in B \mid g(\mathbf{x}) = 0\}$ die „Nullstellenmenge" von g. Ist $\nabla g(\mathbf{x}) \neq \mathbf{0}$ für alle $x \in N(g)$, so kann man $N(g)$ als eine zusätzliche Bedingung betrachten, unter der nach Extremwerten geforscht wird.

Eine stetig differenzierbare Funktion f hat in $\mathbf{a}$ ein **relatives Maximum** bzw. **relatives Minimum unter der Nebenbedingung** $g(\mathbf{x}) = 0$, falls $f(\mathbf{x}) \le f(\mathbf{a})$ bzw. $f(\mathbf{x}) \ge f(\mathbf{a})$ für alle $\mathbf{x} \in U \cap N(g)$ gilt.

Ein notwendiges Kriterium für Extremwerte unter einer Nebenbedingung erleichtert das Auffinden solcher Extremwerte. Man spricht von der **Methode des Lagrange'schen Multiplikators**:

Hat (die stetig differenzierbare Funktion) f in $\mathbf{a}$ *ein relatives Extremum unter der Nebenbedingung* $g(\mathbf{x}) = 0$ (mit $\nabla g(\mathbf{x}) \neq \mathbf{0}$), *so gibt es eine Zahl* $\lambda \subset \mathbb{R}$, *so dass gilt:*

$$\nabla f(\mathbf{a}) = \lambda \cdot \nabla g(\mathbf{a}).$$

Die Zahl λ nennt man den **Lagrange'schen Multiplikator**. Die Punkte, die die angegebene Bedingung erfüllen, können Extremwerte sein. Ob sie es wirklich sind, muss man mit anderen Mitteln feststellen. Dafür gibt es verschiedene Methoden:

1. Berechnung von $f(\mathbf{a}+\mathbf{h})$ für kleines $\mathbf{h}$ mit $g(\mathbf{a}+\mathbf{h}) = 0$ und Vergleich der Werte.

2. Abstrakte Argumentation: Für festes $c > 0$ ist die Menge

$$M := \{\mathbf{x} \in \mathbb{R}^n \; : \; g(\mathbf{x}) = 0 \text{ und } \|\mathbf{x}\| \le c\}$$

   kompakt und die stetige Funktion f nimmt auf M ihr Minimum und ihr Maximum an. Eine Betrachtung der Werte liefert dann zusätzliche Informationen.

3. Kann man (im Falle von 2 Variablen) die Gleichung $g(x, y) = 0$ nach einer Variablen auflösen und setzt man das Ergebnis in f ein, so muss ein gewöhnliches Extremum einer Funktion von einer Veränderlichen gesucht werden. Das Problem ist natürlich mit den klassischen Methoden lösbar.

Ergänzungen

I) Wir wollen die Taylorformel für Funktionen von mehreren Veränderlichen herleiten.

Sei f in der Nähe von $\mathbf{x}_0 \in \mathbb{R}^n$ genügend oft differenzierbar. Wir betrachten den Weg $\boldsymbol{\alpha}(t) := \mathbf{x}_0 + t\mathbf{h}$, mit $\mathbf{h} := \mathbf{x} - \mathbf{x}_0$, und untersuchen die Funktion

$$g(t) := f \circ \boldsymbol{\alpha}(t) = f(\mathbf{x}_0 + t\mathbf{h}).$$

Auf jeden Fall ist

$$g'(t) = Df(\mathbf{x}_0 + t\mathbf{h})(\mathbf{h}) = \mathbf{h} \bullet \nabla f(\mathbf{x}_0 + t\mathbf{h}).$$

Wir wollen die höheren Ableitungen von g berechnen.

Sei P der Differentialoperator

$$P = \mathbf{h} \bullet \nabla := h_1 \frac{\partial}{\partial x_1} + \cdots + h_n \frac{\partial}{\partial x_n}.$$

Dann ist $(Pf) \circ \boldsymbol{\alpha} = (f \circ \boldsymbol{\alpha})'$, und per Induktion folgt:

$$(P^k f) \circ \boldsymbol{\alpha} = (f \circ \boldsymbol{\alpha})^{(k)}.$$

Der Induktionsschritt sieht dabei folgendermaßen aus:

$$\begin{aligned}(P^{k+1} f) \circ \boldsymbol{\alpha} &= P(P^k f) \circ \boldsymbol{\alpha} = ((P^k f) \circ \boldsymbol{\alpha})' \\ &= ((f \circ \boldsymbol{\alpha})^{(k)})' = (f \circ \boldsymbol{\alpha})^{(k+1)}.\end{aligned}$$

Um $g^{(k)}(t) = (\mathbf{h} \bullet \nabla)^k f(\mathbf{x}_0 + t\mathbf{h})$ zu berechnen, brauchen wir die folgende Formel:

1.3.10. Satz

Für $x_1, \ldots, x_n \in \mathbb{R}$ und $k \in \mathbb{N}$ ist $\displaystyle (x_1 + \cdots + x_n)^k = \sum_{\nu_1 + \cdots + \nu_n = k} \frac{k!}{\nu_1! \cdots \nu_n!} x_1^{\nu_1} \cdots x_n^{\nu_n}.$

BEWEIS: (Induktion nach n)

Der Induktionsanfang ist trivial. Zum Induktionsschluss:

$$\begin{aligned}(x_1 + \cdots + x_{n+1})^k &= ((x_1 + \cdots + x_n) + x_{n+1})^k \\ &= \sum_{m + \nu_{n+1} = k} \frac{k!}{m! \nu_{n+1}!} (x_1 + \cdots + x_n)^m x_{n+1}^{\nu_{n+1}} \\ &= \sum_{m + \nu_{n+1} = k} \frac{k!}{m! \nu_{n+1}!} \sum_{\nu_1 + \cdots + \nu_n = m} \frac{m!}{\nu_1! \cdots \nu_n!} x_1^{\nu_1} \cdots x_n^{\nu_n} \cdot x_{n+1}^{\nu_{n+1}} \\ &= \sum_{\nu_1 + \cdots + \nu_{n+1} = k} \frac{k!}{\nu_1! \cdots \nu_{n+1}!} x_1^{\nu_1} \cdots x_{n+1}^{\nu_{n+1}}.\end{aligned}$$

■

Da die h_i Konstanten und die partiellen Ableitungen vertauschbar sind, kann man $(\mathbf{h} \bullet \nabla)^k$ nach der gleichen Formel wie der für den Ausdruck $(x_1 + \cdots + x_n)^k$ berechnen. Es folgt:

$$g^{(k)}(t) = (\mathbf{h} \bullet \nabla)^k f(\mathbf{x}_0 + t\mathbf{h}) = k! \sum_{|\nu| = k} \frac{1}{\nu!} D^\nu f(\mathbf{x}_0 + t\mathbf{h}) \cdot \mathbf{h}^\nu.$$

Dabei ist $\nu! := \nu_1! \cdots \nu_n!$, $|\nu| := \nu_1 + \cdots + \nu_n$ und $D^\nu f := D_1^{\nu_1} D_2^{\nu_2} \cdots D_n^{\nu_n} f$, sowie $\mathbf{h}^\nu := h_1^{\nu_1} \cdots h_n^{\nu_n}$ für einen Vektor $\mathbf{h} = (h_1, \ldots, h_n)$.

Ist f k-mal differenzierbar, so nennt man

$$T_k f(\mathbf{x}; \mathbf{x}_0) := \sum_{|\nu| \le k} \frac{1}{\nu!} D^\nu f(\mathbf{x}_0)(\mathbf{x} - \mathbf{x}_0)^\nu$$

das k-te ***Taylorpolynom*** von f in $\mathbf{x}_0$.

1.3.11. Satz (Taylorentwicklung)

Sei $B \subset \mathbb{R}^n$ eine offene konvexe Menge, $\mathbf{x}_0 \in B$ und $f : B \to \mathbb{R}$ eine k-mal stetig differenzierbare Funktion. Dann gibt es eine Darstellung $f = T_k f + R_k$, wobei gilt:

1. $\displaystyle\lim_{\mathbf{x}\to\mathbf{x}_0} \frac{R_k(\mathbf{x})}{\|\mathbf{x}-\mathbf{x}_0\|^k} = 0.$
2. *Ist f sogar $(k+1)$-mal differenzierbar, so gibt es zu jedem $\mathbf{x} \in B$ ein $\xi \in [0,1]$, so dass gilt:*
$$R_k(\mathbf{x}) = \sum_{|\nu|=k+1} \frac{1}{\nu!} D^\nu(\mathbf{x}_0 + \xi(\mathbf{x}-\mathbf{x}_0))(\mathbf{x}-\mathbf{x}_0)^\nu.$$

Beweis: Wir betrachten zunächst den Fall, dass f sogar $(k+1)$-mal differenzierbar ist. Sei $\boldsymbol{\alpha}(t) := \mathbf{x}_0 + t(\mathbf{x}-\mathbf{x}_0)$. Dann ist auch $g(t) := f \circ \boldsymbol{\alpha}(t)$ $(k+1)$-mal differenzierbar. Die Taylorformel in einer Veränderlichen liefert zu jedem t ein $\xi = \xi(t)$ zwischen 0 und t, so dass gilt:

$$g(t) = \sum_{i=0}^{k} \frac{g^{(i)}(0)}{i!} t^i + \frac{1}{(k+1)!} g^{(k+1)}(\xi) t^{k+1}.$$

Setzen wir $t = 1$, so erhalten wir

$$f(\mathbf{x}) = \sum_{|\nu|\le k} \frac{1}{\nu!} D^\nu f(\mathbf{x}_0)(\mathbf{x}-\mathbf{x}_0)^\nu + \sum_{|\nu|=k+1} \frac{1}{\nu!} D^\nu f(\mathbf{x}_0 + \xi(\mathbf{x}-\mathbf{x}_0))(\mathbf{x}-\mathbf{x}_0)^\nu.$$

Ist f nur k-mal stetig differenzierbar, so setzen wir $\mathbf{h} := \mathbf{x}-\mathbf{x}_0$ und erhalten

$$\begin{aligned} f(\mathbf{x}) &= T_{k-1} f(\mathbf{x};\mathbf{x}_0) + \sum_{|\nu|=k} \frac{1}{\nu!} D^\nu f(\mathbf{x}_0 + \xi\mathbf{h})\mathbf{h}^\nu \\ &= T_k f(\mathbf{x};\mathbf{x}_0) + \sum_{|\nu|=k} \frac{1}{\nu!} (D^\nu f(\mathbf{x}_0 + \xi\mathbf{h}) - D^\nu f(\mathbf{x}_0))\mathbf{h}^\nu. \end{aligned}$$

Setzen wir $\varphi_\nu(\mathbf{h}) := \frac{1}{\nu!}(D^\nu f(\mathbf{x}_0 + \xi\mathbf{h}) - D^\nu f(\mathbf{x}_0))$, so erhalten wir

$$f(\mathbf{x}) = T_k f(\mathbf{x};\mathbf{x}_0) + \sum_{|\nu|=k} \varphi_\nu(\mathbf{h})\mathbf{h}^\nu.$$

Für $|\nu| = k$ ist

$$\frac{|\mathbf{h}^\nu|}{\|\mathbf{h}\|^k} = \frac{|h_1|^{\nu_1}\cdots|h_n|^{\nu_n}}{\|\mathbf{h}\|^{\nu_1}\cdots\|\mathbf{h}\|^{\nu_n}} \le 1.$$

Daraus folgt:

$$|\sum_{|\nu|=k} \varphi_\nu(\mathbf{h})\mathbf{h}^\nu| / \|\mathbf{h}\|^k \le \sum_{|\nu|=k} |\varphi_\nu(\mathbf{h})| \to 0 \text{ für } \mathbf{h} \to \mathbf{0},$$

wegen der Stetigkeit von $D^\nu f$ in $\mathbf{x}_0$. ■

II) Wir wollen jetzt herausfinden, was die zweite (totale) Ableitung ist. Dafür sind recht abstrakte Gedankengänge nötig. Zunächst müssen wir an die Bilinearformen erinnern.

- Eine Bilinearform auf dem $\mathbb{R}^n$ ist eine Abbildung $\varphi : \mathbb{R}^n \times \mathbb{R}^n \to \mathbb{R}$, die in beiden Argumenten linear ist. Insbesondere ist φ auf dem ganzen $\mathbb{R}^n \times \mathbb{R}^n$ stetig.
- Die Menge aller Bilinearformen auf dem $\mathbb{R}^n$ bezeichnen wir mit $L_2(\mathbb{R}^n;\mathbb{R})$.

- Jede Bilinearform φ auf dem $\mathbb{R}^n$ kann mit Hilfe einer $n \times n$-Matrix beschrieben werden:

$$\varphi(\mathbf{v}, \mathbf{w}) = \varphi_B(\mathbf{v}, \mathbf{w}) := \mathbf{v} \cdot B \cdot \mathbf{w}^\top .$$

Die Einträge b_{ij} in der Matrix B sind dann gegeben durch $b_{ij} = \varphi(\mathbf{e}_i, \mathbf{e}_j)$.

Nun kommt eine begrifflich etwas schwierige, aber wichtige Betrachtung (vgl. auch Seite 356 im Anhang): Ist eine Bilinearform $\varphi = \varphi_B$ gegeben und $\mathbf{v} \in \mathbb{R}^n$ ein fester Vektor, so wird durch

$$\lambda_\mathbf{v} : \mathbf{w} \mapsto \varphi(\mathbf{v}, \mathbf{w}) = \mathbf{v} \cdot B \cdot \mathbf{w}^\top$$

eine Linearform auf dem $\mathbb{R}^n$ definiert. Also liefert φ durch $\mathbf{v} \mapsto \lambda_\mathbf{v}$ eine lineare Abbildung von $\mathbb{R}^n$ nach $L(\mathbb{R}^n, \mathbb{R})$, d.h. ein Element aus $L(\mathbb{R}^n, L(\mathbb{R}^n, \mathbb{R}))$. Da man diesen Vorgang auch rückgängig machen kann, gewinnt man so einen Isomorphismus von $L_2(\mathbb{R}^n; \mathbb{R})$ auf $L(\mathbb{R}^n, L(\mathbb{R}^n, \mathbb{R}))$.

Definition (Differenzierbarkeit vektorwertiger Funktionen)

Sei $B \subset \mathbb{R}^n$ eine offene Teilmenge und E ein endlich-dimensionaler Vektorraum. Eine Abbildung $\mathbf{f} : B \to E$ heißt in einem Punkt $\mathbf{x}_0 \in B$ ***differenzierbar***, wenn es eine Abbildung $\Delta : B \to L(\mathbb{R}^n, E)$ gibt, so dass gilt:

1. $\mathbf{f}(\mathbf{x}) = \mathbf{f}(\mathbf{x}_0) + \Delta(\mathbf{x})(\mathbf{x} - \mathbf{x}_0)$ für $\mathbf{x} \in B$.
2. Δ ist stetig in $\mathbf{x}_0$.

Die lineare Abbildung $D\mathbf{f}(\mathbf{x}_0) := \Delta(\mathbf{x}_0) \in L(\mathbb{R}^n, E)$ heißt dann die ***Ableitung*** von $\mathbf{f}$ in $\mathbf{x}_0$.

Wie bei skalarwertigen Funktionen folgt aus der Differenzierbarkeit die Stetigkeit.

Sei nun $B \subset \mathbb{R}^n$ offen, $\mathbf{f} : B \to E$ eine Abbildung und $\{\mathbf{z}_1, \ldots, \mathbf{z}_m\}$ eine Basis von E, so dass man $\mathbf{f}$ in der Form

$$\mathbf{f}(\mathbf{x}) = \sum_{\mu=1}^{m} f_\mu(\mathbf{x}) \cdot \mathbf{z}_\mu$$

schreiben kann, mit skalaren Funktionen $f_\nu : B \to \mathbb{R}$. Die Abbildung $\mathbf{f}$ ist genau dann in $\mathbf{x}_0$ differenzierbar, wenn alle f_μ in $\mathbf{x}_0$ differenzierbar sind, und es gilt: $D\mathbf{f}(\mathbf{x}_0) = \sum_\mu Df_\mu(\mathbf{x}_0) \cdot \mathbf{z}_\mu$.

Ist $B \subset \mathbb{R}^n$ offen und $f : B \to \mathbb{R}$ überall differenzierbar, so kann man $Df : B \to L(\mathbb{R}^n, \mathbb{R})$ als vektorwertige Funktion auffassen und in der Form $Df = \sum_\nu f_{x_\mu} \varepsilon^\mu$ schreiben, mit den kanonischen Linearformen $\varepsilon^\mu(x_1, \ldots, x_n) := x_\mu$. Nun nehmen wir an, dass Df in $\mathbf{x}_0 \in B$ ein weiteres Mal differenzierbar ist. Dann ist

$$\begin{aligned} D(Df)(\mathbf{x}_0) &= \sum_{\mu=1}^{n} D(f_{x_\mu})(\mathbf{x}_0) \cdot \varepsilon^\mu \in L(\mathbb{R}^n, L(\mathbb{R}^n, \mathbb{R})) \\ \text{und} \quad D(Df)(\mathbf{x}_0)(\mathbf{v})(\mathbf{w}) &= \sum_{\mu=1}^{n} D(f_{x_\mu})(\mathbf{x}_0)(\mathbf{v}) \cdot w_\mu = \sum_{\mu=1}^{n} \sum_{\nu=1}^{n} f_{x_\nu x_\mu}(\mathbf{x}_0) v_\nu w_\mu . \end{aligned}$$

Definition (Zweite Ableitung)

Die Bilinearform $D^2 f(\mathbf{x}_0) : \mathbb{R}^n \times \mathbb{R}^n \to \mathbb{R}$, die zur linearen Abbildung $D(Df)(\mathbf{x}_0)$ gehört, nennt man die ***zweite Ableitung*** von f in $\mathbf{x}_0$. Voraussetzung für ihre Existenz ist die Differenzierbarkeit von f in der Nähe von $\mathbf{x}_0$ und die Differenzierbarkeit von Df im Punkt $\mathbf{x}_0$.

Auch $D^2 f(\mathbf{x}_0)$ wird durch eine Matrix beschrieben, und zwar offensichtlich durch die Hesse-Matrix von f in $\mathbf{x}_0$. Daraus folgt:

1.3.12. Satz

Ist f in $\mathbf{x}_0 \in \mathbb{R}^n$ zweimal differenzierbar, so ist $D^2 f(\mathbf{x}_0)$ eine symmetrische Bilinearform, gegeben durch $D^2 f(\mathbf{x}_0)(\mathbf{v}, \mathbf{w}) = \mathbf{v} \cdot H_f(\mathbf{x}_0) \cdot \mathbf{w}^\top$.

1.3.13. Aufgaben

A. Berechnen Sie die Taylorentwicklung von $f(x,y) := \dfrac{e^x}{1-y}$ im Nullpunkt.

B. Bestimmen Sie alle Extremwerte und Sattelpunkte der folgenden Funktionen auf dem $\mathbb{R}^2$:

$$\begin{aligned} f(x,y) &:= 2x^2 - 3xy^2 + y^4, \\ g(x,y) &:= \tfrac{8}{3}x^3 + 4y^3 - x^4 - y^4, \\ h(x,y) &:= x^4 + y^4 - 4xy + 1, \\ \text{und} \quad k(x,y) &:= x^3 + 3xy^2 - 3x^2 - 3y^2 + 4. \end{aligned}$$

C. Es seien Punkte $\mathbf{a}_1, \ldots, \mathbf{a}_N \in \mathbb{R}^n$ gegeben. Bestimmen Sie den Punkt $\mathbf{x} \in \mathbb{R}^n$, für den $\sum_{\nu=1}^{N} \|\mathbf{x} - \mathbf{a}_\nu\|^2$ den kleinsten Wert annimmt.

D. Bestimmen Sie alle Extremwerte und Sattelpunkte der Funktion

$$f(x,y) := e^{xy} + x^2 + ay^2, \text{ abhängig von } a > 0.$$

E. Bestimmen Sie alle Extremwerte und Sattelpunkte der Funktion

$$\begin{aligned} f(x,y) &:= 5xy\, e^{-x^2-2y^2} \\ \text{und der Funktion} \quad g(x,y) &:= (x^2 - y^2) \cdot e^{-(x^2+y^2)/2}. \end{aligned}$$

F. Bestimmen Sie alle relativen Extrema, Sattelpunkte und absoluten Extrema von $f(x,y) := xy(1 - x^2 - y^2)$ auf $[0,1] \times [0,1]$.

G. Bestimmen Sie alle kritischen Punkte und lokalen Extrema der Funktion $f(x,y,z) := (\sin z)/x^2$ auf $\{(x,y,z) \in \mathbb{R}^3 : x \neq 0\}$.

H. Bestimmen Sie alle relativen Extrema und Sattelpunkte von

$$f(x,y) := (2 + \cos x) \cdot \sin y.$$

I. Bestimmen Sie alle Maxima und Minima von $f(x,y) := xy \cdot \ln(x^2 + y^2)$ auf $\mathbb{R}^n \setminus \{(0,0)\}$.

J. Suchen Sie die Punkte $\mathbf{x}$ auf dem Graphen der Funktion $g(x,y) := 4x^2 + y^2$ (im $\mathbb{R}^3$), bei denen der Abstand zwischen $\mathbf{x}$ und $\mathbf{a} := (0,0,8)$ ein absolutes Minimum annimmt.

K. Bestimmen Sie den größten Wert der Funktion

$$f(x,y) := \sin x + \sin y - \sin(x+y)$$

auf der Menge $D := \{(x,y) \in \mathbb{R}^2 : x \geq 0, \ y \geq 0 \text{ und } x + y \leq 2\pi\}$.

L. Untersuchen Sie, welche Extremwerte $f(x,y,z) := x^2 + 3y^2 + 2z^2$ unter der Nebenbedingung $2x + 3y + 4z = 15$ besitzt.

M. Ermitteln Sie den größten Wert von $f(x,y,z) := x + 3y - 2z$ auf $S := \{(x,y,z) \in \mathbb{R}^3 : x^2 + y^2 + z^2 = 14\}$.

N. Bestimmen Sie alle lokalen Extremwerte von $f(x,y) := x^2 - y^2$ unter der Nebenbedingung $x^2 + y^2 = 1$.

1.4 Differenzierbare Abbildungen

Zur Einführung: Ist eine Funktion $\mathbf{y} = \mathbf{g}(\mathbf{x})$ durch ein Gleichungssystem $\mathbf{F}(\mathbf{x},\mathbf{y}) = \mathbf{0}$ zwischen unabhängigen und abhängigen Variablen implizit gegeben, so kann man die Funktion nur selten explizit (durch Auflösen der Gleichungen) bestimmen. Der **Satz über implizite Funktionen** liefert aber eine Aussage darüber, ob eine solche Auflösung lokal wenigstens theoretisch existiert und differenzierbar ist. Außerdem erlaubt er, Ableitungen der implizit gegebenen Funktion zu berechnen. Eine wichtige Anwendung ist die Bestimmung von Extremwerten unter einer oder mehreren Nebenbedingungen.

Der Satz über implizite Funktionen wurde im Falle einer einzigen Gleichung schon in 1.2 recht elementar bewiesen, der allgemeine Fall ergibt sich einfach durch Induktion. Eine weitere Folgerung ist der **Umkehrsatz**, der ein Ergebnis aus Analysis 1 verallgemeinert. Eine reellwertige Funktion f von einer Veränderlichen ist bekanntlich in x_0 umkehrbar, wenn $f'(x_0) \neq 0$ ist. Die Umkehrfunktion ist dann in $y = f(x_0)$ ebenfalls differenzierbar und es gilt die Formel $(f^{-1})'(y_0) = 1/f'(x_0)$. Dieser Umkehrsatz wird nun auf mehrere Veränderliche übertragen. Man weiß schon aus der linearen Algebra, dass es einen Isomorphismus (also eine bijektive lineare Abbildung) nur zwischen Räumen gleicher Dimension geben kann. Da jede lineare Abbildung auch differenzierbar ist, verwundert es nicht, dass es einen Umkehrsatz für differenzierbare Abbildungen auch nur zwischen offenen Teilmengen von Vektorräumen gleicher Dimension gibt.

Für beide Themen, implizite Funktionen und Umkehrsatz, muss man sich zunächst mit (vektorwertigen) differenzierbaren Abbildungen befassen. Viele Informationen über solche Abbildungen gewinnt man schon aus der **Jacobi-Matrix** (die alle

Ableitungen aller Komponentenfunktionen enthält) und deren Determinante. Die Kettenregel kann damit auf die Verknüpfung beliebiger differenzierbarer Abbildungen verallgemeinert werden, und beim Umkehrsatz übernimmt die Jacobi-Matrix die Rolle, die im Eindimensionalen von der Ableitung gespielt wird.

Definition (Differenzierbare Abbildung, Jacobi-Matrix)

Sei $B \subset \mathbb{R}^n$ offen. Eine Abbildung $\mathbf{f} = (f_1, \dots, f_m) : B \to \mathbb{R}^m$ heißt in $\mathbf{a} \in B$ ***differenzierbar***, falls alle Komponentenfunktionen $f_1, \dots, f_m$ in $\mathbf{a}$ differenzierbar sind.

Die durch $D\mathbf{f}(\mathbf{a})(\mathbf{v}) := (Df_1(\mathbf{a})(\mathbf{v}), \dots, Df_m(\mathbf{a})(\mathbf{v}))$ gegebene lineare Abbildung

$$D\mathbf{f}(\mathbf{a}) : \mathbb{R}^n \to \mathbb{R}^m$$

heißt die ***Ableitung von f in a***. Die Matrix $J_{\mathbf{f}}(\mathbf{a}) \in M_{m,n}(\mathbb{R})$, die $D\mathbf{f}(\mathbf{a})$ (bezüglich der Standardbasen) beschreibt, nennt man die ***Funktionalmatrix*** oder ***Jacobi-Matrix*** von $\mathbf{f}$ in $\mathbf{a}$.

Die j-te Spalte der Funktionalmatrix $J_{\mathbf{f}}(\mathbf{a})$ ist der Vektor

$$J_{\mathbf{f}}(\mathbf{a}) \cdot \mathbf{e}_j^{\top} = (D\mathbf{f}(\mathbf{a})(\mathbf{e}_j))^{\top} = \Big(\frac{\partial f_1}{\partial x_j}(\mathbf{a}), \dots, \frac{\partial f_m}{\partial x_j}(\mathbf{a})\Big)^{\top}.$$

So erhält man:

1.4.1. Gestalt der Funktionalmatrix

$$J_{\mathbf{f}}(\mathbf{a}) = \begin{pmatrix} \dfrac{\partial f_1}{\partial x_1}(\mathbf{a}) & \cdots & \dfrac{\partial f_1}{\partial x_n}(\mathbf{a}) \\ \vdots & & \vdots \\ \dfrac{\partial f_m}{\partial x_1}(\mathbf{a}) & \cdots & \dfrac{\partial f_m}{\partial x_n}(\mathbf{a}) \end{pmatrix} = \begin{pmatrix} \nabla f_1(\mathbf{a}) \\ \vdots \\ \nabla f_m(\mathbf{a}) \end{pmatrix}.$$

Definition (Jacobi-Determinante)

Ist $n = m$, also $J_{\mathbf{f}}(\mathbf{x})$ eine quadratische Matrix, so heißt $\det J_{\mathbf{f}}(\mathbf{x})$ die ***Funktionaldeterminante*** oder ***Jacobi-Determinante*** von $\mathbf{f}$ in $\mathbf{x}$.

1.4.2. Beispiele

A. Ist $n = m = 1$, so ist $J_f(a) = f'(a)$ die gewöhnliche Ableitung.

B. Ist n beliebig und $m = 1$, so besitzt die skalare Funktion f nur eine Komponente. Also ist $J_f(\mathbf{a}) = \Big(\dfrac{\partial f}{\partial x_1}(\mathbf{a}), \cdots, \dfrac{\partial f}{\partial x_n}(\mathbf{a})\Big) = \nabla f(\mathbf{a})$.

C. Ist $n = 1$ und m beliebig, so ist $\mathbf{f} = (f_1, \dots, f_m)$ ein differenzierbarer Weg im $\mathbb{R}^n$, mit m Komponenten, der aber nur von einer Variablen abhängt. Weil die verschiedenen Komponenten in verschiedenen Zeilen der Jacobi-Matrix stehen müssen, ist zwar $J_{\mathbf{f}}(\mathbf{a}) = \mathbf{f}'(\mathbf{a})^\top$ die gewöhnliche Ableitung, aber als **Spaltenvektor** geschrieben!

D. Ist $\mathbf{a} \in \mathbb{R}^n$, so ist die ***Translation*** $\mathbf{T_a} : \mathbf{x} \mapsto \mathbf{x} + \mathbf{a}$ eine differenzierbare Abbildung von $\mathbb{R}^n$ nach $\mathbb{R}^n$. Ist $\mathbf{a} = (a_1, \dots, a_n)$, so ist

$$\mathbf{T_a}(x_1, \dots, x_n) = (x_1 + a_1, \dots, x_n + a_n)$$

und daher $J_{\mathbf{T_a}}(\mathbf{x}) = E_n$ die Einheitsmatrix und $\det J_{\mathbf{T_a}}(\mathbf{x}) = 1$ (beides unabhängig von $\mathbf{x}$).

E. Sei $A \in M_{m,n}(\mathbb{R})$ eine beliebige Matrix, $\mathbf{f}_A : \mathbb{R}^n \to \mathbb{R}^m$ die durch

$$\mathbf{f}_A(\mathbf{x}) := \mathbf{x} \cdot A^\top$$

definierte zugeordnete lineare Abbildung von $\mathbb{R}^n$ nach $\mathbb{R}^m$.

Sind $\mathbf{a}_1, \dots, \mathbf{a}_n$ die Zeilen von A, so ist $\mathbf{f}_A(\mathbf{x}) = (\mathbf{x} \bullet \mathbf{a}_1, \dots, \mathbf{x} \bullet \mathbf{a}_n)$. Da die Ableitung einer Linearform mit eben dieser Linearform übereinstimmt, ist

$$D\mathbf{f}_A(\mathbf{x})(\mathbf{v}) = (\mathbf{v} \bullet \mathbf{a}_1, \dots, \mathbf{v} \bullet \mathbf{a}_n) = \mathbf{v} \cdot A^\top = \mathbf{f}_A(\mathbf{v}),$$

also $J_{\mathbf{f}_A}(\mathbf{x}) = A$, unabhängig von $\mathbf{x}$. Die Funktionaldeterminante kann natürlich nur gebildet werden, wenn $n = m$ ist.

F. Sei $\mathbf{f}(x, y) := (e^{kx} \cos y, e^{kx} \sin y)$. Dann gilt:

$$J_{\mathbf{f}}(x, y) = \begin{pmatrix} ke^{kx} \cos y & -e^{kx} \sin y \\ ke^{kx} \sin y & e^{kx} \cos y \end{pmatrix}$$

und $\det J_{\mathbf{f}}(x, y) = ke^{2kx} \cos^2 y + ke^{2kx} \sin^2 y = ke^{2kx}$.

Wie bei den skalaren Funktionen steht auch für Abbildungen ein alternatives Kriterium für die Differenzierbarkeit zur Verfügung.

1.4.3. Grauert-Kriterium für die Differenzierbarkeit

Sei $B \subset \mathbb{R}^n$ offen. Eine Abbildung $\mathbf{f} : B \to \mathbb{R}^m$ ist genau dann in $\mathbf{x}_0 \in B$ (total) differenzierbar, wenn es eine in $\mathbf{x}_0$ stetige Abbildung $\Delta : B \to M_{m,n}(\mathbb{R})$ gibt, so dass gilt:

$$\mathbf{f}(\mathbf{x}) = \mathbf{f}(\mathbf{x}_0) + (\mathbf{x} - \mathbf{x}_0) \cdot \Delta(\mathbf{x})^\top.$$

Speziell ist dann $\Delta(\mathbf{x}_0) = J_{\mathbf{f}}(\mathbf{x}_0)$.

BEWEIS: Wir verwenden das dritte Differenzierbarkeitskriterium für skalare Funktionen (vgl. 1.2.22, Seite 48). Die Abbildung $\mathbf{f} = (f_1, \ldots, f_m)$ ist genau dann in $\mathbf{x}_0$ differenzierbar, wenn alle Komponentenfunktionen f_μ es sind, wenn es also in $\mathbf{x}_0$ stetige Funktionen $\mathbf{\Delta}_\nu : B \to \mathbb{R}^n$ gibt, so dass $f_\mu(\mathbf{x}) = f_\mu(\mathbf{x}_0) + (\mathbf{x} - \mathbf{x}_0) \cdot \mathbf{\Delta}_\mu(\mathbf{x})^\top$ für $\mu = 1, \ldots, m$ gilt. Wir definieren dann $\Delta(\mathbf{x})$ als die Matrix, deren Zeilen die Vektoren $\mathbf{\Delta}_\mu(\mathbf{x})$ sind. Es ist klar, dass auch umgekehrt aus dem Kriterium die Differenzierbarkeit folgt. ∎

1.4.4. Allgemeine Kettenregel

Sei $B \subset \mathbb{R}^n$ offen, $\mathbf{f} : B \to \mathbb{R}^m$ in $\mathbf{x}_0 \in B$ differenzierbar, $U \subset \mathbb{R}^m$ offen, $\mathbf{f}(B) \subset U$ und $\mathbf{g} : U \to \mathbb{R}^k$ in $\mathbf{y}_0 = \mathbf{f}(\mathbf{x}_0)$ differenzierbar. Dann ist $\mathbf{g} \circ \mathbf{f} : B \to \mathbb{R}^k$ in $\mathbf{x}_0$ differenzierbar und es gilt:

$$D(\mathbf{g} \circ \mathbf{f})(\mathbf{x}_0) = D\mathbf{g}(\mathbf{f}(\mathbf{x}_0)) \circ D\mathbf{f}(\mathbf{x}_0) \quad \textit{bzw.} \quad J_{\mathbf{g}\circ\mathbf{f}}(\mathbf{x}_0) = J_{\mathbf{g}}(\mathbf{f}(\mathbf{x}_0)) \cdot J_{\mathbf{f}}(\mathbf{x}_0).$$

BEWEIS: Wir haben Darstellungen

$$\begin{aligned} \mathbf{f}(\mathbf{x}) &= \mathbf{f}(\mathbf{x}_0) + (\mathbf{x} - \mathbf{x}_0) \cdot \mathbf{\Delta}(\mathbf{x})^\top \\ \text{und} \quad \mathbf{g}(\mathbf{y}) &= \mathbf{g}(\mathbf{y}_0) + (\mathbf{y} - \mathbf{y}_0) \cdot \mathbf{\Delta}^*(\mathbf{y}), \end{aligned}$$

wobei jeweils $\mathbf{\Delta}$ in $\mathbf{x}_0$ und $\mathbf{\Delta}^*$ in $\mathbf{y}_0$ stetig ist. Setzt man die Gleichungen ineinander ein, so erhält man

$$\begin{aligned} \mathbf{g} \circ \mathbf{f}(\mathbf{x}) - \mathbf{g} \circ \mathbf{f}(\mathbf{x}_0) &= (\mathbf{f}(\mathbf{x}) - \mathbf{f}(\mathbf{x}_0)) \cdot \mathbf{\Delta}^*(\mathbf{f}(\mathbf{x}))^\top \\ &= (\mathbf{x} - \mathbf{x}_0) \cdot \mathbf{\Delta}(\mathbf{x})^\top \cdot \mathbf{\Delta}^*(\mathbf{f}(\mathbf{x}))^\top \\ &= (\mathbf{x} - \mathbf{x}_0) \cdot (\mathbf{\Delta}^*(\mathbf{f}(\mathbf{x})) \cdot \mathbf{\Delta}(\mathbf{x}))^\top, \end{aligned}$$

mit einer in $\mathbf{x}_0$ stetigen Funktion $\mathbf{x} \mapsto \mathbf{\Delta}^*(\mathbf{f}(\mathbf{x})) \cdot \mathbf{\Delta}(\mathbf{x})$. Das zeigt, dass $\mathbf{g} \circ \mathbf{f}$ in $\mathbf{x}_0$ differenzierbar ist. Weil $\mathbf{\Delta}(\mathbf{x}_0) = J_{\mathbf{f}}(\mathbf{x}_0)$ und $\mathbf{\Delta}^*(\mathbf{y}_0) = J_{\mathbf{g}}(\mathbf{y}_0)$ ist, folgt die Gleichung $J_{\mathbf{g}\circ\mathbf{f}}(\mathbf{x}_0) = \mathbf{\Delta}^*(\mathbf{f}(\mathbf{x}_0)) \cdot \mathbf{\Delta}(\mathbf{x}_0) = J_{\mathbf{g}}(\mathbf{f}(\mathbf{x}_0)) \cdot J_{\mathbf{f}}(\mathbf{x}_0)$.

Für die zugehörigen linearen Abbildungen gilt dann die analoge Beziehung

$$D(\mathbf{g} \circ \mathbf{f})(\mathbf{x}_0) = D\mathbf{g}(\mathbf{f}(\mathbf{x}_0)) \circ D\mathbf{f}(\mathbf{x}_0).$$ ∎

1.4.5. Folgerung

Ist $n = m = k$, so ist $\det J_{\mathbf{g}\circ\mathbf{f}}(\mathbf{x}) = \det J_{\mathbf{g}}(\mathbf{f}(\mathbf{x})) \cdot \det J_{\mathbf{f}}(\mathbf{x})$.

Der BEWEIS ergibt sich unmittelbar aus dem Determinanten-Produktsatz.

1.4.6. Beispiele

A. Ist $k = 1$, also $g : U \to \mathbb{R}$ eine skalare Funktion, so ist auch $g \circ \mathbf{f}$ eine skalare Funktion und man erhält die Formel $\nabla(g \circ \mathbf{f})(\mathbf{x}) = \nabla g(\mathbf{f}(\mathbf{x})) \cdot J_{\mathbf{f}}(\mathbf{x})$. Mit

$\mathbf{f} = (f_1, \ldots, f_m)$ folgt dann für die einzelnen Komponenten die Formel

$$(g \circ \mathbf{f})_{x_\nu} = (g_{y_1} \circ \mathbf{f}) \cdot (f_1)_{x_\nu} + \cdots + (g_{y_m} \circ \mathbf{f}) \cdot (f_m)_{x_\nu}, \text{ für } \nu = 1, \ldots, n.$$

Um es noch deutlicher zu machen, betrachten wir den Fall $n = m = 2$ und bezeichnen die Variablen, von denen g abhängt, mit x und y und die Variablen, von denen $\mathbf{f}$ abhängt, mit u und v. Dann schreibt sich die obige Formel wie folgt:

$$\begin{aligned} \frac{\partial(g \circ \mathbf{f})}{\partial u} &= \left(\frac{\partial g}{\partial x} \circ \mathbf{f}\right) \cdot \frac{\partial f_1}{\partial u} + \left(\frac{\partial g}{\partial y} \circ \mathbf{f}\right) \cdot \frac{\partial f_2}{\partial u} \\ \text{und} \quad \frac{\partial(g \circ \mathbf{f})}{\partial v} &= \left(\frac{\partial g}{\partial x} \circ \mathbf{f}\right) \cdot \frac{\partial f_1}{\partial v} + \left(\frac{\partial g}{\partial y} \circ \mathbf{f}\right) \cdot \frac{\partial f_2}{\partial v}. \end{aligned}$$

Vielleicht kann die folgende Skizze als Merkhilfe dienen:

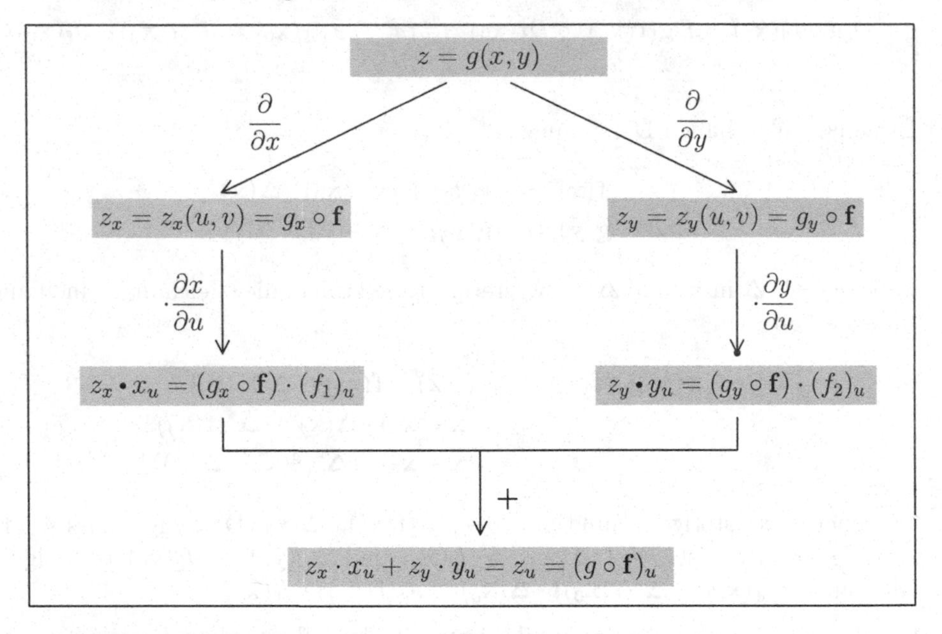

z_v wird genauso berechnet, man muss im Diagramm nur u durch v ersetzen.

Wir testen das im Fall $g(x, y) = e^x \sin y$ und $\mathbf{f}(u, v) = (uv^2, u^2v)$. Da ist

$$\begin{aligned} z_x &= (e^x \sin y) \circ \mathbf{f} = e^{uv^2} \sin(u^2v) \\ \text{und} \quad z_y &= (e^x \cos y) \circ \mathbf{f} = e^{uv^2} \cos(u^2v). \end{aligned}$$

Außerdem ist $\quad x_u = (f_1)_u = v^2 \quad$ und $\quad y_u = (f_2)_u = 2uv.$

Setzt man alles zusammen, so ist

$$\begin{aligned} (g \circ \mathbf{f})_u &= z_x \cdot x_u + z_y \cdot y_u = e^{uv^2} \sin(u^2v) \cdot v^2 + e^{uv^2} \cos(u^2v) \cdot 2uv \\ &= e^{uv^2} \cdot \big(v^2 \sin(u^2v) + 2uv \cos(u^2v)\big). \end{aligned}$$

B. Sei $g(x,y) := 1/(x^2 - y^2)$ und $\mathbf{f}(r,t) := (r\cos t, r\sin t)$. Es ist

$$g_x = \frac{-2x}{(x^2-y^2)^2} \text{ und } g_y = \frac{2y}{(x^2-y^2)^2}, \text{ sowie } J_\mathbf{f}(r,t) = \begin{pmatrix} \cos t & -r\sin t \\ \sin t & r\cos t \end{pmatrix}.$$

Dann folgt:

$$\begin{aligned} (g\circ\mathbf{f})_r &= (g_x\circ\mathbf{f})\cdot(f_1)_r + (g_y\circ\mathbf{f})\cdot(f_2)_r \\ &= \frac{-2r\cos t}{r^4(\cos^2 t-\sin^2 t)^2}\cdot\cos t + \frac{2r\sin t}{r^4(\cos^2 t-\sin^2 t)^2}\cdot\sin t \\ &= \frac{-2}{r^3(\cos^2 t-\sin^2 t)} \\ \text{und}\quad (g\circ\mathbf{f})_t &= (g_x\circ\mathbf{f})\cdot(f_1)_t + (g_y\circ\mathbf{f})\cdot(f_2)_t \\ &= \frac{-2r\cos t\cdot(-r\sin t)}{r^4(\cos^2 t-\sin^2 t)^2} + \frac{2r\sin t\cdot(r\cos t)}{r^4(\cos^2 t-\sin^2 t)^2} \\ &= \frac{4\sin t\cos t}{r^2(\cos^2 t-\sin^2 t)^2}. \end{aligned}$$

Bei solchen konkreten Aufgaben kann man natürlich auch $\mathbf{f}$ zuerst in g einsetzen und die dann entstandende Funktion von u und v direkt differenzieren. Welcher Weg einfacher ist, muss man von Fall zu Fall prüfen.

C. Sei $B \subset \mathbb{R}^n$ offen, $\mathbf{f} : B \to \mathbb{R}$ differenzierbar, $\mathbf{a} \in \mathbb{R}^n$ und $\mathbf{T_a}(\mathbf{x}) := \mathbf{x} + \mathbf{a}$. Dann ist $\mathbf{f} \circ \mathbf{T_a}$ auf $B' := \{\mathbf{x} \in \mathbb{R}^n : \mathbf{x} + \mathbf{a} \in B\}$ differenzierbar und $J_{\mathbf{f}\circ\mathbf{T_a}}(\mathbf{x}) = J_\mathbf{f}(\mathbf{x} + \mathbf{a})$.

D. Sei $A \in M_{m,n}(\mathbb{R})$ und $\mathbf{f}_A : \mathbb{R}^n \to \mathbb{R}^m$ die zugehörige lineare Abbildung mit $\mathbf{f}_A(\mathbf{x}) = \mathbf{x}\cdot A^\top$. Ist $\mathbf{g} : \mathbb{R}^m \to \mathbb{R}^k$ eine beliebige differenzierbare Abbildung, so ist

$$J_{\mathbf{g}\circ\mathbf{f}_A}(\mathbf{x}) = J_\mathbf{g}(\mathbf{f}_A(\mathbf{x}))\cdot A.$$

Ist $\mathbf{h} : \mathbb{R}^q \to \mathbb{R}^n$ differenzierbar, so ist $J_{\mathbf{f}_A\circ\mathbf{h}}(\mathbf{u}) = A\cdot J_\mathbf{h}(\mathbf{u})$.

E. Sei $M \subset \mathbb{R}^n$ eine offene Teilmenge mit der Eigenschaft, dass mit $\mathbf{x} \in M$ und $\lambda \in \mathbb{R}$ auch $\lambda\mathbf{x}$ zu M gehört (man nennt eine solche Menge M auch eine „Kegelmenge“). Eine differenzierbare Funktion $f : M \to \mathbb{R}$ heißt ***homogen*** vom Grad p, falls $f(\lambda\mathbf{x}) = \lambda^p\cdot f(\mathbf{x})$ für jedes $\mathbf{x} \in M$ und jedes $\lambda \in \mathbb{R}$ gilt.

Wir betrachten die Funktion $g(\lambda) := f(\lambda\mathbf{x})$ für ein festes $\mathbf{x}$. Nach der Kettenregel ist $g'(1) = \nabla f(\mathbf{x})\cdot\mathbf{x}^\top$. Wegen der Homogenität von f ist aber auch

$$g'(1) = \left(p\cdot\lambda^{p-1}\cdot f(\mathbf{x})\right)|_{\lambda=1} = p\cdot f(\mathbf{x}).$$

Zusammen ergibt das die ***Euler'sche Homogenitätsgleichung***

Ist f homogen vom Grad p, so ist $\quad \nabla f(\mathbf{x})\bullet\mathbf{x} = p\,f(\mathbf{x})$.

Zum Beispiel ist $f(x,y) := x^4 + y^4 - 4x^2y^2$ eine homogene Funktion vom Grad 4 auf dem $\mathbb{R}^2$. Es ist $\nabla f(x,y) = (4x^3 - 8xy^2, 4y^3 - 8x^2y)$, also $\nabla f(x,y)\bullet(x,y) = 4x^4 + 4y^4 - 16x^2y^2 = 4\,f(x,y)$.

Definition (Diffeomorphismus)

Es seien $G_1, G_2 \subset \mathbb{R}^n$ Gebiete und $\mathbf{f} : G_1 \to G_2$ eine differenzierbare Abbildung. $\mathbf{f}$ heißt ein ***Diffeomorphismus***, wenn $\mathbf{f}$ bijektiv und $\mathbf{f}^{-1} : G_2 \to G_1$ ebenfalls differenzierbar ist.

Bemerkung: Ist $\mathbf{f} : G_1 \to G_2$ ein Diffeomorphismus, so ist einerseits $J_{\mathbf{f}^{-1}\circ\mathbf{f}}(\mathbf{x}) = J_{\text{id}}(\mathbf{x}) = E_n$ und andererseits $J_{\mathbf{f}^{-1}\circ\mathbf{f}}(\mathbf{x}) = J_{\mathbf{f}^{-1}}(\mathbf{f}(\mathbf{x})) \cdot J_{\mathbf{f}}(\mathbf{x})$, also

$$J_{\mathbf{f}^{-1}}(\mathbf{f}(\mathbf{x})) = J_{\mathbf{f}}(\mathbf{x})^{-1}.$$

1.4.7. Beispiele

A. Ist $\mathbf{a} \in \mathbb{R}^n$, so ist die Translation $\mathbf{T_a} : \mathbf{x} \mapsto \mathbf{x} + \mathbf{a}$ natürlich ein Diffeomorphismus mit $\mathbf{T_a}^{-1}(\mathbf{y}) = \mathbf{y} - \mathbf{a}$.

B. Ist $A \in M_n(\mathbb{R})$ eine reguläre Matrix, so ist die lineare Abbildung $\mathbf{f}_A : \mathbb{R}^n \to \mathbb{R}^n$ mit $\mathbf{f}_A(\mathbf{x}) := \mathbf{x} \cdot A^\top$ ein Diffeomorphismus und $(\mathbf{f}_A)^{-1} = \mathbf{f}_{A^{-1}}$.

C. Wir betrachten die (ebenen) ***Polarkoordinaten***

$$(x, y) = \mathbf{f}(r, \varphi) = (r\cos\varphi, r\sin\varphi).$$

Definitionsbereich ist $\mathbb{R}_+ \times \mathbb{R}$, die Bildmenge ist $\mathbb{R}^2 \setminus \{(0,0)\}$. Leider ist $\mathbf{f}$ nicht injektiv, es ist ja $\mathbf{f}(r,\varphi) = \mathbf{f}(r, \varphi + 2\pi)$. Die Menge $\mathbb{R}_+ \times [0, 2\pi)$ ist kein Gebiet, weil sie nicht offen ist. Also benutzen wir als Definitionsbereich das Gebiet $G_1 := \mathbb{R}_+ \times (0, 2\pi)$.

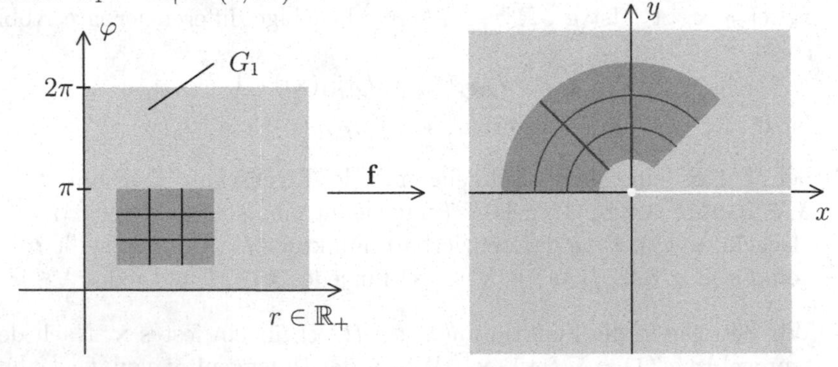

Jetzt ist $\mathbf{f} : G_1 \to \mathbb{R}^2$ injektiv, aber was ist die Bildmenge? Nach wie vor kommt jeder Punkt $(x, y) \in \mathbb{R}^2$ als Bildpunkt vor, sofern er nicht auf der positiven x-Achse liegt. Also setzen wir $G_2 := \mathbb{R}^2 \setminus \{(x,y) : y = 0 \text{ und } x \geq 0\}$. Dann ist $\mathbf{f} : G_1 \to G_2$ eine bijektive differenzierbare Abbildung.

Ist $\mathbf{f}$ nun auch ein Diffeomorphismus? Wir versuchen, die Umkehrabbildung zu bestimmen, d.h. zu einem gegebenen Punkt $(x, y) \in G_2$ suchen wir ein $(r, \varphi) \in G_1$ mit

$$(x, y) = (r\cos\varphi, r\sin\varphi).$$

Dann ist auf jeden Fall $x^2 + y^2 = r^2$, also $r(x, y) = \sqrt{x^2 + y^2}$.

Ist $x \neq 0$, so ist $\tan\varphi = y/x$. Daraus folgt aber nicht, dass $\varphi = \arctan(y/x)$ ist, denn der Arcustangens nimmt nur Werte zwischen $-\pi/2$ und $+\pi/2$ an, während φ zwischen 0 und 2π liegt. Außerdem wird der Fall $x = 0$ dabei noch nicht berücksichtigt.

Wir müssen also etwas sorgfältiger vorgehen. Dazu führen wir die Halbebenen $H_+ = \{(x, y) \in \mathbb{R}^2 : y > 0\}$, $H_- = \{(x, y) \in \mathbb{R}^2 : y < 0\}$ und $H_0 = \{(x, y) \in \mathbb{R}^2 : x < 0\}$ ein. Sie sind offene Mengen, und es ist $H_0 \cup H_+ \cup H_- = G_2$.

Im folgenden verwenden wir einige Formeln aus der Trigonometrie:

- $\cos\big(\frac{\pi}{2} - t\big) = \sin t$ und $\sin\big(\frac{\pi}{2} - t\big) = \cos t$,
- $\arctan t = \arcsin \dfrac{t}{\sqrt{1+t^2}} = \arccos \dfrac{1}{\sqrt{1+t^2}}$,
- $\arctan(1/t) = \pm\frac{\pi}{2} - \arctan t$, je nachdem, ob $t > 0$ oder $t < 0$ ist.

1. Fall: Ist $(x, y) \in H_+$, so setzen wir

$$\varphi_+(x, y) := \frac{\pi}{2} - \arctan\Big(\frac{x}{y}\Big) \in (0, \pi).$$

Dann ist $\cos(\varphi_+(x, y)) = \dfrac{x}{\sqrt{x^2 + y^2}}$ und $\sin(\varphi_+(x, y)) = \dfrac{y}{\sqrt{x^2 + y^2}}$, also $(x, y) \mapsto (r(x, y), \varphi_+(x, y))$ eine Umkehrung der Polarkoordinaten.

2. Fall: Ist $(x, y) \in H_-$, so setzen wir

$$\varphi_-(x, y) := \frac{3\pi}{2} - \arctan\Big(\frac{x}{y}\Big) \in (\pi, 2\pi).$$

3. Fall: Ist $(x, y) \in H_0$, so setzen wir

$$\varphi_0(x, y) := \pi + \arctan\Big(\frac{y}{x}\Big) \in \Big(\frac{\pi}{2}, \frac{3\pi}{2}\Big).$$

Auch in diesen beiden Fällen erhält man eine Umkehrung der Polarkoordinaten, und die Funktionen $\varphi_0, \varphi_+, \varphi_-$ sind differenzierbar.

Ist $y/x < 0$, so ist $\arctan(y/x) = -\pi/2 - \arctan(x/y)$. Auf $H_0 \cap H_+$ ist deshalb $\varphi_0(x, y) = \varphi_+(x, y)$.

Ist $y/x > 0$, so ist $\arctan(y/x) = \pi/2 - \arctan(x/y)$. Auf $H_0 \cap H_-$ ist deshalb $\varphi_0(x, y) = \varphi_-(x, y)$.

Zusammen ergibt das eine differenzierbare Umkehrabbildung $\mathbf{f}^{-1} : G_2 \to G_1$.

Wir werden weiter unten den Umkehrsatz beweisen, der den Nachweis der Umkehrbarkeit einer differenzierbaren Abbildung sehr viel einfacher macht. Dazu sind allerdings einige Vorbereitungen nötig.

1.4.8. Verallgemeinerter Mittelwertsatz

Sei $B \subset \mathbb{R}^n$ offen und konvex, $\mathbf{f} : B \to \mathbb{R}^m$ differenzierbar, $\mathbf{a}, \mathbf{b} \in B$. Dann gibt es einen Punkt $\mathbf{z}$ auf der Verbindungsstrecke von $\mathbf{a}$ und $\mathbf{b}$, so dass gilt:

$$\|\mathbf{f}(\mathbf{b}) - \mathbf{f}(\mathbf{a})\| \leq \|J_\mathbf{f}(\mathbf{z})\|_{\text{op}} \cdot \|\mathbf{b} - \mathbf{a}\|.$$

BEWEIS: Sei $\mathbf{h} : [0,1] \to \mathbb{R}^m$ definiert durch

$$\mathbf{h}(t) := \mathbf{f}(\mathbf{a} + t(\mathbf{b} - \mathbf{a})).$$

Wir schreiben $\mathbf{h}'(t) = J_\mathbf{h}(t)$ als Spaltenvektor. Nach der allgemeinen Kettenregel ist $\mathbf{h}'(t) = J_\mathbf{f}(\mathbf{a}+t(\mathbf{b}-\mathbf{a}))\cdot(\mathbf{b}-\mathbf{a})^\top$. Um den Mittelwertsatz in einer Veränderlichen anwenden zu können, brauchen wir eine skalare Funktion. Es sei $\mathbf{u} := f(\mathbf{b})-f(\mathbf{a}) \in \mathbb{R}^m$. Ist $\mathbf{u} = \mathbf{0}$, so ist nichts zu zeigen. Also können wir annehmen, dass $\mathbf{u} \neq \mathbf{0}$ ist. Wir setzen dann

$$g(t) := \mathbf{u} \bullet \mathbf{h}(t) = u_1 \cdot h_1(t) + \cdots + u_m \cdot h_m(t).$$

Offensichtlich ist $g'(t) = \mathbf{u} \bullet \mathbf{h}'(t)$, und nach dem Mittelwertsatz gibt es ein $\xi \in (0,1)$ mit $g(1) - g(0) = g'(\xi)$. Also ist

$$\begin{aligned}
\|\mathbf{u}\|^2 &= |\mathbf{u} \bullet (\mathbf{f}(\mathbf{b}) - \mathbf{f}(\mathbf{a}))| = |\mathbf{u} \bullet (\mathbf{h}(1) - \mathbf{h}(0))| \\
&= |g(1) - g(0)| = |g'(\xi)| \\
&= |\mathbf{u} \bullet (J_\mathbf{f}(\mathbf{a} + \xi(\mathbf{b} - \mathbf{a})) \cdot (\mathbf{b} - \mathbf{a})^\top)| \\
&\leq \|\mathbf{u}\| \cdot \|J_\mathbf{f}(\mathbf{a} + \xi(\mathbf{b} - \mathbf{a})) \cdot (\mathbf{b} - \mathbf{a})^\top)\| \\
&\leq \|\mathbf{u}\| \cdot \|J_\mathbf{f}(\mathbf{a} + \xi(\mathbf{b} - \mathbf{a}))\|_{\text{op}} \cdot \|\mathbf{b} - \mathbf{a}\|.
\end{aligned}$$

Setzt man $\mathbf{z} := \mathbf{a} + \xi(\mathbf{b} - \mathbf{a})$ und teilt die Ungleichung durch $\|\mathbf{u}\|$, so erhält man die Behauptung. ∎

Wir betrachten nun ein Gebiet $G \subset \mathbb{R}^n = \mathbb{R}^k \times \mathbb{R}^m$ und eine stetig differenzierbare Abbildung $\mathbf{f} = (f_1, \ldots, f_m) : G \to \mathbb{R}^m$. Durch $\mathbf{f}(x_1, \ldots, x_n) = \mathbf{0}$ wird ein System von m nichtlinearen Gleichungen für $k+m$ Variable gegeben. Die Gleichungen schaffen Abhängigkeiten zwischen den Variablen. Wir wollen hier untersuchen, wann die Variablen $x_{k+1}, \ldots, x_{k+m}$ differenzierbar von den Variablen $x_1, \ldots, x_k$ abhängen.

Den Satz der ersten k Variablen $x_1, \ldots, x_k$ fassen wir zu einem Vektor $\mathbf{x}$, den der folgenden m Variablen $x_{k+1}, \ldots, x_{k+m}$ zu einem Vektor $\mathbf{y}$ zusammen. Dann definieren wir:

$$\frac{\partial \mathbf{f}}{\partial \mathbf{x}} := \begin{pmatrix} \frac{\partial f_1}{\partial x_1} & \cdots & \frac{\partial f_1}{\partial x_k} \\ \vdots & & \vdots \\ \frac{\partial f_m}{\partial x_1} & \cdots & \frac{\partial f_m}{\partial x_k} \end{pmatrix} \quad \text{und} \quad \frac{\partial \mathbf{f}}{\partial \mathbf{y}} := \begin{pmatrix} \frac{\partial f_1}{\partial x_{k+1}} & \cdots & \frac{\partial f_1}{\partial x_{k+m}} \\ \vdots & & \vdots \\ \frac{\partial f_m}{\partial x_{k+1}} & \cdots & \frac{\partial f_m}{\partial x_{k+m}} \end{pmatrix}.$$

Damit ist

$$J_{\mathbf{f}}(\mathbf{x}, \mathbf{y}) = \left(\frac{\partial \mathbf{f}}{\partial \mathbf{x}}(\mathbf{x}, \mathbf{y}) \;\Big|\; \frac{\partial \mathbf{f}}{\partial \mathbf{y}}(\mathbf{x}, \mathbf{y}) \right).$$

Ist A eine quadratische Matrix und $\det A \neq 0$, so nennt man A ***regulär***. Die Matrix ist dann invertierbar, und man kann die Umkehrmatrix A^{-1} bilden.

1.4.9. Satz über implizite Funktionen

Auf dem Gebiet $G \subset \mathbb{R}^k \times \mathbb{R}^m = \mathbb{R}^n$ sei das Gleichungssystem $\mathbf{f}(\mathbf{x}, \mathbf{y}) = \mathbf{0}$ gegeben. Ist $\mathbf{f} : G \to \mathbb{R}^m$ stetig differenzierbar, $\mathbf{f}(\mathbf{x}_0, \mathbf{y}_0) = \mathbf{0}$ und die Matrix $\frac{\partial \mathbf{f}}{\partial \mathbf{y}}(\mathbf{x}_0, \mathbf{y}_0)$ regulär, so gibt es Umgebungen $U(\mathbf{x}_0) \subset \mathbb{R}^k$ und $V(\mathbf{y}_0) \subset \mathbb{R}^m$ mit $U \times V \subset G$, sowie eine stetig differenzierbare Abbildung $\mathbf{g} : U \to V$, so dass gilt:

1. $\mathbf{g}(\mathbf{x}_0) = \mathbf{y}_0$.
2. *Für $(\mathbf{x}, \mathbf{y}) \in U \times V$ gilt:* $\quad \mathbf{f}(\mathbf{x}, \mathbf{y}) = \mathbf{0} \iff \mathbf{y} = \mathbf{g}(\mathbf{x})$.

   Insbesondere ist $\mathbf{f}(\mathbf{x}, \mathbf{g}(\mathbf{x})) \equiv \mathbf{0}$ für $\mathbf{x} \in U$.
3. *Es ist* $J_{\mathbf{g}}(\mathbf{x}) = -\left(\frac{\partial \mathbf{f}}{\partial \mathbf{y}}(\mathbf{x}, \mathbf{g}(\mathbf{x})) \right)^{-1} \cdot \frac{\partial \mathbf{f}}{\partial \mathbf{x}}(\mathbf{x}, \mathbf{g}(\mathbf{x}))$ *auf U.*

BEWEIS: Zum Beweis der Aussagen (1) und (2) wird Induktion nach m geführt.

a) Sei $m = 1$. Dann liegt G in $\mathbb{R}^k \times \mathbb{R}$, $f : G \to \mathbb{R}$ ist eine skalare Funktion, und nach Voraussetzung ist $f_y(\mathbf{x}_0, y_0) \neq 0$. Ohne Beschränkung der Allgemeinheit sei $f_y(\mathbf{x}_0, y_0) > 0$. Nach dem Lemma über implizite Funktionen (Satz 1.2.23, Seite 51) gibt es offene Umgebungen $U = U(\mathbf{x}_0) \subset \mathbb{R}^k$ und $V = V(y_0) \subset \mathbb{R}$ mit $U \times V \subset G$, sowie eine stetig differenzierbare Funktion $g : U \to V$, so dass gilt:

$$\{(\mathbf{x}, y) \in U \times V \,:\, f(\mathbf{x}, y) = 0\} = \{(\mathbf{x}, g(\mathbf{x})) \,:\, \mathbf{x} \in U\}$$

und $g_{x_i} = -f_{x_i}/f_y$ auf U, für $i = 1, \ldots, k$.

b) Induktionsschluss von m auf $m+1$: Es sei $\mathbf{f} : G \subset \mathbb{R}^k \times \mathbb{R}^m \times \mathbb{R} \to \mathbb{R}^{m+1}$ eine stetig differenzierbare Abbildung, $\mathbf{f}(\mathbf{x}_0, \mathbf{y}_0, z_0) = \mathbf{0}$ und $\operatorname{rg} \frac{\partial \mathbf{f}}{\partial(\mathbf{y}, z)}(\mathbf{x}_0, \mathbf{y}_0, z_0) = m + 1$. Dabei ist

$$\frac{\partial \mathbf{f}}{\partial(\mathbf{y}, z)} = \left(\frac{\partial \mathbf{f}}{\partial y_1}, \ldots, \frac{\partial \mathbf{f}}{\partial y_m}, \frac{\partial \mathbf{f}}{\partial z} \right).$$

Offensichtlich muss dann $\dfrac{\partial \mathbf{f}}{\partial z} \neq \mathbf{0}$ sein. Nach geeigneter Nummerierung der Bild-Variablen ist $\dfrac{\partial f_{m+1}}{\partial z}(\mathbf{x}_0, \mathbf{y}_0, z_0) \neq 0$. Dann betrachte man die Funktion $f_{m+1} : G \subset \mathbb{R}^{k+m} \times \mathbb{R} \to \mathbb{R}$ (mit $f_{m+1}(\mathbf{x}_0, \mathbf{y}_0, z_0) = 0$). Erneut kann man das Lemma über implizite Funktionen anwenden. Danach gibt es offene Umgebungen $U_0 = U_0(\mathbf{x}_0, \mathbf{y}_0) \subset \mathbb{R}^{k+m}$ und $V_0 = V_0(z_0) \subset \mathbb{R}$ mit $U_0 \times V_0 \subset G$, sowie eine stetig differenzierbare Funktion $h : U_0 \to V_0$ mit $h(\mathbf{x}_0, \mathbf{y}_0) = z_0$, so dass gilt:

$$\{(\mathbf{x}, \mathbf{y}; z) \in U_0 \times V_0 \, : \, f_{m+1}(\mathbf{x}, \mathbf{y}, z) = 0\} = \{(\mathbf{x}, \mathbf{y}; h(\mathbf{x}, \mathbf{y})) \, : \, (\mathbf{x}, \mathbf{y}) \in U_0\}.$$

Beim Schritt von $m = 1$ auf $m = 2$ kann man sich die Situation wie folgt vorstellen:

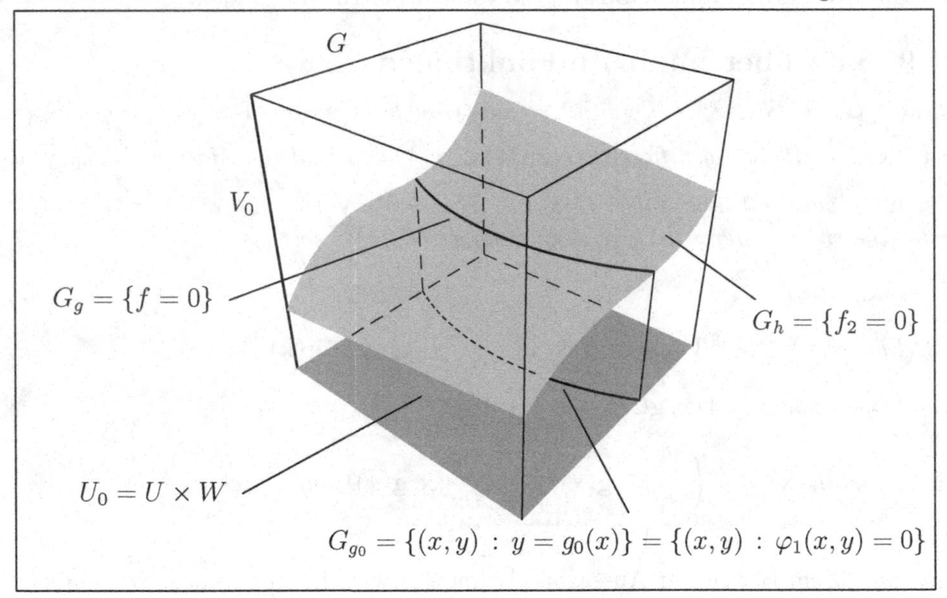

Für $i = 1, \ldots, m+1$ sei nun $\varphi_i : U_0 \to \mathbb{R}$ definiert durch

$$\varphi_i(\mathbf{x}, \mathbf{y}) := f_i\big(\mathbf{x}, \mathbf{y}, h(\mathbf{x}, \mathbf{y})\big).$$

Dann ist insbesondere $\varphi_{m+1} = 0$.

Sei $\boldsymbol{\varphi}_0 := (\varphi_1, \ldots, \varphi_m) : U_0 \subset \mathbb{R}^{k+m} \to \mathbb{R}^m$ und

$$\boldsymbol{\varphi} := (\boldsymbol{\varphi}_0, \varphi_{m+1}) = \mathbf{f} \circ (\mathrm{id}_{U_0}, h) : U_0 \to \mathbb{R}^{m+1}.$$

Es ist $\boldsymbol{\varphi}_0(\mathbf{x}_0, \mathbf{y}_0) = \mathbf{0}$, und die Kettenregel liefert:

$$\begin{pmatrix} J_{\boldsymbol{\varphi}_0} \\ \nabla \varphi_{m+1} \end{pmatrix} = J_{\boldsymbol{\varphi}} = J_{\mathbf{f}} \bullet \begin{pmatrix} \mathbf{E}_{k+m} \\ \nabla h \end{pmatrix} = \left(\frac{\partial \mathbf{f}}{\partial \mathbf{x}}, \frac{\partial \mathbf{f}}{\partial \mathbf{y}}, \frac{\partial \mathbf{f}}{\partial z} \right) \bullet \begin{pmatrix} \mathbf{E}_k & \mathbf{0} \\ \mathbf{0} & \mathbf{E}_m \\ \nabla_{\mathbf{x}} h & \nabla_{\mathbf{y}} h \end{pmatrix}.$$

Betrachtet man nur die letzten m Spalten, so erhält man:

$$\begin{pmatrix} \partial\boldsymbol{\varphi}_0/\partial\mathbf{y} \\ \mathbf{0} \end{pmatrix} = \frac{\partial\boldsymbol{\varphi}}{\partial\mathbf{y}} = \left(\frac{\partial\mathbf{f}}{\partial\mathbf{y}}, \frac{\partial\mathbf{f}}{\partial z}\right) \cdot \begin{pmatrix} \mathbf{E}_m \\ h_{y_1}, \dots, h_{y_m} \end{pmatrix}.$$

Weil

$$\operatorname{rg}\left(\frac{\partial\mathbf{f}}{\partial\mathbf{y}}, \frac{\partial\mathbf{f}}{\partial z}\right) = \operatorname{rg}\frac{\partial\mathbf{f}}{\partial(\mathbf{y}, z)} = m+1 \quad \text{und} \quad \operatorname{rg}\begin{pmatrix} \mathbf{E}_m \\ h_{y_1}, \dots, h_{y_m} \end{pmatrix} = m$$

ist, folgt: $\operatorname{rg}\dfrac{\partial\boldsymbol{\varphi}}{\partial\mathbf{y}} = m$ und damit auch $\operatorname{rg}\dfrac{\partial\boldsymbol{\varphi}_0}{\partial\mathbf{y}} = m$. Jetzt kann man die Induktionsvoraussetzung anwenden. Es gibt offene Umgebungen $U = U(\mathbf{x}_0) \subset \mathbb{R}^k$ und $W = W(\mathbf{y}_0) \subset \mathbb{R}^m$, sowie eine stetig differenzierbare Abbildung $\mathbf{g}_0 : U \to W$ mit $\mathbf{g}_0(\mathbf{x}_0) = \mathbf{y}_0$, so dass gilt:

$$\{(\mathbf{x}, \mathbf{y}) \in U \times W \,:\, \boldsymbol{\varphi}_0(\mathbf{x}, \mathbf{y}) = \mathbf{0}\} = \{(\mathbf{x}, \mathbf{g}_0(\mathbf{x})) \,:\, \mathbf{x} \in U\}.$$

Schließlich sei $\mathbf{g} : U \to V := W \times V_0$ definiert durch $\mathbf{g}(\mathbf{x}) := \big(\mathbf{g}_0(\mathbf{x}), h(\mathbf{x}, \mathbf{g}_0(\mathbf{x}))\big)$. Dann ist $\mathbf{g}(\mathbf{x}_0) = (\mathbf{y}_0, z_0)$, und für $(\mathbf{x}, \mathbf{y}, z) \in U \times W \times V_0$ gilt:

$$\begin{aligned} \mathbf{f}(\mathbf{x}, \mathbf{y}, z) = \mathbf{0} \quad &\iff \quad f_1(\mathbf{x}, \mathbf{y}, z) = \dots = f_m(\mathbf{x}, \mathbf{y}, z) = 0 \text{ und } z = h(\mathbf{x}, \mathbf{y}) \\ &\iff \quad \boldsymbol{\varphi}_0(\mathbf{x}, \mathbf{y}) = \mathbf{0} \text{ und } z = h(\mathbf{x}, \mathbf{y}) \\ &\iff \quad \mathbf{y} = \mathbf{g}_0(\mathbf{x}) \text{ und } z = h(\mathbf{x}, \mathbf{y}) \\ &\iff \quad (\mathbf{y}, z) = (\mathbf{g}_0(\mathbf{x}), h(\mathbf{x}, \mathbf{g}_0(\mathbf{x})) = \mathbf{g}(\mathbf{x}) \end{aligned}$$

Damit ist der Fall $m+1$ bewiesen und der Induktionschluss vollendet. Wir müssen noch die Formel für die Ableitung der impliziten Funktion beweisen. Das ist aber leicht. Aus der Identität $\mathbf{f}(\mathbf{x}, \mathbf{g}(\mathbf{x})) \equiv \mathbf{0}$ folgt mit der Kettenregel:

$$\mathbf{0} = \frac{\partial\mathbf{f}}{\partial\mathbf{x}}(\mathbf{x}, \mathbf{g}(\mathbf{x})) \cdot \mathbf{E}_k + \frac{\partial\mathbf{f}}{\partial\mathbf{y}}(\mathbf{x}, \mathbf{g}(\mathbf{x})) \cdot J_{\mathbf{g}}(\mathbf{x}),$$

also

$$J_{\mathbf{g}}(\mathbf{x}) = -\left(\frac{\partial\mathbf{f}}{\partial\mathbf{y}}(\mathbf{x}, \mathbf{g}(\mathbf{x}))\right)^{-1} \cdot \frac{\partial\mathbf{f}}{\partial\mathbf{x}}(\mathbf{x}, \mathbf{g}(\mathbf{x})).$$

Man beachte hier die Reihenfolge bei der Matrizenmultiplikation! ∎

1.4.10. Beispiele

A. Betrachten wir noch einmal den Kreis

$$S^1 = \{(x, y) \mid f(x, y) := x^2 + y^2 - 1 = 0\}.$$

Für $y \neq 0$ (also $x \neq \pm 1$) ist $\dfrac{\partial f}{\partial y}(x, y) = 2y \neq 0$. Also kann man den Satz über implizite Funktionen anwenden und die Gleichung $f(x, y) = 0$ lokal nach y auflösen: $y = g(x)$. Die Formel für die Ableitung von g ergibt hier:

$$g'(x) = -\frac{f_x(x, g(x))}{f_y(x, g(x))} = -\frac{x}{g(x)} = -\frac{x}{\sqrt{1 - x^2}}.$$

Leider ist die Auflösung nicht immer so schön konkret durchführbar!

B. Sei $f(x, y) := x^2(1 - x^2) - y^2$. Die Kurve $C := \{(x, y) \mid f(x, y) = 0\}$ nennt man eine ***Lemniskate***:

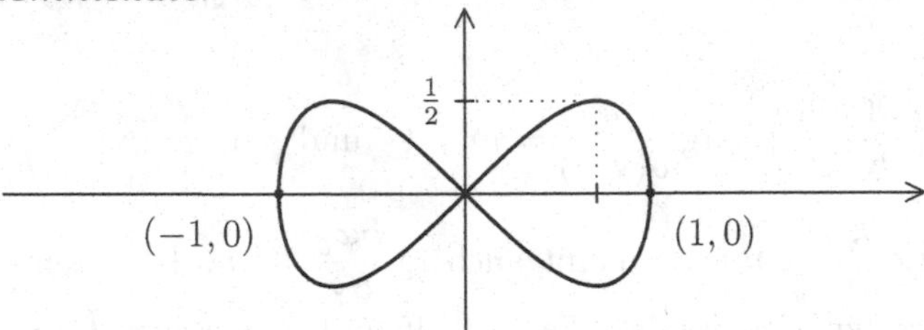

Wir berechnen die partiellen Ableitungen:

$$\begin{aligned} f_x(x, y) &= 2x - 4x^3 = 2x(1 - 2x^2), \\ f_y(x, y) &= -2y. \end{aligned}$$

Im Nullpunkt ist die Gleichung überhaupt nicht auflösbar. Das liegt anschaulich daran, daß der dort auftretende Kreuzungspunkt aus keiner Richtung wie ein Graph aussieht.

In den Punkten $(1, 0)$ und $(-1, 0)$ ist jeweils $f_y(x, y) = 0$, also keine Auflösung nach y möglich. Allerdings ist dort $f_x(x, y) \neq 0$, wir können also lokal nach x auflösen. Das ist hier sogar konkret möglich, die Gleichung $x^4 - x^2 + y^2 = 0$ führt auf

$$x = \pm\frac{1}{2}\sqrt{2 \pm 2\sqrt{1 - 4y^2}}.$$

Lässt man y gegen Null gehen, so muß x^2 gegen 1 streben. Das schließt unter der ersten Wurzel das Minus–Zeichen aus, und man bekommt:

$$\begin{aligned} x &= +\frac{1}{2}\sqrt{2 + 2\sqrt{1 - 4y^2}} \quad \text{bei } (1, 0) \\ \text{und} \quad x &= -\frac{1}{2}\sqrt{2 + 2\sqrt{1 - 4y^2}} \quad \text{bei } (-1, 0). \end{aligned}$$

In allen anderen Punkten ist $f_y(x, y) \neq 0$, denn wenn $y = 0$ und $f(x, y) = 0$ ist, dann kann nur $x = 0$ oder $x = \pm 1$ sein. Dann ist

$$y = \pm\sqrt{x^2(1 - x^2)},$$

wobei das Vorzeichen davon abhängt, ob man sich gerade in der oberen oder in der unteren Halbebene befindet.

Rechnen wir noch im Falle der oberen Halbebene die Ableitung von $y = g(x)$ aus:

$$g'(x) = -\frac{f_x(x, g(x))}{f_y(x, g(x))} = -\frac{2x - 4x^3}{-2g(x)} = \frac{x(1 - 2x^2)}{\sqrt{x^2(1 - x^2)}}.$$

Diese Beziehung gilt natürlich nicht bei $x = 0$. Für $0 < x < 1$ ist $g'(x) = 0$ genau dann erfüllt, wenn $1 - 2x^2 = 0$ ist, also $x = \frac{1}{2}\sqrt{2}$. Dort ist $y = \frac{1}{2}$.

Offensichtlich liegt ein Maximum vor, und mit dieser Information kann man schon eine recht gute Skizze der Lemniskate erstellen.

C. $\mathbf{f} = (f_1, f_2) : \mathbb{R}^5 \to \mathbb{R}^2$ sei definiert durch

$$\mathbf{f}(x_1, \dots, x_5) := (2e^{x_1} + x_2x_3 - 4x_4 + 3,\ x_2 \cos x_1 - 6x_1 + 2x_3 - x_5).$$

Es soll gezeigt werden, dass die Gleichung $\mathbf{f}(\mathbf{x}) = \mathbf{0}$ in der Nähe von $\mathbf{x}_0 = (0, 1, 3, 2, 7)$ in der Form $(x_1, x_2) = \mathbf{g}(x_3, x_4, x_5)$ aufgelöst werden kann.

Es ist $J_\mathbf{f}(\mathbf{x}) = \begin{pmatrix} 2e^{x_1} & x_3 & x_2 & -4 & 0 \\ -6 - x_2 \sin x_1 & \cos x_1 & 2 & 0 & -1 \end{pmatrix}$ und $\mathbf{f}(\mathbf{x}_0) = \mathbf{0}$.

Insbesondere ist $J_\mathbf{f}(\mathbf{x}_0) = \begin{pmatrix} 2 & 3 & 1 & -4 & 0 \\ -6 & 1 & 2 & 0 & -1 \end{pmatrix}$, und weil $\det \begin{pmatrix} 2 & 3 \\ -6 & 1 \end{pmatrix} = 20 \neq 0$ ist, kann man nach (x_1, x_2) auflösen. Außerdem liefert der Satz über implizite Funktionen die Jacobi-Matrix von $\mathbf{g}$:

$$\begin{aligned} J_\mathbf{g}(3, 2, 7) &= -\frac{\partial \mathbf{f}}{\partial(x_1, x_2)}(0, 1, 3, 2, 7)^{-1} \cdot \frac{\partial \mathbf{f}}{\partial(x_3, x_4, x_5)}(0, 1, 3, 2, 7) \\ &= -\begin{pmatrix} 2 & 3 \\ -6 & 1 \end{pmatrix}^{-1} \cdot \begin{pmatrix} 1 & -4 & 0 \\ 2 & 0 & -1 \end{pmatrix} \\ &= -\frac{1}{20}\begin{pmatrix} 1 & -3 \\ 6 & 2 \end{pmatrix}^{-1} \cdot \begin{pmatrix} 1 & -4 & 0 \\ 2 & 0 & -1 \end{pmatrix} \\ &= \begin{pmatrix} 1/4 & 1/5 & -3/20 \\ -1/2 & 6/5 & 1/10 \end{pmatrix} \end{aligned}$$

Als wichtigste Anwendung kann nun sehr einfach der folgende Satz bewiesen werden.

1.4.11. Satz von der Umkehrabbildung

Sei $M \subset \mathbb{R}^n$ offen, $\mathbf{f} : M \to \mathbb{R}^n$ stetig differenzierbar. Ist $\mathbf{x}_0 \in M$, $\mathbf{f}(\mathbf{x}_0) = \mathbf{y}_0$ und $\det J_\mathbf{f}(\mathbf{x}_0) \neq 0$, so gibt es offene Umgebungen $U(\mathbf{x}_0) \subset M$ und $V(\mathbf{y}_0) \subset \mathbb{R}^n$, so dass gilt:

1. $\det J_\mathbf{f}(\mathbf{x}) \neq 0$ *für alle* $\mathbf{x} \in U$.
2. $\mathbf{f} : U \to V$ *ist bijektiv.*
3. $\mathbf{f}^{-1} : V \to U$ *ist wieder stetig differenzierbar.*
4. *Für* $\mathbf{x} \in U$ *und* $\mathbf{y} = \mathbf{f}(\mathbf{x})$ *ist* $D\mathbf{f}^{-1}(\mathbf{y}) = (D\mathbf{f}(\mathbf{x}))^{-1}$.

BEWEIS: Die Aussage (1) ist trivial, wegen der Stetigkeit von $\det J_\mathbf{f}(\mathbf{x})$. Wir werden uns ab jetzt auf eine genügend kleine Umgebung $W \subset M$ von $\mathbf{x}_0$ beschränken.

Die Idee des Beweises kann man gut im Falle $n = 1$ verfolgen. Dort ist die Voraussetzung einfach $f'(x_0) \neq 0$, und man kann etwa voraussetzen, dass $f'(x_0) > 0$ ist. Die Niveaulinie $\{(x, y) : H(x, y) = 0\}$ der Funktion $H(x, y) := f(x) - y$ stimmt mit dem Graphen von f überein. Der Gradient $\nabla H(x, y) = (f'(x), -1)$ zeigt in $(x_0, f(x_0))$ nach rechts unten, was insbesondere bedeutet, dass für $c > 0$ die Niveaulinien $\{H = c\}$ „unterhalb" des Graphen von f liegen.

Da der Gradient nicht waagerecht liegen kann, kann die Tangente an $\{H = 0\}$ nicht vertikal verlaufen, und der Satz über implizite Funktionen liefert, dass die Gleichung $H(x, y) = 0$ nach x auflösbar ist:

$$\{(x, y) : H(x, y) = 0\} = \{(x, y) : x = g(y)\}, \; g \text{ geeignet.}$$

Der Graph von g stimmt mit dem Graphen von f überein, muss aber eigentlich um 90° gedreht betrachtet werden. In Wirklichkeit entsteht also der Graph von g durch Spiegelung des Graphen G_f an der Winkelhalbierenden, und das bedeutet, dass g die Umkehrfunktion von f ist.

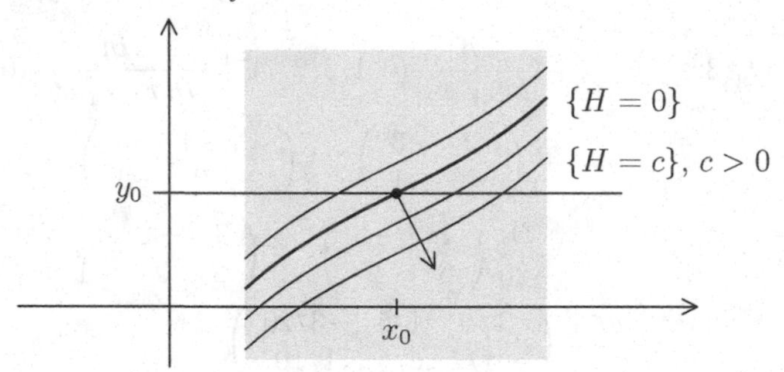

Kommen wir zur Ausführung des allgemeinen Falles. Sei $\mathbf{H} : M \times \mathbb{R}^n \to \mathbb{R}^n$ definiert durch $\mathbf{H}(\mathbf{x}, \mathbf{y}) := \mathbf{f}(\mathbf{x}) - \mathbf{y}$. Offensichtlich ist $\mathbf{H}$ stetig differenzierbar, $\mathbf{H}(\mathbf{x}_0, \mathbf{f}(\mathbf{x}_0)) = \mathbf{0}$ und $\dfrac{\partial \mathbf{H}}{\partial \mathbf{x}}(\mathbf{x}_0, \mathbf{f}(\mathbf{x}_0)) = D\mathbf{f}(\mathbf{x}_0)$ invertierbar.

Nun kann der Satz über implizite Funktionen angewandt werden. Ist $\mathbf{y}_0 := \mathbf{f}(\mathbf{x}_0)$, so existieren offene Umgebungen $\widetilde{V}(\mathbf{y}_0) \subset \mathbb{R}^n$ und $\widetilde{U}(\mathbf{x}_0) \subset \mathbb{R}^n$, sowie eine stetig differenzierbare Abbildung $\mathbf{g} : \widetilde{V} \to \widetilde{U}$ mit $\mathbf{g}(\mathbf{y}_0) = \mathbf{x}_0$, und es gilt:

$$\mathbf{H}(\mathbf{x}, \mathbf{y}) = \mathbf{0} \iff \mathbf{x} = \mathbf{g}(\mathbf{y}).$$

Also ist $\mathbf{H}(\mathbf{g}(\mathbf{y}), \mathbf{y}) \equiv \mathbf{0}$ und daher

$$\mathbf{f}(\mathbf{g}(\mathbf{y})) = \mathbf{H}(\mathbf{g}(\mathbf{y}), \mathbf{y}) + \mathbf{y} = \mathbf{y} \text{ für } \mathbf{y} \in \widetilde{V}.$$

$W := \widetilde{U} \cap \mathbf{f}^{-1}(\widetilde{V})$ ist eine offene Umgebung von $\mathbf{x}_0$ und stimmt mit der Menge $\{\mathbf{x} \in \widetilde{U} : \mathbf{f}(\mathbf{x}) \in \widetilde{V}\}$ überein.

$\mathbf{f} : W \to \widetilde{V}$ ist bijektiv (Aussage (2)), denn es gilt:

- Ist $\mathbf{y} \in \widetilde{V}$, so ist $\mathbf{f}(\mathbf{g}(\mathbf{y}) = \mathbf{y}$. Also ist $\mathbf{f}$ surjektiv.

- Ist $\mathbf{f}(\mathbf{x}_1) = \mathbf{f}(\mathbf{x}_2) = \mathbf{y}$ für zwei Punkte $\mathbf{x}_1, \mathbf{x}_2 \in W$, so ist $\mathbf{H}(\mathbf{x}_1, \mathbf{y}) = \mathbf{H}(\mathbf{x}_2, \mathbf{y}) = \mathbf{0}$. Dann folgt aber aus dem Satz über implizite Funktionen, dass $\mathbf{x}_1 = \mathbf{g}(\mathbf{y})$ und $\mathbf{x}_2 = \mathbf{g}(\mathbf{y})$ ist. Also ist $\mathbf{f}$ injektiv.

(3) Für $\mathbf{x} \in W$ gilt:

$$\mathbf{f}(\mathbf{x}) = \mathbf{y} \iff \mathbf{H}(\mathbf{x}, \mathbf{y}) = \mathbf{0} \iff \mathbf{x} = \mathbf{g}(\mathbf{y}).$$

Also ist $\mathbf{g} = (\mathbf{f}|_W)^{-1}$, und damit ist $(\mathbf{f}|_W)^{-1}$ stetig differenzierbar.

(4) Es ist $D(\mathbf{f}^{-1})(\mathbf{y}_0) \circ D\mathbf{f}(\mathbf{x}_0) = D(\mathbf{f}^{-1} \circ \mathbf{f})(\mathbf{x}_0) = D(\mathrm{id}_W)(\mathbf{x}_0) = \mathrm{id}$, also $D\mathbf{f}^{-1}(\mathbf{y}_0) = D\mathbf{f}(\mathbf{x}_0)^{-1}$. ∎

1.4.12. Beispiele

A. Die Polarkoordinaten $(x, y) = \mathbf{f}(r, \varphi) = (r\cos\varphi, r\sin\varphi)$ haben wir schon an früherer Stelle betrachtet. Wir wissen dass $\det J_{\mathbf{f}}(r, \varphi) = r$ ist. In jedem Punkt (r, φ) mit $r > 0$ und $\varphi \in \mathbb{R}$ ist $\mathbf{f}$ also lokal umkehrbar.

$$\mathbf{f} : \mathbb{R}_+ \times [0, 2\pi) \to \mathbb{R}^2 \setminus \{(0,0)\}$$

ist sogar global umkehrbar.

B. Sei $\mathbf{f} : \mathbb{R}^2 \to \mathbb{R}^2$ definiert durch $\mathbf{f}(x, y) := (x^2 - y^2, 2xy)$. Dann gilt:

$$J_{\mathbf{f}}(x, y) = \begin{pmatrix} 2x & -2y \\ 2y & 2x \end{pmatrix}, \text{ also } \det J_{\mathbf{f}}(x, y) = 4(x^2 + y^2).$$

Damit ist $\det J_{\mathbf{f}}(x, y) \neq 0$ für $(x, y) \neq (0, 0)$ und $\mathbf{f}$ überall außerhalb des Nullpunktes lokal umkehrbar.

$\mathbf{f}$ ist aber nicht global umkehrbar, denn es ist z.B. $\mathbf{f}(-x, -y) = \mathbf{f}(x, y)$.

C. Zylinderkoordinaten:

Sei $G := \{(r, \varphi, z) \in \mathbb{R}^3 \,:\, r > 0,\ 0 < \varphi < 2\pi \text{ und } z \text{ beliebig}\}$ und

$$\boxed{\mathbf{F}_{\text{zyl}}(r, \varphi, z) := (r\cos\varphi, r\sin\varphi, z).}$$

Dann ist $J_{\mathbf{F}_{\text{zyl}}}(r, \varphi, z) = \begin{pmatrix} \cos\varphi & -r\sin\varphi & 0 \\ \sin\varphi & r\cos\varphi & 0 \\ 0 & 0 & 1 \end{pmatrix}$ und $\det J_{\mathbf{F}_{\text{zyl}}}(r, \varphi, z) = r$.

Also ist $\mathbf{F}_{\text{zyl}}$ außerhalb der z-Achse ein lokaler Diffeomorphismus.

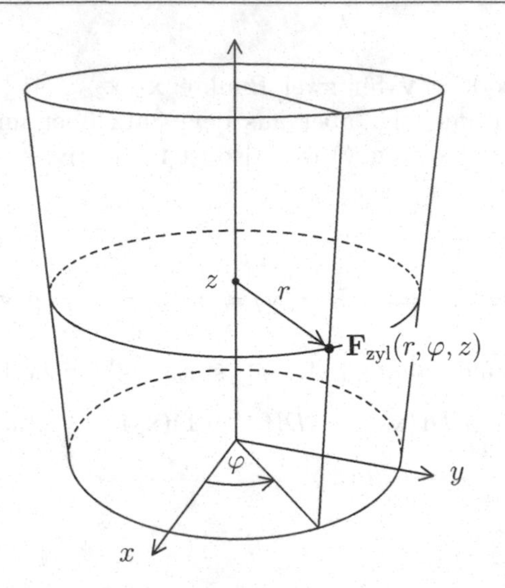

D. Räumliche Polarkoordinaten (Kugelkoordinaten):

Sei $G := \{(r, \varphi, \psi) \,:\, r > 0,\, 0 < \varphi < 2\pi$ und $-\frac{\pi}{2} < \psi < \frac{\pi}{2}\}$, und $\mathbf{F}_{\text{sph}} : G \to \mathbb{R}^3$ definiert durch

$$\boxed{\mathbf{F}_{\text{sph}}(r, \varphi, \psi) := (r\cos\varphi\cos\psi, r\sin\varphi\cos\psi, r\sin\psi).}$$

Dann ist r der Abstand vom Nullpunkt, φ der Winkel in der x-y-Ebene gegen die positive x-Achse (also die geographische Länge) und ψ der Winkel des Radiusvektors gegen die x-y-Ebene (also die geographische Breite).

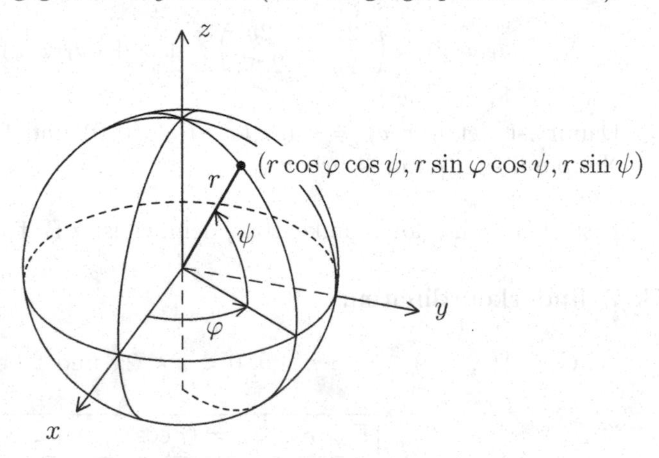

Leider gibt es in der Literatur verschiedene Definitionen der Kugelkoordinaten. Ebenso gebräuchlich wie die obige Version ist die Abbildung

$$\widetilde{\mathbf{F}}_{\text{sph}}(r, \theta, \varphi) = (r\cos\varphi\sin\theta, r\sin\varphi\sin\theta, r\cos\theta)$$

mit $r > 0$, $0 < \theta < \pi$ und $0 < \varphi < 2\pi$.

Dabei ist θ der Winkel gegen die positive z-Achse, also $\theta + \psi = \pi/2$, $\cos\theta = \cos(\pi/2 - \psi) = -\sin(-\psi) = \sin\psi$ und $\sin\theta = \sin(\pi/2 - \psi) = \cos(-\psi) = \cos\psi$. Die Reihenfolge der Koordinaten ist wichtig aus Gründen, die erst später erklärt werden können. Bei beiden Versionen ist die Funktionaldeterminante positiv. Man findet in der Literatur auch Variationen der Kugelkoordinaten, bei denen dies nicht der Fall ist, was relativ unsinnig ist.

Die hier benutzte Abbildung $\mathbf{F}_{\text{sph}}$ hat den Vorteil, dass sie sich besonders natürlich in eine Serie von Polarkoordinaten für beliebige Dimensionen einfügt. Bezeichnen wir die ebenen Polarkoordinaten mit $P_2 = P_2(r, \varphi)$, die Abbildung $\mathbf{F}_{\text{sph}}$ mit $P_3 = P_3(r, \varphi, \theta_1)$ und sind Polarkoordinaten in der Dimension $n - 1$ (mit $n \geq 4$) durch eine Abbildung

$$P_{n-1} = P_{n-1}(r, \varphi, \theta_1, \ldots, \theta_{n-3})$$

gegeben, so kann man Polarkoordinaten in der Dimension n definieren durch

$$P_n(r, \varphi, \theta_1, \ldots, \theta_{n-2}) := (P_{n-1}(r, \varphi, \theta_1, \ldots, \theta_{n-3}) \cos\theta_{n-2}, r\sin\theta_{n-2}).$$

Im Falle der Abbildung $\mathbf{F} = \mathbf{F}_{\text{sph}}$ ist $\theta_1 = \psi$ und

$$\begin{aligned}
\det J_{\mathbf{F}}(r, \varphi, \psi) &= \det \begin{pmatrix} \cos\varphi\cos\psi & -r\sin\varphi\cos\psi & -r\cos\varphi\sin\psi \\ \sin\varphi\cos\psi & r\cos\varphi\cos\psi & -r\sin\varphi\sin\psi \\ \sin\psi & 0 & r\cos\psi \end{pmatrix} \\
&= \sin\psi \cdot r^2(\sin^2\varphi\sin\psi\cos\psi + \cos^2\varphi\sin\psi\cos\psi) \\
&\quad + r\cos\psi \cdot r(\cos^2\varphi\cos^2\psi + \sin^2\varphi\cos^2\psi) \\
&= r^2\sin^2\psi\cos\psi + r^2\cos^3\psi \;=\; r^2\cos\psi.
\end{aligned}$$

Für $r > 0$ und $-\pi/2 < \psi < \pi/2$ ist tatsächlich $\det J_{\mathbf{F}}(r, \varphi, \psi) > 0$ und $\mathbf{F}_{\text{sph}}$ ein lokaler Diffeomorphismus.

Benutzt man statt ψ den Winkel θ von der positiven z-Achse aus, so erhält man die Funktionalmatrix

$$J_{\widetilde{\mathbf{F}}}(r, \theta, \varphi) := \begin{pmatrix} \cos\varphi\sin\theta & r\cos\varphi\cos\theta & -r\sin\varphi\sin\theta \\ \sin\varphi\sin\theta & r\sin\varphi\cos\theta & r\cos\varphi\sin\theta \\ \cos\theta & -r\sin\theta & 0 \end{pmatrix},$$

also $\det J_{\widetilde{\mathbf{F}}} = (\cos\theta) \cdot (r^2\cos\theta\sin\theta) + r(\sin\theta) \cdot (r\sin^2\theta) = r^2\sin\theta$.

Ist $r > 0$ und $0 < \theta < \pi$, so ist $\det J_{\widetilde{\mathbf{F}}}(r, \varphi, \theta) > 0$.

Zusammenfassung

Sei $B \subset \mathbb{R}^n$ offen. Eine Abbildung $\mathbf{f} = (f_1, \ldots, f_m) : B \to \mathbb{R}^m$ heißt in $\mathbf{a}$ **differenzierbar**, falls alle Komponentenfunktionen $f_1, \ldots, f_m$ in $\mathbf{a}$ differenzierbar sind. Die **Ableitung** von $\mathbf{f}$ in $\mathbf{a}$ wird einfach komponentenweise definiert:

$$D\mathbf{f}(\mathbf{a})(\mathbf{v}) := (Df_1(\mathbf{a})(\mathbf{v}), \dots, Df_m(\mathbf{a})(\mathbf{v})).$$

Wie schon im Falle skalarer Funktionen ist die Ableitung auch hier eine lineare Abbildung, diesmal aber von $\mathbb{R}^n$ nach $\mathbb{R}^m$. Die Matrix $J_\mathbf{f}(\mathbf{a}) \in M_{m,n}(\mathbb{R})$, die $D\mathbf{f}(\mathbf{a})$ beschreibt, nennt man die **Funktionalmatrix** oder **Jacobi-Matrix** von $\mathbf{f}$ in $\mathbf{a}$.

Ist $n = m$, also $J_\mathbf{f}(\mathbf{x})$ eine quadratische Matrix, so heißt $\det J_\mathbf{f}(\mathbf{x})$ die **Funktionaldeterminante** oder **Jacobi-Determinante** von $\mathbf{f}$ in $\mathbf{x}$.

Die m Zeilen von $J_\mathbf{f}$ entsprechen den m Komponenten von $\mathbf{f}$, die n Spalten entsprechen den n Variablen. Also hat $J_\mathbf{f}$ die folgende Gestalt:

$$J_\mathbf{f}(\mathbf{a}) = \begin{pmatrix} \dfrac{\partial f_1}{\partial x_1}(\mathbf{a}) & \cdots & \dfrac{\partial f_1}{\partial x_n}(\mathbf{a}) \\ \vdots & & \vdots \\ \dfrac{\partial f_m}{\partial x_1}(\mathbf{a}) & \cdots & \dfrac{\partial f_m}{\partial x_n}(\mathbf{a}) \end{pmatrix} = \begin{pmatrix} \nabla f_1(\mathbf{a}) \\ \vdots \\ \nabla f_m(\mathbf{a}) \end{pmatrix}.$$

Ist n beliebig und $m = 1$, also im Falle einer skalaren Funktion f, ist $J_f(\mathbf{a}) = \big(f_{x_1}(\mathbf{a}), \cdots, f_{x_n}(\mathbf{a})\big) = \nabla f(\mathbf{a})$. Ist $n = 1$ und m beliebig, so ist $\mathbf{f} = (f_1, \dots, f_m)$ ein differenzierbarer Weg im $\mathbb{R}^n$. In diesem Falle ist $J_\mathbf{f}(\mathbf{a}) = \mathbf{f}'(\mathbf{a})^\top$ der schon bekannte Tangentenvektor, aber als **Spaltenvektor** geschrieben!

In Beweisen erweist sich oft das „Grauert-Kriterium“ für die Differenzierbarkeit als nützlich:

Eine Abbildung $\mathbf{f} : B \to \mathbb{R}^m$ *ist genau dann in* $\mathbf{x}_0$ *(total) differenzierbar, wenn es eine in* $\mathbf{x}_0$ *stetige Abbildung* $\Delta : B \to M_{m,n}(\mathbb{R})$ *gibt, so dass gilt:*

$$\mathbf{f}(\mathbf{x}) = \mathbf{f}(\mathbf{x}_0) + (\mathbf{x} - \mathbf{x}_0) \cdot \Delta(\mathbf{x})^\top.$$

Speziell ist dann $\Delta(\mathbf{x}_0) = J_\mathbf{f}(\mathbf{x}_0)$.

Die aus der Theorie der Funktionen von einer Variablen bekannte Kettenregel wird hier zur **allgemeinen Kettenregel**:

Sei $B \subset \mathbb{R}^n$ *offen,* $\mathbf{f} : B \to \mathbb{R}^m$ *in* $\mathbf{x}_0 \in B$ *differenzierbar,* $U \subset \mathbb{R}^m$ *offen,* $\mathbf{f}(B) \subset U$ *und* $\mathbf{g} : U \to \mathbb{R}^k$ *in* $\mathbf{y}_0 = \mathbf{f}(\mathbf{x}_0)$ *differenzierbar. Dann ist* $\mathbf{g} \circ \mathbf{f} : B \to \mathbb{R}^k$ *in* $\mathbf{x}_0$ *differenzierbar und es gilt:*

$$D(\mathbf{g} \circ \mathbf{f})(\mathbf{x}_0) = D\mathbf{g}(\mathbf{f}(\mathbf{x}_0)) \circ D\mathbf{f}(\mathbf{x}_0) \quad \textit{bzw.} \quad J_{\mathbf{g}\circ\mathbf{f}}(\mathbf{x}_0) = J_\mathbf{g}(\mathbf{f}(\mathbf{x}_0)) \cdot J_\mathbf{f}(\mathbf{x}_0).$$

Ist $k = 1$, also $g : U \to \mathbb{R}$ eine skalare Funktion, so ist auch $g \circ \mathbf{f}$ eine skalare Funktion und man erhält die Formel

$$\nabla(g \circ \mathbf{f})(\mathbf{x}) = \nabla g(\mathbf{f}(\mathbf{x})) \cdot J_\mathbf{f}(\mathbf{x}).$$

Ist $\mathbf{f} = (f_1, \dots, f_m)$, so ergeben sich für die einzelnen Komponenten die Formeln

$$(g \circ \mathbf{f})_{x_\nu} = \sum_{\mu=1}^{m} (g_{y_\mu} \circ \mathbf{f}) \cdot (f_\mu)_{x_\nu}, \text{ für } \nu = 1, \ldots, n.$$

Ein wichtiges Hilfsmittel ist auch der **verallgemeinerte Mittelwertsatz**:

Sei $B \subset \mathbb{R}^n$ offen und konvex, $\mathbf{f} : B \to \mathbb{R}^m$ differenzierbar, $\mathbf{a}, \mathbf{b} \in B$. Dann gibt es einen Punkt $\mathbf{z}$ auf der Verbindungsstrecke von $\mathbf{a}$ und $\mathbf{b}$, so dass gilt:

$$\|\mathbf{f}(\mathbf{b}) - \mathbf{f}(\mathbf{b})\| \le \|J_{\mathbf{f}}(\mathbf{z})\|_{\text{op}} \cdot \|\mathbf{b} - \mathbf{a}\|.$$

Eine differenzierbare Abbildung $\mathbf{f} : G_1 \to G_2$ zwischen zwei Gebieten heißt ein **Diffeomorphismus**, wenn $\mathbf{f}$ bijektiv und $\mathbf{f}^{-1} : G_2 \to G_1$ ebenfalls differenzierbar ist. Es gibt einige besonders wichtige Beispiele.

1. **Ebene Polarkoordinaten:**

   Der Definitionsbereich von $(x, y) = \mathbf{f}(r, \varphi) = (r \cos \varphi, r \sin \varphi)$ ist die Menge $\mathbb{R}_+ \times (0, 2\pi)$, die Bildmenge ist $\mathbb{R}^2 \setminus \{(x, 0) : x \ge 0\}$. Weiter ist

$$J_{\mathbf{f}}(r, \varphi) = \begin{pmatrix} \cos \varphi & -r \sin \varphi \\ \sin \varphi & r \cos \varphi \end{pmatrix} \quad \text{und} \quad \det J_{\mathbf{f}}(r, \varphi) = r.$$

2. **Zylinderkoordinaten:**

$$\text{Durch} \quad (x, y, z) = \mathbf{F}_{\text{zyl}}(r, \varphi, z) := (r \cos \varphi, r \sin \varphi, z)$$

   wird $G := \{(r, \varphi, z) \in \mathbb{R}^3 : r > 0, 0 < \varphi < 2\pi \text{ und } z \text{ beliebig}\}$ auf den $\mathbb{R}^3$ ohne die Halbebene $\{(x, 0, z) \in \mathbb{R}^3 : x \ge 0\}$ abgebildet. Es ist

$$J_{\mathbf{F}_{\text{zyl}}}(r, \varphi, z) = \begin{pmatrix} \cos \varphi & -r \sin \varphi & 0 \\ \sin \varphi & r \cos \varphi & 0 \\ 0 & 0 & 1 \end{pmatrix} \quad \text{und} \quad \det J_{\mathbf{F}_{\text{zyl}}}(r, \varphi, z) = r.$$

3. **Räumliche Polarkoordinaten (Kugelkoordinaten):**

$$\text{Durch} \quad (x, y, z) = \mathbf{F}_{\text{sph}}(r, \varphi, \psi) := (r \cos \varphi \cos \psi, r \sin \varphi \cos \psi, r \sin \psi)$$

   wird $G := \{(r, \varphi, \psi) : r > 0, 0 < \varphi < 2\pi \text{ und } -\frac{\pi}{2} < \psi < \frac{\pi}{2}\}$ auf den $\mathbb{R}^3$ ohne den Nullpunkt und ohne die Halbebene $\{(x, 0, z) \in \mathbb{R}^3 : x > 0\}$ abgebildet. Dabei ist r der Abstand vom Nullpunkt, φ der Winkel in der x-y-Ebene gegen die positive x-Achse (also die geographische Länge) und ψ der Winkel des Radiusvektors gegen die x-y-Ebene (also die geographische Breite). Es ist

$$J_{\mathbf{F}}(r, \varphi, \psi) = \begin{pmatrix} \cos \varphi \cos \psi & -r \sin \varphi \cos \psi & -r \cos \varphi \sin \psi \\ \sin \varphi \cos \psi & r \cos \varphi \cos \psi & -r \sin \varphi \sin \psi \\ \sin \psi & 0 & r \cos \psi \end{pmatrix}$$

und $\det J_{\mathbf{F}}(r,\varphi,\psi) = r^2\cos\psi > 0$.

In der Literatur ist auch die folgende Version der Kugelkoordinaten verbreitet:

$$\widetilde{\mathbf{F}}_{\text{sph}}(r,\theta,\varphi) = (r\cos\varphi\sin\theta, r\sin\varphi\sin\theta, r\cos\theta)$$

mit $r > 0$, $0 < \theta < \pi$ und $0 < \varphi < 2\pi$. Dabei ist θ der Winkel gegen die positive z-Achse und $\theta + \psi = \pi/2$. Dann ist

$$J_{\widetilde{\mathbf{F}}}(r,\theta,\varphi) := \begin{pmatrix} \cos\varphi\sin\theta & r\cos\varphi\cos\theta & -r\sin\varphi\sin\theta \\ \sin\varphi\sin\theta & r\sin\varphi\cos\theta & r\cos\varphi\sin\theta \\ \cos\theta & -r\sin\theta & 0 \end{pmatrix}$$

und $\det J_{\widetilde{\mathbf{F}}} = r^2\sin\theta$. Im Definitionsbereich von $\widetilde{\mathbf{F}}$ ist $\det J_{\widetilde{\mathbf{F}}}(r,\varphi,\theta) > 0$.

Höhepunkt dieses Abschnittes ist der **Satz von der Umkehrabbildung**:

Sei $M \subset \mathbb{R}^n$ offen, $\mathbf{f} : M \to \mathbb{R}^n$ stetig differenzierbar. Ist $\mathbf{x}_0 \in M$, $\mathbf{f}(\mathbf{x}_0) = \mathbf{y}_0$ und $\det J_{\mathbf{f}}(\mathbf{x}_0) \neq 0$, so gibt es offene Umgebungen $U(\mathbf{x}_0) \subset M$ und $V(\mathbf{y}_0) \subset \mathbb{R}^n$, so dass gilt:

1. $\det J_{\mathbf{f}}(\mathbf{x}) \neq 0$ *für alle* $\mathbf{x} \in U$.
2. $\mathbf{f} : U \to V$ *ist bijektiv.*
3. $\mathbf{f}^{-1} : V \to U$ *ist wieder stetig differenzierbar.*
4. *Für* $\mathbf{x} \in U$ *und* $\mathbf{y} = \mathbf{f}(\mathbf{x})$ *ist* $D\mathbf{f}^{-1}(\mathbf{y}) = (D\mathbf{f}(\mathbf{x}))^{-1}$.

Wichtigstes Mittel beim Beweis ist der **Satz über implizite Funktionen**, der das in Abschnitt 1.2 vorgestellte Lemma über implizite Funktionen per Induktion verallgemeinert:

Sei $G \subset \mathbb{R}^k \times \mathbb{R}^m = \mathbb{R}^n$ ein Gebiet, $\mathbf{f} : G \to \mathbb{R}^m$ stetig differenzierbar und $\mathbf{f}(\mathbf{x}_0, \mathbf{y}_0) = \mathbf{0}$. Ist die Matrix $(\partial\mathbf{f}/\partial\mathbf{y})(\mathbf{x}_0, \mathbf{y}_0)$ regulär, so gibt es Umgebungen $U(\mathbf{x}_0) \subset \mathbb{R}^k$ und $V(\mathbf{y}_0) \subset \mathbb{R}^m$ mit $U \times V \subset G$, sowie eine stetig differenzierbare Abbildung $\mathbf{g} : U \to V$ mit $\mathbf{g}(\mathbf{x}_0) = \mathbf{y}_0$, so dass gilt:

1. $\{(\mathbf{x},\mathbf{y}) \in U \times V \,:\, \mathbf{f}(\mathbf{x},\mathbf{y}) = \mathbf{0}\} = \{(\mathbf{x},\mathbf{y}) \in U \times V \,:\, \mathbf{y} = \mathbf{g}(\mathbf{x})\}$.
2. *Es ist* $J_{\mathbf{g}}(\mathbf{x}) = -\left(\dfrac{\partial\mathbf{f}}{\partial\mathbf{y}}(\mathbf{x},\mathbf{g}(\mathbf{x}))\right)^{-1} \cdot \dfrac{\partial\mathbf{f}}{\partial\mathbf{x}}(\mathbf{x},\mathbf{g}(\mathbf{x}))$ *auf* U.

Ergänzungen

I) Wir betrachten das Newtonverfahren im $\mathbb{R}^n$.

Gesucht ist eine Lösung $\mathbf{x}^* \in B \subset \mathbb{R}^n$ einer nichtlinearen Gleichung $\mathbf{f}(\mathbf{x}) = \mathbf{0}$ (für eine differenzierbare Abbildung $\mathbf{f} : B \to \mathbb{R}^n$.

Im Falle einer Veränderlichen ging das so: Man schätzt einen Anfangswert x_0 und definiert dann die rekursive Folge $x_{n+1} := x_n - f(x_n)/f'(x_n)$, die unter günstigen Voraussetzungen gegen die gesuchte Lösung x^* konvergiert.

In mehreren Veränderlichen könnte man analog definieren:

$$\mathbf{x}_{n+1} := \mathbf{x}_n - D\mathbf{f}(\mathbf{x}_n)^{-1}(\mathbf{f}(\mathbf{x}_n)),$$

vorausgesetzt, $D\mathbf{f}(\mathbf{x}_n)$ ist stets ein Isomorphismus. Allerdings ist dieses Verfahren kaum praktikabel, denn man muss bei jedem Schritt eine Matrix invertieren (oder ein lineares Gleichungssystem lösen). Es stellt sich aber heraus, dass man das Verfahren vereinfachen kann.

1.4.13. Vereinfachtes Newton-Verfahren

Sei $B \subset \mathbb{R}^n$ offen und $\mathbf{f} : B \to \mathbb{R}^n$ zweimal stetig differenzierbar. Es gebe einen Punkt $\mathbf{x}^* \in B$ mit $\mathbf{f}(\mathbf{x}^*) = \mathbf{0}$ und eine Umgebung $U = U(\mathbf{x}^*)$, so dass $D\mathbf{f}(\mathbf{x})$ für jedes $\mathbf{x} \in U$ ein Isomorphismus ist.

Wählt man den Startwert $\mathbf{x}_0 \in U$ genügend nahe bei $\mathbf{x}^*$, so konvergiert die Folge

$$\mathbf{x}_{n+1} := \mathbf{x}_n - D\mathbf{f}(\mathbf{x}_0)^{-1}(\mathbf{f}(\mathbf{x}_n))$$

gegen $\mathbf{x}^*$.

BEWEIS: Wir wählen eine Zahl ε zwischen 0 und 1, so dass $\overline{U_\varepsilon(\mathbf{x}^*)} \subset U$ ist. Es gibt dann ein $c > 0$, so dass $\|D\mathbf{f}(\mathbf{x})(\mathbf{v})\| \ge c$ für $\|\mathbf{x} - \mathbf{x}^*\| < \varepsilon$ und $\|\mathbf{v}\| = 1$ ist. Daraus kann man herleiten, dass $\|D\mathbf{f}(\mathbf{x})^{-1}\|_{\text{op}} \le 1/c$ in diesen Punkten $\mathbf{x}$ ist. Außerdem können wir eine Zahl r mit $0 < r < \varepsilon/2$ wählen, so dass gilt:

$$\|D\mathbf{f}(\mathbf{y})^{-1} \circ (D\mathbf{f}(\mathbf{y}) - D\mathbf{f}(\mathbf{x}))\|_{\text{op}} < \frac{1}{2} \text{ für } \|\mathbf{x} - \mathbf{y}\| \le r \text{ und } \mathbf{x}, \mathbf{y} \in \overline{B_\varepsilon(\mathbf{x}^*)}.$$

Und schließlich sei noch ein δ mit $0 < \delta < r$ und folgender Eigenschaft gewählt:

$$\|\mathbf{f}(\mathbf{x})\| < \frac{r \cdot c}{2} \text{ für } \|\mathbf{x} - \mathbf{x}^*\| < \delta.$$

Es ist offensichtlich, dass man geeignete Zahlen ε, r und δ finden kann.

Nun dürfen wir den Startwert $\mathbf{x}_0$ beliebig in $B_\delta(\mathbf{x}^*)$ wählen. Das ist das, was in der Formulierung des Satzes unter „genügend nahe" verstanden wird. Natürlich ist δ nicht explizit bekannt, aber mit etwas Glück und hilfreichen Hinweisen des Anwenders kann es klappen. Mit $L := D\mathbf{f}(\mathbf{x}_0)$ gilt dann:

1. $\|\mathbf{x}^* - \mathbf{x}_0\| < r$.
2. Für $\mathbf{x} \in B_r(\mathbf{x}_0)$ ist $\|\mathbf{x} - \mathbf{x}_0\| < r$ und $\|\mathbf{x} - \mathbf{x}^*\| < \varepsilon$, also

$$\|L^{-1} \circ (L - D\mathbf{f}(\mathbf{x}))\|_{\text{op}} \le \frac{1}{2}.$$

3. $\|L^{-1}(\mathbf{f}(\mathbf{x}_0))\| \le \|L^{-1}\|_{\text{op}} \cdot \|\mathbf{f}(\mathbf{x}_0)\| < \frac{1}{c} \cdot \frac{r \cdot c}{2} = \frac{r}{2}$.

Sei $\mathbf{g} : B \to \mathbb{R}^n$ definiert durch $\mathbf{g}(\mathbf{x}) := \mathbf{x} - L^{-1}(\mathbf{f}(\mathbf{x}))$. Dann ist

$$D\mathbf{g}(\mathbf{x}) = \text{id} - L^{-1} \circ D\mathbf{f}(\mathbf{x}) = L^{-1} \circ (L - D\mathbf{f}(\mathbf{x})),$$

also $\|D\mathbf{g}(\mathbf{x})\|_{\text{op}} < 1/2$ und $\|\mathbf{g}(\mathbf{x}_0) - \mathbf{x}_0\| < r/2$. Setzen wir $\lambda := \frac{1}{2}$, so ist $\|\mathbf{g}(\mathbf{x}_0) - \mathbf{x}_0\| < (1-\lambda)r$, und nach dem verallgemeinerten Mittelwertsatz ist auch

$$\|\mathbf{g}(\mathbf{y}) - \mathbf{g}(\mathbf{x})\| \le \lambda \cdot \|\mathbf{y} - \mathbf{x}\|, \text{ für } \mathbf{x}, \mathbf{y} \in \overline{B_r(\mathbf{x}_0)}.$$

Also erfüllt $\mathbf{g}$ die Voraussetzungen des speziellen Fixpunktsatzes, und die Newton-Folge

$$\mathbf{x}_{n+1} := \mathbf{g}(\mathbf{x}_n) = \mathbf{x}_n - D\mathbf{f}(\mathbf{x}_0)^{-1}(\mathbf{f}(\mathbf{x}_n))$$

konvergiert gegen $\mathbf{x}^*$. ∎

II) Es folgt nun ein alternativer Beweis des Satzes von der Umkehrabbildung, der in enger Beziehung zu dem Newton-Verfahren steht und deshalb etwas konstruktiver ist.

1.4.14. Satz von der Umkehrabbildung

Sei $B \subset \mathbb{R}^n$ offen, $\mathbf{f} : B \to \mathbb{R}^n$ stetig differenzierbar. Ist $\mathbf{x}_0 \in B$, $\mathbf{f}(\mathbf{x}_0) = \mathbf{y}_0$ und $\det J_\mathbf{f}(\mathbf{x}_0) \ne 0$, so gibt es offene Umgebungen $U(\mathbf{x}_0) \subset B$ und $V(\mathbf{y}_0) \subset \mathbb{R}^n$, so dass gilt:

1. $\det J_\mathbf{f}(\mathbf{x}) \ne 0$ *für alle* $\mathbf{x} \in U$.
2. $\mathbf{f} : U \to V$ *ist bijektiv.*
3. $\mathbf{f}^{-1} : V \to U$ *ist wieder differenzierbar.*

BEWEIS: Wir brauchen nur (2) und (3) zu beweisen. Wir beginnen mit der lokalen Umkehrbarkeit.

a) Beweis der lokalen Injektivität:

Sei $A := J_\mathbf{f}(\mathbf{x}_0)$ und $\lambda := \dfrac{1}{2\|A^{-1}\|_{\text{op}}}$. Wir wählen $U = U(\mathbf{x}_0)$ so klein, dass $\|J_\mathbf{f}(\mathbf{x}) - A\|_{\text{op}} < \lambda$ für $\mathbf{x} \in U$ ist. Jetzt kommt der entscheidende Trick! Für festes $\mathbf{y} \in V := \mathbf{f}(U)$ sei $\varphi = \varphi_\mathbf{y} : U \to \mathbb{R}^n$ definiert durch

$$\varphi_\mathbf{y}(\mathbf{x}) := \mathbf{x} + (\mathbf{y} - \mathbf{f}(\mathbf{x})) \cdot A^{-1}.$$

Dann gilt:

$$\varphi_\mathbf{y}(\mathbf{x}) = \mathbf{x} \iff \mathbf{y} = \mathbf{f}(\mathbf{x}).$$

Außerdem ist $J_\varphi(\mathbf{x}) = E_n - J_\mathbf{f}(\mathbf{x}) \cdot A^{-1} = (A - J_\mathbf{f}(\mathbf{x})) \cdot A^{-1}$, also

$$\|J_\varphi(\mathbf{x})\|_{\text{op}} \le \|A - J_f(\mathbf{x})\|_{\text{op}} \cdot \|A^{-1}\|_{\text{op}} < \lambda \cdot \frac{1}{2\lambda} = \frac{1}{2}\,.$$

Aus dem verallgemeinerten Mittelwertsatz folgt dann:

$$\|\varphi(\mathbf{x}_1) - \varphi(\mathbf{x}_2)\| \le \frac{1}{2}\|\mathbf{x}_1 - \mathbf{x}_2\| \text{ für alle } \mathbf{x}_1, \mathbf{x}_2 \in U.$$

Also ist $\varphi = \varphi_\mathbf{y}$ kontrahierend und kann höchstens einen Fixpunkt haben. Das gilt für alle $\mathbf{y} \in f(U)$, und deshalb ist f auf U injektiv. Man beachte, dass wir hier noch nicht den Fixpunktsatz benutzt haben.

b) Beweis der lokalen Surjektivität:

Sei $\mathbf{x}_1 \in U$ und $\mathbf{y}_1 = f(\mathbf{x}_1) \in V$. Sodann sei $r > 0$ so gewählt, dass $\overline{B_r(\mathbf{x}_1)} \subset U$ ist. Wir wollen zeigen, dass $B_{\lambda r}(\mathbf{y}_1) \subset V$ und V damit offen ist. Jeder Punkt von V besitzt ein Urbild in U.

Es sei ein beliebiger Punkt $\mathbf{y} \in B_{\lambda r}(\mathbf{y}_1)$ vorgegeben. Dann ist

$$\|\varphi_\mathbf{y}(\mathbf{x}_1) - \mathbf{x}_1\| = \|A^{-1} \cdot (\mathbf{y} - f(\mathbf{x}_1))\| < \|A^{-1}\| \cdot \lambda r = \frac{r}{2}\,.$$

Für $\mathbf{x} \in \overline{B} := \overline{B_r(\mathbf{x}_1)}$ ist dann

$$\begin{aligned} \|\varphi_{\mathbf{y}}(\mathbf{x}) - \mathbf{x}_1\| &\le \|\varphi_{\mathbf{y}}(\mathbf{x}) - \varphi_{\mathbf{y}}(\mathbf{x}_1)\| + \|\varphi_{\mathbf{y}}(\mathbf{x}_1) - \mathbf{x}_1\| \\ &< \frac{1}{2}\|\mathbf{x} - \mathbf{x}_1\| + \frac{r}{2} \le r, \end{aligned}$$

also $\varphi_{\mathbf{y}}(\mathbf{x}) \in \overline{B}$.

Damit ist $\varphi_{\mathbf{y}} : \overline{B} \to \overline{B}$ eine kontrahierende Abbildung von einer abgeschlossenen Teilmenge des $\mathbb{R}^n$ auf sich, und man kann den Fixpunktsatz anwenden. Ist $\mathbf{x} \in \overline{B} \subset U$ der (eindeutig bestimmte) Fixpunkt von $\varphi_{\mathbf{y}}$, so ist $f(\mathbf{x}) = \mathbf{y}$. Das bedeutet, dass $\mathbf{y} \in V$ ist. Das Besondere an diesem Beweis ist, dass das Urbild $\mathbf{x}$ von $\mathbf{y}$ mit dem Newton-Verfahren bestimmt werden kann.

c) Die Differenzierbarkeit der Umkehrabbildung muss nun direkt bewiesen werden.
Sei $\mathbf{y}_1 = \mathbf{f}(\mathbf{x}_1) \in V$. Da $\mathbf{f}$ in $\mathbf{x}_1$ differenzierbar ist, gibt es eine Darstellung

$$\mathbf{f}(\mathbf{x}) = \mathbf{f}(\mathbf{x}_1) + (\mathbf{x} - \mathbf{x}_1) \cdot \Delta(\mathbf{x})^\top,$$

mit einer in $\mathbf{x}_1$ stetigen Abbildung $\Delta : M \to M_n(\mathbb{R})$. Dann ist $d(\mathbf{x}) := \det \Delta(\mathbf{x})$ in $\mathbf{x}_1$ stetig und $d(\mathbf{x}_1) \ne 0$. Es gibt also eine offene Umgebung von $\mathbf{x}_1$, auf der $d(\mathbf{x}) \ne 0$ ist. Das bedeutet, dass $\Delta(\mathbf{x})$ dort invertierbar ist.

Die Menge $G := GL_n(\mathbb{R}) := \{A \in M_n(\mathbb{R}) : \det(A) \ne 0\}$ ist eine offene Teilmenge von $M_n(\mathbb{R})$ und die Abbildung $i : G \to G$ mit $i(A) := A^{-1}$ ist stetig, denn die Koeffizienten von A^{-1} sind rationale Funktionen der Koeffizienten von A (Cramer'sche Regel). Also ist auch $\Delta^*(\mathbf{y}) := i(\Delta(\mathbf{f}^{-1}(\mathbf{y}))) = \Delta(\mathbf{f}^{-1}(\mathbf{y}))^{-1}$ stetig in $\mathbf{y}_1$. Aus der Gleichung $(\mathbf{f}(\mathbf{x}) - \mathbf{f}(\mathbf{x}_1)) \cdot (\Delta(\mathbf{x})^\top)^{-1} = \mathbf{x} - \mathbf{x}_1$ folgt nun:

$$\mathbf{f}^{-1}(\mathbf{y}) = \mathbf{f}^{-1}(\mathbf{y}_1) + (\mathbf{y} - \mathbf{y}_1) \cdot \Delta^*(\mathbf{y})^\top.$$

Damit ist $\mathbf{f}^{-1}$ differenzierbar und $D\mathbf{f}^{-1}(\mathbf{y}_1) = (D\mathbf{f}(\mathbf{x}_1))^{-1}$. ∎

III) Zum Schluss wollen wir noch die Funktionaldeterminante der sphärischen Koordinaten in beliebigen Dimensionen berechnen. Zur Erinnerung:

$$\begin{aligned} P_2(r,\varphi) &:= (r\cos\varphi, r\sin\varphi) \\ \text{und } P_n(r,\varphi,\theta_1,\ldots,\theta_{n-2}) &:= (P_{n-1}(r,\varphi,\theta_1,\ldots,\theta_{n-3})\cos\theta_{n-2}, r\sin\theta_{n-2}) \quad \text{für } n \ge 3. \end{aligned}$$

Wir zeigen zunächst:

Behauptung: $r \cdot \dfrac{\partial P_n^\top}{\partial r} = P_n^\top$ (für $n \ge 2$).

BEWEIS dazu: Wir führen Induktion nach n. Im Falle $n = 2$ ist die Behauptung offensichtlich erfüllt. Nun sei $n \ge 3$ und die Behauptung für $n - 1$ bewiesen. Dann ist

$$\begin{aligned} r \cdot \frac{\partial P_n}{\partial r} &= \left(r \cdot \frac{\partial P_{n-1}}{\partial r}\cos\theta_{n-2}, r \cdot \sin\theta_{n-2}\right) \\ &= (P_{n-1}\cos\theta_{n-2}, r\sin\theta_{n-2}) = P_n. \end{aligned}$$

Damit ist die Behauptung für n gezeigt. ∎

Sei $c := \cos\theta_{n-2}$ und $s := \sin\theta_{n-2}$. Für $n \ge 3$ ist dann

$$J_{P_n} = \left(\begin{array}{ccccc|c} \dfrac{\partial P_{n-1}^\top}{\partial r}\cdot c & \dfrac{\partial P_{n-1}^\top}{\partial \varphi}\cdot c & \dfrac{\partial P_{n-1}^\top}{\partial \theta_1}\cdot c & \cdots & \dfrac{\partial P_{n-1}^\top}{\partial \theta_{n-3}}\cdot c & -P_{n-1}^\top \cdot s \\ \hline s & 0 & 0 & \cdots & 0 & r\cdot c \end{array}\right)$$

1.4.15. Satz

Die Funktionaldeterminante von P_n ist gegeben durch $\det J_{P_n} = r^{n-1} \cdot \prod_{k=1}^{n-2} \cos^k \theta_k$.

BEWEIS: Wir führen Induktion nach n. Es ist $\det J_{P_2} = r$, was den Induktionsanfang liefert. Sei nun $n \geq 3$ und die Behauptung für $n-1$ bewiesen. Es reicht, die folgende Rekursionsformel zu zeigen:

$$\det J_{P_n} = r \cdot \cos^{n-2} \theta_{n-2} \cdot \det J_{P_{n-1}}.$$

Ist $\cos \theta_{n-2} = 0$, so verschwinden beide Seiten. Auf der rechten Seite ist das trivial, und auf der linken Seite steht die Determinante einer Matrix, in der mindestens eine Spalte verschwindet.

Wir können also voraussetzen, dass $\cos \theta_{n-2} \neq 0$ ist. Addiert man in J_{P_n} das $r \cdot \frac{\sin \theta_{n-2}}{\cos \theta_{n-2}}$-fache der ersten Spalte zur letzten Spalte, so erhält man als neue letzte Spalte

$$\begin{pmatrix} -P_{n-1}^\top \cdot s + r \dfrac{\partial P_{n-1}^\top}{\partial r} \cdot s \\ r \cdot c + r \cdot s^2/c \end{pmatrix} = \begin{pmatrix} -P_{n-1}^\top \cdot s + P_{n-1}^\top \cdot s \\ r \cdot c^2/c + r \cdot s^2/c \end{pmatrix} = \begin{pmatrix} \mathbf{0}^\top \\ r/c \end{pmatrix}.$$

Daher ist $\det J_{P_n} = (r/c) \cdot \det(J_{P_{n-1}} \cdot c) = r \cdot c^{n-2} \cdot \det(J_{P_{n-1}})$ (Entwicklung nach der letzten Spalte). ■

1.4.16. Aufgaben

A. Sei $\mathbf{g}(x,y) := (e^{-x-y}, e^{xy})$ und $f(u,v) := (u^2+v^2)/(u^2-v^2)$. Berechnen Sie die Ableitungen $(f \circ \mathbf{g})_x$ und $(f \circ \mathbf{g})_y$ durch direktes Einsetzen und mit Hilfe der Kettenregel.

B. Sei $\mathbf{g}(u,v) := (\sin(2u) + v, u + v^2, uv)$ und $f(x,y,z) := 2xy - z^2$. Berechnen Sie die Ableitungen $(f \circ \mathbf{g})_u$ und $(f \circ \mathbf{g})_v$.

C. Berechnen Sie die Funktionaldeterminante von

$$\mathbf{F}(r, \varphi, \psi) := (ar \sin\varphi \cos\psi, br \sin\varphi \sin\psi, cr \cos\varphi)$$

für $r > 0$, $0 < \varphi < \pi$ und $0 < \psi < 2\pi$ und Konstanten $a, b, c > 0$.

D. Sei $A = (a_{ij}) : \mathbb{R} \to M_n(\mathbb{R})$ eine differenzierbare Abbildung und $A_j := (a_{1j}, \ldots, a_{nj})^\top$ die j-te Spalte von A. Weiter sei $f(t) := \det A(t)$. Beweisen Sie die Formel

$$f'(t) = \sum_{i=1}^{n} \det(A_1(t), \ldots, A_i'(t), \ldots, A_n(t)).$$

Für die Lösung brauchen Sie Kenntnisse aus der Determinantentheorie!

E. Sei $f = f(x,y,z)$ eine differenzierbare Funktion.

(a) Berechnen Sie $(f \circ \mathbf{F}_{\text{zyl}})_r$ und $(f \circ \mathbf{F}_{\text{zyl}})_\varphi$ für

$$\mathbf{F}_{\text{zyl}}(r, \varphi, z) := (r\cos\varphi, r\sin\varphi, z)$$

und $r > 0$, $0 < \varphi < 2\pi$ und z beliebig.

(b) Berechnen Sie $(f \circ \mathbf{F}_{\text{sph}})_r$, $(f \circ \mathbf{F}_{\text{sph}})_\varphi$ und $(f \circ \mathbf{F}_{\text{sph}})_\psi$ für

$$\mathbf{F}_{\text{sph}}(r, \varphi, \psi) := (r\cos\varphi\cos\psi, r\sin\varphi\cos\psi, r\sin\psi)$$

und $r > 0$, $0 < \varphi < 2\pi$ und $-\pi/2 < \psi < \pi/2$.

F. Beweisen Sie mit Hilfe des Satzes über implizite Funktionen, dass die quadratische Gleichung $x^2 + px + q = 0$ für $x \neq -p/2$ lokal nach x (als Funktion von p und q) auflösbar ist.

G. Zeigen Sie, dass die Gleichung $x^3 e^y + 2x\cos(xy) = 3$ bei $(x_0, y_0) = (1, 0)$ nach y auflösbar ist. Berechnen Sie die Gleichung der Tangente an den Graphen von $y = y(x)$.

H. Zeigen Sie, dass das Gleichungssystem

$$\begin{aligned} 2x_1 + x_2 + x_3 + x_5 - 1 &= 0, \\ x_1 x_2^3 + x_1 x_3 + x_2^2 x_4^2 - x_4 x_5 &= 0 \\ \text{und} \quad x_2 x_3 x_5 + x_1 x_3^2 + x_4 x_5^2 &= 0 \end{aligned}$$

bei $\mathbf{a} = (0, 1, -1.1, 1)$ in der Form $(x_3, x_4, x_5) = \mathbf{g}(x_1, x_2)$ auflösbar ist. Berechnen Sie $J_\mathbf{g}(0, 1)$.

I. Lösen Sie das Gleichungssystem $x^2 y + xy^2 + t^2 - 1 = 0$ und $x^2 + y^2 - 2yt = 0$ bei $(x, y, t) = (-1, 1, 1)$ in der Form $(x, y) = \mathbf{g}(t)$ auf. Berechnen Sie $\mathbf{g}'(1)$.

J. Sei $U \subset \mathbb{R}^3$ offen, $\mathbf{p}_0 = (x_0, y_0, z_0) \in U$, $f : U \to \mathbb{R}$ stetig differenzierbar und $f(\mathbf{p}_0) = 0$. Ist $f_x(\mathbf{p}_0) \neq 0$, $f_y(\mathbf{p}_0) \neq 0$ und $f_z(\mathbf{p}_0) \neq 0$, so ist

$$\frac{\partial x}{\partial y}(\mathbf{p}) \cdot \frac{\partial y}{\partial z}(\mathbf{p}) \cdot \frac{\partial z}{\partial x}(\mathbf{p}) = -1$$

für alle $\mathbf{p}$ in der Nähe von $\mathbf{p}_0$, für die $f(\mathbf{p}) = 0$ gilt.

Im Falle der Variablen p (Druck), V (Volumen) und T (Temperatur) ist dies eine wichtige Formel in der Thermodynamik.

K. Berechnen Sie die Funktionalmatrix und die Funktionaldeterminante von $\mathbf{F}(x, y) := (\cosh y \cos x, \sinh y \sin x)$. Wo ist $\mathbf{F}$ lokal umkehrbar?

L. Sei $\mathbf{f} : \mathbb{R}^2 \to \mathbb{R}^2$ definiert durch $\mathbf{f}(x, y) := (e^x \cos y, e^x \sin y)$.

(a) Zeigen Sie, dass $\mathbf{f}$ überall lokal umkehrbar, aber nicht global injektiv ist.

(b) Zeigen Sie, dass $\mathbf{f}$ die Menge $\mathbb{R} \times (0, 2\pi)$ diffeomorph auf eine offene Teilmenge des $\mathbb{R}^2$ abbildet.

M. Sei $\mathbf{F}(x, y) := (x^2 + y^2, x^2 - y^2)$ für $x, y > 0$. Berechnen Sie $J_{\mathbf{F}^{-1}}$ mit Hilfe des Umkehrsatzes.

N. Geben Sie ein Beispiel dafür an, dass man beim Umkehrsatz auf die **stetige** Differenzierbarkeit nicht verzichten kann! (Hinweis: Man kann z.B. die Funktion $f(x) := x + 2x^2 \sin(1/x)$ verwenden).

O. Sei $G \subset \mathbb{R}^n$ konvex, $\mathbf{F} : G \to \mathbb{R}^n$ stetig differenzierbar und $\|J_{\mathbf{F}}(\mathbf{x}) - E_n\| < 1$ auf G. Zeigen Sie, dass $\mathbf{F}$ injektiv ist.

P. Unter dem *Rang* einer Matrix (in Zeichen: $\text{rg}(A)$) versteht man bekanntlich die Maximalzahl linear unabhängiger Spalten dieser Matrix. Sei nun $M \subset \mathbb{R}^n$ offen, $\mathbf{a} \in M$ ein Punkt und $\mathbf{f} : M \to \mathbb{R}^m$ stetig differenzierbar. Zeigen Sie, dass es eine offene Umgebung $U = U(\mathbf{a}) \subset M$ gibt, so dass $\text{rg}\, J_{\mathbf{f}}(\mathbf{x}) \geq \text{rg}\, J_{\mathbf{f}}(\mathbf{a})$ für alle $\mathbf{x} \in U$ ist.

1.5 Glatte Flächen

Zur Einführung: Hier wird der Satz über implizite Funktionen bei der Theorie der p-dimensionalen glatten Flächen und der differenzierbaren Funktionen auf solchen Flächen hilfreich eingesetzt. Eine wichtige Anwendung ist die Bestimmung von Extremwerten unter einer oder mehreren Nebenbedingungen.

Wir wollen Flächen beliebiger Dimension im $\mathbb{R}^n$ untersuchen.

Definition (Parametergebiet)

Wir nennen ein beschränktes Gebiet $P \subset \mathbb{R}^n$ ein ***Parametergebiet***, falls jeder Randpunkt von P auch ein Randpunkt von $\overline{P}$ ist.

Durch die etwas seltsam anmutende Randbedingung schließen wir gewisse problematische Fälle (wie z.B. einen nach innen zeigenden Stachel) aus.

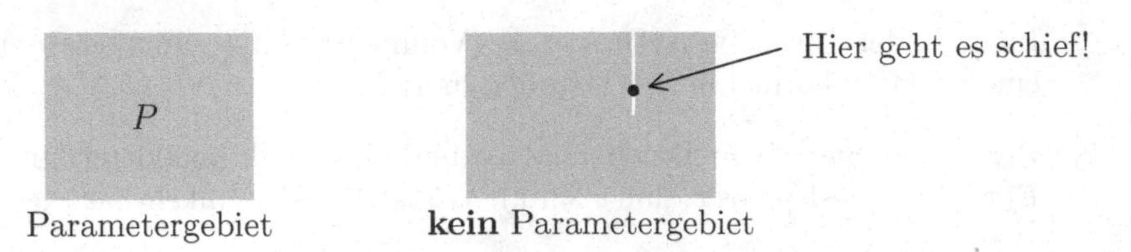

Parametergebiet **kein** Parametergebiet

Wir können noch etwas mehr aussagen:

1.5.1. Lemma

Sei $P \subset \mathbb{R}^n$ ein Parametergebiet. Dann gilt:

1. *Jeder innere Punkt von $\overline{P}$ gehört zu P.*
2. *Zu jedem Punkt $\mathbf{x}_0 \in \partial P$ gibt es eine Folge $(\mathbf{x}_\nu)$ von Punkten in $\mathbb{R}^n \setminus \overline{P}$, die gegen $\mathbf{x}_0$ konvergiert.*

BEWEIS: 1) Sei $\mathbf{x}_0$ ein innerer Punkt von $\overline{P}$. Wenn $\mathbf{x}_0$ nicht zu P gehört, dann liegt $\mathbf{x}_0$ in $\overline{P} \setminus P = \partial P$. Weil P ein Parametergebiet ist, müsste $\mathbf{x}_0$ dann auch zu $\partial\overline{P}$ gehören. Das kann nicht sein!

2) Sei $\mathbf{x}_0 \in \partial P$. Weil $\mathbf{x}_0$ dann auch zum Rand von $\overline{P}$ gehört, liegen in jeder Umgebung von $\mathbf{x}_0$ Punkte von $\mathbb{R}^n \setminus \overline{P}$. Benutzt man Umgebungen der Form $U_{1/n}(\mathbf{x}_0)$, so gewinnt man die gesuchte Folge. ∎

Definition (Parametrisiertes Flächenstück)

Sei $P \subset \mathbb{R}^p$ ein Parametergebiet. Ein ***glattes parametrisiertes Flächenstück*** (über P) ist eine stetig differenzierbare Abbildung $\boldsymbol{\varphi} : P \to \mathbb{R}^n$, für die gilt:

1. $\boldsymbol{\varphi}$ ist injektiv.
2. $\operatorname{rg} J_{\boldsymbol{\varphi}}(\mathbf{u}) = p$ für alle $\mathbf{u} \in P$.
3. Ist $\mathbf{u}_0 \in P$ und $\mathbf{u}_\nu \in P$ eine Folge mit $\lim\limits_{\nu\to\infty} \boldsymbol{\varphi}(\mathbf{u}_\nu) = \boldsymbol{\varphi}(\mathbf{u}_0)$, so ist auch $\lim\limits_{\nu\to\infty} \mathbf{u}_\nu = \mathbf{u}_0$.

Die Zahl p nennt man die ***Dimension*** des Flächenstücks. Ist $p = 1$, so sprechen wir von einem ***glatten Weg***.

Bemerkung: Oftmals bezeichnet man auch die „Spur" $S := \boldsymbol{\varphi}(P)$ als Flächenstück. Die Injektivität der Parametrisierung sorgt dafür, dass sich die Fläche nirgends selbst durchdringt. Die Rangbedingung sorgt für die gewünschte Glätte des Flächenstücks und ermöglicht es – wie wir später sehen werden –, in jedem Punkt der Fläche eine „Tangentialebene" festzulegen. Die letzte, etwas technisch anmutende Bedingung bedeutet, dass Flächenpunkte, deren Parameter weit voneinander entfernt sind, sich auch selbst nicht beliebig nahe kommen können.

1.5.2. Beispiele

A. Sei $P \subset \mathbb{R}^p$ ein Parametergebiet, $\mathbf{g} : P \to \mathbb{R}^q$ eine stetig differenzierbare Abbildung und $n := p + q$. Dann wird der Graph $S := \{(\mathbf{u}, \mathbf{v}) : \mathbf{v} = \mathbf{g}(\mathbf{u})\}$ durch $\boldsymbol{\varphi} : P \to \mathbb{R}^n$ mit $\boldsymbol{\varphi}(\mathbf{u}) := (\mathbf{u}, \mathbf{g}(\mathbf{u}))$ parametrisiert. Die Injektivität von $\boldsymbol{\varphi}$ ist offensichtlich. Und die Funktionalmatrix

$$J_\varphi(\mathbf{u}) = \begin{pmatrix} E_p \\ J_\mathbf{g}(\mathbf{u}) \end{pmatrix}$$

hat natürlich den Rang p. Ist schließlich $\mathbf{u}_0 \in P$ und $\mathbf{u}_\nu$ eine Folge in P, so dass $(\mathbf{u}_\nu, \mathbf{g}(\mathbf{u}_\nu)) = \boldsymbol{\varphi}(\mathbf{u}_\nu)$ gegen $\boldsymbol{\varphi}(\mathbf{u}_0) = (\mathbf{u}_0, \mathbf{g}(\mathbf{u}_0))$ konvergiert, so konvergiert auch $\mathbf{u}_\nu$ gegen $\mathbf{u}_0$. Also liegt ein glattes parametrisiertes Flächenstück vor.

B. Sei $\boldsymbol{\alpha} : (-\pi/2, +\pi/4) \to \mathbb{R}^2$ definiert durch

$$\boldsymbol{\alpha}(t) := (\cos(2t)\cos t, \cos(2t)\sin t).$$

Im Parameterintervall ist $\boldsymbol{\alpha}$ injektiv, der Nullpunkt ist das Bild von $t = -\pi/4$. Außerdem kann man leicht nachrechnen, dass $\boldsymbol{\alpha}'(t)$ nirgends verschwindet. Setzen wir aber $t_0 := -\pi/4$ und $t_\nu := \pi/4 - 1/\nu$, so konvergiert $\boldsymbol{\alpha}(t_\nu)$ gegen $(0,0) = \boldsymbol{\alpha}(t_0)$, nicht aber (t_ν) gegen t_0.

Illustration zu Beispiel B:

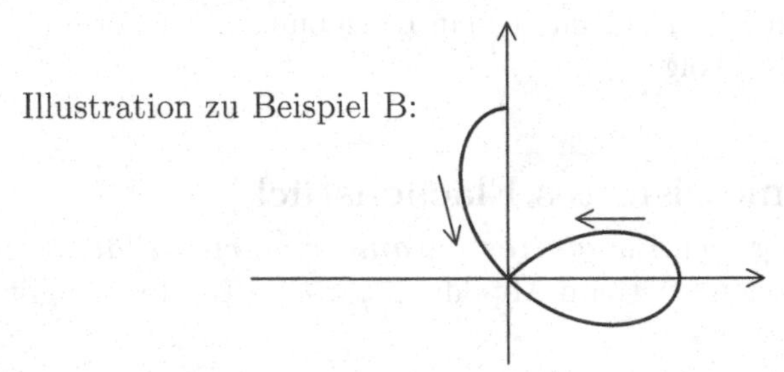

Definition (glatte Fläche, Untermannigfaltigkeit)

Eine Menge $M \subset \mathbb{R}^n$ heißt eine p-dimensionale ***glatte Fläche*** oder ***Untermannigfaltigkeit***, falls es zu jedem Punkt $\mathbf{x}_0 \in M$ eine Umgebung $U = U(\mathbf{x}_0) \subset \mathbb{R}^n$, ein Parametergebiet $P \subset \mathbb{R}^p$, einen Parameter $\mathbf{u}_0 \in P$ und ein p-dimensionales glattes parametrisiertes Flächenstück $\boldsymbol{\varphi} : P \to \mathbb{R}^n$ mit $\boldsymbol{\varphi}(\mathbf{u}_0) = \mathbf{x}_0$ und $\boldsymbol{\varphi}(P) = M \cap U$ gibt. Ist $p = n - 1$, so spricht man von einer ***Hyperfläche***.

1.5.3. Satz

Sei $B \subset \mathbb{R}^n$ offen, $M \subset B$ und $0 \le q < n$. Es gebe stetig differenzierbare Funktionen $f_1, \ldots, f_q : B \to \mathbb{R}$, so dass gilt:

1. *$M = \{\mathbf{x} \in B \,:\, f_1(\mathbf{x}) = \ldots = f_q(\mathbf{x}) = 0\}$.*
2. *Die Vektoren $\nabla f_1(\mathbf{x}), \ldots, \nabla f_q(\mathbf{x})$ sind in jedem Punkt $\mathbf{x} \in M$ linear unabhängig.*

Dann ist M eine p-dimensionale Untermannigfaltigkeit (mit $p = n - q$).

BEWEIS: $\mathbf{f} := (f_1, \ldots, f_q)$ ist eine stetig differenzierbare Abbildung von B nach $\mathbb{R}^q$. Ist $\mathbf{x}_0 \in M$, so gilt nach Voraussetzung $\operatorname{rg} J_\mathbf{f}(\mathbf{x}_0) = q$. O.B.d.A. kann man annehmen, dass

$$\det \begin{pmatrix} (f_1)_{x_{p+1}}(\mathbf{x}_0) & \cdots & (f_1)_{x_n}(\mathbf{x}_0) \\ \vdots & & \vdots \\ (f_q)_{x_{p+1}}(\mathbf{x}_0) & \cdots & (f_q)_{x_n}(\mathbf{x}_0) \end{pmatrix} \neq 0$$

ist. Setzen wir $\mathbf{x}' := (x_1, \dots, x_p)$ und $\mathbf{x}'' := (x_{p+1}, \dots, x_n)$, so gibt es nach dem Satz über implizite Funktionen eine Umgebung $U = U(\mathbf{x}_0') \subset \mathbb{R}^p$, eine Umgebung $V = V(\mathbf{x}_0'') \subset \mathbb{R}^q$ und eine stetig differenzierbare Abbildung $\mathbf{g} : U \to V$, so dass $(U \times V) \cap M = \{(\mathbf{x}', \mathbf{x}'') \in U \times V : \mathbf{x}'' = \mathbf{g}(\mathbf{x}')\}$ ist. Durch $\boldsymbol{\varphi}(\mathbf{x}') := (\mathbf{x}', \mathbf{g}(\mathbf{x}'))$ gewinnt man eine lokale Parametrisierung von M in $\mathbf{x}_0$. ■

1.5.4. Beispiele

A. Sei $f : \mathbb{R}^n \setminus \{\mathbf{0}\} \to \mathbb{R}$ definiert durch $f(x_1, \dots, x_n) := x_1^2 + \cdots + x_n^2 - 1$. Dann ist $S^{n-1} = f^{-1}(0) = \{\mathbf{x} \in \mathbb{R}^n : \|\mathbf{x}\| = 1\}$ die $(n-1)$-dimensionale Sphäre. Sie ist eine glatte Hyperfläche, weil $\nabla f(\mathbf{x}) = 2\mathbf{x} \neq \mathbf{0}$ in jedem Punkt $\mathbf{x} \in S^{n-1}$ gilt. Im Falle $n = 2$ erhält man den Einheitskreis.

B. Sei $\mathbf{a} \in \mathbb{R}^n$, $\mathbf{a} \neq \mathbf{0}$, sowie $c \in \mathbb{R}$. $f : \mathbb{R}^n \to \mathbb{R}$ sei definiert durch $f(\mathbf{x}) := \mathbf{x} \bullet \mathbf{a} - c$. Dann nennt man $H := \{\mathbf{x} : f(\mathbf{x}) = 0\}$ eine affine Hyperebene. Weil $\nabla f(\mathbf{x}) = \mathbf{a}$ ist, ist H auch eine glatte Hyperfläche.

C. Sei $B \subset \mathbb{R}^n$ offen, $f : B \to \mathbb{R}$ stetig differenzierbar, so dass $S := f^{-1}(0)$ eine glatte Fläche ist. Ist $I \subset \mathbb{R}$ ein offenes Intervall und $g : B \times I \to \mathbb{R}$ definiert durch $g(\mathbf{x}, t) := f(\mathbf{x})$. Dann ist $g^{-1}(0) = S \times I$ ebenfalls eine glatte Fläche, der ***Zylinder über*** S.

Wir wollen jetzt sehen, dass jedes parametrisierte Flächenstück lokal die Gestalt $\mathbf{f}^{-1}(\mathbf{0})$ hat (wobei $J_\mathbf{f}$ überall maximalen Rang besitzt). Dazu brauchen wir zunächst einen Hilfssatz:

1.5.5. Lemma

Sei $P \subset \mathbb{R}^p$ ein Parametergebiet, $\boldsymbol{\varphi} : P \to \mathbb{R}^n$ ein glattes parametrisiertes Flächenstück, $S := \boldsymbol{\varphi}(P)$ und $U \subset P$ offen. Dann gibt es eine offene Menge $B \subset \mathbb{R}^n$, so dass $\boldsymbol{\varphi}(U) = B \cap S$ ist. Das bedeutet, dass $\boldsymbol{\varphi}(U)$ eine offene Teilmenge von S (in der Relativtopologie) ist.

BEWEIS: **1. Schritt:** Sei $\mathbf{u}_0 \in U$ beliebig und $\mathbf{x}_0 := \boldsymbol{\varphi}(\mathbf{u}_0)$. Wir zeigen, dass es ein $\varepsilon > 0$ mit $B_\varepsilon(\mathbf{x}_0) \cap S \subset \boldsymbol{\varphi}(U)$ gibt.

Andernfalls gäbe es zu jedem $n \in \mathbb{N}$ einen Punkt $\mathbf{x}_n \in B_{1/n}(\mathbf{x}_0) \cap S$ mit $\mathbf{x}_n \notin \boldsymbol{\varphi}(U)$. Zu jedem n gibt es dann auch ein $\mathbf{u}_n \in P$ mit $\boldsymbol{\varphi}(\mathbf{u}_n) = \mathbf{x}_n$. Wählt man ein $\delta > 0$, so dass $U_\delta(\mathbf{u}_0) \subset U$ ist, so ist $\|\boldsymbol{\varphi}(\mathbf{u}_n) - \boldsymbol{\varphi}(\mathbf{u}_0)\| < 1/n$ und $\|\mathbf{u}_n - \mathbf{u}_0\| \geq \delta$ für alle n. Das kann nicht sein.

2. Schritt: Sei jetzt für jedes $\mathbf{u} \in U$ ein $\varepsilon(\mathbf{u}) > 0$ gewählt, so dass $B_{\varepsilon(\mathbf{u})}(\boldsymbol{\varphi}(\mathbf{u})) \cap S \subset \boldsymbol{\varphi}(U)$ ist. Wir setzen

$$B := \bigcup_{\mathbf{u}\in U} B_{\varepsilon(\mathbf{u})}(\boldsymbol{\varphi}(\mathbf{u})).$$

Das ist eine offene Menge im $\mathbb{R}^n$, und es gilt:

$$B \cap S = \bigcup_{\mathbf{u}\in U} B_{\varepsilon(\mathbf{u})}(\boldsymbol{\varphi}(\mathbf{u})) \cap S \subset \boldsymbol{\varphi}(U).$$

Ist umgekehrt $\mathbf{x} = \boldsymbol{\varphi}(\mathbf{u}) \in \boldsymbol{\varphi}(U)$ (mit $\mathbf{u} \in U$), so liegt $\mathbf{x}$ in S und in $B_{\varepsilon(\mathbf{u})}(\boldsymbol{\varphi}(\mathbf{u}))$, also in $S \cap B$. Zusammen haben wir die Gleichheit $\boldsymbol{\varphi}(U) = B \cap S$. ∎

1.5.6. Jedes Flächenstück ist lokal eine Niveaufläche

Sei $P \subset \mathbb{R}^p$ ein Parametergebiet, $\boldsymbol{\varphi} : P \to \mathbb{R}^n$ ein glattes parametrisiertes Flächenstück, $S := \boldsymbol{\varphi}(P)$. Dann gibt es zu jedem Punkt $\mathbf{x}_0 \in S$ eine offene Umgebung $U = U(\mathbf{x}_0) \subset \mathbb{R}^n$ und eine stetig differenzierbare Abbildung $\mathbf{f} : U \to \mathbb{R}^{n-p}$, so dass gilt:

1. *$U \cap S = \mathbf{f}^{-1}(\mathbf{0})$.*
2. *$\operatorname{rg} J_{\mathbf{f}}(\mathbf{x}) = n - p$ für $\mathbf{x} \in U \cap S$.*

BEWEIS: Wir benutzen die Projektionen

$$\boldsymbol{\pi}_1 : \mathbb{R}^n = \mathbb{R}^p \times \mathbb{R}^{n-p} \to \mathbb{R}^p \quad \text{und} \quad \boldsymbol{\pi}_2 : \mathbb{R}^n \to \mathbb{R}^{n-p}$$

mit

$$\boldsymbol{\pi}_1(x_1, \ldots, x_n) := (x_1, \ldots, x_p) \quad \text{und} \quad \boldsymbol{\pi}_2(x_1, \ldots, x_n) := (x_{p+1}, \ldots, x_n).$$

Dann ist z.B. $\boldsymbol{\pi}_1 \circ \boldsymbol{\varphi}(\mathbf{u}) = (\varphi_1(\mathbf{u}), \ldots, \varphi_p(\mathbf{u}))$.

Sei $\boldsymbol{\varphi}(\mathbf{u}_0) = \mathbf{x}_0$. Wegen der Rangbedingung können wir o.B.d.A. annehmen, dass $\det J_{\boldsymbol{\pi}_1\circ\boldsymbol{\varphi}}(\mathbf{u}_0) \neq 0$ ist. Nach dem Satz von der Umkehrabbildung gibt es also offene Umgebungen $U_1(\mathbf{u}_0)$ und $U_2(\boldsymbol{\pi}_1 \circ \boldsymbol{\varphi}(\mathbf{u}_0))$ im $\mathbb{R}^p$, so dass $\boldsymbol{\pi}_1 \circ \boldsymbol{\varphi} : U_1 \to U_2$ ein Diffeomorphismus ist.

Sei $\boldsymbol{\psi} := (\boldsymbol{\pi}_1 \circ \boldsymbol{\varphi})^{-1} : U_2 \to U_1$ die Umkehrabbildung. Wir können nun $\mathbf{g} : U_2 \to \mathbb{R}^{n-p}$ definieren durch

$$\mathbf{g}(\mathbf{y}') := \boldsymbol{\pi}_2 \circ \boldsymbol{\varphi} \circ \boldsymbol{\psi}(\mathbf{y}'), \text{ für } \mathbf{y}' = (y_1, \ldots, y_p) \in U_2.$$

Nach dem Lemma gibt es eine offene Menge $B \subset \mathbb{R}^n$, so dass $\boldsymbol{\varphi}(U_1) = B \cap S$ ist. Für $\mathbf{y} = (\mathbf{y}', \mathbf{y}'') = (y_1, \ldots, y_p; y_{p+1}, \ldots, y_n) \in B$ gilt dann:

$$\begin{aligned}
\mathbf{y} \in S &\iff \mathbf{y} \in \boldsymbol{\varphi}(U_1) \\
&\iff \exists\, \mathbf{u} \in U_1 \text{ mit } \mathbf{y} = \boldsymbol{\varphi}(\mathbf{u}) \\
&\iff \exists\, \mathbf{u} \in U_1 \text{ mit } \mathbf{y}' = \boldsymbol{\pi}_1 \circ \boldsymbol{\varphi}(\mathbf{u}) \text{ und } \mathbf{y}'' = \boldsymbol{\pi}_2 \circ \boldsymbol{\varphi}(\mathbf{u}) \\
&\iff \exists\, \mathbf{u} \in U_1 \text{ mit } \mathbf{y}' = \boldsymbol{\psi}^{-1}(\mathbf{u}) \text{ und } \mathbf{y}'' = \mathbf{g}(\boldsymbol{\psi}^{-1}(\mathbf{u})) \\
&\iff \mathbf{y}' \in U_2 \text{ und } \mathbf{y}'' = \mathbf{g}(\mathbf{y}').
\end{aligned}$$

$U := (U_2 \times \mathbb{R}^{n-p}) \cap B$ ist eine offene Umgebung von $\mathbf{x}_0$, und $\mathbf{f} : U \to \mathbb{R}^{n-p}$ mit $\mathbf{f}(\mathbf{y}', \mathbf{y}'') := \mathbf{y}'' - \mathbf{g}(\mathbf{y}')$ ist eine stetig differenzierbare Abbildung, deren Funktionalmatrix $J_\mathbf{f} = \left(-J_\mathbf{g} \,\middle|\, E_{n-p}\right)$ überall den Rang $n-p$ besitzt. Außerdem ist $\mathbf{f}^{-1}(\mathbf{0}) = U \cap S$. ∎

Definition (Tangentialvektor)

Sei $M \subset \mathbb{R}^n$ eine Untermannigfaltigkeit, $\mathbf{x}_0 \in M$. Ein Vektor $\mathbf{v} \in \mathbb{R}^n$ heißt ***Tangentialvektor*** an M im Punkte $\mathbf{x}_0$, falls es ein $\varepsilon > 0$ und einen stetig differenzierbaren Weg $\boldsymbol{\alpha} : (-\varepsilon, \varepsilon) \to \mathbb{R}^n$ gibt, so dass gilt:

1. Die Spur von $\boldsymbol{\alpha}$ liegt ganz in M.
2. Es ist $\boldsymbol{\alpha}(0) = \mathbf{x}_0$ und $\boldsymbol{\alpha}'(0) = \mathbf{v}$.

1.5.7. Charakterisierung von Tangentialvektoren

Sei $M \subset \mathbb{R}^n$ eine Untermannigfaltigkeit, $\mathbf{x}_0 \in M$. Es sei $U = U(\mathbf{x}_0) \subset \mathbb{R}^n$ eine offene Umgebung, so dass gilt:

a) Es gibt eine stetig differenzierbare Abbildung $\mathbf{f} : U \to \mathbb{R}^{n-p}$ mit $\mathbf{f}^{-1}(\mathbf{0}) = U \cap M$ und $\operatorname{rg}(J_\mathbf{f}(\mathbf{x})) = n-p$ für alle $\mathbf{x} \in U \cap M$.

b) Es gibt ein Parametergebiet $P \subset \mathbb{R}^p$ und eine stetig differenzierbare Parametrisierung $\boldsymbol{\varphi} : P \to \mathbb{R}^n$ mit $\boldsymbol{\varphi}(\mathbf{u}_0) = \mathbf{x}_0$ und $\boldsymbol{\varphi}(P) = U \cap M$.

Dann sind die folgenden Aussagen über einen Vektor $\mathbf{v} \in \mathbb{R}^n$ äquivalent:

1. *$\mathbf{v}$ ist ein Tangentialvektor an M im Punkte $\mathbf{x}_0$.*
2. *$\mathbf{v} \in \operatorname{Ker} D\mathbf{f}(\mathbf{x}_0)$.*
3. *$\mathbf{v} \in \operatorname{Im} D\boldsymbol{\varphi}(\mathbf{u}_0)$.*

BEWEIS: (1) $\Longrightarrow$ (2): Sei $\mathbf{v}$ ein Tangentialvektor an M in $\mathbf{x}_0$. Dann gibt es ein $\varepsilon > 0$ und einen stetig differenzierbaren Weg $\boldsymbol{\alpha} : (-\varepsilon, \varepsilon) \to \mathbb{R}^n$, dessen Spur ganz in M liegt, so dass $\boldsymbol{\alpha}(0) = \mathbf{x}_0$ und $\boldsymbol{\alpha}'(0) = \mathbf{v}$ ist. Insbesondere ist dann $\mathbf{f} \circ \boldsymbol{\alpha}(t) \equiv 0$ und $0 = D\mathbf{f}(\mathbf{x}_0)(\mathbf{v})$, also $\mathbf{v} \in \operatorname{Ker} D\mathbf{f}(\mathbf{x}_0)$.

(2) $\Longrightarrow$ (3): Weil $\mathbf{f} \circ \boldsymbol{\varphi}(\mathbf{u}) \equiv \mathbf{0}$ ist, also $D\mathbf{f}(\mathbf{x}_0) \circ D\boldsymbol{\varphi}(\mathbf{u}_0) = 0$, ist $\operatorname{Im} D\boldsymbol{\varphi}(\mathbf{u}_0) \subset \operatorname{Ker} D\mathbf{f}(\mathbf{x}_0)$. Definitionsgemäß ist

$$\dim \operatorname{Im} D\boldsymbol{\varphi}(\mathbf{u}_0) = \operatorname{rg} J_{\boldsymbol{\varphi}}(\mathbf{u}_0) = p$$

und

$$\dim \operatorname{Ker} D\mathbf{f}(\mathbf{x}_0) = n - \operatorname{rg} J_\mathbf{f}(\mathbf{x}_0) = n - (n-p) = p.$$

Daraus folgt, dass $\operatorname{Ker} D\mathbf{f}(\mathbf{x}_0) = \operatorname{Im} D\boldsymbol{\varphi}(\mathbf{u}_0)$ ist. Jeder Vektor $\mathbf{v} \in \operatorname{Ker} D\mathbf{f}(\mathbf{x}_0)$ liegt also auch in $\operatorname{Im} D\boldsymbol{\varphi}(\mathbf{u}_0)$.

(3) $\Longrightarrow$ (1): Sei $\mathbf{v} \in \operatorname{Im} D\boldsymbol{\varphi}(\mathbf{u}_0)$. Dann gibt es einen Vektor $\mathbf{w} \in \mathbb{R}^p$ mit $D\boldsymbol{\varphi}(\mathbf{u}_0)(\mathbf{w}) = \mathbf{v}$. Nun sei $\boldsymbol{\alpha} : (-\varepsilon, \varepsilon) \to \mathbb{R}^n$ definiert durch $\boldsymbol{\alpha}(t) := \boldsymbol{\varphi}(\mathbf{u}_0 + t\mathbf{w})$. Dann liegt die Spur von $\boldsymbol{\alpha}$ in M, es ist $\boldsymbol{\alpha}(0) = \mathbf{x}_0$ und $\boldsymbol{\alpha}'(0) = D\boldsymbol{\varphi}(\mathbf{u}_0)(\mathbf{w}) = \mathbf{v}$. Also ist $\mathbf{v}$ ein Tangentialvektor an M in $\mathbf{x}_0$. ∎

Bemerkung: Wir haben insbesondere gezeigt, dass die Tangentialvektoren an eine p-dimensionale Untermannigfaltigkeit $M \subset \mathbb{R}^n$ (in einem beliebigen Punkt von M) einen p-dimensionalen Vektorraum bilden. Die anschauliche „Tangentialebene" in einem Punkt $\mathbf{x}_0 \in M$ ist i.a. kein Vektorraum, sondern ein affiner Raum. Den Vektorraum der Tangentialvektoren in $\mathbf{x}_0$ erhält man, indem man die anschauliche Tangentialebene in den Nullpunkt verschiebt.

Definition (Tangentialraum)

Den Vektorraum $T_{\mathbf{x}}(M)$ der Tangentialvektoren an M in $\mathbf{x}$ nennt man den ***Tangentialraum*** von M in $\mathbf{x}$.

1.5.8. Beispiele

A. Sei $P \subset \mathbb{R}^n$ ein Parametergebiet. Die identische Abbildung $\boldsymbol{\varphi} : P \to \mathbb{R}^n$ mit $\boldsymbol{\varphi}(\mathbf{u}) := \mathbf{u}$ kann man als Parametrisierung einer n-dimensionalen Untermannigfaltigkeit auffassen. Deshalb ist $T_{\mathbf{x}}(\mathbb{R}^n) = \mathbb{R}^n$.

B. Die Sphäre $S^{n-1} = \{\mathbf{x} : \|\mathbf{x}\| = 1\}$ ist die Nullstellenmenge von

$$f(\mathbf{x}) := \|\mathbf{x}\|^2 - 1 = \mathbf{x} \bullet \mathbf{x} - 1.$$

Für $\mathbf{x}_0 \in S^{n-1}$ ist

$$T_{\mathbf{x}_0}(S^{n-1}) = \operatorname{Ker} Df(\mathbf{x}_0) = \{\mathbf{v} \in \mathbb{R}^n \, : \, \nabla f(\mathbf{x}_0) \bullet \mathbf{v} = 0\} = \{\mathbf{v} \, : \, \mathbf{x}_0 \bullet \mathbf{v} = 0\}.$$

C. Sei $G \subset \mathbb{R}^n$, $g : G \to \mathbb{R}$ stetig differenzierbar und

$$M := \{(\mathbf{x}, t) \in G \times \mathbb{R} \, : \, t = g(\mathbf{x})\}$$

der Graph von g. Dann ist $\boldsymbol{\varphi}(\mathbf{u}) := (\mathbf{u}, g(\mathbf{u}))$ eine Parametrisierung von M, also

$$T_{(\mathbf{x}_0, z_0)}(M) = \operatorname{Im} D\boldsymbol{\varphi}(\mathbf{x}_0) = \{(\mathbf{v}, \nabla g(\mathbf{x}_0) \bullet \mathbf{v}) \in \mathbb{R}^{n+1} \, : \, \mathbf{v} \in \mathbb{R}^n\},$$

für $\mathbf{x}_0 \in G$ und $z_0 := g(\mathbf{x}_0)$.

D. Für das nächste Beispiel brauchen wir noch eine neue Differentiationsregel.

Seien E und F endlich-dimensionale normierte Vektorräume. Eine Abbildung $\boldsymbol{\Phi} : E \times E \to F$ heißt ***bilinear***, falls sie in jedem der beiden Argumente linear ist, falls also

$$\mathbf{\Phi}(\mathbf{x}_1 + \mathbf{x}_2, \mathbf{y}) = \mathbf{\Phi}(\mathbf{x}_1, \mathbf{y}) + \mathbf{\Phi}(\mathbf{x}_2, \mathbf{y}) \text{ und } \mathbf{\Phi}(\lambda\mathbf{x}, \mathbf{y}) = \lambda\mathbf{\Phi}(\mathbf{x}, \mathbf{y}) \text{ ist,}$$
$$\text{sowie } \mathbf{\Phi}(\mathbf{x}, \mathbf{y}_1 + \mathbf{y}_2) = \mathbf{\Phi}(\mathbf{x}, \mathbf{y}_1) + \mathbf{\Phi}(\mathbf{x}, \mathbf{y}_2) \text{ und } \mathbf{\Phi}(\mathbf{x}, \lambda\mathbf{y}) = \lambda\mathbf{\Phi}(\mathbf{x}, \mathbf{y}).$$

Wie bei linearen Abbildungen kann man auch für eine bilineare Abbildung eine Operator-Norm einführen:

$$\|\mathbf{\Phi}\|_{\text{op}} := \sup\{\|\mathbf{\Phi}(\mathbf{x}, \mathbf{y})\| \,:\, \|\mathbf{x}\| \le 1 \text{ und } \|\mathbf{y}\| \le 1\}.$$

Setzt man $|(\mathbf{x}, \mathbf{y})| := \max(\|\mathbf{x}\|, \|\mathbf{y}\|)$, so ist dies eine Norm auf $E \times E$, und für $\mathbf{x}, \mathbf{y} \in E$ gilt:

$$\|\mathbf{\Phi}(\mathbf{x}, \mathbf{y})\| \le \|\mathbf{\Phi}\|_{\text{op}} \cdot \|\mathbf{x}\| \cdot \|\mathbf{y}\| \le \|\mathbf{\Phi}\|_{\text{op}} \cdot |(\mathbf{x}, \mathbf{y})|^2.$$

Sei nun $(\mathbf{x}_0, \mathbf{y}_0) \in E \times E$ ein fester Punkt. Dann ist

$$\begin{aligned} \mathbf{\Phi}(\mathbf{x}, \mathbf{y}) - \mathbf{\Phi}(\mathbf{x}_0, \mathbf{y}_0) &= \mathbf{\Phi}(\mathbf{x} - \mathbf{x}_0, \mathbf{y}) + \mathbf{\Phi}(\mathbf{x}_0, \mathbf{y} - \mathbf{y}_0) \\ &= \mathbf{\Phi}(\mathbf{x} - \mathbf{x}_0, \mathbf{y}_0) + \mathbf{\Phi}(\mathbf{x}_0, \mathbf{y} - \mathbf{y}_0) + \mathbf{\Phi}(\mathbf{x} - \mathbf{x}_0, \mathbf{y} - \mathbf{y}_0). \end{aligned}$$

Die Abbildung $L : E \times E \to F$ mit

$$L(\mathbf{v}, \mathbf{w}) := \mathbf{\Phi}(\mathbf{v}, \mathbf{y}_0) + \mathbf{\Phi}(\mathbf{x}_0, \mathbf{w})$$

ist linear! Und für die Abbildung r mit $r(\mathbf{u}, \mathbf{v}) := \mathbf{\Phi}(\mathbf{u}, \mathbf{v})$ gilt die Beziehung $\lim\limits_{(\mathbf{u},\mathbf{v})\to(0,0)} \dfrac{r(\mathbf{u}, \mathbf{v})}{|(\mathbf{u}, \mathbf{v})|} = 0.$

Daher ist $\mathbf{\Phi}$ in $(\mathbf{x}_0, \mathbf{y}_0)$ differenzierbar, und

$$D\mathbf{\Phi}(\mathbf{x}_0, \mathbf{y}_0)(\mathbf{v}, \mathbf{w}) = \mathbf{\Phi}(\mathbf{v}, \mathbf{y}_0) + \mathbf{\Phi}(\mathbf{x}_0, \mathbf{w}).$$

Ist nun $B \subset \mathbb{R}^n$ offen und sind $\mathbf{f}, \mathbf{g} : B \to E$ zwei differenzierbare Abbildungen, so ist auch $\mathbf{\Phi} \circ (\mathbf{f}, \mathbf{g}) : B \to F$ differenzierbar, und es gilt:

$$\begin{aligned} D(\mathbf{\Phi} \circ (\mathbf{f}, \mathbf{g}))(\mathbf{x}_0)(\mathbf{v}) &= D\mathbf{\Phi}(\mathbf{f}(\mathbf{x}_0), \mathbf{g}(\mathbf{x}_0)) \circ D(\mathbf{f}, \mathbf{g})(\mathbf{x}_0)(\mathbf{v}) \\ &= \mathbf{\Phi}(D\mathbf{f}(\mathbf{x}_0)(\mathbf{v}), \mathbf{g}(\mathbf{x}_0)) + \mathbf{\Phi}(\mathbf{f}(\mathbf{x}_0), D\mathbf{g}(\mathbf{x}_0)(\mathbf{v})). \end{aligned}$$

Das ist eine Verallgemeinerung der Produktregel. Haben f und g Werte in $\mathbb{R}$ und ist $\Phi : \mathbb{R} \times \mathbb{R} \to \mathbb{R}$ definiert durch $\Phi(x, y) := xy$, so erhält man die Beziehung

$$D(f \cdot g)(\mathbf{x}_0) = f(\mathbf{x}_0) \cdot Dg(\mathbf{x}_0) + g(\mathbf{x}_0) \cdot Df(\mathbf{x}_0).$$

Wir betrachten jetzt die Menge

$$O(n) := \{A \in M_n(\mathbb{R}) \,:\, A \cdot A^\top = E_n\},$$

die sogenannte ***orthogonale Gruppe***. Außerdem sei $\text{Sym}(n) := \{B \in M_n(\mathbb{R}) \,:\, B^\top = B\}$ der Vektorraum der ***symmetrischen*** Matrizen (mit der Dimension $n(n+1)/2$). Definiert man $\mathbf{f} : M_n(\mathbb{R}) \to \text{Sym}(n)$ durch $\mathbf{f}(A) := A \cdot A^\top - E_n$, so ist $O(n) = \mathbf{f}^{-1}(\mathbf{0})$.

Die Abbildung $\mathbf{\Phi} : M_n(\mathbb{R}) \times M_n(\mathbb{R}) \to M_n(\mathbb{R})$ mit $\mathbf{\Phi}(A, B) := A \cdot B$ ist bilinear. Weil $\mathbf{\Phi}$ differenzierbar mit $D\mathbf{\Phi}(A_0, B_0)(X, Y) = \mathbf{\Phi}(X, B_0) + \mathbf{\Phi}(A_0, Y)$ und $A \mapsto A^\top$ linear ist, folgt:

$$D\mathbf{f}(A_0)(Z) = \mathbf{\Phi}(Z, A_0^\top) + \mathbf{\Phi}(A_0, Z^\top) = Z \cdot A_0^\top + A_0 \cdot Z^\top.$$

Die Ableitung $D\mathbf{f}(A_0) : M_n(\mathbb{R}) \to \text{Sym}(n)$ ist surjektiv. Ist nämlich eine symmetrische Matrix S gegeben, so können wir $Z := \frac{1}{2} S \cdot A_0$ setzen. Dann ist tatsächlich

$$D\mathbf{f}(A_0)(Z) = \frac{1}{2}[S \cdot A_0 \cdot A_0^\top + A_0 \cdot A_0^\top \cdot S^\top] = S.$$

Also ist $O(n)$ eine Untermannigfaltigkeit von $M_n(\mathbb{R})$, ihre Dimension beträgt

$$n^2 - \frac{n(n+1)}{2} = \frac{n^2 - n}{2} = \frac{n(n-1)}{2}.$$

Der Tangentialraum an $O(n)$ ist im Punkte $A_0 = E_n$ besonders leicht zu berechnen. Es ist

$$T_{E_n}(O(n)) = \text{Ker}\, D\mathbf{f}(E_n) = \text{Ker}(Z \mapsto Z + Z^\top) = \{Z \in M_n(\mathbb{R}) : Z^\top = -Z\}.$$

Das ist der Vektorraum der ***schiefsymmetrischen*** Matrizen, er hat offensichtlich die Dimension $n(n-1)/2$.

Als nächstes wollen wir Parameterwechsel untersuchen.

1.5.9. Satz

Sei $B \subset \mathbb{R}^n$ offen und $M \subset B$ eine k-dimensionale Untermannigfaltigkeit. W_1, W_2 seien zwei offene Mengen im $\mathbb{R}^n$ mit $W_1 \cap W_2 \cap M \neq \varnothing$, so dass es lokale Parametrisierungen $\boldsymbol{\varphi}_1 : P_1 \to W_1 \cap M$ und $\boldsymbol{\varphi}_2 : P_2 \to W_2 \cap M$ gibt. Dann ist

$$\boldsymbol{\varphi}_1^{-1} \circ \boldsymbol{\varphi}_2 : \boldsymbol{\varphi}_2^{-1}(W_1 \cap W_2 \cap M) \to \boldsymbol{\varphi}_1^{-1}(W_1 \cap W_2 \cap M)$$

ein Diffeomorphismus.

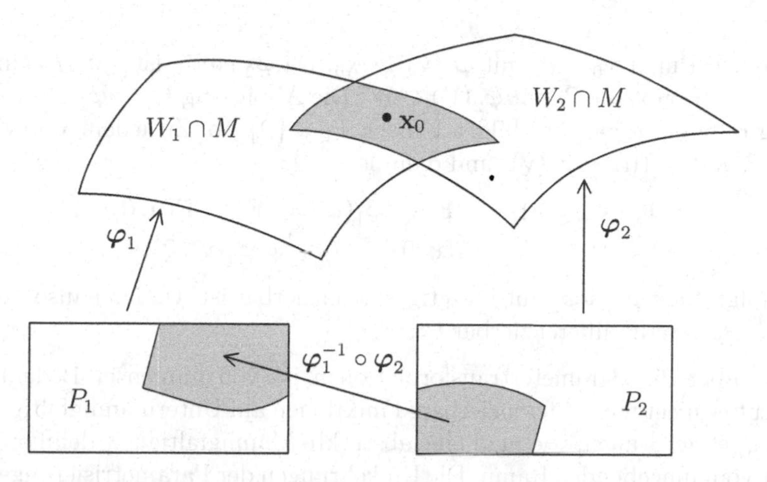

BEWEIS: Der Beweis erfordert einen kleinen Trick. Ist $\mathbf{x}_0 \in W_1 \cap W_2 \cap M$ und $\varphi_1(\mathbf{u}_0) = \mathbf{x}_0$, so können wir annehmen, dass die ersten k Zeilen von $J_{\varphi_1}(\mathbf{u}_0)$ linear unabhängig sind. Anschaulich bedeutet das, dass M in der Nahe von $\mathbf{x}_0$ wie ein Graph über einem Gebiet G des $\mathbb{R}^k$ aussieht. Ist nämlich lokal $\varphi_1 = (\mathbf{g}, \mathbf{h})$, mit Werten in $\mathbb{R}^k \times \mathbb{R}^{n-k}$ und invertierbarem $\mathbf{g}$, so ist $\varphi_1(\mathbf{u}) = \big(\mathbf{w}', \mathbf{f}(\mathbf{w}')\big)$, mit $\mathbf{w}' = \mathbf{g}(\mathbf{u})$ und $\mathbf{f} = \mathbf{h} \circ \mathbf{g}^{-1}$.

Wir definieren $\mathbf{F} : P_1 \times \mathbb{R}^{n-k} \to \mathbb{R}^n$ durch $\mathbf{F}(\mathbf{u}, \mathbf{t}) := \varphi_1(\mathbf{u}) + (\mathbf{0}, \mathbf{t})$.

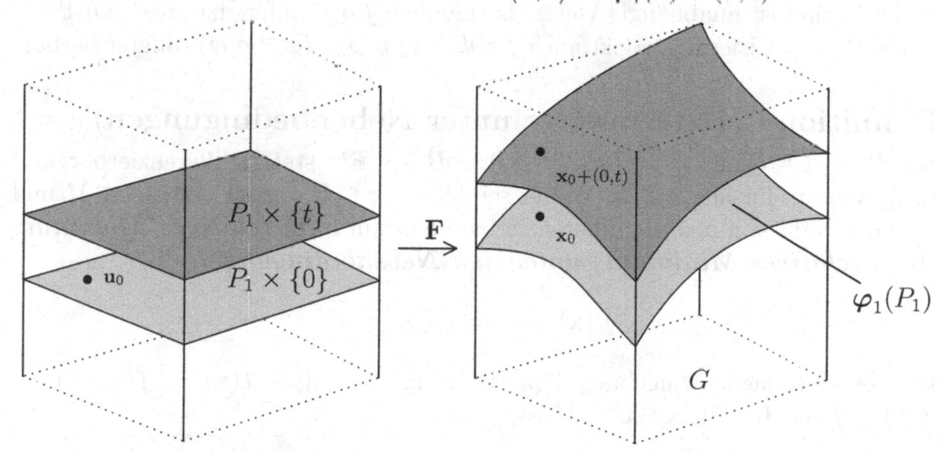

Dann bildet $\mathbf{F}$ die Schichten $P_1 \times \{\mathbf{t}\}$ auf entsprechend verschobene Exemplare von $\varphi_1(P_1)$ ab. Es ist $\mathbf{F}(\mathbf{u}_0, \mathbf{0}) = \mathbf{x}_0$ und

$$J_{\mathbf{F}}(\mathbf{u}_0, \mathbf{0}) = \left(J_{\varphi_1}(\mathbf{u}_0) \;\middle|\; \begin{matrix} 0 \\ E_{n-k} \end{matrix} \right),$$

also $\det J_{\mathbf{F}}(\mathbf{u}_0, \mathbf{0}) \neq 0$. Das bedeutet, dass $\mathbf{F}$ eine offene Umgebung $U \times U^*$ von $(\mathbf{u}_0, \mathbf{0})$ diffeomorph auf eine offene Umgebung W von $\mathbf{x}_0$ abbildet. Dabei kann man U so klein wählen, dass $W \cap M$ in $W_1 \cap W_2 \cap M$ enthalten ist.

Es gibt einen Punkt $\mathbf{v}_0 \in P_2$ mit $\boldsymbol{\varphi}_2(\mathbf{v}_0) = \mathbf{x}_0$. Da $\boldsymbol{\varphi}_2$ stetig ist, gibt es eine offene Umgebung V von $\mathbf{v}_0$ in P_2 mit $\boldsymbol{\varphi}_2(V) \subset W$. Die Abbildung $\mathbf{F}^{-1} \circ \boldsymbol{\varphi}_2 : V \to U \times U^*$ ist stetig differenzierbar und bildet V nach $P_1 \times \{\mathbf{0}\}$ ab. Zu jedem $\mathbf{v} \in V$ gibt es ein $\mathbf{u} \in P_1$ mit $\boldsymbol{\varphi}_1(\mathbf{u}) = \boldsymbol{\varphi}_2(\mathbf{v})$, und dann ist

$$\begin{aligned} \mathbf{F}^{-1} \circ \boldsymbol{\varphi}_2(\mathbf{v}) &= \mathbf{F}^{-1} \circ \boldsymbol{\varphi}_1(\mathbf{u}) = \mathbf{F}^{-1} \circ \mathbf{F}(\mathbf{u}, \mathbf{0}) \\ &= (\mathbf{u}, \mathbf{0}) = (\boldsymbol{\varphi}_1^{-1} \circ \boldsymbol{\varphi}_2(\mathbf{v}), \mathbf{0}). \end{aligned}$$

Daraus folgt, dass $\boldsymbol{\varphi}_1^{-1} \circ \boldsymbol{\varphi}_2$ auf V stetig differenzierbar ist. Und genauso zeigt man, dass $\boldsymbol{\varphi}_2^{-1} \circ \boldsymbol{\varphi}_1$ stetig differenzierbar ist. ∎

Der Satz über die Parametertransformationen ist von immenser Bedeutung. Er ermöglicht es nicht nur, differenzierbare Funktionen auf Untermannigfaltigkeiten zu definieren, er zeigt auch, wie man eine abstrakte Mannigfaltigkeit definieren sollte, losgelöst vom umgebenden Raum. Die Umkehrungen der Parametrisierungen liefern dann lokale Koordinaten auf der Mannigfaltigkeit, und der obige Satz besagt, dass man jederzeit zwischen verschiedenen Koordinaten wechseln kann.

Definition (differenzierbare Funktionen auf Flächen)

Sei M eine k-dimensionale Untermannigfaltigkeit, $h : M \to \mathbb{R}$ stetig. h heißt ***differenzierbar***, falls $h \circ \boldsymbol{\varphi}$ für jede Parametrisierung $\boldsymbol{\varphi}$ differenzierbar ist.

Die Definition ist unabhängig von φ. Ist nämlich $f \circ \boldsymbol{\varphi}$ differenzierbar und $\boldsymbol{\psi}$ eine andere Parametrisierung, so ist auch $f \circ \boldsymbol{\psi} = (f \circ \boldsymbol{\varphi}) \circ (\boldsymbol{\varphi}^{-1} \circ \boldsymbol{\psi})$ differenzierbar.

Definition (Extremwerte unter Nebenbedingungen)

Sei $B \subset \mathbb{R}^n$ offen, $\mathbf{g} = (g_1, \ldots, g_m) : B \to \mathbb{R}^m$ stetig differenzierbar und $\operatorname{rg} J_{\mathbf{g}}(\mathbf{x}) = m$ für alle $\mathbf{x} \in B$. Weiter sei $M := \{\mathbf{x} \in B : \mathbf{g}(\mathbf{x}) = \mathbf{0}\}$, $\mathbf{a} \in M$ und f in der Nähe von $\mathbf{a}$ stetig differenzierbar. f hat in $\mathbf{a}$ ein ***relatives Maximum*** (bzw. ***relatives Minimum***) ***unter den Nebenbedingungen***

$$g_1(\mathbf{x}) = \ldots = g_m(\mathbf{x}) = 0,$$

falls es eine offene Umgebung $U(\mathbf{a}) \subset B$ gibt, so dass $f(\mathbf{x}) \leq f(\mathbf{a})$ (bzw. $f(\mathbf{x}) \geq f(\mathbf{a})$) für alle $\mathbf{x} \in U \cap M$ ist.

1.5.10. Satz (Methode der Lagrange'schen Multiplikatoren)

Hat f in $\mathbf{a}$ ein relatives Extremum unter den Nebenbedingungen

$$g_1(\mathbf{x}) = \ldots = g_m(\mathbf{x}) = 0,$$

so gibt es Zahlen $\lambda_1, \ldots, \lambda_m \in \mathbb{R}$, so dass gilt:

$$\nabla f(\mathbf{a}) = \lambda_1 \cdot \nabla g_1(\mathbf{a}) + \cdots + \lambda_m \cdot \nabla g_m(\mathbf{a}).$$

Die Zahlen $\lambda_1, \ldots, \lambda_m$ nennt man ***Lagrange'sche Multiplikatoren***. Man beachte, dass es sich hier nur um ein notwendiges Kriterium handelt! Die Punkte, in denen die angegebene Bedingung erfüllt ist, können Extremwerte sein. Ob sie es wirklich sind, muss man mit anderen Mitteln feststellen.

BEWEIS: Sei $M \subset B \subset \mathbb{R}^n$ die $(n-m)$-dimensionale Untermannigfaltigkeit, die durch die Nebenbedingungen gegeben ist. Hat $f|_M$ in $\mathbf{a} \in M$ ein lokales Extremum und ist $\boldsymbol{\varphi}$ eine Parametrisierung für M mit $\varphi(\mathbf{u}_0) = \mathbf{a}$, so ist $f \circ \boldsymbol{\varphi}$ differenzierbar und hat ein Extremum in $\mathbf{u}_0$.

Dann ist $\mathbf{0} = \nabla(f \circ \boldsymbol{\varphi})(\mathbf{u}_0) = \nabla f(\mathbf{a}) \cdot J_\varphi(\mathbf{u}_0)$. Der Lösungsraum des linearen Gleichungssystems

$$\mathbf{w} \cdot J_\varphi(\mathbf{u}_0) = \mathbf{0} \quad (\text{für } \mathbf{w} \in \mathbb{R}^n)$$

hat die Dimension $n - \text{rg}\, J_\varphi(\mathbf{u}_0) = n - (n-m) = m$.

Weil $g_\mu \circ \boldsymbol{\varphi}(\mathbf{u}) \equiv 0$ für $\mu = 1, \ldots, m$ gilt, ist auch $\nabla g_\mu(\mathbf{a}) \cdot J_\varphi(\mathbf{u}_0) = \mathbf{0}$ für alle μ. Das bedeutet, dass die Gradienten $\nabla g_\mu(\mathbf{a})$ allesamt Lösungen des obigen Gleichungssystems sind. Weil sie außerdem linear unabhängig sind (wegen der Generalvoraussetzung: $\text{rg}\, J_{\mathbf{g}}(\mathbf{x}) = m$ auf M), bilden sie eine Basis des Lösungsraumes. Damit ist klar, dass $\nabla f(\mathbf{a})$ eine Linearkombination von $\nabla g_1(\mathbf{a}), \ldots, \nabla g_m(\mathbf{a})$ ist, d.h., es gibt Zahlen $\lambda_1, \ldots, \lambda_m$, so dass

$$\nabla f(\mathbf{a}) = \sum_{\mu=1}^{m} \lambda_\mu \cdot \nabla g_\mu(\mathbf{a})$$

ist. ∎

1.5.11. Beispiele

A. Wir suchen den maximalen Wert, den $f(x,y,z) := 3x + 2y + z$ unter den Nebenbedingungen $x - y + z = 1$ und $x^2 + y^2 = 1$ annimmt. Diese Nebenbedingungen beschreiben den Schnitt einer Ebene mit einem Zylinder, also eine schräg im Raum liegende Ellipse.

Sei $g(x,y,z) := x - y + z - 1$ und $h(x,y,z) := x^2 + y^2 - 1$. Dann ist

$$J_{(g,h)}(x,y,z) = \begin{pmatrix} 1 & -1 & 1 \\ 2x & 2y & 0 \end{pmatrix},$$

Da unter den Nebenbedingungen nicht $x = y = 0$ gelten kann, hat $J_{(g,h)}$ den Rang 2. Die Ellipse ist kompakt und f ist stetig. Also nimmt f irgendwo auf ihr sein Maximum an. Wegen des Satzes von den Lagrange'schen Multiplikatoren gibt es dann Konstanten λ und μ, so dass $\nabla f(x,y,z) = \lambda \cdot \nabla g(x,y,z) + \mu \cdot \nabla h(x,y,z)$ ist, also

$$\lambda + 2\mu x = 3, \quad -\lambda + 2\mu y = 2 \quad \text{und} \quad \lambda = 1.$$

Das ergibt die Gleichungen $x = 1/\mu$ und $y = 3/(2\mu)$.

Die Nebenbedingungen dienen als weitere Bestimmungsgleichungen. Also ist

$$1 = (\frac{1}{\mu})^2 + (\frac{3}{2\mu})^2 = \frac{13}{4\mu^2} \text{ und daher } \mu = \pm\frac{1}{2}\sqrt{13}.$$

Als Kandidaten für Extremwerte erhalten wir somit

$$\mathbf{x}_+ := (\frac{2}{\sqrt{13}}, \frac{3}{\sqrt{13}}, 1 + \frac{1}{\sqrt{13}}) \text{ und } \mathbf{x}_- := (-\frac{2}{\sqrt{13}}, -\frac{3}{\sqrt{13}}, 1 - \frac{1}{\sqrt{13}}).$$

Es ist $f(\mathbf{x}_+) = 1 + \sqrt{13}$ und $f(\mathbf{x}_-) = 1 - \sqrt{13}$. Damit ist klar, dass f bei $\mathbf{x}_+$ seinen größten Wert annimmt, nämlich $1 + \sqrt{13}$.

B. Sei $h(\mathbf{x}) := x_1 \cdot x_2 \cdots x_n$ und

$$M := \{\mathbf{x} : x_1 + \cdots + x_n = 1 \text{ und } x_\nu > 0 \text{ für alle } \nu\}.$$

Die stetige Funktion h nimmt auf der kompakten Menge $\overline{M}$ ihr Maximum an, und dies muss schon in M liegen (denn h verschwindet auf dem Rand von M). Setzen wir $f(\mathbf{x}) := x_1 + \cdots + x_n - 1$, so ist $\nabla f(\mathbf{x}) = (1, 1, \ldots, 1)$ in jedem Punkt $\mathbf{x}$, und es ist

$$\nabla h(\mathbf{x}) = (\prod_{i \neq 1} x_i, \ldots, \prod_{i \neq n} x_i).$$

Wenn h auf M in $\mathbf{a} = (a_1, \ldots, a_n)$ sein Maximum annimmt, dann muss es ein $\lambda \in \mathbb{R}$ geben, so dass $\prod_{i \neq j} a_i = \lambda$ für alle j gilt. Das ist nur möglich, wenn $a_1 = \ldots = a_n$ ist. Da außerdem $a_1 + \cdots + a_n = 1$ ist, folgt:

$$\mathbf{a} = \left(\frac{1}{n}, \ldots, \frac{1}{n}\right).$$

Dieses Ergebnis hat eine interessante Konsequenz. Es ist ja

$$h(\mathbf{x}) \leq h(\mathbf{a}) = \left(\frac{1}{n}\right)^n \quad \text{für alle } \mathbf{x} \in M.$$

Sind nun $t_1, \ldots, t_n$ beliebige positive reelle Zahlen, so gilt:

$$\mathbf{t} := \left(\frac{t_1}{t_1 + \cdots + t_n}, \ldots, \frac{t_n}{t_1 + \cdots + t_n}\right) \in M.$$

Dann ist $\dfrac{t_1 \cdots t_n}{(t_1 + \cdots + t_n)^n} \leq \left(\dfrac{1}{n}\right)^n$, und daher

$$\sqrt[n]{t_1 \cdots t_n} \leq \frac{t_1 + \cdots + t_n}{n}.$$

Das ist die bekannte ***Ungleichung zwischen dem geometrischen und dem arithmetischen Mittel***.

Zusammenfassung

Sei $P \subset \mathbb{R}^p$ ein **Parametergebiet**, also ein beschränktes Gebiet, bei dem jeder Randpunkt von P auch ein Randpunkt von $\overline{P}$ ist. Ein **glattes parametrisiertes Flächenstück** (über P) ist eine stetig differenzierbare Abbildung $\boldsymbol{\varphi} : P \to \mathbb{R}^n$, für die gilt:

1. $\boldsymbol{\varphi}$ ist injektiv.
2. $\operatorname{rg} J_{\boldsymbol{\varphi}}(\mathbf{u}) = p$ für alle $\mathbf{u} \in P$.
3. Ist $\mathbf{u}_0 \in P$ und $\mathbf{u}_\nu \in P$ eine Folge mit $\lim\limits_{\nu \to \infty} \boldsymbol{\varphi}(\mathbf{u}_\nu) = \boldsymbol{\varphi}(\mathbf{u}_0)$, so ist auch $\lim\limits_{\nu \to \infty} \mathbf{u}_\nu = \mathbf{u}_0$.

Die Zahl p nennt man die **Dimension** des Flächenstücks. Ist $p = 1$, so spricht man von einem **glatten Weg**.

Eine Menge $M \subset \mathbb{R}^n$ heißt eine p-dimensionale **glatte Fläche**, oder **Untermannigfaltigkeit** falls es zu jedem Punkt $\mathbf{x}_0 \in M$ eine Umgebung $U = U(\mathbf{x}_0) \subset \mathbb{R}^n$, ein Parametergebiet $P \subset \mathbb{R}^p$, einen Parameter $\mathbf{u}_0 \in P$ und ein p-dimensionales glattes parametrisiertes Flächenstück $\boldsymbol{\varphi} : P \to \mathbb{R}^n$ mit $\boldsymbol{\varphi}(\mathbf{u}_0) = \mathbf{x}_0$ und $\boldsymbol{\varphi}(P) = M \cap U$ gibt.

Oftmals ist auch eine andere (lokale) Beschreibung von Flächen nützlich:

Sei $P \subset \mathbb{R}^p$ ein Parametergebiet, $\boldsymbol{\varphi} : P \to \mathbb{R}^n$ ein glattes parametrisiertes Flächenstück, $S := \boldsymbol{\varphi}(P)$. Dann gibt es zu jedem Punkt $\mathbf{x}_0 \in S$ eine offene Umgebung $U = U(\mathbf{x}_0) \subset \mathbb{R}^n$ und eine stetig differenzierbare Abbildung $\mathbf{f} : U \to \mathbb{R}^{n-p}$, so dass gilt:

1. $U \cap S = \mathbf{f}^{-1}(\mathbf{0})$.
2. $\operatorname{rg} J_{\mathbf{f}}(\mathbf{x}) = n - p$ für $\mathbf{x} \in U \cap S$.

Ein Vektor $\mathbf{v} \in \mathbb{R}^n$ heißt **Tangentialvektor** an eine glatte Fläche $M \subset \mathbb{R}^n$ im Punkte $\mathbf{x}_0$, falls es ein $\varepsilon > 0$ und einen stetig differenzierbaren Weg $\boldsymbol{\alpha} : (-\varepsilon, \varepsilon) \to \mathbb{R}^n$ mit $\boldsymbol{\alpha}(0) = \mathbf{x}_0$ und $\boldsymbol{\alpha}'(0) = \mathbf{v}$ gibt, so dass die Spur von $\boldsymbol{\alpha}$ ganz in M liegt.

In verschiedenen Situationen sind unterschiedliche Charakterisierungen von Tangentialvektoren nützlich. Sei $M \subset \mathbb{R}^n$ eine glatte Fläche, $\mathbf{x}_0 \in M$. Es sei $U = U(\mathbf{x}_0) \subset \mathbb{R}^n$ eine offene Umgebung, so dass gilt:

a) Es gibt eine stetig differenzierbare Abbildung $\mathbf{f} : U \to \mathbb{R}^{n-p}$ mit $\mathbf{f}^{-1}(\mathbf{0}) = U \cap M$ und $\operatorname{rg}(J_{\mathbf{f}}(\mathbf{x})) = n - p$ für alle $\mathbf{x} \in U \cap M$.

b) Es gibt ein Parametergebiet $P \subset \mathbb{R}^p$ und eine stetig differenzierbare Parametrisierung $\boldsymbol{\varphi} : P \to \mathbb{R}^n$ mit $\boldsymbol{\varphi}(\mathbf{u}_0) = \mathbf{x}_0$ und $\boldsymbol{\varphi}(P) = U \cap M$.

$$\mathbb{R}^p \supset P \xrightarrow{\varphi} M \cap U \subset U \xrightarrow{\mathbf{f}} \mathbb{R}^{n-p}.$$

Dann ist $\mathbf{f} \circ \varphi(\mathbf{u}) \equiv \mathbf{0}$ für alle $\mathbf{u} \in P$, und deshalb sind die folgenden Aussagen über einen Vektor $\mathbf{v} \in \mathbb{R}^n$ äquivalent:

1. $\mathbf{v}$ ist ein Tangentialvektor an M im Punkte $\mathbf{x}_0$.
2. $\mathbf{v} \in \mathrm{Im}\big(D\varphi(\mathbf{u}_0) : \mathbb{R}^p \to \mathbb{R}^n\big)$.
3. $\mathbf{v} \in \mathrm{Ker}\big(D\mathbf{f}(\mathbf{x}_0) : \mathbb{R}^n \to \mathbb{R}^{n-p}\big)$.

Unter dem **Tangentialraum** von M in $\mathbf{x}$ versteht man den Vektorraum $T_{\mathbf{x}}(M)$ aller Tangentialvektoren an M in $\mathbf{x}$.

Der Wechsel zwischen verschiedenen Parametrisierungen einer Fläche M ist immer ein Diffeomorphismus. Deshalb kann man eine stetige Funktion $h : M \to \mathbb{R}$ **differenzierbar** nennen, falls $h \circ \varphi$ für jede Parametrisierung φ differenzierbar ist. Um differenzierbare Funktionen auf Flächen und deren Extremwerte geht es bei der **Methode der Lagrange'schen Multiplikatoren**:

Sei $B \subset \mathbb{R}^n$ offen, $\mathbf{g} = (g_1, \ldots, g_m) : B \to \mathbb{R}^m$ stetig differenzierbar, $\mathrm{rg}\, J_{\mathbf{g}}(\mathbf{x}) = m$ für alle $\mathbf{x} \in B$ und $M := \{\mathbf{x} \in B : \mathbf{g}(\mathbf{x}) = \mathbf{0}\}$. Sei $\mathbf{a} \in M$, $U(\mathbf{a}) \subset B$ eine offene Umgebung und $f : U \to \mathbb{R}$ eine stetig differenzierbare Funktion. Man sagt, f hat in $\mathbf{a}$ ein **relatives Maximum** (bzw. **Minimum**) **unter den Nebenbedingungen**

$$g_1(\mathbf{x}) = \ldots = g_m(\mathbf{x}) = 0,$$

falls $f(\mathbf{x}) \le f(\mathbf{a})$ (bzw. $f(\mathbf{x}) \ge f(\mathbf{a})$) für alle $\mathbf{x} \in U \cap M$ ist.

Hat f in $\mathbf{a}$ ein relatives Extremum unter den Nebenbedingungen

$$g_1(\mathbf{x}) = \ldots = g_m(\mathbf{x}) = 0,$$

so gibt es Zahlen $\lambda_1, \ldots, \lambda_m \in \mathbb{R}$, so dass gilt:

$$\nabla f(\mathbf{a}) = \lambda_1 \cdot \nabla g_1(\mathbf{a}) + \cdots + \lambda_m \cdot \nabla g_m(\mathbf{a}).$$

Die Zahlen $\lambda_1, \ldots, \lambda_m$ nennt man **Lagrange'sche Multiplikatoren**. Man beachte, dass es sich hier nur um ein notwendiges Kriterium handelt! Um festzustellen, ob wirklich ein Extremum vorliegt, braucht man weitere Hilfsmittel. Man vergleiche dazu das Ende von Abschnitt 1.3.

Ergänzungen

I) Wir wollen hier noch eine andere Charakterisierung von Untermannigfaltigkeiten herleiten.

Zur Erinnerung: Sei $B \subset \mathbb{R}^n$ offen, $0 \le d < n$. Eine in B abgeschlossene Teilmenge $M \subset B$ ist genau dann eine $(n-d)$–dimensionale Untermannigfaltigkeit, wenn es zu jedem Punkt $\mathbf{x}_0 \in M$ eine offene Umgebung $U(\mathbf{x}_0) \subset B$ und stetig differenzierbare Funktionen $f_1, \ldots, f_d : U \to \mathbb{R}$ gibt, so dass gilt:

1. $U \cap M = \{\mathbf{x} \in U \,:\, f_1(\mathbf{x}) = \ldots = f_d(\mathbf{x}) = 0\}$.
2. $\nabla f_1(\mathbf{x}), \ldots, \nabla f_d(\mathbf{x})$ sind linear unabhängig für alle $\mathbf{x} \in U$.

Die Zahl d nennt man die ***Codimension*** von M in $\mathbf{x}_0$.

1.5.12. Satz

Eine Teilmenge $M \subset B$ ist genau dann eine d-codimensionale Untermannigfaltigkeit von B, wenn es zu jedem Punkt $\mathbf{x}_0 \in M$ eine offene Umgebung $U(\mathbf{x}_0) \subset B$ und eine in $\mathbf{x}_0$ glatte Abbildung $\mathbf{F} : U \to \mathbb{R}^n$ gibt, so dass gilt: $\mathbf{F}(U \cap M) = \{\mathbf{y} \in \mathbf{F}(U) \,:\, y_{n-d+1} = \ldots = y_n = 0\}$.

BEWEIS:

Sei M eine Untermannigfaltigkeit, $M \cap U = \{f_1 = \ldots = f_d = 0\}$. Nach geeigneter Numerierung der Koordinaten ist $\mathbf{x} = (\mathbf{x}^*, \mathbf{x}^{**}) \in \mathbb{R}^{n-d} \times \mathbb{R}^d$, und die Funktionalmatrix von $\mathbf{f} = (f_1, \ldots, f_d)$ hat die Gestalt

$$J_{\mathbf{f}}(\mathbf{x}) = \left(\frac{\partial \mathbf{f}}{\partial \mathbf{x}^*}(\mathbf{x}) \;\Big|\; \frac{\partial \mathbf{f}}{\partial \mathbf{x}^{**}}(\mathbf{x}) \right), \text{ mit } \det\left(\frac{\partial \mathbf{f}}{\partial \mathbf{x}^{**}}(\mathbf{x}) \right) \neq 0.$$

Wir definieren $\mathbf{F} : U \to \mathbb{R}^n$ durch $\mathbf{F}(\mathbf{x}^*, \mathbf{x}^{**}) := (\mathbf{x}^*, \mathbf{f}(\mathbf{x}^*, \mathbf{x}^{**}))$. Dann ist

$$J_{\mathbf{F}}(\mathbf{x}^*, \mathbf{x}^{**}) = \left(\begin{array}{c|c} E_{n-d} & \mathbf{O} \\ \hline \dfrac{\partial \mathbf{f}}{\partial \mathbf{x}^*}(\mathbf{x}) & \dfrac{\partial \mathbf{f}}{\partial \mathbf{x}^{**}}(\mathbf{x}) \end{array} \right)$$

und $\det J_{\mathbf{F}}(\mathbf{x}) \neq 0$. Also ist $\mathbf{F}$ ein lokaler Diffeomorphismus und

$$\mathbf{F}(M \cap U) = \{(\mathbf{y}^*, \mathbf{y}^{**}) \in \mathbf{F}(U) \,:\, \mathbf{y}^{**} = \mathbf{0}\}.$$

Ist umgekehrt ein Diffeomorphismus $\mathbf{F} = (F_1, \ldots, F_n) : U \to \mathbb{R}^n$ gegeben, mit

$$\mathbf{F}^{-1}(\{\mathbf{y} \,:\, y_{n-d+1} = \ldots = y_n = 0\}) = U \cap M,$$

so setzen wir $f_i := F_{n-d+i}$ für $i = 1, \ldots, d$. Dann ist $M = \{f_1 = \ldots = f_d = 0\}$, und da $J_{\mathbf{F}}$ regulär ist, sind $\nabla f_1, \ldots, \nabla f_d$ linear unabhängig. ∎

1.5.13. Beispiele

A. Alle schon bekannten (glatten) Flächen sind natürlich Untermannigfaltigkeiten.

B. Sei $f : \mathbb{R}^2 \to \mathbb{R}$ definiert durch $f(x, y) := (x-1)^3 - y^2$. Dann nennt man

$$N := \{(x, y) \,:\, f(x, y) = 0\}$$

eine ***Neil'sche Parabel***.

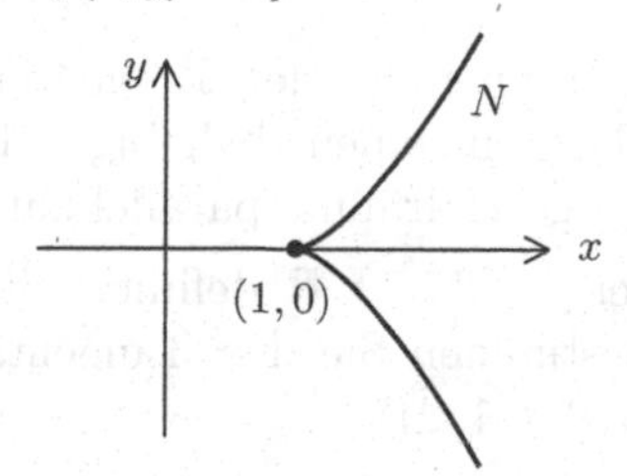

Der Gradient $\nabla f(x,y) = (3(x-1)^2, -2y)$ verschwindet in dem Punkt $(1,0)$ (der leider auf N liegt), aber in keinem anderen Punkt.

Durch $\boldsymbol{\alpha}(t) := (1+t^2, t^3)$ wird N parametrisiert, in allen Punkten $t \neq 0$ ist das eine glatte Parametrisierung. Also erhält man (für $t \neq 0$) durch den Vektor $\boldsymbol{\alpha}'(t) = (2t, 3t^2) = t \cdot (2, 3t)$ die Richtung des Tangentialraumes in $\boldsymbol{\alpha}(t)$. Wäre N eine Untermannigfaltigkeit, so würde der Tangentialraum stetig variieren, und wir hätten in $(1,0)$ die x-Achse als Tangentialraum. Aber N wäre in der Nähe dieses Punktes auch ein Graph. Da N kein Graph über der x-Achse ist (die Eindeutigkeit ist verletzt, es ist $y = \pm\sqrt{(x-1)^3}$), muss N Graph einer Funktion $x = g(y)$ über der y-Achse sein. Der hätte dann im Nullpunkt eine „senkrechte“ Tangente, was bei einer differenzierbaren Funktion g nicht möglich ist.

Also ist N keine Untermannigfaltigkeit. Tatsächlich hat N in $(1,0)$ eine „Spitze“.

1.5.14. Aufgaben

A. Sei $0 < a < b$. Zeigen Sie, dass $\boldsymbol{\varphi} : (0, 2\pi) \times (0, 2\pi) \to \mathbb{R}^3$ mit

$$\boldsymbol{\varphi}(u,v) := \big((b - a\cos v)\cos u, (b - a\cos v)\sin u, a\sin v\big)$$

ein glattes parametrisiertes Flächenstück ist.

B. (a) Zeigen Sie: In einer p-dimensionalen Untermannigfaltigkeit des $\mathbb{R}^n$ besitzt jeder Punkt eine zusammenhängende Umgebung (in der Relativtopologie).

(b) Zeigen Sie, dass $X := \{(x,y) \in \mathbb{R}^2 : y \text{ rational}\}$ keine glatte Kurve ist.

C. Sei $\boldsymbol{\alpha} : \mathbb{R} \to \mathbb{R}^2$ definiert durch $\boldsymbol{\alpha}(t) := (\cos t, 3\sin t)$, $M := \boldsymbol{\alpha}(\mathbb{R})$.

(a) Zeigen Sie, dass es zu jedem Punkt $\mathbf{x}_0 \in M$ eine Umgebung $U = U(\mathbf{x}_0) \subset \mathbb{R}^2$, ein offenes Intervall I der Länge $< 2\pi$ und ein $t_0 \in I$gibt, so dass $\boldsymbol{\alpha}(t_0) = \mathbf{x}_0$ und $\boldsymbol{\alpha}|_I$ eine glatte Parametrisierung von $M \cap U$ ist.

(b) Geben Sie zu jedem Punkt $\mathbf{x}_0 \in M$ eine Umgebung $U = U(\mathbf{x}_0) \subset \mathbb{R}^2$ und eine stetig differenierbare Funktion $f : U \to \mathbb{R}$ an, so dass $M \cap U = \{\mathbf{x} \in U : f(\mathbf{x}) = 0\}$ und $\nabla f(\mathbf{x}) \neq \mathbf{0}$ für $\mathbf{x} \in M \cap U$ ist.

D. Sei $\mathbf{f} : \mathbb{R}^3 \to \mathbb{R}^2$ definiert durch $\mathbf{f}(x,y,z) := (x^2 + y^2 - 1,\, x^2 + y^2 + z^2 - 2x)$, sowie $M := \mathbf{f}^{-1}(\mathbf{0})$.

(a) Zeigen Sie, dass M eine glatte Kurve ist.

(b) Konstruieren Sie zu jedem Punkt $\mathbf{x}_0 \in M$ eine Umgebung $U = U(\mathbf{x}_0) \subset \mathbb{R}^3$ und eine glatte Parametrisierung $\boldsymbol{\alpha} : I \to M \cap U$.

E. (a) Bestimmen Sie den Tangentialraum der durch $x^2 + y^2 - z^2 = 1$ gegebenen Fläche in einem beliebigen Punkt $(x, y, 0)$. Zeigen Sie, dass alle diese Tangentialräume parallel zur z-Achse sind.

(b) Sei $f : \mathbb{R}^2 \to \mathbb{R}$ definiert durch $f(x,y) = 3x^2 - 2y^2 + \cos(\pi(x-y))$. Bestimmen Sie den Tangentialraum an den Graphen von f im Punkt $(1, 2, f(1,2))$.

(c) Bestimmen Sie den Tangentialraum an die Fläche $M := \{(x, y, z) \in \mathbb{R}^3 : xyz = 1\}$ im Punkte $(1, 2, 1/2)$.

F. Bestimmen Sie das Minimum und das Maximum von $f(x, y) := 5x^2 - 12xy$ auf $D := \{(x, y) \in \mathbb{R}^2 : x^2 + y^2 \leq 1\}$.

G. Bestimmen Sie den achsenparallelen Quader Q mit dem größten Volumen, der dem „Ellipsoid"

$$E := \{(x, y, z) \in \mathbb{R}^3 : \frac{x^2}{a^2} + \frac{y^2}{b^2} + \frac{z^2}{c^2} = 1\}$$

einbeschrieben werden kann.

H. Bestimmen Sie das Maximum und das Minimum der Funktion $f(x, y, z) := x + 2y + 3z$ auf dem Schnitt M der durch $x + y + z = 0$ gegebenen Ebene mit der Einheitssphäre.

I. Bestimmen Sie das Maximum und das Minimum der Funktion $f(x, y) := xy + 2z$ unter den Nebenbedingungen $x + y + z = 0$ und $x^2 + y^2 + z^2 = 24$.

1.6 Kurvenintegrale

Zur Einführung: In diesem Abschnitt werden zunächst **Vektorfelder** und die auf Vektorfeldern wirkenden Differentialoperatoren div und **rot** eingeführt. Dann wird erklärt, wie man Vektorfelder über Kurven integriert. Das Verschwinden solcher Kurvenintegrale über geschlossenen Wegen steht in engem Zusammenhang mit der Existenz von Stammfunktionen von Vektorfeldern, sogenannter **Potentiale**.

Was versteht man unter einem Vektorfeld? Wir stellen uns darunter eine räumliche Verteilung von Vektoren vor: In jedem Punkt $\mathbf{x}$ eines Gebietes G ist ein Vektor $\mathbf{F}(\mathbf{x})$ angeheftet. Also besteht das Vektorfeld eigentlich aus Paaren $(\mathbf{x}, \mathbf{F}(\mathbf{x}))$, $\mathbf{x} \in G$. Solche Paare treten als Elemente des Graphen einer Abbildung $\mathbf{F} : G \to \mathbb{R}^n$ auf. Wir werden an Stelle des Graphen die Abbildung selbst betrachten.

Bisher haben wir eine (differenzierbare) Abbildung von einem Gebiet $G \subset \mathbb{R}^n$ in den $\mathbb{R}^n$ als eine Koordinatentransformation aufgefasst. Jetzt begegnet uns hier in der Gestalt eines Vektorfeldes noch eine etwas andere Interpretation einer Abbildung.

Definition (Vektorfeld)

Sei $G \subset \mathbb{R}^n$ ein Gebiet. Ein ***Vektorfeld*** auf G ist eine Abbildung $\mathbf{F} : G \to \mathbb{R}^n$, die jedem $\mathbf{x} \in G$ einen Vektor $\mathbf{F}(\mathbf{x}) \in \mathbb{R}^n$ zuordnet.

Das Vektorfeld heißt stetig bzw. differenzierbar oder k-mal stetig diffenzierbar, falls $\mathbf{F}$ eine stetige bzw. differenzierbare oder k-mal stetig differenzierbare Abbildung ist.

Graphisch stellt man das Vektorfeld dar, indem man in jedem Punkt $\mathbf{x}$ den zugeordneten Vektorpfeil $\mathbf{F}(\mathbf{x})$ zeichnet.

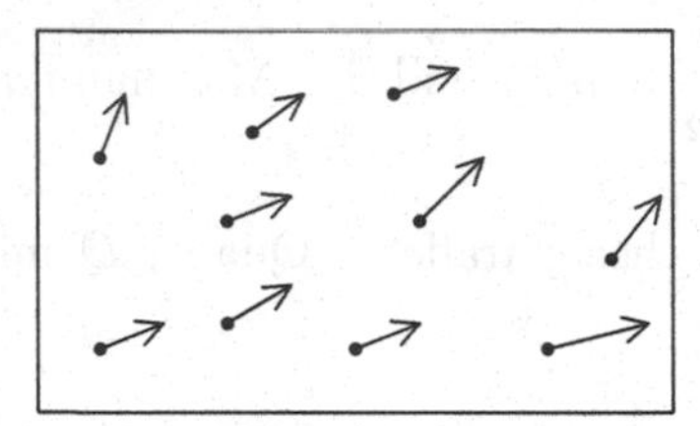

Wir erinnern uns an die Interpretation der partiellen Ableitung $\dfrac{\partial}{\partial x_i}$ als „linearer Operator“ D_i, der $\mathscr{C}^\infty(G)$ auf sich abbildet.

Die n Operatoren $D_1, \ldots, D_n$ haben wir zu dem vektoriellen Operator

$$\nabla := (D_1, \ldots, D_n) = \left(\frac{\partial}{\partial x_1}, \ldots, \frac{\partial}{\partial x_n}\right)$$

zusammengefasst. Lässt man diesen Operator auf eine Funktion f wirken, so erhält man das ***Gradientenfeld***

$$\mathbf{grad}(f) := \nabla f = \left(\frac{\partial f}{\partial x_1}, \ldots, \frac{\partial f}{\partial x_n}\right).$$

Ist $\mathbf{F} = (F_1, \ldots, F_n) : G \to \mathbb{R}^n$ ein Vektorfeld, dessen sämtliche Komponenten F_i stetig partiell differenzierbar sind, so heißt die Funktion

$$\operatorname{div}(\mathbf{F}) := D_1 F_1 + \cdots + D_n F_n = \frac{\partial F_1}{\partial x_1} + \cdots + \frac{\partial F_n}{\partial x_n}$$

die ***Divergenz*** von $\mathbf{F}$.

Ist speziell $n = 3$ und $\mathbf{F} : G \to \mathbb{R}^3$ ein stetig partiell differenzierbares Vektorfeld, so heißt das Vektorfeld

$$\mathbf{rot}(\mathbf{F}) := (D_2F_3 - D_3F_2, D_3F_1 - D_1F_3, D_1F_2 - D_2F_1)$$

die ***Rotation*** von $\mathbf{F}$.

Als Gedächtnisstütze kann man schreiben:

$$\operatorname{div}(\mathbf{F}) = \nabla \bullet \mathbf{F} \quad \text{und} \quad \mathbf{rot}(\mathbf{F}) = \nabla \times \mathbf{F}.$$

Man beachte aber, dass bei $\nabla \bullet \mathbf{F}$ und $\nabla \times \mathbf{F}$ nicht einfach nur Multiplikationen zwischen den Komponenten von ∇ und denen von $\mathbf{F}$ durchgeführt werden, sondern dass die Komponenten von ∇ als Operatoren auf den Komponenten von $\mathbf{F}$ wirken!

Vektorfelder können addiert und mit stetigen Funktionen multipliziert werden:

$$\begin{aligned} (\mathbf{F}_1 + \mathbf{F}_2)(\mathbf{x}) &:= \mathbf{F}_1(\mathbf{x}) + \mathbf{F}_2(\mathbf{x}) \\ \text{und} \qquad (f \cdot \mathbf{F})(\mathbf{x}) &:= f(\mathbf{x}) \cdot \mathbf{F}(\mathbf{x}). \end{aligned}$$

Zur Motivation: Soll ein Massenpunkt in einem Kraftfeld $\mathbf{F}$ längs eines glatten Weges $\boldsymbol{\alpha}$ bewegt werden, so hängt die Arbeit, die bei der Bewegung verrichtet wird, von derjenigen Komponente der Kraft ab, die in Richtung des Tangentialvektors an $\boldsymbol{\alpha}$ zeigt. Diese Komponente ist an der Stelle $\boldsymbol{\alpha}(t)$ durch das Skalarprodukt aus $\mathbf{F}(\boldsymbol{\alpha}(t))$ und dem Tangentialvektor $\boldsymbol{\alpha}'(t)$ gegeben. Die Gesamt-Arbeit, die verrichtet wird, wenn der Massenpunkt entlang des ganzen Weges $\boldsymbol{\alpha}$ bewegt wird, ergibt sich durch Integration von $\mathbf{F}(\boldsymbol{\alpha}(t)) \bullet \boldsymbol{\alpha}'(t)$ über den Weg.

Definition (Kurvenintegral)

Sei $G \subset \mathbb{R}^n$ ein Gebiet, $\boldsymbol{\alpha} : [a,b] \to G$ ein stetig differenzierbarer Weg und $\mathbf{F} : G \to \mathbb{R}^n$ ein stetiges Vektorfeld. Dann nennt man

$$\int_{\boldsymbol{\alpha}} \mathbf{F} \bullet d\mathbf{x} := \int_a^b \mathbf{F}(\boldsymbol{\alpha}(t)) \bullet \boldsymbol{\alpha}'(t)\, dt$$

das ***Kurvenintegral*** von $\mathbf{F}$ über $\boldsymbol{\alpha}$.

Wir benutzen jetzt folgende Schreibweise: Ist $\boldsymbol{\alpha}$ ein Integrationsweg, so soll $-\boldsymbol{\alpha}$ den umgekehrt durchlaufenen Weg bezeichnen.

1.6.1. Eigenschaften des Kurvenintegrals

1. $\displaystyle\int_{\boldsymbol{\alpha}} (c_1 \cdot \mathbf{F}_1 + c_2 \cdot \mathbf{F}_2) \bullet d\mathbf{x} = c_1 \cdot \int_{\boldsymbol{\alpha}} \mathbf{F}_1 \bullet d\mathbf{x} + c_2 \cdot \int_{\boldsymbol{\alpha}} \mathbf{F}_2 \bullet d\mathbf{x}$,
   für Vektorfelder $\mathbf{F}_1, \mathbf{F}_2$ *und Konstanten* c_1, c_2.

2. *Ist* $\varphi : [c,d] \to [a,b]$ *eine Parametertransformation mit* $\varphi'(x) > 0$ *für alle* $x \in [c,d]$, *so ist* $\displaystyle\int_{\boldsymbol{\alpha}\circ\varphi} \mathbf{F} \bullet d\mathbf{x} = \int_{\boldsymbol{\alpha}} \mathbf{F} \bullet d\mathbf{x}$.

3. *Es ist* $\displaystyle\int_{-\boldsymbol{\alpha}} \mathbf{F} \bullet d\mathbf{x} = -\int_{\boldsymbol{\alpha}} \mathbf{F} \bullet d\mathbf{x}$.

4. *Es gilt die folgende Standard-Abschätzung:*

$$\left|\int_{\boldsymbol{\alpha}} \mathbf{F} \bullet d\mathbf{x}\right| \le \sup_{|\boldsymbol{\alpha}|} \|\mathbf{F}\| \cdot L(\boldsymbol{\alpha}).$$

BEWEIS: 1) ist trivial.

2) + 3): Ist $\varphi : [c,d] \to [a,b]$ eine beliebige Parameter-Transformation, so ist $(\boldsymbol{\alpha} \circ \varphi)'(t) = \boldsymbol{\alpha}'(\varphi(t)) \cdot \varphi'(t)$, also

$$\begin{aligned}
\int_{\alpha\circ\varphi} \mathbf{F} \bullet d\mathbf{x} &= \int_c^d \mathbf{F}(\boldsymbol{\alpha}(\varphi(t))) \bullet \boldsymbol{\alpha}'(\varphi(t))\varphi'(t)\,dt \\
&= \int_{\varphi(c)}^{\varphi(d)} \mathbf{F}(\boldsymbol{\alpha}(s)) \bullet \boldsymbol{\alpha}'(s)\,ds \\
&= \operatorname{sign}(\varphi') \cdot \int_a^b \mathbf{F}(\boldsymbol{\alpha}(s)) \bullet \boldsymbol{\alpha}'(s)\,ds = \operatorname{sign}(\varphi') \cdot \int_{\boldsymbol{\alpha}} \mathbf{F} \bullet d\mathbf{x}.
\end{aligned}$$

Den umgekehrt durchlaufenen Weg erhält man über die Parametertransformation $\varphi(t) = a + b - t$ mit $\varphi'(t) = -1$.

4) Zur Abschätzung benötigt man die Schwarz'sche Ungleichung:

$$\begin{aligned}
\left| \int_{\boldsymbol{\alpha}} \mathbf{F} \bullet d\mathbf{x} \right| &= \left| \int_a^b \mathbf{F}(\boldsymbol{\alpha}(t)) \bullet \boldsymbol{\alpha}'(t)\,dt \right| \leq \int_a^b |\mathbf{F}(\boldsymbol{\alpha}(t)) \bullet \boldsymbol{\alpha}'(t)|\,dt \\
&\leq \int_a^b \|\mathbf{F}(\boldsymbol{\alpha}(t))\| \cdot \|\boldsymbol{\alpha}'(t)\|\,dt \leq \sup_{|\boldsymbol{\alpha}|} \|\mathbf{F}\| \cdot \int_a^b \|\boldsymbol{\alpha}'(t)\|\,dt \\
&= \sup_{|\boldsymbol{\alpha}|} \|\mathbf{F}\| \cdot L(\boldsymbol{\alpha}).
\end{aligned}$$

■

Bemerkung: Ein Weg $\boldsymbol{\alpha} : [a, b] \to \mathbb{R}^n$ heißt ***stückweise stetig differenzierbar***, falls $\boldsymbol{\alpha}$ stetig ist und es eine Zerlegung $a = t_0 < t_1 < \ldots < t_k = b$ gibt, so dass $\boldsymbol{\alpha}$ auf jedem Teilintervall $[t_{i-1}, t_i]$ stetig differenzierbar ist. Man setzt dann

$$\int_{\boldsymbol{\alpha}} \mathbf{F} \bullet d\mathbf{x} := \sum_{i=1}^k \int_{\boldsymbol{\alpha}_i} \mathbf{F} \bullet d\mathbf{x},$$

wobei $\boldsymbol{\alpha}_i := \boldsymbol{\alpha}|_{[t_{i-1}, t_i]}$ ist. Der obige Satz gilt sinngemäß auch für stückweise stetig differenzierbare Wege. Unter einem ***Integrationsweg*** verstehen wir einen stückweise stetig differenzierbaren Weg.

1.6.2. Beispiele

A. Sei $n = 2$, $\mathbf{F}(x, y) := (cy, 0)$, $c > 0$, und $\boldsymbol{\alpha}(t) := (\cos t, 1 + \sin t)$ auf $[0, 2\pi]$.

Dann ist

$$\begin{aligned}
\int_{\boldsymbol{\alpha}} \mathbf{F} \bullet d\mathbf{x} &= \int_0^{2\pi} \mathbf{F}(\boldsymbol{\alpha}(t)) \bullet \boldsymbol{\alpha}'(t)\,dt \\
&= \int_0^{2\pi} (c(1 + \sin t), 0) \bullet (-\sin t, \cos t)\,dt \\
&= -c \cdot \int_0^{2\pi} (\sin t + \sin^2 t)\,dt = -c\pi,
\end{aligned}$$

denn $\dfrac{1}{2}(t - \sin t \cos t)$ ist eine Stammfunktion von $\sin^2 t$.

Fasst man $\mathbf{F}$ als Strömungsfeld auf, so misst das Kurvenintegral über einen Kreis die „Zirkulation" der Strömung.

B. Sei $n = 3$, $\boldsymbol{\alpha}(t) := (\cos t, \sin t, 0)$ (für $0 \le t \le 2\pi$) und

$$\mathbf{F}(x, y, z) := \left(\frac{-y}{x^2 + y^2}, \frac{x}{x^2 + y^2}, 0 \right) \text{ für} x^2 + y^2 \neq 0.$$

Nun gilt:

$$\begin{aligned}\int_{\boldsymbol{\alpha}} \mathbf{F} \bullet d\mathbf{x} &= \int_0^{2\pi} \mathbf{F}(\boldsymbol{\alpha}(t)) \bullet \boldsymbol{\alpha}'(t)\, dt \\ &= \int_0^{2\pi} (-\sin t, \cos t, 0) \bullet (-\sin t, \cos t, 0)\, dt \\ &= \int_0^{2\pi} (\sin^2 t + \cos^2 t)\, dt = 2\pi.\end{aligned}$$

Setzen wir dagegen $\boldsymbol{\beta}(t) := (2 + \cos t, \sin t, 0)$, so ist

$$\begin{aligned}\int_{\boldsymbol{\beta}} \mathbf{F} \bullet d\mathbf{x} &= \int_0^{2\pi} \mathbf{F}(\boldsymbol{\beta}(t)) \bullet \boldsymbol{\beta}'(t)\, dt \\ &= \int_0^{2\pi} \left(\frac{-\sin t}{5 + 4\cos t}, \frac{2 + \cos t}{5 + 4\cos t}, 0 \right) \bullet (-\sin t, \cos t, 0)\, dt \\ &= \int_0^{2\pi} \frac{1 + 2\cos t}{5 + 4\cos t}\, dt = \frac{1}{2} \cdot \int_0^{2\pi} \left[1 - \frac{3}{5 + 4\cos t} \right] dt \\ &= \pi - \frac{3}{2} \cdot \int_0^{2\pi} \frac{dt}{5 + 4\cos t}.\end{aligned}$$

Die Funktion $1/(5 + 4\cos t)$ ist auf $[0, 2\pi]$ positiv und symmetrisch zur Geraden $t = \pi$. Daher gilt mit der Substitution $\varphi(x) = 2\arctan(x)$ und der Formel $\cos t = (1 - \tan^2(t/2))/(1 + \tan^2(t/2))$:

$$\begin{aligned}\int_0^{2\pi} \frac{dt}{5 + 4\cos t} &= 2 \cdot \int_0^{\pi} \frac{dt}{5 + 4\cos t} \\ &= 2 \cdot \int_0^{\infty} \frac{1}{5 + 4 \cdot (1 - x^2)/(1 + x^2)} \cdot \frac{2}{1 + x^2}\, dx \\ &= 4 \cdot \int_0^{\infty} \frac{dx}{9 + x^2} = \frac{4}{9} \cdot \int_0^{\infty} \frac{dx}{1 + (x/3)^2} \\ &= \frac{12}{9} \cdot (\arctan \frac{x}{3}) \Big|_0^{\infty} = \frac{12}{9} \cdot \frac{\pi}{2} = \frac{2}{3}\pi.\end{aligned}$$

Also ist $\displaystyle\int_{\boldsymbol{\beta}} \mathbf{F} \bullet d\mathbf{x} = 0$.

Im ersten Fall haben wir über eine geschlossene Kurve um die z-Achse herum integriert, im zweiten Fall über eine geschlossene Kurve, die ganz abseits dieser Achse verläuft. Man kann zeigen, dass $\mathbf{F}$ dort lokal ein Gradientenfeld ist. Ist z.B. $x \neq 0$, so ist $\mathbf{F}$ Gradient der Funktion $g(x, y, z) := \arctan(y/x)$.

1.6.3. Hauptsatz über Kurvenintegrale

Sei $G \subset \mathbb{R}^n$ ein Gebiet und $\mathbf{F}$ ein stetiges Vektorfeld auf G. Dann sind die folgenden Aussagen über $\mathbf{F}$ äquivalent:

1. *$\mathbf{F}$ ist ein Gradientenfeld, d.h. es gibt eine stetig differenzierbare Funktion f auf G, so dass $\mathbf{F} = \nabla f$ ist.*
2. *Sind $\mathbf{p}$ und $\mathbf{q}$ Punkte in G, so hat das Kurvenintegral $\int_{\boldsymbol{\alpha}} \mathbf{F} \cdot d\mathbf{x}$ für alle Integrationswege $\boldsymbol{\alpha} : [a, b] \to G$ mit $\boldsymbol{\alpha}(a) = \mathbf{p}$ und $\boldsymbol{\alpha}(b) = \mathbf{q}$ den gleichen Wert. (Das Integral ist* wegunabhängig*).*
3. *Ist $\boldsymbol{\alpha} : [a, b] \to G$ ein* **geschlossener** *Integrationsweg, so ist*

$$\int_{\boldsymbol{\alpha}} \mathbf{F} \cdot d\mathbf{x} = 0.$$

Insbesondere ist

$$\int_{\boldsymbol{\alpha}} (\nabla f) \cdot d\mathbf{x} = f(\boldsymbol{\alpha}(b)) - f(\boldsymbol{\alpha}(a)).$$

BEWEIS:

(1) $\Longrightarrow$ (2): Ist $\mathbf{F} = \nabla f$, so gilt:

$$\begin{aligned} \int_{\boldsymbol{\alpha}} \mathbf{F} \cdot d\mathbf{x} &= \int_a^b \mathbf{F}(\boldsymbol{\alpha}(t)) \cdot \boldsymbol{\alpha}'(t)\, dt \\ &= \int_a^b \nabla f(\boldsymbol{\alpha}(t)) \cdot \boldsymbol{\alpha}'(t)\, dt = \int_a^b \frac{d}{dt}(f \circ \boldsymbol{\alpha})(t)\, dt \\ &= f(\boldsymbol{\alpha}(b)) - f(\boldsymbol{\alpha}(a)) = f(\mathbf{q}) - f(\mathbf{p}), \end{aligned}$$

und das hängt nicht mehr von $\boldsymbol{\alpha}$ ab.

Den Zusatz haben wir damit auch gleich bewiesen!

(2) $\Longrightarrow$ (3): Ist $\boldsymbol{\alpha} : [a, b] \to G$ ein geschlossener Weg und $\mathbf{p} := \boldsymbol{\alpha}(a) = \boldsymbol{\alpha}(b)$, so haben $\boldsymbol{\alpha}$ und $-\boldsymbol{\alpha}$ den gleichen Anfangs- und Endpunkt. Also ist

$$\int_{\boldsymbol{\alpha}} \mathbf{F} \cdot d\mathbf{x} = \int_{-\boldsymbol{\alpha}} \mathbf{F} \cdot d\mathbf{x} = -\int_{\boldsymbol{\alpha}} \mathbf{F} \cdot d\mathbf{x}, \text{ und daher } \int_{\boldsymbol{\alpha}} \mathbf{F} \cdot d\mathbf{x} = 0.$$

(3) $\Longrightarrow$ (1): Wir setzen voraus, dass das Integral über jeden geschlossenen Weg verschwindet, und wir müssen eine Funktion f mit $\nabla f = \mathbf{F}$ konstruieren. Dazu sei $\mathbf{p} \in G$ ein fest gewählter Punkt. Ist $\mathbf{x} \in G$ ein beliebiger anderer Punkt, so gibt

es einen stetigen Weg $\boldsymbol{\alpha}$, der $\mathbf{p}$ innerhalb von G mit $\mathbf{x}$ verbindet. Man kann diesen Weg sogar als Streckenzug, also als Integrationsweg wählen.

Wir setzen $f(\mathbf{x}) := \int_{\boldsymbol{\alpha}} \mathbf{F} \bullet d\mathbf{x}$. Offensichtlich hängt diese Definition nicht von dem Weg $\boldsymbol{\alpha}$ ab. Es bleibt zu zeigen, dass $\nabla f = \mathbf{F}$ ist.

Sei $\mathbf{x}_0 \in G$ beliebig und $\mathbf{e}_i$ der i-te Einheitsvektor. Sei $\boldsymbol{\alpha}$ ein Weg zwischen $\mathbf{p}$ und $\mathbf{x}_0$, sowie γ_t ein Weg von $\mathbf{p}$ nach $\mathbf{x}_t := \mathbf{x}_0 + t\mathbf{e}_i$. Zusammen mit der Verbindungsstrecke $\varrho(s) := \mathbf{x}_0 + s\mathbf{e}_i$, $0 \le s \le t$, von $\mathbf{x}_0$ nach $\mathbf{x}_t$ erhält man für jedes $t \in [0,1]$ einen geschlossenen Weg, über den das Integral Null ergibt. Dann gilt:

$$\begin{aligned} f(\mathbf{x}_0 + t\mathbf{e}_i) - f(\mathbf{x}_0) &= \int_{\gamma_t} \mathbf{F} \bullet d\mathbf{x} - \int_{\boldsymbol{\alpha}} \mathbf{F} \bullet d\mathbf{x} \\ &= \int_{\varrho} \mathbf{F} \bullet d\mathbf{x} \\ &= \int_0^t \mathbf{F}(\mathbf{x}_0 + s\mathbf{e}_i) \bullet \mathbf{e}_i \, ds. \end{aligned}$$

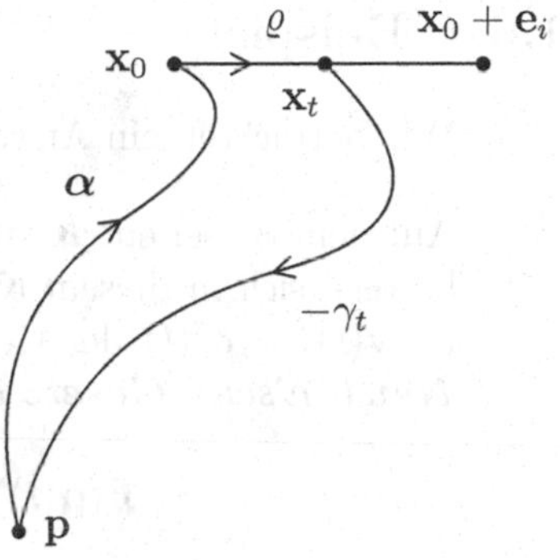

Setzen wir $g(s) := \mathbf{F}(\mathbf{x}_0 + s\mathbf{e}_i) \bullet \mathbf{e}_i = F_i(\mathbf{x}_0 + s\mathbf{e}_i)$, so ist

$$f(\mathbf{x}_0 + t\mathbf{e}_i) - f(\mathbf{x}_0) = \int_0^t g(s)\, ds,$$

und nach dem Mittelwertsatz der Integralrechnung gibt es ein $c = c(t) \in [0, t]$, so dass gilt: $f(\mathbf{x}_0 + t\mathbf{e}_i) - f(\mathbf{x}_0) = g(c) \cdot (t - 0) = F_i(\mathbf{x}_0 + c\mathbf{e}_i) \cdot t$, also

$$\frac{\partial f}{\partial x_i}(\mathbf{x}_0) = \lim_{t \to 0} \frac{f(\mathbf{x}_0 + t\mathbf{e}_i) - f(\mathbf{x}_0)}{t} = \lim_{t \to 0} F_i(\mathbf{x}_0 + c(t) \cdot \mathbf{e}_i) = F_i(\mathbf{x}_0).$$

Damit ist alles gezeigt. ∎

Definition (Potentialfunktion)

Ist $\nabla f = \mathbf{F}$, so nennt man f eine ***Potentialfunktion*** für $\mathbf{F}$.

Wir betrachten noch einmal das Beispiel

$$\mathbf{F}(x, y, z) := \left(\frac{-y}{x^2 + y^2}, \frac{x}{x^2 + y^2}, 0 \right).$$

Auf den Gebieten

$$\begin{aligned} U_+ &:= \{(x,y,z) : x > 0\} \\ \text{und } U_- &:= \{(x,y,z) : x < 0\} \end{aligned}$$

besitzt **F** jeweils eine Potentialfunktion und deshalb muss dort das Integral über **F** und jeden geschlossenen Weg verschwinden (was wir nicht auf die Menge $\{(x,y,z) : x \neq 0\}$ übertragen dürfen, die nicht zusammenhängend ist).

Besäße **F** sogar auf seinem ganzen Definitionsbereich eine Potentialfunktion, so müsste auch dort jedes Integral über einen geschlossenen Weg verschwinden. Wir haben aber bereits einen Weg gefunden, auf den dies nicht zutrifft. Also kann **F** kein globales Gradientenfeld sein.

1.6.4. Beispiel

Wir betrachten ein Anwendungsbeispiel aus der Physik.

Auf dem $\mathbb{R}^3$ sei ein ***Kraftfeld*** **F** gegeben. Ein ***Massenpunkt*** der Masse m bewege sich in diesem Kraftfeld entlang eines Weges $\boldsymbol{\alpha} : [a,b] \to \mathbb{R}^3$. Dann ist $\mathbf{v}(t) := \boldsymbol{\alpha}'(t)$ der Geschwindigkeitsvektor des Teilchens zur Zeit t. Das ***Newton'sche Gesetz der Bewegung*** besagt:

$$\mathbf{F}(\boldsymbol{\alpha}(t)) = m \cdot \mathbf{v}'(t) \text{ für jeden Zeitpunkt } t.$$

Wenn man das Teilchen entlang $\boldsymbol{\alpha}$ von $\mathbf{p} := \boldsymbol{\alpha}(a)$ nach $\mathbf{q} := \boldsymbol{\alpha}(b)$ bewegt hat, so beträgt die dabei geleistete ***Arbeit***

$$\begin{aligned} \int_{\boldsymbol{\alpha}} \mathbf{F} \bullet d\mathbf{x} &= \int_a^b \mathbf{F}(\boldsymbol{\alpha}(t)) \bullet \boldsymbol{\alpha}'(t)\, dt = \int_a^b m \cdot \mathbf{v}'(t) \bullet \mathbf{v}(t)\, dt \\ &= \frac{m}{2} \cdot \int_a^b \frac{d}{dt} [\mathbf{v}(t) \bullet \mathbf{v}(t)]\, dt = \frac{m}{2} \|\mathbf{v}(t)\|^2 \Big|_a^b \\ &= \frac{m}{2} \cdot \left[\|\mathbf{v}(b)\|^2 - \|\mathbf{v}(a)\|^2 \right]. \end{aligned}$$

$T(t) := \dfrac{m}{2} \cdot \|\mathbf{v}(t)\|^2$ ist die ***kinetische Energie*** des Teilchens zur Zeit t. Die geleistete Arbeit ist also gerade die Änderung der kinetischen Energie.

Man nennt das Kraftfeld **F** ***konservativ***, wenn es ein Potential besitzt. Ist $\mathbf{F} = -\nabla U$, so bezeichnet man U als ***potentielle Energie***. In diesem Fall ist

$$\int_{\boldsymbol{\alpha}} \mathbf{F} \bullet d\mathbf{x} = -[U(\boldsymbol{\alpha}(b)) - U(\boldsymbol{\alpha}(a))],$$

also $T(a) + U(\boldsymbol{\alpha}(a)) = T(b) + U(\boldsymbol{\alpha}(b))$. Das bedeutet, dass die ***Gesamtenergie*** $E(\boldsymbol{\alpha}(t)) := U(\boldsymbol{\alpha}(t)) + T(t)$ bei der Bewegung des Teilchens konstant bleibt. Das ist der ***Satz von der Erhaltung der Energie***.

Es wäre schön, ein einfaches Kriterium zur Hand zu haben, um zu testen, ob ein gegebenes Vektorfeld eine Potentialfunktion besitzt. In gewissen Situationen gibt es tatsächlich ein solches Kriterium.

Sei $B = B_r(\mathbf{0})$ eine offene Kugel um den Nullpunkt im $\mathbb{R}^n$ und

$$\mathbf{F} = (F_1, \dots, F_n) : B \to \mathbb{R}^n$$

ein stetig differenzierbares Vektorfeld auf B.

Damit $\mathbf{F}(\mathbf{x}) = \nabla f(\mathbf{x}) = \Big(\frac{\partial f}{\partial x_1}(\mathbf{x}), \dots, \frac{\partial f}{\partial x_n}(\mathbf{x})\Big)$ sein kann, muss auf jeden Fall gelten:

$$\frac{\partial F_i}{\partial x_j} = \frac{\partial^2 f}{\partial x_i \, \partial x_j} = \frac{\partial^2 f}{\partial x_j \, \partial x_i} = \frac{\partial F_j}{\partial x_i}, \text{ für } i, j = 1, \dots, n.$$

Wir nennen diese **notwendige Bedingung** die ***Integrabilitätsbedingung***. Ist sie auch **hinreichend**? Sie ist es zumindest in einem Spezialfall.

Definition (sternförmiges Gebiet)

Sei $B \subset \mathbb{R}^n$ offen und $\mathbf{x}_0 \in B$ ein Punkt. Die Menge B heißt ***sternförmig*** bezüglich $\mathbf{x}_0$, falls für jeden Punkt $\mathbf{x} \in B$ die Verbindungsstrecke von $\mathbf{x}$ und $\mathbf{x}_0$ ganz in B liegt.

Jede konvexe Menge ist auch sternförmig (bezüglich eines jeden Punktes der Menge), umgekehrt ist eine sternförmige Menge i.a. nicht konvex. Sie ist aber zusammenhängend.

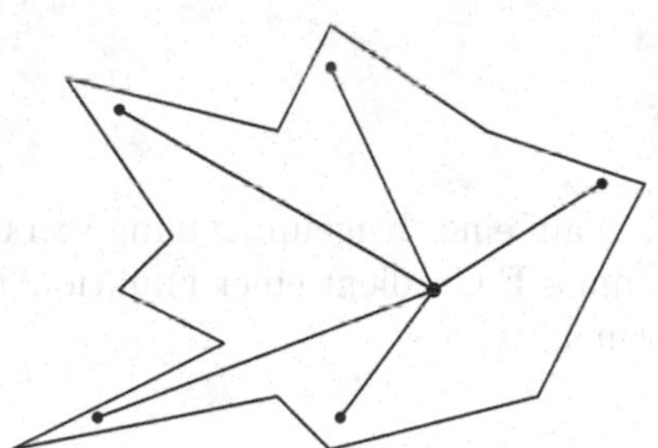

Wir nehmen nun an, dass $G \subset \mathbb{R}^n$ ein **sternförmiges** Gebiet bezüglich des **Nullpunktes** und $\mathbf{F} = (F_1, \dots, F_n)$ ein Vektorfeld mit stetig partiell differenzierbaren Komponenten auf G ist, das die Integrabilitätsbedingung erfüllt. Dann kann man tatsächlich eine Funktion f mit $\nabla f = \mathbf{F}$ konstruieren. Dazu setzen wir

$$f(\mathbf{x}) := \sum_{i=1}^{n} \Big(\int_0^1 F_i(t\mathbf{x}) \, dt\Big) x_i.$$

Nach der Kettenregel ist

$$\frac{\partial}{\partial x_i}\Big|_{\mathbf{x}} F_j(t\mathbf{x}) = \sum_{k=1}^{n} \frac{\partial F_j}{\partial x_k}(t\mathbf{x}) \cdot \frac{\partial t x_k}{\partial x_i} = t \cdot \frac{\partial F_j}{\partial x_i}(t\mathbf{x}),$$

und wegen der Integrabilitätsbedingung ist

$$\frac{d}{dt}\left(tF_j(t\mathbf{x})\right) = F_j(t\mathbf{x}) + t \cdot \sum_{i=1}^{n} \frac{\partial F_j}{\partial x_i}(t\mathbf{x})x_i = F_j(t\mathbf{x}) + t\sum_{i=1}^{n} \frac{\partial F_i}{\partial x_j}(t\mathbf{x})x_i.$$

Damit folgt:

$$\begin{aligned}
\frac{\partial f}{\partial x_j}(\mathbf{x}) &= \sum_{i=1}^{n}\left[\left(\frac{\partial}{\partial x_j}\int_0^1 F_i(t\mathbf{x})\,dt\right)x_i + \delta_{ij}\int_0^1 F_i(t\mathbf{x})\,dt\right] \\
&= \sum_{i=1}^{n}\left(\int_0^1 t\frac{\partial F_i}{\partial x_j}(t\mathbf{x})\,dt\right)x_i + \int_0^1 F_j(t\mathbf{x})\,dt \\
&= \int_0^1 \left(t \cdot \sum_{i=1}^{n} \frac{\partial F_i}{\partial x_j}(t\mathbf{x})x_i + F_j(t\mathbf{x})\right)dt \\
&= \int_0^1 \frac{d}{dt}\left(tF_j(t\mathbf{x})\right)dt \;=\; tF_j(t\mathbf{x})\Big|_0^1 = F_j(\mathbf{x}).
\end{aligned}$$

Im $\mathbb{R}^3$ bedeutet die Integrabilitätsbedingung gerade, dass $\mathbf{rot}(\mathbf{F}) = \mathbf{0}$ ist. Deshalb haben wir jetzt gezeigt:

1.6.5. Kriterium für die Existenz eines Potentials

Ein stetig differenzierbares Vektorfeld $\mathbf{F}$ *auf einem sternförmigen Gebiet bezüglich des Nullpunktes im* $\mathbb{R}^3$ *ist genau dann Gradient einer differenzierbaren Funktion, wenn* $\mathbf{rot}(\mathbf{F}) = \mathbf{0}$ *ist.*

1.6.6. Beispiele

A. Sei $\mathbf{F}(x, y, z) := (x, y, z)$ auf einer Kugelumgebung von $\mathbf{0}$. Dann ist offensichtlich $\mathbf{rot}(\mathbf{F}) = \mathbf{0}$. Also muss $\mathbf{F}$ Gradient einer Funktion f sein. Wir berechnen f nach der obigen Formel:

$$\begin{aligned}
f(x,y,z) &= \\
&= x\int_0^1 F_1(tx,ty,tz)\,dt + y\int_0^1 F_2(tx,ty,tz)\,dt + z\int_0^1 F_3(tx,ty,tz)\,dt \\
&= x \cdot \int_0^1 tx\,dt + y \cdot \int_0^1 ty\,dt + z \cdot \int_0^1 tz\,dt \\
&= (x^2+y^2+z^2) \cdot \frac{t^2}{2}\Big|_0^1 = \frac{1}{2}(x^2+y^2+z^2).
\end{aligned}$$

Die Probe zeigt sofort, dass $\nabla f = \mathbf{F}$ ist.

B. Sei $U := \{(x, y, z) \in \mathbb{R}^3 \mid x^2 + y^2 \neq 0\} = \mathbb{R}^3 \setminus \{(x, y, z) \mid x = y = 0\}$. Dann gilt für das Vektorfeld $\mathbf{F}(x, y, z) := \left(\dfrac{-y}{x^2+y^2}, \dfrac{x}{x^2+y^2}, 0\right)$ auf U:

$$\begin{aligned}
\frac{\partial F_1}{\partial y}(x,y,z) &= \frac{-(x^2+y^2)+y\cdot 2y}{(x^2+y^2)^2} = \frac{y^2-x^2}{(x^2+y^2)^2},\\
\frac{\partial F_2}{\partial x}(x,y,z) &= \frac{(x^2+y^2)-x\cdot 2x}{(x^2+y^2)^2} = \frac{y^2-x^2}{(x^2+y^2)^2},\\
\frac{\partial F_1}{\partial z}(x,y,z) &= \frac{\partial F_2}{\partial z}(x,y,z) = 0,\\
\text{und}\quad \frac{\partial F_3}{\partial x}(x,y,z) &= \frac{\partial F_3}{\partial y}(x,y,z) = 0.
\end{aligned}$$

Also ist $\mathbf{rot}(\mathbf{F}) = \mathbf{0}$.

Das zeigt, dass die Integrabilitätsbedingung auf nicht sternförmigen Gebieten notwendig, aber nicht hinreichend ist. Allerdings hatten wir gesehen, dass es Teilgebiete U^+ und U^- des Definitionsbereiches von $\mathbf{F}$ gibt, auf denen tatsächlich eine Potentialfunktion existiert. Die Konstruktion könnte im Sinne des obigen Beweises durchgeführt werden.

Es gibt aber noch eine andere Berechnungsmethode: Wir versuchen zunächst, eine Stammfunktion von F_2 bezüglich der Variablen y durch Integration zu finden. Sei y_0 beliebig gewählt und

$$\begin{aligned}
g(x,y,z) &:= \int_{y_0}^{y} F_2(x,t,z)\,dt = \int_{y_0}^{y} \frac{x}{x^2+t^2}\,dt\\
&= \int_{y_0}^{y} \frac{1}{x}\cdot\frac{1}{1+(t/x)^2}\,dt\\
&= \int_{y_0}^{y} \frac{\varphi'(t)}{1+\varphi(t)^2}\,dt \quad (\text{mit } \varphi(t) = \frac{t}{x})\\
&= \int_{\varphi(y_0)}^{\varphi(y)} \frac{1}{1+s^2}\,ds = \arctan\left(\frac{y}{x}\right) + \text{const.}
\end{aligned}$$

Die Konstante könnte noch von x und z abhängen, aber die Probe zeigt hier, dass wir sie nicht brauchen. Tatsächlich ist schon $g(x,y,z) := \arctan(y/x)$ eine Funktion mit $\nabla g = \mathbf{F}$. Leider ist g nicht auf ganz U definiert, nur auf U^+.

Ob ein Vektorfeld $\mathbf{F}$ mit $\mathbf{rot}(\mathbf{F}) = \mathbf{0}$ global ein Gradientenfeld ist, hängt also auch von der Geometrie des Definitionsbereiches ab. Auf sternförmigen Gebieten geht alles gut. Sobald das Gebiet aber „Löcher" besitzt, ist Vorsicht geboten.

Der Ausdruck $\mathbf{F} \bullet d\mathbf{x}$ (im Integral $\int_\alpha \mathbf{F} \bullet d\mathbf{x}$) kann einem etwas Unbehagen bereiten, weil er nicht für sich allein (ohne Integral) stehen und daher nur schwer interpretiert werden kann. Abhilfe schafft da ein neuer (und etwas abstrakterer) Begriff.

Definition (Pfaff'sche Form)

Eine ***Pfaff'sche Form*** auf einer offenen Menge $B \subset \mathbb{R}^n$ ist eine stetige Abbildung

$$\omega : B \times \mathbb{R}^n \to \mathbb{R},$$

die linear im zweiten Argument ist.

1.6.7. Beispiele

A. Sei $\mathbf{F}$ ein stetiges Vektorfeld auf B. Dann ist $\omega_{\mathbf{F}} : B \times \mathbb{R}^n \to \mathbb{R}$ mit

$$\omega_{\mathbf{F}}(\mathbf{x}, \mathbf{v}) := \mathbf{F}(\mathbf{x}) \bullet \mathbf{v}$$

eine Pfaff'sche Form auf B.

B. Ist $f : B \to \mathbb{R}$ eine stetig partiell differenzierbare Funktion, so wird das ***totale Differential*** $df : B \times \mathbb{R}^n \to \mathbb{R}$ definiert durch

$$df(\mathbf{x}, \mathbf{v}) := D_{\mathbf{v}} f(\mathbf{x}) = \nabla f(\mathbf{x}) \bullet \mathbf{v}.$$

Einen Spezialfall stellen die Differentiale dx_i dar, für $i = 1, \ldots, n$. Es ist

$$dx_i(\mathbf{x}, \mathbf{v}) = \nabla x_i \bullet \mathbf{v} = \mathbf{e}_i \bullet \mathbf{v} = v_i \, .$$

So bekommt auch der Integrand $f(t)\,dt$ in einem gewöhnlichen Integral endlich eine Bedeutung. Ist $I \subset \mathbb{R}$ ein Intervall und $f : I \to \mathbb{R}$ eine stetige Funktion, so bezeichnet $f\,dt$ die Abbildung von $I \times \mathbb{R}$ nach $\mathbb{R}$, die durch $f\,dt(t, v) = f(t) \cdot v$ gegeben wird.

Ist f eine stetige Funktion und ω eine Pfaff'sche Form, so ist das Produkt $f \cdot \omega$ definiert durch

$$(f \cdot \omega)(\mathbf{x}, \mathbf{v}) := f(\mathbf{x}) \cdot \omega(\mathbf{x}, \mathbf{v}) \, .$$

Das ist wieder eine Pfaff'sche Form.

1.6.8. Satz

Sei ω eine Pfaff'sche Form auf B. Dann gibt es eindeutig bestimmte stetige Funktionen $\omega_1, \ldots, \omega_n$ auf B, so dass gilt: $\omega = \omega_1 dx_1 + \cdots + \omega_n dx_n$.

BEWEIS: Wir beginnen mit der Eindeutigkeit: Ist eine Darstellung der gewünschten Art gegeben, so folgt:

$$\begin{aligned} \omega(\mathbf{x}, \mathbf{e}_j) &= \omega_1(\mathbf{x}) \cdot dx_1(\mathbf{x}, \mathbf{e}_j) + \cdots + \omega_n(\mathbf{x}) \cdot dx_n(\mathbf{x}, \mathbf{e}_j) \\ &= \omega_1(\mathbf{x}) \cdot \mathbf{e}_1 \bullet \mathbf{e}_j + \cdots + \omega_n(\mathbf{x}) \cdot \mathbf{e}_n \bullet \mathbf{e}_j \;=\; \omega_j(\mathbf{x}). \end{aligned}$$

Um die Existenz der Darstellung zu erhalten, setzen wir $\omega_0 := \omega_1\,dx_1 + \cdots + \omega_n\,dx_n$, mit $\omega_j(\mathbf{x}) := \omega(\mathbf{x}, \mathbf{e}_j)$. Dann ist

$$\begin{aligned}\omega_0(\mathbf{x},\mathbf{v}) &= \omega_1(\mathbf{x})\cdot dx_1(\mathbf{x},\mathbf{v})+\cdots+\omega_n(\mathbf{x})\cdot dx_n(\mathbf{x},\mathbf{v})\\ &= \omega(\mathbf{x},\mathbf{e}_1)\cdot v_1+\cdots+\omega(\mathbf{x},\mathbf{e}_n)\cdot v_n\\ &= \omega(\mathbf{x},v_1\mathbf{e}_1+\cdots+v_n\mathbf{e}_n) = \omega(\mathbf{x},\mathbf{v}),\end{aligned}$$

also $\omega = \omega_0$. ∎

Ist $\mathbf{F} = (F_1,\ldots,F_n)$ ein Vektorfeld, so ist $\omega_{\mathbf{F}}(\mathbf{x},\mathbf{e}_j) = \mathbf{F}(\mathbf{x})\bullet\mathbf{e}_j = F_j(\mathbf{x})$, also

$$\omega_{\mathbf{F}} = F_1\,dx_1+\cdots+F_n\,dx_n\,.$$

Das bedeutet, dass jede Pfaff'sche Form die Gestalt $\omega_{\mathbf{F}}$ (mit einem Vektorfeld $\mathbf{F}$) besitzt.

Ist f stetig partiell differenzierbar, so ist $df(\mathbf{x},\mathbf{e}_j) = D_{\mathbf{e}_j}f(\mathbf{x}) = f_{x_j}(\mathbf{x})$, also

$$df = f_{x_1}\,dx_1+\cdots+f_{x_n}\,dx_n\,.$$

Sei $B\subset\mathbb{R}^n$ offen, $\boldsymbol{\alpha} : I := [a,b]\to B$ ein Integrationsweg und ω eine Pfaff'sche Form auf B. Dann wird durch $t\mapsto\omega(\boldsymbol{\alpha}(t),\boldsymbol{\alpha}'(t))$ eine stetige Funktion $\omega\circ(\boldsymbol{\alpha},\boldsymbol{\alpha}') : I\to\mathbb{R}$ definiert, und man setzt

$$\int_{\boldsymbol{\alpha}}\omega := \int_a^b \omega(\boldsymbol{\alpha}(t),\boldsymbol{\alpha}'(t))\,dt.$$

Ist $\omega = \omega_{\mathbf{F}} = F_1\,dx_1+\cdots+F_n\,dx_n$, so ist $\omega(\boldsymbol{\alpha}(t),\boldsymbol{\alpha}'(t)) = \mathbf{F}(\boldsymbol{\alpha}(t))\bullet\boldsymbol{\alpha}'(t)$, also

$$\int_{\boldsymbol{\alpha}}\mathbf{F}\bullet d\mathbf{x} = \int_{\boldsymbol{\alpha}}(F_1\,dx_1+\cdots+F_n\,dx_n).$$

Die rechte Seite dieser Gleichung wird in der Literatur gerne als Schreibweise für Kurvenintegrale benutzt. Wir wissen jetzt, dass es sich dabei eigentlich um ein Integral über eine Pfaff'sche Form handelt.

Zusammenfassung

Dieser Abschnitt beginnt mit der Einführung des Vektorfeld-Begriffes und der Differentialoperatoren **Gradient**, **Divergenz** und **Rotation**.

$$\mathbf{grad}(f) := \nabla f = \Big(\frac{\partial f}{\partial x_1},\ldots,\frac{\partial f}{\partial x_n}\Big),$$

$$\operatorname{div}(\mathbf{F}) := D_1F_1+\cdots+D_nF_n = \frac{\partial F_1}{\partial x_1}+\cdots+\frac{\partial F_n}{\partial x_n}$$

und speziell für $n=3$

$$\mathbf{rot}(\mathbf{F}) := (D_2F_3-D_3F_2, D_3F_1-D_1F_3, D_1F_2-D_2F_1).$$

Als Gedächtnisstütze kann man schreiben:

$$\text{div}(\mathbf{F}) = \nabla \bullet \mathbf{F} \quad \text{und} \quad \mathbf{rot}(\mathbf{F}) = \nabla \times \mathbf{F}.$$

Sei $G \subset \mathbb{R}^n$ ein Gebiet, $\boldsymbol{\alpha} : [a, b] \to G$ ein stetig differenzierbarer Weg und $\mathbf{F} : G \to \mathbb{R}^n$ ein stetiges Vektorfeld. Dann nennt man

$$\int_{\boldsymbol{\alpha}} \mathbf{F} \bullet d\mathbf{x} := \int_a^b \mathbf{F}(\boldsymbol{\alpha}(t)) \bullet \boldsymbol{\alpha}'(t)\, dt$$

das **Kurvenintegral** von $\mathbf{F}$ über $\boldsymbol{\alpha}$.

Das Kurvenintegral ist linear in $\mathbf{F}$, für eine Parametertransformation $\varphi : [c, d] \to [a, b]$ gilt

$$\int_{\boldsymbol{\alpha} \circ \varphi} \mathbf{F} \bullet d\mathbf{x} = \text{sign}(\varphi') \cdot \int_{\boldsymbol{\alpha}} \mathbf{F} \bullet d\mathbf{x}$$

und es gilt die „Standard-Abschätzung“:

$$\left| \int_{\boldsymbol{\alpha}} \mathbf{F} \bullet d\mathbf{x} \right| \leq \sup_{|\boldsymbol{\alpha}|} \|\mathbf{F}\| \cdot L(\boldsymbol{\alpha}).$$

Ist $G \subset \mathbb{R}^n$ ein Gebiet und $\mathbf{F}$ ein stetiges Vektorfeld auf G, so besagt der **Hauptsatz über Kurvenintegrale**, dass die folgenden Aussagen äquivalent sind:

1. $\mathbf{F}$ ist ein Gradientenfeld, d.h. es gibt eine stetig differenzierbare Funktion f auf G, so dass $\mathbf{F} = \nabla f$ ist.
2. Sind $\mathbf{p}$ und $\mathbf{q}$ Punkte in G, so hat das Kurvenintegral $\int_{\boldsymbol{\alpha}} \mathbf{F} \bullet d\mathbf{x}$ für alle Integrationswege $\boldsymbol{\alpha} : [a, b] \to G$ mit $\boldsymbol{\alpha}(a) = \mathbf{p}$ und $\boldsymbol{\alpha}(b) = \mathbf{q}$ den gleichen Wert. (Das Integral ist ***wegunabhängig***).
3. Ist $\boldsymbol{\alpha} : [a, b] \to G$ ein **geschlossener** Integrationsweg, so ist
$$\int_{\boldsymbol{\alpha}} \mathbf{F} \bullet d\mathbf{x} = 0.$$

Trifft eine der Aussagen zu, so ist insbesondere

$$\int_{\boldsymbol{\alpha}} (\nabla f) \bullet d\mathbf{x} = f(\boldsymbol{\alpha}(b)) - f(\boldsymbol{\alpha}(a)).$$

Ist $\nabla f = \mathbf{F}$, so nennt man f eine **Potentialfunktion** für $\mathbf{F}$.

Damit $\mathbf{F}(\mathbf{x}) = \nabla f(\mathbf{x}) = \left(\frac{\partial f}{\partial x_1}(\mathbf{x}), \ldots, \frac{\partial f}{\partial x_n}(\mathbf{x}) \right)$ sein kann, muss auf jeden Fall gelten:

$$\frac{\partial F_i}{\partial x_j} = \frac{\partial F_j}{\partial x_i}, \text{ für } i, j = 1, \ldots, n.$$

Wir nennen diese notwendige Bedingung für die Existenz einer Potentialfunktion die **Integrabilitätsbedingung**.

Auf geeigneten Gebieten ist die Bedingung auch hinreichend. Eine offene Menge $B \subset \mathbb{R}^n$ heißt **sternförmig** bezüglich eines Punktes $\mathbf{x}_0 \in B$, falls für jeden Punkt $\mathbf{x} \in B$ die Verbindungsstrecke von $\mathbf{x}$ und $\mathbf{x}_0$ ganz in B verläuft. Ist auf G die Integrabilitätsbedingung erfüllt und $\mathbf{x}_0$ der Nullpunkt, so kann man tatsächlich eine Funktion f mit $\nabla f = \mathbf{F}$ konstruieren. Dazu setze man

$$f(\mathbf{x}) := \sum_{i=1}^{n} \left(\int_0^1 F_i(t\mathbf{x})\, dt \right) x_i.$$

Das entspricht dem Kurvenintegral über $\mathbf{F}$ entlang der Verbindungsstrecke zwischen $\mathbf{0}$ und $\mathbf{x}$. Dieses Konzept funktioniert auch dann, wenn $\mathbf{x}_0$ nicht der Nullpunkt ist. Lediglich die Formel wird dann etwas komplizierter.

Im Falle $n = 3$ erhält man so: *Ein stetig differenzierbares Vektorfeld* $\mathbf{F}$ *auf einem sternförmigen Gebiet im* $\mathbb{R}^3$ *ist genau dann Gradient einer differenzierbaren Funktion, wenn* $\mathbf{rot}(\mathbf{F}) = \mathbf{0}$ *ist.*

Einen alternativen Zugang zu den Kurvenintegralen liefert die Theorie der Pfaff'schen Formen, die den Vorteil bietet, dass sie sich in eine einheitliche Theorie der Integration über beliebigen glatten Flächen einfügt. Eine **Pfaff'sche Form** auf einer offenen Menge $B \subset \mathbb{R}^n$ ist eine stetige Abbildung

$$\omega : B \times \mathbb{R}^n \to \mathbb{R},$$

die linear im zweiten Argument ist.

Jedes stetige Vektorfeld $\mathbf{F}$ auf B liefert eine Pfaff'sche Form $\omega_{\mathbf{F}} : B \times \mathbb{R}^n \to \mathbb{R}$ durch

$$\omega_{\mathbf{F}}(\mathbf{x}, \mathbf{v}) := \mathbf{F}(\mathbf{x}) \bullet \mathbf{v}.$$

Ist speziell $f : B \to \mathbb{R}$ eine stetig partiell differenzierbare Funktion, so liefert das Gradientenfeld ∇f bei den Pfaff'schen Formen das **totale Differential** $df : B \times \mathbb{R}^n \to \mathbb{R}$ mit

$$df(\mathbf{x}, \mathbf{v}) := D_{\mathbf{v}} f(\mathbf{x}) = \nabla f(\mathbf{x}) \bullet \mathbf{v}.$$

Beispiele sind die Differentiale dx_i, für $i = 1, \ldots, n$, mit

$$dx_i(\mathbf{x}, \mathbf{v}) = \nabla x_i \bullet \mathbf{v} = \mathbf{e}_i \bullet \mathbf{v} = v_i\,.$$

Zu jeder Pfaff'schen Form ω auf B gibt es eindeutig bestimmte stetige Funktionen $\omega_1, \ldots, \omega_n$ auf B, so dass gilt: $\omega = \omega_1 dx_1 + \cdots + \omega_n dx_n$.

Ist $\mathbf{F} = (F_1, \ldots, F_n)$ ein Vektorfeld, so ist $\omega_{\mathbf{F}}(\mathbf{x}, \mathbf{e}_j) = \mathbf{F}(\mathbf{x}) \bullet \mathbf{e}_j = F_j(\mathbf{x})$ und

$$\omega_{\mathbf{F}} = F_1\, dx_1 + \cdots + F_n\, dx_n\,.$$

Jede Pfaff'sche Form ω kommt also von einem Vektorfeld $\mathbf{F}$. Ist f stetig partiell differenzierbar, so ist $df(\mathbf{x}, \mathbf{e}_j) = D_{\mathbf{e}_j} f(\mathbf{x}) = f_{x_j}(\mathbf{x})$, also

$$df = f_{x_1}\,dx_1 + \cdots + f_{x_n}\,dx_n\,.$$

Ist $B \subset \mathbb{R}^n$ offen, $\boldsymbol{\alpha} : I := [a, b] \to B$ ein Integrationsweg und ω eine Pfaff'sche Form auf B, so setzt man

$$\int_{\boldsymbol{\alpha}} \omega := \int_a^b \omega(\boldsymbol{\alpha}(t), \boldsymbol{\alpha}'(t))\,dt.$$

Im Falle einer Pfaff'schen Form $\omega = \omega_{\mathbf{F}} = F_1\,dx_1 + \cdots + F_n\,dx_n$ ist dann $\omega(\boldsymbol{\alpha}(t), \boldsymbol{\alpha}'(t)) = \mathbf{F}(\boldsymbol{\alpha}(t)) \bullet \boldsymbol{\alpha}'(t)$, also

$$\int_{\boldsymbol{\alpha}} \mathbf{F} \bullet d\mathbf{x} = \int_{\boldsymbol{\alpha}} (F_1\,dx_1 + \cdots + F_n\,dx_n).$$

1.6.9. Aufgaben

A. Berechnen Sie $\int_{\boldsymbol{\sigma}} (z, x, y) \bullet d\mathbf{x}$ über die Verbindungsstrecke $\boldsymbol{\sigma}$ von $\mathbf{a} := (0, 1, 2)$ nach $\mathbf{b} := (1, -1, 3)$.

B. Berechnen Sie $\displaystyle\int_{\boldsymbol{\alpha}_k} (y, x) \bullet d\mathbf{x}$ für

$$\boldsymbol{\alpha}_1(t) := (\sin 2t, 1 - \cos 2t) \text{ über } [0, \pi/4] \quad \text{und} \quad \boldsymbol{\alpha}_2(t) := (t, t^2) \text{ über } [0, 1].$$

C. Sei $\boldsymbol{\alpha}$ der Streckenzug von $(0, 0)$ über $(0, 1)$ nach $(1, 1)$ und $\boldsymbol{\beta}$ die direkte Verbindungsstrecke von $(0, 0)$ mit $(1, 1)$. Berechnen Sie $\displaystyle\int_{\boldsymbol{\alpha}} \mathbf{F} \bullet d\mathbf{x}$ und $\displaystyle\int_{\boldsymbol{\beta}} \mathbf{F} \bullet d\mathbf{x}$ für $\mathbf{F}(x, y) := (y, y - x)$.

D. Berechnen Sie $\displaystyle\int_{\boldsymbol{\alpha}} \mathbf{F} \bullet d\mathbf{x}$

(a) für $\mathbf{F}(x, y, z) := (-x, y, -z)$ und $\boldsymbol{\alpha}(t) := (\cos t, \sin t, t/\pi)$, $0 \le t \le 2\pi$,

(b) für $\mathbf{F}(x, y, z) := (xy, yz, zx)$ und $\boldsymbol{\alpha}(t) := (t, t^2, t^3)$, $0 \le t \le 1$.

E. Bestimmen Sie eine Potentialfunktion $f = f(x, y)$ für

$$\mathbf{F}(x, y) := (e^x + 2xy, x^2 + \cos y)$$

(a) durch Integration über die Verbindungsstrecke von $(0, 0)$ nach (x, y),

(b) durch schrittweises Ermitteln von Stammfunktionen.

F. Für $x > 0$ sei $\mathbf{F}(x,y,z) := \big(\frac{z}{x}+y, x+z, \ln x+y+2z\big)$. Der Weg $\boldsymbol{\alpha} : [0,1] \to \mathbb{R}^3$ sei definiert durch

$$\boldsymbol{\alpha}(t) := \big(\cos^2(2\pi t) + 1 - (2t-1)^2, t^6 + 4t^3 - 1, \sin(\frac{\pi}{2}t) + (t - t^2)e^t\big).$$

Berechnen Sie auf möglichst elegante Weise das Integral $\int_\alpha \mathbf{F} \bullet d\mathbf{x}$.

G. Besitzen die folgenden Vektorfelder auf dem $\mathbb{R}^2$ eine Potentialfunktion?

$\mathbf{F}_1(x,y) := (y^2, x^2)$, $\mathbf{F}_2(x,y) := (e^x + 2xy, x^2 + y^2)$ und
$\mathbf{F}_3(x,y) := (x+y, x+y)$.

Falls nicht, suchen Sie einen geschlossenen Weg $\boldsymbol{\alpha}$ mit $\int_\alpha \mathbf{F} \bullet d\mathbf{x} \neq 0$.

H. Für $\mathbf{x} = (x,y,z) \in \mathbb{R}^3 \setminus \{\mathbf{0}\}$ sei $r(\mathbf{x}) := \sqrt{x^2+y^2+z^2}$.

(a) Sei $\varphi : \mathbb{R}_+ \to \mathbb{R}$ eine stetige Funktion. Zeigen Sie, dass $\mathbf{F}(\mathbf{x}) := \varphi(r(\mathbf{x})) \cdot \mathbf{x}$ eine Potentialfunktion besitzt.

(b) Bestimmen Sie für $\mathbf{F}(\mathbf{x}) := r(\mathbf{x})^p \cdot \mathbf{x}$ und $p \in \mathbb{Z}$ jeweils eine Potentialfunktion.

1.7 Differentialgleichungen

Zur Einführung: Im Grundkurs Analysis 1 wurden schon mehrfach Differentialgleichungen betrachtet, insbesondere wurden lineare Differentialgleichungen mit konstanten Koeffizienten systematisch untersucht. Hier sollen nun Existenz- und Eindeutigkeitssätze für beliebige Systeme von gewöhnlichen Differentialgleichungen bewiesen werden. Wichtiges Hilfsmittel ist dabei der Fixpunktsatz.

Definition (Lösung einer Differentialgleichung)

Sei $G \subset \mathbb{R} \times \mathbb{R}^n$ ein Gebiet und $\mathbf{F} : G \to \mathbb{R}^n$ eine stetige Abbildung. Unter einer ***Lösung der Differentialgleichung*** $\mathbf{y}' = \mathbf{F}(t, \mathbf{y})$ versteht man eine Abbildung $\boldsymbol{\varphi} : I \to \mathbb{R}^n$ mit folgenden Eigenschaften:

1. $I \subset \mathbb{R}$ ist ein Intervall, und der Graph $\{(t, \boldsymbol{\varphi}(t)) : t \in I\}$ liegt in G.
2. $\boldsymbol{\varphi}$ ist stetig differenzierbar, und es ist $\boldsymbol{\varphi}'(t) = F(t, \boldsymbol{\varphi}(t))$ auf I.

Ist $\boldsymbol{\varphi}$ eine Lösung von $\mathbf{y}' = \mathbf{F}(t, \mathbf{y})$ und $\boldsymbol{\varphi}(t_0) = \mathbf{y}_0$, so sagt man, $\boldsymbol{\varphi}$ erfüllt die ***Anfangsbedingung*** $(t_0, \mathbf{y}_0)$.

1.7.1. Satz

Ist φ Lösung der DGL $\mathbf{y}' = \mathbf{F}(t, \mathbf{y})$ und $\mathbf{F}$ k-mal stetig differenzierbar, so ist φ $(k+1)$-mal stetig differenzierbar.

BEWEIS: Definitionsgemäß ist φ einmal stetig differenzierbar, aber $\varphi'(t) = \mathbf{F}(t, \varphi(t))$ ist auch wieder stetig differenzierbar. Also muss φ sogar zweimal stetig differenzierbar sein. Dieses Argument kann man so lange wiederholen, bis der Differenzierbarkeitsgrad von $\mathbf{F}$ erreicht ist. ∎

Definition (Sicherheitstonne)

Sei $(t_0, \mathbf{y}_0) \in \mathbb{R} \times \mathbb{R}^n$. Die ***Tonne*** mit *Radius* r und *Länge* $2L$ um $(t_0, \mathbf{y}_0)$ ist die Menge

$$T := [t_0 - L, t_0 + L] \times \overline{B}_r(\mathbf{y}_0).$$

Sei nun $G \subset \mathbb{R} \times \mathbb{R}^n$ ein Gebiet und $\mathbf{F} : G \to \mathbb{R}^n$ eine stetige Abbildung. Eine Tonne $T \subset G$ mit Radius r und Länge $2L$ heißt ***Sicherheitstonne*** für $\mathbf{F}$, falls gilt:

$$\sup_T \|\mathbf{F}(t, \mathbf{y})\| \le \frac{r}{L}.$$

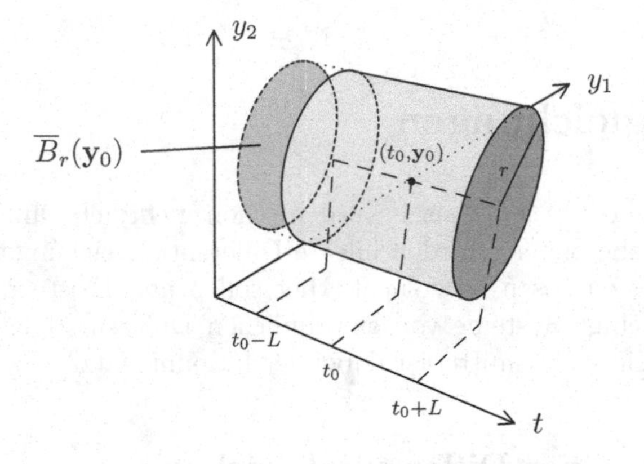

1.7.2. Existenz von Sicherheitstonnen

Ist T_0 eine beliebige Tonne um $(t_0, \mathbf{y}_0)$ mit Radius r und Länge $2L_0$ und $\mathbf{F}$ stetig auf T_0, so gibt es ein L mit $0 < L \le L_0$, so dass jede Tonne T mit Radius r und Länge $\le 2L$ um $(t_0, \mathbf{y}_0)$ eine Sicherheitstonne für $\mathbf{F}$ ist.

BEWEIS: Sei $M := \sup_{T_0} \|\mathbf{F}\|$ und $L := \min(L_0, \frac{r}{M})$. Dabei sei $r/M := +\infty$ gesetzt, falls $M = 0$ ist. Dann ist $r/L = \max(r/L_0, M)$, und für die Tonne T gilt: $\sup_T \|\mathbf{F}\| \le \sup_{T_0} \|\mathbf{F}\| = M \le \frac{r}{L}$. ∎

Was bedeutet das Konzept der Sicherheitstonne? Sei T_0 eine Tonne um $(t_0, \mathbf{y}_0)$ mit Radius r und Länge $2L_0$, sowie $\boldsymbol{\varphi}$ eine Lösung der Differentialgleichung $\mathbf{y}' = \mathbf{F}(t, \mathbf{y})$ mit $\boldsymbol{\varphi}(t_0) = \mathbf{y}_0$. Wir setzen

$$t^* := \inf\{t \in [t_0, t_0 + L_0] \,:\, \|\boldsymbol{\varphi}(t) - \mathbf{y}_0\| > r\}.$$

Weil $\boldsymbol{\varphi}$ stetig ist, muss auch noch $\|\boldsymbol{\varphi}(t^*) - \mathbf{y}_0\| = r$ sein. Das heißt, dass die Lösungskurve bei t^* zum ersten Mal die Tonne T_0 verlässt.

Ist $M := \sup_{T_0}\|\mathbf{F}\|$, so ist $\|\boldsymbol{\varphi}'(t)\| \le M$ für $t_0 \le t \le t^*$ und

$$r = \|\boldsymbol{\varphi}(t^*) - \mathbf{y}_0\| = \Big\| \int_{t_0}^{t^*} \boldsymbol{\varphi}'(s)\, ds \Big\| \le M(t^* - t_0), \text{ also } t^* - t_0 \ge \frac{r}{M}.$$

Wählt man $L \le r/M$, so verlässt die Lösungskurve die Tonne T mit Radius r und Länge $2L$ erst am Ende. Deshalb nennt man T eine Sicherheitstonne.

Definition (Lipschitz-Bedingung)

Sei $G \subset \mathbb{R} \times \mathbb{R}^n$ ein Gebiet. Eine stetige Abbildung $\mathbf{F} : G \to \mathbb{R}^n$ genügt auf G einer ***Lipschitz-Bedingung*** mit Lipschitz-Konstante k, falls gilt:

$$\|\mathbf{F}(t, \mathbf{y}_1) - \mathbf{F}(t, \mathbf{y}_2)\| \le k \cdot \|\mathbf{y}_1 - \mathbf{y}_2\|, \text{ für alle Punkte } (t, \mathbf{y}_1), (t, \mathbf{y}_2) \in G.$$

$\mathbf{F}$ genügt *lokal* der *Lipschitz-Bedingung*, falls es zu jedem $(t_0, \mathbf{y}_0) \in G$ eine Umgebung $U = U(t_0, \mathbf{y}_0) \subset G$ gibt, so daß $\mathbf{F}$ auf U einer Lipschitz-Bedingung genügt.

1.7.3. Satz

Ist $\mathbf{F} = \mathbf{F}(t, y_1, \ldots, y_n)$ auf G stetig und nach den Variablen $y_1, \ldots, y_n$ stetig partiell differenzierbar, so genügt $\mathbf{F}$ auf jeder Tonne $T \subset G$ einer Lipschitz-Bedingung.

BEWEIS: Sei $T = I \times B \subset G$ eine beliebige Tonne. Die partiellen Ableitungen $\mathbf{F}_{y_i}(t, \mathbf{y})$ sind auf T stetig und damit beschränkt, etwa durch $M > 0$. Für $t \in I$ ist $\mathbf{f}_t(\mathbf{y}) := \mathbf{F}(t, \mathbf{y})$ auf B (total) stetig differenzierbar, und es ist $\sup_B\|D\mathbf{f}_t(\mathbf{y})\|_{\text{op}} \le n \cdot M$. Aus dem verallgemeinerten Mittelwertsatz folgt dann:

$$\|\mathbf{f}_t(\mathbf{y}_1) - \mathbf{f}_t(\mathbf{y}_2)\| \le n \cdot M \cdot \|\mathbf{y}_1 - \mathbf{y}_2\|, \text{ für } \mathbf{y}_1, \mathbf{y}_2 \in B.$$

Da dies unabhängig von t gilt, haben wir unsere gesuchte Lipschitz-Bedingung. ∎

1.7.4. Satz

Sei $G \subset \mathbb{R} \times \mathbb{R}^n$ ein Gebiet und $\mathbf{F} : G \to \mathbb{R}^n$ stetig. Genügt $\mathbf{F}$ auf G lokal der Lipschitz-Bedingung, so gibt es zu jedem $(t_0, \mathbf{y}_0) \in G$ ein $L > 0$ und eine Sicherheitstonne $T \subset G$ mit Zentrum $(t_0, \mathbf{y}_0)$ und Länge $2L$ für $\mathbf{F}$, auf der $\mathbf{F}$ einer Lipschitz-Bedingung mit Lipschitz-Konstante $k < 1/(2L)$ genügt.

BEWEIS: Sei $U = U(t_0, \mathbf{y}_0)$ eine Umgebung, auf der $\mathbf{F}$ einer Lipschitz-Bedingung mit Konstante k genügt. Weiter sei $T_0 \subset U$ eine Tonne mit Zentrum $(t_0, \mathbf{y}_0)$, Radius $r < 1$ und Länge $2L$. Man kann L so weit verkleinern, dass $L < 1/(2k)$ und T eine Sicherheitstonne für $\mathbf{F}$ ist. ■

1.7.5. Lokaler Existenz- und Eindeutigkeitssatz

Sei $G \subset \mathbb{R} \times \mathbb{R}^n$ ein Gebiet, $\mathbf{F} : G \to \mathbb{R}^n$ stetig.

Genügt $\mathbf{F}$ lokal der Lipschitz-Bedingung, so gibt es zu jedem $(t_0, \mathbf{y}_0) \in G$ ein $L > 0$, so dass auf $I := [t_0 - L, t_0 + L]$ genau eine Lösung $\boldsymbol{\varphi}$ der Differentialgleichung $\mathbf{y}' = \mathbf{F}(t, \mathbf{y})$ mit $\boldsymbol{\varphi}(t_0) = \mathbf{y}_0$ existiert.

Wir wollen diesen Satz in einer etwas allgemeineren Form beweisen. Es sei zusätzlich $K \subset \mathbb{R}^m$ eine kompakte Menge und $\mathbf{F} : G \times K \to \mathbb{R}^n$ stetig. Wir betrachten die ***„Differentialgleichung mit Parametern"***

$$\mathbf{y}' = \mathbf{F}(t, \mathbf{y}, \boldsymbol{\lambda}) \text{ auf } G \times K.$$

Eine Lösung dieser Differentialgleichung über einem Intervall I ist eine stetige Abbildung $\boldsymbol{\varphi} : I \times K \to \mathbb{R}^n$ mit folgenden Eigenschaften:

1. Für alle $\boldsymbol{\lambda} \in K$ und $t \in I$ liegt $(t, \boldsymbol{\varphi}(t, \boldsymbol{\lambda}))$ in G.
2. $\boldsymbol{\varphi}$ ist stetig partiell differenzierbar nach t, und für alle $t \in I$ und $\boldsymbol{\lambda} \in K$ ist

$$\frac{\partial \boldsymbol{\varphi}}{\partial t}(t, \boldsymbol{\lambda}) = \mathbf{F}\big(t, \boldsymbol{\varphi}(t, \boldsymbol{\lambda}), \boldsymbol{\lambda}\big).$$

Eine Tonne $T = I \times B \subset G$ mit Radius r und Länge $2L$ heißt Sicherheitstonne für $\mathbf{F}$, falls für alle $\boldsymbol{\lambda} \in K$ gilt: $\sup_{(t,\mathbf{y}) \in T} \|\mathbf{F}(t, \mathbf{y}, \boldsymbol{\lambda})\| \le r/L$. Und $\mathbf{F}$ genügt auf T einer Lipschitzbedingung mit Lipschitz-Konstante k, falls gilt:

$$\|\mathbf{F}(t, \mathbf{y}_1, \boldsymbol{\lambda}) - \mathbf{F}(t, \mathbf{y}_2, \boldsymbol{\lambda})\| \le k \cdot \|\mathbf{y}_1 - \mathbf{y}_2\|, \text{ für alle } (t, \mathbf{y}_1), (t, \mathbf{y}_2) \in G,\ \boldsymbol{\lambda} \in K.$$

Das ist zum Beispiel immer der Fall, wenn $\mathbf{F}$ auf $G \times K$ stetig differenzierbar nach $y_1, \ldots, y_n$ ist. Durch Verkleinern von T kann man stets erreichen, dass T eine Sicherheitstonne und $k < 1/(2L)$ ist.

Nun soll für solche Differentialgleichungen mit Parametern bewiesen werden:

Existenz- und Eindeutigkeitssatz mit Parametern: *Zu jedem $(t_0, \mathbf{y}_0) \in G$ gibt es ein $L > 0$, so dass auf $I := [t_0 - L, t_0 + L]$ genau eine Lösung $\boldsymbol{\varphi} : I \times K \to \mathbb{R}^n$ der Differentialgleichung $\mathbf{y}' = \mathbf{F}(t, \mathbf{y}, \boldsymbol{\lambda})$ mit $\boldsymbol{\varphi}(t_0, \boldsymbol{\lambda}) \equiv \mathbf{y}_0$ existiert.*

BEWEIS: Es sei $T = I \times B \subset G$ eine Sicherheitstonne mit Radius r und Länge $2L$ um $(t_0, \mathbf{y}_0)$ für $\mathbf{F}$, auf der $\mathbf{F}$ einer Lipschitz-Bedingung mit einer Konstanten $k < 1/(2L)$ genügt. Weiter sei $I = [t_0 - L, t_0 + L]$ und $B = \overline{B}_r(\mathbf{y}_0)$. Wir betrachten den Banachraum E aller stetigen Abbildungen $\boldsymbol{\varphi} : I \times K \to \mathbb{R}^n$ und setzen

$$A := \{\boldsymbol{\varphi} \in E \,:\, \boldsymbol{\varphi}(I \times K) \subset B \text{ und } \boldsymbol{\varphi}(t_0, \boldsymbol{\lambda}) = \mathbf{y}_0 \text{ für } \boldsymbol{\lambda} \in K\}.$$

Offensichtlich ist $A \neq \varnothing$, denn die Funktion $\boldsymbol{\varphi}(t, \boldsymbol{\lambda}) \equiv \mathbf{y}_0$ gehört zu A.

Sei nun $(\boldsymbol{\varphi}_\nu)$ eine Folge in A, die in E gegen eine stetige Grenzfunktion $\boldsymbol{\varphi}_0$ konvergiert. Das bedeutet, dass die Folge

$$\|\boldsymbol{\varphi}_\nu - \boldsymbol{\varphi}_0\| = \sup_{(t,\boldsymbol{\lambda}) \in I \times K} \|\boldsymbol{\varphi}_\nu(t, \boldsymbol{\lambda}) - \boldsymbol{\varphi}_0(t, \boldsymbol{\lambda})\|$$

gegen Null konvergiert. Insbesondere konvergiert dann für jedes $(t, \boldsymbol{\lambda}) \in I \times K$ die Punktfolge $\big(\boldsymbol{\varphi}_\nu(t, \boldsymbol{\lambda})\big)$ gegen $\boldsymbol{\varphi}_0(t, \boldsymbol{\lambda})$. Da B abgeschlossen und $\boldsymbol{\varphi}_\nu(t, \boldsymbol{\lambda})$ stets in B enthalten ist, muss auch der Grenzwert $\boldsymbol{\varphi}_0(t, \boldsymbol{\lambda})$ in B liegen. Und die Relation $\boldsymbol{\varphi}_\nu(t_0, \boldsymbol{\lambda}) = \mathbf{y}_0$ bleibt ebenfalls beim Grenzübergang erhalten. Das bedeutet, dass $\boldsymbol{\varphi}_0$ wieder in A liegt, A ist eine abgeschlossene Teilmenge von E.

Als nächstes definieren wir eine Abbildung $S : A \to E$ durch

$$(S\boldsymbol{\varphi})(t, \boldsymbol{\lambda}) := \mathbf{y}_0 + \int_{t_0}^{t} \mathbf{F}(u, \boldsymbol{\varphi}(u, \boldsymbol{\lambda}), \boldsymbol{\lambda})\, du\,.$$

Es ist klar, dass $S\boldsymbol{\varphi}$ stetig von t abhängt und Werte in $\mathbb{R}^n$ annimmt. Nach dem Satz über die Stetigkeit von Parameterintegralen (vgl. Analysis 1, Satz 4.5.2) ist $S\boldsymbol{\varphi}$ auch stetig von $\boldsymbol{\lambda}$ abhängig. Leider reicht das allein noch nicht aus, um die Stetigkeit von $S\boldsymbol{\varphi}$ auf $I \times K$ zu beweisen (siehe Analysis 1, Beispiel 2.3.21.C). Allerdings hängt $S\boldsymbol{\varphi}$ sogar gleichmäßig in $\boldsymbol{\lambda}$ stetig von t ab (vgl. dazu die Definition und das Lemma 1.7.6 gleich nach diesem Beweis).

Sei $(t^*, \boldsymbol{\lambda}^*) \in I \times K$ fest gewählt und $\varepsilon > 0$. Ist $\|\mathbf{F}(t, \boldsymbol{\varphi}(t, \boldsymbol{\lambda}), \boldsymbol{\lambda})\| \leq M$ auf $I \times K$, so wähle man $\delta < \varepsilon/M$. Für beliebiges $\boldsymbol{\lambda} \in K$ und $|t - t^*| < \delta$ gilt dann:

$$\begin{aligned}
\|S\boldsymbol{\varphi}(t, \boldsymbol{\lambda}) - S\boldsymbol{\varphi}(t^*, \boldsymbol{\lambda})\| &= \Big\| \int_{t_0}^{t} \mathbf{F}(u, \boldsymbol{\varphi}(u, \boldsymbol{\lambda}), \boldsymbol{\lambda})\, du - \int_{t_0}^{t^*} \mathbf{F}(u, \boldsymbol{\varphi}(u, \boldsymbol{\lambda}), \boldsymbol{\lambda})\, du \Big\| \\
&= \Big\| \int_{t^*}^{t} \mathbf{F}(u, \boldsymbol{\varphi}(u, \boldsymbol{\lambda}), \boldsymbol{\lambda})\, du \Big\| \;\leq\; |t - t^*| \cdot M \;<\; \varepsilon.
\end{aligned}$$

Also ist $S\boldsymbol{\varphi}$ tatsächlich stetig in $(t^*, \boldsymbol{\lambda}^*)$.

Offensichtlich ist $(S\boldsymbol{\varphi})(t_0, \boldsymbol{\lambda}) = \mathbf{y}_0$, für alle $\boldsymbol{\lambda}$, und für $t \in I$ gilt:

$$\begin{aligned}
\|(S\boldsymbol{\varphi})(t, \boldsymbol{\lambda}) - \mathbf{y}_0\| &= \| \int_{t_0}^{t} \mathbf{F}(u, \boldsymbol{\varphi}(u, \boldsymbol{\lambda}), \boldsymbol{\lambda})\, du \| \\
&\leq |t - t_0| \cdot \sup_{T \times K} \|\mathbf{F}(t, \mathbf{y}, \boldsymbol{\lambda})\| \;\leq\; L \cdot \frac{r}{L} = r.
\end{aligned}$$

Also liegt $S\boldsymbol{\varphi}$ wieder in A, S bildet A auf sich ab.

Wir wollen nun zeigen, dass S kontrahierend ist. Für $\boldsymbol{\varphi}, \boldsymbol{\psi} \in A$ ist

$$\begin{aligned}\|S\varphi - S\psi\| &= \sup_{I\times K}\|S\varphi(t,\boldsymbol{\lambda}) - S\psi(t,\boldsymbol{\lambda})\| \\ &= \sup_{I\times K}\Big\|\int_{t_0}^{t}\big(\mathbf{F}(u,\varphi(u,\boldsymbol{\lambda}),\boldsymbol{\lambda}) - \mathbf{F}(u,\psi(u,\boldsymbol{\lambda}),\boldsymbol{\lambda})\big)\,du\Big\| \\ &\leq L\cdot k\cdot\sup_{I\times K}\|\varphi(u,\boldsymbol{\lambda}) - \psi(u,\boldsymbol{\lambda})\| < \frac{1}{2}\|\varphi-\psi\|.\end{aligned}$$

Als kontrahierende Abbildung hat S genau einen Fixpunkt φ^*. Nun gilt für alle $\boldsymbol{\lambda}$:

$$\varphi^*(t,\boldsymbol{\lambda}) = (S\varphi^*)(t,\boldsymbol{\lambda}) = \mathbf{y}_0 + \int_{t_0}^{t}\mathbf{F}(u,\varphi^*(u,\boldsymbol{\lambda}),\boldsymbol{\lambda})\,du.$$

Differenziert man auf beiden Seiten nach t, so erhält man:

$$\frac{\partial\varphi^*}{\partial t}(t,\boldsymbol{\lambda}) = \mathbf{F}\big(t,\varphi^*(t,\boldsymbol{\lambda}),\boldsymbol{\lambda}\big).$$

Damit ist φ^* eine Lösung der Differentialgleichung, mit $\varphi^*(t_0,\boldsymbol{\lambda}) = \mathbf{y}_0$.

Ist umgekehrt φ eine Lösung mit der gewünschten Anfangsbedingung, so ist

$$\int_{t_0}^{t}\mathbf{F}(u,\varphi(u,\boldsymbol{\lambda}),\boldsymbol{\lambda})\,du = \int_{t_0}^{t}\frac{\partial\varphi}{\partial t}(u,\boldsymbol{\lambda})\,du = \varphi(t,\boldsymbol{\lambda}) - \varphi(t_0,\boldsymbol{\lambda}) = \varphi(t,\boldsymbol{\lambda}) - \mathbf{y}_0,$$

also $S\varphi = \varphi$. Damit ist Existenz und Eindeutigkeit der Lösung über I gezeigt. ∎

Definition (Gleichmäßige Stetigkeit in einem Parameter)

Sei $K \subset \mathbb{R}^m$ kompakt und $U \subset \mathbb{R}^n$ offen. Eine Funktion $\mathbf{F} : K \times U \to \mathbb{R}^n$ heißt ***gleichmäßig in $\boldsymbol{\lambda} \in K$ im Punkt*** $\mathbf{u}_0 \in U$ ***stetig***, falls gilt:

Zu jedem $\varepsilon > 0$ gibt es ein $\delta > 0$, so dass für $\mathbf{u} \in U$ mit $\|\mathbf{u} - \mathbf{u}_0\| < \delta$ und alle $\boldsymbol{\lambda} \in K$ die Ungleichung $\|\mathbf{F}(\boldsymbol{\lambda},\mathbf{u}) - \mathbf{F}(\boldsymbol{\lambda},\mathbf{u}_0)\| < \varepsilon$ folgt.

1.7.6. Lemma

Sei $K \subset \mathbb{R}^m$ ein beliebiges Intervall und $U \subset \mathbb{R}^n$ offen.

Ist $\mathbf{F} : K \times U \to \mathbb{R}^n$ stetig in $\boldsymbol{\lambda} \in K$ und gleichmäßig in $\boldsymbol{\lambda}$ auch noch stetig in $\mathbf{u} \in U$, so ist $\mathbf{F}$ eine stetige Funktion von $(\boldsymbol{\lambda},\mathbf{u}) \in K \times U$.

BEWEIS: Sei $(\boldsymbol{\lambda}_0,\mathbf{u}_0) \in K \times U$ und $\varepsilon > 0$ vorgegeben. Nach Voraussetzung existieren $\delta_1 > 0$ und $\delta_2 > 0$, so dass gilt: Ist $\|\boldsymbol{\lambda} - \boldsymbol{\lambda}_0\| < \delta_1$ und $\|\mathbf{u} - \mathbf{u}_0\| < \delta_2$, so ist $\|\mathbf{F}(\boldsymbol{\lambda},\mathbf{u}_0) - \mathbf{F}(\boldsymbol{\lambda}_0,\mathbf{u}_0)\| < \varepsilon/2$ und $\|\mathbf{F}(\boldsymbol{\lambda},\mathbf{u}) - \mathbf{F}(\boldsymbol{\lambda},\mathbf{u}_0)\| < \varepsilon/2$ für alle $\boldsymbol{\lambda} \in K$.

Für $(\boldsymbol{\lambda},\mathbf{u}) \in B_{\delta_1}(\boldsymbol{\lambda}_0) \times B_{\delta_2}(\mathbf{u}_0)$ ist dann

$$\begin{aligned}\|\mathbf{F}(\boldsymbol{\lambda},\mathbf{u}) - \mathbf{F}(\boldsymbol{\lambda}_0,\mathbf{u}_0)\| &\leq \|\mathbf{F}(\boldsymbol{\lambda},\mathbf{u}) - \mathbf{F}(\boldsymbol{\lambda},\mathbf{u}_0)\| + \|\mathbf{F}(\boldsymbol{\lambda},\mathbf{u}_0) - \mathbf{F}(\boldsymbol{\lambda}_0,\mathbf{u}_0)\| \\ &\leq \frac{\varepsilon}{2} + \frac{\varepsilon}{2} = \varepsilon.\end{aligned}$$

Das zeigt die Stetigkeit von $\mathbf{F}$ in $(\boldsymbol{\lambda}_0, \mathbf{u}_0)$. ∎

Bemerkungen zum Existenz- und Eindeutigkeitssatz: Die Abhängigkeit von Parametern wird erst später gebraucht. Für die meisten Zwecke reicht der einfache Existenz- und Eindeutigkeitssatz ohne Parameter. Das vorgestellte Lösungsverfahren nennt man das ***Verfahren von Picard-Lindelöf***. Es ist konstruktiv in dem Sinne, daß man mit einer beliebigen Funktion (z.B. $\varphi(t) \equiv \mathbf{y}_0$) starten kann und die gesuchte Lösung als Grenzwert der Folge $\varphi_k := S^k\varphi$ für $k \to \infty$ erhält.

Betrachten wir als Beispiel die DGL $(y_1', y_2') = (-y_2, y_1)$. Sei $\varphi_0(t) := (1,0)$. Hier ist $\mathbf{F}(u, \varphi_1(u), \varphi_2(u)) = (-\varphi_2(u), \varphi_1(u))$, also

$$\begin{aligned}
\varphi_1(t) &= (1,0) + \int_0^t (0,1)\,du = (1,t),\\
\varphi_2(t) &= (1,0) + \int_0^t (-u,1)\,du = (1 - \frac{t^2}{2}, t),\\
\varphi_3(t) &= (1,0) + \int_0^t (-u, 1 - \frac{u^2}{2})\,du = (1 - \frac{t^2}{2}, t - \frac{t^3}{6}).
\end{aligned}$$

Per Induktion zeigt man schließlich:

$$\begin{aligned}
\varphi_{2k}(t) &= \Big(\sum_{\nu=0}^{k}(-1)^\nu \frac{t^{2\nu}}{(2\nu)!}, \sum_{\nu=0}^{k-1}(-1)^\nu \frac{t^{2\nu+1}}{(2\nu+1)!}\Big)\\
\text{und}\quad \varphi_{2k+1}(t) &= \Big(\sum_{\nu=0}^{k}(-1)^\nu \frac{t^{2\nu}}{(2\nu)!}, \sum_{\nu=0}^{k}(-1)^\nu \frac{t^{2\nu+1}}{(2\nu+1)!}\Big).
\end{aligned}$$

Das bedeutet, dass $\varphi(t) := (\cos(t), \sin(t))$ die einzige Lösung mit $\varphi(0) = (1,0)$ ist.

1.7.7. Fortsetzungs-Lemma

Unter den Voraussetzungen des lokalen Existenzsatzes gilt: Ist $\varphi : [t_0, t_1] \to \mathbb{R}^n$ Lösung der Differentialgleichung $\mathbf{y}' = \mathbf{F}(t, \mathbf{y})$, so gibt es ein $t_2 > t_1$ und eine Lösung $\widehat{\varphi} : [t_0, t_2) \to \mathbb{R}^n$ mit $\widehat{\varphi}|_{[t_0,t_1]} = \varphi$.

BEWEIS: Nach dem lokalen Existenz- und Eindeutigkeitssatz gibt es ein $\varepsilon > 0$ und eine eindeutig bestimmte Lösung $\psi : (t_1 - \varepsilon, t_1 + \varepsilon) \to \mathbb{R}^n$ mit $\psi(t_1) = \varphi(t_1)$. Außerdem ist $\psi'(t_1) = \mathbf{F}(t_1, \psi(t_1)) = \mathbf{F}(t_1, \varphi(t_1)) = \varphi'(t_1)$.

Also ist $\widehat{\varphi} : [t_0, t_1 + \varepsilon) \to \mathbb{R}^n$ mit

$$\widehat{\varphi}(t) := \begin{cases} \varphi(t) & \text{für } t_0 \le t \le t_1, \\ \psi(t) & \text{für } t_1 < t < t_1 + \varepsilon. \end{cases}$$

stetig differenzierbar und damit eine Lösung über $[t_0, t_1 + \varepsilon)$. ∎

1.7.8. Globaler Existenz- und Eindeutigkeitssatz

Betrachtet werde die Differentialgleichung $\mathbf{y}' = \mathbf{F}(t, \mathbf{y})$, $\mathbf{F}$ sei stetig und erfülle lokal die Lipschitzbedingung. Dann gibt es zu vorgegebener Anfangsbedingung $(t_0, \mathbf{y}_0) \in G$ Zahlen $t_-, t_+ \in \overline{\mathbb{R}}$ mit $t_- < t_0 < t_+$ und eine Lösung $\boldsymbol{\varphi} : (t_-, t_+) \to \mathbb{R}^n$ mit folgenden Eigenschaften:

1. *$\boldsymbol{\varphi}(t_0) = \mathbf{y}_0$.*
2. *$\boldsymbol{\varphi}$ lässt sich auf kein größeres Intervall fortsetzen.*
3. *Ist $\boldsymbol{\psi} : (t_-, t_+) \to \mathbb{R}^n$ eine weitere Lösung mit $\boldsymbol{\psi}(t_0) = \mathbf{y}_0$, so ist $\boldsymbol{\varphi} = \boldsymbol{\psi}$.*
4. *Die Kurve $\boldsymbol{\Phi}(t) := (t, \boldsymbol{\varphi}(t))$ läuft in G „von Rand zu Rand“: Zu jeder kompakten Teilmenge $K \subset G$ mit $(t_0, \mathbf{y}_0) \in K$ gibt es Zahlen t_1, t_2 mit*

$$t_- < t_1 < t_0 < t_2 < t_+,$$

so dass $\boldsymbol{\Phi}((t_-, t_1)) \subset G \setminus K$ und $\boldsymbol{\Phi}((t_2, t_+)) \subset G \setminus K$ ist.

BEWEIS: (1)+(2): Wir beschränken uns auf die Konstruktion von t_+, die von t_- kann dann analog durchgeführt werden. Es sei

$$\varepsilon_+ := \sup\{\varepsilon > 0 \,:\, \exists \text{ Lösung } \boldsymbol{\varphi}_\varepsilon : [t_0, t_0 + \varepsilon] \to \mathbb{R}^n \text{ mit } \boldsymbol{\varphi}_\varepsilon(t_0) = \mathbf{y}_0\}$$

und

$$t_+ := t_0 + \varepsilon_+.$$

Ist nun $t \in [t_0, t_+)$, so gibt es ein ε mit $t - t_0 < \varepsilon < \varepsilon^+$, und wir setzen

$$\boldsymbol{\varphi}(t) := \boldsymbol{\varphi}_\varepsilon(t).$$

Diese Definition ist wegen der globalen Eindeutigkeit unabhängig vom gewählten ε, und $\boldsymbol{\varphi}$ ist deshalb auch eine Lösung der Differentialgleichung. Nach Konstruktion von ε_+ lässt sich $\boldsymbol{\varphi}$ nicht über t_+ hinaus zu einer erweiterten Lösung fortsetzen.

(3): Sei $\boldsymbol{\psi}$ eine weitere Lösung mit $\boldsymbol{\psi}(t_0) = \mathbf{y}_0$. Nach dem lokalen Eindeutigkeitssatz gibt es ein $\varepsilon > 0$, so dass $\boldsymbol{\varphi}(t) = \boldsymbol{\psi}(t)$ für $t_0 \le t < t_0 + \varepsilon$ ist. Ist $\boldsymbol{\varphi} = \boldsymbol{\psi}$ auf ganz $[t_0, t_+)$, so ist nichts mehr zu zeigen. Andernfalls sei

$$t^* := \inf\{t \in [t_0, t_+) \,:\, \boldsymbol{\varphi}(t) \neq \boldsymbol{\psi}(t)\}.$$

Dann ist $t_0 < t^* < t_+$, und es muss $\boldsymbol{\varphi}(t^*) = \boldsymbol{\psi}(t^*)$ sein, denn die Menge aller t mit $\boldsymbol{\varphi}(t) \neq \boldsymbol{\psi}(t)$ ist offen. Wegen der lokalen Eindeutigkeit wäre dann aber auch noch in der Nähe von t^* die Gleichheit von $\boldsymbol{\varphi}(t)$ und $\boldsymbol{\psi}(t)$ gegeben. Das ist ein Widerspruch zur Definition von t^*.

(4): Der Beweis der letzten Aussage ist etwas komplizierter.

Sei $\mathbf{\Phi}(t) := (t, \boldsymbol{\varphi}(t))$ für $t_0 \le t < t_+$ die zugehörige Integralkurve. Wenn die Behauptung falsch wäre, gäbe es eine kompakte Menge $K \subset G$ und eine monoton wachsende und gegen t_+ konvergente Folge (t_ν), so dass $\mathbf{\Phi}(t_\nu) \in K$ für $\nu \in \mathbb{N}$ gilt. Wir nehmen an, das sei der Fall. Da K kompakt ist, muss dann die Folge (t_ν) beschränkt sein, also t_+ endlich. Außerdem muss es eine Teilfolge (t_{ν_i}) geben, so dass $\mathbf{\Phi}(t_{\nu_i})$ gegen ein Element $(t_+, \mathbf{y}_+) \in K$ (und damit in G) konvergiert. Zur Vereinfachung der Schreibweise nehmen wir an, dass schon die Folge $(\mathbf{\Phi}(t_\nu))$ gegen $(t_+, \mathbf{y}_+)$ konvergiert.

Sei $T_0 = [t_+ - \varepsilon_0, t_+ + \varepsilon_0] \times \overline{B}_{r_0}(\mathbf{y}_+)$ eine Tonne, die noch ganz in G liegt. Dabei seien r_0 und ε_0 so klein gewählt, dass $\mathbf{F}$ auf T_0 einer Lipschitzbedingung mit Konstante $k < 1/(2\varepsilon_0)$ genügt (durch Verkleinern von ε_0 ist das immer erreichbar). Weiter sei

$$M := \sup_{T_0} \|\mathbf{F}\|, \quad \varepsilon := \min\Big(\frac{\varepsilon_0}{2}, \frac{r_0}{2M}\Big) \quad \text{und} \quad r := \frac{r_0}{2},$$

sowie T_1 die Tonne mit Radius r und Länge 2ε um $(t_+, \mathbf{y}_+)$. Für einen beliebigen Punkt $(t, \mathbf{y}) \in T_1$ ist die Tonne $T = T(t, \mathbf{y})$ mit Radius r und Länge 2ε um $(t, \mathbf{y})$ eine in T_0 enthaltene Sicherheitstonne, denn es ist

$$\frac{r}{\varepsilon} = \max\Big(\frac{r_0}{\varepsilon_0}, M\Big), \quad \text{also} \quad \sup_{T} \|\mathbf{F}\| \le \sup_{T_0} \|\mathbf{F}\| = M \le \frac{r}{\varepsilon}.$$

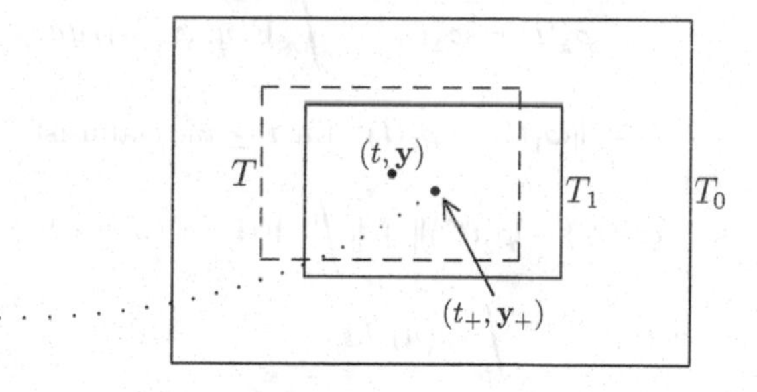

Außerdem erfüllt F auch auf T die Lipschitzbedingung mit der Konstanten k. Wir können das auf $T_\nu := T(t_\nu, \boldsymbol{\varphi}(t_\nu))$ anwenden, denn für genügend großes ν liegt $(t_\nu, \boldsymbol{\varphi}(t_\nu))$ in T_1. Dann ist $(t_+, \mathbf{y}_+)$ in T_ν enthalten. Nach dem lokalen Existenz- und Eindeutigkeitssatz gibt es genau eine Lösung $\boldsymbol{\psi} : [t_\nu - \varepsilon, t_\nu + \varepsilon] \to \overline{B}_r(\boldsymbol{\varphi}(t_\nu))$ mit $\boldsymbol{\psi}(t_\nu) = \boldsymbol{\varphi}(t_\nu)$. Offensichtlich wird $\boldsymbol{\varphi}$ durch $\boldsymbol{\psi}$ fortgesetzt, und zwar über t_+ hinaus. Das ist ein Widerspruch! ∎

Es soll nun bewiesen werden, dass die Lösungen von Differentialgleichungen stetig von den Anfangswerten abhängen. Dafür braucht man einige Abschätzungen.

1.7.9. Lemma von Gronwall

Sei $t_0 < t_1 \le \infty$, $g : [t_0, t_1) \to \mathbb{R}$ stetig, $\alpha \ge 0$ und $\beta \ge 0$. Dann gilt für $t \in [t_0, t_1)$:

Ist $0 \le g(t) \le \alpha + \beta \displaystyle\int_{t_0}^{t} g(\tau)\, d\tau$, so ist $g(t) \le \alpha \cdot e^{\beta(t - t_0)}$.

BEWEIS: Sei $G(t) := \alpha + \beta \int_{t_0}^{t} g(\tau)\, d\tau$. Dann ist $G(t_0) = \alpha$ und $G'(t) = \beta g(t) \leq \beta G(t)$, also $(\ln G)'(t) \leq \beta$. Daraus folgt, dass $\ln G(t) - \beta t$ monoton fällt. Für $t > t_0$ ist dann

$$\ln G(t) - \beta t \leq \ln G(t_0) - \beta t_0 = \ln \alpha - \beta t_0 \quad \text{und} \quad g(t) \leq G(t) \leq \alpha e^{\beta(t-t_0)}.$$

■

1.7.10. Fundamentale Abschätzung

Sei $I \subset \mathbb{R}$ ein Intervall und $B \subset \mathbb{R}^n$ eine Kugel, so dass $\mathbf{F}$ auf $T := I \times B$ einer Lipschitzbedingung mit Lipschitzkonstante k genügt.

Sind $\boldsymbol{\varphi}_1, \boldsymbol{\varphi}_2 : I \to B$ zwei Lösungen der Differentialgleichung $\mathbf{y}' = \mathbf{F}(t, \mathbf{y})$ mit Anfangsbedingungen $\boldsymbol{\varphi}_1(t_0) = \mathbf{y}_1$ und $\boldsymbol{\varphi}_2(t_0) = \mathbf{y}_2$, so ist

$$\|\boldsymbol{\varphi}_1(t) - \boldsymbol{\varphi}_2(t)\| \leq \|\mathbf{y}_1 - \mathbf{y}_2\| \cdot e^{k \cdot |t-t_0|} \text{ für } t \in I.$$

BEWEIS: Weil $\boldsymbol{\varphi}_\lambda'(t) = \mathbf{F}(t, \boldsymbol{\varphi}_\lambda(t))$ ist, für $\lambda = 1, 2$, folgt:

$$\boldsymbol{\varphi}_\lambda(t) = \boldsymbol{\varphi}_\lambda(t_0) + \int_{t_0}^{t} \mathbf{F}(u, \boldsymbol{\varphi}_\lambda(u))\, du.$$

Nun setzen wir $\omega(t) := \|\boldsymbol{\varphi}_1(t) - \boldsymbol{\varphi}_2(t)\|$ für $t \geq t_0$. Dann ist

$$\begin{aligned} \omega(t) &\leq \|\boldsymbol{\varphi}_1(t_0) - \boldsymbol{\varphi}_2(t_0)\| + \|\int_{t_0}^{t} (\mathbf{F}(u, \boldsymbol{\varphi}_1(u)) - \mathbf{F}(u, \boldsymbol{\varphi}_2(u)))\, du\| \\ &\leq \omega(t_0) + k \cdot \int_{t_0}^{t} \omega(u)\, du \end{aligned}$$

und nach Gronwall $\omega(t) \leq \omega(t_0) \cdot e^{k(t-t_0)}$. Damit ist der Satz für $t \geq t_0$ bewiesen.

Um ihn auch für $t < t_0$ zu erhalten, setzen wir $\widetilde{\mathbf{F}}(t, \mathbf{y}) := -\mathbf{F}(t_0 - t, \mathbf{y})$. Ist $\boldsymbol{\varphi}$ Lösung der DGL $\mathbf{y}' = \mathbf{F}(t, \mathbf{y})$, so ist $\widetilde{\boldsymbol{\varphi}}(t) := \boldsymbol{\varphi}(t_0 - t)$ Lösung der DGL $\mathbf{y}' = \widetilde{\mathbf{F}}(t, \mathbf{y})$, und umgekehrt, denn es ist $\widetilde{\boldsymbol{\varphi}}'(t) = -\boldsymbol{\varphi}'(t_0 - t) = -\mathbf{F}(t_0 - t, \boldsymbol{\varphi}(t_0 - t)) = \widetilde{\mathbf{F}}(t, \boldsymbol{\varphi}(t_0 - t)) = \widetilde{\mathbf{F}}(t, \widetilde{\boldsymbol{\varphi}}(t))$. Außerdem ist $\widetilde{\boldsymbol{\varphi}}(0) = \boldsymbol{\varphi}(t_0)$.

Sei $\widetilde{\omega}(t) := \|\widetilde{\boldsymbol{\varphi}}_1(t) - \widetilde{\boldsymbol{\varphi}}_2(t)\| = \omega(t_0 - t)$. Ist $t < t_0$, so ist $t_0 - t > 0$ und

$$\omega(t) = \widetilde{\omega}(t_0 - t) \leq \widetilde{\omega}(0) e^{k(t_0 - t)} = \omega(t_0) e^{k|t-t_0|}.$$

■

Betrachten wir jetzt eine Differentialgleichung $\mathbf{y}' = \mathbf{F}(t, \mathbf{y})$ über $G \subset \mathbb{R} \times \mathbb{R}^n$, einen Punkt $(t_0, \mathbf{y}_0) \in G$ und eine Sicherheitstonne T_0 mit Radius r_0 und Länge $2L_0$. Ist $M := \sup_{T_0} \|\mathbf{F}\|$, so ist $M \leq r_0/L_0$. Die Tonne T um $(t_0, \mathbf{y}_0)$ mit Radius $r = r_0/2$ und Länge $2L = L_0$ ist natürlich wieder eine Sicherheitstonne. Aber für jeden Punkt $\mathbf{y} \in B_r(\mathbf{y}_0)$ ist auch $T_{\mathbf{y}} := [t_0 - L, t_0 + L] \times \overline{B_r(\mathbf{y})}$ eine in T_0

enthaltene Sicherheitstonne. Nach dem lokalen Existenz- und Eindeutigkeitssatz gibt es daher zu jedem $\mathbf{y} \in B = B_r(\mathbf{y}_0)$ eine Lösung $\boldsymbol{\varphi}_\mathbf{y} : I := [t_0 - L, t_0 + L] \to \mathbb{R}^n$ mit $\boldsymbol{\varphi}_\mathbf{y}(t_0) = \mathbf{y}$. $\mathbf{F}$ erfülle auf $I \times B$ eine k-Lipschitzbedingung. Die fundamentale Abschätzung liefert dann für $\mathbf{u}, \mathbf{v} \in B$:

$$\|\boldsymbol{\varphi}_\mathbf{u}(t) - \boldsymbol{\varphi}_\mathbf{v}(t)\| \le \|\mathbf{u} - \mathbf{v}\| \cdot e^{k|t-t_0|}.$$

Die Abbildung $\boldsymbol{\Phi} : I \times B \to \mathbb{R}^n$ mit $\boldsymbol{\Phi}(t, \mathbf{u}) := \boldsymbol{\varphi}_\mathbf{u}(t)$. nennt man einen ***lokalen Fluss*** der Differentialgleichung. Ist $e^{k|t-t_0|} \le K$ auf I, so folgt:

$$\|\boldsymbol{\Phi}(t, \mathbf{u}) - \boldsymbol{\Phi}(t, \mathbf{v})\| \le K \cdot \|\mathbf{u} - \mathbf{v}\| \quad \text{für } t \in I \text{ und } \mathbf{u}, \mathbf{v} \in B.$$

Das bedeutet, dass $\boldsymbol{\Phi}$ auf $I \times B$ eine K-Lipschitzbedingung erfüllt.

1.7.11. Stetige Abhängigkeit von den Anfangswerten

Unter den obigen Voraussetzungen ist der lokale Fluss $\boldsymbol{\Phi}$ auf $I \times B$ stetig.

BEWEIS: Für jedes $\mathbf{u} \in B$ ist die Abbildung $t \mapsto \boldsymbol{\Phi}(t, \mathbf{u})$ als Lösung der Differentialgleichung stetig. Ist andererseits $\mathbf{u}_0 \in B$ beliebig, aber fest gewählt, sowie ein $\varepsilon > 0$ vorgegeben, so kann man $0 < \delta < \varepsilon/K$ wählen, und dann gilt für alle $t \in I$ und alle $\mathbf{u} \in B$ mit $\|\mathbf{u} - \mathbf{u}_0\| < \delta$: $\|\boldsymbol{\Phi}(t, \mathbf{u}) - \boldsymbol{\Phi}(t, \mathbf{u}_0)\| \le K \cdot \|\mathbf{u} - \mathbf{u}_0\| < K \cdot \delta < \varepsilon$.

Damit ist $\boldsymbol{\Phi}$ gleichmäßig in t stetig in $\mathbf{u}$, und daraus folgt, dass $\boldsymbol{\Phi}$ auf $I \times B$ stetig ist. ∎

Die Aussage bedeutet, dass die Lösungen stetig von den Anfangswerten abhängen.

Als nächstes sollen nun Systeme von linearen Differentialgleichungen 1. Ordnung über einem offenen Intervall $I \subset \mathbb{R}$ untersucht werden:

$$\mathbf{y}' = \mathbf{y} \cdot A(t)^\top + \mathbf{b}(t),$$

mit stetigen Abbildungen $A : I \to M_{n,n}(\mathbb{R})$ und $\mathbf{b} : I \to \mathbb{R}^n$. Wir beschränken uns hier auf den **homogenen** Fall $\mathbf{b}(t) \equiv \mathbf{0}$, der inhomogene Fall wird dann wie üblich mit Variation der Konstanten behandelt.

Die stetige Abbildung $\mathbf{F}(t, \mathbf{y}) := \mathbf{y} \cdot A(t)^\top$ ist auf ganz $I \times \mathbb{R}^n$ definiert und genügt dort lokal einer Lipschitz-Bedingung, denn es ist

$$\|\mathbf{F}(t, \mathbf{y}_1) - \mathbf{F}(t, \mathbf{y}_2)\| = \|(\mathbf{y}_1 - \mathbf{y}_2) \cdot A(t)^\top\| \le \|\mathbf{y}_1 - \mathbf{y}_2\| \cdot \|A(t)\|_{\text{op}}.$$

1.7.12. Der Lösungsraum einer homogenen linearen DGL

Ist die lineare DGL $\mathbf{y}' = \mathbf{F}(t, \mathbf{y})$ über $I = (a, b)$ definiert, so ist auch jede maximale Lösung über I definiert, und die Menge aller maximalen Lösungen bildet einen reellen Vektorraum.

BEWEIS: Sei $J = (t_-, t_+) \subset I$, $t_0 \in J$ und $\boldsymbol{\varphi} : J \to \mathbb{R}^n$ eine maximale Lösung mit $\boldsymbol{\varphi}(t_0) = \mathbf{y}_0$. Wir nehmen an, es sei $t_+ < b$. Dann ist $\|A(t)\|_{\text{op}}$ auf $[t_0, t_+]$ beschränkt, etwa durch eine Zahl $k > 0$. Wir wenden die fundamentale Abschätzung auf die beiden Lösungen $\boldsymbol{\varphi}$ und $\boldsymbol{\psi}(x) \equiv \mathbf{0}$ an. Damit ist $\|\boldsymbol{\varphi}(t)\| \le \|\mathbf{y}_0\| \cdot e^{k(t_+ - t_0)}$, bleibt also auf $[t_0, t_+)$ beschränkt. Das bedeutet, dass die Integralkurve $t \mapsto (t, \boldsymbol{\varphi}(t))$ im Innern von $I \times \mathbb{R}^n$ endet, und das kann nicht sein. Also muss $t_+ = b$ (und entsprechend dann auch $t_- = a$) sein. Dass die Menge aller (maximalen) Lösungen dann einen Vektorraum bildet, ist trivial. ■

Sei $\mathcal{L}$ der (reelle) Vektorraum aller Lösungen über I. Für ein festes $t_0 \in I$ sei $e_0 : \mathcal{L} \to \mathbb{R}^n$ definiert durch $e_0(\boldsymbol{\varphi}) := \boldsymbol{\varphi}(t_0)$. Dann ist e_0 offensichtlich linear, und aus dem globalen Existenz- und Eindeutigkeitssatz und dem obigen Resultat folgt, dass e_0 bijektiv ist, also ein Isomorphismus von $\mathcal{L}$ auf $\mathbb{R}^n$. Daraus folgt:

Der Lösungsraum $\mathcal{L}$ eines homogenen linearen Systems $\mathbf{y}' = \mathbf{y} \cdot A(t)^\top$ in $I \times \mathbb{R}^n$ ist ein n-dimensionaler $\mathbb{R}$-Untervektorraum von $\mathcal{C}^1(I, \mathbb{R}^n)$.

Eine Basis $\{\boldsymbol{\varphi}_1, \ldots, \boldsymbol{\varphi}_n\}$ von $\mathcal{L}$ bezeichnet man auch als ***Fundamentalsystem*** (von Lösungen), die Matrix

$$X(t) := \big(\boldsymbol{\varphi}_1^\top(t), \ldots, \boldsymbol{\varphi}_n^\top(t)\big)$$

nennt man ***Fundamentalmatrix***. Sie erfüllt die Gleichung

$$X'(t) = A(t) \cdot X(t).$$

Im Anhang, Abschnitt 4.3, wird erklärt was man unter der Adjunkte A_{ij} einer Matrix $A \in M_{n,n}(\mathbb{R})$ versteht.

Die Matrix $\operatorname{ad}(A) := \left(A_{ij} \;\middle|\; \begin{array}{l} i = 1, \ldots, n \\ j = 1, \ldots, n \end{array} \right)$ heißt ***adjungierte Matrix*** zu A.

1.7.13. Hilfssatz

1. *Ist $A \in M_{n,n}(\mathbb{R})$, so ist* $(\det A) \cdot E_n = A \cdot \operatorname{ad}(A)^\top$.
2. *Ist $t \mapsto A(t) \in M_{n,n}(\mathbb{R})$ differenzierbar, so ist*

$$(\det \circ A)'(t) = \sum_{i,j} a'_{ij}(t) \cdot A_{ij}(t).$$

BEWEIS: 1) Seien $\mathbf{a}_1, \ldots, \mathbf{a}_n$ die Zeilen der Matrix A. Dann ist

$$\begin{aligned} \left(A \cdot \operatorname{ad}(A)^\top\right)_{ij} &= \sum_{k=1}^n a_{ik} A_{jk} = \sum_{k=1}^n a_{ik} \det(\mathbf{a}_1, \ldots, \mathbf{a}_{j-1}, \mathbf{e}_k, \mathbf{a}_{j+1}, \ldots, \mathbf{a}_n) \\ &= \det(\mathbf{a}_1, \ldots, \mathbf{a}_{j-1}, \sum_{k=1}^n a_{ik} \mathbf{e}_k, \mathbf{a}_{j+1}, \ldots, \mathbf{a}_n) \\ &= \det(\mathbf{a}_1, \ldots, \mathbf{a}_{j-1}, \mathbf{a}_i, \mathbf{a}_{j+1}, \ldots, \mathbf{a}_n) = \delta_{ij} \cdot \det A. \end{aligned}$$

2) Weil A_{ij} von a_{ij} nicht abhängt, folgt mit dem Entwicklungssatz

$$\frac{\partial \det}{\partial a_{ij}}(A) = \frac{\partial}{\partial a_{ij}}\left(\sum_{k=1}^{n} a_{kj} \cdot A_{kj}\right) = \sum_{k=1}^{n} \delta_{ik} A_{kj} = A_{ij},$$

nach Kettenregel also

$$(\det \circ A)'(t) = \sum_{i,j} \frac{\partial \det}{\partial a_{ij}}(A(t)) \cdot a'_{ij}(t) = \sum_{i,j} a'_{ij}(t) \cdot A_{ij}(t).$$

∎

Definition (Wronski-Determinante)

Sind $\boldsymbol{\varphi}_1, \dots, \boldsymbol{\varphi}_n : I \to \mathbb{R}^n$ irgendwelche (differenzierbare) Funktionen, so nennt man

$$W(\boldsymbol{\varphi}_1, \dots, \boldsymbol{\varphi}_n)(t) := \det(\boldsymbol{\varphi}_1(t), \dots, \boldsymbol{\varphi}_n(t))$$

die ***Wronski-Determinante*** von $\boldsymbol{\varphi}_1, \dots, \boldsymbol{\varphi}_n$.

1.7.14. Die Formel von Liouville

Die Wronski-Determinante $W(t)$ eines Systems von Lösungen der Differentialgleichung $\mathbf{y}' = \mathbf{y} \cdot A(t)^\top$ erfüllt die gewöhnliche Differentialgleichung

$$z' = z \cdot \operatorname{Spur} A(t)\,.$$

Ist $W(t)$ sogar die Wronski-Determinante einer Fundamentalmatrix, so ist $W(t) \neq 0$ für alle $t \in I$, und für beliebiges (festes) $t_0 \in \mathbb{R}$ ist

$$W(t) = W(t_0) \cdot \exp\left(\int_{t_0}^{t} \operatorname{Spur} A(s)\, ds\right).$$

BEWEIS: Sei $X(t) = (x_{ij}(t)) = (\boldsymbol{\varphi}_1^\top(t), \dots, \boldsymbol{\varphi}_n^\top(t))$ und $W(t) = \det X(t)$. Dann ist

$$\begin{aligned} W'(t) &= (\det \circ X)'(t) = \sum_{i,j} x'_{ij}(t) \cdot (\operatorname{ad}(X))_{ij}(t) \\ &= \sum_{i=1}^{n} (X'(t) \cdot \operatorname{ad}(X)^\top(t))_{ii} = \operatorname{Spur}\big(X'(t) \cdot \operatorname{ad}(X)^\top(t)\big). \end{aligned}$$

Da die Spalten von $X(t)$ Lösungen der DGL sind, ist $X'(t) = A(t) \cdot X(t)$, also

$$\begin{aligned} W'(t) &= \operatorname{Spur}\big(A(t) \cdot X(t) \cdot \operatorname{ad}(X)^\top(t)\big) \\ &= \operatorname{Spur}\big(A(t) \cdot (\det X(t) \cdot E_n)\big) = W(t) \cdot \operatorname{Spur} A(t). \end{aligned}$$

Sei $X(t) = \big(\boldsymbol{\varphi}_1^\top(t), \ldots, \boldsymbol{\varphi}_n^\top(t)\big)$ eine Fundamentalmatrix. Gibt es ein $t_0 \in I$ mit $W(t_0) = 0$, so gibt es reelle Zahlen c_ν, nicht alle $= 0$, so dass $\sum_\nu c_\nu \boldsymbol{\varphi}_\nu(t_0) = \mathbf{0}$ ist. Die Funktion $\boldsymbol{\varphi} := \sum_\nu c_\nu \boldsymbol{\varphi}_\nu$ ist Lösung der DGL und verschwindet in t_0. Nach dem Eindeutigkeitssatz muss dann $\boldsymbol{\varphi}(t) \equiv \mathbf{0}$ sein. Also sind $\boldsymbol{\varphi}_1, \ldots, \boldsymbol{\varphi}_n$ linear abhängig und können kein Fundamentalsystem sein. Widerspruch!

Also ist $W(t) \neq 0$ und $X(t)$ invertierbar für alle $t \in I$. Außerdem ist

$$\begin{aligned} (\ln \circ W)'(t) &= \frac{W'(t)}{W(t)} = \operatorname{Spur} A(t), \\ \text{und damit} \quad \ln\Big(\frac{W(t)}{W(t_0)}\Big) &= \ln W(t) - \ln W(t_0) = \int_{t_0}^t \operatorname{Spur} A(s)\, ds. \end{aligned}$$

Wendet man exp an, so erhält man die Liouville-Formel. ■

1.7.15. Die Fundamentallösung

Sei $A : I \to M_{n,n}(\mathbb{R})$ stetig.

1. *Zu jedem $t_0 \in I$ gibt es genau eine Fundamentalmatrix X_0 der Differentialgleichung $\mathbf{y}' = \mathbf{y} \cdot A(t)^\top$ mit $X_0(t_0) = E_n$. Für $t \in I$ sei dann* $\mathbf{C(t, t_0)} := X_0(t) \in M_{n,n}(\mathbb{R})$ *gesetzt.*
2. *Ist $\mathbf{y}_0 \in \mathbb{R}^n$, so ist $\boldsymbol{\varphi}(t) := \mathbf{y}_0 \cdot C(t, t_0)^\top$ die eindeutig bestimmte Lösung mit $\boldsymbol{\varphi}(t_0) = \mathbf{y}_0$.*
3. *Die Matrix $C(t, t_0)$ ist stets invertierbar, und für $s, t, u \in I$ gilt:*
   (a) $C(s,t) \cdot C(t,u) = C(s,u)$.
   (b) $C(t,t) = E_n$,
   (c) $C(s,t)^{-1} = C(t,s)$.

BEWEIS: 1) Es gibt eindeutig bestimmte Lösungen $\boldsymbol{\varphi}_1, \ldots, \boldsymbol{\varphi}_n$, so dass $\boldsymbol{\varphi}_\nu(t_0) = \mathbf{e}_\nu$ der ν-te Einheitsvektor ist. Da die Einheitsvektoren eine Basis des $\mathbb{R}^n$ bilden, ergeben die $\boldsymbol{\varphi}_\nu$ eine Basis des Lösungsraumes. $X_0 := (\boldsymbol{\varphi}_1^\top, \ldots, \boldsymbol{\varphi}_n^\top)$ ist dann die (eindeutig bestimmte) Fundamentalmatrix mit $X_0(t_0) = E_n$.

2) Da $X_0(t) = C(t, t_0)$ eine Fundamentalmatrix ist, erfüllt $\boldsymbol{\varphi}(t) := \mathbf{y}_0 \cdot C(t, t_0)^\top$ die Differentialgleichung. Es ist nämlich

$$\boldsymbol{\varphi}'(t) = \mathbf{y}_0 \cdot \big(X_0^\top(t)\big)' = \mathbf{y}_0 \cdot \big(X_0^\top(t) \cdot A^\top(t)\big) = \boldsymbol{\varphi}(t) \cdot A^\top(t).$$

Nach Konstruktion ist $C(t_0, t_0) = E_n$, also $\boldsymbol{\varphi}(t_0) = \mathbf{y}_0$.

3) Weil $W(t) = \det C(t, t_0)$ nirgends verschwindet, ist $C(t, t_0)$ immer invertierbar. Sei $\mathbf{y}$ beliebig, $t, u \in I$ beliebig, aber fest, sowie $s \in I$ beliebig (variabel). Wir setzen $\boldsymbol{\varphi}(s) := \mathbf{y} \cdot C(s,u)^\top$ und $\boldsymbol{\psi}(s) := \boldsymbol{\varphi}(t) \cdot C(s,t)^\top$. Dann ist $\boldsymbol{\psi}(t) = \boldsymbol{\varphi}(t)$, also auch $\boldsymbol{\psi}(s) = \boldsymbol{\varphi}(s)$ für alle $s \in I$. Daraus folgt:

$$\begin{aligned}\mathbf{y}\cdot C(s,u)^{\top} &= \varphi(s) = \psi(s) = \varphi(t)\cdot C(s,t)^{\top}\\ &= \mathbf{y}\cdot C(t,u)^{\top}\cdot C(s,t)^{\top} = \mathbf{y}\cdot\big(C(s,t)\cdot C(t,u)\big)^{\top}.\end{aligned}$$

Weil $C(s,u)$ invertierbar ist, folgt die Gleichung $C(s,u) = C(s,t)\cdot C(t,u)$. ∎

Es soll jetzt gezeigt werden, dass der lokale Fluss auch differenzierbar von den Anfangsbedingungen abhängt, wenn nur die rechte Seite der Differentialgleichung differenzierbar von $\mathbf{y}$ abhängt.

1.7.16. Differenzierbare Abhängigkeit der Lösungen

Sei $\mathbf{y}' = \mathbf{F}(t,\mathbf{y})$ eine (beliebige) Differentialgleichung über $G \subset \mathbb{R}\times\mathbb{R}^n$, $\mathbf{F} : G \to \mathbb{R}^n$ stetig partiell differenzierbar nach $y_1,\ldots,y_n$ und $(t_0,\mathbf{y}_0) \in G$.

Dann gibt es ein $L > 0$ und ein $r > 0$, so dass $I\times B$ mit $I := (t_0 - L, t_0 + L)$ und $B := B_r(\mathbf{y}_0)$ in G enthalten ist und der lokale Fluss $\mathbf{\Phi} : I\times B \to \mathbb{R}^n$ stetig nach $y_1,\ldots,y_n$ differenzierbar ist.

BEWEIS: Weil $\mathbf{F}$ stetig differenzierbar ist, genügt $\mathbf{F}$ auch lokal einer Lipschitz-Bedingung. Man wähle dann um $(t_0,\mathbf{y}_0)$ eine Sicherheitstonne $T = I\times\overline{B}$, so dass auf T ein lokaler Fluss der Differentialgleichung existiert. Zur Erinnerung: Der lokale Fluss ist definiert durch

$$\mathbf{\Phi}(t,\mathbf{y}) = \varphi_{\mathbf{y}}(t),$$

wobei $\varphi_{\mathbf{y}}$ die eindeutig bestimmte Lösung über I mit $\varphi_{\mathbf{y}}(t_0) = \mathbf{y}$ ist. Deshalb ist $\mathbf{\Phi}$ stetig nach t differenzierbar, und die Stetigkeit von $\mathbf{\Phi}$ auf T haben wir schon gezeigt (Satz 1.7.11) Jetzt soll noch die stetige Differenzierbarkeit von $\mathbf{\Phi}$ nach $\mathbf{y}$ in einem beliebigen Punkt $(t,\widetilde{\mathbf{y}}) \in T$ bewiesen werden.

Allgemein sei die Matrix $D_2\mathbf{F}(t,\mathbf{y}) \in M_{n,n}(\mathbb{R})$ definiert durch

$$D_2\mathbf{F}(t,\mathbf{y}) := \Big(\frac{\partial F_\nu}{\partial y_\mu}(t,\mathbf{y}) \,|\, \nu,\mu = 1,\ldots,n\Big).$$

Zunächst sei $(t,\widetilde{\mathbf{y}})$ fest, $\mathbf{y}$ ein beliebiger Punkt von B, $\mathbf{x} := \mathbf{\Phi}(t,\mathbf{y})$ und $\widetilde{\mathbf{x}} := \mathbf{\Phi}(t,\widetilde{\mathbf{y}})$, sowie $\mathbf{H}(\tau) := \mathbf{F}(t,\widetilde{\mathbf{x}} + \tau(\mathbf{x}-\widetilde{\mathbf{x}}))$, so ist

$$\begin{aligned}\mathbf{F}(t,\mathbf{x}) - \mathbf{F}(t,\widetilde{\mathbf{x}}) &= \mathbf{H}(1) - \mathbf{H}(0) = \int_0^1 \mathbf{H}'(\tau)\,d\tau\\ &= (\mathbf{x}-\widetilde{\mathbf{x}})\cdot\Big(\int_0^1 D_2\mathbf{F}(t,\widetilde{\mathbf{x}}+\tau(\mathbf{x}-\widetilde{\mathbf{x}}))\,d\tau\Big)^{\top}.\end{aligned}$$

Definiert man nun $A(t,\mathbf{y},\widetilde{\mathbf{y}})$ für beliebiges $t \in I$ und $\mathbf{y},\widetilde{\mathbf{y}} \in B$ durch

$$A(t,\mathbf{y},\widetilde{\mathbf{y}}) := \int_0^1 D_2\mathbf{F}(t,\widetilde{\mathbf{x}}+\tau(\mathbf{x}-\widetilde{\mathbf{x}}))\,d\tau$$

und $\boldsymbol{\psi} : I \times B \times B \to \mathbb{R}^n$ durch $\boldsymbol{\psi}(t, \mathbf{y}, \widetilde{\mathbf{y}}) := \boldsymbol{\varphi}_{\mathbf{y}}(t) - \boldsymbol{\varphi}_{\widetilde{\mathbf{y}}}(t)$, so folgt:

$$\begin{aligned} \frac{\partial \boldsymbol{\psi}}{\partial t}(t, \mathbf{y}, \widetilde{\mathbf{y}}) &= \boldsymbol{\varphi}'_{\mathbf{y}}(t) - \boldsymbol{\varphi}'_{\widetilde{\mathbf{y}}}(t) = \mathbf{F}(t, \boldsymbol{\varphi}_{\mathbf{y}}(t)) - \mathbf{F}(t, \boldsymbol{\varphi}_{\widetilde{\mathbf{y}}}(t)) \\ &= (\boldsymbol{\varphi}_{\mathbf{y}}(t) - \boldsymbol{\varphi}_{\widetilde{\mathbf{y}}}(t)) \cdot A(t, \mathbf{y}, \widetilde{\mathbf{y}})^{\top} = \boldsymbol{\psi}(t, \mathbf{y}) \cdot A(t, \mathbf{y}, \widetilde{\mathbf{y}})^{\top}. \end{aligned}$$

$\boldsymbol{\psi}$ ist also Lösung der parameter-abhängigen linearen Differentialgleichung

$$\mathbf{z}' = \mathbf{z} \cdot A(t, \mathbf{y}, \widetilde{\mathbf{y}})^{\top}, \qquad (*)$$

mit $\boldsymbol{\psi}(t_0, \mathbf{y}, \widetilde{\mathbf{y}}) = \boldsymbol{\varphi}_{\mathbf{y}}(t_0) - \boldsymbol{\varphi}_{\widetilde{\mathbf{y}}}(t_0) = \mathbf{y} - \widetilde{\mathbf{y}}$. Es gibt genau eine Fundamental-Lösung $Z(t, \mathbf{y}, \widetilde{\mathbf{y}})$ dieser Differentialgleichung mit $Z(t_0, \mathbf{y}, \widetilde{\mathbf{y}}) = E_n$. Die Lösung

$$\boldsymbol{\varrho}(t, \mathbf{y}, \widetilde{\mathbf{y}}) := (\mathbf{y} - \widetilde{\mathbf{y}}) \cdot Z(t, \mathbf{y}, \widetilde{\mathbf{y}})^{\top}$$

der Gleichung $(*)$ hat den Anfangswert $\boldsymbol{\varrho}(t_0, \mathbf{y}, \widetilde{\mathbf{y}}) = \mathbf{y} - \widetilde{\mathbf{y}} = \boldsymbol{\psi}(t_0, \mathbf{y}, \widetilde{\mathbf{y}})$. Dann muss sogar $\boldsymbol{\varrho}(t, \mathbf{y}, \widetilde{\mathbf{y}}) = \boldsymbol{\psi}(t, \mathbf{y}, \widetilde{\mathbf{y}})$ für alle t gelten. Also ist

$$\boldsymbol{\Phi}(t, \mathbf{y}) - \boldsymbol{\Phi}(t, \widetilde{\mathbf{y}}) = \boldsymbol{\psi}(t, \mathbf{y}, \widetilde{\mathbf{y}}) = \boldsymbol{\varrho}(t, \mathbf{y}, \widetilde{\mathbf{y}}) = (\mathbf{y} - \widetilde{\mathbf{y}}) \cdot Z(t, \mathbf{y}, \widetilde{\mathbf{y}})^{\top}.$$

Weil Lösungen einer Differentialgleichung mit Parametern stetig von den Parametern abhängen, ist die Abbildung $\mathbf{y} \mapsto Z(t, \mathbf{y}, \widetilde{\mathbf{y}}) \in M_{n,n}(\mathbb{R})$ bei festgehaltenem t und $\widetilde{\mathbf{y}}$ in $\mathbf{y} = \widetilde{\mathbf{y}}$ stetig, und das bedeutet nach dem Grauert-Kriterium, dass $\boldsymbol{\Phi}$ in $(t, \widetilde{\mathbf{y}})$ nach $\mathbf{y}$ differenzierbar und $D_2\boldsymbol{\Phi}(t, \widetilde{\mathbf{y}}) = Z(t, \widetilde{\mathbf{y}}, \widetilde{\mathbf{y}})$ ist. Dies gilt für jedes $t \in I$ und jedes $\widetilde{\mathbf{y}} \in B$, d.h., $\boldsymbol{\Phi}$ ist überall nach $\mathbf{y}$ differenzierbar.

Es ist speziell $A(t, \widetilde{\mathbf{y}}, \widetilde{\mathbf{y}}) = D_2\mathbf{F}(t, \widetilde{\mathbf{x}}) = D_2\mathbf{F}(t, \boldsymbol{\Phi}(t, \widetilde{\mathbf{y}}))$. Für $\mathbf{y} \in B$ sei $X(t, \mathbf{y}) := Z(t, \mathbf{y}, \mathbf{y})$. Dann ist $X(t, \mathbf{y})$ Fundamentalmatrix der parameterabhängigen Differentialgleichung $\mathbf{z}' = \mathbf{z} \cdot D_2\mathbf{F}(t, \boldsymbol{\Phi}(t, \mathbf{y}))^{\top}$, und die Abbildung

$$(t, \mathbf{y}) \mapsto X(t, \mathbf{y}) = Z(t, \mathbf{y}, \mathbf{y}) = D_2\boldsymbol{\Phi}(t, \mathbf{y})$$

ist stetig. Das zeigt, dass $\boldsymbol{\Phi}$ sogar **stetig** differenzierbar nach $\mathbf{y}$ ist. ∎

Bemerkung: Im Laufe des Beweises hat sich herausgestellt, dass $\Phi(t, \mathbf{y})$ Lösung der Differentialgleichung $\mathbf{y}' = \mathbf{F}(t, \mathbf{y})$ und $X(t, \mathbf{y}) = D_2\boldsymbol{\Phi}(t, \mathbf{y})$ Lösung der Differentialgleichung $\mathbf{z}' = \mathbf{z} \cdot D_2\mathbf{F}(t, \boldsymbol{\Phi}(t, \mathbf{y}))^{\top}$ ist. Die letztere Gleichung bezeichnet man auch als ***„Variationsgleichung“***.

Ist jetzt $\mathbf{F}(t, \mathbf{y})$ zweimal nach $\mathbf{y}$ differenzierbar, so ist nach dem obigen Satz $\boldsymbol{\Phi}(t, \mathbf{y})$ einmal und nach Kettenregel auch $D_2\mathbf{F}(t, \boldsymbol{\Phi}(t, \mathbf{y}))^{\top}$ wenigstens einmal differenzierbar. Die Lösung $X(t, \mathbf{y}) = D_2\boldsymbol{\Phi}(t, \mathbf{y})$ der Variationsgleichung muss nun ebenfalls nach dem obigen Satz einmal differenzierbar sein. Aber das bedeutet, dass $\Phi(t, \mathbf{y})$ sogar zweimal differenzierbar ist.

Per Induktion kann man auf diese Weise zeigen: *Ist* $\mathbf{F}$ *k-mal stetig differenzierbar, so ist jede Lösung der Differentialgleichung* $\mathbf{y}' = \mathbf{F}(t, \mathbf{y})$ *auch k-mal stetig differenzierbar nach* $\mathbf{y}$.

Ein besonders wichtiges Beispiel stellen die linearen Systeme mit konstanten Koeffizienten dar. Bei ihrer Behandlung kommt die Theorie der Normalformen von Matrizen zum Einsatz.

Der Raum $M_{n,n}(\mathbb{R})$ der n-reihigen Matrizen ist bekanntlich ein Banachraum. Ist (X_n) eine Folge von Matrizen in $M_{n,n}(\mathbb{R})$ und $\sum_{n=0}^{\infty}\|X_n\|_{\text{op}} < \infty$, so konvergiert $\sum_{n=0}^{\infty} X_n$ in $M_{n,n}(\mathbb{R})$.

Ist $A \in M := M_{n,n}(\mathbb{R})$, so setzt man $A^0 := E_n$ und $A^n := \underbrace{A \cdot \ldots \cdot A}_{n\text{-mal}}$.

Weil die Reihe $\sum_{n=0}^{\infty}(1/n!)\|A\|_{\text{op}}^n$ in $\mathbb{R}$ gegen $e^{\|A\|_{\text{op}}}$ konvergiert, konvergiert auch die Matrizen-Reihe $\sum_{n=0}^{\infty}(1/n!)A^n$ in M. Den Grenzwert dieser Reihe bezeichnet man mit e^A.

Sei nun $I \subset \mathbb{R}$ ein abgeschlossenes Intervall, und für jedes $n \in \mathbb{N}$ sei $F_n : I \to M$ eine stetige Funktion. Gibt es eine Folge positiver reeller Zahlen (a_n), so dass $\sum_{n=0}^{\infty} a_n < \infty$ und $\|F_n(t)\|_{\text{op}} \le a_n$ für alle n und alle $t \in I$ ist, so konvergiert die Reihe $\sum_{n=0}^{\infty} F_n(t)$ auf I gleichmäßig gegen eine stetige Funktion $F(t)$.

1.7.17. Satz

Ist $A \in M$, so ist $f : \mathbb{R} \to M$ mit $f(t) := e^{At}$ eine differenzierbare Funktion und $f'(t) = A \cdot e^{At}$.

BEWEIS: Es sei $S_N(t) := \sum_{n=0}^{N} \frac{1}{n!}(At)^n$. Dann konvergiert die Folge der S_N auf jedem abgeschlossenen Intervall gleichmäßig gegen die Funktion $f(t)$. Weiter ist S_N differenzierbar und

$$S_N'(t) = \sum_{n=1}^{N} \frac{1}{(n-1)!} A^n t^{n-1} = A \cdot \sum_{n=0}^{N-1} \frac{1}{n!} A^n t^n.$$

Offensichtlich konvergiert die Folge der Funktionen $S_N'(t)$ (gleichmäßig auf I) gegen $A \cdot e^{At}$. Aber dann ist f differenzierbar und $f'(t) = \lim_{N\to\infty} S_N'(t) = A \cdot e^{At}$. ∎

Ist $A \in M$, so nennt man die DGL $\mathbf{y}' = \mathbf{y} \cdot A^{\top}$ ein ***lineares System mit konstanten Koeffizienten***. Es gilt:

1.7.18. Lösung eines Systems mit konstanten Koeffizienten

Sei $A \in M_{n,n}(K)$. Die eindeutig bestimmte Fundamentalmatrix $X(t)$ des linearen Systems

$$\mathbf{y}' = \mathbf{y} \cdot A^{\top} \quad \textit{mit } X(0) = E$$

ist gegeben durch $X(t) := e^{tA}$.

BEWEIS: Es ist $X'(t) = A \cdot X(t)$ und $X(0) = E$. Nach dem globalen Existenz- und Eindeutigkeitssatz ist damit schon alles bewiesen. ∎

1.7.19. Eigenschaften der Exponentialfunktion

1. *Für $s, t \in \mathbb{R}$ ist $e^{sA} \cdot e^{tA} = e^{(s+t)A}$.*

2. *Ist $A \cdot B = B \cdot A$, so ist $e^{A+B} = e^A \cdot e^B$.*

3. *Die Matrix e^A ist stets invertierbar. Insbesondere gilt:*

$$\det(e^A) = e^{\mathrm{Spur}(A)}.$$

BEWEIS: Ist $A \cdot B = B \cdot A$, so ist

$$B \cdot \sum_{k=0}^{N} \frac{1}{k!}(tA)^k = \sum_{k=0}^{N} \frac{1}{k!} B \cdot (tA)^k = \sum_{k=0}^{N} \frac{1}{k!}(tA)^k \cdot B,$$

also (nach Übergang zum Limes) $B \cdot e^{tA} = e^{tA} \cdot B$.

Wir setzen $F(t) := e^{t(A+B)} - e^{tA} \cdot e^{tB}$. Dann gilt:

$$\begin{aligned} F'(t) &= (A+B) \cdot e^{t(A+B)} - A \cdot e^{tA} \cdot e^{tB} - e^{tA} \cdot B \cdot e^{tB} \\ &= (A+B) \cdot (e^{t(A+B)} - e^{tA} \cdot e^{tB}) \;=\; (A+B) \cdot F(t). \end{aligned}$$

$F(t)$ ist also die eindeutig bestimmte Fundamentalmatrix der Differentialgleichung

$$\mathbf{y}' = \mathbf{y} \cdot (A+B)^\top \quad \text{mit } F(0) = 0\,.$$

Daher muss $F(t) \equiv 0$ sein, und damit $e^{t(A+B)} = e^{tA} \cdot e^{tB}$.

2) Für $t = 1$ erhält man: $e^{A+B} = e^A \cdot e^B$.

1) Die Matrizen sA und tA sind natürlich vertauschbar. Also ist

$$e^{(s+t)A} = e^{sA+tA} = e^{sA} \cdot e^{tA}.$$

3) Es ist $e^A \cdot e^{-A} = e^0 = E$, also e^A invertierbar, mit $(e^A)^{-1} = e^{-A}$. Weil $\det(e^{tA})$ die Wronski-Determinante der Fundamentalmatrix $X(t) := e^{tA}$ ist, ergibt sich aus der Liouville-Formel (mit $t_0 = 0$):

$$\det(e^{tA}) = \exp\Big(\int_0^t \mathrm{Spur}(A)\, ds\Big) = e^{t \cdot \mathrm{Spur}(A)}.$$

Mit $t = 1$ erhält man die gewünschte Formel. ■

1.7.20. Folgerung 1

1. *Die Fundamentallösung $C(t, t_0)$ des Systems $\mathbf{y}' = \mathbf{y} \cdot A^\top$ ist gegeben durch $C(t, t_0) = e^{A(t-t_0)}$.*

2. *Ist B invertierbar, so ist $B^{-1} \cdot e^A \cdot B = e^{B^{-1}AB}$.*

BEWEIS: 1) Setzt man $X(t) := e^{A(t-t_0)}$, so ist $X'(t) = A \cdot X(t)$ und $X(t_0) = E_n$. Also ist $C(t, t_0) = e^{A(t-t_0)}$.

3) $X(t) := B^{-1} \cdot e^{At} \cdot B$ und $Y(t) := e^{(B^{-1}AB)t}$ sind beides Fundamental-Lösungen von $\mathbf{y}' = \mathbf{y} \cdot (B^{-1}AB)$ mit $X(0) = Y(0) = E_n$, denn es ist

$$X'(t) = B^{-1} \cdot Ae^{At} \cdot B = (B^{-1}AB) \cdot (B^{-1}e^{At}B) = (B^{-1}AB) \cdot X(t)$$

und

$$Y'(t) = (B^{-1}AB) \cdot e^{(B^{-1}AB)t} = (B^{-1}AB) \cdot Y(t).$$

Aber dann muss $X(t) = Y(t)$ für alle $t \in \mathbb{R}$ sein, insbesondere $X(1) = Y(1)$. ∎

1.7.21. Folgerung 2

Ist $\{\mathbf{y}_1, \ldots, \mathbf{y}_n\}$ eine Basis des $\mathbb{R}^n$, so bilden die Funktionen

$$\varphi_\nu(t) := \mathbf{y}_\nu \cdot e^{A^\top t}, \nu = 1, \ldots, n,$$

ein Fundamentalsystem von Lösungen.

BEWEIS: Die Lösung φ_ν mit $\varphi_\nu(0) = \mathbf{y}_\nu$ ist gegeben durch $\varphi_\nu(t) = \mathbf{y}_\nu \cdot C(t,0)^\top = \mathbf{y}_\nu \cdot e^{A^\top t}$, denn es ist $(e^A)^\top = e^{A^\top}$. ∎

Nun geht es darum, die Exponentialfunktion von Matrizen zu berechnen.

Wir beginnen mit dem einfachsten Fall, mit Diagonalmatrizen. Für $\lambda_1, \ldots, \lambda_n \in \mathbb{R}$ bezeichne $D = \Delta(\lambda_1, \ldots, \lambda_n)$ die aus den λ_i gebildete Diagonalmatrix. Dann ist $D^k = \Delta(\lambda_1^k, \ldots, \lambda_n^k)$ und

$$\sum_{k=1}^{N} \frac{1}{k!} D^k = \Delta\Big(\sum_{k=1}^{N} \frac{1}{k!}\lambda_1^k, \ldots, \sum_{k=1}^{N} \frac{1}{k!}\lambda_n^k\Big).$$

Lässt man nun N gegen Unendlich gehen, so erhält man $e^D = \Delta(e^{\lambda_1}, \ldots, e^{\lambda_n})$.

Der nächst-einfache Fall ist der von diagonalisierbaren Matrizen. Eine Matrix A heißt diagonalisierbar, wenn es eine invertierbare Matrix P gibt, so dass $D := P^{-1}AP$ eine Diagonalmatrix ist. Dann ist $e^A = e^{PDP^{-1}} = P \cdot e^D \cdot P^{-1}$.

Für den allgemeinen Fall braucht man die Eigenwert-Theorie (siehe Anhang, Abschnitt 4.5): Sei $A \in M_{n,n}(\mathbb{R})$ und $\mathbf{f}_A : \mathbb{R}^n \to \mathbb{R}^n$ der durch $\mathbf{f}_A(\mathbf{x}) := \mathbf{x} \cdot A^\top$ definierte Endomorphismus, sowie $p_A(x) := \det(A - x \cdot E_n)$ dascharakteristische Polynom.

1.7.22. Lemma

Sei λ ein Eigenwert der Matrix A und $\mathbf{y}_0$ ein zugehöriger Eigenvektor. Dann ist $\varphi(t) := e^{\lambda t}\mathbf{y}_0$ eine Lösung der DGL $\mathbf{y}' = \mathbf{y} \cdot A^\top$.

BEWEIS: Setzt man $\varphi(t) := e^{\lambda t}\mathbf{y}_0$, so ist

$$\varphi'(t) = \lambda e^{\lambda t}\mathbf{y}_0 = e^{\lambda t}(\lambda\mathbf{y}_0) = e^{\lambda t}(\mathbf{y}_0 \cdot A^\top) = (e^{\lambda t}\mathbf{y}_0) \cdot A^\top = \varphi(t) \cdot A^\top.$$

Also ist φ Lösung der DGL. ■

Indem man über $\mathbb{C}$ arbeitet, kann man davon ausgehen, dass das charakteristische Polynom $p_A(x)$ in Linearfaktoren zerfällt. Wenn es eine Basis aus Eigenvektoren von A gibt, ist A diagonalisierbar. Das ist z.B. dann der Fall, wenn alle Nullstellen von $p_A(x)$ einfach sind. Allerdings ist diese Bedingung nicht notwendig.

Sei λ Eigenwert der Matrix A. Ein Vektor $\mathbf{v}$ heißt ***Hauptvektor*** von A zum Eigenwert λ, falls es ein $j \in \mathbb{N}$ gibt, so dass gilt:

$$\mathbf{v} \in \operatorname{Ker}(\mathbf{f}_A - \lambda\,\mathrm{id})^j.$$

Die kleinste natürliche Zahl j mit dieser Eigenschaft nennt man die Stufe von $\mathbf{v}$. Der Nullvektor ist der einzige Hauptvektor der Stufe 0, die Eigenvektoren zum Eigenwert λ sind die Hauptvektoren der Stufe 1. Alle Hauptvektoren zum Eigenwert λ bilden den sogenannten ***Hauptraum*** $H_A(\lambda)$.

Im Rahmen der Theorie von der ***Jordan'schen Normalform*** zeigt man: Ist $p_A(x) = (-1)^n(x-\lambda_1)^{n_1}(x-\lambda_2)^{n_2}\cdots(x-\lambda_k)^{n_k}$, so ist $\dim H_A(\lambda_i) = n_i$, für $i = 1,\ldots,k$, sowie $\mathbb{R}^n = H_A(\lambda_1)\oplus\ldots\oplus H_A(\lambda_k)$. Die Haupträume sind alle invariant unter $\mathbf{f}_A$: Ist nämlich $\mathbf{v} \in H_A(\lambda_i)$ und j die Stufe von $\mathbf{v}$, so ist

$$(\mathbf{f}_A - \lambda_i\,\mathrm{id})^j\big(\mathbf{f}_A(\mathbf{v})\big) = \mathbf{f}_A \circ (\mathbf{f}_A - \lambda_i\,\mathrm{id})^j\mathbf{v} = \mathbf{f}_A(\mathbf{0}) = \mathbf{0}.$$

Setzt man $\mathbf{g}_i := \big(\mathbf{f}_A - \lambda_i\,\mathrm{id}\big)|_{H_A(\lambda_i)}$, so ist $(\mathbf{g}_i)^{n_i} = 0$, also $\mathbf{g}_i$ „nilpotent".

1.7.23. Die Lösung linearer DGL-Systeme

1. *A besitze n verschiedene (reelle) Eigenwerte $\lambda_1,\ldots,\lambda_n$ (jeweils mit Vielfachheit 1), und $\{\mathbf{y}_1,\ldots,\mathbf{y}_n\}$ sei eine dazu passende Basis von Eigenvektoren von A. Dann bilden die n Funktionen $\varphi_\nu(t) := e^{\lambda_\nu t}\cdot\mathbf{y}_\nu$ ein Fundamentalsystem von Lösungen der DGL $\mathbf{y}' = \mathbf{y}\cdot A^\top$.*

2. *Hat A nur k verschiedene (reelle) Eigenwerte $\lambda_1,\ldots,\lambda_k$ mit Vielfachheiten $n_1,\ldots,n_k$, so gibt es ein Fundamentalsystem von Lösungen, welches für $\nu = 1,\ldots,k$ aus jeweils n_ν Funktionen der Gestalt $\mathbf{q}_{\nu\mu}(t)\cdot e^{\lambda_\nu t}$ besteht, $\mu = 1,\ldots,n_\nu$. Dabei ist $\mathbf{q}_{\nu\mu}(t)$ jeweils ein Vektor von Polynomen vom Grad $\le n_\nu - 1$.*

BEWEIS: 1) Auf Grund des Lemmas ist klar, dass die φ_ν Lösungen sind. Weil $\{\mathbf{y}_1,\ldots,\mathbf{y}_n\}$ eine Basis des $\mathbb{R}^n$ ist, verschwindet die Wronski-Determinante $W(t) = W(\varphi_1,\ldots,\varphi_n)(t)$ nicht in $t = 0$. Aber dann ist $W(t) \ne 0$ für alle t, und $\{\varphi_1,\ldots,\varphi_n\}$ eine Basis des Lösungsraumes.

2) Wir können annehmen, dass $k = 1$ ist, dass es also nur einen einzigen Eigenwert λ mit Vielfachheit n gibt. Dann ist $(A - \lambda \cdot E)^n = 0$, also $A = \lambda \cdot E + N$, mit der nilpotenten Matrix $N := A - \lambda \cdot E$.

Weil die Diagonalmatrix $(\lambda t)E$ mit jeder Matrix vertauscht werden kann, ist

$$e^{At} = e^{(\lambda t)E+Nt} = e^{(\lambda t)E} \cdot e^{Nt} = e^{\lambda t} \cdot \sum_{\nu=0}^{n-1} \frac{1}{\nu!} N^\nu t^\nu .$$

Nun sei $\{\mathbf{y}_1, \ldots, \mathbf{y}_n\}$ eine Basis des $\mathbb{R}^n$ und $\mathbf{a}_{\nu\mu} := \mathbf{y}_\mu \cdot (N^\nu)^\top$ für $\nu = 0, \ldots, n-1$ und $\mu = 1, \ldots, n$. Dann ist

$$\begin{aligned} \varphi_\mu(t) &:= \mathbf{y}_\mu \cdot e^{A^\top t} = e^{\lambda t} \cdot \mathbf{y}_\mu \cdot \sum_{\nu=0}^{n-1} \frac{1}{\nu!} (N^\nu)^\top t^\nu \\ &= e^{\lambda t} \cdot \mathbf{y}_\mu \cdot \big(E + t(A^\top - \lambda E) + \frac{t^2}{2}(A^\top - \lambda E)^2 + \cdots \big) = e^{\lambda t} \cdot \mathbf{q}_\mu(t), \end{aligned}$$

wobei $\mathbf{q}_\mu(t) := \sum_{\nu=0}^{n-1} \frac{t^\nu}{\nu!} \cdot \mathbf{a}_{\nu\mu}$ ein Vektor von Polynomen vom Grad $\le n-1$ ist. ∎

Eine Lösungsmethode besteht nun darin, die Polynome mit unbestimmten Koeffizienten anzusetzen, das Ergebnis in die Differentialgleichung einzusetzen und auf den Koeffizientenvergleich zu hoffen.

1.7.24. Beispiele

A. Sei $A := \begin{pmatrix} 0 & 1 & -1 \\ -2 & 3 & -1 \\ -1 & 1 & 1 \end{pmatrix}$. Es ist die Differentialgleichung $\mathbf{y}' = \mathbf{y} \cdot A^\top$ zu lösen. Dabei bestimmt man die Eigenwerte von A als Nullstellen des charakteristischen Polynoms. Nach Laplace ergibt die Entwicklung nach der ersten Zeile:

$$\begin{aligned} p_A(t) = \det(A - tE) &= (-t)[(3-t)(1-t)+1] - [(-2)(1-t)-1] \\ &\quad - [-2 + (3-t)] \\ &= (-t)(t^2 - 4t + 4) - (2t - 3) - (1 - t) \\ &= -t^3 + 4t^2 - 5t + 2 = -(t-1)^2(t-2). \end{aligned}$$

Der Eigenwert $\lambda = 2$ hat die Vielfachheit 1. Man findet sofort einen Eigenvektor dazu, nämlich $\mathbf{u} := (0, 1, 1)$. Das ergibt die erste Lösung

$$\varphi_1(t) := (0, 1, 1) \cdot e^{2t}.$$

Der Eigenwert $\lambda = 1$ hat die (algebraische) Vielfachheit 2, aber der Eigenraum hat nur die Dimension 1, eine Basis bildet der Eigenvektor $\mathbf{v} := (1, 1, 0)$. Das ergibt

$$\boldsymbol{\varphi}_2(t) := (1,1,0) \cdot e^t.$$

Da A nicht diagonalisierbar ist, macht man für eine dritte Lösung den Ansatz

$$\boldsymbol{\varphi}_3(t) = (q_1 + p_1 t,\ q_2 + p_2 t,\ q_3 + p_3 t)e^t.$$

Weil mit $\boldsymbol{\varphi}_1$, $\boldsymbol{\varphi}_2$ und $\boldsymbol{\varphi}_3$ auch die Lösungen $\boldsymbol{\varphi}_1$, $\boldsymbol{\varphi}_2$ und $\boldsymbol{\varphi}_3 - c\boldsymbol{\varphi}_2$ eine Basis bilden, kann man annehmen, dass $q_1 = 0$ ist. Setzt man dann $\boldsymbol{\varphi}_3(t)$ in die Differentialgleichung ein, so liefert der Vergleich der Koeffizienten bei t das Gleichungssystem

$$p_1 = p_2 - p_3 \quad \text{und} \quad p_1 = p_2, \text{ also } p_3 = 0.$$

Setzt man $\alpha := p_1 = p_2$, so ergibt der Vergleich der Koeffizienten bei 1:

$$q_2 - q_3 = \alpha, \quad 2q_2 - q_3 = \alpha \quad \text{und daher} \quad q_2 = 0 \text{ und } q_3 = -\alpha.$$

So erhält man $\boldsymbol{\varphi}_3(t) = \big(\alpha t,\ \alpha t,\ -\alpha\big)e^t$. Natürlich kann man jetzt $\alpha = 1$ setzen, also $\boldsymbol{\varphi}_3(t) := (t,t,-1)e^t$.

B. Eine weitere Methode benutzt direkt die Darstellung $A = \lambda E_n + N$:

Sei λ Eigenwert der Matrix A mit Vielfachheit k, der Eigenraum habe die Dimension 1, $\mathbf{v}_1$ sei ein Eigenvektor. Dann ist $\mathbf{v}_1 \cdot (A^\top - \lambda E_n) = \mathbf{0}$ und $\boldsymbol{\varphi}_1(t) := e^{\lambda t}\mathbf{v}_1$ eine Lösung.

Ist $k > 1$, so muss es einen Vektor $\mathbf{v}_2 \neq \mathbf{0}$ mit

$$\mathbf{v}_2 \cdot (A^\top - \lambda E_n) \neq \mathbf{0}, \text{ aber } \mathbf{v}_2 \cdot (A^\top - \lambda E_n)^k = \mathbf{0}$$

geben. Natürlich ist auch $\boldsymbol{\varphi}_2(t) := \mathbf{v}_2 \cdot e^{A^\top t}$ eine Lösung (mit $\boldsymbol{\varphi}_2(0) = \mathbf{v}_2$). Dabei ist

$$e^{A^\top t} = e^{\lambda t} \sum_{\nu=0}^{k-1} \frac{t^\nu}{\nu!}(A^\top - \lambda E)^\nu.$$

Ist $\mathbf{v}_2 \cdot (A^\top - \lambda E_n)^2 = \mathbf{0}$, so ist

$$\boldsymbol{\varphi}_2(t) = e^{\lambda t}\mathbf{v}_2 \cdot e^{(A^\top - \lambda E)t} = e^{\lambda t}\big(\mathbf{v}_2 + t\mathbf{v}_2 \cdot (A^\top - \lambda E_n)\big).$$

Ist $\{\mathbf{v}_1, \mathbf{v}_2\}$ eine Basis des Raumes $\{\mathbf{v} \in \mathbb{R}^n \ :\ \mathbf{v} \cdot (A^\top - \lambda E_n)^2 = \mathbf{0}\}$ und $k > 2$, so gibt es einen Vektor $\mathbf{v}_3 \neq \mathbf{0}$ mit

$$\mathbf{v}_3 \cdot (A^\top - \lambda E_n)^2 \neq \mathbf{0}, \text{ aber } \mathbf{v}_3 \cdot (A^\top - \lambda E_n)^k = \mathbf{0}.$$

Ist $\mathbf{v}_3 \cdot (A^\top - \lambda E_n)^3 = \mathbf{0}$, so ist

$$\boldsymbol{\varphi}_3(t) = e^{\lambda t}\mathbf{v}_3 \cdot e^{(A^\top - \lambda E_n)t} = e^{\lambda t}\big(\mathbf{v}_3 + t\mathbf{v}_3 \cdot (A^\top - \lambda E_n) + \frac{t^2}{2}\mathbf{v}_3 \cdot (A^\top - \lambda E_n)^2\big).$$

Bei 3×3-Matrizen kommt man damit immer aus. Wir betrachten noch einmal die Differentialgleichung $\mathbf{y}' = \mathbf{y} \cdot \begin{pmatrix} 0 & 1 & -1 \\ -2 & 3 & -1 \\ -1 & 1 & 1 \end{pmatrix}^\top$.

Wir wissen schon, dass 2 ein Eigenwert der Vielfachheit 1 und 1 ein Eigenwert der Vielfachheit 2 ist, und dass

$$\varphi_1(t) := e^{2t}(0,1,1) \quad \text{und} \quad \varphi_2(t) := e^t(1,1,0)$$

Lösungen sind. Außerdem ist

$$A - E_3 = \begin{pmatrix} -1 & 1 & -1 \\ -2 & 2 & -1 \\ -1 & 1 & 0 \end{pmatrix} \text{ und } (A - E_3)^2 = \begin{pmatrix} 0 & 0 & 0 \\ -1 & 1 & 0 \\ -1 & 1 & 0 \end{pmatrix}.$$

Der Vektor $\mathbf{v}_3 := (0,0,1)$ ist kein Eigenvektor, aber Lösung der Gleichung $\mathbf{v} \cdot (A^\top - E_3)^2 = \mathbf{0}$. Das liefert die Lösung

$$\varphi_3(t) := e^t(\mathbf{v}_3 + t\mathbf{v}_3(A^\top - E_3)) = e^t(-t,-t,1),$$

und das ist – bis auf's Vorzeichen – die Lösung, die wir auch mit der Koeffizientenvergleichsmethode gefunden haben.

C. Bisher haben wir nur den Fall reeller Eigenwerte betrachtet. Den Fall komplexer Eigenwerte kann man aber auf den reellen Fall zurückführen. Ist $\varphi(t) = \mathbf{g}(t) + \mathrm{i}\,\mathbf{h}(t)$ eine komplexe Lösung, so sind $\mathbf{g} = \mathrm{Re}(\varphi)$ und $\mathbf{h} = \mathrm{Im}(\varphi)$ reelle Lösungen, denn es ist

$$\mathbf{g}'(t) + \mathrm{i}\,\mathbf{h}'(t) = \varphi'(t) = \varphi(t) \cdot A^\top = \mathbf{g}(t) \cdot A^\top + \mathrm{i}\,\mathbf{h}(t) \cdot A^\top.$$

Sei $\varphi(t) = e^{\lambda t}\mathbf{z}$ komplexe Lösung einer DGL, mit $\lambda = \alpha + \mathrm{i}\,\beta$ und $\mathbf{z} = \mathbf{v} + \mathrm{i}\,\mathbf{w}$. Dann ist

$$\begin{aligned} \varphi(t) &= e^{\alpha t} e^{\mathrm{i}\,\beta t}(\mathbf{v} + \mathrm{i}\,\mathbf{w}) \\ &= e^{\alpha t}\big[(\cos(\beta t)\mathbf{v} - \sin(\beta t)\mathbf{w}) + \mathrm{i}\,(\sin(\beta t)\mathbf{v} + \cos(\beta t)\mathbf{w})\big]. \end{aligned}$$

Real- und Imaginärteil sind reelle Lösungen.

Zusammenfassung

Sei $G \subset \mathbb{R} \times \mathbb{R}^n$ ein Gebiet und $\mathbf{F} : G \to \mathbb{R}^n$ eine stetige Abbildung. Unter einer ***Lösung der Differentialgleichung*** $\mathbf{y}' = \mathbf{F}(t, \mathbf{y})$ versteht man eine Abbildung $\varphi : I \to \mathbb{R}^n$ mit folgenden Eigenschaften:

1. $I \subset \mathbb{R}$ ist ein Intervall, und der Graph $\{(t, \varphi(t)) : t \in I\}$ liegt in G.

2. φ ist stetig differenzierbar, und es ist $\varphi'(t) = F(t, \varphi(t))$ auf I.

Ist $(t_0, \mathbf{y}_0) \in \mathbb{R} \times \mathbb{R}^n$, so versteht man unter der ***Tonne*** mit Radius r und Länge $2L$ um $(t_0, \mathbf{y}_0)$ die Menge

$$T := [t_0 - L, t_0 + L] \times \overline{B}_r(\mathbf{y}_0).$$

T heißt eine ***Sicherheitstonne*** für $\mathbf{F}$, falls gilt: $\sup_T \|\mathbf{F}(t, \mathbf{y})\| \le \frac{r}{L}$.

Die (stetige) Abbildung $\mathbf{F} : G \to \mathbb{R}^n$ genügt auf G einer ***Lipschitz-Bedingung*** mit Lipschitz-Konstante k, falls gilt:

$$\|\mathbf{F}(t, \mathbf{y}_1) - \mathbf{F}(t, \mathbf{y}_2)\| \le k \cdot \|\mathbf{y}_1 - \mathbf{y}_2\|, \text{ für alle Punkte } (t, \mathbf{y}_1), (t, \mathbf{y}_2) \in G.$$

$\mathbf{F}$ genügt ***lokal*** der ***Lipschitz-Bedingung***, falls es zu jedem $(t_0, \mathbf{y}_0) \in G$ eine Umgebung $U = U(t_0, \mathbf{y}_0) \subset G$ gibt, so daß $\mathbf{F}$ auf U einer Lipschitz-Bedingung genügt. Letzteres ist zum Beispiel der Fall, wenn $\mathbf{F} = \mathbf{F}(t, y_1, \ldots, y_n)$ nach den Variablen $y_1, \ldots, y_n$ stetig partiell differenzierbar ist. Man kann dann zu jedem $(t_0, \mathbf{y}_0) \in G$ ein $L > 0$ und eine Sicherheitstonne T um $(t_0, \mathbf{y}_0)$ mit Länge $2L$ finden, auf der $\mathbf{F}$ einer Lipschitz-Bedingung mit Lipschitz-Konstante $k < 1/(2L)$ genügt.

Der ***lokale Existenz- und Eindeutigkeitssatz*** besagt: *Genügt* $\mathbf{F}$ *lokal der Lipschitz-Bedingung, so gibt es zu jedem* $(t_0, \mathbf{y}_0) \in G$ *ein* $L > 0$*, so dass auf* $I := [t_0 - L, t_0 + L]$ *genau eine Lösung* φ *der Differentialgleichung* $\mathbf{y}' = \mathbf{F}(t, \mathbf{y})$ *mit* $\varphi(t_0) = \mathbf{y}_0$ *existiert.* Die Lösungsfunktion wird mit Hilfe der Picard-Lindelöf-Iteration konstruiert.

Unter den gleichen Voraussetzungen kann man auch einen ***globalen Existenz- und Eindeutigkeitssatz*** beweisen: *Zu vorgegebener Anfangsbedingung* $(t_0, \mathbf{y}_0) \in G$ *gibt es Zahlen* $t_-, t_+ \in \overline{\mathbb{R}}$ *mit* $t_- < t_0 < t_+$ *und eine Lösung* $\varphi : (t_-, t_+) \to \mathbb{R}^n$ *mit folgenden Eigenschaften:*

1. $\varphi(t_0) = \mathbf{y}_0$.

2. φ *lässt sich auf kein größeres Intervall fortsetzen.*

3. *Ist* $\boldsymbol{\psi} : (t_-, t_+) \to \mathbb{R}^n$ *eine weitere Lösung mit* $\boldsymbol{\psi}(t_0) = \mathbf{y}_0$*, so ist* $\varphi = \boldsymbol{\psi}$.

4. *Die Kurve* $\mathbf{\Phi}(t) := (t, \varphi(t))$ *läuft in* G *„von Rand zu Rand".*

In jeder Sicherheitstonne um $(t_0, \mathbf{y}_0)$ kann man eine kleinere Tonne $T = J \times B$ finden, so dass sogar für jeden Punkt $\mathbf{y} \in B$ eine Lösung $\varphi_{\mathbf{y}} : J \to \mathbb{R}^n$ mit $\varphi_{\mathbf{y}}(t_0) = \mathbf{y}$ existiert. Die Abbildung $\mathbf{\Phi} : T \to \mathbb{R}^n$ mit $\mathbf{\Phi}(t, \mathbf{y}) := \varphi_{\mathbf{y}}(t)$ nennt man einen ***lokalen Fluss*** der Differentialgleichung. Man kann zeigen, dass $\mathbf{\Phi}$ auf T stetig ist.

Sei $I = (a, b)$. Sind zwei stetige Abbildungen $A : I \to M_{n,n}(\mathbb{R})$ und $\mathbf{b} : I \to \mathbb{R}^n$ gegeben, so liefern diese ein ***System von linearen Differentialgleichungen 1. Ordnung*** über I:

$$\mathbf{y}' = \mathbf{y} \cdot A(t)^\top + \mathbf{b}(t),$$

Hier wird nur der **homogene** Fall $\mathbf{b}(t) \equiv \mathbf{0}$ betrachtet. Alle maximalen Lösungen sind dann über I definiert, und sie bilden einen n-dimensionalen reellen Vektorraum $\mathcal{L}$. Eine Basis $\{\varphi_1, \ldots, \varphi_n\}$ von $\mathcal{L}$ bezeichnet man als ***Fundamentalsystem*** (von Lösungen), die Matrix $X(t) := \left(\varphi_1^\top(t), \ldots, \varphi_n^\top(t)\right)$ nennt man ***Fundamentalmatrix***. Sie erfüllt die Gleichung $X'(t) = A(t) \cdot X(t)$.

Sind $\varphi_1, \ldots, \varphi_n : I \to \mathbb{R}^n$ irgendwelche (differenzierbare) Funktionen, so nennt man

$$W(\varphi_1, \ldots, \varphi_n)(t) := \det(\varphi_1(t), \ldots, \varphi_n(t))$$

ihre ***Wronski-Determinante***. Sind alle φ_i Lösungen des Systems $\mathbf{y}' = \mathbf{y} \cdot A(t)^\top$, so erfüllt die Wronski-Determinante die gewöhnliche Differentialgleichung $z' = z \cdot \text{Spur}A(t)$. Ist $W(t)$ sogar die Wronski-Determinante einer Fundamentalmatrix, so ist $W(t) \neq 0$ für alle $t \in I$, und für beliebiges (festes) $t_0 \in \mathbb{R}$ gilt die ***Formel von Liouville***:

$$W(t) = W(t_0) \cdot \exp\left(\int_{t_0}^{t} \text{Spur}A(s)\, ds\right).$$

Zu jedem $t_0 \in I$ gibt es genau eine Fundamentalmatrix X_0 der Differentialgleichung $\mathbf{y}' = \mathbf{y} \cdot A(t)^\top$ mit $X_0(t_0) = E_n$ (= Einheitsmatrix). Für $t \in I$ sei $\mathbf{C(t, t_0)} := X_0(t) \in M_{n,n}(\mathbb{R})$. Dann gilt:

1. Ist $\mathbf{y}_0 \in \mathbb{R}^n$, so ist $\varphi(t) := \mathbf{y}_0 \cdot C(t, t_0)^\top$ die eindeutig bestimmte Lösung mit $\varphi(t_0) = \mathbf{y}_0$.
2. Die Matrix $C(t, t_0)$ ist stets invertierbar (mit $C(s, t)^{-1} = C(t, s)$), und für $s, t, u \in I$ ist $C(s, t) \cdot C(t, u) = C(s, u)$.

Die linearen Systeme helfen auch bei der Untersuchung der differenzierbaren Abhängigkeit der Lösungen von den Anfangswerten. Sei $\mathbf{y}' = \mathbf{F}(t, \mathbf{y})$ eine Differentialgleichung über $G \subset \mathbb{R} \times \mathbb{R}^n$, bei der $\mathbf{F} : G \to \mathbb{R}^n$ stetig partiell differenzierbar nach $y_1, \ldots, y_n$ ist. Außerdem sei

$$D_2\mathbf{F}(t, \mathbf{y}) = \left(\frac{\partial F_\nu}{\partial y_\mu}(t, \mathbf{y}) \;\middle|\; \nu, \mu = 1, \ldots, n\right).$$

Ist $\Phi(t, \mathbf{y})$ ein lokaler Fluss der Differentialgleichung $\mathbf{y}' = \mathbf{F}(t, \mathbf{y})$, so ist Φ nach $\mathbf{y}$ stetig differenzierbar und $X(t, \mathbf{y}) := D_2\mathbf{\Phi}(t, \mathbf{y})$ Lösung des linearen Systems $\mathbf{z}' = \mathbf{z} \cdot D_2\mathbf{F}(t, \mathbf{\Phi}(t, \mathbf{y}))^\top$ (der sogenannten ***„Variationsgleichung“***).

Per Induktion erhält man nun: Ist $\mathbf{F}$ k-mal stetig differenzierbar nach $\mathbf{y}$ und $\mathbf{\Phi}$ – gemäß Induktionsvoraussetzung – $(k-1)$-mal stetig differenzierbar nach $\mathbf{y}$, so ist auch die rechte Seite der Variationsgleichung $(k-1)$-mal stetig differenzierbar. Mit einer weiteren Anwendung der Induktionsvoraussetzung folgt nun, dass die Lösung $D_2\mathbf{\Phi}(t, \mathbf{y})$ der Variationsgleichung $(k-1)$-mal stetig differenzierbar und damit $\mathbf{\Phi}(t, \mathbf{y})$ k-mal stetig differenzierbar nach $\mathbf{y}$ ist.

Bei einem linearen System mit konstanten Koeffizienten $\mathbf{y}' = \mathbf{y} \cdot A^\top$ kann man die Lösung explizit angeben, ein Fundamentalsystem ist dann $X(t) := e^{tA}$. Die Exponentialfunktion einer Matrix A wird durch die Reihenentwicklung definiert:

$$e^A := \sum_{n=0}^{\infty} \frac{1}{n!} A^n.$$

Die Funktion $t \mapsto e^{At}$ ist differenzierbar, mit Ableitung $A \cdot e^{At}$. Außerdem gilt:

1. Für $s, t \in \mathbb{R}$ ist $e^{sA} \cdot e^{tA} = e^{(s+t)A}$.
2. Ist $A \cdot B = B \cdot A$, so ist $e^{A+B} = e^A \cdot e^B$.
3. Die Matrix e^A ist stets invertierbar. Insbesondere gilt:
$$\det(e^A) = e^{\mathrm{Spur}(A)}.$$

Zur Berechnung der Funktion e^{tA} greift man auf die Eigenwerttheorie aus der Linearen Algebra zurück. Ist $A \in M_{n,n}(\mathbb{R})$, so gilt:

1. Besitzt A n verschiedene (reelle) Eigenwerte $\lambda_1, \ldots, \lambda_n$ (jeweils mit Vielfachheit 1), und ist $\{\mathbf{y}_1, \ldots, \mathbf{y}_n\}$ eine dazu passende Basis von Eigenvektoren von A, so bilden die n Funktionen $\boldsymbol{\varphi}_\nu(t) := e^{\lambda_\nu t} \cdot \mathbf{y}_\nu$ ein Fundamentalsystem von Lösungen der Differentialgleichung $\mathbf{y}' = \mathbf{y} \cdot A^\top$.
2. Hat A nur k verschiedene (reelle) Eigenwerte $\lambda_1, \ldots, \lambda_k$ mit Vielfachheiten $n_1, \ldots, n_k$, so gibt es ein Fundamentalsystem von Lösungen, welches für $\nu = 1, \ldots, k$ aus jeweils n_ν Funktionen der Gestalt $\mathbf{q}_{\nu\mu}(t) \cdot e^{\lambda_\nu t}$ besteht, $\mu = 1, \ldots, n_\nu$. Dabei ist $\mathbf{q}_{\nu\mu}(t)$ jeweils ein Vektor von Polynomen vom Grad $\leq n_\nu - 1$.

Ergänzungen

Definition **(ε-Näherungslösung)**

Sei $I \subset \mathbb{R}$ ein Intervall. Eine stückweise stetig differenzierbare Funktion $\varphi : I \to \mathbb{R}^n$ heißt eine ***ε-Näherungslösung*** der auf G definierten Differentialgleichung $\mathbf{y}' = \mathbf{F}(t, \mathbf{y})$, falls gilt:

1. $(t, \varphi(t)) \in G$ für $t \in I$.
2. $\|\varphi'(t) - \mathbf{F}(t, \varphi(t))\| \leq \varepsilon$ für $t \in I$.

In den Punkten, in denen φ nicht differenzierbar ist, soll die Ungleichung für die beiden einseitigen Grenzwerte gelten.

Es soll eine solche Näherung konstruiert werden. Dabei kann man annehmen, dass $\mathbf{F}(t,\mathbf{y}) \not\equiv \mathbf{0}$ ist. Sei T_0 eine Sicherheitstonne mit Radius r und Länge $2L$ um $(t_0,\mathbf{y}_0)$, $M := \sup_{T_0} \|\mathbf{F}\| > 0$, $a := \min(L, r/M)$ und $J := [t_0, t_0 + a]$. Dann ist $0 < a \le L$, $aM \le r$ und $T := J \times \overline{B_r(\mathbf{y}_0)} \subset T_0$. Nun betrachtet man Zerlegungen $\mathfrak{Z} = (t_0, \ldots, t_N)$ des Intervalls J. Bei fester Zerlegung sei $J_i := [t_{i-1}, t_i]$, für $i = 1, \ldots, N$. Dann wird wie folgt ein Streckenzug $\varphi : J \to \mathbb{R}^n$ konstruiert:

Auf J_1 sei $\varphi(t) := \mathbf{y}_0 + (t - t_0)\mathbf{F}(t_0, \mathbf{y}_0)$. An der Stelle t_0 hat φ die richtige Steigung $\mathbf{F}(t_0, \mathbf{y}_0)$, und außerdem ist

$$\|\varphi(t) - \mathbf{y}_0\| = |t - t_0| \cdot \|\mathbf{F}(t_0, \mathbf{y}_0)\| \le a \cdot M \le r.$$

Der Graph von φ verläuft also über J_1 ganz in $T_0 \subset G$, und es ist $\|\varphi(t_1) - \mathbf{y}_0\| \le |t_1 - t_0| \cdot M$.

Auf $J_2 = \{t : t_1 < t < t_2\}$ sei

$$\varphi(t) := \varphi(t_1) + (t - t_1)\mathbf{F}(t_1, \varphi(t_1)),$$

und so fährt man fort. Der Streckenzug, der so entsteht, wird ***Euler-Polygonzug*** genannt. Er ist Graph einer stetigen und sogar stückweise stetig differenzierbaren Abbildung und verläuft ganz in T_0. Ist nämlich $\|\varphi(t_{i-1}) - \mathbf{y}_0\| \le |t_{i-1} - t_0| \cdot M$, so gilt für $t \in J_i$:

$$\begin{aligned} \|\varphi(t) - \mathbf{y}_0\| &= \|\varphi(t_{i-1}) + (t - t_{i-1}) \cdot \mathbf{F}(t_{i-1}, \varphi(t_{i-1})) - \mathbf{y}_0\| \\ &\le |t_{i-1} - t_0| \cdot M + |t - t_{i-1}| \cdot M \\ &= (t - t_0) \cdot M \;\le\; a \cdot M \;\le\; r, \end{aligned}$$

insbesondere ist $\|\varphi(t_i) - \mathbf{y}_0\| \le (t_i - t_0) \cdot M$. In den Punkten $(t_i, \varphi(t_i))$ hat der Polygonzug jeweils rechtsseitig die richtige Steigung.

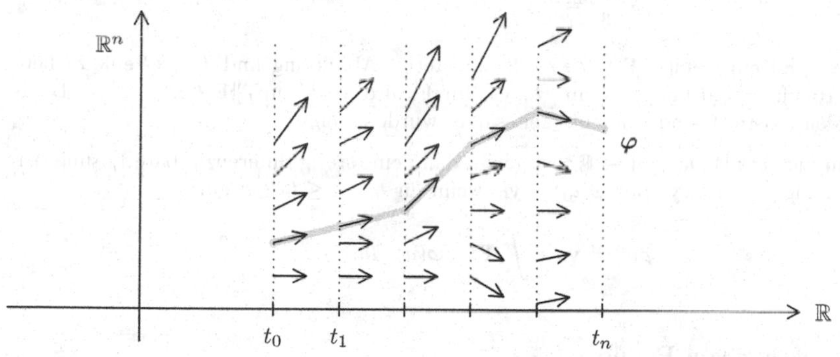

> **Definition (Gleichgradige Stetigkeit und punktweise Beschränktheit)**
> Sei $I \subset \mathbb{R}$ ein Intervall und $\mathscr{F} = (\mathbf{f}_\nu)$ eine Folge von Abbildungen $\mathbf{f}_\nu : I \to \mathbb{R}^n$.
>
> - $\mathscr{F}$ heißt auf I ***gleichgradig stetig***, falls es zu jedem $\varepsilon > 0$ ein $\delta > 0$ gibt, so dass für alle $t, s \in I$ und alle $\nu \in \mathbb{N}$ gilt: $|t - s| < \delta \implies \|\mathbf{f}_\nu(t) - \mathbf{f}_\nu(s)\| < \varepsilon$.
> - $\mathscr{F}$ heißt ***punktweise beschränkt***, falls es zu jedem $t \in I$ eine Konstante $C = C(t) > 0$, so dass $|\mathbf{f}_\nu(t)| \le C$ für alle $\nu \in \mathbb{N}$ gilt.

1.7.25. Satz von Ascoli

Sei $I = [a, b]$ und $\mathscr{F} = (\mathbf{f}_\nu)$ eine Folge von Abbildungen $\mathbf{f}_\nu : I \to \mathbb{R}^n$. Ist $\mathscr{F}$ gleichgradig stetig und punktweise beschränkt, so enthält $\mathscr{F}$ eine gleichmäßig konvergente Teilfolge.

BEWEIS:
a) Sei $A := [a, b] \cap \mathbb{Q}$. Da diese Menge abzählbar ist, kann man schreiben: $A = \{t_n : n \in \mathbb{N}\}$.

Die Folge $(\mathbf{f}_\nu(t_1))$ ist eine beschränkte Zahlenfolge. Deshalb gibt es eine Teilfolge $(\nu_k^{(1)})$ von $\mathbb{N}$, so dass $\big(\mathbf{f}_{\nu_k^{(1)}}(t_1)\big)$ konvergiert. Sei $\mathscr{F}_1 := \big(\mathbf{f}_{\nu_k^{(1)}}\big)$.

Da auch $\big(\mathbf{f}_{\nu_k^{(1)}}(t_2)\big)$ beschränkt ist, gibt es eine Teilfolge $(\nu_k^{(2)})$ von $(\nu_k^{(1)})$, so dass $\big(\mathbf{f}_{\nu_k^{(2)}}(t_2)\big)$ konvergiert. Sei $\mathscr{F}_2 := \big(\mathbf{f}_{\nu_k^{(2)}}\big)$.

Man fährt so fort und benutzt schließlich die „Diagonalfolge“ $\mathscr{D} = (\mathbf{g}_k)$ mit $\mathbf{g}_k := \mathbf{f}_{\nu_k^{(k)}}$. Da $(\mathbf{g}_k, \mathbf{g}_{k+1}, \ldots)$ eine Teilfolge von $\mathscr{F}_k$ ist, konvergiert $\mathscr{D}$ in jedem Punkt der Menge A.

b) Wir wollen zeigen, dass $(\mathbf{g}_k)$ gleichmäßig auf $[a, b]$ konvergiert.

Sei $\varepsilon > 0$ vorgegeben. Nach Voraussetzung gibt es ein $\delta > 0$, so dass für alle $t, s \in I$ und alle $\nu \in \mathbb{N}$ gilt: $|t - s| < \delta \implies \|\mathbf{f}_\nu(t) - \mathbf{f}_\nu(s)\| < \varepsilon/3$.

Die rechte Ungleichung gilt dann erst recht für alle $\mathbf{g}_k$. Man zerlege nun das Intervall $[a, b]$ in der Form $a = t_0 < t_1 < \ldots < t_N = b$, so dass $0 < t_j - t_{j-1} < \delta$ ist. Dann gibt es für jedes $j \in \{1, \ldots, N\}$ ein $s_j \in A \cap (t_{j-1}, t_j)$ (weil $\mathbb{Q}$ dicht in $\mathbb{R}$ ist).

Weil $(\mathbf{g}_k(s))$ in jedem Punkt $s = s_j$ konvergiert, kann man ein gemeinsames $k_0 = k_0(\varepsilon)$ finden, so dass gilt:

$$|\mathbf{g}_k(s_j) - \mathbf{g}_m(s_j)| < \frac{\varepsilon}{3} \quad \text{für } k, m \geq k_0 \text{ und } j = 1, \ldots, N.$$

Sei nun $s \in [a, b]$ beliebig, und dazu j so gewählt, dass $|s - s_j| < \delta$ ist. Für $k, m \geq k_0$ gilt dann:

$$\begin{aligned}\|\mathbf{g}_k(s) - \mathbf{g}_m(s)\| &\leq \|\mathbf{g}_k(s) - \mathbf{g}_k(s_j)\| + \|\mathbf{g}_k(s_j) - \mathbf{g}_m(s_j)\| + \|\mathbf{g}_m(s_j) - \mathbf{g}_m(s)\| \\ &< \frac{\varepsilon}{3} + \frac{\varepsilon}{3} + \frac{\varepsilon}{3} = \varepsilon.\end{aligned}$$

■

Sei jetzt $G \subset \mathbb{R} \times \mathbb{R}^n$ ein Gebiet, $\mathbf{F} : G \to \mathbb{R}^n$ eine stetige Abbildung und $T \subset G$ eine Sicherheitstonne mit Radius r und Länge $2a$ um $(t_0, \mathbf{y}_0)$ für $\mathbf{F}$, also $M := \sup_T \|\mathbf{F}(t, \mathbf{x})\| \leq r/a$. Beim Beweis des lokalen Existenz- und Eindeutigkeitssatzes wurde gezeigt:

Eine stetige Funktion $\boldsymbol{\varphi} : [t_0, t_0 + a] \to \mathbb{R}^n$ ist genau dann eine stetig differenzierbare Lösung der Differentialgleichung $\mathbf{y}' = \mathbf{F}(t, \mathbf{y})$ mit $\boldsymbol{\varphi}(t_0) = \mathbf{y}_0$, wenn für $t_0 \leq t \leq t_0 + a$ gilt:

$$\boldsymbol{\varphi}(t) = \mathbf{y}_0 + \int_{t_0}^{t} \mathbf{F}(u, \boldsymbol{\varphi}(u))\, du.$$

1.7.26. Existenzsatz von Peano

In der obigen Situation (also auch ohne Lipschitzbedingung) existiert eine Lösung $\boldsymbol{\varphi} : [t_0, t_0 + a] \to \mathbb{R}^n$ *der Differentialgleichung* $\mathbf{y}' = \mathbf{F}(t, \mathbf{y})$ *mit* $\boldsymbol{\varphi}(t_0) = \mathbf{y}_0$.

BEWEIS: Nach Voraussetzung ist $a \leq r/M$.

a) Ist $M = 0$, so ist $\mathbf{F}(t, \mathbf{y}) \equiv \mathbf{0}$ und $\boldsymbol{\varphi}(t) \equiv \mathbf{y}_0$ eine Lösung.

b) Sei $M > 0$. Ist $\varepsilon > 0$ vorgegeben, so gibt es ein $\delta > 0$, so dass gilt:

$$(*) \qquad \text{Ist } |t - s| < \delta \text{ und } \|\mathbf{x} - \mathbf{y}\| < \delta, \text{ so ist } \|\mathbf{F}(t, \mathbf{x}) - \mathbf{F}(s, \mathbf{y})\| < \varepsilon,$$

denn die stetige Abbildung $\mathbf{F}$ ist auf der kompakten Tonne gleichmäßig stetig. Dann sei $n = n(\varepsilon)$ so groß gewählt, dass $0 < a/n < \min(\delta, \delta/M)$ ist, und man setze

$$t_j := t_0 + j \cdot \frac{a}{n} \text{ und } \mathbf{y}_j := \mathbf{y}_{j-1} + \frac{a}{n} \cdot \mathbf{F}(t_{j-1}, \mathbf{y}_{j-1}), \quad j = 1, \ldots, n.$$

Durch

$$\varphi_\varepsilon(t_0) := \mathbf{y}_0 \text{ und } \varphi_\varepsilon(t) := \mathbf{y}_j + (t - t_j)\mathbf{F}(t_j, \mathbf{y}_j) \text{ für } t_j \le t \le t_{j+1} \text{ und } j \ge 0$$

wird ein Euler'scher Polygonzug auf $[t_0, t_0 + a]$ definiert.

Behauptung: φ_ε ist eine ε-Näherungslösung auf $[t_0, t_0 + a]$.

Beweis dafür: Für $t \in [t_j, t_{j+1}]$ ist $|t - t_j| < |t_{j+1} - t_j| = a/n$ und

$$\begin{aligned} \|\varphi_\varepsilon(t) - \mathbf{y}_j\| &= |t - t_j| \cdot \|\mathbf{F}(t_j, \mathbf{y}_j)\| \\ &\le \frac{a}{n} \cdot \|\mathbf{F}(t_j, \mathbf{y}_j)\| \le \frac{a}{n} \cdot M < \frac{\delta}{M} \cdot M = \delta. \end{aligned}$$

Da $\varphi_\varepsilon'(t) = \mathbf{F}(t_j, \mathbf{y}_j)$ für $t_j \le t \le t_{j+1}$ ist, folgt mit $(*)$:

$$\|\varphi_\varepsilon'(t) - \mathbf{F}(t, \varphi_\varepsilon(t))\| < \varepsilon \quad \text{auf } [t_0, t_0 + a].$$

c) Sei nun (ε_k) eine Nullfolge und $\varphi_k := \varphi_{\varepsilon_k}$. Da der Polygonzug komplett in der Tonne bleibt, ist die Folge (φ_k) punktweise bschränkt. Sie ist aber auch gleichgradig stetig:

Beweis dafür: Sei $\varepsilon > 0$ und $\delta < \varepsilon/(2M)$. Sei $|t - s| < \delta$. Wir nehmen zunächst an, dass t und s beide in einem Intervall $[t_j, t_{j+1}]$ liegen. Dann gilt:

$$\begin{aligned} \|\varphi_k(t) - \varphi_k(s)\| &= \|\big(\varphi_k(t_j) + (t - t_j)\mathbf{F}(t_j, \varphi_k(t_j))\big) - \big(\varphi_k(t_j) + (s - t_j)\mathbf{F}(t_j, \varphi_k(t_j))\big)\| \\ &= |t - s| \cdot \|\mathbf{F}(t_j, \varphi_k(t_j))\| \le |t - s| \cdot M < \delta M < \varepsilon/2 \quad \text{für alle } k. \end{aligned}$$

Liegen t und s in zwei aufeinanderfolgenden Intervallen, so erhält man immer noch, dass $\|\varphi_k(t) - \varphi_k(s)\| < \varepsilon$ für alle k ist.

Nach dem Satz von Ascoli gibt es dann eine Teilfolge von (φ_k) (die wir wieder mit φ_k bezeichnen), die gleichmäßig gegen eine Grenzfunktion φ konvergiert.

Für $t \in [t_j, t_{j+1}]$ und $k \in \mathbb{N}$ folgt

$$\begin{aligned} &\|\varphi_k(t) - \mathbf{y}_0 - \int_{t_0}^{t} \mathbf{F}(s, \varphi_k(s))\,ds\| = \\ &= \Big\|\sum_{\nu=0}^{j-1}\Big(\mathbf{y}_{\nu+1} - \mathbf{y}_\nu - \int_{t_\nu}^{t_{\nu+1}} \mathbf{F}(s, \varphi_k(s))\,ds\Big) + \varphi_k(t) - \mathbf{y}_j - \int_{t_j}^{t} \mathbf{F}(s, \varphi_k(s))\,ds\Big\| \\ &= \Big\|\sum_{\nu=0}^{j-1}\int_{t_\nu}^{t_{\nu+1}} \Big(\varphi_k'(s) - \mathbf{F}\big(s, \varphi_k(s)\big)\Big)\,ds + \int_{t_j}^{t} \Big(\varphi_k'(s) - \mathbf{F}\big(s, \varphi_k(s)\big)\Big)\,ds\Big\| \\ &\le \sum_{\nu=0}^{j-1} \varepsilon_k \cdot (t_{\nu+1} - t_\nu) + \varepsilon_k(t - t_j) = \varepsilon_k \cdot (t - t_0) \le \varepsilon_k \cdot a \quad \to 0 \quad \text{für } k \to \infty. \end{aligned}$$

Wegen der gleichmäßigen Konvergenz der Folge (φ_k) ist dann $\varphi(t) = \mathbf{y}_0 + \displaystyle\int_{t_0}^{t} \mathbf{F}(s, \varphi(s))\,ds$, d.h., φ ist Lösung der Differentialgleichung. ∎

Wenn $\mathbf{F}$ keine Lipschitzbedingung erfüllt, ist die Lösung allerdings nicht unbedingt eindeutig bestimmt.

1.7.27. Aufgaben

A. Konstruieren Sie zur DGL $y' = y$ und der Anfangsbedingung $y(0) = y_0 \ne 0$ einen Euler'schen Polygonzug $\varphi_k : [0, t] \to \mathbb{R}$, und zwar zur Unterteilung $0 = t_0 < t_1 < \ldots < t_k = t$ mit $t_j = tj/k$ für $j = 0, \ldots, k$. Zeigen Sie, dass die Näherungslösungen φ_k im Punkt t für $k \to \infty$ gegen den Wert $\varphi(t)$ einer exakten Lösung φ streben.

B. Sei $G_0 \subset \mathbb{R}^n$ ein Gebiet und $\mathbf{F} : G_0 \to \mathbb{R}^n$ Lipschitz-stetig, d.h., zu jedem $\mathbf{x}_0 \in G_0$ gebe es eine Umgebung U und ein $k > 0$, so dass $\|\mathbf{F}(\mathbf{x}_1) - \mathbf{F}(\mathbf{x}_2)\| \le k\|\mathbf{x}_1 - \mathbf{x}_2\|$ für $\mathbf{x}_1, \mathbf{x}_2 \in U$ gilt. Zeigen Sie:

1) Es gibt genau eine in 0 definierte Lösung φ_0 der (zeitunabhängigen) DGL $\mathbf{y}' = \mathbf{F}(\mathbf{y})$ mit maximalem Definitionsintervall I und $\varphi_0(0) = \mathbf{y}_0$.

2) Ist $\mathbf{F}(\mathbf{y}_0) = \mathbf{0}$, so ist $I = \mathbb{R}$ und $\varphi_0(t) \equiv \mathbf{y}_0$.

3) Ist $\mathbf{F}(\mathbf{y}_0) \neq \mathbf{0}$, so ist φ_0 glatt, und entweder ist $I = \mathbb{R}$ und φ_0 periodisch, oder φ_0 ist injektiv.

C. a) Vorgelegt sei das lineare System

$$\mathbf{y}' = \mathbf{F}(\mathbf{y}) \quad \text{mit} \quad \mathbf{F}(y_1, y_2) = (-4y_1 - y_2, y_1 - 2y_2).$$

Zeigen Sie, dass $\varphi_1(t) := \left(e^{-3t}, -e^{-3t}\right)$ und $\varphi_2(t) := \left((1-t)e^{-3t}, te^{-3t}\right)$ zwei linear unabhängige Lösungen sind. Geben Sie die allgemeine Lösung des Systems an.

b) Gegeben sei das Differentialgleichungssystem

$$y_1' = y_2 \quad \text{und} \quad y_2' = -4t^2 y_1 + \frac{1}{t} y_2.$$

Zeigen Sie, dass $\varphi_1(t) := \left(\sin(t^2), 2t\cos(t^2)\right)$ und $\varphi_2(t) := \left(\cos(t^2), -2t\sin(t^2)\right)$ linear unabhängige Lösungen sind, dass aber für die Wronski-Determinante $W(t)$ von φ_1 und φ_2 gilt:

$$W(0) = 0.$$

Warum ist das kein Widerspruch?

D. Bestimmen Sie die allgemeine Lösung der folgenden Differentialgleichungssysteme:

a) $\mathbf{y}' = \mathbf{y} \cdot \begin{pmatrix} -3 & \sqrt{2} \\ \sqrt{2} & -2 \end{pmatrix}^\top$. b) $\mathbf{y}' = \mathbf{y} \cdot \begin{pmatrix} -4 & -1 \\ 1 & -2 \end{pmatrix}^\top$.

E. Bestimmen Sie die allgemeine Lösung von $\mathbf{y}' = \mathbf{y} \cdot \begin{pmatrix} 1 & 0 & 0 \\ 2 & 1 & -2 \\ 3 & 2 & 1 \end{pmatrix}^\top$.

F. Bestimmen Sie Lösungen $\boldsymbol{\varphi}$, $\boldsymbol{\psi}$ von $\mathbf{y}' = \mathbf{y} \cdot \begin{pmatrix} 1 & 0 & 1 & 0 \\ 0 & 1 & 0 & 1 \\ 1 & 0 & 1 & -1 \\ -1 & 0 & 1 & 2 \end{pmatrix}^\top$ mit $\boldsymbol{\varphi}(0) = (1,1,1,1)$ und $\boldsymbol{\psi}(0) = (1,0,0,0)$.

G. Berechnen Sie die allgemeine Lösung der Differentialgleichung $y'' + 4y = x^2 + 5\cos 2x$, indem Sie der Gleichung ein linearesSystem zuordnen.

2 Lebesgue-Theorie

Der um 1854 von Bernhard Riemann eingeführte Integralbegriff ist leicht zu motivieren und einfach zu beschreiben. In Band 1 wurde gezeigt, dass er für die Bedürfnisse der elementaren Analysis vollkommen ausreicht. Gegen Ende des 19. Jahrhunderts wurde aber deutlich, dass das Riemann-Integral für die Bedürfnisse einer fortgeschrittenen Analysis zu enge Grenzen setzt. In der Theorie der trigonometrischen Reihen, in die wir in knapper Form in den Ergänzungen zu Abschnitt 4.5 in Band 1 eingeführt haben, stößt man über Grenzprozesse rasch auf Funktionen, die sich sehr viel wilder verhalten, als wir es von den elementaren Funktionen x^n, $\sin x$, $\cos x$, e^x und den daraus durch Umkehrung oder Anwendung rationaler Operationen gewonnenen Funktionen gewohnt sind. Abgesehen von der Bedingung, nur beschränkte Funktionen auf beschränkten Intervallen zu betrachten (die man durch Einführung der „uneigentlichen Integrale“ etwas umständlich umgeht), kann schon eine nicht allzu schlimme Funktion wie etwa die Dirichletfunktion (die $= 1$ auf jeder rationalen und $= 0$ auf jeder irrationalen Zahl ist) über keinem Intervall integriert werden.

Das liegt u.a. daran, dass das Riemann-Integral ganz speziell auf stetige Funktionen zugeschnitten ist. Ausgangspunkt für einen neuen Integralbegriff war für den französischen Mathematiker Henri Lebesgue die Idee, möglichst jeder Menge $E \subset \mathbb{R}$ ein „Maß“ $\mu(E)$ zuzuordnen, das im Falle eines Intervalls mit der Länge übereinstimmt. Ist $f : I \to \mathbb{R}$ eine beschränkte Funktion, so wird beim Riemann-Integral das Intervall I in endlich viele Teilintervalle $I_1, \ldots, I_n$ zerlegt, aus jedem I_ν ein Punkt ξ_ν gewählt und dann die Summe $\Sigma_R := \sum_\nu f(\xi_\nu) \cdot \mu(I_\nu)$ gebildet. Das ist eine gute Approximation der Fläche unter dem Graphen, solange die Werte von f in I_ν nicht zu sehr variieren, also z.B. im stetigen Fall. Bei der Dirichlet-Funktion geht es schief, je nach Wahl der ξ_ν schwankt Σ_R zwischen 0 und 1. Lebesgue ging 1904 bei der Einführung seines neuen Integralbegriffs einen anderen Weg. Er teilte das „Ordinaten-Intervall“ $\inf_I f \le y \le \sup_I f$ in kleine Teilintervalle J_μ, wählte jeweils ein $\eta_\mu \in J_\mu$ und bildete die Mengen $E_\mu := \{x \in I : f(x) \in J_\mu\}$. Die Summe $\Sigma_L := \sum_\mu \eta_\mu \cdot \mu(E_\mu)$ ist eine sehr viel bessere Approximation der Fläche unter dem Graphen, denn auf E_μ variiert die Funktion f nur wenig. Wenn f auf einer kleinen Menge sehr große Werte annimmt, so wird deren Einfluss durch das kleine Maß der Menge gemindert. Im Falle der Dirichlet-Funktion liegt der Wert von Σ_L in der Nähe des Maßes der Menge der rationalen Zahlen, und das entspricht viel mehr der Anschauung.

Wir werden hier das Lebesgue-Integral nicht in seiner Originalform einführen. Aus der Maßtheorie übernehmen wir zunächst nur die Mengen vom Maß Null und konstruieren dann das Integral über einen Grenzprozess, der nur „fast überall“, d.h. außerhalb einer Nullmenge kontrolliert wird. Das ist eine Darstellung, die auf die

Mathematiker Riesz und Nagy[1] zurückgeht. Das so gewonnene Lebesgue-Integral zeichnet sich durch Einfachheit (keine Unterscheidung zwischen eigentlichen und uneigentlichen Integralen) und durch besonders starke und allgemeine Sätze über die Vertauschbarkeit von Grenzprozessen aus. Es erfüllt nicht nur die Bedürfnisse der höheren Analysis, sondern ist auch Ausgangspunkt für vielfältige Erweiterungen, etwa in Maßtheorie und Stochastik, Funktionalanalysis und harmonischer Analysis.

Überblick: In diesem Kapitel soll das Lebesgue-Integral für reelle Funktionen von mehreren Veränderlichen eingeführt werden. Dabei gehen wir nach der folgenden Methode vor:

- Auf dem $\mathbb{R}^n$ wird ein $\mathbb{R}$-Vektorraum $\mathscr{E}$ von so genannten *Elementarfunktionen* eingeführt, so dass mit $f \in \mathscr{E}$ auch $|f|$ in $\mathscr{E}$ liegt. Wir benutzen dafür Treppenfunktionen, hätten aber auch andere Funktionen wählen können.
- Als nächstes werden *Nullmengen* im $\mathbb{R}^n$ eingeführt. Das sind Mengen, deren „Volumen" unterhalb jeder positiven Schranke liegt und die daher bei der Integration keine Rolle spielen. Man sagt, dass eine Eigenschaft *fast überall* gilt, wenn sie außerhalb einer Nullmenge gilt.
- Auf dem Raum $\mathscr{E}$ wird eine Linearform I definiert, so dass gilt:
  1. Ist $f \in \mathscr{E}$ und $f \geq 0$, so ist auch $I(f) \geq 0$ (Monotonie) .
  2. Ist (f_ν) eine Folge in $\mathscr{E}$, die fast überall monoton fallend (punktweise) gegen die Nullfunktion konvergiert, so konvergiert die Folge der Zahlen $I(f_\nu)$ gegen die Zahl 0 (Stetigkeit).

  Eine solche Linearform I nennt man ein *Daniell-Integral.* In unserem Falle wird $I(f)$ das offensichtliche Integral der Treppenfunktion f sein.
- Das Daniell-Integral wird nun in zwei Schritten erweitert. Zunächst führt man die Menge $\mathscr{L}^+$ von Funktionen $f : \mathbb{R}^n \to \mathbb{R}$ ein, die Grenzwert einer monoton wachsenden und fast überall konvergenten Folge (f_ν) von Elementarfunktionen sind, so dass die Integrale $I(f_\nu)$ gegen eine Zahl I konvergieren. Dann wird $I(f) := I$ gesetzt.
- Im zweiten Schritt bildet man
$$\mathscr{L} := \{f : \mathbb{R}^n \to \mathbb{R} \,:\, f = g - h, \text{ mit } g, h \in \mathscr{L}^+\}.$$
  Die Darstellung $f = g-h$ ist nicht eindeutig bestimmt, wohl aber das *Integral*
$$\int f\, d\mu_n := I(g) - I(h).$$
  Die Elemente von $\mathscr{L}$ nennt man *Lebesgue-integrierbare Funktionen* und die Zahl $\int f\, d\mu_n$ das *Lebesgue-Integral* von f.

[1] vgl. Literaturverzeichnis

2.1 Treppenfunktionen und Nullmengen

Zur Erinnerung:
Eine Funktion $f : [a,b] \to \mathbb{R}$ heißt **Treppenfunktion**, falls es eine Zerlegung $\mathfrak{Z} = \{x_0, x_1, \ldots, x_n\}$ von $[a,b]$ und Konstanten c_ν gibt, so dass $f|_{(x_{\nu-1},x_\nu)} \equiv c_\nu$ für $\nu = 1, \ldots, n$ gilt. In den Punkten x_ν kann f ganz beliebige Werte annehmen.

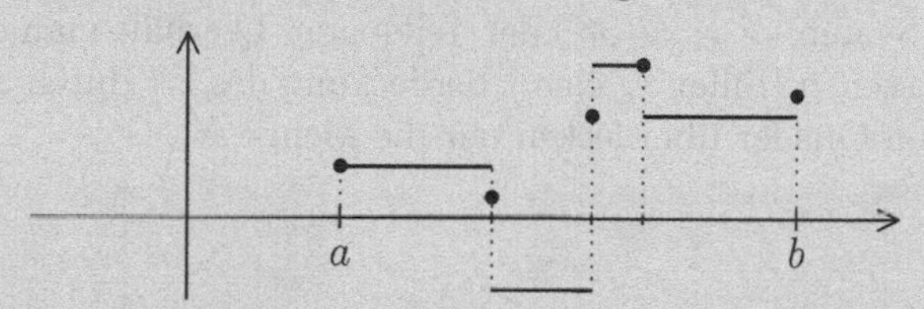

Das Integral

$$\int_a^b f(t)\,dt = \sum_{\nu=1}^{n} c_\nu(x_\nu - x_{\nu-1})$$

stimmt mit dem anschaulichen Flächeninhalt unter dem Graphen überein.

Wir werden in diesem Abschnitt Treppenfunktionen von n Veränderlichen einführen, und die werden dann den Vektorraum der Elementarfunktionen bilden.

Unter einem ***Intervall*** wird hier stets eine nicht-leere Teilmenge $I \subset \mathbb{R}$ verstanden, die folgende Eigenschaft besitzt: Ist $\inf(I) < x < \sup(I)$, so ist $x \in I$. Das Intervall ist genau dann ***beschränkt***, wenn $-\infty < \inf(I) < \sup(I) < +\infty$ ist. Man nennt dann $a := \inf(I)$ den ***Anfangspunkt*** und $b := \sup(I)$ den ***Endpunkt*** des Intervalls, sowie $\ell(I) := b - a$ die ***Länge*** von I. Ein unbeschränktes Intervall hat die Länge $+\infty$.

Unter einem ***Quader*** im $\mathbb{R}^n$ versteht man ein Produkt von n Intervallen,

$$Q = I_1 \times \ldots \times I_n\,.$$

Ein Quader ist hier also immer ein **achsenparalleler** Quader. Er ist genau dann beschränkt, wenn alle beteiligten Intervalle I_ν beschränkt sind. In dem Fall nennt man die Zahl

$$\text{vol}_n(Q) := \ell(I_1) \cdots \ell(I_n)$$

das ***(n-dimensionale) Volumen*** von Q. Ist Q unbeschränkt, so setzen wir $\text{vol}_n(Q) := +\infty$.

Eine ***achsenparallele Hyperebene*** im $\mathbb{R}^n$ ist eine Menge der Gestalt

$$H = H(i,c) := \{\mathbf{x} \in \mathbb{R}^n \,:\, x_i = c\},$$

mit $i \in \{1, \ldots, n\}$ und $c \in \mathbb{R}$.

Unter einer ***Zerlegung des*** $\mathbb{R}^n$ verstehen wir ein nicht-leeres endliches System $\mathscr{H} = (H_j)_{j \in J}$ von achsenparallelen Hyperebenen.

Die Menge $X_{\mathscr{H}} := \mathbb{R}^n \setminus \bigcup_{j\in J} H_j$ ist offen und zerfällt in endlich viele paarweise disjunkte, beschränkte und unbeschränkte Quader. Die sind alle offen und heißen die ***Teilquader*** der Zerlegung. Ist ein Teilquader Q beschränkt, so gibt es zu jedem $i \in \{1, \dots, n\}$ zwei Hyperebenen $H(i, a_i), H(i, b_i) \in \mathscr{H}$ mit $a_i < b_i$, so dass gilt:

$$Q = (a_1, b_1) \times \dots \times (a_n, b_n).$$

Aus dem System $\mathscr{Q} = \mathscr{Q}(\mathscr{H})$ der Teilquader Q erhält man durch Übergang zu den abgeschlossenen Hüllen $\overline{Q}$ eine Überdeckung des $\mathbb{R}^n$ durch abgeschlossene Quader. Die offenen Quader überdecken nur die Menge $X_{\mathscr{H}}$.

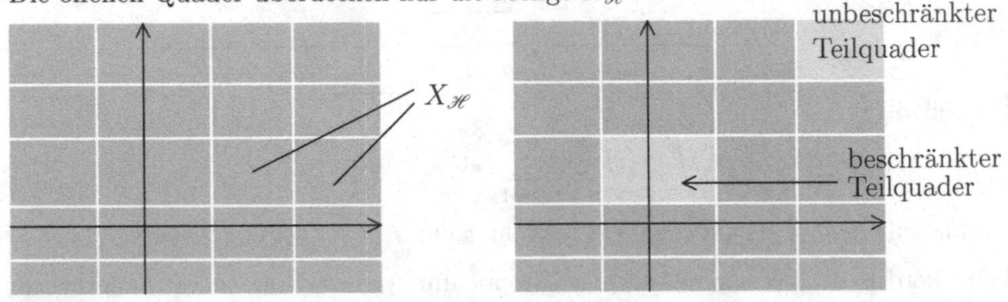

Bei der Definition des Riemann-Integrals in einer Veränderlichen sind wir von Funktionen auf einem festen Intervall ausgegangen. Beim Lebesgue-Integral wollen wir uns davon lösen, dass alle betrachteten Funktionen auf einem beschränkten Quader definiert sein müssen. Deshalb definieren wir Treppenfunktionen jetzt auf dem ganzen $\mathbb{R}^n$, und dafür brauchen wir die hier eingeführten Zerlegungen und Quaderüberdeckungen des $\mathbb{R}^n$.

Definition (Treppenfunktionen auf dem $\mathbb{R}^n$)

Eine ***Treppenfunktion*** auf dem $\mathbb{R}^n$ ist eine Funktion $h : \mathbb{R}^n \to \mathbb{R}$, zu der es eine Zerlegung $\mathscr{H}$ des $\mathbb{R}^n$ gibt, so dass gilt:

1. Zu jedem offenen Teilquader Q von $\mathscr{H}$ gibt es eine Konstante c_Q, so dass $h(\mathbf{x}) \equiv c_Q$ auf Q ist.
2. Ist Q unbeschränkt, so ist $c_Q = 0$.

Die Werte von h auf den Hyperebenen $H \in \mathscr{H}$ spielen keine Rolle.

Definition (Integral von Treppenfunktionen)

Sei h eine Treppenfunktion zur Zerlegung $\mathscr{H}$ und c_Q jeweils der Wert von h auf dem offenen Teilquader Q. Dann nennt man die Zahl

$$I(h) = I(h, \mathscr{H}) := \sum_{Q\in\mathscr{Q}(\mathscr{H})} c_Q \cdot \mathrm{vol}_n(Q)$$

das ***Integral*** von h.

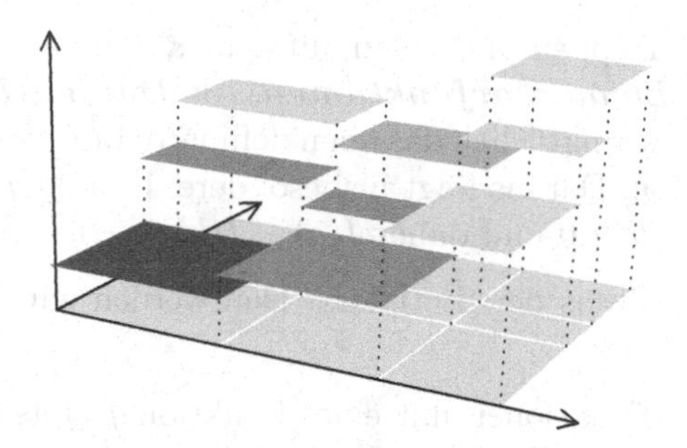

Weil h nur auf den beschränkten Quadern Werte $\neq 0$ annimmt, ist $I(h, \mathscr{H})$ eine endliche Zahl. Es stellt sich aber die Frage, ob das Integral nicht eventuell von der Zerlegung $\mathscr{H}$ abhängt.

Eine Zerlegung $\mathscr{H}_0$ heißt ***Verfeinerung*** einer Zerlegung $\mathscr{H}$, falls $\mathscr{H} \subset \mathscr{H}_0$ ist. Zu zwei Zerlegungen $\mathscr{H}_1$ und $\mathscr{H}_2$ gibt es eine ***gemeinsame Verfeinerung***, nämlich die Zerlegung $\mathscr{H}_1 \cup \mathscr{H}_2$. Ist h eine Treppenfunktion zur Zerlegung $\mathscr{H}$ und H_0 eine achsenparallele Hyperebene, die nicht zu $\mathscr{H}$ gehört, so werden endlich viele Teilquader $Q \in \mathscr{Q}(\mathscr{H})$ in jeweils zwei Quader Q' und Q'' zerlegt. Weil dann $h|_{Q'} = c_Q$ und $h|_{Q''} = c_Q$ ist, folgt:

$$c_{Q'} \cdot \mathrm{vol}_n(Q') + c_{Q''} \cdot \mathrm{vol}_n(Q'') = c_Q \cdot (\mathrm{vol}_n(Q') + \mathrm{vol}_n(Q'')) = c_Q \cdot \mathrm{vol}_n(Q).$$

Setzen wir also $\mathscr{H}_0 := \mathscr{H} \cup \{H_0\}$, so ist $I(h, \mathscr{H}_0) = I(h, \mathscr{H})$. Der gleiche Effekt tritt auf, wenn man endlich viele Hyperebenen hinzunimmt und damit die ursprüngliche Zerlegung durch eine feinere ersetzt. Daraus folgt, dass das Integral $I(h, \mathscr{H})$ **nicht** von der Zerlegung $\mathscr{H}$ abhängt.

Sind zwei Treppenfunktionen h_1, h_2 zu Zerlegungen $\mathscr{H}_1$ bzw. $\mathscr{H}_2$ gegeben, so gilt mit der gemeinsamen Verfeinerung $\mathscr{H}$ von $\mathscr{H}_1$ und $\mathscr{H}_2$:

$$I(h_1, \mathscr{H}_1) + I(h_2, \mathscr{H}_2) = I(h_1, \mathscr{H}) + I(h_2, \mathscr{H}) = I(h_1 + h_2, \mathscr{H}).$$

2.1.1. Eigenschaften des Integrals von Treppenfunktionen

1. *Sind h und g Treppenfunktionen, so ist auch $h + g$ eine Treppenfunktion, und es ist $I(h + g) = I(h) + I(g)$.*

2. *Ist h eine Treppenfunktion und $r \in \mathbb{R}$, so ist auch $r \cdot h$ eine Treppenfunktion und $I(r \cdot h) = r \cdot I(h)$.*

3. *Ist h eine Treppenfunktion und $h \geq 0$, so ist $I(h) \geq 0$.*

4. *Mit h ist auch $|h|$ eine Treppenfunktion.*

BEWEIS: (1) haben wir uns oben schon überlegt, die Aussagen (2), (3) und (4) sind trivial. ∎

Den Vektorraum aller Treppenfunktionen auf dem $\mathbb{R}^n$ bezeichnen wir mit $\mathscr{T}_n$. Das ist unser ***Raum von Elementarfunktionen***. Als ***Daniell-Integral*** einer Treppenfunktion f nehmen wir natürlich das oben definierte Integral $I(f)$. Offensichtlich ist I linear und monoton. Daraus folgt insbesondere: Ist $h \le g$, so ist $I(h) \le I(g)$, denn mit $h \le g$ ist $g - h \ge 0$ und daher $I(g) - I(h) = I(g-h) \ge 0$.

Was bleibt, ist der Nachweis der Stetigkeit. Den werden wir erst am Ende dieses Abschnittes führen können.

Enthält ein Raum von Funktionen mit einer Funktion f stets auch $|f|$, so hat das weitreichende Konsequenzen, denn aus f und $|f|$ kann man viele andere Funktionen kombinieren. Das folgende Lemma liefert ein Beispiel dafür.

2.1.2. Lemma

Für beliebige Funktionen $f : \mathbb{R}^n \to \mathbb{R}$ ist

$$\max(f,g) = \frac{1}{2}(f+g) + \frac{1}{2}|f-g| \quad \textit{und} \quad \min(f,g) = \frac{1}{2}(f+g) - \frac{1}{2}|f-g|.$$

BEWEIS: Ist $f \ge g$, so ist $\frac{1}{2}(f+g) + \frac{1}{2}|f-g| = \frac{1}{2}(f+g) + \frac{1}{2}(f-g) = f$.

Ist dagegen $f < g$, so ist $\frac{1}{2}(f+g) + \frac{1}{2}|f-g| = \frac{1}{2}(f+g) - \frac{1}{2}(f-g) = g$. Das ergibt die erste Gleichung. Die zweite gewinnt man analog. ∎

Aus dem Lemma folgt, dass mit f und g auch $\max(f,g)$ und $\min(f,g)$ zu $\mathscr{T}_n$ gehören.

Ist $M \subset \mathbb{R}^n$ eine beliebige Teilmenge, so ist die ***charakteristische Funktion*** von M die Funktion $\chi_M : \mathbb{R}^n \to \mathbb{R}$, die wie folgt definiert wird:

$$\chi_M(\mathbf{x}) := \begin{cases} 1 & \text{für } \mathbf{x} \in M, \\ 0 & \text{sonst.} \end{cases}$$

2.1.3. Satz

Gegeben seien endlich viele beschränkte Quader $Q_1, \ldots, Q_r \subset \mathbb{R}^n$ und reelle Zahlen $c_1, \ldots, c_r$. Dann ist

$$h := \sum_{\varrho=1}^{r} c_\varrho \chi_{Q_\varrho}$$

eine Treppenfunktion auf dem $\mathbb{R}^n$, und es gilt: $I(h) = \sum_{\varrho=1}^{r} c_\varrho \cdot \mathrm{vol}_n(Q_\varrho)$.

Umgekehrt stimmt jede Treppenfunktion zur Zerlegung $\mathscr{H}$ außerhalb der Vereinigung der Hyperebenen von $\mathscr{H}$ mit der Linearkombination von charakteristischen Funktionen von Quadern überein.

BEWEIS: Ist Q ein beschränkter Quader, so definieren die Seiten von Q endlich viele achsenparallele Hyperebenen und damit eine Zerlegung $\mathscr{H}$. Der offene Kern Q° ist der einzige beschränkte Teilquader von $\mathscr{H}$, und ∂Q ist in der Vereinigung der Hyperebenen enthalten. Da $\chi_Q(\mathbf{x}) \equiv 1$ auf Q° und $\equiv 0$ auf allen anderen Teilquadern von $\mathscr{H}$ ist, ist χ_Q eine Treppenfunktion und $I(\chi_Q) = \text{vol}_n(Q)$.

Aus den Eigenschaften von Treppenfunktionen und ihrer Integrale folgt nun, dass auch jede Linearkombination h von charakteristischen Funktionen von Quadern eine Treppenfunktion ist und dass die Formel für $I(h)$ gilt.

Sei umgekehrt h eine beliebige Treppenfunktion, $\mathscr{H}$ die zugehörige Zerlegung des $\mathbb{R}^n$ und c_Q der Wert von h auf dem offenen Teilquader Q von $\mathscr{H}$. Ist $\mathscr{Q} = \mathscr{Q}(\mathscr{H}) = \{Q_1, \ldots, Q_r\}$ das System der offenen Teilquader Q mit $c_Q \neq 0$, so gilt außerhalb der Vereinigung der Hyperebenen von $\mathscr{H}$: $h = \sum_{\varrho=1}^r c_{Q_\varrho} \cdot \chi_{Q_\varrho}$. ∎

2.1.4. Folgerung

Ist $S \subset \mathbb{R}^n$ Vereinigung von endlich vielen beschränkten Quadern $Q_1, \ldots, Q_r$, so ist die charakteristische Funktion χ_S eine Treppenfunktion, und es gilt:

$$I(\chi_S) \leq \sum_{\varrho=1}^{r} \text{vol}_n(Q_\varrho) \qquad (\textit{mit Gleichheit im Falle } r = 1).$$

Ist S in einem Quader Q_0 enthalten, so ist $I(\chi_S) \leq \text{vol}_n(Q_0)$.

BEWEIS: Der Fall $\varrho = 1$ wurde schon erledigt. Im allgemeinen Fall bestimmt jeder einzelne Quader Q_ϱ über seine Seiten endlich viele achsenparallele Hyperebenen und damit eine Zerlegung $\mathscr{H}_\varrho$, so dass Q_ϱ° der einzige beschränkte Teilquader dieser Zerlegung ist.

Sei $\mathscr{H} = \mathscr{H}_1 \cup \ldots \cup \mathscr{H}_r$ die gemeinsame Verfeinerung der $\mathscr{H}_\varrho$, sowie P ein offener Teilquader von $\mathscr{H}$. Dann liegt P entweder in S und damit in einem oder mehreren Q_ϱ, oder P liegt ganz außerhalb von S und damit in keinem der Q_ϱ. Damit sind χ_S und die Summe $h = \sum_{\varrho=1}^r \chi_{Q_\varrho}$ jeweils Treppenfunktionen zur Zerlegung $\mathscr{H}$, und offensichtlich ist

$$\chi_S \leq \sum_{\varrho=1}^{r} \chi_{Q_\varrho}, \text{ also } I(\chi_S) \leq I\Big(\sum_{\varrho=1}^{n} \chi_{Q_\varrho}\Big) = \sum_{\varrho=1}^{n} I(\chi_{Q_\varrho}) = \sum_{\varrho=1}^{n} \text{vol}_n(Q_\varrho).$$

Ist S in einem Quader Q_0 enthalten, so ist $\chi_S \leq \chi_{Q_0}$ und daher $I(\chi_S) \leq I(\chi_{Q_0}) = \text{vol}_n(Q_0)$. Damit ist alles gezeigt. ∎

Definition (Nullmenge)

Eine Menge $M \subset \mathbb{R}^n$ heißt eine ***(Lebesgue-)Nullmenge***, falls es zu jedem $\varepsilon > 0$ eine Folge von **abgeschlossenen** Quadern Q_i gibt, so dass gilt:

$$M \subset \bigcup_{i=1}^\infty Q_i \text{ und } \sum_{i=1}^\infty \text{vol}_n(Q_i) < \varepsilon.$$

Statt abgeschlossener Quader kann man auch offene Quader benutzen. Ein Beweis dieses einfachen Sachverhaltes findet sich im Optionalteil.

2.1.5. Beispiele

A. Jede 1-punktige Menge $\{\mathbf{x}_0\} \subset \mathbb{R}^n$ ist eine Nullmenge: Ist $\varepsilon > 0$ vorgegeben, so sei Q_i der Würfel mit Kantenlänge $s_i := \sqrt[n]{\varepsilon} \cdot 2^{-i/n}$ und Mittelpunkt $\mathbf{x}_0$. Dann ist $\text{vol}_n(Q_i) = \varepsilon \cdot 2^{-i}$, $\{\mathbf{x}_0\} \subset \bigcup_{i=1}^{\infty} Q_i$ und $\sum_{i=1}^{\infty} \text{vol}_n(Q_i) = \varepsilon$.

B. Abzählbare Vereinigungen von Nullmengen sind wieder Nullmengen.

BEWEIS: Sei (M_ν) ein System von Nullmengen, $\varepsilon > 0$ vorgegeben. Zu den Mengen M_ν gibt es jeweils Folgen von Quadern $Q_{\nu,i}$ mit

$$M_\nu \subset \bigcup_{i=1}^{\infty} Q_{\nu,i} \quad \text{und} \quad \sum_{i=1}^{\infty} \text{vol}_n(Q_{\nu,i}) < \varepsilon \cdot 2^{-\nu}.$$

Dann ist $\bigcup_{\nu=1}^{\infty} M_\nu \subset \bigcup_{\nu,i} Q_{\nu,i}$ und $\sum_{\nu,i} \text{vol}_n(Q_{\nu,i}) < \varepsilon \cdot \sum_{\nu=1}^{\infty} 2^{-\nu} = \varepsilon$. ■

Also ist z.B. $\mathbb{Q}$ eine Nullmenge in $\mathbb{R}$.

C. Ist N eine Nullmenge und $M \subset N$, so ist auch M eine Nullmenge.

D. Sei $N \subset \mathbb{R}^n$ eine Nullmenge. Dann ist auch $N \times \mathbb{R}^m$ eine Nullmenge im $\mathbb{R}^{n+m}$.

BEWEIS: Sei $\varepsilon > 0$ vorgegeben und $P \subset \mathbb{R}^m$ irgend ein fest gewählter Quader. Es gibt Quader $Q_i \subset \mathbb{R}^n$, so dass gilt:

$$N \subset \bigcup_{i=1}^{\infty} Q_i \quad \text{und} \quad \sum_{i=1}^{\infty} \text{vol}_n(Q_i) < \frac{\varepsilon}{\text{vol}_m(P)}.$$

Dann ist

$$N \times P \subset \bigcup_{i=1}^{\infty} Q_i \times P, \quad \text{und} \quad \sum_{i=1}^{\infty} \text{vol}_{n+m}(Q_i \times P) < \frac{\varepsilon}{\text{vol}_m(P)} \cdot \text{vol}_m(P) = \varepsilon.$$

Also ist $N \times P$ eine Nullmenge im $\mathbb{R}^{n+m}$. Da $\mathbb{R}^m$ eine abzählbare Vereinigung von Quadern ist, ist auch $N \times \mathbb{R}^m$ eine Nullmenge in $\mathbb{R}^{n+m}$. ■

Insbesondere ist jede achsenparallele Hyperebene im $\mathbb{R}^n$ dort eine Nullmenge. Daraus folgt zum Beispiel: Die Vereinigung aller achsenparallelen Hyperebenen, die einen Punkt mit rationalen Koordinaten enthalten, bildet eine Nullmenge im $\mathbb{R}^n$. Nullmengen sind also nicht so „klein", wie man zunächst vermuten würde.

2.1.6. Stetige Graphen sind Nullmengen

Sei $f : \mathbb{R}^{n-1} \to \mathbb{R}$ stetig. Dann ist $G_f := \{(\mathbf{x}, f(\mathbf{x})) : \mathbf{x} \in \mathbb{R}^{n-1}\}$ eine Nullmenge im $\mathbb{R}^n$.

Beweis: Es sei $W := [0,1]^{n-1}$. Dann reicht es zu zeigen, dass $G_{f|W}$ eine Nullmenge ist. Als stetige Funktion ist f auf dem kompakten Würfel W gleichmäßig stetig. Zu vorgegebenem $\varepsilon > 0$ gibt es also ein $\delta > 0$, so dass gilt:

$$\text{Ist } \|\mathbf{x} - \mathbf{y}\| < \delta, \text{ so ist } |f(\mathbf{x}) - f(\mathbf{y})| < \varepsilon.$$

Sei $k > \sqrt{n}/\delta$ eine natürliche Zahl. Dann können wir W in k^{n-1} gleich große Teilwürfel $W_{k,\nu}$ der Kantenlänge $1/k$ zerlegen, $\nu = 1, \ldots, k^{n-1}$.

Für $\mathbf{x}, \mathbf{y} \in W_{k,\nu}$ ist $\|\mathbf{x} - \mathbf{y}\| \le \sqrt{n}|\mathbf{x} - \mathbf{y}| < \sqrt{n}/k < \delta$, also $|f(\mathbf{x}) - f(\mathbf{y})| < \varepsilon$.

Das bedeutet, dass es für jedes $\nu \in \{1, \ldots, k^{n-1}\}$ ein abgeschlossenes Intervall $J_{k,\nu}$ der Länge 2ε mit

$$G_f \cap (W_{k,\nu} \times \mathbb{R}) \subset W_{k,\nu} \times J_{k,\nu}$$

gibt. Dabei ist $\text{vol}_n(W_{k,\nu} \times J_{k,\nu}) = \text{vol}_{n-1}(W_{k,\nu}) \cdot 2\varepsilon = (1/k)^{n-1} \cdot 2\varepsilon$.

Daraus folgt, dass $G_{f|W}$ in einer Vereinigung von Quadern mit dem Gesamtvolumen $\le 2\varepsilon$ enthalten ist. Da ε beliebig gewählt werden kann, ist $G_{f|W}$ und damit auch G_f eine Nullmenge. ∎

Definition (fast überall geltende Eigenschaften)

Sei $M \subset \mathbb{R}^n$ eine beliebige Teilmenge und $N \subset \mathbb{R}^n$ eine Nullmenge. Gilt eine Eigenschaft für alle Punkte $\mathbf{x} \in M \setminus N$, so sagt man, die Eigenschaft gilt auf M ***fast überall***.

Das Integral von Treppenfunktionen ist ein Daniell-Integral, falls es stetig ist. Dafür muss für eine monoton fallende Folge von Treppenfunktionen, die fast überall gegen Null konvergiert, die Vertauschbarkeit von Integral und Limes gezeigt werden.

Der erste Schritt auf diesem Wege besteht darin, zu zeigen, dass eine Nullmenge N durch die Eigenschaft charakterisiert werden kann, dass es gewisse Folgen von Treppenfunktionen gibt, deren Integrale beliebig klein bleiben, während dies für ihre Werte auf N nicht gilt:

2.1.7. Charakterisierung von Nullmengen

$N \subset \mathbb{R}^n$ ist genau dann eine Nullmenge, wenn es zu jedem $\varepsilon > 0$ eine monoton wachsende Folge (h_ν) von nicht-negativen Treppenfunktionen gibt, so dass gilt:

1. *$I(h_\nu) < \varepsilon$ für alle ν.*
2. *$\sup_\nu h_\nu(\mathbf{x}) \ge 1$ für alle $\mathbf{x} \in N$.*

Beweis: a) Die eine Richtung ist sehr einfach. Sei N eine Nullmenge, $\varepsilon > 0$ vorgegeben. Dann gibt es abgeschlossene Quader Q_ν mit

$$N \subset \bigcup_\nu Q_\nu \quad \text{und} \quad \sum_\nu \text{vol}_n(Q_\nu) < \varepsilon.$$

Wir definieren h_ν durch

$$h_\nu(\mathbf{x}) := \begin{cases} 1 & \text{für } \mathbf{x} \in Q_1 \cup \ldots \cup Q_\nu \\ 0 & \text{sonst.} \end{cases}$$

Offensichtlich ist (h_ν) monoton wachsend, $h_\nu \geq 0$ und $I(h_\nu) < \varepsilon$. Liegt $\mathbf{x}$ in N, so gibt es ein $\nu_0 \in \mathbb{N}$ mit $\mathbf{x} \in Q_{\nu_0}$. Dann ist aber $h_\nu(\mathbf{x}) = 1$ für $\nu \geq \nu_0$.

b) Jetzt erfülle N das Kriterium. Wir müssen zeigen, dass N eine Nullmenge ist. Dazu sei ein $\varepsilon > 0$ vorgegeben. Nach Voraussetzung gibt es Treppenfunktionen h_ν mit

$$0 \leq h_\nu \leq h_{\nu+1}, \quad I(h_\nu) < \varepsilon/4 \text{ und } \sup_\nu h_\nu(\mathbf{x}) \geq 1 \text{ für } \mathbf{x} \in N.$$

Zu jeder der Treppenfunktionen h_ν gehört ein endliches System $\mathscr{H}_\nu$ von Hyperebenen, so dass h_ν auf jedem offenen Teilquader von $\mathscr{H}_\nu$ konstant ist. Sei Z_ν die Vereinigung aller Hyperebenen von $\mathscr{H}_\nu$, sowie Z die Vereinigung aller Z_ν. Dann ist natürlich $N \cap Z$ eine Nullmenge, die mit Quadern vom Gesamtvolumen $< \varepsilon/2$ überdeckt werden kann. Zu $N \setminus Z$ konstruieren wir ebenfalls eine geeignete Quaderüberdeckung, deren Gesamtvolumen $< \varepsilon/2$ ist.

1. Schritt: Sei $\mathscr{Q}_1$ das System aller Teilquader von $\mathscr{H}_1$, auf denen $h_1 \geq 1/2$ ist. Dieses System kann leer sein. Falls nicht, liegen alle Quader von $\mathscr{Q}_1$ in $\mathbb{R}^n \setminus Z_1$, und weil (h_ν) monoton wächst, gilt auf ihnen auch $h_\nu \geq 1/2$ für $\nu \geq 2$.

2. und weitere Schritte: Sei $\mathscr{Q}_2$ das System aller Teilquader von $\mathscr{H}_1 \cup \mathscr{H}_2$, auf denen $h_1 < 1/2$, aber $h_2 \geq 1/2$ ist. Auch $\mathscr{Q}_2$ kann leer sein. Wenn nicht, liegen alle Quader von $\mathscr{Q}_2$ in $\mathbb{R}^n \setminus (Z_1 \cup Z_2)$, und auf ihnen ist auch $h_\nu \geq 1/2$ für $\nu \geq 3$.
So fährt man fort, $\mathscr{Q}_\nu$ sei das System alle Teilquader von $\mathscr{H}_1 \cup \ldots \cup \mathscr{H}_\nu$, auf denen $h_1, \ldots, h_{\nu-1} < 1/2$ und $h_\nu \geq 1/2$ ist.
Für beliebiges ν gilt nun:

$$\varepsilon/4 > I(h_\nu) \geq \frac{1}{2} \sum_{Q \in \mathscr{Q}_1 \cup \ldots \cup \mathscr{Q}_\nu} \operatorname{vol}_n(Q), \quad \text{also} \quad \sum_{Q \in \mathscr{Q}_1 \cup \ldots \cup \mathscr{Q}_\nu} \operatorname{vol}_n(Q) < \varepsilon/2.$$

Setzt man $\mathscr{Q} := \bigcup_\nu \mathscr{Q}_\nu$, so ist auch $\sum_{Q \in \mathscr{Q}} \operatorname{vol}_n(Q) \leq \varepsilon/2$. Ist $\mathbf{x}_0 \in N \setminus Z$, so ist $\sup_\nu h_\nu(\mathbf{x}_0) = 1$. Es muss also ein ν_0 geben, so dass $h_{\nu_0}(\mathbf{x}_0) \geq 1/2$ ist. Weil $\mathbf{x}_0$ insbesondere in $\mathbb{R}^n \setminus (Z_1 \cup \ldots \cup Z_{\nu_0})$ liegt, muss es einen Teilquader P von $\mathscr{H}_1 \cup \ldots \cup \mathscr{H}_{\nu_0}$ geben, in dem $\mathbf{x}_0$ liegt und auf dem h_{ν_0} konstant ist. Deshalb ist sogar $h_{\nu_0}(\mathbf{x}) \geq 1/2$ für alle $\mathbf{x} \in P$, und P gehört zu $\mathscr{Q}_1 \cup \ldots \cup \mathscr{Q}_{\nu_0}$. Demnach liegt $N \setminus Z$ in $\bigcup_{Q \in \mathscr{Q}} Q$, und damit ist alles gezeigt. ∎

Diese Charakterisierung von Nullmengen ist recht kompliziert, aber auch nützlich, wie sich gleich zeigen wird. Außerdem stellt sie eine Verbindung zwischen Nullmengen und Elementarfunktionen her, was von Vorteil sein kann, wenn man statt mit Treppenfunktionen mit anderen Elementarfunktionen arbeiten möchte.

2.1.8. Folgerung aus der Charakterisierung von Nullmengen

Sei $N \subset \mathbb{R}^n$. Zu jedem $\varepsilon > 0$ gebe es eine Treppenfunktion $h \geq 0$, so dass $I(h) < \varepsilon$ und $h(\mathbf{x}) \geq 1$ für alle $\mathbf{x} \in N$ ist. Dann ist N eine Nullmenge.

BEWEIS: Man benutze die konstante Folge (h). ∎

2.1.9. Erster Konvergenzsatz für Treppenfunktionen

Sei (h_ν) eine monoton fallende Folge von nicht-negativen Treppenfunktionen mit $\lim_{\nu \to \infty} I(h_\nu) = 0$. Dann ist $\lim_{\nu \to \infty} h_\nu(\mathbf{x}) = 0$ fast überall.

BEWEIS: Da $h_\nu(\mathbf{x})$ für jedes $\mathbf{x}$ eine monoton fallende und nach unten beschränkte Folge von Zahlen darstellt, konvergiert h_ν punktweise gegen eine Grenzfunktion h. Sei $G_m := \{\mathbf{x} : h(x) \geq 1/m\}$ und $G := \{\mathbf{x} : h(\mathbf{x}) > 0\}$.

Es ist $G = \bigcup_m G_m = \{\mathbf{x} : \lim_\nu h_\nu(\mathbf{x}) \neq 0\}$. Daher genügt es zu zeigen, dass alle Mengen G_m Nullmengen sind.

Für alle ν ist $h_\nu \geq h \geq 1/m$ auf G_m, also $m \cdot h_\nu \geq 1$ auf G_m. Dabei ist $m \cdot h_\nu$ eine Treppenfunktion ≥ 0, und für $\nu \to \infty$ strebt $I(m \cdot h_\nu) = m \cdot I(h_\nu)$ gegen Null.

Ist $\varepsilon > 0$ vorgegeben, so kann man ν_0 so groß wählen, dass $I(m \cdot h_{\nu_0}) < \varepsilon$ ist. Wendet man die obige Folgerung auf die Treppenfunktion $m \cdot h_{\nu_0}$ an, so sieht man, dass G_m eine Nullmenge ist. ∎

2.1.10. Zweiter Konvergenzsatz für Treppenfunktionen

Sei (h_ν) eine monoton wachsende Folge von Treppenfunktionen. Ist die Folge der Integrale $I(h_\nu)$ nach oben beschränkt, so konvergiert (h_ν) fast überall gegen eine reellwertige Funktion.

BEWEIS: Ist $\mathbf{x} \in \mathbb{R}^n$, so ist $-\infty < h_1(\mathbf{x}) \leq h_\nu(\mathbf{x}) \leq h_{\nu+1}(\mathbf{x})$. Ist die Folge $(h_\nu(\mathbf{x}))$ nach oben beschränkt, so konvergiert sie gegen einen Wert $h(\mathbf{x}) \in \mathbb{R}$ (nach dem Satz von der monotonen Konvergenz), andernfalls „konvergiert" sie gegen $+\infty$. Das liefert eine Grenzfunktion $h : \mathbb{R}^n \to \overline{\mathbb{R}}$.

Sei $Z := \{\mathbf{x} \in \mathbb{R}^n : h(\mathbf{x}) = +\infty\}$. Ersetzt man notfalls h_ν durch $h_\nu - h_1$, so kann man annehmen, dass $h_\nu \geq 0$ für alle ν gilt. Es sei $I(h_\nu) \leq C$ für alle ν.

Ist $\varepsilon > 0$ und $\mathbf{x} \in Z$, so gibt es ein $\nu_0 = \nu_0(\varepsilon, \mathbf{x})$, so dass $h_\nu(\mathbf{x}) > C/\varepsilon$ für $\nu \geq \nu_0$ ist, also $\sup_\nu(\varepsilon h_\nu(\mathbf{x})/C) \geq 1$. Andererseits ist $I\big(\varepsilon h_\nu/C\big) = (\varepsilon/C)I(h_\nu) \leq \varepsilon$ für alle ν. Daraus folgt, dass Z eine Nullmenge ist. ∎

Wir werden diesen Konvergenzsatz in den kommenden Abschnitten Schritt für Schritt erweitern und schließlich bei den Konvergenzsätzen für integrierbare Funktionen ankommen, deren Gültigkeit die besondere Stärke der Lebesgue'schen Theorie ausmachen.

2.1.11. Die Stetigkeit des Daniell-Integrals

Sei (h_ν) eine monoton fallende Folge von Treppenfunktionen, so dass gilt:

1. $h_\nu \ge 0$ *für alle* ν.
2. (h_ν) *konvergiert fast überall gegen Null.*

Dann ist $\lim\limits_{\nu\to\infty} I(h_\nu) = 0$.

BEWEIS: Zu jeder Treppenfunktion h_ν gehört ein System $\mathscr{H}_\nu$ von Hyperebenen. Es sei Z_ν die Vereinigung dieser Hyperebenen und $Z := \bigcup_\nu Z_\nu$. Weil die Werte der Treppenfunktion h_ν auf Z_ν keinen Einfluss auf das Integral $I(h_\nu)$ haben, kann man annehmen, dass h_ν auf Z_ν verschwindet.

Es gibt dann einen abgeschlossenen Quader Q_0 und eine Konstante C, so dass überall $0 \le h_1 \le C$ und $h_1 = 0$ außerhalb Q_0 ist. Weil die Folge der h_ν monoton fällt, haben alle h_ν diese beiden Eigenschaften.

$Z \cap Q_0$ ist eine Nullmenge, außerhalb der alle h_ν stetig sind. $N \subset Q_0$ sei die Nullmenge, auf der h_ν nicht gegen Null konvergiert.

Nun sei ein $\varepsilon > 0$ vorgegeben. Es gibt eine Folge von offenen Quadern Q_i, so dass $M := Z \cup N \subset \bigcup_i Q_i$ und $\sum_i \mathrm{vol}_n(Q_i) < \varepsilon$ ist. Ist $\mathbf{x} \in Q_0 \setminus M$, so konvergiert $h_\nu(\mathbf{x})$ gegen Null, und es gibt eine Zahl $k = k(\mathbf{x})$, so dass $h_k(\mathbf{x}) \le \varepsilon$ ist. Nach Konstruktion gibt es einen offenen Quader $P(\mathbf{x})$, so dass $h_k|_{P(\mathbf{x})}$ konstant ist. Dann ist aber $h_k|_{P(\mathbf{x})} \le \varepsilon$ und daher auch $h_\nu|_{P(\mathbf{x})} \le \varepsilon$ für alle $\nu \ge k$.

Die offenen Quader Q_i und $P(\mathbf{x})$ überdecken den kompakten Quader Q_0. Nach Heine-Borel reichen endlich viele Quader aus, wobei wir annehmen können, dass zumindest ein Quader des zweiten Typs erforderlich ist (sonst wäre der Beweis schon fertig). Sei $\mathscr{Q}$ ein endliches Teilsystem der Q_i und $\mathscr{P} = \{P(\mathbf{x}_1), \dots, P(\mathbf{x}_s)\}$, so dass Q_0 von $\mathscr{Q}$ und $\mathscr{P}$ überdeckt wird. Außerdem sei k_0 das Maximum der Zahlen $k(\mathbf{x}_1), \dots, k(\mathbf{x}_s)$. Die Mengen

$$S := \bigcup_{Q\in\mathscr{Q}} \overline{Q} \cap Q_0 \quad \text{und} \quad T := \bigcup_{P\in\mathscr{P}} \overline{P} \cap Q_0$$

sind endliche Vereinigungen von abgeschlossenen Quadern. Deshalb sind ihre charakteristischen Funktionen χ_S und χ_T Treppenfunktionen, und die Funktion $g := C \cdot \chi_S + \varepsilon \cdot \chi_T$ ist ebenfalls eine Treppenfunktion, mit

$$I(g) = C \cdot I(\chi_S) + \varepsilon \cdot I(\chi_T) \le C \cdot \varepsilon + \varepsilon \cdot \mathrm{vol}_n(Q_0) = \varepsilon \cdot (C + \mathrm{vol}_n(Q_0)).$$

Für $\mathbf{x} \in S$ und alle ν ist $h_\nu(\mathbf{x}) \le C = C \cdot \chi_S(\mathbf{x}) \le g(\mathbf{x})$, und für $\nu \ge k_0$ und $\mathbf{x} \in T$ ist $h_\nu(\mathbf{x}) \le \varepsilon = \varepsilon \cdot \chi_T(\mathbf{x})$ und damit ebenfalls $\le g(\mathbf{x})$. Also ist

$$I(h_\nu) \le \varepsilon \cdot (C + \mathrm{vol}_n(Q_0)) \text{ für } \nu \ge k.$$

Weil $\varepsilon > 0$ beliebig gewählt werden konnte, konvergiert $I(h_\nu)$ gegen Null. ∎

Zusammenfassung

Eine ***Zerlegung*** des $\mathbb{R}^n$ wird durch ein endliches System $\mathscr{H}$ von achsenparallelen Hyperebenen gegeben. Das Komplement der Hyperebenen im $\mathbb{R}^n$ besteht aus endlich vielen beschränkten und unbeschränkten offenen Quadern, die man als ***Teilquader*** von $\mathscr{H}$ bezeichnet.

Eine **Treppenfunktion** zur Zerlegung $\mathscr{H}$ ist eine Funktion $h : \mathbb{R}^n \to \mathbb{R}$, die auf jedem offenen Teilquader Q von $\mathscr{H}$ einen konstanten Wert c_Q annimmt. Ist Q unbeschränkt, so ist $c_Q = 0$. Die Werte von h auf den Hyperebenen spielen keine Rolle.

Ist h eine Treppenfunktion zur Zerlegung $\mathscr{H}$ und $\mathscr{Q}$ das System der beschränkten offenen Teilquader von $\mathscr{H}$, so nennt man die Zahl

$$I(f) := \sum_{Q \in \mathscr{Q}} c_Q \cdot \mathrm{vol}_n(Q)$$

das **Integral** der Treppenfunktion.

Die Menge $\mathscr{T}_n$ der Treppenfunktionen auf dem $\mathbb{R}^n$ bildet einen Vektorraum. Mit f ist auch $|f|$, $\max(f, g)$ und $\min(f, g)$ eine Treppenfunktion. Damit ist $\mathscr{T}_n$ ein typischer „Raum der Elementarfunktionen" für ein Daniell-Integral. Das Integral $I : \mathscr{T}_n \to \mathbb{R}$ ist linear, und es gilt: Ist $f \ge 0$, so ist $I(f) \ge 0$. Damit ein Daniell-Integral daraus wird, muss es stetig sein. Der Nachweis dafür wird erst nach einigen Vorbereitungen am Ende des Abschnittes geführt. Ein erster Schritt ist die Äquivalenz zwischen Treppenfunktionen und Linearkombinationen von charakteristischen Funktionen von Quadern.

Eine Menge $M \subset \mathbb{R}^n$ heißt eine **(Lebesgue-)Nullmenge**, falls es zu jedem $\varepsilon > 0$ eine Folge von abgeschlossenen (oder offenen) Quadern Q_i gibt, so dass gilt:

$$M \subset \bigcup_{i=1}^{\infty} Q_i \quad \text{und} \quad \sum_{i=1}^{\infty} \mathrm{vol}_n(Q_i) < \varepsilon.$$

Hier sind einige typische Beispiele:

- Abzählbare Mengen sind Nullmengen, und abzählbare Vereinigungen von Nullmengen sind wieder Nullmengen.
- Ist N eine Nullmenge und $M \subset N$, so ist auch M eine Nullmenge.
- Ist $N \subset \mathbb{R}^n$ eine Nullmenge, so ist auch $N \times \mathbb{R}^m$ eine Nullmenge im $\mathbb{R}^{n+m}$.
- Sei $f : \mathbb{R}^{n-1} \to \mathbb{R}$ stetig. Dann ist $G_f := \{(\mathbf{x}, f(\mathbf{x})) : \mathbf{x} \in \mathbb{R}^{n-1}\}$ eine Nullmenge im $\mathbb{R}^n$.

Sei $M \subset \mathbb{R}^n$ eine beliebige Teilmenge und $N \subset \mathbb{R}^n$ eine Nullmenge. Gilt eine Eigenschaft für alle Punkte $\mathbf{x} \in M \setminus N$, so sagt man, die Eigenschaft gilt auf M **fast überall**.

Nullmengen lassen sich auch allein mit Hilfe von Treppenfunktionen charakterisieren:
$N \subset \mathbb{R}^n$ ist genau dann eine Nullmenge, wenn es zu jedem $\varepsilon > 0$ eine monoton wachsende Folge (h_ν) von nicht-negativen Treppenfunktionen gibt, so dass gilt:

1. $I(h_\nu) < \varepsilon$ *für alle* ν.
2. $\sup_\nu h_\nu(\mathbf{x}) \geq 1$ *für alle* $\mathbf{x} \in N$.

Daraus folgt:

Erster Konvergenzsatz für Treppenfunktionen:

Sei (h_ν) eine monoton fallende Folge von nicht-negativen Treppenfunktionen mit $\lim\limits_{\nu\to\infty} I(h_\nu) = 0$. Dann ist $\lim\limits_{\nu\to\infty} h_\nu(\mathbf{x}) = 0$ fast überall.

Zweiter Konvergenzsatz für Treppenfunktionen:

Sei (h_ν) eine monoton wachsende Folge von Treppenfunktionen. Ist die Folge der Integrale $I(h_\nu)$ nach oben beschränkt, so konvergiert (h_ν) fast überall gegen eine reellwertige Funktion.

In beiden Fällen folgt also aus der Konvergenz der Integrale die Konvergenz der Funktionenfolge. Die Umkehrung ergibt die **Stetigkeit des Daniell-Integrals**:

Sei (h_ν) eine monoton fallende Folge von Treppenfunktionen $h_\nu \geq 0$, die fast überall gegen Null konvergiert. Dann ist $\lim\limits_{\nu\to\infty} I(h_\nu) = 0$.

Ergänzungen

I) Es soll der Beweis nachgetragen werden, dass man Nullmengen auch mit Hilfe von offenen Quadern beschreiben kann.

2.1.12. Lemma

*Eine Menge $M \subset \mathbb{R}^n$ ist genau dann eine Nullmenge, wenn es zu jedem $\varepsilon > 0$ eine Folge von **offenen** Quadern P_i gibt, so dass gilt:*

$$M \subset \bigcup_{i=1}^{\infty} P_i \quad \textit{und} \quad \sum_{i=1}^{\infty} \operatorname{vol}_n(P_i) < \varepsilon.$$

BEWEIS: 1) Wird M von offenen Quadern P_i überdeckt, so erst recht von den abgeschlossenen Quadern $Q_i := \overline{P_i}$. Es ist aber $\operatorname{vol}_n(Q_i) = \operatorname{vol}_n(P_i)$.

2) Sei M eine Nullmenge und $\varepsilon > 0$ vorgegeben. Es gibt eine Folge (Q_i) von abgeschlossenen Quadern, die M überdecken, so dass $\sum_i \operatorname{vol}_n(Q_i) < \varepsilon/2$ ist. Für jedes i sei ein offener Quader P_i gewählt, so dass $Q_i \subset P_i$ und $\operatorname{vol}_n(P_i) < \operatorname{vol}_n(Q_i) + \varepsilon/2^{i+1}$ ist. Das ist sicher möglich, und dann ist (P_i) eine Überdeckung von M und

$$\sum_{i=1}^{\infty} \text{vol}_n(P_i) \le \sum_{i=1}^{\infty} \text{vol}_n(Q_i) + \frac{\varepsilon}{2} \sum_{i=1}^{\infty} \frac{1}{2^i} < \frac{\varepsilon}{2} + \frac{\varepsilon}{2} = \varepsilon.$$

■

2.1.13. Aufgaben

A. $Q_1, \dots, Q_N \subset \mathbb{R}^n$ seien (achsenparallele) Quader, die weder offen noch abgeschlossen zu sein brauchen. Zeigen Sie, dass $S := Q_1 \cup \dots \cup Q_N$ auch Vereinigung von paarweise disjunkten Quadern ist.

B. Sei $\delta > 0$ und Γ_δ die Menge der Punkte $(k_1\delta, \dots, k_n\delta) \in \mathbb{R}^n$ mit $k_1, \dots, k_n \in \mathbb{Z}$.

(a) Zeigen Sie, dass jeder Quader, dessen Ecken in Γ_δ liegen, Vereinigung von endlich vielen (abgeschlossenen) Würfeln W_λ mit der Seitenlänge δ ist, so dass $\sum_\lambda \text{vol}_n(W_\lambda) = \text{vol}_n(Q)$ ist.

(b) Sei Q ein beliebiger abgeschlossener Quader und Q_δ die Vereinigung aller abgeschlossenen Würfel mit Ecken in Γ_δ und Seitenlänge δ, die Q treffen. Zeigen Sie, dass Q_δ ein Quader ist und dass man zu jedem $\varepsilon > 0$ das δ so klein wählen kann, dass $\text{vol}_n(Q_\delta) \le \text{vol}_n(Q) + \varepsilon$ ist.

(c) Seien g und h zwei Treppenfunktionen auf $\mathbb{R}$. Zeigen Sie, dass $H : \mathbb{R}^2 \to \mathbb{R}$ mit $H(x, y) := g(x) \cdot h(y)$ eine Treppenfunktion auf $\mathbb{R}^2$ ist.

C. Sei h eine Treppenfunktion auf $\mathbb{R}$. Unter welchen Umständen sind $\sin h(x)$ und $h(\sin x)$ ebenfalls Treppenfunktionen?

D. Sei h eine Treppenfunktion auf dem $\mathbb{R}^n$.

(a) Sei $\mathbf{a} \in \mathbb{R}^n$ und $h_\mathbf{a} : \mathbb{R}^n \to \mathbb{R}$ definiert durch $h_\mathbf{a}(\mathbf{x}) := h(\mathbf{x} + \mathbf{a})$. Zeigen Sie, dass $h_\mathbf{a}$ eine Treppenfunktion und $I(h_\mathbf{a}) = I(h)$ ist.

(b) Sei $c \in \mathbb{R}$ und $h^c : \mathbb{R}^n \to \mathbb{R}$ definiert durch $h^c(\mathbf{x}) := h(c\mathbf{x})$. Zeigen Sie, dass h^c eine Treppenfunktion und $|c|^n \cdot I(h^c) = I(h)$ ist.

E. Seien $c, d > 0$. Sei h eine Treppenfunktion auf $\mathbb{R}$, $h(x) = 0$ für $x < 0$ und $x > c$, sowie $0 \le h \le d$ auf $[0, c]$. Zeigen Sie, dass es eine Treppenfunktion g auf $\mathbb{R}$ gibt, so dass $I(h) + I(g) = cd$ ist.

F. Sei $f : [a, b] \to \mathbb{R}$ eine stetige Funktion. Zeigen Sie, dass es eine Folge (h_ν) von Treppenfunktionen gibt, die gleichmäßig und monoton wachsend gegen f konvergiert.

G. Konstruieren Sie eine Folge (h_n) von Treppenfunktionen auf $\mathbb{R}$, die punktweise gegen Null konvergiert, so dass $I(h_n)$ gegen Unendlich konvergiert.

H. Sei $N \subset \mathbb{R}^n$ eine Nullmenge. Dann gibt es zu jedem $\varepsilon > 0$ eine Folge (W_k) von Würfeln, so dass $N \subset \bigcup_{k=1}^{\infty}$ und $\sum_{k=1}^{\infty} \text{vol}_n(W_k) < \varepsilon$ ist.

I. Konstruieren Sie eine Folge (h_ν) von Treppenfunktionen auf $\mathbb{R}$, so dass gilt:

(a) Jede der Funktionen h_ν ist in jedem $k \in \mathbb{Z}$ stetig.

(b) Für alle $k \in \mathbb{Z}$ ist $\lim_{\nu\to\infty} h_\nu(k) = +\infty$.

(c) $I(h_\nu)$ ist beschränkt.

J. Sei $a_i < b_i$, für $i = 1, \ldots, n$. Zeigen Sie, dass $Q := (a_1, b_1) \times \ldots \times (a_n, b_n)$ keine Nullmenge ist.

K. Sei $f : \mathbb{R}^n \to \mathbb{R}$ stetig und fast überall $= 0$. Zeigen Sie, dass $f(\mathbf{x}) \equiv 0$ ist.

L. (a) Sei $M \subset \mathbb{R}^n$ eine Nullmenge. Die Abbildung $\mathbf{f} : M \to \mathbb{R}^n$ erfülle eine *Lipschitzbedingung*, d.h. es gebe ein $C > 0$, so dass $\|\mathbf{f}(\mathbf{x}) - \mathbf{f}(\mathbf{y})\| \le C \cdot \|\mathbf{x} - \mathbf{y}\|$ für alle $\mathbf{x}, \mathbf{y} \in M$ gilt. Zeigen Sie, dass $\mathbf{f}(M)$ eine Nullmenge ist.

(b) Sei $U \subset \mathbb{R}^n$ offen, $\mathbf{f} : U \to \mathbb{R}^n$ stetig differenzierbar und $M \subset U$ eine Nullmenge. Zeigen Sie, dass $\mathbf{f}(M)$ eine Nullmenge ist.

M. Sei M eine beliebige Teilmenge des $\mathbb{R}^n$. Dann nennt man

$$\mu_n^*(M) := \inf\{\sum_{\nu=1}^{\infty} \mathrm{vol}_n(Q_\nu) \mid \text{ die } Q_\nu \text{ sind Quader oder leer, mit } M \subset \bigcup_{\nu=1}^{\infty} Q_\nu\}$$

das *äußere Maß* von M im $\mathbb{R}^n$. Zeigen Sie:

(a) Ist $M \subset N \subset \mathbb{R}^n$, so ist $\mu_n^*(M) \le \mu_n^*(N)$.

(b) Es ist stets $\mu_n^*(\bigcup_{i=1}^\infty M_i) \le \sum_{i=1}^\infty \mu_n^*(M_i)$.

(c) Das äußere Maß ist translationsinvariant, d.h. es ist

$$\mu_n^*(\mathbf{x} + M) = \mu_n^*(M)$$

für jede Menge M und jeden Vektor $\mathbf{x}$ im $\mathbb{R}^n$.

2.2 Integrierbare Funktionen

Zur Einführung: In diesem Abschnitt werden integrierbare Funktionen und ihre Integrale definiert. In einem Zwischenschritt wird zunächst die Klasse $\mathscr{L}^+$ von Funktionen eingeführt, die aus Grenzwerten monoton wachsender Folgen von Treppenfunktionen besteht. Diese Klasse weist eine gewisse Asymmetrie auf, mit f gehört i.a. $-f$ nicht zu $\mathscr{L}^+$. Wir beseitigen die Asymmetrie, indem wir integrierbare Funktionen als Differenzen $g - h$ von Funktionen $g, h \in \mathscr{L}^+$ erklären.

Definition (die Klasse $\mathscr{L}^+$)

Eine Funktion $f : \mathbb{R}^n \to \mathbb{R}$ gehört zu $\mathscr{L}^+$, falls es eine **monoton wachsende** Folge von Treppenfunktionen h_ν gibt, so dass gilt:

1. (h_ν) konvergiert **fast überall** gegen f.
2. Die Folge der Integrale $I(h_\nu)$ ist beschränkt.

Man nennt (h_ν) eine ***approximierende Folge*** für f.

Offensichtlich gehören alle Elemente von $\mathscr{T}_n$ auch zu $\mathscr{L}^+$.

2.2.1. Hilfssatz

Sei (h_ν) eine approximierende Folge von Treppenfunktionen für eine Funktion $f : \mathbb{R}^n \to \mathbb{R}$. Dann existiert der Grenzwert $I = \lim_{\nu\to\infty} I(h_\nu)$.

Ist h eine weitere Treppenfunktion und fast überall $h \leq f$, so ist auch $I(h) \leq I$.

BEWEIS: Die Folge der Integrale $I(h_\nu)$ ist monoton wachsend und nach oben beschränkt, also konvergent.

Sei nun zusätzlich h gegeben und fast überall $h \leq f$. Außerhalb einer Nullmenge konvergiert (h_ν) gegen f. Deshalb bilden die Funktionen $g_\nu := \max(h - h_\nu, 0)$ eine monoton fallende Folge von nicht-negativen Treppenfunktionen, die fast überall gegen $\max(h - f, 0)$ konvergiert, und diese Grenzfunktion ist fast überall die Nullfunktion. Wegen der Stetigkeit des Daniell-Integrals muss auch $I(g_\nu)$ gegen Null konvergieren.

Weil $g_\nu \geq h - h_\nu$ ist, ist auch $I(g_\nu) \geq I(h) - I(h_\nu)$. Lässt man ν gegen Unendlich gehen, so erhält man die gewünschte Ungleichung. ∎

2.2.2. Folgerung

Sei $f \in \mathscr{L}^+$. Sind (h_ν) und (g_μ) zwei approximierende Folgen für f, so ist $\lim_{\nu\to\infty} I(h_\nu) = \lim_{\mu\to\infty} I(g_\mu)$.

BEWEIS: Es ist fast überall $h_\nu \leq f$, nach dem Hilfssatz also $I(h_\nu) \leq \lim_{\mu\to\infty} I(g_\mu)$ für alle ν. Im Grenzwert wird daraus die Ungleichung

$$\lim_{\nu\to\infty} I(h_\nu) \leq \lim_{\mu\to\infty} I(g_\mu).$$

Vertauscht man die Rollen der h_ν und g_μ, so erhält man die umgekehrte Ungleichung und damit die gewünschte Aussage. ∎

Definition (Integral einer Funktion aus $\mathscr{L}^+$)
Sei $f \in \mathscr{L}^+$ und (h_ν) eine approximierende Folge von Treppenfunktionen für f. Dann nennt man

$$I(f) := \lim_{\nu \to \infty} I(h_\nu)$$

das ***Integral*** von f.

Dass das Integral einer Funktion $f \in \mathscr{L}^+$ wohldefiniert ist, haben wir oben gezeigt.

2.2.3. Eigenschaften der Klasse $\mathscr{L}^+$ und des Integrals

1. *Seien $f, g \in \mathscr{L}^+$ und $\alpha \in \mathbb{R}$, $\alpha > 0$. Dann sind auch $f + g$ und αf Elemente von $\mathscr{L}^+$, und es ist*

$$I(f+g) = I(f) + I(g), \quad I(\alpha f) = \alpha \cdot I(f).$$

2. *Ist $f \le g$, so ist auch $I(f) \le I(g)$.*

3. *Mit f und g gehören auch $\min(f, g)$ und $\max(f, g)$ zu $\mathscr{L}^+$.*

4. *Sei (f_ν) eine monoton wachsende Folge von Funktionen aus $\mathscr{L}^+$. Sind die Integrale $I(f_\nu)$ durch eine Konstante C beschränkt, so konvergiert (f_ν) fast überall gegen eine Funktion $f \in \mathscr{L}^+$, und die Folge der Integrale $I(f_\nu)$ konvergiert gegen $I(f)$.*

BEWEIS: 1) Sei (f_ν) eine approximierende Folge für f und (g_ν) eine approximierende Folge für g. Dann konvergiert $(f_\nu + g_\nu)$ fast überall monoton wachsend gegen $f+g$, und die Integrale $I(f_\nu+g_\nu) = I(f_\nu)+I(g_\nu)$ sind beschränkt. Also ist $(f_\nu+g_\nu)$ eine approximierende Folge für $f + g$ mit

$$I(f+g) = \lim_{\nu \to \infty} I(f_\nu + g_\nu) = \lim_{\nu \to \infty} I(f_\nu) + \lim_{\nu \to \infty} I(g_\nu) = I(f) + I(g).$$

Die Gleichung $I(\alpha f) = \alpha \cdot I(f)$ folgt genauso. Dabei muss $\alpha > 0$ sein, weil sonst aus einer monoton wachsenden approximierenden Folge (f_ν) eine monoton fallende Folge (αf_ν) wird.

2) folgt aus dem Hilfssatz. Ist (f_ν) eine approximierende Folge für f, so ist $f_\nu \le g$ fast überall, und daher $I(f_\nu) \le I(g)$. Lässt man ν gegen Unendlich gehen, so erhält man die Ungleichung $I(f) \le I(g)$.

3) ist klar, denn $\min(f_\nu, g_\nu)$ konvergiert gegen $\min(f, g)$ und $\max(f_\nu, g_\nu)$ konvergiert gegen $\max(f, g)$.

4) Sei $(h_{\nu,\mu})$ jeweils eine approximierende Folge für f_ν, und für festes μ sei

$$g_\mu := \max(h_{1,\mu}, h_{2,\mu}, \ldots, h_{\mu,\mu}).$$

Dann ist

$$\begin{aligned} g_{\mu+1} &= \max(h_{1,\mu+1}, h_{2,\mu+1}, \ldots, h_{\mu,\mu+1}, h_{\mu+1,\mu+1}) \\ &\geq \max(h_{1,\mu+1}, h_{2,\mu+1}, \ldots, h_{\mu,\mu+1}) \\ &\geq \max(h_{1,\mu}, h_{2,\mu}, \ldots, h_{\mu,\mu}) = g_\mu, \end{aligned}$$

d.h., die g_μ bilden eine monoton wachsende Folge von Treppenfunktionen. Außerdem ist $g_\mu \leq \max(f_1, \ldots, f_\mu) = f_\mu$ fast überall und daher $I(g_\mu) \leq I(f_\mu) \leq C$. Das bedeutet, dass die Folge der Integrale $I(g_\mu)$ konvergiert. Folglich konvergiert die Funktionenfolge (g_μ) fast überall gegen eine Funktion $g \in \mathscr{L}^+$ mit $I(g) = \lim\limits_{\mu \to \infty} I(g_\mu)$.

Hält man ν fest und wählt $\mu \geq \nu$, so ist $g_\mu \geq h_{\nu,\mu}$. Lässt man dann μ gegen Unendlich gegen, so erhält man fast überall die Ungleichung $g \geq f_\nu$. Nach dem Satz von der monotonen Konvergenz konvergiert daher (f_ν) fast überall gegen eine Funktion $f \leq g$. Aus der Ungleichung $g_\mu \leq f_\mu$ folgt aber auch $g \leq f$. Also ist fast überall $g = f$ und daher f ein Element von $\mathscr{L}^\uparrow$.

Es ist $I(g_\mu) \leq I(f_\mu) \leq I(f)$. Weil die Folge der Integrale $I(g_\mu)$ monoton wachsend gegen $I(g) = I(f)$ konvergiert, muss auch $I(f_\mu)$ gegen $I(f)$ konvergieren. ■

Bemerkung: $\mathscr{L}^+$ ist kein Vektorraum!

Definition (Integrierbare Funktion und Integral)

Eine Funktion $f : \mathbb{R}^n \to \mathbb{R}$ heißt ***(Lebesgue-)integrierbar***, falls es Funktionen $g, h \in \mathscr{L}^+$ gibt, so dass $f = g - h$ ist.

Die Menge der integrierbaren Funktionen sei mit $\mathscr{L}^1$ bezeichnet. Ist $f = g - h \in \mathscr{L}^1$, so nennt man

$$\int f \, d\mu_n := I(g) - I(h)$$

das ***(n-dimensionale Lebesgue-)Integral*** von f.

Das Integral ist wohldefiniert:

Ist $f = g_1 - h_1$ und auch $= g_2 - h_2$, mit $g_1, g_2, h_1, h_2 \in \mathscr{L}^+$, so ist $g_1 + h_2 = g_2 + h_1$. Dann ist

$$I(g_1) + I(h_2) = I(g_1 + h_2) = I(g_2 + h_1) = I(g_2) + I(h_1),$$

also $I(g_1) - I(h_1) = I(g_2) - I(h_2)$.

2.2.4. Satz

Ist $f_1 \in \mathscr{L}^1$ und $f_2 = f_1$ fast überall, so ist auch $f_2 \in \mathscr{L}^1$ und $\int f_1 \, d\mu_n = \int f_2 \, d\mu_n$.

Beweis: Die Aussage gilt offensichtlich in $\mathscr{L}^+$ (siehe Aufgabe A,(a)). Sei nun $f_1 = g - h$, mit $g, h \in \mathscr{L}^+$. Da $h^* := h + (f_1 - f_2)$ fast überall mit h übereinstimmt, ist auch $h^* \in \mathscr{L}^+$. Außerdem ist $I(h^*) = I(h)$. Weil $f_2 = g - h^*$ ist, folgt die gewünschte Aussage. ∎

2.2.5. Eigenschaften integrierbarer Funktionen

Seien $f, g \in \mathscr{L}^1$ und $\alpha, \beta \in \mathbb{R}$. Dann gilt:

1. $\alpha f + \beta g \in \mathscr{L}^1$ *und* $\displaystyle\int (\alpha f + \beta g)\, d\mu_n = \alpha \int f\, d\mu_n + \beta \int g\, d\mu_n.$

2. *Ist $f \geq 0$ fast überall, so ist auch* $\displaystyle\int f\, d\mu_n \geq 0.$

3. *Die Funktionen $f^+ = \max(f, 0)$, $f^- = \max(-f, 0)$ und $|f|$ gehören zu $\mathscr{L}^1$, und es ist*
$$\Big|\int f\, d\mu_n\Big| \leq \int |f|\, d\mu_n.$$

4. $\max(f, g)$ *und* $\min(f, g)$ *gehören zu* $\mathscr{L}^1$.

Beweis: Sei $f = f_1 - f_2$ und $g = g_1 - g_2$, mit $f_1, f_2, g_1, g_2 \in \mathscr{L}^+$.

1) Dann ist $f + g = (f_1 + g_1) - (f_2 + g_2)$, mit $f_1 + g_1 \in \mathscr{L}^+$ und $f_2 + g_2 \in \mathscr{L}^+$. Also liegt $f + g$ in $\mathscr{L}^1$, und es ist

$$\begin{aligned} \int (f+g)\, d\mu_n &= I(f_1 + g_1) - I(f_2 + g_2) \\ &= I(f_1) - I(f_2) + \big(I(g_1) + I(g_2)\big) = \int f\, d\mu_n + \int g\, d\mu_n. \end{aligned}$$

Ist $\alpha \geq 0$, so ist $\alpha f = (\alpha f_1) - (\alpha f_2)$ mit $\alpha f_1 \in \mathscr{L}^+$ und $\alpha f_2 \in \mathscr{L}^+$, also $\alpha f \in \mathscr{L}^1$ und

$$\int (\alpha f)\, d\mu_n = I(\alpha f_1) - I(\alpha f_2) = \alpha\big(I(f_1) - I(f_2)\big) = \alpha \int f\, d\mu_n.$$

Schließlich ist $-f = f_2 - f_1$ und daher $\displaystyle\int (-f)\, d\mu_n = I(f_2) - I(f_1) = -\int f\, d\mu_n.$

2) Ist $f \geq 0$, so ist $f_1 \geq f_2$ fast überall, also $I(f_1) \geq I(f_2)$ und damit

$$\int f\, d\mu_n = I(f_1) - I(f_2) \geq 0.$$

3) Es ist $f^+ = \max(f_1 - f_2, 0) = \max(f_1, f_2) - f_2$, wobei $\max(f_1, f_2) \in \mathscr{L}^+$ ist. Also gehört f^+ zu $\mathscr{L}^1$, und dann auch $f^- = f^+ - f$ und $|f| = f^+ + f^-$. Aus der Ungleichungskette $-|f| \leq f \leq |f|$ folgt:

$$-\int |f|\, d\mu_n \leq \int f\, d\mu_n \leq \int |f|\, d\mu_n, \quad \text{also } \Big|\int f\, d\mu_n\Big| \leq \int |f|\, d\mu_n.$$

4) Es ist $\max(f,g) = \frac{1}{2}(f + g + |f - g|)$ und $\min(f,g) = \frac{1}{2}(f + g - |f - g|)$. ∎

Zusammenfassung

Der Abschnitt beginnt mit der Einführung der Klasse $\mathscr{L}^+$. Eine Funktion $f : \mathbb{R}^n \to \mathbb{R}$ gehört zu $\mathscr{L}^+$, falls es eine monoton wachsende Folge von Treppenfunktionen h_ν gibt, so dass gilt:

1. (h_ν) konvergiert fast überall gegen f.
2. Die Folge der Integrale $I(h_\nu)$ ist beschränkt.

Man nennt (h_ν) eine **approximierende Folge** für f.

Den (nach dem Satz von der monotonen Konvergenz existierenden) Grenzwert $I(f) := \lim\limits_{\nu\to\infty} I(h_\nu)$ nennt man dann das **Integral** von f.

Bei einem solchen Begriff muss man natürlich nachweisen, dass er wohldefiniert ist. Tatsächlich gilt: Sind (h_ν) und (g_μ) zwei approximierende Folgen für f, so ist $\lim\limits_{\nu\to\infty} I(h_\nu) = \lim\limits_{\mu\to\infty} I(g_\mu)$.

Die Eigenschaften des Raumes $\mathscr{T}_n$ der Treppenfunktionen übertragen sich weitgehend problemlos auf die Klasse $\mathscr{L}^+$:

1. Seien $f, g \in \mathscr{L}^+$ und $\alpha \in \mathbb{R}$, $\alpha > 0$. Dann sind auch $f+g$ und αf Elemente von $\mathscr{L}^+$, und es ist
$$I(f+g) = I(f) + I(g), \quad I(\alpha f) = \alpha \cdot I(f).$$
2. Ist $f \le g$, so ist auch $I(f) \le I(g)$.
3. Mit f und g gehören auch $\min(f,g)$ und $\max(f,g)$ zu $\mathscr{L}^+$.
4. Ist (f_ν) eine monoton wachsende Folge von Funktionen aus $\mathscr{L}^+$ und sind die Integrale $I(f_\nu)$ durch eine Konstante C beschränkt, so konvergiert (f_ν) fast überall gegen eine Funktion $f \in \mathscr{L}^+$ und die Folge der Integrale $I(f_\nu)$ konvergiert gegen $I(f)$.

Die Klasse $\mathscr{L}^+$ bildet keinen Vektorraum, i.A. gehört mit einem $f \in \mathscr{L}^+$ nicht notwendig $-f$ zu $\mathscr{L}^+$. Deshalb erweitert man die Klasse noch einmal.

Eine Funktion $f : \mathbb{R}^n \to \mathbb{R}$ heißt **(Lebesgue-)integrierbar**, falls es Funktionen $g, h \in \mathscr{L}^+$ gibt, so dass $f = g - h$ ist. Die Menge der integrierbaren Funktionen wird mit $\mathscr{L}^1$ bezeichnet. Ist $f = g - h \in \mathscr{L}^1$, so nennt man
$$\int f \, d\mu_n := I(g) - I(h)$$
das **(n-dimensionale Lebesgue-)Integral** von f.

Das Integral ist wohldefiniert, und es gilt: Ist $f_1 \in \mathscr{L}^1$ und $f_2 = f_1$ fast überall, so ist auch $f_2 \in \mathscr{L}^1$ und $\int f_1 \, d\mu_n = \int f_2 \, d\mu_n$.

Aus den Eigenschaften der Klasse $\mathscr{L}^+$ leitet man die entsprechenden Eigenschaften integrierbarer Funktionen her. Sind $f, g \in \mathscr{L}^1$ und $\alpha, \beta \in \mathbb{R}$, so gilt:

1. $\alpha f + \beta g \in \mathscr{L}^1$ und $\displaystyle\int (\alpha f + \beta g) \, d\mu_n = \alpha \int f \, d\mu_n + \beta \int g \, d\mu_n.$

2. Ist $f \geq 0$ fast überall, so ist auch $\displaystyle\int f \, d\mu_n \geq 0$.

3. Die Funktionen $f^+ = \max(f, 0)$, $f^- = \max(-f, 0)$ und $|f|$ gehören zu $\mathscr{L}^1$, und es ist
$$\Big| \int f \, d\mu_n \Big| \leq \int |f| \, d\mu_n.$$

4. $\max(f, g)$ und $\min(f, g)$ gehören zu $\mathscr{L}^1$.

2.2.6. Aufgaben

A. Beweisen Sie die folgenden Eigenschaften von $\mathscr{L}^+$.

(a) Ist $f \in \mathscr{L}^+$, g eine Funktion auf dem $\mathbb{R}^n$ und $g = f$ fast überall, so ist auch $g \in \mathscr{L}^+$.

(b) Jede Treppenfunktion liegt in $\mathscr{L}^+$.

(c) Sei $f : [a, b] \to \mathbb{R}$ stetig und $\widehat{f}$ die triviale Fortsetzung von f auf $\mathbb{R}$. Dann liegt $\widehat{f}$ in $\mathscr{L}^+$ und es ist $I(\widehat{f}) = \int_a^b f(x) \, dx$. Dabei versteht man unter der ***trivialen Fortsetzung*** von f die Funktion $\widehat{f}$, die wie folgt definiert wird:
$$\widehat{f}(x) := \begin{cases} f(x) & \text{für } x \in [a, b], \\ 0 & \text{sonst.} \end{cases}$$

(d) Sei I ein beschränktes Intervall, $f : I \to \mathbb{R}$ beschränkt und fast überall stetig, $\widehat{f}$ die triviale Fortsetzung. Dann liegt $\widehat{f}$ in $\mathscr{L}^+$.

B. Zeigen, Sie, dass die folgenden Funktionen in $\mathscr{L}^+$ liegen:

(a) $f(x) := \begin{cases} 1 & \text{falls } x \in [0, 1] \text{ und irrational} \\ 0 & \text{sonst.} \end{cases}$

(b) $g(x) := \begin{cases} \sin(1/x) & \text{auf } (0, 1] \\ 0 & \text{sonst.} \end{cases}$

C. Geben Sie Funktionen f und g auf $\mathbb{R}$ mit folgenden Eigenschaften an:

(a) Es gibt eine beschränkte, aber nicht endliche Nullmenge $N \subset \mathbb{R}$, so dass f stetig auf $\mathbb{R} \setminus N$ ist.

(b) g ist nicht fast überall stetig, aber es gibt eine stetige Funktion h, so dass $g = h$ fast überall gilt.

D. Sei $f(x) := \begin{cases} n & \text{für } x \in \big(1/(n+1)!,\, 1/n!\big],\ n \geq 1, \\ 0 & \text{sonst.} \end{cases}$
Zeigen Sie, dass f zu $\mathscr{L}^+$ gehört, nicht aber $-f$.

E. Sei $f \in \mathscr{L}^+$ (auf dem $\mathbb{R}^n$).

(a) Sei $\mathbf{a} \in \mathbb{R}^n$ und $f_{\mathbf{a}} : \mathbb{R}^n \to \mathbb{R}$ definiert durch $f_{\mathbf{a}}(\mathbf{x}) := f(\mathbf{x} + \mathbf{a})$. Zeigen Sie, dass $f_{\mathbf{a}} \in \mathscr{L}^+$ und $I(f_{\mathbf{a}}) = I(f)$ ist.

(b) Sei $c \in \mathbb{R}$ und $f^c : \mathbb{R}^n \to \mathbb{R}$ definiert durch $f^c(\mathbf{x}) := f(c\mathbf{x})$. Zeigen Sie, dass $f^c \in \mathscr{L}^+$ und $|c|^n \cdot I(f^c) = I(f)$ ist.

F. Seien $f, g \in \mathscr{L}^+$, g beschränkt.

(a) Zeigen Sie, dass auch $f \cdot g$ in $\mathscr{L}^+$ liegt.

(b) Zeigen Sie, dass man nicht auf die Voraussetzung verzichten kann, dass eine der beiden Funktionen beschränkt ist.

G. Zeigen Sie:

(a) Konstante Funktionen $\neq 0$ sind nicht integrierbar.

(b) Sei $f : \mathbb{R} \to \mathbb{R}$ definiert durch $f(x) := \begin{cases} 1/x & \text{für } 0 < x \leq 1, \\ 0 & \text{sonst.} \end{cases}$
Dann ist f nicht integrierbar.

H. Sei f integrierbar. Zeigen Sie, dass es eine Folge (h_ν) von Treppenfunktionen gibt, die fast überall gegen f konvergiert, so dass gilt:

$$\lim_{\nu \to \infty} I(h_\nu) = \int f \, d\mu_n.$$

2.3 Das Riemann-Integral

Zur Motivation: Das Lebesgue-Integral erfasst eine sehr große Klasse von Funktionen und ist sehr flexibel einsetzbar. Leider ist der Weg zu seiner Beherrschung etwas länglich. Um diese Durststrecke zu überbrücken und etwas schneller zum praktischen Integrieren zu kommen, führen wir zwischendurch das mehrdimensionale Riemann-Integral ein, das wie im eindimensionalen Fall auf der einfachen Idee von der Approximation durch Ober- und Untersummen beruht. Man wird den Eindruck gewinnen, dass das Riemann-Integral in Sachen Verständlichkeit und Anschaulichkeit die Nase vorn hat, aber am Ende wird dann doch das Lebesgue-Integral gewinnen, wenn man möglichst allgemeingültige Sätze über die Vertauschbarkeit von Limes und Integral oder z.B. über Parameterintegrale braucht.

Zur Erinnerung:
Sei $f : I = [a, b] \to \mathbb{R}$ eine beschränkte (aber ansonsten beliebige) Funktion. Ist eine Zerlegung $\mathfrak{Z} = \{x_0, x_1, \dots, x_n\} \subset I$ mit $a = x_0 < x_1 < \dots < x_n = b$ gegeben,

$$m_i := \inf\{f(x) : x_{i-1} \le x \le x_i\} \quad \text{und} \quad M_i := \sup\{f(x) : x_{i-1} \le x \le x_i\},$$

so nennt man $U(f, \mathfrak{Z}) := \sum_{i=1}^{n} m_i(x_i - x_{i-1})$ die **Untersumme**

und $O(f, \mathfrak{Z}) := \sum_{i=1}^{n} M_i(x_i - x_{i-1})$ die **Obersumme** von f bezüglich $\mathfrak{Z}$.

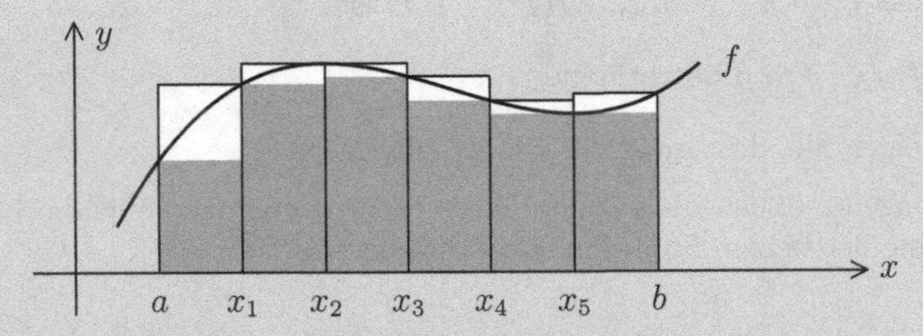

Man bezeichnet $I_*(f) := \sup\{U(f, \mathfrak{Z}) : \mathfrak{Z} \text{ Zerlegung von } I\}$ als **Unterintegral** und $I^*(f) := \inf\{O(f, \mathfrak{Z}) : \mathfrak{Z} \text{ Zerlegung von } I\}$ als **Oberintegral**.

Ist $I_*(f) = I^*(f)$, so heißt f **integrierbar** und der gemeinsame Wert

$$\int_a^b f(x)\,dx := I_*(f) = I^*(f)$$

das **(Riemannsche) Integral** von f über $[a, b]$.

Sei $Q = [a_1, b_1] \times \dots \times [a_n, b_n] \subset \mathbb{R}^n$ ein abgeschlossener Quader und $f : Q \to \mathbb{R}$ eine beschränkte Funktion. Sind Zerlegungen $\mathfrak{Z}_i = \{x_{i,0}, \dots, x_{i,k_i}\}$ von $I_i = [a_i, b_i]$ gegeben, für $i = 1, \dots, n$, so nennt man $\mathfrak{Z} := \mathfrak{Z}_1 \times \dots \times \mathfrak{Z}_n$ eine ***Zerlegung*** des Quaders Q. Ist für jedes i ein Index $j_i \in \{1, \dots, k_i\}$ gegeben, so setzen wir

$$Q_{j_1 j_2 \dots j_n} := [x_{1,j_1-1}, x_{1,j_1}] \times \dots \times [x_{n,j_n-1}, x_{n,j_n}].$$

Das ist ein „Teilquader" der Zerlegung.

Sei $J := \{\mathbf{j} = (j_1, \dots, j_n) : 1 \le j_i \le k_i, \text{ für } i = 1, \dots, n\}$. Für $\mathbf{j} \in J$ sei

$$\begin{aligned} m_{\mathbf{j}} &= m_{\mathbf{j}}(f, \mathfrak{Z}) &:=& \inf\{f(\mathbf{x}) : \mathbf{x} \in Q_{\mathbf{j}}\} \\ \text{und} \quad M_{\mathbf{j}} &= M_{\mathbf{j}}(f, \mathfrak{Z}) &:=& \sup\{f(\mathbf{x}) : \mathbf{x} \in Q_{\mathbf{j}}\}. \end{aligned}$$

Dann nennt man

$$U(f, \mathfrak{Z}) := \sum_{\mathbf{j} \in J} m_{\mathbf{j}} \cdot \text{vol}_n(Q_{\mathbf{j}}) \quad \text{die } \textbf{\textit{Untersumme}}$$

und

$$O(f, \mathfrak{Z}) := \sum_{\mathbf{j} \in J} M_{\mathbf{j}} \cdot \text{vol}_n(Q_{\mathbf{j}}) \quad \text{die } \textbf{\textit{Obersumme}}$$

von f bezüglich der Zerlegung $\mathfrak{Z}$.

Wie im Falle einer Veränderlichen zeigt man:

2.3.1. Eigenschaften von Ober- und Untersumme

Ist $m := \inf_Q(f)$ und $M := \sup_Q(f)$, so gilt:

1. $m \cdot \text{vol}_n(Q) \le U(f, \mathfrak{Z}) \le O(f, \mathfrak{Z}) \le M \cdot \text{vol}_n(Q)$ *für jede Zerlegung* $\mathfrak{Z}$.
2. *Ist $\mathfrak{Z}'$ eine Verfeinerung von $\mathfrak{Z}$, so ist*

$$U(f, \mathfrak{Z}) \le U(f, \mathfrak{Z}') \le O(f, \mathfrak{Z}') \le O(f, \mathfrak{Z}).$$

3. *Sind $\mathfrak{Z}_1, \mathfrak{Z}_2$ zwei beliebige Zerlegungen von Q, so ist* $U(f, \mathfrak{Z}_1) \le O(f, \mathfrak{Z}_2)$.

Dann nennt man

$$I_*(f) := \sup\{U(f, \mathfrak{Z}) \,:\, \mathfrak{Z} \text{ Zerlegung von } Q\}$$

das ***Unterintegral*** und

$$I^*(f) := \inf\{O(f, \mathfrak{Z}) \,:\, \mathfrak{Z} \text{ Zerlegung von } Q\}$$

das ***Oberintegral*** von f.

Offensichtlich existieren $I_*(f)$ und $I^*(f)$ für jede beschränkte Funktion f auf Q. Dabei approximiert $I_*(f)$ das Volumen unter dem Graphen von f am besten von unten und $I^*(f)$ am besten von oben.

Definition (Riemann-Integral)

Sei $Q \subset \mathbb{R}^n$ ein kompakter Quader und $f : Q \to \mathbb{R}$ eine beschränkte Funktion. Ist $I_*(f) = I^*(f)$, so nennt man f ***Riemann-integrierbar*** (kurz: ***R-integrierbar***) und den gemeinsamen Wert

$$\int_Q f(\mathbf{x})\, dV_n := I_*(f) = I^*(f).$$

das ***Riemann-Integral*** von f über Q.

2.3.2. Darboux'sches Integrierbarkeitskriterium

Eine beschränkte Funktion $f : Q \to \mathbb{R}$ ist genau dann Riemann-integrierbar, wenn es zu jedem $\varepsilon > 0$ eine Zerlegung $\mathfrak{Z}$ von Q mit $O(f, \mathfrak{Z}) - U(f, \mathfrak{Z}) < \varepsilon$.

BEWEIS: 1) Es sei zunächst f nicht integrierbar. Dann gibt es Zahlen I_1, I_2, so dass $I_*(f) \le I_1 < I_2 \le I^*(f)$ ist, und wir setzen $\varepsilon := I_2 - I_1$. Dann ist $O(f, \mathfrak{Z}) - U(f, \mathfrak{Z}) \ge \varepsilon$ für alle Zerlegungen $\mathfrak{Z}$ von Q und das Kriterium nicht erfüllt.

2) Jetzt sei f integrierbar und $I := \int_Q f(\mathbf{x})\, dV_n$. Es sei ein $\varepsilon > 0$ vorgegeben. Es gibt Zerlegungen $\mathfrak{Z}'$ und $\mathfrak{Z}''$, so dass $I - U(f, \mathfrak{Z}') < \varepsilon/2$ und $O(f, \mathfrak{Z}'') - I < \varepsilon/2$ ist. Ist $\mathfrak{Z}$ eine gemeinsame Verfeinerung von $\mathfrak{Z}'$ und $\mathfrak{Z}''$, so ist $O(f, \mathfrak{Z}) - U(f, \mathfrak{Z}) < \varepsilon$. ■

In der Riemann'schen Integrationstheorie stellt die Oszillation der Funktionen eine wichtige Rolle. Sei $M \subset \mathbb{R}^n$ und $f : M \to \mathbb{R}$ eine beschränkte Funktion. Ist $\mathbf{a} \in M$ und $\delta > 0$, so setzen wir

$$\begin{aligned} M_{\mathbf{a}}(f, \delta) &:= \sup\{f(\mathbf{x}) : \mathbf{x} \in M \cap B_\delta(\mathbf{a})\} \\ \text{und} \quad m_{\mathbf{a}}(f, \delta) &:= \inf\{f(\mathbf{x}) : \mathbf{x} \in M \cap B_\delta(\mathbf{a})\}. \end{aligned}$$

Dann heißt

$$o(f, \mathbf{a}) := \lim_{\delta \to 0} \big(M_{\mathbf{a}}(f, \delta) - m_{\mathbf{a}}(f, \delta)\big)$$

die ***Oszillation*** von f in $\mathbf{a}$. Der Limes existiert immer, nach dem Satz von der monotonen Konvergenz, denn $M_{\mathbf{a}}(f, \delta) - m_{\mathbf{a}}(f, \delta)$ ist ≥ 0 und mit δ monoton fallend.

2.3.3. Satz

Eine beschränkte Funktion $f : M \to \mathbb{R}$ ist genau dann in $\mathbf{a}$ stetig, wenn die Oszillation $o(f, \mathbf{a}) = 0$ ist.

BEWEIS: 1) Sei zunächst f in $\mathbf{a}$ stetig und $\varepsilon > 0$ vorgegeben. Dann gibt es ein $\delta > 0$, so dass $|f(\mathbf{x}) - f(\mathbf{a})| < \varepsilon$ für $\mathbf{x} \in M \cap B_\delta(\mathbf{a})$ ist. Dann ist $f(\mathbf{a}) - \varepsilon < f(\mathbf{x}) < f(\mathbf{a}) + \varepsilon$ für $\mathbf{x} \in M \cap B_\delta(\mathbf{a})$, also auch

$$M_{\mathbf{a}}(f, \delta) \le f(\mathbf{a}) + \varepsilon \text{ und } m_{\mathbf{a}}(f, \delta) \ge f(\mathbf{a}) - \varepsilon$$

und $M_{\mathbf{a}}(f, \delta) - m_{\mathbf{a}}(f, \delta) \le 2\varepsilon$. Das bedeutet, dass $o(f, \mathbf{a}) = 0$ ist.

2) Nun sei $o(f, \mathbf{a}) = 0$, also $\lim_{\delta \to 0} \big(M_{\mathbf{a}}(f, \delta) - m_{\mathbf{a}}(f, \delta)\big) = 0$. Ist $\varepsilon > 0$ vorgegeben, so kann man ein $\delta > 0$ finden, so dass $M_{\mathbf{a}}(f, \delta) - m_{\mathbf{a}}(f, \delta) < \varepsilon$ ist. Für $\mathbf{x} \in M \cap B_\delta(\mathbf{a})$ ist dann

$$\begin{aligned} f(\mathbf{x}) &\le M_{\mathbf{a}}(f, \delta) < m_{\mathbf{a}}(f, \delta) + \varepsilon \le f(\mathbf{a}) + \varepsilon \\ \text{und} \quad f(\mathbf{x}) &\ge m_{\mathbf{a}}(f, \delta) > M_{\mathbf{a}}(f, \delta) - \varepsilon \ge f(\mathbf{a}) - \varepsilon, \end{aligned}$$

also $|f(\mathbf{x}) - f(\mathbf{a})| < \varepsilon$. Das bedeutet, dass f in $\mathbf{a}$ stetig ist. ■

2.3.4. Lemma

Sei $Q \subset \mathbb{R}^n$ ein abgeschlossener Quader, $f : Q \to \mathbb{R}$ beschränkt und $o(f, \mathbf{x}) < \varepsilon$ für alle $\mathbf{x} \in Q$. Dann gibt es eine Zerlegung $\mathfrak{Z}$ von Q, so dass gilt:

$$O(f, \mathfrak{Z}) - U(f, \mathfrak{Z}) < \varepsilon \cdot \text{vol}_n(Q).$$

BEWEIS: Zu jedem $\mathbf{x} \in Q$ existiert ein $\delta = \delta(\mathbf{x})$, so dass $M_{\mathbf{x}}(f, \delta) - m_{\mathbf{x}}(f, \delta) < \varepsilon$ ist. Es sei dann $Q_{\mathbf{x}}$ ein offener Quader, der $\mathbf{x}$ enthält, so dass $\overline{Q}_{\mathbf{x}} \subset B_{\delta(\mathbf{x})}(\mathbf{x})$ ist. Die offenen Quader $Q_{\mathbf{x}}$ überdecken den kompakten Quader Q. Dann gibt es aber endlich viele Punkte $\mathbf{x}_1, \ldots, \mathbf{x}_N \in Q$ und zugehörige Quader $Q_1, \ldots, Q_N$, die schon Q überdecken.

Man kann nun eine Zerlegung $\mathfrak{Z}$ von Q finden, so dass jeder abgeschlossene Teilquader P von $\mathfrak{Z}$ in einem $\overline{Q}_i$ enthalten ist und deshalb

$$\sup\{f(\mathbf{x}) \,:\, \mathbf{x} \in P\} - \inf\{f(\mathbf{x}) \,:\, \mathbf{x} \in P\} < \varepsilon.$$

Aber dann ist $O(f, \mathfrak{Z}) - U(f, \mathfrak{Z}) < \varepsilon \cdot \text{vol}_n(Q)$. ∎

2.3.5. Folgerung

Jede stetige Funktion $f : Q \to \mathbb{R}$ ist Riemann-integrierbar.

BEWEIS: Da f beschränkt und $o(f, \mathbf{x}) = 0$ für alle $\mathbf{x} \in Q$ ist, folgt die Behauptung aus dem Darboux'schen Kriterium. ∎

2.3.6. Lebesgue'sches Integrierbarkeitskriterium

Eine beschränkte Funktion $f : Q \to \mathbb{R}$ ist genau dann Riemann-integrierbar, wenn f fast überall stetig ist.

Der BEWEIS ist ein wenig komplizierter und wird im Ergänzungsbereich zu diesem Abschnitt nachgeholt.

Man muss sich hier übrigens vor Trugschlüssen hüten! Dass f fast überall stetig ist, bedeutet, dass es eine (Lebesgue-)Nullmenge N gibt, so dass f in allen Punkten von $Q \setminus N$ stetig ist. Ist $I = [0, 1]$ und $M := I \cap \mathbb{Q}$, so stimmt die charakteristische Funktion χ_M zwar fast überall mit der stetigen Nullfunktion überein, sie ist selbst aber nirgends stetig und deshalb auch nicht Riemann-integrierbar!

Es soll nun gezeigt werden, dass eine Riemann-integrierbare Funktion auch integrierbar im Sinne von Lebesgue ist und dass sich dann die Integrale nicht unterscheiden. Dabei muss man eine auf einem Quader $Q \subset \mathbb{R}^n$ definierte Funktion f mit ihrer ***trivialen Fortsetzung*** $\widehat{f}$ identifizieren:

$$\widehat{f}(\mathbf{x}) := \begin{cases} f(\mathbf{x}) & \text{für } \mathbf{x} \in Q, \\ 0 & \text{sonst.} \end{cases}$$

2.3.7. Hinreichendes Kriterium für die Zugehörigkeit zu $\mathscr{L}^+$

Ist $f : Q \to \mathbb{R}$ Riemann-integrierbar, so gehört f zur Klasse $\mathscr{L}^+$, und es ist

$$\int_Q f(\mathbf{x})\,dV_n = I(f) = \int \widehat{f}\,d\mu_n.$$

Beweis: Wir setzen zunächst $Q_1^{(1)} := Q$. Das ist ein kartesisches Produkt von n Intervallen. Wenn wir alle diese Intervalle halbieren, erhalten wir 2^n Teilquader $Q_2^{(1)}, \dots, Q_2^{(2^n)}$. Wiederholen wir diese Prozedur mit jedem der einzelnen Teilquader, so gewinnen wir $2^n \cdot 2^n = 4^n$ Teilquader $Q_3^{(i)}$, $i = 1, \dots, 4^n$. So fahren wir fort, nach dem k-ten Schritt erhalten wir $(2^k)^n$ Teilquader. Ist $m_{k,i} := \inf\{f(\mathbf{x}) \mid \mathbf{x} \in Q_k^{(i)}\}$, so wird durch

$$\varphi_k(\mathbf{x}) := \begin{cases} m_{k,i} & \text{für } \mathbf{x} \in (Q_k^{(i)})^\circ, i = 1, \dots, (2^k)^n, \\ 0 & \text{sonst.} \end{cases}$$

eine Treppenfunktion φ_k definiert.

Nach Konstruktion wächst die Folge der φ_k fast überall monoton, denn die Wände der Teilquader bilden eine Nullmenge. In den Punkten, in denen f stetig ist, strebt $\varphi_k(\mathbf{x})$ gegen $f(\mathbf{x})$. Also konvergiert (φ_k) fast überall gegen f. Weil f beschränkt ist, bleiben die Integrale $I(\varphi_k)$ nach oben beschränkt. Also liegt f in $\mathscr{L}^+$.

Jedes Integral $I(\varphi_k)$ ist eine Untersumme für f, und die Folge dieser Integrale konvergiert gegen $I(f)$. Da man f auf analoge Weise von oben approximieren kann und dann eine Folge von Obersummen erhält, die ebenfalls gegen $I(f)$ konvergiert, muss $I(f)$ das Riemann-Integral von f sein. ∎

Bemerkung: Die oben schon betrachtete charakteristische Funktion der Menge $M := [0,1] \cap \mathbb{Q}$ ist zwar nicht Riemann-integrierbar, gehört aber zu $\mathscr{L}^+$, denn sie stimmt fast überall mit der Nullfunktion überein. Also ist $\mathscr{L}^+$ echt größer als die Menge der Riemann-integrierbaren Funktionen!

2.3.8. Satz

Die Menge $\mathscr{R} = \mathscr{R}_Q$ der Riemann-integrierbaren Funktionen auf dem kompakten Quader Q bildet einen reellen Vektorraum. Außerdem gilt:

Mit f und g liegen auch die Funktionen $|f|$, $\max(f,g)$, $\min(f,g)$ und $f \cdot g$ in $\mathscr{R}$.

Auf den wenig spannenden Beweis verzichten wir hier.

2.3.9. Satz

Sei $Q \subset \mathbb{R}^n$ ein abgeschlossener Quader und $M \subset Q$ eine Teilmenge. Die charakteristische Funktion χ_M ist genau dann Riemann-integrierbar, wenn ∂M eine Nullmenge ist.

BEWEIS: ∂M ist exakt die Menge der Unstetigkeitsstellen von χ_M (denn $\mathbb{R}^n \setminus \partial M$ ist offen, und χ_M ist dort lokal-konstant, also stetig). ■

Eine Teilmenge M eines Quaders Q, deren Rand eine (Lebesgue-)Nullmenge ist, nennt man ***J-messbar („Jordan-messbar")***. Die Zahl

$$\text{vol}_n(M) := \int_Q \chi_M(\mathbf{x})\, dV_n$$

nennt man dann das ***Volumen*** von M.

Definition (Integrierbarkeit auf J-messbaren Mengen)

Sei $Q \subset \mathbb{R}^n$ ein abgeschlossener Quader und $M \subset Q$ J-messbar. Eine Funktion $f : M \to \mathbb{R}$ heißt (über M) ***Riemann-integrierbar***, falls die triviale Fortsetzung $\widehat{f}$ auf Q Riemann-integrierbar ist. Man setzt dann

$$\int\limits_M f(\mathbf{x})\, dV_n := \int_Q \widehat{f}(\mathbf{x})\, dV_n.$$

Die Definition ist unabhängig vom gewählten Quader Q. Ist P ein weiterer Quader mit $Q \subset P$, so liefert $\widehat{f}$ über $P \setminus Q$ keinen Beitrag.

2.3.10. Satz

Sei $Q \subset \mathbb{R}^n$ ein abgeschlossener Quader und $M \subset Q$ J-messbar. Ist $f : Q \to \mathbb{R}$ R-integrierbar, so ist auch $f|_M$ über M integrierbar.

BEWEIS: Es gibt eine Nullmenge $N \subset Q$, so dass f auf $Q \setminus N$ stetig ist. Dann ist auch $S := N \cup \partial M$ eine Nullmenge und

$$Q \setminus S = (M^\circ \setminus N) \cup \big((Q \setminus \overline{M}) \setminus N\big).$$

Sei $g := \big(\widehat{f|_M}\big)|_Q$ die Einschränkung der trivialen Fortsetzung von $f|_M$ auf Q. Dann ist $g = f$ auf $M^\circ \setminus N$ und $g = 0$ auf $(Q \setminus \overline{M}) \setminus N$, also g stetig auf $Q \setminus S$ und damit R-integrierbar über Q. ■

2.3.11. Satz

Sei $Q \subset \mathbb{R}^n$ ein abgeschlossener Quader, $f : Q \to \mathbb{R}$ beschränkt und $N \subset Q$ eine J-messbare (Lebesgue-)Nullmenge. Dann ist f über N R-integrierbar und

$$\int_N f(\mathbf{x})\, dV_n = 0.$$

Beweis: Sei $|f| \le C$ auf Q.

Da N J-messbar ist, ist $\overline{N} = N \cup \partial N$ ebenfalls eine Nullmenge. Als abgeschlossene Teilmenge von Q ist $\overline{N}$ zudem kompakt. Deshalb gibt es zu jedem $\varepsilon > 0$ endlich viele offene Quader $Q_1, \ldots, Q_N \subset Q$ mit $\overline{N} \subset \bigcup_i Q_i$ und $\sum_i \mathrm{vol}_n(Q_i) < \varepsilon / C$. Da $\widehat{f|_N}$ außerhalb der Q_i verschwindet, gilt für genügend feine Zerlegungen $\mathfrak{Z}$ von Q:

$$-\varepsilon \le \sum_{i=1}^{N} \inf_{Q_i}(f)\,\mathrm{vol}_n(Q_i) \le U(\widehat{f|_N}, \mathfrak{Z}) \le O(\widehat{f|_N}, \mathfrak{Z}) \le \sum_{i=1}^{N} \sup_{Q_i}(f)\,\mathrm{vol}_n(Q_i) < \varepsilon$$

und damit $O(\widehat{f|_N}, \mathfrak{Z}) - U(\widehat{f|_N}, \mathfrak{Z}) < 2\varepsilon$.

Daraus folgt, dass $\widehat{f|_N}$ R-integrierbar ist und das Integral verschwindet. ∎

2.3.12. Satz

Sei $Q \subset \mathbb{R}^n$ ein abgeschlossener Quader, $f : Q \to \mathbb{R}$ R-integrierbar und $N \subset Q$ eine J-messbare (Lebesgue-)Nullmenge. Ist $g : Q \to \mathbb{R}$ eine beschränkte Funktion, die auf $Q \setminus N$ mit f übereinstimmt, so ist auch g R-integrierbar, und die Integrale über f und g sind gleich.

Beweis: Es ist $\overline{N} = N \cup \partial N$ ist eine kompakte J-messbare Nullmenge in Q. Da $Q \setminus (\partial Q \cup \overline{N}) = Q^\circ \setminus \overline{N}$ eine offene Teilmenge von $Q \setminus N$ ist, liegt $\partial(Q \setminus N)$ in $\partial Q \cup \overline{N}$ und ist ebenfalls eine Nullmenge. Das bedeutet, dass $Q \setminus N$ J-messbar ist.

Damit sind $f_0 := f|_N$ und $f_1 := f|_{(Q\setminus N)}$ R-integrierbar, und natürlich ist $f = f_0 + f_1$. Nun ist $g|_{(Q\setminus N)} = f|_{(Q\setminus N)}$ ebenfalls integrierbar und $g|_N$ nach dem vorigen Satz integrierbar. Daraus folgt, dass $g = g|_{(Q\setminus N)} + g|_N$ über Q R-integrierbar ist, mit

$$\int_Q g(\mathbf{x})\, dV_n = \int_N g(\mathbf{x})\, dV_n + \int_{Q\setminus N} g(\mathbf{x})\, dV_n = \int_{Q\setminus N} f(\mathbf{x})\, dV_n = \int_Q f(\mathbf{x})\, dV_n.$$

∎

2.3.13. Satz von Fubini für Riemann-Integrale

Seien $P \subset \mathbb{R}^p$ und $Q \subset \mathbb{R}^q$ abgeschlossene Quader, $f : P \times Q \to \mathbb{R}$ eine beschränkte R-integrierbare Funktion. Für $\mathbf{x} \in P$ sei $f_{\mathbf{x}} : Q \to \mathbb{R}$ definiert durch $f_{\mathbf{x}}(\mathbf{y}) :=$

$f(\mathbf{x},\mathbf{y})$, sowie $I_*(f,\mathbf{x})$ das Unterintegral und $I^*(f,\mathbf{x})$ das Oberintegral von $f_{\mathbf{x}}$. Dann sind die Funktionen $\mathbf{x} \mapsto I_*(f,\mathbf{x})$ und $\mathbf{x} \mapsto I^*(f,\mathbf{x})$ R-integrierbar, und es gilt:

$$\int_{P\times Q} f(\mathbf{x},\mathbf{y})\,dV_{p+q} = \int_P I_*(f,\mathbf{x})\,dV_p = \int_P I^*(f,\mathbf{x})\,dV_p.$$

BEWEIS: Sei $\mathfrak{Z} = \mathfrak{Z}_P \times \mathfrak{Z}_Q$ eine Zerlegung von $P \times Q$.
Sei $T = R \times S$ ein Teilquader der Zerlegung $\mathfrak{Z}$ und $\mathbf{x}_0 \in R$. Dann ist

$$m_T(f) := \inf\{f(\mathbf{x},\mathbf{y}) \,:\, (\mathbf{x},\mathbf{y}) \in R \times S\} \le f(\mathbf{x}_0,\mathbf{y}) \text{ für alle } \mathbf{y} \in S$$

und daher $m_T(f) \le \inf\{f(\mathbf{x}_0,\mathbf{y}) \,:\, \mathbf{y} \in S\}$.
Hält man nun $\mathbf{x}_0$ und R fest, multipliziert mit $\mathrm{vol}_n(S)$ und summiert über alle Quader S, so erhält man die Ungleichungen

$$\sum_S m_T(f)\,\mathrm{vol}_q(S) \le \sum_S \inf_S f_{\mathbf{x}_0}\,\mathrm{vol}_q(S) = U(f_{\mathbf{x}_0}, \mathfrak{Z}_Q) \le I_*(f,\mathbf{x}_0).$$

Da $\mathbf{x}_0 \in R$ beliebig gewählt wurde, ist auch

$$\sum_S m_T(f)\,\mathrm{vol}_q(S) \le \inf\{I_*(f,\mathbf{x}) \,:\, \mathbf{x} \in R\}.$$

Multipliziert man mit $\mathrm{vol}_p(R)$ und summiert man über R, so erhält man die Ungleichung

$$U(f,\mathfrak{Z}) = \sum_T m_T(f)\,\mathrm{vol}_n(T) \le \sum_R \inf_R I_*(f,\mathbf{x})\,\mathrm{vol}_p(R) = U(I_*(f,\mathbf{x}),\mathfrak{Z}_P).$$

Ganz analog beweist man die Ungleichung $O(f,\mathfrak{Z}) \ge O(I^*(f,\mathbf{x}),\mathfrak{Z}_P)$.
Weil f R-integrierbar und

$$\begin{aligned} U(f,\mathfrak{Z}) &\le U(I_*(f,\mathbf{x}),\mathfrak{Z}_P) \le O(I_*(f,\mathbf{x}),\mathfrak{Z}_P) \\ &\le O(I^*(f,\mathbf{x}),\mathfrak{Z}_P) \le O(f,\mathfrak{Z}) \end{aligned}$$

ist, folgt die R-Integrierbarkeit von $I_*(f,\mathbf{x})$. Weil außerdem

$$U(f,\mathfrak{Z}) \le U(I_*(f,\mathbf{x}),\mathfrak{Z}_P) \le U(I^*(f,\mathbf{x}),\mathfrak{Z}_P) \le O(I^*(f,\mathbf{x}),\mathfrak{Z}_P) \le O(f,\mathfrak{Z})$$

ist, folgt auch die R-Integrierbarkeit von $I^*(f,\mathbf{x})$. Die Gleichheit der Integrale ergibt sich ebenfalls aus den Ungleichungen und der Tatsache, dass alle Unter- und Obersummen gegen das jeweilige Integral konvergieren. ∎

Unter den obigen Bezeichnungen gilt insbesondere:

2.3.14. Folgerung

Seien $P \subset \mathbb{R}^p$ und $Q \subset \mathbb{R}^q$ abgeschlossene Quader, $f : P \times Q \to \mathbb{R}$ eine beschränkte R-integrierbare Funktion. Gibt es eine J-messbare Nullmenge $N \subset P$ (die auch leer sein kann), so dass $f_{\mathbf{x}}$ für alle $\mathbf{x} \in P \setminus N$ integrierbar ist, so ist die Funktion $I_Q f : P \to \mathbb{R}$ mit

$$I_Q f(\mathbf{x}) := \int_Q f_{\mathbf{x}}(\mathbf{y})\, dV_q \text{ für } \mathbf{x} \in P \setminus N \text{ (und } = 0 \text{ auf } N)$$

R-integrierbar und

$$\int_{P \times Q} f(\mathbf{x}, \mathbf{y})\, dV_{p+q} = \int_P I_Q f(\mathbf{x})\, dV_p = \int_P \left(\int_Q f(\mathbf{x}, \mathbf{y})\, dV_q \right) dV_p.$$

BEWEIS: Der Fall, dass N nicht leer ist, kann durchaus vorkommen. Es könnte ja z.B. f entlang einer Menge vom Typ $\{\mathbf{x}\} \times Q$ unstetig sein.

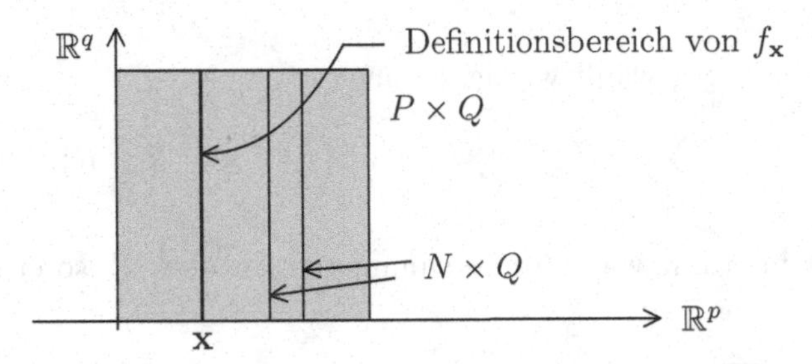

Unter den Voraussetzungen des Satzes ist $I_Q f(\mathbf{x}) = I_*(f, \mathbf{x}) = I^*(f, \mathbf{x})$ auf $P \setminus N$. Nach dem Satz von Fubini sind $I_*(f, \mathbf{x})$ und $I^*(f, \mathbf{x})$ integrierbar. Da man eine R-integrierbare Funktion auf einer J-messbaren Nullmenge beliebig abändern kann, ist auch $I_Q f$ integrierbar. Die Gleichheit der Integrale folgt dann ebenfalls. ∎

2.3.15. Folgerung

Ist $Q = [a_1, b_1] \times [a_2, b_2] \times \ldots \times [a_n, b_n]$ und $f : Q \to \mathbb{R}$ stetig, so ist

$$\int_Q f(\mathbf{x})\, dV_n = \int_{a_n}^{b_n} \cdots \int_{a_2}^{b_2} \int_{a_1}^{b_1} f(x_1, x_2, \ldots, x_n)\, dx_1\, dx_2 \ldots dx_n.$$

Dabei kommt es nicht auf die Reihenfolge der Integrationen an.

Die Formel ergibt sich durch sukzessive Anwendung des gerade bewiesenen Satzes. Die Unabhängigkeit von der Reihenfolge der Integrationen ergibt sich ganz einfach aus Symmetriebetrachtungen.

Definition (Normalbereich)

Sei $M \subset \mathbb{R}^n$ kompakt und zugleich J-messbar. Ein ***Normalbereich*** über M ist eine Menge der Gestalt

$$N(M;\varphi,\psi) := \{(\mathbf{x},t) \in M \times \mathbb{R} \,:\, \varphi(\mathbf{x}) \le t \le \psi(\mathbf{x})\}.$$

Dabei seien $\varphi, \psi : M \to \mathbb{R}$ stetige Funktionen mit $\varphi(\mathbf{x}) \le \psi(\mathbf{x})$ für $\mathbf{x} \in M$.

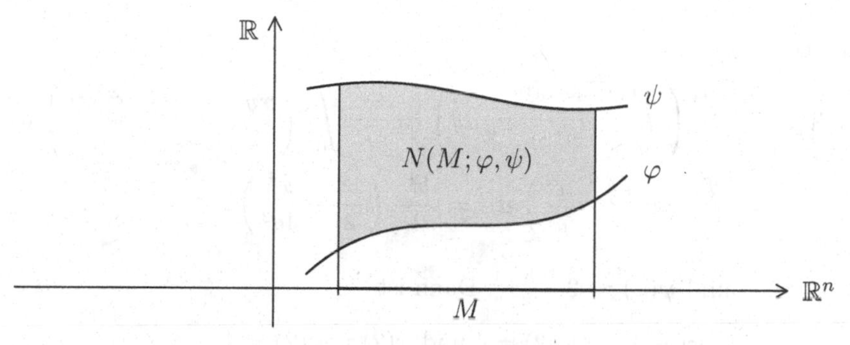

Ein Normalbereich $N = N(M;\varphi,\psi)$ ist eine J-messbare Menge: Nach Voraussetzung ist ∂M eine Nullmenge im $\mathbb{R}^n$, und es gibt Zahlen c, C, so dass $c \le \varphi(\mathbf{x}) \le \psi(\mathbf{x}) \le C$ für $\mathbf{x} \in \overline{M}$ ist. Dann ist $(\partial M \times [c,C]) \cap \overline{N}$ eine Nullmenge. Und die Graphen der stetigen Funktionen φ und ψ sind ebenfalls Nullmengen. Daraus folgt, dass ∂N eine Nullmenge und N J-messbar ist.

Ist $f : N \to \mathbb{R}$ integrierbar (also eigentlich die triviale Fortsetzung von $f \cdot \chi_N$), so folgt mit dem Satz von Fubini sofort:

$$\int_{N(M;\varphi,\psi)} f(\mathbf{x},t)\,dV_{n+1} = \int_M \Big(\int_{\varphi(\mathbf{x})}^{\psi(\mathbf{x})} f(\mathbf{x},t)\,dt \Big)\,dV_n\,.$$

2.3.16. Beispiele

A. Sei B derjenige Teil einer Ellipsenfläche um den Nullpunkt (mit den Halbachsen a und b), der im rechten oberen Quadranten liegt. Es soll das Integral $\int_B f(x,y)\,dV_2$ für $f(x,y) = xy$ berechnet werden.

Der Rand von B ist durch die Gleichungen

$$\frac{x^2}{a^2} + \frac{y^2}{b^2} = 1, \quad x = 0 \text{ und } y = 0$$

gegeben. Offensichtlich ist B ein Normalbereich über dem Intervall $[0,a]$:

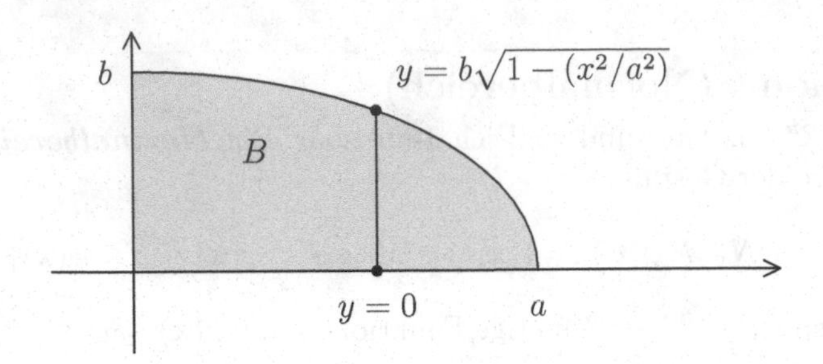

Dann ist

$$\begin{aligned}\int_B xy\,dV_2 &= \int_0^a \left(\int_0^{b\sqrt{1-(x^2/a^2)}} xy\,dy\right)dx = \int_0^a \left(\frac{xy^2}{2}\Big|_{y=0}^{y=b\sqrt{1-(x^2/a^2)}}\right)dx \\ &= \int_0^a \frac{x}{2}b^2\left(1-\frac{x^2}{a^2}\right)dx = \frac{b^2}{2}\cdot\left(\frac{x^2}{2}-\frac{x^4}{4a^2}\right)\Big|_{x=0}^{x=a} = \frac{a^2b^2}{8}.\end{aligned}$$

B. Sei $\varphi(x) := x^2$ und $\psi(x) := 2 + \frac{1}{2}x^2$. Dann ist

$$\varphi(-2) = \psi(-2) = 4 \text{ und } \varphi(2) = \psi(2) = 4,$$

und für $|x| \le 2$ ist $x^2 \le 4$, also $\psi(x) - \varphi(x) = 2 - \frac{1}{2}x^2 \ge 0$. Daher ist

$$B := \{(x, y) \in \mathbb{R}^2 \mid -2 \le x \le 2 \text{ und } \varphi(x) \le y \le \psi(x)\}$$

ein Normalbereich über dem Intervall $[-2, 2]$:

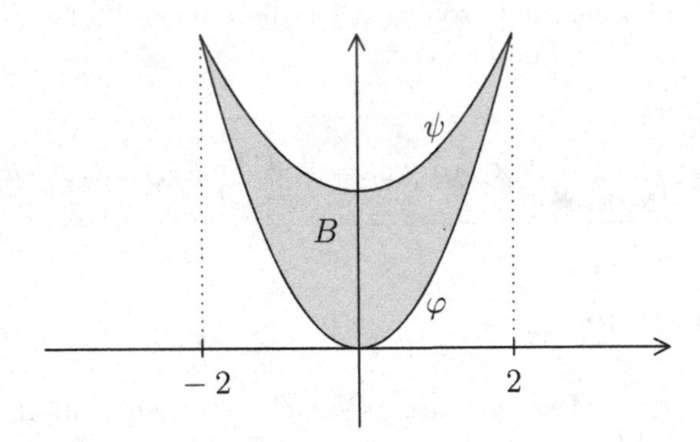

Der Flächeninhalt von B ist gegeben durch

$$\begin{aligned}\int \chi_B(\mathbf{x})\,dV_2 &= \int_{-2}^{2}\int_{x^2}^{2+(x^2/2)} dy\,dx = \int_{-2}^{2}(2-\frac{x^2}{2})\,dx \\ &= (2x - \frac{x^3}{6})\Big|_{-2}^{2} = (4-\frac{8}{6}) - (-4+\frac{8}{6}) = \frac{16}{3}.\end{aligned}$$

Zusammenfassung

In diesem Abschnitt wurde das mehrdimensionale Riemann-Integral eingeführt.

Sei $Q = [a_1, b_1] \times \ldots \times [a_n, b_n] \subset \mathbb{R}^n$ ein abgeschlossener Quader und $f : Q \to \mathbb{R}$ eine beschränkte Funktion. Sind Zerlegungen $\mathfrak{Z}_i = \{x_{i,0}, \ldots, x_{i,k_i}\}$ von $I_i = [a_i, b_i]$ gegeben, für $i = 1, \ldots, n$, so nennt man $\mathfrak{Z} := \mathfrak{Z}_1 \times \ldots \times \mathfrak{Z}_n$ eine ***Zerlegung*** des Quaders Q. Jeder Multiindex $\mathbf{j} = (j_1, \ldots, j_n)$ mit $1 \le j_i \le k_i$ für $i = 1, \ldots, n$ liefert einen Teilquader

$$Q_{\mathbf{j}} = Q_{j_1 j_2 \ldots j_n} := [x_{j_1-1}, x_{j_1}] \times \ldots \times [x_{j_n-1}, x_{j_n}]$$

der Zerlegung $\mathfrak{Z}$. Man setzt

$$m_{\mathbf{j}} := \inf\{f(\mathbf{x}) \,:\, \mathbf{x} \in Q_{\mathbf{j}}\} \quad \text{und} \quad M_{\mathbf{j}} := \sup\{f(\mathbf{x}) \,:\, \mathbf{x} \in Q_{\mathbf{j}}\}$$

und führt dann wie in einer Veränderlichen die **Untersumme** $U(f, \mathfrak{Z}) := \sum_{\mathbf{j} \in J} m_{\mathbf{j}} \cdot \mathrm{vol}_n(Q_{\mathbf{j}})$ und die **Obersumme** $O(f, \mathfrak{Z}) := \sum_{\mathbf{j} \in J} M_{\mathbf{j}} \cdot \mathrm{vol}_n(Q_{\mathbf{j}})$ von f bezüglich der Zerlegung $\mathfrak{Z}$ ein. Dabei bezeichnet J die Menge der auftretenden Multiindizes. Als nächstes bildet man

das **Unterintegral** $I_*(f) := \sup\{U(f, \mathfrak{Z}) \,:\, \mathfrak{Z} \text{ Zerlegung von } Q\}$
und das **Oberintegral** $I^*(f) := \inf\{O(f, \mathfrak{Z}) \,:\, \mathfrak{Z} \text{ Zerlegung von } Q\}$.

Das Oberintegral ist die beste Approximation des Volumens unter dem Graphen von f von oben, das Unterintegral die beste Approximation dieses Volumens von unten. Ist $I_*(f) = I^*(f)$, so nennt man f **Riemann-integrierbar** und den gemeinsamen Wert

$$\int_Q f(\mathbf{x})\, dV_n := I_*(f) = I^*(f)$$

das **Riemann-Integral** von f über Q.

Die Menge $\mathscr{R} = \mathscr{R}_Q$ der Riemann-integrierbaren Funktionen auf dem kompakten Quader Q bildet einen reellen Vektorraum. Außerdem gilt: Mit f und g liegen auch die Funktionen $|f|$, $\max(f, g)$, $\min(f, g)$ und $f \cdot g$ in $\mathscr{R}$.

Wie in einer Veränderlichen steht auch hier das Darboux'sche Integrierbarkeitskriterium zur Verfügung: *Eine beschränkte Funktion $f : Q \to \mathbb{R}$ ist genau dann Riemann-integrierbar, wenn es zu jedem $\varepsilon > 0$ eine Zerlegung $\mathfrak{Z}$ von Q mit $O(f, \mathfrak{Z}) - U(f, \mathfrak{Z}) < \varepsilon$ gibt.*

Insbesondere ist jede stetige Funktion $f : Q \to \mathbb{R}$ Riemann-integrierbar.

Eine noch klarere Aussage liefert das **Lebesgue'sche Integrierbarkeitskriterium**: *Eine beschränkte Funktion $f : Q \to \mathbb{R}$ ist genau dann Riemann-integrierbar, wenn sie fast überall stetig ist.*

Ist $f : Q \to \mathbb{R}$ fast überall stetig, so gehört f zur Klasse $\mathscr{L}^+$. Das bedeutet insbesondere, dass jede Riemann-integrierbare Funktion auch Lebesgue-integrierbar ist.

In der Riemann'schen Integrationstheorie spielt der Begriff der ***Jordan-Messbarkeit*** eine wichtige Rolle. Eine beschränkte Menge $M \subset \mathbb{R}^n$, deren Rand eine (Lebesgue-)Nullmenge ist, heißt ***J-messbar***. Das ist gleichbedeutend damit, dass die charakteristische Funktion von M Riemann-integrierbar ist. Eine Funktion f auf einer J-messbaren Menge heißt genau dann Riemann-integrierbar, wenn ihre triviale Fortsetzung $\widehat{f}$ Riemann-integrierbar ist. Nullmengen, die J-messbar sind, spielen bei der Integration keine Rolle.

Der **Satz von Fubini für Riemann-Integrale** behandelt eine Riemann-integrierbare Funktion f auf einem abgeschlossenen Quader $P \times Q \subset \mathbb{R}^p \times \mathbb{R}^q$. Für $\mathbf{x} \in P$ sei $f_{\mathbf{x}} : Q \to \mathbb{R}$ definiert durch $f_{\mathbf{x}}(\mathbf{y}) := f(\mathbf{x}, \mathbf{y})$, und dann sei $I_*(f, \mathbf{x})$ das Unterintegral und $I^*(f, \mathbf{x})$ das Oberintegral von $f_{\mathbf{x}}$.

Die Funktionen $\mathbf{x} \mapsto I_*(f, \mathbf{x})$ und $\mathbf{x} \mapsto I^*(f, \mathbf{x})$ sind dann R-integrierbar, und es gilt:

$$\int_{P\times Q} f(\mathbf{x}, \mathbf{y})\, dV_{p+q} = \int_P I_*(f, \mathbf{x})\, dV_p = \int_P I^*(f, \mathbf{x})\, dV_p.$$

Etwas gefälliger wird die Formulierung, wenn es eine J-messbare Nullmenge $N \subset P$ gibt, so dass $f_{\mathbf{x}}$ für alle $\mathbf{x} \in P \setminus N$ integrierbar ist. Dann ist die Funktion $I_Q f : P \to \mathbb{R}$ mit

$$I_Q f(\mathbf{x}) := \int_Q f_{\mathbf{x}}(\mathbf{y})\, dV_q$$

integrierbar und

$$\int_{P\times Q} f(\mathbf{x}, \mathbf{y})\, dV_{p+q} = \int_P I_Q f(\mathbf{x})\, dV_p = \int_P \left(\int_Q f(\mathbf{x}, \mathbf{y})\, dV_q \right) dV_p.$$

Ist speziell $Q = [a_1, b_1] \times [a_2, b_2] \times \ldots \times [a_n, b_n]$ und $f : Q \to \mathbb{R}$ stetig, so ist

$$\int_Q f(\mathbf{x})\, dV_n = \int_{a_n}^{b_n} \cdots \int_{a_2}^{b_2} \int_{a_1}^{b_1} f(x_1, x_2, \ldots, x_n)\, dx_1\, dx_2 \ldots dx_n.$$

Auch hier kommt es nicht auf die Reihenfolge der Integrationen an.

Als **Normalbereich** wird in diesem Abschnitt eine Menge der Gestalt

$$N = \{(\mathbf{x}, t) \in \mathbb{R}^{n+1} \,:\, \mathbf{x} \in M \text{ und } \varphi(\mathbf{x}) \le t \le \psi(\mathbf{x})\}$$

bezeichnet, wobei $M \subset \mathbb{R}^n$ kompakt und J-messbar ist und $\varphi, \psi : M \to \mathbb{R}$ stetige Funktionen mit $\varphi(\mathbf{x}) \le \psi(\mathbf{x})$ für $\mathbf{x} \in M$ sind. Das Integral einer Funktion über einem Normalbereich lässt sich besonders gut nach folgender Formel berechnen:

$$\int_N f(\mathbf{x}, t)\, dV_{n+1} = \int_M \left(\int_{\varphi(\mathbf{x})}^{\psi(\mathbf{x})} f(\mathbf{x}, t)\, dt \right) dV_n\,.$$

Ergänzungen

I) Zur Riemann'schen Integrationstheorie gehört ein eigener Nullmengen-Begriff.

Definition (Jordan-Nullmenge)

Eine Menge $M \subset \mathbb{R}^n$ heißt eine ***Jordan-Nullmenge***, falls es zu jedem $\varepsilon > 0$ endlich viele abgeschlossene Quader $Q_1, \ldots, Q_N$ gibt, so dass gilt:

$$M \subset Q_1 \cup \ldots \cup Q_N \quad \text{und} \quad \mathrm{vol}_n(Q_1) + \cdots + \mathrm{vol}_n(Q_N) < \varepsilon.$$

2.3.17. Beispiele

A. Jede 1-punktige Menge $\{\mathbf{x}_0\}$ ist eine Jordan-Nullmenge: Zu gegebenem $\varepsilon > 0$ sei Q_ε der Würfel mit Seitenlänge $\sqrt[n]{\varepsilon}$ und Mittelpunkt $\mathbf{x}_0$. Dann ist $\mathbf{x}_0 \in Q_\varepsilon$ und $\mathrm{vol}_n(Q_\varepsilon) = \varepsilon$.

B. Endliche Vereinigungen von Jordan-Nullmengen sind wieder Jordan-Nullmengen. Der Beweis ist trivial.

Da eine Jordan-Nullmenge immer beschränkt ist, kann $\mathbb{Q}$ keine Jordan-Nullmenge sein. Es gilt sogar:

Die Menge $M := \mathbb{Q} \cap [0,1]$ ist keine Jordan-Nullmenge.

Beweis. Angenommen, M ist eine Jordan-Nullmenge. Dann gibt es endlich viele abgeschlossene Intervalle $Q_1, \ldots, Q_N$ mit

$$M \subset Q_1 \cup \ldots \cup Q_N \quad \text{und} \quad \ell(Q_1) + \cdots + \ell(Q_N) < 1/2.$$

Die Menge $C := [0,1] \setminus (Q_1 \cup \ldots \cup Q_N)$ muss mindestens ein Element x_0 enthalten, das sogar in $(0,1)$ liegt. Zu jedem $i \in \{1, \ldots, N\}$ gibt es ein $\delta_i > 0$, so dass $U_{\delta_i}(x_0) \subset (0,1) \setminus Q_i$ ist. Setzt man $\delta := \min(\delta_1, \ldots, \delta_N)$, so ist $U_\delta(x_0) \subset C$, also $U_\delta(x_0) \cap \mathbb{Q} = \varnothing$. Das kann aber nicht sein, weil die rationalen Zahlen dicht in $\mathbb{R}$ liegen. ∎

C. Ist N eine Jordan-Nullmenge und $M \subset N$, so ist auch M eine Jordan-Nullmenge.

D. Ist $N \subset \mathbb{R}^n$ eine Jordan-Nullmenge und $S \subset \mathbb{R}^m$ die Vereinigung von endlich vielen beschränkten Quadern, so ist auch $N \times S$ eine Jordan-Nullmenge im $\mathbb{R}^{n+m}$.

E. Ein stetiger Graph $G_f := \{(\mathbf{x}, f(\mathbf{x})) : \mathbf{x} \in K \subset \mathbb{R}^{n-1}\}$ über einer kompakten Menge K ist eine Jordan-Nullmenge im $\mathbb{R}^n$.

Der Beweis funktioniert genauso wie bei dem entsprechenden Satz in Abschnitt 2.1.

2.3.18. Satz

Sei $M \subset \mathbb{R}^n$ beschränkt. M ist genau dann eine Jordan-Nullmenge, wenn M J-messbar und eine Lebesgue-Nullmenge ist, und es ist dann $\mathrm{vol}_n(M) = 0$.

Beweis: 1) Sei M J-messbar und eine Lebesgue-Nullmenge. M liegt in einem Quader Q, und χ_M ist dann eine beschränkte Funktion auf Q. Nach Satz 2.3.11 ist χ_M Riemann-integrierbar und $\int_Q \chi_M(\mathbf{x})\, dV_n = 0$. Ist ein $\varepsilon > 0$ vorgegeben, so gibt es eine Zerlegung $\mathfrak{Z}$ mit $O(\chi_M, \mathfrak{Z}) < \varepsilon$. Die Zerlegung liefert ein System (Q_j) von Teilquadern von Q, und es ist

$$O(\chi_M, \mathfrak{Z}) = \sum_j (\sup \chi_M|_{Q_j}) \cdot \mathrm{vol}_n(Q_j) = \sum_{Q_j \cap M \neq \varnothing} \mathrm{vol}_n(Q_j).$$

Weil auch $M \subset \bigcup_{Q_j \cap M \neq \varnothing} Q_j$ ist, zeigt das, dass M eine J-Nullmenge ist.

2) Sei umgekehrt vorausgesetzt, dass M eine Jordan-Nullmenge ist. M ist dann erst recht eine Lebesgue-Nullmenge. Und weil man – mit der gleichen Konstruktion wie in (1) – beliebig kleine Obersummen für χ_M finden kann, ist χ_M R-integrierbar und $\int_Q \chi_M(\mathbf{x})\, dV_n = 0$. ∎

II) Der Begriff der Jordan-Messbarkeit kann auch noch etwas anders charakterisiert werden.

Sei $M \subset \mathbb{R}^n$ eine **beschränkte** Menge. Dann gibt es einen abgeschlossenen Quader Q, in dem M enthalten ist, und wir können Zerlegungen $\mathfrak{Z}$ von Q betrachten. Jede solche Zerlegung liefert ein System $(Q_j)_{j \in J}$ von Teilquadern von Q. Sei

$$\begin{aligned} J_i &= J_i(M, \mathfrak{Z}) &&:= \{j \in J : Q_j \subset M\} \\ \text{und } J_a &= J_a(M, \mathfrak{Z}) &&:= \{j \in J : Q_j \cap M \neq \varnothing\}. \end{aligned}$$

Dann setzen wir

$$v_*(M, \mathfrak{Z}) := \sum_{j \in J_i} \mathrm{vol}_n(Q_j)$$

und

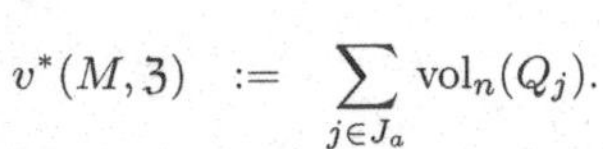

$$v^*(M, \mathfrak{Z}) := \sum_{j \in J_a} \mathrm{vol}_n(Q_j).$$

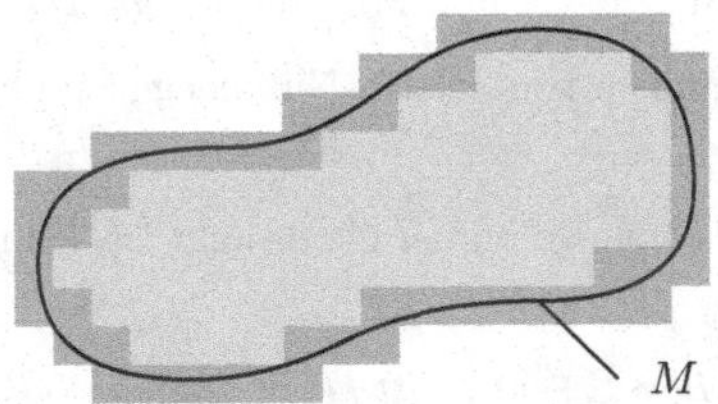

Natürlich ist stets $v_*(M, \mathfrak{Z}) \le v^*(M, \mathfrak{Z})$. Ist M selbst ein **Quader**, so kann man die Zerlegung $\mathfrak{Z}$ so wählen, dass $v_*(M, \mathfrak{Z}) = \mathrm{vol}_n(M) = v^*(M, \mathfrak{Z})$ ist.

Definition (inneres, äußeres und Jordan-Maß)

$$\begin{aligned} v_*(M) &:= \sup_{\mathfrak{Z}} v_*(M, \mathfrak{Z}) \text{ heißt } \textit{inneres Maß} \text{ von } M, \\ \text{und } v^*(M) &:= \inf_{\mathfrak{Z}} v^*(M, \mathfrak{Z}) \text{ heißt } \textit{äußeres Maß} \text{ von } M. \end{aligned}$$

Ist $v_*(M) = v^*(M)$, so heißt der gemeinsame Wert das ***n-dimensionale Jordan-Maß*** von M und soll hier zunächst mit $\mu_n^j(M)$ bezeichnet werden.

Unter einer ***Quadersumme*** wollen wir eine endliche Vereinigung von abgeschlossenen Quadern verstehen. Jede Quadersumme kann so in Teilquader zerlegt werden, dass je zwei verschiedene Teilquader höchstens Randpunkte gemeinsam haben:

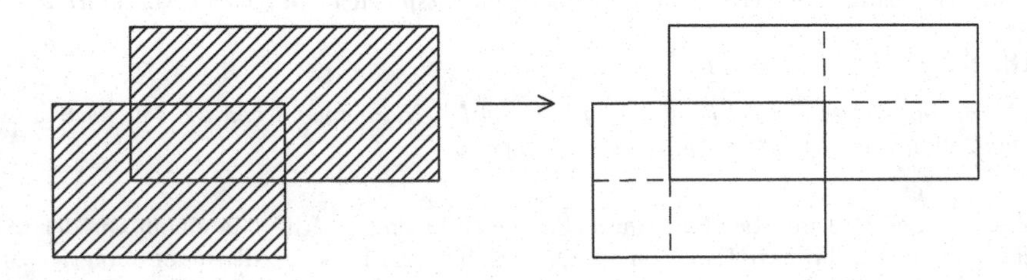

Ist eine Quadersumme S in dieser Art in Teilquader zerlegt, so gewinnt man das Maß $\mu_n^j(S)$ als Summe der Maße aller Teilquader, und es stimmt mit $\mathrm{vol}_n(S)$ überein. Man kann zeigen:

2.3.19. Cauchykriterium für die Existenz des Jordan-Maßes

$v_*(M) = v^*(M)$ gilt genau dann, wenn es zu jedem $\varepsilon > 0$ Quadersummen S,T mit $S \subset M \subset T$ gibt, so dass gilt:

$$\mathrm{vol}_n(T) - \mathrm{vol}_n(S) < \varepsilon.$$

Der BEWEIS ergibt sich aus einer genauen Analyse aller benutzten Begriffe. ■

Sind $M, N \subset \mathbb{R}^n$ zwei beschränkte Mengen mit $N \subset M$, so ist auch

$$v_*(N) \le v_*(M) \text{ und } v^*(N) \le v^*(M).$$

2.3.20. Hilfssatz

Ist $M \subset \mathbb{R}^n$ eine beschränkte Menge, so gilt:

1. *$v_*(M^\circ) = v_*(M)$ und $v^*(M) = v^*(\overline{M})$.*
2. *Es ist $v_*(M) + v^*(\partial M) = v^*(M)$.*

BEWEIS:

Zu (1): Ist T eine Quadersumme, so ist T abgeschlossen, und daher gilt:

$$M \subset T \iff \overline{M} \subset T.$$

Daraus folgt:

$$\begin{aligned} v^*(M) &= \inf\{\mathrm{vol}_n(T) \,:\, T \text{ Quadersumme}, M \subset T\} \\ &= \inf\{\mathrm{vol}_n(T) \,:\, T \text{ Quadersumme}, \overline{M} \subset T\} = v^*(\overline{M}). \end{aligned}$$

Die Aussage über M° ist etwas schwerer zu zeigen. Wir können o.B.d.A. annehmen, dass $v_*(M) > 0$ ist. Ist nun ein $\varepsilon > 0$ vorgegeben, so gibt es eine Quadersumme S mit

$$S \subset M \text{ und } v_*(M) - \mathrm{vol}_n(S) < \varepsilon.$$

Wenn wir alle an S beteiligten Quader ein wenig schrumpfen, so gewinnen wir eine Quadersumme $S' \subset S^\circ \subset M^\circ$ mit $\mathrm{vol}_n(S) - \mathrm{vol}_n(S') < \varepsilon$. Aber dann ist

$$v_*(M) - 2\varepsilon < \mathrm{vol}_n(S) - \varepsilon < \mathrm{vol}_n(S') < v_*(M^\circ).$$

Da ε beliebig klein gewählt werden kann, muss $v_*(M) \le v_*(M^\circ) \le v_*(M)$ sein.

Zu (2): Ist eine Quaderüberdeckung von $\overline{M}$ gegeben, so ist

$$\sum_{Q \subset M^\circ} \mathrm{vol}_n(Q) + \sum_{Q \cap \partial M \neq \varnothing} \mathrm{vol}_n(Q) = \sum_{Q \cap \overline{M} \neq \varnothing} \mathrm{vol}_n(Q).$$

Lässt man die Überdeckungen feiner und feiner werden, so erhält man schließlich:

$$v_*(M^\circ) + v^*(\partial M) = v^*(\overline{M}).$$

Wegen (1) folgt die Behauptung. ■

2.3.21. Folgerung 1 (Charakterisierung Jordan-messbarer Mengen)

Eine beschränkte Menge $M \subset \mathbb{R}^n$ ist genau dann Jordan-messbar, wenn $v_*(M) = v^*(M)$ ist. Und dann ist $\text{vol}_n(M) = v_*(M) = v^*(M) = \mu_n^j(M)$.

BEWEIS: 1) M ist in einem Quader Q enthalten. Ist nun M J-messbar, so ist χ_M R-integrierbar, und zu jedem $\varepsilon > 0$ gibt es eine Zerlegung $\mathfrak{Z}$ von Q, so dass $O(\chi_M, \mathfrak{Z}) - U(\chi_M, \mathfrak{Z}) < \varepsilon$ ist. Weil es dann jeweils Quadersummen S und T mit $U(\chi_M, \mathfrak{Z}) = \text{vol}_n(S)$, $O(\chi_M, \mathfrak{Z}) = \text{vol}_n(T)$ und $S \subset M \subset T$ gibt, ist $v_*(M) = v^*(M)$.

2) Ist umgekehrt $v_*(M) = v^*(M)$, so gilt nach dem Hilfssatz: $v^*(\partial M) = v^*(M) - v_*(M) = 0$. Also ist ∂M eine Jordan-Nullmenge und damit auch eine Lebesgue-Nullmenge. Das bedeutet, dass M Jordan-messbar ist. ■

2.3.22. Folgerung 2

Ist M J-messbar, so sind auch M° und $\overline{M}$ J-messbar, und es ist

$$\text{vol}_n(M) = \text{vol}_n(M^\circ) = \text{vol}_n(\overline{M}).$$

BEWEIS:

Es ist $M^\circ \subset M \subset \overline{M}$, also $v_*(M^\circ) = v_*(M) \le v_*(\overline{M})$ und $v^*(M^\circ) \le v^*(M) = v^*(\overline{M})$.

Da M J-messbar ist, ist $v_*(M) = v^*(M)$. Setzt man das ein, so erhält man:

$$v^*(M^\circ) \le v^*(M) = v_*(M) = v_*(M^\circ) \quad \text{und} \quad v^*(\overline{M}) = v^*(M) = v_*(M) \le v_*(\overline{M}),$$

also $v_*(M^\circ) = v^*(M^\circ)$ und $v_*(\overline{M}) = v^*(\overline{M})$. Das war zu zeigen. ■

2.3.23. Folgerung 3

Ist $M \subset \mathbb{R}^n$ Jordan-messbar, so ist M auch Lebesgue-messbar, und es ist $\text{vol}_n(M) = \mu_n(M)$.

Der BEWEIS ist trivial.

Sind A, B zwei beliebige Mengen, so ist

$$\partial(A \cap B) \subset \partial A \cup \partial B, \quad \partial(A \cup B) \subset \partial A \cup \partial B \quad \text{und} \quad \partial(A \setminus B) \subset \partial A \cup \partial B.$$

Sind A und B J-messbar, so sind auch $A \cap B, A \cup B$ und $A \setminus B$ J-messbar.

2.3.24. Satz

Sei $M \subset \mathbb{R}^n$ J-messbar. Ist f über M integrierbar, so gilt:

$$\left|\int_M f(\mathbf{x})\, dV_n\right| \le \int_M |f(\mathbf{x})|\, dV_n \le \sup_M |f| \cdot \text{vol}_n(M).$$

Auf den sehr einfachen Beweis verzichten wir hier.

2.3.25. Mittelwertsatz der Integralrechnung

Sei $Q \subset \mathbb{R}^n$ ein abgeschlossener Quader und $f : Q \to \mathbb{R}$ stetig. Dann gibt es einen Punkt $\mathbf{p} \in Q$, so dass $\int_Q f(\mathbf{x})\, dV_n = f(\mathbf{p}) \cdot \text{vol}_n(Q)$ ist.

BEWEIS: Ist $\mathrm{vol}_n(Q) = 0$, so ist die Aussage trivial. Sei also $\mathrm{vol}_n(Q) > 0$.

Weil Q kompakt und f auf Q stetig ist, werden die Werte $c := \inf_Q f$ und $C := \sup_Q f$ in Punkten $\mathbf{x}_0, \mathbf{y}_0 \in Q$ angenommen, und es ist

$$c \leq \frac{1}{\mathrm{vol}_n(Q)} \cdot \int_Q f(\mathbf{x})\, dV_n \leq C.$$

Es gibt einen stetigen Weg $\boldsymbol{\alpha} : [0,1] \to Q$ mit $\boldsymbol{\alpha}\big((0,1)\big) \subset Q^\circ$, $\boldsymbol{\alpha}(0) = \mathbf{x}_0$ und $\boldsymbol{\alpha}(1) = \mathbf{y}_0$. Dann ist $f \circ \boldsymbol{\alpha}(0) = c$ und $f \circ \boldsymbol{\alpha}(1) = C$. Nach dem Zwischenwertsatz gibt es ein $t \in (0,1)$ mit

$$f \circ \boldsymbol{\alpha}(t) = \frac{1}{\mathrm{vol}_n(Q)} \cdot \int_Q f(\mathbf{x})\, dV_n.$$

Der Punkt $\mathbf{p} := f \circ \boldsymbol{\alpha}(t)$ hat dann die gewünschte Eigenschaft. ∎

III) Wir holen nun den Beweis des Lebesgue'schen Integrierbarkeitskriteriums nach. Dafür benötigen wir den folgenden

2.3.26. Satz

Sei $M \subset \mathbb{R}^n$ abgeschlossen und $f : M \to \mathbb{R}$ beschränkt. Dann ist $M_\varepsilon := \{\mathbf{x} \in M \,:\, o(f,\mathbf{x}) \geq \varepsilon\}$ für jedes $\varepsilon > 0$ eine abgeschlossene Menge.

BEWEIS: Es ist zu zeigen, dass $\mathbb{R}^n \setminus M_\varepsilon$ offen ist. Dazu sei $\mathbf{x}_0 \in \mathbb{R}^n \setminus M_\varepsilon$ ein beliebiger Punkt.

1. Fall: Liegt $\mathbf{x}_0$ nicht in der abgeschlossenen Menge M, so gibt es eine Umgebung $U = U(\mathbf{x}_0) \subset \mathbb{R}^n \setminus M \subset \mathbb{R}^n \setminus M_\varepsilon$.

2. Fall: Sei $\mathbf{x}_0 \in M \setminus M_\varepsilon$. Dann ist $o(f,\mathbf{x}_0) < \varepsilon$ und es gibt ein $\delta > 0$, so dass $M_{\mathbf{x}_0}(f,\delta) - m_{\mathbf{x}_0}(f,\delta) < \varepsilon$ ist. Ist $\mathbf{y} \in B_\delta(\mathbf{x}_0) \cap M$, so gibt es ein $r > 0$, so dass $B_r(\mathbf{y}) \subset B_\delta(\mathbf{x}_0)$ ist. Dann ist

$$\begin{aligned} M_{\mathbf{y}}(f,r) &= \sup\{f(\mathbf{x}) \,:\, \mathbf{x} \in B_r(\mathbf{y}) \cap M\} &\leq& \sup\{f(\mathbf{x}) \,:\, \mathbf{x} \in B_\delta(\mathbf{x}_0) \cap M\} = M_{\mathbf{x}_0}(f,\delta) \\ \text{und } m_{\mathbf{y}}(f,r) &= \inf\{f(\mathbf{x}) \,:\, \mathbf{x} \in B_r(\mathbf{y}) \cap M\} &\geq& \inf\{f(\mathbf{x}) \,:\, \mathbf{x} \in B_\delta(\mathbf{x}_0) \cap M\} = m_{\mathbf{x}_0}(f,\delta), \end{aligned}$$

also $o(f,\mathbf{y}) = \lim_{r \to 0}\big(M_{\mathbf{y}}(f,r) - m_{\mathbf{y}}(f,r)\big) \leq o(f,\mathbf{x}_0) < \varepsilon$. Daher liegt $B_\delta(\mathbf{x}_0)$ in $\mathbb{R}^n \setminus M_\varepsilon$. ∎

2.3.27. Lebesgue'sches Integrierbarkeitskriterium

Eine beschränkte Funktion $f : Q \to \mathbb{R}$ ist genau dann Riemann-integrierbar, wenn f fast überall stetig ist.

BEWEIS: Sei $N := \{\mathbf{x} \in Q \,:\, f \text{ nicht stetig in } \mathbf{x}\}$.

1) Sei N eine Nullmenge. Wir wollen zeigen, dass f das Darboux-Kriterium erfüllt. Dazu sei ein $\varepsilon > 0$ vorgegeben.

Die Menge $N_\varepsilon := \{\mathbf{x} \in N \,:\, o(f,\mathbf{x}) \geq \varepsilon\} = \{\mathbf{x} \in Q \,:\, o(f,\mathbf{x}) \geq \varepsilon\}$ ist natürlich auch eine Nullmenge. Außerdem ist sie als abgeschlossene Teilmenge eines kompakten Quaders selbst kompakt. $Q \setminus N_\varepsilon$ kann noch Unstetigkeitsstellen von f enthalten, aber f oszilliert dort nur noch wenig.

Man kann eine Folge von **offenen** Quadern Q_i finden, die N_ε überdecken und deren Gesamtvolumen $< \varepsilon$ ist. Wegen der Kompaktheit gibt es eine endliche Teilüberdeckung $\{Q_1, \ldots, Q_N\}$ von N_ε mit $\sum_{i=1}^N \mathrm{vol}_n(Q_i) < \varepsilon$. Nun konstruiere man eine Zerlegung $\mathfrak{Z}$ von Q, so dass für die **abgeschlossenen** Teilquader P von $\mathfrak{Z}$ gilt:

- Entweder ist $P \cap N_\varepsilon \neq \varnothing$, und P liegt in einem $\overline{Q}_i$,
- oder es ist $P \cap N_\varepsilon = \varnothing$.

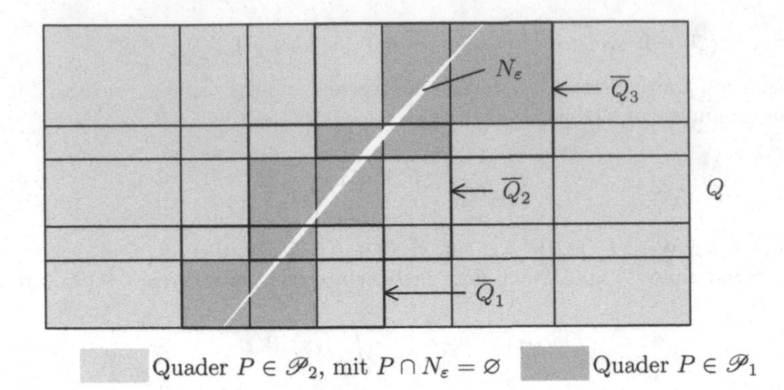

Quader $P \in \mathscr{P}_2$, mit $P \cap N_\varepsilon = \varnothing$ Quader $P \in \mathscr{P}_1$

Die Teilquader von $\mathfrak{Z}$ bilden ein endliches System $\mathscr{P}$ von abgeschlossenen Quadern. Die Quader der ersten Kategorie bilden ein Teilsystem $\mathscr{P}_1 \subset \mathscr{P}$, und dann sei $\mathscr{P}_2 := \mathscr{P} \setminus \mathscr{P}_1$ das System der Quader der zweiten Kategorie.

Ist $|f(\mathbf{x})| < C$ auf Q, so ist $\sup_P f - \inf_P f < 2C$ für jeden Teilquader $P \in \mathscr{P}$, und daher

$$\sum_{P \in \mathscr{P}_1} \big(\sup_P f - \inf_P f\big) \operatorname{vol}_n(P) < 2C \cdot \sum_{i=1}^N \operatorname{vol}_n(Q_i) < 2C \cdot \varepsilon.$$

Für $P \in \mathscr{P}_2$ und $\mathbf{x} \in P$ ist $o(f, \mathbf{x}) < \varepsilon$. Nach Lemma 2.3.4 gibt es dann jeweils eine Zerlegung $\mathfrak{Z}_P$ von P, so dass gilt:

$$O(f|_P, \mathfrak{Z}_P) - U(f|_P, \mathfrak{Z}_P) < \varepsilon \cdot \operatorname{vol}_n(P).$$

Nun sei $\mathfrak{Z}'$ die gemeinsame Verfeinerung von $\mathfrak{Z}$ und allen $\mathfrak{Z}_P$. Das zugehörige System $\mathscr{P}'$ von Teilquadern kann folgendermaßen zerlegt werden:

$$\begin{aligned} \mathscr{P}'_1 &:= \{T \in \mathscr{P}' : \exists\, P \in \mathscr{P}_1 \text{ mit } T \subset P\} \\ \text{und} \quad \mathscr{P}'_2 &:= \{T \in \mathscr{P}' : \exists\, P \in \mathscr{P}_2 \text{ mit } T \subset P\} = \mathscr{P}' \setminus \mathscr{P}'_1. \end{aligned}$$

Dann ist

$$\sum_{T \in \mathscr{P}'_1} \big(\sup_T f - \inf_T f\big) \operatorname{vol}_n(T) < 2C \cdot \varepsilon$$

und

$$\begin{aligned} \sum_{T \in \mathscr{P}'_2} \big(\sup_T f - \inf_T f\big) \operatorname{vol}_n(T) &= \sum_{P \in \mathscr{P}_2} \sum_{T \in \mathscr{P}_P} \big(\sup_T f - \inf_T f\big) \operatorname{vol}_n(T) \\ &= \sum_{P \in \mathscr{P}_2} \big(O(f|_P, \mathfrak{Z}_P) - U(f|_P, \mathfrak{Z}_P)\big) \\ &< \varepsilon \cdot \sum_{P \in \mathscr{P}_2} \operatorname{vol}_n(P) \leq \varepsilon \cdot \operatorname{vol}_n(Q), \end{aligned}$$

also $O(f, \mathfrak{Z}') - U(f, \mathfrak{Z}') < \varepsilon \cdot (2C + \operatorname{vol}_n(Q))$. Da C und $\operatorname{vol}_n(Q)$ konstant sind und ε beliebig klein gewählt werden kann, folgt aus dem Darboux-Kriterium, dass f Riemann-integrierbar ist.

2) Nun sei umgekehrt vorausgesetzt, dass f Riemann-integrierbar ist. Es ist

$$N = \{\mathbf{x} \in Q : o(f, \mathbf{x}) > 0\} = N_1 \cup N_{1/2} \cup N_{1/3} \cup \ldots,$$

und daher genügt es zu zeigen, dass $N_{1/n}$ für jedes $n \in \mathbb{N}$ eine Nullmenge ist.

Sei $\varepsilon > 0$ vorgegeben. Nach Darboux gibt es eine Zerlegung $\mathfrak{Z}$ von Q mit $O(f, \mathfrak{Z}) - U(f, \mathfrak{Z}) < \varepsilon/n$.

Sei $\mathscr{P}$ das System aller Teilquader P von $\mathfrak{Z}$ mit $P \cap N_{1/n} \neq \varnothing$. Diese Quader überdecken $N_{1/n}$, und für alle $P \in \mathscr{P}$ ist $\sup_P f - \inf_P f \geq 1/n$. Daher gilt:

$$\frac{1}{n} \sum_{P \in \mathscr{P}} \text{vol}_n(P) \leq \sum_{P \in \mathscr{P}} (\sup_P f - \inf_P f) \cdot \text{vol}_n(P) \leq \sum_{P \in \mathfrak{Z}} (\sup_P f - \inf_P f) \cdot \text{vol}_n(P) < \frac{\varepsilon}{n},$$

also $\sum_{P \in \mathscr{P}} \text{vol}_n(P) < \varepsilon$. Das heißt, dass $N_{1/n}$ eine Nullmenge ist. ∎

IV) Jeder Vergleich zwischen dem Riemann'schen und dem Lebesgue'schen Integral muss natürlich hinken, weil das Riemann'sche Integral nur für beschränkte Funktionen auf einem Quader definiert ist. Für einen echten Vergleich braucht man den Begriff des uneigentlichen Riemann-Integrals für Funktionen auf dem $\mathbb{R}^n$.

Definition (Uneigentliches Riemann'sches Integral, $f \geq 0$)

Sei $f : \mathbb{R}^n \to \mathbb{R}$ eine beschränkte Funktion, $f(\mathbf{x}) \geq 0$ für alle $\mathbf{x} \in \mathbb{R}^n$. f heißt ***uneigentlich integrierbar***, falls gilt:

1. Für jeden kompakten Quader $Q \subset \mathbb{R}^n$ ist $f|_Q$ (Riemann-)integrierbar.
2. Es existiert $A := \sup\{\int_Q f(\mathbf{x})\, dV_n \,:\, Q$ kompakter Quader im $\mathbb{R}^n\}$.

Die Zahl $\int f(\mathbf{x})\, dV_n := A$ heißt dann das ***uneigentliche Riemann'sche Integral*** von f.

Definition (uneigentliches Integral, f beliebig)

Sei $f : \mathbb{R}^n \to \mathbb{R}$ eine beliebige beschränkte Funktion. f heißt ***uneigentlich integrierbar***, falls $f^+ = \max(f, 0)$ und $f^- = \max(-f, 0)$ uneigentlich integrierbar sind. Man nennt dann $\int f(\mathbf{x})\, dV_n := \int f^+(\mathbf{x})\, dV_n - \int f^-(\mathbf{x})\, dV_n$ das ***uneigentliche Riemann'sche Integral*** von f.

Bemerkung: Uneigentliche Riemann'sche Integrale von unbeschränkten Funktionen werden an späterer Stelle behandelt.

2.3.28. Zur Existenz des uneigentlichen Integrals

Sei $f : \mathbb{R}^n \to \mathbb{R}$ eine beschränkte Funktion, die über jedem kompakten Quader $Q \subset \mathbb{R}^n$ Riemann-integrierbar ist. Für $N \in \mathbb{N}$ sei

$$Q_N := \{\mathbf{x} = (x_1, \ldots, x_n) \in \mathbb{R}^n \,:\, |x_i| \leq N \text{ für alle } i\}.$$

f ist genau dann uneigentlich integrierbar, wenn die Folge der Integrale $\int_{Q_N} |f(\mathbf{x})|\, dV_n$ nach oben beschränkt ist. Ist dies der Fall, so ist

$$\int f(\mathbf{x})\, dV_n = \lim_{N \to \infty} \int_{Q_N} f(\mathbf{x})\, dV_n.$$

BEWEIS: 1) Sei $f \geq 0$, also $|f| = f$. Zunächst sei das Kriterium erfüllt und $\int_{Q_N} |f(\mathbf{x})|\, dV_n \leq C$ für alle N. Ist Q ein beliebiger Quader, so liegt Q in einem Quader Q_N. Dann ist auch

$$\int_Q f(\mathbf{x})\, dV_n = \int_Q |f(\mathbf{x})|\, dV_n \leq \int_{Q_N} |f(\mathbf{x})|\, dV_n \leq C.$$

Das zeigt die uneigentliche Integrierbarkeit von f. Und die umgekehrte Richtung folgt ganz einfach mit dem Satz von der monotonen Konvergenz.

2) Sei nun f beliebig. Dann ist

$$0 \leq f^+ \leq |f|, \quad 0 \leq f^- \leq |f| \quad \text{und} \quad |f| = f^+ + f^-, \text{ sowie } f = f^+ - f^-.$$

Ist das Kriterium erfüllt und $\int_{Q_N} |f(\mathbf{x})| \, dV_n \leq C$ für alle N, so ist auch

$$\int_{Q_N} f^+(\mathbf{x}) \, dV_n \leq C \quad \text{und} \quad \int_{Q_N} f^-(\mathbf{x}) \, dV_n \leq C$$

für alle N. Daraus folgt – wie in (1) – die uneigentliche Integrierbarkeit von f^+ und f^- und damit auch die von f.

Ist umgekehrt f uneigentlich integrierbar, so gibt es Konstanten C_1 und C_2, so dass

$$\int_{Q_N} f^+(\mathbf{x}) \, dV_n \leq C_1 \quad \text{und} \quad \int_{Q_N} f^-(\mathbf{x}) \, dV_n \leq C_2$$

für alle N gilt. Da $\int_{Q_N} |f(\mathbf{x})| \, dV = \int_{Q_N} f^+(\mathbf{x}) \, dV_n + \int_{Q_N} f^-(\mathbf{x}) \, dV_n$ ist, erfüllt f das Kriterium.

3) Ist schon bekannt, dass f uneigentlich integrierbar ist, so folgt die Formel

$$\int f(\mathbf{x}) \, dV_n = \lim_{N \to \infty} \int_{Q_N} f(\mathbf{x}) \, dV_n$$

recht leicht. Dabei können wir uns auf den Fall $f \geq 0$ beschränken. Da jeder Quader Q in einem Q_N liegt, ist $\sup_Q \int_Q f(\mathbf{x}) \, dV_n = \lim_{N \to \infty} \int_{Q_N} f(\mathbf{x}) \, dV_n$. ∎

Offensichtlich gilt nun:

2.3.29. Folgerung

Eine Funktion f ist genau dann uneigentlich integrierbar, wenn $|f|$ uneigentlich integrierbar ist.

Hier verhält sich das (uneigentliche) Riemann-Integral anders als das Lebesgue-Integral. Ist nämlich $|f|$ integrierbar im Sinne von Lebesgue, so kann man nicht zeigen, dass f selbst integrierbar ist. Ein Gegenbeispiel werden wir in den späteren Abschnitten angeben.

Zu Anfang dieses Abschnittes wurde hervorgehoben, dass die Definition des Riemann-Integrals einfacher und anschaulicher als die des Lebesgue-Integrals ist. Aber nach der Einführung der mehrdimensionalen uneigentlichen Integrale hat das Riemann-Integral doch etwas von seiner Unschuld verloren. Die Riemann'sche Theorie wird hier unübersichtlicher und weniger trivial, vor allem auch wegen der vielen verschiedenen Fälle, von denen wir noch nicht einmal alle behandelt haben. In den Ergänzungsbereichen der kommenden Abschnitte wird der Vergleich noch etwas weiter verfolgt werden.

2.3.30. Aufgaben

A. Sei $f : [0,1] \times [0,1] \to \mathbb{R}$ definiert durch

$$f(x,y) := \begin{cases} 0 & \text{falls } x < y, \\ 1 & \text{sonst.} \end{cases}$$

Zeigen Sie, dass f Riemann-integrierbar ist, und berechnen Sie das Integral.

B. Sei $M \subset \mathbb{R}^n$ eine beschränkte Menge. Zeigen Sie: Ist M eine Lebesgue-Nullmenge, so braucht $\overline{M}$ keine Lebesgue-Nullmenge zu sein.

C. Sei $Q = [a_1, b_1] \times \ldots \times [a_n, b_n]$ ein kompakter Quader. Ist $\mathfrak{Z}$ eine Zerlegung von Q, so bezeichnen wir für jeden Teilquader $Q_{j_1 j_2 \ldots j_n} = [x_{j_1 - 1}, x_{j_1}] \times \ldots \times [x_{j_n - 1}, x_{j_n}]$ den Mittelpunkt dieses Teilquaders mit $\boldsymbol{\xi}_{j_1 j_2 \ldots j_n}(\mathfrak{Z})$. Zeigen Sie: Ist $f : Q \to \mathbb{R}$ Riemann-integrierbar, so gibt es zu jedem $\varepsilon > 0$ eine Zerlegung $\mathfrak{Z}$ von Q mit

$$\Big| \sum_{j_1, \ldots, j_n} f(\boldsymbol{\xi}_{j_1 j_2 \ldots j_n}(\mathfrak{Z})) \cdot (x_{j_1} - x_{j_1 - 1}) \cdots (x_{j_n} - x_{j_n - 1}) - \int_Q f(\mathbf{x})\, dV_n \Big| < \varepsilon .$$

Das ist die Approximation des Integrals durch Riemann'sche Summen im Mehrdimensionalen.

D. Sei $Q := [0, 2] \times [1, 2]$ und $f : Q \to \mathbb{R}$ definiert durch $f(x, y) := x - 3y^2$. Berechnen Sie die Approximation des Integrals $\int_Q f(x, y)\, dV_2$ durch Riemann'sche Summen, indem Sie jede Seite von Q in zwei gleich große Teile zerlegen (also Q in vier Teile). Vergleichen Sie das Ergebnis mit dem exakten Wert -12.

E. Sei $D = D_r(\mathbf{x}_0)$ eine Kreisscheibe mit Radius $r > 0$ im $\mathbb{R}^2$. Zeigen Sie, dass D J-messbar und $\text{vol}_2(D) = r^2 \pi$ ist.

F. Sei $f : [a, b] \to \mathbb{R}$ eine stetige Funktion, $0 \le f(t) \le C$ für alle $t \in [a, b]$. Zeigen Sie mit Hilfe der vorigen Aufgabe und dem Satz von Fubini, dass der Rotationskörper

$$R := \{(x, y, z) \in \mathbb{R}^3 \, : \, 0 \le \sqrt{x^2 + y^2} \le f(z)\}$$

J-messbar ist, und beweisen Sie die Formel $\text{vol}_3(R) = \pi \int_a^b f(z)^2\, dz$.

G. Berechnen Sie $\int_Q y \sin(xy)\, dV_2$ für $Q := [1, 2] \times [0, \pi]$.

H. Sei $Q := [-1, 1] \times [-2, 2]$ und

$$G := \{(x, y, z) \, : \, (x, y) \in Q \text{ und } 0 \le z \le 6 - x^2 - y^2\}.$$

Berechnen Sie $\text{vol}_3(G)$

I. Sei $G := \{(x, y, z) \, : \, x \ge 0, \; y \le 0, \; 0 \le z \le 1 - x - y\}$. Berechnen Sie $\text{vol}_3(G)$.

J. Sei $M := \{\mathbf{x} \in \mathbb{R}^3 \, : \, \|\mathbf{x}\| \le 1, \; x, y, z \ge 0\}$. Berechnen Sie $\int_M z\, dV_3$.

K. Beweisen Sie das **Prinzip von Cavalieri**: $M \subset \mathbb{R}^{n+1}$ sei J-messbar, und für jedes $t \in \mathbb{R}$ sei $M_t := \{\mathbf{x} \in \mathbb{R}^n \, : \, (\mathbf{x}, t) \in M\}$ leer oder J-messbar. Dann ist $t \mapsto \text{vol}_n(M_t)$ auf einem geeigneten Intervall $[a, b]$ R-integrierbar, und es ist $\text{vol}_{n+1}(M) = \int_a^b \text{vol}_n(M_t)\, dt$. Dabei sei $\text{vol}_n(\varnothing) = 0$.

L. Sei $M \subset \mathbb{R}^n$ J-messbar und $r > 0$. Zeigen Sie: Auch $rM := \{r\mathbf{x} \, : \, \mathbf{x} \in M\}$ ist J-messbar, und es ist $\text{vol}_n(rM) = r^n \cdot \text{vol}_n(M)$.

2.4 Grenzwertsätze

Zur Einführung: Konvergiert eine Folge von stetigen Funktionen $f_n : [a,b] \to \mathbb{R}$ gleichmäßig gegen eine (dann ebenfalls) stetige Funktion $f : [a,b] \to \mathbb{R}$, so ist

$$\lim_{n\to\infty} \int_a^b f_n(t)\, dt = \int_a^b f(t)\, dt.$$

Das wurde in Band 1 (4.1.7) gezeigt. Fordert man hingegen nur die punktweise Konvergenz der Funktionenfolge, so muss man die Integrierbarkeit der Grenzfunktion voraussetzen, und die Folge muss gleichmäßig beschränkt sein.

Die Stärke der Lebesgue-Theorie offenbart sich in sehr viel weiter gehenden Grenzwertsätzen. Man betrachtet Funktionenfolgen, die nur fast überall punktweise konvergieren, und die Integrierbarkeit der Grenzfunktion braucht nicht vorausgesetzt zu werden. Außerdem brauchen weder der Definitionsbereich, noch die Funktionen selbst beschränkt zu sein.

Eine integrierbare Funktion sollte bis jetzt reellwertig sein. Künftig wird aber auch eine Funktion $f : \mathbb{R}^n \to \overline{\mathbb{R}}$, die fast überall mit einer integrierbaren Funktion g übereinstimmt, ***integrierbar*** genannt werden. Man setzt dann $\int f\, d\mu_n := \int g\, d\mu_n$. Es ist klar, dass f in diesem Fall höchstens auf einer Nullmenge die Werte $\pm\infty$ annehmen kann.

Eine integrierbare Funktion ist definitionsgemäß Differenz zweier Funktionen aus $\mathscr{L}^+$. Wir zeigen jetzt, dass dabei noch weitere Bedingungen erfüllt werden können. Dieses Resultat brauchen wir in den nächsten Beweisen.

2.4.1. Hilfssatz

Ist $f \in \mathscr{L}^1$ und $\varepsilon > 0$, so gibt es Funktionen $f_1, f_2 \in \mathscr{L}^+$, so dass gilt:

1. $f = f_1 - f_2$.
2. $f_2 \geq 0$ *und* $I(f_2) < \varepsilon$.

Ist $f \geq 0$, so kann auch $f_1 \geq 0$ gewählt werden.

BEWEIS: Es gibt Funktionen $g, h \in \mathscr{L}^+$, so dass $f = g - h$ ist. Wir wählen eine monoton wachsende Folge (h_ν) von Treppenfunktionen, die fast überall gegen h konvergiert, so dass auch die Integrale $I(h_\nu)$ gegen $I(h)$ konvergieren.

Die Funktionen $g - h_\nu$ und $h - h_\nu$ gehören wieder zu $\mathscr{L}^+$, außerdem ist $h - h_\nu \geq 0$. Zu dem vorgegebenen ε gibt es ein ν_0, so dass $I(h - h_{\nu_0}) < \varepsilon$ ist. Dann setzen wir einfach $f_1 := g - h_{\nu_0}$ und $f_2 := h - h_{\nu_0}$. Offensichtlich ist $f_1 - f_2 = g - h = f$. Ist zusätzlich $f \geq 0$, so ist auch $f_1 = f + f_2 \geq 0$. ∎

2.4.2. Satz von Beppo Levi

Gegeben sei eine Folge (f_ν) von Funktionen aus $\mathscr{L}^1$, für alle ν gelte fast überall $f_\nu \geq 0$. Konvergiert die Reihe der Integrale $\sum_{\nu=1}^\infty \int f_\nu \, d\mu_n$, so konvergiert die Funktionenreihe $\sum_{\nu=1}^\infty f_\nu$ fast überall (punktweise) gegen eine Funktion $f \in \mathscr{L}^1$, und es gilt:

$$\int f \, d\mu_n = \sum_{\nu=1}^\infty \int f_\nu \, d\mu_n.$$

BEWEIS: Für alle ν gibt es Funktionen $g_\nu, h_\nu \in \mathscr{L}^+$, so dass gilt:

$$g_\nu, h_\nu \geq 0, \; f_\nu = g_\nu - h_\nu \quad \text{und} \quad I(h_\nu) < 2^{-\nu}.$$

Die Funktionen $H_m := \sum_{\nu=1}^m h_\nu$ liegen in $\mathscr{L}^+$ und bilden eine monoton wachsende Folge. Außerdem ist

$$I(H_m) < \sum_{\nu=1}^m \frac{1}{2^\nu} < \sum_{\nu=1}^\infty \frac{1}{2^\nu} = 1.$$

Nach 2.2.3 (Seite 188) konvergiert (H_m) fast überall gegen eine Funktion $H \in \mathscr{L}^+$, und die Folge der Integrale $I(H_m)$ konvergiert gegen $I(H)$.

Für die ebenfalls monoton wachsende Folge der Funktionen $G_m = \sum_{\nu=1}^m g_\nu$ gilt:

$$I(G_m) = I(H_m) + \int \sum_{\nu=1}^m f_\nu \, d\mu_n \leq 1 + \sum_{\nu=1}^\infty \int f_\nu \, d\mu_n < \infty.$$

Also konvergiert (G_m) fast überall gegen eine Funktion $G \in \mathscr{L}^+$, und es ist $I(G) = \lim_{m\to\infty} I(G_m)$. Nun liegt $f := G - H$ in $\mathscr{L}^1$, und es ist $\int f \, d\mu_n = I(G) - I(H)$, also

$$\begin{aligned}\int f \, d\mu_n &= \lim_{m\to\infty} \int \sum_{\nu=1}^m g_\nu \, d\mu_n - \lim_{m\to\infty} \int \sum_{\nu=1}^m h_\nu \, d\mu_n \\ &= \lim_{m\to\infty} \sum_{\nu=1}^m \int f_\nu \, d\mu_n = \sum_{\nu=1}^\infty \int f_\nu \, d\mu_n.\end{aligned}$$

Die Folge der Partialsummen $\sum_{\nu=1}^m f_\nu = \sum_{\nu=1}^m g_\nu - \sum_{\nu=1}^m h_\nu = G_m - H_m$ konvergiert fast überall gegen $G - H = f$. ∎

2.4.3. Levi's Satz von der monotonen Konvergenz

Gegeben sei eine Folge (f_ν) von Funktionen aus $\mathscr{L}^1$, die fast überall monoton wächst. Ist die Folge der Integrale $\int f_\nu \, d\mu_n$ nach oben beschränkt, so konvergiert (f_ν) fast überall gegen eine Funktion $f \in \mathscr{L}^1$, und es ist

$$\int f \, d\mu_n = \lim_{\nu\to\infty} \int f_\nu \, d\mu_n.$$

BEWEIS: Wir verwenden den Satz von Beppo Levi. Dazu sei

$$g_1 := f_1 \quad \text{und } g_\nu := f_\nu - f_{\nu-1} \text{ für } \nu \geq 2.$$

Dann ist $f_m = \sum_{\nu=1}^m g_\nu$, und weil die Folge (f_ν) monoton wächst, sind alle $g_\nu \geq 0$. Jetzt ist

$$\sum_{\nu=1}^m \int g_\nu \, d\mu_n = \int \sum_{\nu=1}^m g_\nu \, d\mu_n = \int f_m \, d\mu_n,$$

und die rechte Seite bleibt beschränkt. Nach Beppo Levi konvergiert die Reihe $\sum_{\nu=1}^\infty g_\nu$ (und damit die Folge (f_m)) fast überall gegen eine Funktion $f \in \mathscr{L}^1$. Außerdem ist

$$\int f \, d\mu_n = \sum_{\nu=1}^\infty \int g_\nu \, d\mu_n = \lim_{m\to\infty} \int \sum_{\nu=1}^m g_\nu \, d\mu_n = \lim_{m\to\infty} \int f_m \, d\mu_n.$$

■

Bemerkung: Ein analoger Satz gilt für monoton fallende Folgen von Funktionen, deren Integrale nach unten beschränkt sind.

2.4.4. Integrale stetiger Funktionen

Sei $I = [a,b] \subset \mathbb{R}$ ein abgeschlossenes Intervall, $f : I \to \mathbb{R}$ stetig und $\widehat{f}$ die triviale Fortsetzung auf $\mathbb{R}$. Dann ist $\widehat{f}$ Lebesgue-integrierbar und $\int \widehat{f} \, d\mu_1 = \int_a^b f(x)\, dx$.

BEWEIS: Man kann eine Folge (h_ν) von Treppenfunktionen finden, die fast überall monoton wachsend gegen $\widehat{f}$ konvergiert und deren Integrale Untersummen von f sind. Also ist $\widehat{f} \in \mathscr{L}^+$ (vgl. 2.2.6, Aufgabe A, Seite 192) und erst recht integrierbar. Außerdem ist $\int \widehat{f} \, d\mu_1 = \lim_{\nu\to\infty} I(h_\nu) = \int_a^b f(x)\, dx$. ■

2.4.5. Beispiel

Sei $f_n(x) := \dfrac{1}{1+x^2} \cdot \chi_{[-n,n]}$. Dann sind alle f_n integrierbar, und (f_n) konvergiert monoton wachsend gegen $f(x) := 1/(1+x^2)$. Außerdem ist

$$\int f_n \, d\mu_1 = \int_{-n}^n f_n(x)\, dx = \arctan(n) - \arctan(-n) = 2\arctan(n) \leq \pi.$$

Nach Levi's Satz von der monotonen Konvergenz ist f integrierbar und

$$\int f \, d\mu_1 = \lim_{n\to\infty} \int f_n \, d\mu_1 = \lim_{n\to\infty} 2\arctan(n) = \pi.$$

2.4.6. Folgerung aus den Levi'schen Sätzen

Ist $f \in \mathscr{L}^1$ und $\int |f|\, d\mu_n = 0$, so ist $f = 0$ fast überall.

BEWEIS: Die Folge $g_\nu := \nu \cdot |f|$ ist monoton wachsend, alle g_ν sind integrierbar und die Folge der Integrale

$$\int g_\nu \, d\mu_n = \nu \cdot \int |f| \, d\mu_n = 0$$

ist beschränkt. Also konvergiert (g_ν) fast überall gegen eine Funktion $g \in \mathscr{L}^1$. Die Funktion g kann nur auf einer Nullmenge den Wert $+\infty$ annehmen. Ist aber $f(x) \neq 0$, so konvergiert $\nu \cdot |f(x)|$ gegen $+\infty$. Also gilt $f = 0$ fast überall. ∎

Bemerkung: Wir haben im Beweis nur die Integrierbarkeit von $|f|$ gebraucht. Die Integrierbarkeit von f ergibt sich hinterher automatisch, da f fast überall mit der integrierbaren Nullfunktion übereinstimmt.

Levi's Satz von der monotonen Konvergenz ist bestechend klar und einfach. Manchmal kann es allerdings lästig sein, die Monotonie nachzuweisen. Beim stärksten der Konvergenzsätze kann man auf die Monotonie verzichten, muss dann aber naturgemäß die Konvergenz der Funktionenfolge fordern.

Definition (Lebesgue-beschränkte Mengen und Folgen)

Eine Menge $\mathscr{F}$ von Funktionen $f : \mathbb{R}^n \to \overline{\mathbb{R}}$ heißt ***nach oben (bzw. nach unten) Lebesgue-beschränkt***, falls es eine Funktion $g \in \mathscr{L}^1$ gibt, so dass für alle $f \in \mathscr{F}$ fast überall $f \leq g$ (bzw. $f \geq g$) gilt.

$\mathscr{F}$ heißt ***Lebesgue-beschränkt*** (kurz: ***L-beschränkt***), falls $\mathscr{F}$ nach oben und nach unten L-beschränkt ist.

Eine Folge von Funktionen heißt L-beschränkt, falls die Menge der Folgenglieder L-beschränkt ist.

2.4.7. Beispiel

Sei $f_n(x) := (1 - x/n)^n \cdot \chi_{[0,n]}$. Diese Folge wächst sogar monoton, aber das ist etwas mühsam zu sehen. Sehr viel leichter erkennt man: Für $0 \leq x < 1$ ist

$$\frac{1}{1-x} = \sum_{\nu=0}^{\infty} x^\nu \geq \sum_{\nu=0}^{\infty} x^\nu/\nu! = e^x,$$

für $0 \leq x < n$ also $1/(1 - x/n) \geq e^{x/n}$ und daher $(1 - x/n)^n \leq e^{-x}$. Die Funktion $g(x) := e^x$ ist auf $[0, \infty)$ integrierbar (was man wie im vorigen Beispiel leicht mit dem Satz von der monotonen Konvergenz zeigen kann), und es ist $0 \leq f_n(x) \leq g(x)$ für alle x. Also ist (f_n) L-beschränkt.

2.4.8. Hilfssatz

Sei (f_n) eine nach oben (bzw. nach unten) L-beschränkte Folge von Funktionen aus $\mathscr{L}^1$. Dann liegt auch $f := \sup f_n$ (bzw. $f := \inf f_n$) in $\mathscr{L}^1$.

BEWEIS: Sei $g \in \mathscr{L}^1$ und $f_n \le g$ für alle n. Dann ist auch

$$F_n := \max(f_1, \ldots, f_n) \in \mathscr{L}^1, \text{ für alle } n.$$

Die Folge (F_n) wächst monoton, und es gilt: $\displaystyle\int F_n \, d\mu_n \le \int g \, d\mu_n < \infty$.

Nach dem Satz über monotone Konvergenz ist die Grenzfunktion $F := \lim\limits_{n\to\infty} F_n = \sup(f_n)$ integrierbar. Der Beweis für das Infimum verläuft analog. ∎

2.4.9. Lebesgue'scher Konvergenzsatz (auch „Satz von der dominierten Konvergenz" genannt)

Sei (f_n) eine L-beschränkte Folge von integrierbaren Funktionen, die fast überall gegen eine Funktion f konvergiert. Dann ist auch f integrierbar und

$$\int f \, d\mu_n = \lim_{n\to\infty} \int f_n \, d\mu_n.$$

BEWEIS: Wir definieren zwei Funktionenfolgen (u_n) und (o_n) wie folgt:

Sei $\mathbf{x} \in \mathbb{R}^n$. Wenn $f_n(\mathbf{x})$ nicht gegen $f(\mathbf{x})$ konvergiert, setzen wir $u_n(\mathbf{x}) = o_n(\mathbf{x}) := 0$. Wenn dagegen $f_n(\mathbf{x})$ gegen $f(\mathbf{x})$ konvergiert, dann setzen wir

$$u_n(\mathbf{x}) := \inf\{f_n(\mathbf{x}), f_{n+1}(\mathbf{x}), \ldots\} \text{ und } o_n(\mathbf{x}) := \sup\{f_n(\mathbf{x}), f_{n+1}(\mathbf{x}), \ldots\}.$$

Weil die Funktionen f_n integrierbar und L-beschränkt sind, sind auch u_n und o_n integrierbar. Außerdem konvergiert (u_n) fast überall monoton wachsend und (o_n) fast überall monoton fallend gegen f. Für alle n ist $u_n \le f \le o_n$ (fast überall) und daher $\int u_n \, d\mu_n \le \int f \, d\mu_n \le \int o_n \, d\mu_n$. Aus dem Satz von der monotonen Konvergenz folgt jetzt: f ist integrierbar und

$$\lim_{n\to\infty} \int u_n \, d\mu_n = \lim_{n\to\infty} \int o_n \, d\mu_n = \int f \, d\mu_n.$$

Wegen $\int u_n \, d\mu_n \le \int f_n \, d\mu_n \le \int o_n \, d\mu_n$ konvergiert auch $\int f_n \, d\mu_n$ gegen $\int f \, d\mu_n$. ∎

2.4.10. Beispiele

A. Wir wissen schon, dass die Folge $f_n(x) := (1 - x/n)^n \cdot \chi_{[0,n]}$ L-beschränkt durch e^{-x} ist. Genauso ist $g_n(x) := x^k \cdot f_n(x)$ für jedes $k \in \mathbb{N}$ durch $x^k \cdot e^{-x}$

L-beschränkt. Gleichzeitig strebt (g_n) gegen $x^k \cdot e^{-x}$. Durch mehrfache partielle Integration (die man zunächst auf einem endlichen Intervall durchführt) erhält man die Beziehung

$$\int_0^\infty x^k \cdot e^{-x}\,dx = k! \int_0^\infty e^{-x}\,dx = k!, \quad \text{also} \quad \lim_{n\to\infty} \int_0^n x^k \big(1 - \frac{x}{n}\big)^n\,dx = k!$$

B. Sei f eine stückweise stetige Funktion auf $[a,\infty)$ und $\widehat{f}$ die triviale Fortsetzung von f auf $\mathbb{R}$. Wir wollen zeigen: Ist f absolut uneigentlich integrierbar, so ist $\widehat{f}$ integrierbar und

$$\int \widehat{f}\,d\mu_1 = \int_a^\infty f(x)\,dx.$$

Dazu sei $f_n := \widehat{f} \cdot \chi_{[a,n]}$. Dann konvergiert $|f_n|$ monoton wachsend gegen $|\widehat{f}|$, und es gilt:

$$\int |f_n|\,d\mu_1 = \int_a^n |f(x)|\,dx \le \int_a^\infty |f(x)|\,dx < \infty.$$

Nach dem Satz von der monotonen Konvergenz ist dann $|\widehat{f}|$ integrierbar.

Die Folge $g_n := f \cdot \chi_{[a,n]}$ konvergiert punktweise gegen $\widehat{f}$ und besteht aus integrierbaren Funktionen. Wegen $|g_n| \le |\widehat{f}|$ folgt nun mit dem Lebesgue'schen Konvergenzsatz, dass $\widehat{f}$ integrierbar ist, und es ist

$$\int \widehat{f}\,d\mu_1 = \lim_{n\to\infty} \int g_n\,d\mu_1 = \lim_{n\to\infty} \int_a^n f(x)\,dx = \int_a^\infty f(x)\,dx.$$

C. Obwohl das uneigentliche Integral $\displaystyle\int_0^\infty \frac{\sin x}{x}\,dx$ konvergiert, ist $f(x) := (\sin x)/x$ nicht über $[0,\infty)$ integrierbar, denn es müsste dann ja auch $|f(x)|$ integrierbar sein. Es ist aber

$$\int_{(k-1)\pi}^{k\pi} \Big|\frac{\sin x}{x}\Big|\,dx \ge \frac{1}{k\pi} \int_{(k-1)\pi}^{k\pi} |\sin x|\,dx = \frac{2}{k\pi},$$

und die harmonische Reihe divergiert. Das ist eine der wenigen Situationen, in denen das uneigentliche Riemann'sche Integral mächtiger als das Lebesgue-Integral ist. Während also jede Riemann-integrierbare Funktion auch Lebesgue-integrierbar ist, trifft dies auf uneigentlich integrierbare Funktionen (im Sinne von Abschnitt 4.4 in Band 1) nicht zu. Beim mehrdimensionalen Integral haben wir die uneigentliche Integrierbarkeit so definiert, dass sie im Eindimensionalen mit der absoluten (uneigentlichen) Integrierbarkeit übereinstimmt. Da tritt das obige Problem nicht auf.

Definition (Integrierbarkeit über Quadern)
Sei $Q \subset \mathbb{R}^n$ ein Quader. Eine Funktion $f : Q \to \overline{\mathbb{R}}$ heißt ***integrierbar***, falls die triviale Fortsetzung von f auf dem $\mathbb{R}^n$ integrierbar ist.

Bemerkung: Ist f integrierbar, so ist $f|_Q$ für jeden Quader Q integrierbar. Das sieht man folgendermaßen:

Sei $f = g - h$, mit $g, h \in \mathscr{L}^+$. Dann gibt es Treppenfunktionen g_ν und h_ν, die jeweils monoton wachsend fast überall gegen g bzw. h konvergieren. Offensichtlich sind dann auch $g_\nu|_Q$ und $h_\nu|_Q$ Treppenfunktionen, die nun monoton wachsend gegen $g|_Q$ bzw. $h|_Q$ konvergieren (eigentlich sprechen wir immer von den trivialen Fortsetzungen). Damit liegen $g|_Q$ und $h|_Q$ in $\mathscr{L}^+$, und $f|_Q = g|_Q - h|_Q$ liegt in $\mathscr{L}^1$.

2.4.11. Satz über Parameterintegrale

Sei $U \subset \mathbb{R}^m$ offen und $f : \mathbb{R}^n \times U \to \mathbb{R}$ eine Funktion. Für jedes $\mathbf{u} \in U$ sei $f^{\mathbf{u}}(\mathbf{x}) := f(\mathbf{x}, \mathbf{u})$ integrierbar, und $F : U \to \mathbb{R}$ sei definiert durch $F(\mathbf{u}) := \int f(\mathbf{x}, \mathbf{u})\, d\mu_n$.

1. *Die Funktion $\mathbf{u} \mapsto f(\mathbf{x}, \mathbf{u})$ sei für fast alle $\mathbf{x}$ in $\mathbf{u}_0 \in U$ stetig, und es gebe eine integrierbare Funktion $h : \mathbb{R}^n \to \mathbb{R}$, so dass $|f(\mathbf{x}, \mathbf{u})| \le h(\mathbf{x})$ fast überall auf dem $\mathbb{R}^n$ gilt. Dann ist F stetig in $\mathbf{u}_0$.*

2. *Die Funktion $\mathbf{u} \mapsto f(\mathbf{x}, \mathbf{u})$ sei für jedes feste $\mathbf{x}$ auf U nach der Variablen u_j partiell differenzierbar, und es gebe eine integrierbare Funktion $h : \mathbb{R}^n \to \mathbb{R}$, so dass stets $|f_{u_j}(\mathbf{x}, \mathbf{u})| \le h(\mathbf{x})$ ist. Dann ist auch F partiell differenzierbar nach u_j, und es gilt:*

$$F_{u_j}(\mathbf{u}) = \int f_{u_j}(\mathbf{x}, \mathbf{u})\, d\mu_n(\mathbf{x}).$$

BEWEIS: 1) Wir betrachten eine Folge $(\mathbf{u}_\nu)$, die gegen $\mathbf{u}_0$ konvergiert, und setzen $f_\nu(\mathbf{x}) := f(\mathbf{x}, \mathbf{u}_\nu)$. Dann sind alle f_ν integrierbar, und die Folge (f_ν) konvergiert fast überall punktweise gegen f_0 (mit $f_0(\mathbf{x}) := f(\mathbf{x}, \mathbf{u}_0)$).

Da fast überall $|f_\nu| \le h$ ist, kann man den Konvergenzsatz von Lebesgue anwenden und erhält:

$$F(\mathbf{u}_0) = \int f_0\, d\mu = \lim_{\nu \to \infty} \int f_\nu\, d\mu = \lim_{\nu \to \infty} F(\mathbf{u}_\nu).$$

2) Sei $\mathbf{u}_0 \in U$ und $\mathbf{e}_j$ der j-te Einheitsvektor im $\mathbb{R}^m$. Wir setzen

$$g_j(\mathbf{x}, t) := \frac{f(\mathbf{x}, \mathbf{u}_0 + t\mathbf{e}_j) - f(\mathbf{x}, \mathbf{u}_0)}{t}.$$

Für $t \to 0$ strebt $g_j(\mathbf{x}, t)$ gegen $f_{u_j}(\mathbf{x}, \mathbf{u}_0)$. Nach dem Mittelwertsatz existiert ein ξ mit $0 < \xi < t$, so dass $g_j(\mathbf{x}, t) = f_{u_j}(\mathbf{x}, \mathbf{u}_0 + \xi \cdot \mathbf{e}_j)$ ist. Nach Voraussetzung ist daher $|g_j(\mathbf{x},t)| \le h(\mathbf{x})$. Aus dem Satz von der dominierten Konvergenz folgt nun, dass $f_{u_j}(\mathbf{x},\mathbf{u}_0)$ integrierbar ist und dass gilt:

$$\begin{aligned}\int f_{u_j}(\mathbf{x},\mathbf{u}_0)\,d\mu_n(\mathbf{x}) &= \lim_{t\to 0}\int g_j(\mathbf{x},t)\,d\mu_n(\mathbf{x})\\ &= \lim_{t\to 0}\frac{F(\mathbf{u}_0+t\mathbf{e}_j)-F(\mathbf{u}_0)}{t} = F_{u_j}(\mathbf{u}_0).\end{aligned}$$

Das ist die Behauptung. ∎

2.4.12. Folgerung

Sei $K \subset \mathbb{R}^n$ kompakt und $U \subset \mathbb{R}^n$ offen. Wenn $f : K\times U \to \mathbb{R}$ für jedes $\mathbf{u} \in U$ über K integrierbar und auf ganz $K \times U$ nach $u_1,\ldots,u_m$ stetig partiell differenzierbar ist, dann ist $F : U \to \mathbb{R}$ stetig differenzierbar, und es gilt:

$$F_{u_j}(\mathbf{u}) = \int_K f_{u_j}(\mathbf{x},\mathbf{u})\,d\mu_n(\mathbf{x}), \text{ für } \mathbf{u} \in U \text{ und } j = 1,\ldots,m.$$

BEWEIS: Sei $\mathbf{u}_0 \in U$ und $A = A(\mathbf{u}_0) \subset U$ eine kompakte Umgebung. Dann ist $f_{u_j}(\mathbf{x},\mathbf{u})$ als stetige Funktion auf $K \times A$ durch eine Konstante $c > 0$ nach oben beschränkt. Nach Teil 2 des obigen Satzes ist F dann auf A nach allen Variablen partiell differenzierbar, und wegen Teil 1 sind die Ableitungen stetig. Das gilt überall auf U. ∎

Zusammenfassung

Das Thema dieses Abschnittes sind die **Konvergenzsätze**, die die Vertauschbarkeit von Integration und Limesbildung beschreiben. Hier offenbaren sich große Unterschiede zwischen der Lebesgue'schen und der Riemann'schen Theorie.

Die Integrationstheorie nach Lebesgue wird beherrscht von der Phalanx der drei großen Konvergenzsätze:

1. Der **Satz von Beppo Levi**:

   Gegeben sei eine Folge (f_ν) von fast überall nicht-negativen Funktionen aus $\mathscr{L}^1$. Konvergiert die Reihe der Integrale $\sum_{\nu=1}^\infty \int f_\nu\,d\mu_n$, so konvergiert die Funktionenreihe $\sum_{\nu=1}^\infty f_\nu$ fast überall (punktweise) gegen eine Funktion $f \in \mathscr{L}^1$, und es gilt:

$$\int f\,d\mu_n = \sum_{\nu=1}^\infty \int f_\nu\,d\mu_n.$$

2. Der **Satz von der monotonen Konvergenz** (von Beppo Levi):

   Gegeben sei eine fast überall monoton wachsende Folge (f_ν) von Funktionen aus $\mathscr{L}^1$. Ist die Folge der Integrale $\int f_\nu \, d\mu_n$ nach oben beschränkt, so konvergiert (f_ν) fast überall gegen eine Funktion $f \in \mathscr{L}^1$, und es ist

$$\int f \, d\mu_n = \lim_{\nu \to \infty} \int f_\nu \, d\mu_n.$$

3. Der **Lebesgue'sche Konvergenzsatz** oder **Satz von der dominierten Konvergenz**:

   Eine Folge (f_ν) von Funktionen auf dem $\mathbb{R}^n$ heißt **L-beschränkt**, falls es eine Funktion $g \in \mathscr{L}^1$ gibt, so dass fast überall $|f_\nu| \le g$ gilt.

   Ist (f_ν) eine L-beschränkte Folge von integrierbaren Funktionen, die fast überall gegen eine Funktion f konvergiert, so ist auch f integrierbar und

$$\int f \, d\mu_n = \lim_{\nu \to \infty} \int f_\nu \, d\mu_n.$$

Eine wichtige Anwendung ist der **Satz über Parameterintegrale**:

Sei $U \subset \mathbb{R}^m$ offen und $f : \mathbb{R}^n \times U \to \mathbb{R}$ eine Funktion. Für jedes $\mathbf{u} \in U$ sei $f^{\mathbf{u}}(\mathbf{x}) := f(\mathbf{x}, \mathbf{u})$ integrierbar, und $F : U \to \mathbb{R}$ sei definiert durch

$$F(\mathbf{u}) := \int f(\mathbf{x}, \mathbf{u}) \, d\mu_n.$$

1. *Die Funktion $\mathbf{u} \mapsto f(\mathbf{x}, \mathbf{u})$ sei für fast alle $\mathbf{x}$ in $\mathbf{u}_0 \in U$ stetig, und es gebe eine integrierbare Funktion $h : \mathbb{R}^n \to \mathbb{R}$, so dass $|f(\mathbf{x}, \mathbf{u})| \le h(\mathbf{x})$ fast überall auf dem $\mathbb{R}^n$ gilt. Dann ist F stetig in $\mathbf{u}_0$.*

2. *Die Funktion $\mathbf{u} \mapsto f(\mathbf{x}, \mathbf{u})$ sei für jedes feste $\mathbf{x}$ auf U nach der Variablen u_j partiell differenzierbar, und es gebe eine integrierbare Funktion $h : \mathbb{R}^n \to \mathbb{R}$, so dass stets $|f_{u_j}(\mathbf{x}, \mathbf{u})| \le h(\mathbf{x})$ ist. Dann ist auch F partiell differenzierbar nach u_j, und es gilt:*

$$F_{u_j}(\mathbf{u}) = \int f_{u_j}(\mathbf{x}, \mathbf{u}) \, d\mu_n(\mathbf{x}).$$

Die Voraussetzungen des Satzes sind z.B. in folgender Situation erfüllt.

Sei $K \subset \mathbb{R}^n$ kompakt und $U \subset \mathbb{R}^n$ offen. Wenn $f : K \times U \to \mathbb{R}$ für jedes $\mathbf{u} \in U$ über K integrierbar und auf ganz $K \times U$ nach $u_1, \ldots, u_m$ stetig partiell differenzierbar ist, dann ist $F : U \to \mathbb{R}$ stetig differenzierbar, und es gilt:

$$F_{u_j}(\mathbf{u}) = \int_K f_{u_j}(\mathbf{x}, \mathbf{u}) \, d\mu_n(\mathbf{x}), \quad \text{für } \mathbf{u} \in U \text{ und } j = 1, \ldots, m.$$

Ergänzungen

I) Ein weiterer wichtiger Konvergenzsatz ist das im Folgenden beschriebene Lemma von Fatou.

Zur Erinnerung: Für eine Folge (a_n) von reellen Zahlen sei $H(a_n)$ die Menge aller Häufungspunkte. Ist (a_n) nach unten beschränkt, so versteht man unter dem *Limes inferior* der Folge den Wert

$$\underline{\lim}\, a_n := \begin{cases} +\infty & \text{falls } H(a_n) = \varnothing, \\ \inf H(a_n) & \text{sonst.} \end{cases}$$

Ist $\underline{\lim}\, a_n < +\infty$, so ist $\underline{\lim}\, a_n$ der kleinste Häufungspunkt der Folge.

Ist (a_n) nach oben beschränkt, so versteht man unter dem *Limes superior* der Folge den Wert

$$\overline{\lim}\, a_n := \begin{cases} -\infty & \text{falls } H(a_n) = \varnothing, \\ \sup H(a_n) & \text{sonst.} \end{cases}$$

Ist $\overline{\lim}\, a_n > -\infty$, so ist $\overline{\lim}\, a_n$ der größte Häufungspunkt der Folge.

Man kann zeigen:

$$\overline{\lim}\, a_n = \lim_{n\to\infty} (\sup\{a_k : k \geq n\}) \quad \text{und} \quad \underline{\lim}\, a_n = \lim_{n\to\infty} (\inf\{a_k : k \geq n\}).$$

Zum BEWEIS: Die Folge $b_n := \sup\{a_n, a_{n+1}, \dots\}$ fällt monoton, konvergiert also gegen $-\infty$ oder eine reelle Zahl y_0. Im ersten Fall hat (a_n) keinen Häufungspunkt, im zweiten Fall ist y_0 ein Häufungspunkt von (a_n).

Sei x_0 der größte Häufungspunkt von (a_n). Ist $y_0 < x_0$, so gibt es ein $\delta > 0$ und eine Teilfolge (a_{n_i}) von Zahlen $\geq y_0 + \delta$, die gegen x_0 konvergiert. Dann muss aber $b_n \geq y_0 + \delta$ sein, und das ist ein Widerspruch zur Konvergenz von (b_n) gegen y_0. ■

2.4.13. Lemma von Fatou

Die Folge der Funktionen $f_n \in \mathscr{L}^1$ sei nach unten L-beschränkt und die Folge der Integrale $A_n := \int f_n \, d\mu_n$ sei nach oben beschränkt. Dann liegt auch $f := \underline{\lim}\, f_n$ in $\mathscr{L}^1$, und es ist

$$\int f \, d\mu_n \leq \underline{\lim} \int f_n \, d\mu_n.$$

BEWEIS: Die Funktionen $F_\nu := \inf(f_\nu, f_{\nu+1}, \dots)$ sind integrierbar, und es gilt:

$$F_\nu \leq F_{\nu+1} \leq \dots \leq f_\nu .$$

Außerdem gibt es nach Voraussetzung eine Zahl A, so dass $A_n \leq A$ für alle n gilt. Damit ist

$$\int F_\nu \, d\mu_n \leq \int f_\nu \, d\mu_n = A_\nu \leq A,$$

und nach dem Satz von der monotonen Konvergenz ist $f := \underline{\lim}\, f_n = \lim_{\nu\to\infty} F_\nu$ integrierbar, und weil $\int F_n \, d\mu_n \leq \int f_\nu \, d\mu_n$ für $\nu \geq n$ ist, folgt:

$$\int f \, d\mu_n = \lim_{n\to\infty} \int F_n \, d\mu_n \leq \lim_{n\to\infty} \inf_{\nu \geq n} \int f_\nu \, d\mu_n = \underline{\lim} \int f_\nu \, d\mu_n.$$

■

Bemerkung: Sind die f_n nach oben L-beschränkt und die Integrale A_n nach unten beschränkt, so liegt $f := \overline{\lim}\, f_n$ in $\mathscr{L}^1$, und es ist $\int f \, d\mu_n \geq \overline{\lim} \int f_n \, d\mu_n$. Der Beweis geht genauso wie oben.

II) Die Vollständigkeit der Lebesgue-integrierbaren Funktionen:

Definition (Halbnorm)

Sei E ein reeller oder komplexer Vektorraum. Eine ***Halbnorm*** auf E ist eine Abbildung $p : E \to \mathbb{R}$ mit folgenden Eigenschaften:

1. $p(v) \geq 0$ für jedes $v \in E$,
2. $p(\alpha v) = |\alpha| \cdot p(v)$ für $\alpha \in \mathbb{R}$ (bzw. $\in \mathbb{C}$) und $v \in E$,
3. $p(v + w) \leq p(v) + p(w)$ für $v, w \in E$.

Zur Norm fehlt einer Halbnorm also nur die Eigenschaft „$p(v) = 0 \implies v = 0$".

Es gibt nun ein Standard-Verfahren, wie man aus einem Vektorraum mit einer Halbnorm einen normierten Vektorraum konstruieren kann. Dazu braucht man den Begriff der ***Äquivalenzrelation***.

Eine *Relation* (Beziehung) „$\sim$" zwischen den Elementen einer Menge E heißt „Äquivalenzrelation", falls gilt:

1. $x \sim x$ gilt für jedes $x \in E$ (Reflexivität).
2. Ist $x \sim y$, so ist auch $y \sim x$ (Symmetrie).
3. Ist $x \sim y$ und $y \sim z$, so ist $x \sim z$ (Transitivität).

Die „Gleichheit" ist eine Äquivalenzrelation und auch das Modell für jede andere Äquivalenzrelation. Für $x \in E$ sei $C(x) := \{y \in E : y \sim x\}$ die ***Äquivalenzklasse*** von x. Die Klassen $C(x)$ bilden eine disjunkte Zerlegung von E. Ein verbreitetes Verfahren zur Konstruktion neuer Mengen besteht darin, auf einer bekannten Menge eine Äquivalenzrelation einzuführen und dann die Menge der Äquivalenzklassen zu bilden.

So gehen wir auch bei dem Vektorraum E mit einer Halbnorm p vor. Wir erklären auf E eine Relation „$\sim$" durch

$$x \sim y :\iff p(x - y) = 0.$$

Es ist eine einfache Übungsaufgabe zu zeigen, dass $\sim$ eine Äquivalenzrelation ist. Für Äquivalenzklassen $C(x)$ und $C(y)$ definiert man

$$C(x) + C(y) := C(x + y) \quad \text{und} \quad \alpha \cdot C(x) := C(\alpha x).$$

Diese Festlegungen sind nur dann sinnvoll, wenn sie unabhängig von den Repräsentanten der Klassen sind. Auch das ist leicht zu zeigen. Ist z.B. $C(x) = C(x')$ und $C(y) = C(y')$, so ist $p(x - x') = 0$ und $p(y - y') = 0$, also $0 \leq p\big((x + y) - (x' + y')\big) = p\big((x - x') + (y - y')\big) \leq p(x - x') + p(y - y') = 0 + 0 = 0$ und damit $C(x + y) = C(x' + y')$.

Durch die Verknüpfungen $+$ und $\cdot$ zwischen Äquivalenzklassen wird die Menge aller Äquivalenzklassen (die man auch mit $E/\sim$ bezeichnet) zu einem Vektorraum. Auf diesem Raum erhält man eine Norm durch $\|C(x)\| := p(x)$. Es sei dem Leser überlassen, dies nachzurechnen.

Ist $f : \mathbb{R}^n \to \mathbb{R}$ eine beliebige Funktion, so definiert man $\|f\|_1$ durch

$$\|f\|_1 := \inf\{I(g) : g \in \mathscr{L}^+ \text{ und } |f| \leq g\}.$$

Gibt es kein $g \in \mathscr{L}^+$ mit $|f| \leq g$, so setzt man $\|f\|_1 := +\infty$.

2.4.14. Satz

Ist f integrierbar, so ist $\|f\|_1 = \int |f|\, d\mu_n$.

BEWEIS: Ist $f \in \mathscr{L}^1$, $g \in \mathscr{L}^+$ und $|f| \le g$, so ist $\int |f|\, d\mu_n \le I(g)$. Also ist $\int |f|\, d\mu_n \le \|f\|_1$.

Sei umgekehrt ein $\varepsilon > 0$ gegeben. Da $|f|$ integrierbar ist, gibt es Funktionen $g, h \in \mathscr{L}^+$, so dass gilt:

1. $g, h \ge 0$.
2. $|f| = g - h$.
3. $I(h) < \varepsilon$.

Dann ist $g = |f| + h \ge |f|$, also $\|f\|_1 \le I(g) = \displaystyle\int |f|\, d\mu_n + I(h) < \int |f|\, d\mu_n + \varepsilon$.

Weil das für jedes $\varepsilon > 0$ gilt, ist $\|f\|_1 \le \int |f|\, d\mu_n$. Zusammen mit dem ersten Teil ergibt das die Behauptung. ∎

2.4.15. Satz

Die Zuordnung $f \mapsto \|f\|_1$ definiert eine Halbnorm auf $\mathscr{L}^1$. Insbesondere gilt für $f, g \in \mathscr{L}^1$:

1. $\|c \cdot f\|_1 = |c| \cdot \|f\|_1$ *für* $c \in \mathbb{R}$.
2. $\|f + g\|_1 \le \|f\|_1 + \|g\|_1$.
3. *Ist* $|f| \le |g|$, *so ist* $\|f\|_1 \le \|g\|_1$.

BEWEIS: Die Aussagen folgen sehr einfach aus den Eigenschaften des Integrals. ∎

Ist $f \in L^1$, so nennt man $\|f\|_1$ die L^1-Halbnorm von f. Es handelt sich dabei tatsächlich um keine Norm. Ist nämlich $f(\mathbf{x}) \ne 0$ auf einer Nullmenge und sonst $= 0$, so ist $\|f\|_1 = 0$.

2.4.16. Die Vollständigkeit von $\mathscr{L}^1$

Sei (f_ν) eine Folge von integrierbaren Funktionen, so dass $\displaystyle\sum_{\nu=1}^{\infty} \|f_\nu\|_1$ konvergiert. Dann konvergiert die Reihe $\displaystyle\sum_{\nu=1}^{\infty} f_\nu$ in $\mathscr{L}^1$. Das heißt, es gibt eine Funktion $f \in \mathscr{L}^1$ mit

$$\lim_{N \to \infty} \Big\| \sum_{\nu=1}^{N} f_\nu - f \Big\|_1 = 0.$$

BEWEIS: Die integrierbaren Funktionen $g_N := \sum_{\nu=1}^N |g_\nu|$ bilden eine monoton wachsende Folge, deren Integrale $\int g_N\, d\mu_n = \sum_{\nu=1}^N \|f_\nu\|_1$ durch $M := \sum_{\nu=1}^\infty \|f_\nu\|_1$ nach oben beschränkt sind. Nach Levi's Satz von der monotonen Konvergenz konvergiert (g_N) fast überall gegen eine integrierbare Funktion g.

Auch die Funktionen $F_N := \sum_{\nu=1}^N f_\nu$ sind integrierbar. Da $|F_N| \le g_N \le g$ für alle N gilt, bildet (F_N) eine L-beschränkte Folge, und nach dem Lebesgue'schen Konvergenzsatz strebt (F_N) fast überall gegen eine integrierbare Funktion f bzw. $F_N - f$ gegen Null.

Wegen $|F_N - f| \le |F_N| + |f| \le g + |f|$ ist auch die Folge der Funktionen $|F_N - f|$ L-beschränkt. Eine nochmalige Anwendung des Lebesgue'schen Konvergenzsatzes liefert

$$\|F_N - f\|_1 = \int |F_N - f| \, d\mu_n \to 0.$$

■

Da $\mathscr{L}^1$ kein normierter Vektorraum ist, ist das Kapitel „Vollständigkeit" hiermit noch nicht ganz erledigt. Nach dem weiter oben gezeigten Muster bilden wir den Raum L^1 der Äquivalenzklassen von Funktionen aus $\mathscr{L}^1$. Je zwei Funktionen aus $\mathscr{L}^1$ sind äquivalent, wenn sie fast überall übereinstimmen. Die L^1-Halbnorm wird jetzt zu einer Norm auf dem Vektorraum L^1, und dieser Raum ist vollständig (zum Vollständigkeitsbegriff erinnere man sich an Abschnitt 1.1).

Die Vollständigkeit von L^1 ist ein weiterer Punkt zu Gunsten des Lebesgue-Integrals im Vergleich mit dem Riemann-Integral.

III) Was bleibt von den Grenzwertsätzen, wenn man zum Riemann-Integral übergeht? Zunächst erhält man das folgende klassische Ergebnis:

2.4.17. Vertauschbarkeit von Limes und Integral

Sei $Q \subset \mathbb{R}^n$ ein Quader und (f_ν) eine Folge von Riemann-integrierbaren Funktionen auf Q, die gleichmäßig auf Q gegen eine Grenzfunktion f konvergiert. Dann ist f ebenfalls Riemann-integrierbar und

$$\int_Q f(\mathbf{x}) \, dV_n = \lim_{\nu \to \infty} \int_Q f_\nu(\mathbf{x}) \, dV_n.$$

Beweis: Im Falle einer Veränderlichen haben wir vorausgesetzt, dass die (f_ν) stetig sind. Darauf kann man verzichten, aber dafür muss man etwas mehr arbeiten.

Als erstes zeigen wir, dass f beschränkt ist. Weil die Funktionen f_ν Riemann-integrierbar sind, gibt es Konstanten C_ν, so dass $|f_\nu(\mathbf{x})| \le C_\nu$ für alle $\mathbf{x} \in Q$ gilt. Wegen der gleichmäßigen Konvergenz gibt es ein μ, so dass

$$|f(\mathbf{x})| - |f_\mu(\mathbf{x})| \le |f(\mathbf{x}) - f_\mu(\mathbf{x})| < 1$$

auf ganz Q ist, also

$$|f(\mathbf{x})| < 1 + |f_\mu(\mathbf{x})| \le 1 + C_\mu < \infty.$$

Das zeigt, dass f beschränkt ist.

Für jedes ν gibt es eine Nullmenge Z_ν, so dass f_ν auf $Q \setminus Z_\nu$ stetig ist. Dann ist auch $Z := \bigcup_\nu Z_\nu$ eine Nullmenge, und wegen der gleichmässigen Konvergenz ist f auf $Q \setminus Z$ stetig. Nach dem Lebesgue'schen Integrierbarkeitskriterium ist f damit Riemann-integrierbar.

Der Rest des Beweises, also der eigentliche Nachweis der Vertauschbarkeit von Limes und Integral, kann fast wörtlich aus dem Beweis des gleichnamigen Satzes in Band 1, Satz 4.1.7, übernommen werden.

Ist $\varepsilon > 0$ vorgegeben, so gibt es ein ν_0, so dass $\|f_\nu - f\| < \varepsilon$ auf Q für $\nu \ge \nu_0$ gilt. Dann ist

$$\begin{aligned} \left| \int_Q f(\mathbf{x}) \, dV_n - \int_Q f_\nu(\mathbf{x}) \, dV_n \right| &= \left| \int_Q (f(\mathbf{x}) - f_\nu(\mathbf{x})) \, dV_n \right| \\ &\le \int_Q |f(\mathbf{x}) - f_\nu(\mathbf{x})| \, dV_n \le \int_Q \varepsilon \, dV_n = \varepsilon \cdot \mathrm{vol}_n(Q). \end{aligned}$$

Daraus folgt die Behauptung. ■

Unter geeigneten Voraussetzungen kann man auf die gleichmäßige Konvergenz verzichten.

2.4.18. Arzelà's Satz von der dominierten Konvergenz

Sei $Q \subset \mathbb{R}^n$ ein Quader und (f_ν) eine Folge von Riemann-integrierbaren Funktionen auf Q, die punktweise gegen eine Riemann-integrierbare Funktion f konvergiert. Ist $|f_\nu| \le C$ für alle ν, so konvergiert auch die Folge der Integrale $\int_Q f_\nu(\mathbf{x})\,dV_n$ gegen $\int_Q f(\mathbf{x})\,dV_n$.

BEWEIS: Die Funktion $c \cdot \chi_Q$ ist offensichtlich Lebesgue-integrierbar. Die Folge der Lebesgue-integrierbaren Funktionen $\widehat{f_\nu}$ ist also L-beschränkt und konvergiert punktweise gegen $\widehat{f}$. Aus dem Lebesgue'schen Konvergenzsatz folgt, dass $\widehat{f}$ Lebesgue-integrierbar und $\lim_{\nu\to\infty} \int f_\nu\,d\mu_n = \int f\,d\mu_n$ ist.

Für alle ν ist $\int_Q f_\nu(\mathbf{x})\,dV_n = \int \widehat{f_\nu}\,d\mu_n$, und wenn f Riemann-integrierbar ist, so ist auch $\int f(\mathbf{x})\,dV_n = \int f\,d\mu_n$. Damit ist alles gezeigt. ∎

2.4.19. Riemann'scher Satz von der monotonen Konvergenz

Sei $Q \subset \mathbb{R}^n$ ein Quader, (f_ν) eine Folge von Riemann-integrierbaren Funktionen auf Q mit $f_\nu \le f_{\nu+1}$ und $f := \sup_\nu f_\nu$. Ist f ebenfalls integrierbar, so ist

$$\sup_\nu \int_Q f_\nu(\mathbf{x})\,dV_n = \int_Q f(\mathbf{x})\,dV_n.$$

Dabei ist zugelassen, dass beide Seiten den Wert $+\infty$ annehmen.

Der BEWEIS ergibt sich rasch aus dem Satz von Arzelà, denn aus den Voraussetzungen folgt, dass die f_ν auf ganz Q durch eine Konstante $C > 0$ beschränkt werden. Der entscheidende Unterschied zu Levi's Satz von der monotonen Konvergenz besteht darin, dass hier die Integrierbarkeit der Grenzfunktion gefordert werden muss.

Wir verzichten hier darauf, die Konvergenzsätze auch noch für uneigentliche Riemann'sche Integrale zu formulieren. Im Wesentlichen muss jeweils die Integrierbarkeit der Grenzfunktion durch „lokale Integrierbarkeit" ersetzt werden. Nachzutragen ist allerdings noch: Ist f uneigentlich Riemann-integrierbar, so gilt das auch für f^+ und f^-. Da diese Funktionen nicht-negativ sind und jede über einem Quader definierte Riemann-integrierbare Funktion auch Lebesgue-integrierbar ist, folgt mit dem Lebesgue'schen Konvergenzsatz und dem Satz 2.2.28 über die Existenz des uneigentlichen Integrals, dass f^+ und f^- Lebesgue-integrierbar sind. Aber dann ist auch $f = f^+ - f^-$ Lebesgue-integrierbar.

2.4.20. Aufgaben

A. Sei (f_ν) eine Folge von integrierbaren Funktionen. Konvergiert die Folge der Integrale $\sum_{\nu=1}^\infty \int |f_\nu|\,d\mu_n$, so konvergiert die Funktionenreihe $\sum_{\nu=1}^\infty f_\nu$ fast überall gegen eine integrierbare Funktion f, und es ist

$$\int f\,d\mu_n = \sum_{\nu=1}^\infty \int f_\nu\,d\mu_n.$$

B. Für $n \in \mathbb{N}$ sei $f_n(x) := e^{-|x|} \cdot \chi_{[-n,n]}$. Berechnen Sie das Integral von f_n und zeigen Sie mit dem Satz von der monotonen Konvergenz, dass (f_n) monoton wachsend gegen $f(x) := e^{-|x|}$ konvergiert, also f integrierbar und $\int f\,d\mu_1 = 2$ ist.

C. Zeigen Sie, dass $f(x) := \begin{cases} \ln x & \text{für } 0 < x \le 1, \\ 0 & \text{sonst} \end{cases}$ integrierbar ist.

D. Ist $f(x) := \begin{cases} \frac{1}{\sqrt{x}} \sin \frac{1}{x} & \text{für } 0 < x \le 1, \\ 0 & \text{sonst} \end{cases}$ integrierbar?

E. Zeigen Sie, dass $x^\alpha \cdot \chi_{[0,1]}$ für $\alpha > -1$ integrierbar ist.

F. Sei (f_ν) eine Folge von integrierbaren Funktionen, die fast überall gegen eine Funktion f konvergiert. Außerdem gebe es eine integrierbare Funktion g, so dass fast überall $|f| \le g$ ist. Zeigen Sie, dass f integrierbar ist.

G. Sei $f : \mathbb{R} \to \mathbb{R}$ definiert durch $f(x) := \begin{cases} \sqrt{n} & \text{für } 1/(n+1) < x \le 1/n, \\ 0 & \text{für } x \le 0 \text{ und } x > 1. \end{cases}$

Zeigen Sie, dass f zu $\mathscr{L}^+$ gehört (und damit integrierbar) ist. Zeigen Sie, dass $-f$ nicht zu $\mathscr{L}^+$ gehört und dass f^2 nicht integrierbar ist.

H. Zeigen Sie, dass das uneigentliche Riemann-Integral $\int_0^\infty \sin(x^2)\, dx$ existiert, dass aber $\sin(x^2) \cdot \chi_{[0,\infty)}$ nicht Lebesgue-integrierbar ist.

I. Geben Sie eine Folge (f_ν) von integrierbaren Funktionen an, die gleichmäßig gegen Null konvergiert, während $\int f_\nu \, d\mu_1$ nicht gegen 0 konvergiert.

J. Sei (g_ν) ein Folge von nicht-negativen integrierbaren Funktionen auf dem $\mathbb{R}^n$. Die Reihe $\sum_{\nu=1}^\infty g_\nu$ konvergiere fast überall gegen eine L-beschränkte Funktion g. Dann ist g integrierbar und $\sum_{\nu=1}^\infty \int g_\nu \, d\mu_n = \int g \, d\mu_n$.

K. (a) Sei $c > 0$. Für jedes t mit $0 < |t| < c$ sei eine integrierbare Funktion f_t auf $\mathbb{R}$ gegeben. Für fast alle x sei $\lim\limits_{t \to 0} f_t(x) = f(x)$. Außerdem gebe es eine integrierbare Funktion, so dass $|f_t| \le g$ für alle t gilt. Zeigen Sie, dass f integrierbar und $\lim_{t\to 0} \int f_t \, d\mu_1 = \int f \, d\mu_1$ ist.

(b) Sei f auf $\mathbb{R}$ Lebesgue-integrierbar. Zeigen Sie, dass $F(x) := \int_{-\infty}^x f(t)\, dt$ stetig ist.

L. Gegeben sei eine Funktion $f : [a, \infty) \to \mathbb{R}$. Für alle $b \ge a$ sei $f \cdot \chi_{[a,b]}$ integrierbar, und es gebe ein $M > 0$, so dass $\int_a^b |f| \, d\mu_1 \le M$ für alle $b \ge a$ ist. Dann ist f Lebesgue-integrierbar und $\int_a^\infty f(x)\, dx = \lim_{b\to\infty} \int_a^b f(x)\, dx$.

M. Sei $t > 0$ und $f(x,t) := \begin{cases} (e^{-x} - e^{-xt})/x & \text{für } x > 0, \\ t - 1 & \text{für } x = 0. \end{cases}$,

sowie $g(x,t) := \begin{cases} |f(x,t)| & \text{für } 0 \le x \le 1,\ t > 0, \\ e^{-x} + e^{-xt} & \text{für } x > 1,\ t > 0. \end{cases}$.

Zeigen Sie: g ist integrierbar, es ist $|f(x,t)| \le g(x,t)$, und $F(t) := \int_0^\infty f(x,t)\, dx$ existiert.

Berechnen Sie $F(t)$, indem Sie zunächst $F'(t)$ berechnen.

2.5 Messbare Mengen und Funktionen

Zur Einführung: Vielen Gebieten kann man auf elementargeometrische Weise einen ***Inhalt*** oder ein ***Volumen*** zuordnen. Wir erwarten natürlich, dass man ein solches Volumen durch Integration ermitteln kann, so wie wir das bei einigen Flächeninhalten mit Hilfe des Riemann'schen Integrals in einer Veränderlichen geschafft haben, etwa bei Rechtecken, Kreisen oder der Fläche unter einem Graphen. Das Lebesgue-Integral sollte uns nun in die Lage versetzen, von sehr vielen – auch komplizierten – Mengen ein Volumen zu berechnen. Das ist tatsächlich möglich und Inhalt der so genannten ***Maßtheorie***.

In der Literatur findet sich sogar oft ein Zugang zum Lebesgue-Integral, der auf der Maßtheorie aufbaut. Wir sind hier den umgekehrten Weg gegangen und definieren nun das Maß einer Menge mit Hilfe des Integrals. Wir brauchen die Maßtheorie in erster Linie, um ***messbare Funktionen*** einführen zu können. Das sind Funktionen $f : \mathbb{R}^n \to \overline{\mathbb{R}}$, bei denen jeder Menge der Gestalt $\{\mathbf{x} : f(\mathbf{x}) < c\}$ eine endliche Zahl oder der Wert $+\infty$ als Maß (d.h., als Volumen) zugeordnet werden kann. Der Begriff ist so allgemein gehalten, dass nahezu alle Funktionen, denen man im täglichen (Mathematiker-)Leben begegnet, messbar sind.

Mengen vom Maß Null kennen wir schon, das sind die Lebesgue-Nullmengen.

Definition (messbare Menge)

Eine **beschränkte** Menge $M \subset \mathbb{R}^n$ heißt ***messbar***, falls die charakteristische Funktion χ_M integrierbar ist. Die Zahl $\text{vol}_n(M) := \int \chi_M \, d\mu_n$ nennt man das ***Volumen*** von M.

Eine **beliebige** Menge M heißt ***messbar***, falls $M \cap Q$ für jeden abgeschlossenen Quader messbar ist.

Für $\nu \in \mathbb{N}$ sei $Q_\nu := [-\nu, \nu] \times \ldots \times [-\nu, \nu]$. Ist M messbar, so ist $f_\nu := \chi_{M \cap Q_\nu}$ für jedes $\nu \in \mathbb{N}$ integrierbar, und die Folge der (f_ν) wächst monoton. Die Zahlen

$$\text{vol}_n(M \cap Q_\nu) = \int \chi_{M \cap Q_\nu} \, d\mu_n$$

bilden dann ebenfalls eine monoton wachsende Folge. Ist diese Folge nach oben beschränkt, so konvergieren die f_ν nach Levi's Satz von der monotonen Konvergenz gegen eine integrierbare Funktion, die offensichtlich mit χ_M übereinstimmt.

Ist M messbar, die Folge der Integrale aber nicht beschränkt, so müssen wir das Maß von M gleich $+\infty$ setzen. Ist M nicht einmal messbar, so können wir M überhaupt kein vernünftiges Maß zuordnen.

Das führt zu der folgenden Definition:

Definition (Lebesgue-Maß)

Sei M messbar. Ist die Folge der Volumina $\mathrm{vol}_n(M \cap Q_\nu)$ nach oben beschränkt, so heißt

$$\mu_n(M) := \lim_{\nu \to \infty} \mathrm{vol}_n(M \cap Q_\nu)$$

das ***n-dimensionale (Lebesgue-)Maß*** von M und M ***endlich-messbar***.

Ist M messbar, aber nicht endlich-messbar, so setzen wir $\mu_n(M) := +\infty$.

2.5.1. Satz (Eigenschaften messbarer Mengen)

Die Mengen $M, N \subset \mathbb{R}^n$ seien messbar. Dann gilt:

1. *$M \cup N$, $M \cap N$ und $M \setminus N$ sind messbar.*
2. *M ist genau dann eine Nullmenge im $\mathbb{R}^n$, wenn $\mu_n(M) = 0$ ist.*
3. *Ist $M \subset N$, so ist $\mu_n(M) \le \mu_n(N)$.*
4. *Es ist $\mu_n(M \cup N) + \mu_n(M \cap N) = \mu_n(M) + \mu_n(N)$.*

BEWEIS:

1) Ist Q ein abgeschlossener Quader, so ist $Q \cap (M \cup N) = (Q \cap M) \cup (Q \cap N)$, $Q \cap (M \cap N) = (Q \cap M) \cap (Q \cap N)$ und $Q \cap (M \setminus N) = (Q \cap M) \setminus (Q \cap N)$.

Deshalb reicht es, endlich-messbare Mengen zu betrachten. Sind χ_M und χ_N integrierbar, so sind auch $\chi_{M \cup N} = \max(\chi_M, \chi_N)$, $\chi_{M \cap N} = \min(\chi_M, \chi_N)$ und $\chi_{M \setminus N} = (\chi_M - \chi_N)^+$ integrierbar.

2) Ist M eine Nullmenge, so gilt $\chi_M = 0$ fast überall. Also ist χ_M integrierbar und $\mu_n(M) = \int \chi_M \, d\mu_n = 0$.

Sei umgekehrt M messbar und $\mu_n(M) = 0$. Wir können o.B.d.A. annehmen, dass M beschränkt ist (sonst behandeln wir erst die Mengen $M \cap Q_\nu$). Dann ist χ_M integrierbar und $\int \chi_M \, d\mu_n = 0$. Als Folgerung aus dem Satz von der monotonen Konvergenz hatten wir in dieser Situation geschlossen, dass $\chi_M = 0$ fast überall gilt (vgl. Satz 2.4.6, Seite 219). Also ist $M = \{\mathbf{x} \in \mathbb{R}^n : \chi_M(\mathbf{x}) \ne 0\}$ eine Nullmenge.

3) Ist N nicht endlich-messbar und daher $\mu_n(N) = +\infty$, so ist nichts zu zeigen. Ist dagegen N endlich-messbar, so ist χ_N integrierbar und $\chi_{Q_\nu \cap M}$ eine (durch χ_N) L-beschränkte Folge von integrierbaren Funktionen, die dann fast überall gegen die integrierbare Funktion $\chi_M \le \chi_N$ konvergiert. Also ist

$$\mu_n(M) = \lim_{\nu \to \infty} \mu_n(Q_\nu \cap M) \le \mu_n(N).$$

4) Ist eine der beiden Mengen M und N nicht endlich-messbar, so steht auf beiden Seiten der Gleichung $+\infty$. Seien also M und N endlich-messbar. Dann ist

$$\chi_{M \cup N} + \chi_{M \cap N} = \chi_M + \chi_N.$$

Daraus folgt die gewünschte Gleichung. ∎

2.5.2. Satz (σ-Additivität)

Die Mengen M_ν, $\nu \in \mathbb{N}$, seien messbar. Dann ist auch $M := \bigcup_{\nu=1}^{\infty} M_\nu$ messbar, und es gilt:

$$\mu_n(M) \leq \sum_{\nu=1}^{\infty} \mu_n(M_\nu).$$

a) *Sind die M_ν paarweise disjunkt, so gilt die Gleichheit.*

b) *Ist $M_\nu \subset M_{\nu+1}$ für alle ν, so ist $\mu_n(M) = \lim_{\nu \to \infty} \mu_n(M_\nu)$.*

BEWEIS: Das (historisch bedingte) „σ" im Namen des Satzes steht für „Summe". Sei $A_m := M_1 \cup \ldots \cup M_m$. Dann ist (A_m) eine Folge von messbaren Mengen mit $A_m \subset A_{m+1}$, und es ist $\bigcup_m A_m = M = \bigcup_\nu M_\nu$.

Sei $C := \sup_m \mu_n(A_m)$. Ist $C < \infty$, so konvergiert χ_{A_m} nach dem Satz von der monotonen Konvergenz gegen eine integrierbare Funktion. Dann ist χ_M integrierbar, M messbar und $\mu_n(M) = \lim_{m \to \infty} \mu_n(A_m)$.

Ist $C = +\infty$, so gilt zumindest noch für jeden abgeschlossenen Quader Q, dass $M \cap Q$ messbar und

$$\mu_n(M \cap Q) = \lim_{m \to \infty} \mu_n(A_m \cap Q)$$

ist. Also ist M auch in diesem Fall messbar, und weil alle A_m in M liegen, muss $\mu_n(M) = +\infty$ sein.

Induktiv folgt für alle m: $\mu_n(A_m) \leq \mu_n(M_1) + \cdots + \mu_n(M_m)$. Sind die M_ν paarweise disjunkt, so gilt die Gleichheit. Lässt man jetzt m gegen Unendlich gehen, so erhält man die gewünschten Aussagen. ∎

Definition (Integration über messbare Mengen)

Sei $f \in \mathscr{L}^1$ und $M \subset \mathbb{R}^n$ messbar. f heißt ***über** M **integrierbar***, falls $f \cdot \chi_M$ integrierbar ist. Man setzt dann

$$\int_M f \, d\mu_n := \int f \cdot \chi_M \, d\mu_n.$$

Eine auf M definierte Funktion f heißt über M integrierbar,falls die triviale Fortsetzung $\widehat{f}$ integrierbar ist.

2.5.3. Satz

Sei $M \subset \mathbb{R}^n$ messbar und $f : M \to \mathbb{R}$ integrierbar. Ist $N \subset M$ messbar, so ist auch $f|_N : N \to \mathbb{R}$ und $f|_{M \setminus N}$ integrierbar, und es gilt:

$$\int_M f\,d\mu_n = \int_N f\,d\mu_n + \int_{M\setminus N} f\,d\mu_n.$$

BEWEIS: Wegen der Zerlegung $f = f^+ - f^-$ reicht es, den Fall $f \geq 0$ zu betrachten. Es sei $\widehat{f}$ die triviale Fortsetzung von f auf den $\mathbb{R}^n$ und

$$g_\nu := \min(\widehat{f}, \nu \cdot \chi_{N\cap Q_\nu}), \text{ mit } Q_\nu = [-\nu, \nu]^n.$$

Dann bilden die Funktionen g_ν eine Folge von nicht-negativen integrierbaren Funktionen, die monoton wachsend gegen $\widehat{f} \cdot \chi_N \leq \widehat{f}$ konvergiert. Also ist (g_ν) L-beschränkt, und nach dem Lebesgue'schen Konvergenzsatz ist $\widehat{f} \cdot \chi_N$ integrierbar. Daraus folgt, dass auch $\widehat{f} \cdot \chi_{M\setminus N} = \widehat{f} - \widehat{f} \cdot \chi_N$ integrierbar ist, und das ergibt die Behauptung. ∎

2.5.4. Folgerung

Ist N eine Nullmenge und f integrierbar, so ist $f|_N$ integrierbar und $\int_N f\,d\mu_n = 0$.

BEWEIS: Sei N eine Nullmenge und f integrierbar. Dann ist $f \cdot \chi_N = 0$ fast überall. Also ist $f|_N$ integrierbar und $\int_N f\,d\mu_n = \int f \cdot \chi_N\,d\mu_n = 0$. ∎

Integrierbare Funktionen können sich sehr weit von stetigen oder stückweise stetigen Funktionen entfernen, aber umgekehrt gibt es viele einfache stetige Funktionen, die nicht integrierbar sind, z.B. die konstanten Funktionen. Wir brauchen eine möglichst allgemeine Funktionenklasse, die integrierbare und (stückweise) stetige Funktionen umfasst. Das ist die Klasse der messbaren Funktionen.

Definition (messbare Funktion)

Eine Funktion $f : \mathbb{R}^n \to \overline{\mathbb{R}}$ heißt ***messbar***, falls sie fast überall endlich ist und es eine Folge (h_ν) von Treppenfunktionen gibt, die fast überall gegen f konvergiert.

2.5.5. Integrierbare Funktionen sind messbar

Jede Funktion $f \in \mathscr{L}^1$ ist messbar.

BEWEIS: Ist f integrierbar, so ist f fast überall endlich und es gibt Funktionen $g, h \in \mathscr{L}^+$, so dass $f = g - h$ ist. Es gibt jeweils Folgen von Treppenfunktionen (φ_ν) bzw. (ψ_ν), die fast überall gegen g bzw. h konvergieren. Die Folge der Treppenfunktionen $\varphi_\nu - \psi_\nu$ konvergiert dann gegen f. ∎

2.5.6. Satz

Die Funktionen f und g seien messbar, c eine reelle Zahl. Dann sind auch $c \cdot f$, $f + g$, $f \cdot g$, $|f|$, $\max(f, g)$ und $\min(f, g)$ messbar.

Ist fast überall $g(\mathbf{x}) \neq 0$, so ist auch f/g messbar.

BEWEIS: Dass $c \cdot f$, $f + g$, $f \cdot g$ und $|f|$ messbar sind, folgt sofort aus der Definition. Wegen der Gleichungen

$$\max(f, g) = \frac{1}{2}(f + g + |f - g|) \quad \text{und} \quad \min(f, g) = \frac{1}{2}(f + g - |f - g|)$$

sind auch $\max(f, g)$ und $\min(f, g)$ messbar.

Sei g messbar, also fast überall Grenzwert einer Folge (φ_ν) von Treppenfunktionen, und fast überall $\neq 0$. Dann setze man

$$\psi_\nu(\mathbf{x}) := \begin{cases} 0 & \text{falls } \varphi_\nu(\mathbf{x}) = 0, \\ 1/\varphi_\nu(\mathbf{x}) & \text{falls } \varphi_\nu(\mathbf{x}) \neq 0. \end{cases}$$

Offensichtlich ist (ψ_ν) eine Folge von Treppenfunktionen, die fast überall gegen $1/g$ konvergiert. Also ist auch $1/g$ messbar. ∎

Wir wollen zeigen, dass auch stetige Funktionen messbar sind. Schwierigkeiten bereiten dabei höchstens unbeschränkte Funktionen und unbeschränkte Definitionsbereiche. Wir müssen die Funktionen zurechtstutzen, und dabei erweist sich der Begriff der „Mittleren" als nützliches Hilfsmittel.

Definition (Die Mittlere von drei Zahlen)

Sind a, b, c reelle Zahlen mit $a < c$, so heißt $\text{Mitt}(a, b, c) := \max(a, \min(b, c))$ die ***Mittlere (Zahl)*** von a, b und c.

Bei drei Zahlen a, b, c mit $a < c$ gibt es genau ein Element $x \in \{a, b, c\}$, das zwischen den beiden anderen liegt. Das ist die Mittlere. Ist $b = a$ oder $b = c$, so ist auf jeden Fall b die Mittlere. Ist $b < a$, so ist $\text{Mitt}(a, b, c) = a$. Ist $a < b < c$, so ist $\text{Mitt}(a, b, c) = b$; und ist $c < b$, so ist $\text{Mitt}(a, b, c) = c$.

Definition (Die Mittlere von drei Funktionen)

Sei $M \subset \mathbb{R}^n$ und $f : M \to \overline{\mathbb{R}}$ eine beliebige Funktion. Sind $g, h : M \to \mathbb{R}$ zwei weitere Funktionen mit $g \leq h$, so nennen wir

$$\text{Mitt}(g, f, h) := \sup(g, \inf(f, h))$$

die ***Mittlere*** von g, f und h.

Bildet man die Mittlere der drei Funktionen g, f, h, so schneidet man f von oben mit h und von unten mit g ab.

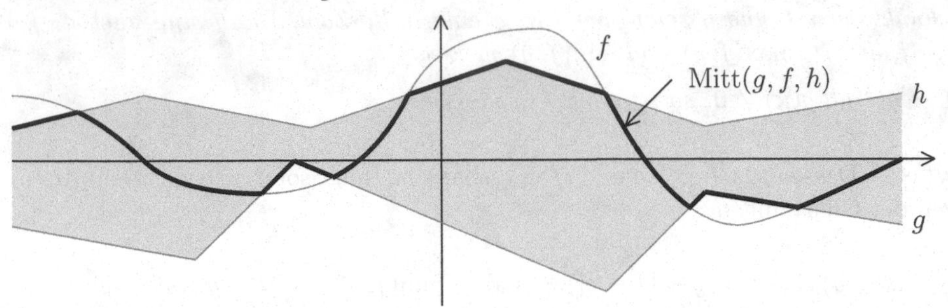

Ist $f : \mathbb{R}^n \to \overline{\mathbb{R}}$ eine Funktion, $C > 0$ eine Konstante und $Q_C := [-C, C]^n$, so nennen wir $[f]_C := \text{Mitt}(-C, f, C) \cdot \chi_{Q_C}$ die ***C-Stutzung*** von f.

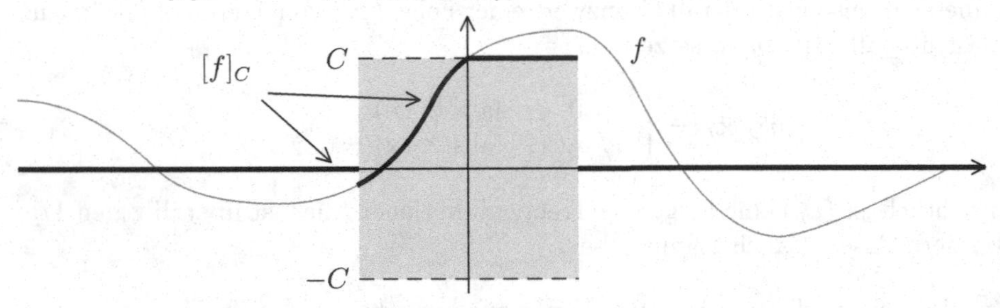

2.5.7. Charakterisierung messbarer Funktionen

Folgende Aussagen über eine Funktion $f : \mathbb{R}^n \to \overline{\mathbb{R}}$ sind äquivalent:

1. *f ist messbar.*
2. *Für jede Funktion $g \in \mathscr{L}^1$ mit $g \geq 0$ ist* $\text{Mitt}(-g, f, g)$ *integrierbar.*
3. *Für jedes $C > 0$ ist die Stutzung $[f]_C$ integrierbar.*
4. *Es gibt eine Folge (f_ν) von messbaren Funktionen, die fast überall gegen f konvergiert.*

BEWEIS: (1) $\implies$ (2): Ist f messbar, so gibt es eine Folge (φ_ν) von Treppenfunktionen, die fast überall gegen f konvergiert. Ist $g \in \mathscr{L}^1$, $g \geq 0$, so ist $g_\nu := \text{Mitt}(-g, \varphi_\nu, g)$ integrierbar. Außerdem ist $|g_\nu| \leq g$ für alle ν. Da die g_ν fast überall gegen $\text{Mitt}(-g, f, g)$ konvergieren, ergibt der Lebesgue'sche Konvergenzsatz, dass auch $\text{Mitt}(-g, f, g)$ integrierbar ist.

(2) $\implies$ (3): Für $C > 0$ ist $C \cdot \chi_{Q_C}$ integrierbar. Also ist auch

$$[f]_C = \text{Mitt}(-C \cdot \chi_{Q_C}, f, C \cdot \chi_{Q_C})$$

integrierbar.

(3) $\Longrightarrow$ (4): Für alle $\nu \in \mathbb{N}$ ist $[f]_\nu$ integrierbar, also messbar, und die Folge $([f]_\nu)$ konvergiert gegen f:

Sei $\mathbf{x} \in \mathbb{R}^n$. Ist $f(\mathbf{x}) = +\infty$, so ist $[f]_\nu(\mathbf{x}) = \nu$, und die Folge dieser Zahlen konvergiert gegen $f(\mathbf{x})$. Ist $f(\mathbf{x}) = -\infty$, so argumentiert man analog. Ist $|f(\mathbf{x})| < \infty$, so gibt es ein ν_0, so dass $\mathbf{x} \in Q_\nu$ und $|f(\mathbf{x})| < \nu$ für $\nu \geq \nu_0$ gilt. Dann ist $[f]_\nu(\mathbf{x}) = f(\mathbf{x})$ und nichts mehr zu zeigen.

(4) $\Longrightarrow$ (1): Sei (f_ν) eine Folge von messbaren Funktionen, die fast überall gegen f konvergiert. Wir konstruieren auf dem $\mathbb{R}^n$ eine Hilfsfunktion $h > 0$:

Sei $q_\nu := \mu_n(Q_\nu) - \mu_n(Q_{\nu-1})$, für $\nu \geq 2$. Dann setzen wir

$$h(\mathbf{x}) := \begin{cases} 1 & \text{für } \mathbf{x} \in Q_1, \\ 1/(q_\nu 2^\nu) & \text{für } \mathbf{x} \in Q_\nu \setminus Q_{\nu-1},\ \nu \geq 2. \end{cases}$$

Offensichtlich ist h integrierbar, also insbesondere messbar. Die Funktionen

$$g_k := \frac{h \cdot f_k}{h + |f_k|}$$

sind messbar und konvergieren gegen $g := \dfrac{h \cdot f}{h + |f|}$. Weil $|g_k| < h$ ist, folgt mit Lebesgue, dass g integrierbar und damit messbar ist. Ist $f \geq 0$, so ist auch $g \geq 0$. Ist dagegen $f < 0$, so ist auch $g < 0$. Deshalb ist

$$f = \frac{h \cdot g}{h - |g|}$$

und f damit messbar. ∎

2.5.8. Folgerung

Ist f messbar und L-beschränkt, so ist f integrierbar.

BEWEIS: Die Folge der integrierbaren Funktionen $[f]_\nu$ konvergiert überall gegen f, und nach dem Konvergenzsatz von Lebesgue ist dann f integrierbar. ∎

2.5.9. Satz

Ist $f : \mathbb{R}^n \to \mathbb{R}$ stetig, so ist f messbar.

BEWEIS: Die Stutzungen $[f]_\nu$ sind jeweils auf Q_ν stetig und daher Riemann-integrierbar. Erst recht sind sie Lebesgue-integrierbar und damit messbar. ∎

2.5.10. Satz

Eine Menge $M \subset \mathbb{R}^n$ ist genau dann messbar, wenn die charakteristische Funktion χ_M messbar ist.

BEWEIS: M ist genau dann messbar, wenn $M \cap Q_\nu$ für jedes $\nu \in \mathbb{N}$ endlich-messbar ist, wenn also $\chi_{M \cap Q_\nu}$ integrierbar ist. Für $\nu \geq 2$ ist aber $\chi_{M \cap Q_\nu} = [\chi_M]_\nu$. Daraus folgt die Behauptung. ∎

2.5.11. Zusammenhang zwischen messbaren Mengen und Funktionen

Eine fast überall endliche Funktion $f : \mathbb{R}^n \to \overline{\mathbb{R}}$ ist genau dann messbar, wenn $M_c := \{\mathbf{x} \in \mathbb{R}^n : f(\mathbf{x}) > c\}$ für jedes $c \in \mathbb{R}$ eine messbare Menge ist.

BEWEIS: 1) Sei f messbar. Ist $c \in \mathbb{R}$, so ist

$$f_\nu := \nu \cdot \Big(\min\big(f, c + 1/\nu\big) - \min(f, c)\Big)$$

messbar. Es ist $f_\nu(\mathbf{x}) = 0$ auf $\mathbb{R}^n \setminus M_c$ und $f_\nu(\mathbf{x}) = 1$ für $f(\mathbf{x}) \geq c + 1/\nu$. Für $\nu \to \infty$ ist daher $\lim\limits_{\nu \to \infty} f_\nu = \chi_{M_c}$. Also ist χ_{M_c} eine messbare Funktion und M_c messbar.

2) Sei nun umgekehrt M_c für alle $c \in \mathbb{R}$ messbar. Dann sind auch die Mengen $M'_c := \{\mathbf{x} : f(\mathbf{x}) \leq c\}$ und für $p \in \mathbb{Z}$ und $q \in \mathbb{N}$ die Mengen

$$M(p, q) := \{\mathbf{x} : \frac{p}{q} < f(\mathbf{x}) \leq \frac{p+1}{q}\}$$

messbar. Nun sei $f_\nu(\mathbf{x}) := \begin{cases} p/\nu & \text{für } \mathbf{x} \in M(p, \nu),\ p \in \mathbb{Z}, \\ 0 & \text{sonst.} \end{cases}$

Dann ist f_ν auf $M(p, \nu)$ konstant $= p/\nu$, und konstant $= 0$ auf der Menge

$$M_\infty := \mathbb{R}^n \setminus \bigcup_{p \in \mathbb{Z}} M(p, \nu) = \{\mathbf{x} : f(\mathbf{x}) = \pm\infty\}.$$

Also ist $f_\nu = \sum\limits_{p \in \mathbb{Z}} \frac{p}{\nu} \cdot \chi_{M(p,\nu)}$. Weil alle endlichen Partialsummen dieser Reihe messbar sind, gilt das auch für f_ν.

Außerhalb M_∞ ist $|f(\mathbf{x}) - f_\nu(\mathbf{x})| \leq 1/\nu$, und nach Voraussetzung ist M_∞ eine Nullmenge. Also konvergiert (f_ν) fast überall gegen f. Das bedeutet, dass f messbar ist. ∎

2.5.12. Lemma

Die Mengen $M_c = \{\mathbf{x} \in \mathbb{R}^n : f(\mathbf{x}) > c\}$ kann man auch durch die Mengen $\{\mathbf{x} \in \mathbb{R}^n : f(\mathbf{x}) \leq c\}$, $\{\mathbf{x} \in \mathbb{R}^n : f(\mathbf{x}) < c\}$ oder $\{\mathbf{x} \in \mathbb{R}^n : f(\mathbf{x}) \geq c\}$ ersetzen.

BEWEIS: M_c ist genau dann messbar, wenn $\mathbb{R}^n \setminus M_c = \{\mathbf{x} \in \mathbb{R}^n : f(\mathbf{x}) \leq c\}$ messbar ist. Außerdem ist $M_c = \bigcup_\nu \{\mathbf{x} \in \mathbb{R}^n : f(\mathbf{x}) \geq c + 1/\nu\}$ und $\{\mathbf{x} \in \mathbb{R}^n : f(\mathbf{x}) \geq c\} = \bigcap_\nu M_{c-1/\nu} = \mathbb{R}^n \setminus \bigcup_\nu (\mathbb{R}^n \setminus M_{c-1/\nu})$. ∎

Sei $f : \mathbb{R}^n \to \overline{\mathbb{R}}$ messbar und nicht-negativ. Dann gibt es eine Folge (f_ν) von integrierbaren Funktionen mit $0 \le f_\nu \le f$, die fast überall gegen f konvergiert (man nehme z.B. die Stutzungen $[f]_\nu$). Konvergiert $\int f_\nu \, d\mu_n$, so folgt aus dem Satz von Lebesgue, dass auch f integrierbar und $\int f \, d\mu_n = \lim_{\nu\to\infty} \int f_\nu \, d\mu_n$ ist. Ist die Folge der Integrale unbeschränkt, so setzen wir $\int f \, d\mu_n := +\infty$. Auf diese Weise wird das ***Integral einer beliebigen nicht-negativen messbaren Funktion*** $f : \mathbb{R}^n \to \overline{\mathbb{R}}$ definiert.

2.5.13. Integrierbarkeitskriterium

Eine Funktion f ist genau dann integrierbar, wenn f messbar und $\int |f| \, d\mu_n < \infty$ ist.

BEWEIS: Ist f integrierbar, so ist f auch messbar und $|f|$ integrierbar.

Ist f messbar, so ist auch $|f|$ messbar. Weil $|f| \ge 0$ ist, bedeutet $\int |f| \, d\mu_n < \infty$, dass $|f|$ integrierbar ist. Aus dem Konvergenzsatz von Lebesgue folgt, dass auch f integrierbar ist. ■

Dieses Kriterium ist ein wichtiger Grund für die Einführung messbarer Funktionen. Ein anderer Grund wird uns im nächsten Abschnitt in Gestalt des Satzes von Fubini-Tonelli begegnen, der die Berechnung von Integralen in höherdimensionalen Räumen erst möglich macht.

Der aufmerksame Leser wird vielleicht ein Beispiel für eine nicht-messbare Funktion vermissen. Der Grund dafür ist, dass es ein solches Beispiel eigentlich gar nicht gibt. Das klingt so, als wäre die ganze Theorie überflüssig, aber das ist natürlich nicht der Fall. Die ganze Wahrheit ist, dass wir für die Konstruktion einer nicht-messbaren Funktion erst mal eine nicht-messbare Menge brauchen. Und auch die ist uns bisher noch nicht begegnet.

Angenommen, es gibt eine nicht-messbare Menge $X \subset [0,1]$. Dann kann auch $[0,1] \setminus X$ nicht messbar sein, und wir definieren $f : [0,1] \to \mathbb{R}$ durch

$$f(x) := \begin{cases} 1 & \text{für } x \in X, \\ -1 & \text{für } x \in [0,1] \setminus X. \end{cases}$$

Das ist offensichtlich eine nicht-messbare Funktion und zugleich ein Beispiel für eine Funktion f, die nicht integrierbar ist, obwohl $|f|$ integrierbar ist.

Wir werden nun eine nicht-messbare Menge $X \subset [0,1]$ konstruieren.

Für jede reelle Zahl $x \in I := [0,1]$ sei $M_x := \{y \in I : x - y \in \mathbb{Q}\}$. Dann ist M_x eine nicht-leere Teilmenge von I. Weil $x \in M_x$ ist, ergibt die Vereinigung aller Mengen M_x das ganze Intervall I.

Wenn $M_x \cap M_z \neq \varnothing$ ist, dann muss schon $M_x = M_z$ sein. Ist nämlich $a \in M_x \cap M_z$ und $y \in M_x$ ein beliebiges Element, so ist $x - a \in \mathbb{Q}$, $z - a \in \mathbb{Q}$ und $x - y \in \mathbb{Q}$, also auch $z - y = (z - a) - (x - a) + (x - y) \in \mathbb{Q}$ und daher $y \in M_z$.

Das bedeutet, dass die Mengen M_x eine disjunkte Zerlegung von I bilden.[2] Nun wählen wir aus jeder dieser Mengen genau ein Element e aus und bilden aus diesen ausgewählten Elementen eine neue Menge E. Das ist der kritische Punkt bei unserer Konstruktion! Wir haben ja keinerlei konkrete Vorstellung von den Mengen M_x und bilden dennoch leichten Herzens die Auswahlmenge E. Dass das geht, mag bei naiver Betrachtungsweise keine Frage sein. Tatsächlich steht aber ein Axiom der Mengenlehre dahinter, das so genannte *Auswahlaxiom*. Und genau dieses Auswahlaxiom, das zu erstaunlich tiefen Konsequenzen (wie etwa hier zum Existenzbeweis nicht-messbarer Mengen) führt, wird bei den Grundlagenforschern recht kontrovers diskutiert. Es gibt sogar eine Gruppe von Mathematikern, die die Anwendung des Auswahlaxioms schlichtweg ablehnt. Vertritt man diesen Standpunkt, so gibt es keine nicht-messbaren Mengen. Wenn wir dagegen das Auswahlaxiom und seine Anwendungen zulassen, steht uns die oben konstruierte Menge E zur Verfügung.

Sei nun $R := \mathbb{Q} \cap [-1, 1]$. Das ist eine abzählbare Menge, die wir in der Form $R = \{q_1, q_2, q_3, \dots\}$ schreiben können. Für $n \in \mathbb{N}$ setzen wir

$$E_n := q_n + E = \{x + q_n \, : \, x \in E\}.$$

Wir wollen zeigen, dass E nicht-messbar ist, und führen den Beweis durch Widerspruch. Ist E messbar, so ist auch jede der Mengen E_n messbar und $\mu_1(E_n) = \mu_1(E)$. Weiter gilt:

- Für $i \neq j$ ist $E_i \cap E_j = \varnothing$. Wäre nämlich $x + q_i = y + q_j$ für zwei Elemente $x, y \in E$, so wäre $x - y \in \mathbb{Q}$, also $M_x = M_y$. Das ist nur möglich, wenn $x = y$ und $q_i = q_j$ ist, was der Annahme $i \neq j$ widerspricht.

- Nach Konstruktion ist jede der Mengen E_n in $[-1, 2]$ enthalten, also auch die Vereinigung der E_n.

- Das Intervall $I = [0, 1]$ ist seinerseits in der Vereinigung der E_n enthalten. Ist nämlich $x \in I$, so gibt es genau ein $y \in E \cap M_x$. Dann ist $q := x - y \in \mathbb{Q}$ und $-1 \leq q \leq 1$, also $q = q_n$ für ein bestimmtes $n \in \mathbb{N}$. Und das bedeutet, dass $x = y + q_n \in E_n$ ist.

Jetzt folgt:

$$1 = \mu_1\big([0, 1]\big) \leq \mu_1\Big(\bigcup_{n=1}^{\infty} E_n\Big) = \sum_{n=1}^{\infty} \mu_1(E_n) \leq \mu_1\big([-1, 2]\big) = 3.$$

Das kann aber nicht sein. Ist $\mu_1(E) = 0$, so ist auch $\sum_{n=1}^{\infty} \mu_1(E_n) = 0$. Ist dagegen $\mu_1(E) > 0$, so muss $\sum_{n=1}^{\infty} \mu_1(E_n) = +\infty$ ergeben. Das ist der angestrebte Widerspruch, der zeigt, dass E nicht messbar ist.

[2] Tatsächlich sind es die Äquivalenzklassen zur Relation $x \sim y :\Longleftrightarrow x - y \in \mathbb{Q}$.

Zusammenfassung

Eine beschränkte Menge $M \subset \mathbb{R}^n$ heißt **messbar**, falls die charakteristische Funktion χ_M integrierbar ist. Die Zahl $\text{vol}_n(M) := \int \chi_M \, d\mu_n$ nennt man das **Volumen** oder **Maß** von M.

Eine beliebige Menge M heißt **messbar**, falls $M \cap Q$ für jeden abgeschlossenen Quader messbar ist. Ist die Folge der Volumina $\text{vol}_n(M \cap Q_\nu)$ nach oben beschränkt, so heißt

$$\mu_n(M) := \lim_{\nu \to \infty} \text{vol}_n(M \cap Q_\nu)$$

das n-dimensionale **Lebesgue-Maß** von M und M **endlich-messbar**. Ist M messbar, aber nicht endlich-messbar, so setzt man $\mu_n(M) := +\infty$.

Sind die Mengen $M, N \subset \mathbb{R}^n$ messbar, so gilt:

1. $M \cup N$, $M \cap N$ und $M \setminus N$ sind messbar.
2. M ist genau dann eine Nullmenge im $\mathbb{R}^n$, wenn $\mu_n(M) = 0$ ist.
3. Ist $M \subset N$, so ist $\mu_n(M) \leq \mu_n(N)$.
4. Es ist $\mu_n(M \cup N) + \mu_n(M \cap N) = \mu_n(M) + \mu_n(N)$.

Ist ein abzählbares System $\{M_\nu : \nu \in \mathbb{N}\}$ von messbaren Mengen gegeben, so ist auch $M := \bigcup_{\nu=1}^{\infty} M_\nu$ messbar, und es gilt: $\mu_n(M) \leq \sum_{\nu=1}^{\infty} \mu_n(M_\nu)$.

Man nennt diese Eigenschaft auch die „σ-Additivität“ des Lebesgue-Maßes. Sind die M_ν paarweise disjunkt, so gilt die Gleichheit. Ist $M_\nu \subset M_{\nu+1}$ für alle ν, so ist $\mu_n(M) = \lim_{\nu \to \infty} \mu_n(M_\nu)$.

Während bislang eine integrierbare Funktion auf dem ganzen $\mathbb{R}^n$ definiert sein und dort integriert werden musste, können wir jetzt auch über messbare Teilmengen des $\mathbb{R}^n$ integrieren. Sei $f \in \mathscr{L}^1$ und $M \subset \mathbb{R}^n$ messbar. f heißt **über M integrierbar**, falls $f \cdot \chi_M$ integrierbar ist. Man setzt dann

$$\int_M f \, d\mu_n := \int f \cdot \chi_M \, d\mu_n.$$

Eine auf M definierte Funktion f heißt über M integrierbar, falls die triviale Fortsetzung $\widehat{f}$ integrierbar ist.

Ist speziell N eine Nullmenge und f integrierbar, so ist $f|_N$ auf jeden Fall integrierbar und $\int_N f \, d\mu_n = 0$.

Eine Funktionenklasse, die alle integrierbaren und alle stetigen Funktionen umfasst, ist die Klasse der messbaren Funktionen. Eine Funktion $f : \mathbb{R}^n \to \overline{\mathbb{R}}$

heißt **messbar**, falls sie fast überall endlich ist und es eine Folge (h_ν) von Treppenfunktionen gibt, die fast überall gegen f konvergiert.

Man erinnere sich: Eine Funktion aus $\mathscr{L}^+$ ist fast überall Grenzwert einer monoton wachsenden Folge von Treppenfunktionen. Nun ist klar, dass jede integrierbare Funktion (die ja Differenz zweier Elemente von $\mathscr{L}^+$ ist) auch messbar ist.

Sind die Funktionen f und g messbar und ist c eine reelle Zahl, so sind auch $c \cdot f$, $f+g$, $f \cdot g$, $|f|$, $\max(f,g)$ und $\min(f,g)$ messbar. Ist fast überall $g(\mathbf{x}) \neq 0$, so ist auch f/g messbar.

Dass auch alle stetigen Funktionen messbar sind, folgt mit Hilfe geeigneter Messbarkeitskriterien.

Sei $M \subset \mathbb{R}^n$ und $f : M \to \overline{\mathbb{R}}$ eine beliebige Funktion. Sind $g, h : M \to \mathbb{R}$ zwei weitere Funktionen mit $g \le h$, so nennt man

$$\operatorname{Mitt}(g, f, h) := \sup(g, \inf(f, h))$$

die **Mittlere** von g, f und h. Auf diese Weise schneidet man f von oben mit h und von unten mit g ab. Ist $C > 0$ eine Konstante und $Q_C := [-C, C]^n$, so nennt man $[f]_C := \operatorname{Mitt}(-C, f, C) \cdot \chi_{Q_C}$ die C-**Stutzung** von f.

Mit diesen Begriffen lassen sich messbare Funktionen durch jede der folgenden Aussagen charakterisieren:

- Für jede Funktion $g \in \mathscr{L}^1$ mit $g \ge 0$ ist $\operatorname{Mitt}(-g, f, g)$ integrierbar.
- Für jedes $C > 0$ ist die Stutzung $[f]_C$ integrierbar.
- Es gibt eine Folge (f_ν) von messbaren Funktionen, die fast überall gegen f konvergiert.

Eine Menge $M \subset \mathbb{R}^n$ ist genau dann messbar, wenn die charakteristische Funktion χ_M messbar ist.

Schließlich hat man noch die folgende Charakterisierung:

Eine fast überall endliche Funktion $f : \mathbb{R}^n \to \overline{\mathbb{R}}$ ist genau dann messbar, wenn $M_c := \{\mathbf{x} \in \mathbb{R}^n : f(\mathbf{x}) > c\}$ für jedes $c \in \mathbb{R}$ eine messbare Menge ist.

Dabei kann man die Mengen M_c auch durch die Mengen $\{\mathbf{x} \in \mathbb{R}^n : f(\mathbf{x}) \le c\}$, $\{\mathbf{x} \in \mathbb{R}^n : f(\mathbf{x}) < c\}$ oder $\{\mathbf{x} \in \mathbb{R}^n : f(\mathbf{x}) \ge c\}$ ersetzen.

Der Messbarkeitsbegriff liefert neue Integrierbarkeitskriterien:

1. Ist f messbar und L-beschränkt, so ist f integrierbar.
2. Eine Funktion f ist genau dann integrierbar, wenn f messbar und $\int |f| \, d\mu_n < \infty$ ist.

Zum Abschluss der kurzen Maßtheorie wurde noch gezeigt:

Es gibt eine nicht-messbare Menge.

Die – nicht konstruktive – Präsentation einer nicht-messbaren Menge $X \subset [0,1]$ benutzte das Auswahlaxiom der Mengenlehre.

Ergänzungen

I) Cantor-Mengen

Es sei $l_0, l_1, l_2, \ldots$ eine Folge positiver reeller Zahlen, so dass gilt:

$$1 = l_0 > 2l_1 > 4l_2 > \ldots > 2^k l_k > \ldots$$

Das funktioniert **zum Beispiel** mit $l_k = 3^{-k}$.

Entfernt man aus dem Einheitsintervall $I = [0,1]$ das offene Intervall J_1 mit Mittelpunkt $1/2$ und Länge $1 - 2l_1$, so besteht der Rest $r_1(I) := I \setminus J_1$ aus zwei abgeschlossenen Intervallen I_0 und I_1 der Länge l_1. Also ist $\mu_1(r_1(I)) = 2l_1$.

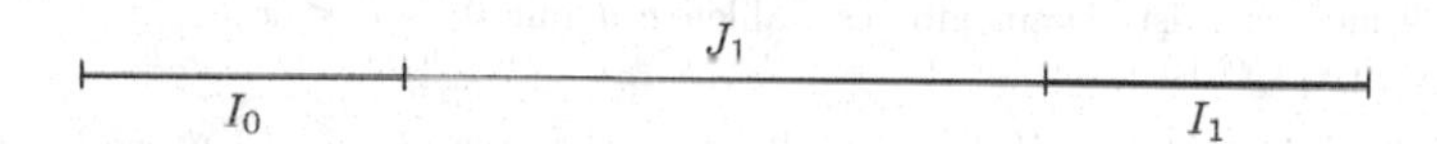

Entfernt man nun aus I_0 und I_1 jeweils konzentrisch offene Intervalle $J_{2,0}$ und $J_{2,1}$ der Länge $l_1 - 2l_2$, so besteht der Rest $r_2(I) = r_1(I) \setminus (J_{2,0} \cup J_{2,1})$ aus vier abgeschlossenen Intervallen I_{00}, I_{01}, I_{10} und I_{11} der Länge l_2. Also ist $\mu_1(r_2(I)) = 4l_2$.

$J_{2,0}$ J_1 $J_{2,1}$

I_{00} I_{01} I_{10} I_{11}

So fährt man fort. Hat man nach n Schritten den Rest

$$r_n(I) = \bigcup_{\alpha_i \in \{0,1\}} I_{\alpha_1 \ldots \alpha_n}$$

gewonnen, mit $\mu_1(r_n(I)) = 2^n \cdot l_n$ so entfernt man beim $(n+1)$-ten Schritt aus $I_{\alpha_1 \ldots \alpha_n}$ das offene Intervall $J_{n+1, \alpha_1 \ldots \alpha_n}$ und gewinnt jeweils zwei abgeschlossene Intervalle $I_{\alpha_1 \ldots \alpha_n 0}$ und $I_{\alpha_1 \ldots \alpha_n 1}$. Der Rest $r_{n+1}(I)$ ist die Vereinigung aller dieser neuen Intervalle.

Für $\alpha = (\alpha_1, \ldots, \alpha_n) \in \{0,1\}^n$ sei $|\alpha| := n$. Die Menge

$$C := [0,1] \setminus \bigcup_{n=1}^{\infty} \Big(\bigcup_{|\alpha|=n} J_{n,\alpha} \Big) = \bigcap_{n=1}^{\infty} \Big(\bigcup_{|\alpha|=n} I_\alpha \Big)$$

nennt man eine *Cantor-Menge*. Offensichtlich ist $\mu_1(C) = \lim_{n \to \infty} 2^n \cdot l_n$.

2.5.14. Beispiele

A. Sei $l_k := 3^{-k}$. Dann ist $\mu_1(C) = \lim_{n \to \infty} \left(\frac{2}{3}\right)^n = 0$. In diesem Fall ist C also eine Nullmenge.

B. Sei $0 \le \theta < 1$. Dann setzen wir $l_k := 2^{-k} \cdot \dfrac{\theta k + 1}{k+1}$.

Man rechnet sofort nach, dass $l_0 = 1$ und $2^k l_k > 2^{k+1} l_{k+1}$ ist. In diesem Falle ist $\mu_1(C) = \lim\limits_{n \to \infty} \dfrac{\theta n + 1}{n+1} = \theta$. Es lässt sich also jedes Maß zwischen 0 und 1 verwirklichen.

2.5.15. Satz

C ist kompakt und enthält keinen inneren Punkt.

BEWEIS: Als Durchschnitt abgeschlossener Mengen ist C abgeschlossen, als Teilmenge von $[0,1]$ beschränkt und damit kompakt.

Würde C einen inneren Punkt enthalten, so auch ein offenes Intervall J. Dann gäbe es ein k mit $\mu_1(J) \ge 2^{-k}$. Andererseits ist C in der Vereinigung von 2^k paarweise disjunkten abgeschlossenen Intervallen der Länge l_k enthalten. Also ist $\mu_1(J) \le l_k < 2^{-k}$. Das ist ein Widerspruch. ∎

2.5.16. Satz

C besitzt keinen isolierten Punkt, d.h. jeder Punkt von C ist auch Häufungspunkt von C.

BEWEIS: Annahme, es gibt ein $x_0 \in C$ und eine offene Umgebung $U(x_0) \subset \mathbb{R}$, so dass $U \cap C = \{x_0\}$ ist. Um keine zu komplizierten Fallunterscheidungen machen zu müssen, nehmen wir an, dass $x_0 \ne 0$ und $\ne 1$ ist. Dann gibt es Zahlen c, d mit $0 < c < x_0 < d < 1$, so dass $(c, x_0) \cup (x_0, d) \subset [0,1] \setminus C$ ist.

Dann muss (x_0, d) in einem Intervall $J_{n,\alpha}$ enthalten sein. Ist etwa $J_{n,\alpha} = (u, v)$, so muss $u = x_0$ sein. Analog folgt, dass (c, x_0) in einem Intervall $J_{m,\beta} = (p, q)$ mit $q = x_0$ enthalten ist. Bei der Konstruktion von C werden aber niemals zwei offene Intervalle (p, q) und (u, v) mit $q = u$ herausgenommen. Das ist ein Widerspruch.

Die Fälle $x_0 = 0$ und $x_0 = 1$ können ähnlich behandelt werden. ∎

Zwei Mengen A und B heißen ***gleichmächtig***, falls es eine bijektive Abbildung $f : A \to B$ gibt. So sind z.B. je zwei abzählbare Mengen gleichmächtig. Dagegen ist $\mathbb{Q}$ nicht gleichmächtig zu $\mathbb{R}$, weil $\mathbb{R}$ nicht abzählbar ist.

2.5.17. Satz

C hat die gleiche Mächtigkeit wie das Einheitsintervall, ist also insbesondere nicht abzählbar.

BEWEIS: Für Multiindizes α, β führen wir folgende Notation ein:

$$\alpha \le \beta :\iff |\alpha| \le |\beta| \text{ und } \alpha_i = \beta_i \text{ für } i = 1, 2, \ldots, |\alpha|.$$

Zu jeder Folge von Multiindizes $\alpha^1 \le \alpha^2 \le \ldots$ mit $|\alpha^i| = i$ gibt es dann genau einen Punkt $y \in C$ mit

$$\bigcap_{i=1}^{\infty} I_{\alpha^i} = \{y\},$$

denn die Länge der Intervalle konvergiert gegen Null, und in jedem solchen Durchschnitt muss mindestens ein Punkt liegen.

Das ermöglicht es, eine Abbildung $f : \{0,1\}^{\mathbb{N}} \to C$ zu definieren. Jeder unendlichen Folge $\widehat{a} = (a_1, a_2, a_3, \ldots) \in \{0,1\}^{\mathbb{N}}$ wird zunächst die Folge $\alpha^i(a) := (a_1, a_2, \ldots, a_i)$ zugeordnet. Weil dann $\alpha^1(a) \le \alpha^2(a) \le \alpha^3(a) \le \ldots$ ist, ist $I_{\alpha^1(a)} \supset I_{\alpha^2(a)} \supset \ldots$, und es gibt einen eindeutig bestimmten Punkt $y(a) \in C$ im Durchschnitt aller Intervalle $I_{\alpha^i(a)}$. Die Abbildung f wird definiert durch

$$f : \widehat{a} \mapsto y(a).$$

Ist $\widehat{a'} \neq \widehat{a''}$, so gibt es ein erstes i mit $a'_i \neq a''_i$. Dann ist auch $\alpha^i(a') \neq \alpha^i(a'')$ und daher $I_{\alpha^i(a')} \cap I_{\alpha^i(a'')} = \varnothing$. Daraus folgt, dass $y(a') \neq y(a'')$ ist. Das bedeutet, dass f injektiv ist.

Ist $y \in C$ vorgegeben, so wähle man in jeder Stufe i ein Intervall I_{α^i}, das y enthält. Dann ist $\alpha^1 \leq \alpha^2 \leq \ldots$, und es gibt ein $\widehat{a} = (a_1, a_2, a_3, \ldots)$ mit $\alpha^i = (a_1, a_2, \ldots, a_i)$ für jedes i. Offensichtlich bildet f dann $\widehat{a}$ auf y ab. Das bedeutet, dass f surjektiv und damit bijektiv ist.

Die Menge $\{0, 1\}^{\mathbb{N}}$ ist aber gleichmächtig zu $[0, 1]$. ∎

II) σ-Algebren und Borelmengen

Definition **(σ-Algebra)**

Sei X eine beliebige Grundmenge. Eine ***σ-Algebra*** in X ist ein System $\mathcal{M}$ von Teilmengen von X mit folgenden Eigenschaften:

1. $\varnothing \in \mathcal{M}$.
2. Ist $A \in \mathcal{M}$, so ist auch das Komplement $X \setminus A \in \mathcal{M}$.
3. Ist $(A_\nu)_{\nu \in \mathbb{N}}$ eine abzählbare Familie in $\mathcal{M}$, so ist auch $\displaystyle\bigcup_{\nu=1}^{\infty} A_\nu \in \mathcal{M}$.

Indem man bei (1) und (3) jeweils zu den Komplementen übergeht, erhält man.

2.5.18. Folgerung

Ist $\mathcal{M}$ eine σ-Algebra in X, so gilt:

4. *$X \in \mathcal{M}$.*
5. *Liegen die A_ν in $\mathcal{M}$, so liegt auch $\displaystyle\bigcap_{\nu=1}^{\infty} A_\nu$ in $\mathcal{M}$.*

Der BEWEIS ist trivial.

Bemerkung: Sei $\mathcal{M}$ ein System von Teilmengen von X. Gilt (1), (2) und die folgende Eigenschaft (3)', so ist $\mathcal{M}$ eine σ-Algebra.

3'. Für $A, B \in \mathcal{M}$ ist auch $A \cap B \in \mathcal{M}$. Ist (A_ν) ein abzählbares System paarweise disjunkter Elemente von $\mathcal{M}$, so ist $\bigcup_{\nu=1}^{\infty} A_\nu \in \mathcal{M}$.

2.5.19. Beispiele

A. Die Potenzmenge $P(X)$ ist eine σ-Algebra in X.

B. Das System $\mathcal{M} := \{\varnothing, X\}$ bildet eine σ-Algebra in X.

C. Sei $\mathcal{A} \subset P(X)$ ein **beliebiges** Mengensystem. Dann ist der Durchschnitt $E(\mathcal{A})$ aller σ-Algebren $\mathcal{M}$ mit $\mathcal{A} \subset \mathcal{M} \subset P(X)$ wieder eine σ-Algebra, und zwar die kleinste in X, die $\mathcal{A}$ enthält (der Beweis erfordert ein bisschen mengentheoretisches Herumrechnen). Man nennt $E(\mathcal{A})$ *die von $\mathcal{A}$ erzeugte σ-Algebra.*

Definition **(Borelmengen)**

Ist $X = \mathbb{R}^n$ und $\mathcal{A}$ das System der Quader, so nennt man $\mathcal{B}_n := E(\mathcal{A})$ die ***Borel-Algebra*** des $\mathbb{R}^n$, und ihre Elemente ***Borelmengen***.

Da jede offene Menge eine abzählbare Vereinigung von Quadern ist, enthält $\mathcal{B}_n$ sämtliche offenen und abgeschlossenen Mengen des $\mathbb{R}^n$, und natürlich auch Differenzen solcher Mengen. Es ist sehr schwer, eine Teilmenge des $\mathbb{R}^n$ zu konstruieren, die keine Borelmenge ist. Trotzdem gibt es sehr viele davon. Natürlich ist jede Borelmenge messbar.

Abzählbare Vereinigungen von abgeschlossenen Mengen nennt man ***F_σ-Mengen***, abzählbare Durchschnitte von offenen Mengen nennt man ***G_δ-Mengen***.

Definition (Halbstetige Funktionen)

a) Eine Funktion $f : \mathbb{R}^n \to \overline{\mathbb{R}}$ heißt in $\mathbf{x}_0$ ***halbstetig nach oben***, falls $f(\mathbf{x}_0) \neq +\infty$ ist und zu jeder reellen Zahl $c > f(\mathbf{x}_0)$ eine Umgebung $U = U(\mathbf{x}_0)$ existiert, so dass $c > f(\mathbf{x})$ für alle $\mathbf{x} \in U$ gilt.

b) Eine Funktion $f : \mathbb{R}^n \to \overline{\mathbb{R}}$ heißt in $\mathbf{x}_0$ ***halbstetig nach unten***, falls $f(\mathbf{x}_0) \neq -\infty$ ist und zu jeder reellen Zahl $c < f(\mathbf{x}_0)$ eine Umgebung $U = U(\mathbf{x}_0)$ existiert, so dass $c < f(\mathbf{x})$ für alle $\mathbf{x} \in U$ gilt.

Bemerkung: Ist f nach oben (bzw. nach unten) halbstetig, so ist $M_c = \{\mathbf{x} \in \mathbb{R}^n : f(\mathbf{x}) < c\}$ offen (bzw. $\{\mathbf{x} \in \mathbb{R}^n : f(\mathbf{x}) > c\}$ offen) und damit in jedem Fall M_c messbar. Also ist f messbar.

2.5.20. Hilfssatz 1

Sei h eine Treppenfunktion auf dem $\mathbb{R}^n$ und $\mathscr{U}$ die zugehörige endliche Quaderüberdeckung. Dann ist die Treppenfunktion $\underline{h}$ mit

$$\underline{h}(\mathbf{x}) := \min\{h(\overset{\circ}{Q}) \, : \, Q \in \mathscr{U} \text{ und } \mathbf{x} \in Q\}$$

halbstetig nach unten, d.h., für jedes $c \in \mathbb{R}$ ist $M_c := \{\mathbf{x} : \underline{h}(\mathbf{x}) > c\}$ offen.

Beweis: Die Elemente von $\mathscr{U}$ sind die abgeschlossenen Teilquader der Zerlegung. Für jedes $Q \in \mathscr{U}$ gibt es eine Konstante c_Q, so dass $h|_{\overset{\circ}{Q}} = c_Q$ ist.

Sei $\mathbf{x}_0 \in \mathbb{R}^n$ und $\mathscr{U}_0 := \{Q \in \mathscr{U} : \mathbf{x}_0 \notin Q\}$. Dann ist

$$V := \mathbb{R}^n \setminus \bigcup_{Q \in \mathscr{U}_0} Q$$

eine offene Umgebung von $\mathbf{x}_0$. Für jeden Quader $Q \in \mathscr{U}$ mit $Q \cap V \neq \varnothing$ liegt $\mathbf{x}_0$ in Q. Ist also $\mathbf{x} \in V$, so ist $\{Q \in \mathscr{U} : \mathbf{x} \in Q\} \subset \{Q \in \mathscr{U} : \mathbf{x}_0 \in Q\}$. Daraus folgt:

$$\begin{aligned}\text{Für } \mathbf{x} \in V \text{ ist } \underline{h}(\mathbf{x}_0) &= \min\{h(\overset{\circ}{Q}) : Q \in \mathscr{U} \text{ und } \mathbf{x}_0 \in Q\} \\ &\leq \min\{h(\overset{\circ}{Q}) : Q \in \mathscr{U} \text{ und } \mathbf{x} \in Q\} = \underline{h}(\mathbf{x}).\end{aligned}$$

Das bedeutet, dass $\underline{h}$ halbstetig nach unten ist. ∎

2.5.21. Hilfssatz 2

Sei $M \subset \mathbb{R}^n$ messbar und beschränkt, sowie $\varepsilon > 0$. Dann gibt es eine offene Menge B, so dass $\mu_n\big((B \setminus M) \cup (M \setminus B)\big) < \varepsilon$ ist.

Beweis: Nach Voraussetzung ist χ_M integrierbar. Dann gibt es Funktionen $g, h \in \mathscr{L}^+$, so dass $\chi_M = g - h$ ist. Sind φ_ν bzw. ψ_ν Treppenfunktionen, die fast überall monoton wachsend gegen g bzw. h konvergieren, so sind die Funktionen $\varrho_\nu := \varphi_\nu - \psi_\nu$ wieder Treppenfunktionen, die fast überall gegen χ_M konvergieren.

Wir setzen

$$h_\nu(\mathbf{x}) := \begin{cases} 1 & \text{falls } \varrho_\nu(\mathbf{x}) \geq \frac{1}{2}, \\ 0 & \text{sonst.} \end{cases}$$

Offensichtlich sind auch die h_ν Treppenfunktionen.

Sei N die Nullmenge, außerhalb der (ϱ_ν) gegen χ_M konvergiert. Für $\mathbf{x} \in \mathbb{R}^n \setminus N$ gilt:

a) Liegt $\mathbf{x}$ in M, so konvergiert $(\varrho_\nu(\mathbf{x}))$ gegen 1. Für große ν ist dann $h_\nu(\mathbf{x}) = 1$.

b) Liegt $\mathbf{x}$ nicht in M, so konvergiert $(\varrho_\nu(\mathbf{x}))$ gegen 0. Für große ν ist dann auch $h_\nu(\mathbf{x}) = 0$.

Also konvergiert auch (h_ν) außerhalb N gegen χ_M. Zu jeder Funktion $\tau_\nu := \underline{h}_\nu$ gibt es eine offene Menge B_ν, so dass $\tau_\nu = \chi_{B_\nu}$ ist. Natürlich konvergiert auch die Folge (τ_ν) fast überall gegen χ_M. Nun gilt: $(\tau_\nu - \chi_M)^+ = \chi_{B_\nu \setminus M}$ und $(\tau_\nu - \chi_M)^- = \chi_{M \setminus B_\nu}$, also $|\tau_\nu - \chi_M| = \chi_{B_\nu \setminus M} + \chi_{M \setminus B_\nu}$.

Da die Funktion $\sup|\tau_\nu - \chi_M|$ integrierbar ist, ist die Folge $(|\tau_\nu - \chi_M|)$ L-beschränkt, und aus dem Lebesgueschen Konvergenzsatz folgt.

$$\lim_{\nu \to \infty} \int |\tau_\nu - \chi_M| \, d\mu_n = 0.$$

Ist $\varepsilon > 0$, so gibt es ein ν_0, so dass für $B := B_{\nu_0}$ gilt:

$$\mu_n(B \setminus M) + \mu_n(M \setminus B) = \int (\chi_{B \setminus M} + \chi_{M \setminus B}) \, d\mu_n = \int |\tau_{\nu_0} - \chi_M| \, d\mu_n < \varepsilon,$$

also $\mu_n\big((B \setminus M) \cup (M \setminus B)\big) = \mu_n(B \setminus M) + \mu_n(M \setminus B) < \varepsilon$. ∎

2.5.22. Hilfssatz 3

Sei $M \subset \mathbb{R}^n$ messbar und beschränkt. Dann gibt es zu jedem $\varepsilon > 0$ eine offene Menge U mit $M \subset U$ und $\mu_n(U) - \mu_n(M) < \varepsilon$.

BEWEIS: Sei $\varepsilon > 0$ beliebig vorgegeben. Zu jedem $\nu \in \mathbb{N}$ gibt es eine offene Menge B_ν, so dass $\mu_n\big((B_\nu \setminus M) \cup (M \setminus B_\nu)\big) < \varepsilon/2^{\nu+1}$ ist.

Sei $B := \bigcup_{\nu=1}^{\infty} B_\nu$, $C := \bigcap_{\nu=1}^{\infty} (M \setminus B_\nu)$ und $D := \bigcup_{\nu=1}^{\infty} (B_\nu \setminus M)$.

Dann ist B offen, $\mu_n(C) \leq \varepsilon/2^{\nu+1}$ für alle ν (und damit $\mu_n(C) = 0$) und

$$\mu_n(D) \leq \sum_{\nu=1}^{\infty} \mu_n(B_\nu \setminus M) < \sum_{\nu=1}^{\infty} \frac{\varepsilon}{2^{\nu+1}} = \frac{\varepsilon}{2}.$$

Ist $\mathbf{x} \in M$, aber $\mathbf{x} \notin B$, so liegt $\mathbf{x}$ in jeder Menge $M \setminus B_\nu$ und damit in C. Also ist $M \subset B \cup C$. Liegt $\mathbf{x}$ in B, so gibt es ein ν mit $\mathbf{x} \in B_\nu$. Ist $\mathbf{x} \notin M$, so liegt $\mathbf{x}$ in $B_\nu \setminus M$ und damit in D. Also ist $B \subset M \cup D$.

Weil $\mu_n(C) = 0$ und damit C eine Nullmenge ist, gibt es nach Definition der Nullmenge eine offene Menge V (eine Vereinigung von offenen Quadern) mit $C \subset V$ und $\mu_n(V) < \varepsilon/2$. Die Menge $U := B \cup V$ ist offen, mit $M \subset B \cup C \subset U$ und

$\mu_n(U) \leq \mu_n(B) + \mu_n(V) \leq \mu_n(M) + \mu_n(D) + \mu_n(V) < \mu_n(M) + \varepsilon/2 + \varepsilon/2 = \mu_n(M) + \varepsilon.$ ∎

2.5.23. Folgerung 1

Sei $M \subset \mathbb{R}^n$ eine beliebige messbare Menge. Dann gibt es zu jedem $\varepsilon > 0$ eine offene Menge U mit $M \subset U$ und $\mu_n(U) - \mu_n(M) < \varepsilon$.

BEWEIS: Wir wählen eine Folge (Q_ν) von kompakten Quadern mit $Q_\nu \subset Q_{\nu+1}^\circ$ und $\bigcup_{\nu=1}^\infty Q_\nu = \mathbb{R}^n$. Dann sind die Mengen $M_1 := M \cap Q_1$ und $M_\nu := M \cap (Q_\nu - Q_{\nu+1})$ (für $\nu \geq 2$) messbar und beschränkt, und M ist disjunkte Vereinigung der M_ν. Zu jedem ν gibt es eine offene Menge U_ν mit $M_\nu \subset U_\nu$ und $\mu_n(U_\nu) - \mu_n(M_\nu) < \varepsilon/2^\nu$. Dann liegt M in der offenen Menge $U := \bigcup_{\nu=1}^\infty U_\nu$, und es ist

$$\mu_n(U) - \mu_n(M) \leq \sum_{\nu=1}^\infty \mu_n(U_\nu) - \sum_{\nu=1}^\infty \mu_n(M_\nu) = \sum_{\nu=1}^\infty \frac{\varepsilon}{2^\nu} = \varepsilon.$$

■

2.5.24. Folgerung 2

Sei $M \subset \mathbb{R}^n$ eine beliebige messbare Menge. Dann gibt es zu jedem $\varepsilon > 0$ eine abgeschlossene Menge A mit $A \subset M$ und $\mu_n(M) - \mu_n(A) < \varepsilon$.

BEWEIS: Sei $\widetilde{M} := \mathbb{R}^n \setminus M$. Dann ist auch $\widetilde{M}$ eine messbare Menge, und es gibt eine offene Menge U mit $\widetilde{M} \subset U$ und $\mu_n(U) - \mu_n(\widetilde{M}) < \varepsilon$. Die Menge $A := \mathbb{R}^n \setminus U$ ist abgeschlossen und in $\mathbb{R}^n \setminus \widetilde{M} = M$ enthalten. Außerdem gilt:

$$\mu_n(M) - \mu_n(A) = \mu_n(M \setminus A) = \mu_n(M \cap U) = \mu_n(U \setminus \widetilde{M}) < \varepsilon.$$

■

2.5.25. Approximation messbarer Mengen von innen und außen

Sei $M \subset \mathbb{R}^n$ messbar. Dann gibt es zu jedem $\varepsilon > 0$ eine offene Menge U und eine abgeschlossene Menge A, so dass $A \subset M \subset U$ und $\mu_n(U \setminus A) < \varepsilon$ ist.

Außerdem gibt es eine Borelmenge (genauer: eine F_σ-Menge) F und eine Borelmenge (genauer: eine G_δ-Menge) G, so dass $F \subset M \subset G$ und $\mu_n(G \setminus F) = 0$ ist.

BEWEIS: Der erste Teil ist klar, man muss nur A und U mit $A \subset M \subset U$ so wählen, dass $\mu_n(U) - \mu_n(M) < \varepsilon/2$ und $\mu_n(M) - \mu_n(A) < \varepsilon/2$ ist.

Für den Beweis des zweiten Teils des Satzes wählen wir offene Mengen U_ν und abgeschlossene Mengen A_ν mit $A_\nu \subset M \subset U_\nu$ und $\mu_n(U_\nu \setminus A_\nu) \leq 1/\nu$ und setzen

$$F := \bigcup_{\nu=1}^\infty A_\nu \quad \text{und} \quad G := \bigcap_{\nu=1}^\infty U_\nu.$$

Dann sind F und G Borelmengen mit $F \subset M \subset G$. Weil $G \setminus F$ in jeder der Mengen $U_\nu \setminus A_\nu$ enthalten ist, muss $\mu_n(G \setminus F) = 0$ sein. ■

2.5.26. Folgerung

$M \subset \mathbb{R}^n$ ist genau dann messbar, wenn es eine Borelmenge B und eine Nullmenge N gibt, so dass $M = B \cup N$ ist.

Ist M messbar, so gibt es zu jedem $\varepsilon > 0$ eine Folge (Q_ν) von offenen Quadern mit

$$M \subset \bigcup_{\nu=1}^\infty Q_\nu \quad \text{und} \quad \sum_{\nu=1}^\infty \text{vol}_n(Q_\nu) < \mu(M) + \varepsilon.$$

BEWEIS: Natürlich ist jede Menge der Form $M = B \cup N$ mit einer Borelmenge B und einer Nullmenge N messbar.

Sei umgekehrt vorausgesetzt, dass M messbar ist. Dann gibt es Borelmengen F, G mit $F \subset M \subset G$ und $\mu_n(G \setminus F) = 0$. Wir setzen $B := F$ und $N := M \setminus F$. Die tun's!

Für die letzte Aussage benutzen wir den folgenden Hilfssatz. Ist U eine offene Menge mit $M \subset U$ und $\mu_n(U) \setminus \mu_n(M) < \varepsilon/2$, so wählen wir eine Folge (Q'_ν) von paarweise disjunkten Quadern, deren Vereinigung gerade U ergibt. Dann ersetzen wir jeden Quader Q'_ν durch einen etwas größeren offenen Quader Q_ν, so dass $Q'_\nu \subset Q_\nu$ und $\text{vol}_n(Q_\nu) - \text{vol}_n(Q'_\nu) < \varepsilon/2^{\nu+1}$ ist. Das sind die gesuchten Quader. ∎

2.5.27. Hilfssatz 4

Jede offene Menge $U \subset \mathbb{R}^n$ ist eine disjunkte Vereinigung von abzählbar vielen Quadern.

BEWEIS: Für $\mathbf{k} = (k_1, \ldots, k_n) \in \mathbb{N}^n$ und $N \in \mathbb{N}$ sei

$$Q_{\mathbf{k},N} := \{\mathbf{x} \in \mathbb{R}^n : \frac{k_i}{2^N} \le x_i < \frac{k_i + 1}{2^N} \text{ für } 1 \le i \le n\}.$$

Wir sprechen von einem *dyadischen Würfel* der Ordnung N. Bei festem N sind die Würfel paarweise disjunkt. Jeder Würfel der Ordnung N ist disjunkte Vereinigung von endlich vielen Würfeln der Ordnung $N + 1$.

Zunächst sei $\mathscr{W}_1$ die Menge aller Würfel der Ordnung 1, die in U enthalten sind. Dann sei $\mathscr{W}_2$ die Menge derjenigen Würfel der Ordnung 2, die in U enthalten sind, aber nicht in einem der Würfel aus $\mathscr{W}_1$. Und so fährt man fort. Insgesamt erhält man abzählbar viele paarweise disjunkte dyadische Würfel, deren Vereinigung U ergibt. ∎

In der Literatur stellt man oft den Begriff der messbaren Menge an den Anfang (das entspricht auch dem ursprünglichen Lebesgue'schen Ansatz). Dann steht naturgemäß kein Integral für die Definition des Maßes zur Verfügung, und man muss anders vorgehen.

Definition (Äußeres Maß)

Sei $M \subset \mathbb{R}^n$ eine beliebige Teilmenge. Dann nennt man die Zahl

$$\mu_n^*(M) := \inf\{\sum_{\nu=1}^{\infty} \text{vol}_n(Q_\nu) : \text{die } Q_\nu \text{ sind Quader oder leer, mit } M \subset \bigcup_{\nu=1}^{\infty} Q_\nu\}$$

das ***äußere Maß*** von M im $\mathbb{R}^n$.

Bemerkungen:

1. Da der $\mathbb{R}^n$ Vereinigung von Quadern ist, besitzt jede Teilmenge des $\mathbb{R}^n$ ein äußeres Maß. Offensichtlich ist $\mu_n^*(\mathbb{R}^n) = \infty$ und $\mu_n^*(\varnothing) = 0$. Ist M eine beliebige Menge, so ist $0 \le \mu_n^*(M) \le \infty$.

2. Es spielt keine Rolle, ob man offene, abgeschlossene oder teilweise abgeschlossene Quader benutzt, weil die Vereinigung aller Ränder eine Nullmenge ist.

3. Ist M beschränkt, so liegt M bereits in einem einzigen Quader Q. Deshalb ist in diesem Fall $\mu_n^*(M) < \infty$.

2.5.28. Satz

Ist $M \subset \mathbb{R}^n$ messbar, so ist $\mu_n(M) = \mu_n^*(M)$.

BEWEIS: Sei M messbar. Gibt es Quader Q_ν mit $M \subset \bigcup_{\nu=1}^{\infty} Q_\nu$, so ist

$$\mu_n(M) \le \mu_n(\bigcup_{\nu=1}^{\infty} Q_\nu) \le \sum_{\nu=1}^{\infty} \mu_n(Q_\nu).$$

Also ist $\mu_n(M) \le \mu_n^*(M)$.

Andererseits besagt Folgerung 2.5.26, dass $\mu_n^*(M) \le \mu_n(M)$ ist. Also ist $\mu_n(M) = \mu_n^*(M)$. ■

Nach Carathéodory (1873 -1950) nennt man eine Teilmenge $M \subset \mathbb{R}^n$ ***messbar***, wenn $\mu_n^*(Z) = \mu_n^*(Z \cap M) + \mu_n^*(Z \setminus M)$ für jede beliebige Teilmenge $Z \subset \mathbb{R}^n$ gilt. Man kann zeigen, dass die Menge der in diesem Sinne messbaren Mengen eine σ-Algebra ist, die alle Quader und alle Nullmengen und damit auch alle Lebesgue-messbaren Mengen enthält. Mit ein wenig mehr Mühe kann man sogar zeigen, dass jede im Sinne von Carathéodory messbare Menge auch Lebesgue-messbar ist. Einzelheiten dazu finden sich z.B. bei Walter ([9]) oder Bröcker ([10]).

III) Zum Schluss noch ein paar Bemerkungen über quadratintegrable Funktionen!

Sei $X \subset \mathbb{R}^n$ eine messbare Menge. Mit $\mathscr{L}^1(X)$ bezeichnen wir die Menge der integrierbaren Funktionen auf X. Die Elemente von

$$\mathscr{L}^2(X) := \{f : X \to \mathbb{R} \,:\, f \text{ messbar und } f^2 \in \mathscr{L}^1(X)\}$$

nennt man ***quadratintegrable Funktionen*** auf X. Man kann zeigen, dass mit $f, g \in \mathscr{L}^2(X)$ auch $f+g$ in $\mathscr{L}^2(X)$ und $f \cdot g$ in $\mathscr{L}^1(X)$ liegt (vgl. Aufgabe **L**). Daher ist $\mathscr{L}^2(X)$ ein Vektorraum und durch $<f \,|\, g> := \int_X fg \, d\mu_n$ wird ein Skalarprodukt auf $\mathscr{L}^2(X)$ definiert. Na ja, nicht ganz, es gibt das gleiche Problem wie beim Raum $\mathscr{L}^1(X)$. Durch $\|f\|_2 := <f \,|\, f>^{1/2}$ wird nur eine Halbnorm definiert. Wir müssen also in $\mathscr{L}^2(X)$ Äquivalenzklassen von Funktionen bilden, die sich nur auf einer Nullmenge unterscheiden. Auf dem Raum $L^2(X)$ dieser Äquivalenzklassen wird dann ein echtes Skalarprodukt definiert, die zugehörige Norm bezeichnen wir wieder mit $\|\ldots\|_2$.

2.5.29. Satz von Riesz-Fischer

Der Raum $L^2(X)$ ist vollständig.

BEWEIS: Zur Abkürzung schreiben wir $\mathscr{L}^1$ und $\mathscr{L}^2$ an Stelle von $\mathscr{L}^1(X)$ und $\mathscr{L}^2(X)$, sowie $\|f\|$ an Stelle von $\|f\|_2$.

Es sei (g_ν) eine Folge in $\mathscr{L}^2$, so dass $\sum_{\nu=1}^{\infty} \|g_\nu\| = M < \infty$ ist. Wir setzen $h_N := \sum_{\nu=1}^{N} |g_\nu|$. Da mit g_ν auch $|g_\nu|$ zu $\mathscr{L}^2$ gehört, folgt:

$$h_N \in \mathscr{L}^2 \quad \text{und} \quad 0 \le h_1 \le h_2 \le \ldots$$

Außerdem ist

$$\int_X h_N^2 \, d\mu_n = \Big\|\sum_{\nu=1}^{N} |g_\nu|\Big\|^2 \le \Big(\sum_{\nu=1}^{N} \|g_\nu\|\Big)^2 \le M^2.$$

Nach Levi's Satz von der monotonen Konvergenz konvergiert die Folge (h_N^2) monoton wachsend fast überall gegen eine integrierbare Funktion H. Aber dann konvergiert (h_N) fast überall gegen eine messbare Funktion h mit $h^2 = H$, also $h \in \mathscr{L}^2$.

Die Reihe $\sum_{\nu=1}^{\infty} g_\nu$ konvergiert demnach fast überall absolut gegen eine Grenzfunktion f. Nun sei $f_N := \sum_{\nu=1}^{N} g_\nu$. Dann ist fast überall $|f_N| \le h_N \le h$. Da dies für alle N gilt, ist auch $|f| \le h$. Das bedeutet, dass f^2 durch h^2 L-beschränkt und als messbare Funktion sogar integrierbar ist. Die Funktion f ist selbst messbar und damit quadratintegrabel.

Die Funktion $(f_N - f)^2$ ist messbar und wegen $|(f_N - f)^2| = |f_N - f|^2 \le f_N^2 + f^2 + 2|f_N f| \le 4h^2$ auch L-beschränkt, also integrierbar. Außerdem konvergiert $(f_N - f)^2$ fast überall gegen die Nullfunktion. Nach Lebesgue konvergiert dann auch $\|f_N - f\|^2 = \int (f_N - f)^2 \, d\mu_n$ gegen Null, und wir haben gezeigt, dass $\sum_{\nu=1}^{\infty} g_\nu$ in $\mathscr{L}^2$ gegen f konvergiert. ■

Der Raum $L^2(X)$ ist also ein Banachraum. Wenn – wie in diesem Fall – die Norm von einem Skalarprodukt kommt, spricht man auch von einem ***Hilbertraum***. Solche Hilberträume werden in der Funktionalanalysis untersucht, sie haben eine sehr reichhaltige Struktur und unterscheiden sich – obwohl unendlichdimensional – nicht allzusehr von einem endlichdimensionalen euklidischen Raum. Hilberträume spielen eine wichtige Rolle in der Theorie der trigonometrischen Reihen und sind ein unverzichtbares Werkzeug in der Quantenphysik.

2.5.30. Aufgaben

A. Sei $\mathbb{Q} = \{q_n \,:\, n \in \mathbb{N}\}$. Zeigen Sie, dass $\mathbb{R} \setminus \bigcup_{\nu \in \mathbb{N}} (q_\nu - \frac{1}{\nu^2}, q_\nu + \frac{1}{\nu^2}) \neq \varnothing$ ist.

B. Man sagt, eine Menge X liegt „dicht" in $[0,1]$, falls jeder Punkt $x \in [0,1]$ Häufungspunkt von X ist. Zeigen Sie: Ist $X \subset [0,1]$ messbar und $\mu_1(X) = 1$, so liegt X dicht in $[0,1]$.

C. (a) Sei $M \subset \mathbb{R}^n$ messbar und $\mu_n(M) < \infty$. Zeigen Sie: Für $\mathbf{a} \in \mathbb{R}^n$ und $c \in \mathbb{R}$ sind die Mengen $\mathbf{a} + M := \{\mathbf{a} + \mathbf{x} \,:\, \mathbf{x} \in M\}$ und $c \cdot M := \{c\mathbf{x} \,:\, \mathbf{x} \in M\}$ messbar, und es ist $\mu_n(\mathbf{a} + M) = \mu_n(M)$ und $\mu_n(c \cdot M) = |c| \cdot \mu_n(M)$.

(b) Man zeige mit Hilfe von (a) und den Regeln für messbare Mengen, dass bei jedem abgeschlossenen Dreieck $D \subset \mathbb{R}^2$ das Maß $\mu_2(D)$ mit dem elementargeometrischen Inhalt von D übereinstimmt.

(c) Man approximiere den Einheitskreis $E = \{(x,y) \in \mathbb{R}^2 \,:\, x^2 + y^2 \leq 1\}$ durch regelmäßige n-Ecke und berechne $\mu_2(E)$.

D. Es sei $(M_\iota)_{\iota \in I}$ ein System von paarweise disjunkten messbaren Teilmengen von $\mathbb{R}$, so dass $0 < \mu_1(M_\iota) < \infty$ für alle $\iota \in I$ gilt. Zeigen Sie, dass I abzählbar ist.

E. Sei $A \subset \mathbb{R}^n$ messbar, $f \in \mathscr{L}^+$ und $\chi_A \leq f$ fast überall. Dann ist $\mu_n(A) < \infty$.

F. Sei $f : \mathbb{R}^n \to \mathbb{R}$ integrierbar. Dann gibt es zu jedem $\varepsilon > 0$ ein $\delta > 0$, so dass $|\int_E f \, d\mu_n| < \varepsilon$ für alle messbaren Mengen E mit $\mu_n(E) < \delta$ gilt.

G. Sei $f : \mathbb{R}^n \to \mathbb{R}$ messbar. Für $z \in \mathbb{Z}$ und $\nu \in \mathbb{N}$ sei

$$E_{z,\nu} := f^{-1}\big([z \cdot 2^{-\nu}, (z+1) \cdot 2^{-\nu})\big) \quad \text{und} \quad f_\nu := \sum_{z=-\infty}^{+\infty} z \cdot 2^{-\nu} \cdot \chi_{E_{z,\nu}}. \text{ Zeigen}$$

Sie, dass (f_ν) gleichmäßig und monoton wachsend gegen f konvergiert.

H. Sei $f : \mathbb{R}^n \to \overline{\mathbb{R}}$ eine Funktion, für die jede Menge $M_c := \{\mathbf{x} \,:\, f(\mathbf{x}) > c\}$ (mit $c \in \mathbb{R}$) messbar ist. Zeigen Sie, dass die Mengen $\{\mathbf{x} \,:\, f(\mathbf{x}) = +\infty\}$, $\{\mathbf{x} \,:\, f(\mathbf{x}) = -\infty\}$ und $\{\mathbf{x} \,:\, f(\mathbf{x}) = c\}$ für $c \in \mathbb{R}$ messbar sind.

I. Sei f auf dem $\mathbb{R}^n$ integrierbar, $f \geq 0$. Wenn es eine reelle Zahl $c > 0$ gibt, so dass $\int f(x)^\nu \, d\mu_n = c$ für alle $\nu \in \mathbb{N}$ gilt, dann gibt es eine messbare Menge $A \subset \mathbb{R}^n$, so dass fast überall $f = \chi_A$ ist.

J. Zeigen Sie, dass eine Funktion f auf dem $\mathbb{R}^n$ messbar ist, falls für jedes $q \in \mathbb{Q}$ die Menge $\{\mathbf{x} : f(\mathbf{x}) > q\}$ messbar ist.

K. Sei f integrierbar, $f > 0$ fast überall, A messbar und $\int_A f \, d\mu_n = 0$. Dann ist A eine Nullmenge.

L. Sei I ein Intervall, $\mathscr{L}^1(I) := \{f : I \to \mathbb{R} : f \text{ integrierbar}\}$ und $\mathscr{L}^2(I) := \{f : I \to \mathbb{R} : f \text{ messbar und } f^2 \in \mathscr{L}^1(I)\}$. Zeigen Sie:

(a) Sei $I := (0,1]$ und $f(x) := \dfrac{1}{\sqrt{x}} \cdot \chi_I$. Dann ist $f \in \mathscr{L}^1(I)$, aber $\notin \mathscr{L}^2(I)$.

(b) Sei $I := [1,\infty)$ und $g(x) := \dfrac{1}{x} \cdot \chi_I$. Dann ist $f \in \mathscr{L}^2(I)$ und $\notin \mathscr{L}^1(I)$.

(c) Sind $f, g \in \mathscr{L}^2(I)$, $\alpha, \beta \in \mathbb{R}$, so ist $\alpha f + \beta g \in \mathscr{L}^2(I)$.

(d) Sind $f, g \in \mathscr{L}^2(I)$, so ist $f \cdot g \in \mathscr{L}^1(I)$.

M. Zeigen Sie, dass die Funktionen $f(x) := 1/(1+x^2)$ und $g(x) := e^{-x^2} \cdot \cos x$ Lebesgue-integrierbar sind.

N. Seien f, g messbar. Dann ist $f \cdot g$ und $\sqrt{f}$ messbar.

O. (a) Sei f integrierbar, g messbar und beschränkt. Dann ist auch $f \cdot g$ integrierbar.

(b) Ist f integrierbar, so ist auch $f(x) \cdot \sin nx$ integrierbar und

$$\lim_{n\to\infty} \int f(x) \sin nx \, dx = 0.$$

P. Sei $f : \mathbb{R}^n \to \mathbb{R}$ messbar und fast überall > 0,

$$m_i := \mu_n\big(\{\mathbf{x} : 2^{i-1} < f(\mathbf{x}) \le 2^i\}\big) \quad \text{für } i \in \mathbb{Z}.$$

Zeigen Sie: f integrierbar $\iff \sum_{i=-\infty}^{+\infty} 2^i \cdot m_i < \infty$.

2.6 Der Satz von Fubini

Zur Motivation: Bisher kennen wir nur wenige Möglichkeiten zur praktischen Berechnung von Integralen. Unsere Beispiele mussten wir meist unter den Funktionen von einer Veränderlichen suchen. Diese Situation wird sich drastisch ändern, wenn wir den Satz von Fubini bewiesen haben, der die Rückführung mehrdimensionaler Integrale auf mehrfache Integrale in einer Veränderlichen zulässt.

Unser Ziel ist der Beweis des folgenden Ergebnisses.

2.6.1. Satz von Fubini

Sei $f : \mathbb{R}^{n+m} \to \mathbb{R}$ integrierbar. Dann gibt es eine Nullmenge $N \subset \mathbb{R}^m$, so dass gilt:

1. *Für alle $\mathbf{y} \in \mathbb{R}^m \setminus N$ ist die Funktion $\mathbf{x} \mapsto f(\mathbf{x}, \mathbf{y})$ über $\mathbb{R}^n$ integrierbar.*
2. *Ist $F : \mathbb{R}^m \to \mathbb{R}$ definiert durch*

$$F(\mathbf{y}) := \begin{cases} \int_{\mathbb{R}^n} f(\mathbf{x}, \mathbf{y})\, d\mu_n(\mathbf{x}) & \text{für } \mathbf{y} \in \mathbb{R}^m \setminus N \\ 0 & \text{sonst,} \end{cases}$$

so ist F (über $\mathbb{R}^m$) integrierbar, und es gilt:

$$\int_{\mathbb{R}^m} F(\mathbf{y})\, d\mu_m(\mathbf{y}) = \int_{\mathbb{R}^{n+m}} f(\mathbf{x}, \mathbf{y})\, d\mu_{n+m}.$$

Man schreibt die letzte Gleichung gerne in der Form

$$\int_{\mathbb{R}^{n+m}} f(\mathbf{x}, \mathbf{y})\, d\mu_{n+m}(\mathbf{x}, \mathbf{y}) = \int_{\mathbb{R}^m} \Big(\int_{\mathbb{R}^n} f(\mathbf{x}, \mathbf{y})\, d\mu_n(\mathbf{x}) \Big)\, d\mu_m(\mathbf{y}).$$

Dabei kann auf der rechten Seite auch zuerst nach $\mathbf{y}$ und dann nach $\mathbf{x}$ integriert werden. Das bedeutet, dass die Berechnung eines Integrals immer auf die Berechnung von iterierten 1-dimensionalen Integralen zurückgeführt werden kann.

Es sind einige Vorarbeiten erforderlich. Zunächst wollen wir den Satz von Beppo Levi auf messbare Funktionen verallgemeinern.

2.6.2. Der Satz von Beppo Levi für messbare Funktionen

Gegeben sei eine Folge von messbaren Funktionen $f_\nu \geq 0$, $f := \sum_{\nu=1}^{\infty} f_\nu$. In den Punkten, wo die Reihe divergiert, sei $f(x) := +\infty$ gesetzt. Dann ist auch f messbar, und es gilt: $\int \Big(\sum_{\nu=1}^{\infty} f_\nu\Big)\, d\mu_n = \sum_{\nu=1}^{\infty} \int f_\nu\, d\mu_n.$

BEWEIS: Die Funktionen $F_N := \sum_{\nu=1}^{N} f_\nu$ sind messbar, und es ist $f = \sup(F_N)$. Nun ist $\{\mathbf{x} : f(\mathbf{x}) > c\} = \bigcup_N \{\mathbf{x} : F_N(\mathbf{x}) > c\}$ messbar für alle $c \in \mathbb{R}$, also f eine messbare Funktion.

Ist die Folge der Integrale $\int F_N\, d\mu_n = +\infty$ unbeschränkt, so ergeben beide Seiten den Wert $+\infty$. Ist die Folge beschränkt, so sind die F_N integrierbar. Nach dem Satz von der monotonen Konvergenz strebt dann die Folge (F_N) gegen eine integrierbare Funktion, und es gilt die gewünschte Gleichung. ∎

Als nächstes beschäftigen wir uns mit dem Konzept der „Schnitte“.

Ist $M \subset \mathbb{R}^{n+m}$ und $\mathbf{y} \in \mathbb{R}^m$, so wird der ***Schnitt*** $M_{\mathbf{y}} \subset \mathbb{R}^n$ definiert durch

$$M_{\mathbf{y}} = \{\mathbf{x} \in \mathbb{R}^n \,:\, (\mathbf{x}, \mathbf{y}) \in M\}.$$

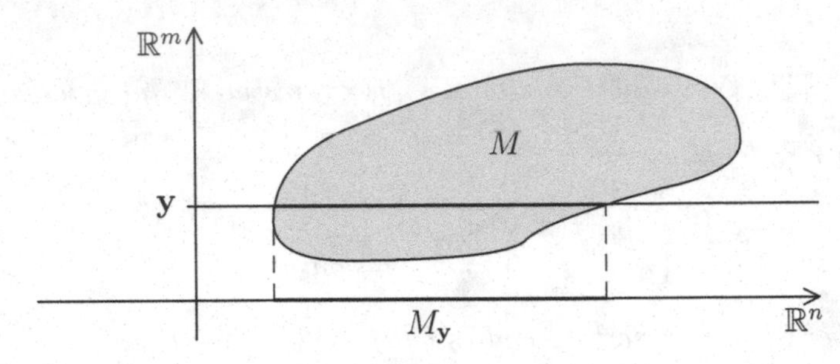

Ist z.B. $M = M' \times M'' \subset \mathbb{R}^n \times \mathbb{R}^m$, so ist

$$M_{\mathbf{y}} = \begin{cases} M' & \text{falls } \mathbf{y} \in M'', \\ \varnothing & \text{sonst.} \end{cases}$$

Sind M' und M'' messbar mit endlichem Maß, so ist

$$\mu_n(M_{\mathbf{y}}) = \mu_n(M') \cdot \chi_{M''}(\mathbf{y}) = \begin{cases} \mu_n(M') & \text{falls } \mathbf{y} \in M'', \\ 0 & \text{sonst.} \end{cases}$$

2.6.3. Schnitte von Differenzen und Vereinigungen

Seien M, M_ν Teilmengen des $\mathbb{R}^{n+m}$. Dann gilt für $\mathbf{y} \in \mathbb{R}^m$:

$$(\mathbb{R}^{n+m} \setminus M)_{\mathbf{y}} = \mathbb{R}^n \setminus M_{\mathbf{y}} \quad \textit{und} \quad \Big(\bigcup_{\nu=1}^{\infty} M_\nu\Big)_{\mathbf{y}} = \bigcup_{\nu=1}^{\infty} (M_\nu)_{\mathbf{y}}.$$

BEWEIS: Ist $\mathbf{y} \in \mathbb{R}^m$, so gilt:

$$\begin{aligned} \mathbf{x} \in (\mathbb{R}^{n+m} \setminus M)_{\mathbf{y}} &\iff (\mathbf{x}, \mathbf{y}) \in \mathbb{R}^{n+m} \setminus M \\ &\iff \mathbf{x} \in \mathbb{R}^n \text{ und } (\mathbf{x}, \mathbf{y}) \notin M \\ &\iff \mathbf{x} \in \mathbb{R}^n \setminus M_{\mathbf{y}}. \end{aligned}$$

und

$$\begin{aligned} \mathbf{x} \in \Big(\bigcup_{\nu=1}^{\infty} M_\nu\Big)_{\mathbf{y}} &\iff (\mathbf{x}, \mathbf{y}) \in \bigcup_{\nu=1}^{\infty} M_\nu \iff \exists\, \nu \text{ mit } (\mathbf{x}, \mathbf{y}) \in M_\nu \\ &\iff \mathbf{x} \in \bigcup_{\nu=1}^{\infty} (M_\nu)_{\mathbf{y}}. \end{aligned}$$

∎

2.6.4. Schnitte von Nullmengen

Sei $M \subset \mathbb{R}^{n+m}$ eine Nullmenge. Dann ist für fast alle $\mathbf{y} \in \mathbb{R}^m$ auch der Schnitt $M_\mathbf{y}$ eine Nullmenge im $\mathbb{R}^n$.

BEWEIS: Für $k \in \mathbb{N}$ sei $S_k := \{\mathbf{y} \in \mathbb{R}^m : \mu_n(M_\mathbf{y}) \geq 1/k\}$. Es genügt dann zu zeigen, dass $S := \bigcup_{k=1}^{\infty} S_k$ in einer Nullmenge des $\mathbb{R}^m$ enthalten ist.

Dazu sei ein $\varepsilon > 0$ vorgegeben. Es gibt zu jedem $k \in \mathbb{N}$ eine Folge (Q_ν) von Quadern $Q_\nu = Q'_\nu \times Q''_\nu \subset \mathbb{R}^n \times \mathbb{R}^m$, so dass gilt:

$$M \subset \bigcup_{\nu=1}^{\infty} Q_\nu \quad \text{und} \quad \sum_{\nu=1}^{\infty} \mu_{n+m}(Q_\nu) < \frac{\varepsilon}{k \cdot 2^k}.$$

Da $\varphi_N(\mathbf{y}) := \sum_{\nu=1}^{N} \mu_n((Q_\nu)_\mathbf{y}) = \sum_{\nu=1}^{N} \mu_n(Q'_\nu) \cdot \chi_{Q''_\nu}(\mathbf{y})$ eine Treppenfunktion ist, ist

$$\varphi(\mathbf{y}) := \lim_{N \to \infty} \varphi_N(\mathbf{y}) = \sum_{\nu=1}^{\infty} \mu_n((Q_\nu)_\mathbf{y})$$

eine (nicht-negative) messbare Funktion. Also ist $T_k := \{\mathbf{y} \in \mathbb{R}^m : \varphi(\mathbf{y}) \geq 1/k\}$ eine messbare Menge.

Offensichlich ist S_k in T_k enthalten, denn es ist $M_\mathbf{y} \subset \bigcup_{\nu=1}^{\infty} (Q_\nu)_\mathbf{y}$, also $\mu_n(M_\mathbf{y}) \leq \varphi(\mathbf{y})$. Mit dem Satz von Beppo Levi für messbare Funktionen erhält man:

$$\begin{aligned}
\frac{1}{k} \cdot \mu_m(T_k) &= \frac{1}{k} \int \chi_{T_k} \, d\mu_m(\mathbf{y}) = \int_{T_k} \frac{1}{k} \, d\mu_m(\mathbf{y}) \leq \int_{T_k} \varphi(\mathbf{y}) \, d\mu_m(\mathbf{y}) \\
&\leq \int_{\mathbb{R}^m} \varphi(\mathbf{y}) \, d\mu_m(\mathbf{y}) = \sum_{\nu=1}^{\infty} \int_{\mathbb{R}^m} \mu_n\big((Q_\nu)_\mathbf{y}\big) \, d\mu_m(\mathbf{y}) \\
&= \sum_{\nu=1}^{\infty} \int_{\mathbb{R}^m} \mu_n(Q'_\nu) \cdot \chi_{Q''_\nu}(\mathbf{y}) \, d\mu_m(\mathbf{y}) = \sum_{\nu=1}^{\infty} \mu_{n+m}(Q_\nu) < \frac{\varepsilon}{k \cdot 2^k}.
\end{aligned}$$

Daraus folgt, dass $\mu_m(T_k) < \varepsilon/2^k$ ist, also $\mu_m(S) \leq \varepsilon$. Da ε beliebig war, bedeutet das, dass S eine Nullmenge ist. ∎

Sei $f : \mathbb{R}^{n+m} \to \mathbb{R}$ integrierbar. Für $\mathbf{y} \in \mathbb{R}^m$ sei $f_\mathbf{y} : \mathbb{R}^n \to \mathbb{R}$ definiert durch $f_\mathbf{y}(\mathbf{x}) := f(\mathbf{x}, \mathbf{y})$. Wir sagen, f ***erfüllt den Satz von Fubini***, falls gilt:

1. Für fast alle $\mathbf{y}$ ist $f_\mathbf{y}$ integrierbar.
2. Die fast überall definierte Funktion $F : \mathbb{R}^m \to \mathbb{R}$ mit $F(\mathbf{y}) := \int f_\mathbf{y} \, d\mu_n$ ist integrierbar.
3. Es ist $\int F \, d\mu_m = \int f \, d\mu_{n+m}$.

Die Beweisidee ist ziemlich einfach. Wir beginnen mit der charakteristischen Funktion eines Quaders und erweitern Schritt für Schritt die Menge der Funktionen, für die Fubini gilt, über Treppenfunktionen und Funktionen der Klasse $\mathscr{L}^+$ bis zu den integrierbaren Funktionen.

2.6.5. Der Satz von Fubini für Quader

Ist $Q \subset \mathbb{R}^{n+m}$ ein Quader, so erfüllt χ_Q den Satz von Fubini.

BEWEIS: Wir benutzen Quader $Q_1 \subset \mathbb{R}^n$ und $Q_2 \subset \mathbb{R}^m$ mit $Q = Q_1 \times Q_2$. Dann ist $\chi_Q(\mathbf{x}, \mathbf{y}) = \chi_{Q_1}(\mathbf{x}) \cdot \chi_{Q_2}(\mathbf{y})$. Für jedes feste $\mathbf{y} \in \mathbb{R}^m$ ist

$$(\chi_Q)_{\mathbf{y}} = \begin{cases} \chi_{Q_1} & \text{falls } \mathbf{y} \in Q_2, \\ 0 & \text{sonst.} \end{cases}$$

und auch

$$F(\mathbf{y}) := \int_{\mathbb{R}^n} (\chi_Q)_{\mathbf{y}}(\mathbf{x})\, d\mu_n = \operatorname{vol}_n(Q_1) \cdot \chi_{Q_2}(\mathbf{y})$$

integrierbar und

$$\begin{aligned} \int_{\mathbb{R}^m} F(\mathbf{y})\, d\mu_m &= \operatorname{vol}_n(Q_1) \cdot \int_{\mathbb{R}^m} \chi_{Q_2}(\mathbf{y})\, d\mu_m = \operatorname{vol}_n(Q_1) \cdot v_m(Q_2) \\ &= \operatorname{vol}_{n+m}(Q) = \int_{\mathbb{R}^{n+m}} \chi_Q \, d\mu_{n+m}. \end{aligned}$$

■

Der Satz gilt für abgeschlossene und offene Quader!

2.6.6. Der Satz von Fubini für Treppenfunktionen

Jede Treppenfunktion erfüllt den Satz von Fubini.

BEWEIS: Sei g eine Treppenfunktion auf dem $\mathbb{R}^{n+m}$. Dann gibt es endlich viele Quader $Q_1, \ldots, Q_r \subset \mathbb{R}^{n+m}$, Zahlen $c_1, \ldots, c_r$ und eine Nullmenge $N \subset \mathbb{R}^{n+m}$, so dass gilt:

$$g = \sum_{\varrho=1}^{r} c_\varrho \chi_{Q_\varrho} \quad \text{außerhalb } N.$$

Für fast alle $\mathbf{y} \in \mathbb{R}^m$ ist $N_{\mathbf{y}} = \{\mathbf{x} \in \mathbb{R}^n : (\mathbf{x}, \mathbf{y}) \in N\}$ eine Nullmenge im $\mathbb{R}^n$ und $g_{\mathbf{y}} = \sum_{\varrho=1}^{r} c_\varrho (\chi_{Q_\varrho})_{\mathbf{y}}$ außerhalb von $N_{\mathbf{y}}$.

Nach dem Satz von Fubini für Quader ist jede Funktion $(\chi_{Q_\varrho})_{\mathbf{y}}$ integrierbar, sowie $F_\varrho(\mathbf{y}) := \int (\chi_{Q_\varrho})_{\mathbf{y}}\, d\mu_m$ integrierbar und

$$\int F_\varrho(\mathbf{y})\, d\mu_m = \int \chi_{Q_\varrho}(\mathbf{x}, \mathbf{y})\, d\mu_{n+m}, \text{ für alle } \varrho.$$

Also ist auch $g_{\mathbf{y}}$ für fast alle $\mathbf{y}$ integrierbar, $G(\mathbf{y}) = \int g_{\mathbf{y}}\,d\mu_n = \sum_\varrho c_\varrho F_\varrho(\mathbf{y})$ integrierbar und

$$\begin{aligned}\int G(\mathbf{y})\,d\mu_m &= \sum_{\varrho=1}^{r} c_\varrho \int F_\varrho(\mathbf{y})\,d\mu_m \\ &= \sum_{\varrho=1}^{r} c_\varrho \int \chi_{Q_\varrho}(\mathbf{x},\mathbf{y})\,d\mu_{n+m} = \int g(\mathbf{x},\mathbf{y})\,d\mu_{n+m}.\end{aligned}$$

■

2.6.7. Der Satz von Fubini für $\mathscr{L}^+$

Jede Funktion $h \in \mathscr{L}^+$ erfüllt den Satz von Fubini.

BEWEIS: Sei (g_ν) eine Folge von Treppenfunktionen auf $\mathbb{R}^{n+m}$, die fast überall (also außerhalb einer Nullmenge N) monoton wachsend gegen h konvergiert, so dass die Folge der Integrale über die g_ν beschränkt bleibt. Für fast alle $\mathbf{y} \in \mathbb{R}^m$ ist $N_{\mathbf{y}}$ eine Nullmenge, und für solche $\mathbf{y}$ konvergiert $(g_\nu)_{\mathbf{y}}$ monoton wachsend auf $\mathbb{R}^n \setminus N_{\mathbf{y}}$ gegen $h_{\mathbf{y}}$.

Nach dem Satz von Fubini für Treppenfunktionen ist $(g_\nu)_{\mathbf{y}}$ und $\widetilde{g}_\nu(\mathbf{y}) := \int (g_\nu)_{\mathbf{y}}\,d\mu_n$ integrierbar und $\int \widetilde{g}_\nu(\mathbf{y})\,d\mu_m = \int g_\nu(\mathbf{x},\mathbf{y})\,d\mu_{n+m}$. Diese Integrale bleiben nach Voraussetzung beschränkt, und außerdem bilden die $\widetilde{g}_\nu$ eine fast überall monoton wachsende Folge. Nach dem Satz von der monotonen Konvergenz konvergieren die $\widetilde{g}_\nu$ fast überall auf $\mathbb{R}^m$ gegen eine integrierbare Funktion $\widetilde{g}$, und es ist

$$\int \widetilde{g}(\mathbf{y})\,d\mu_m = \lim_{\nu\to\infty} \int \widetilde{g}_\nu(\mathbf{y})\,d\mu_m = \lim_{\nu\to\infty} \int g_\nu(\mathbf{x},\mathbf{y})\,d\mu_{n+m} = \int h(\mathbf{x},\mathbf{y})\,d\mu_{n+m}.$$

Für fast alle $\mathbf{y}$ kann man aber den Satz von der monotonen Konvergenz auch auf die Folge $((g_\nu)_{\mathbf{y}})$ anwenden und erhält, dass die Grenzfunktion $h_{\mathbf{y}}$ integrierbar und $\int h_{\mathbf{y}}\,d\mu_n = \lim_{\nu\to\infty} \int (g_\nu)_{\mathbf{y}}\,d\mu_n$ ist. Also ist

$$H(\mathbf{y}) := \int h_{\mathbf{y}}\,d\mu_n = \lim_{\nu\to\infty} \widetilde{g}_\nu(\mathbf{y}) = \widetilde{g}(\mathbf{y})$$

integrierbar und

$$\int H(\mathbf{y})\,d\mu_m = \int \widetilde{g}(\mathbf{y})\,d\mu_m = \int h(\mathbf{x},\mathbf{y})\,d\mu_{n+m}.$$

Damit ist alles gezeigt. ■

Jetzt sind wir fast fertig.

Beweis des Satzes von Fubini:

Ist f integrierbar auf dem $\mathbb{R}^{n+m}$, so gibt es Funktionen $g, h \in \mathscr{L}^+$ mit $f = g - h$. Dann sind die Funktionen $g_{\mathbf{y}}$ und $h_{\mathbf{y}}$ für fast alle $\mathbf{y}$ integrierbar, die Funktionen $G(\mathbf{y}) := \int g_{\mathbf{y}}\, d\mu_n$ und $H(\mathbf{y}) := \int h_{\mathbf{y}}\, d\mu_n$ sind ebenfalls integrierbar und es ist

$$\int G(\mathbf{y})\, d\mu_m = \int g(\mathbf{x}, \mathbf{y})\, d\mu_{n+m} \quad \text{und} \quad \int H(\mathbf{y})\, d\mu_m = \int h(\mathbf{x}, \mathbf{y})\, d\mu_{n+m}.$$

Daher ist auch $f_{\mathbf{y}} = g_{\mathbf{y}} - h_{\mathbf{y}}$ für fast alle $\mathbf{y}$ integrierbar, $F := G - H$ über dem $\mathbb{R}^m$ integrierbar, $F(\mathbf{y}) = \int f_{\mathbf{y}}\, d\mu_n$ und

$$\begin{aligned} \int F(\mathbf{y})\, d\mu_m &= \int G(\mathbf{y})\, d\mu_m - \int H(\mathbf{y})\, d\mu_m \\ &= \int g(\mathbf{x}, \mathbf{y})\, d\mu_{n+m} - \int h(\mathbf{x}, \mathbf{y})\, d\mu_{n+m} \\ &= \int f(\mathbf{x}, \mathbf{y})\, d\mu_{n+m}. \end{aligned}$$

Die Formeln mit der umgekehrten Reihenfolge der Integrationen folgen immer analog. ■

Leider ist der Satz von Fubini nur anwendbar, wenn man weiß, dass f integrierbar ist. Da ist der folgende Satz eine wertvolle Ergänzung:

2.6.8. Satz von Tonelli

Sei f messbar. Existiert $\int\int \ldots \int |f(x_1, \ldots, x_n)|\, dx_1 \ldots dx_n$ (mit irgend einer Integrationsreihenfolge), so ist f integrierbar.

BEWEIS: Für $k \in \mathbb{N}$ sei $Q_k := [-k, k]^n$ und $g_k := k \cdot \chi_{Q_k}$. Die Folge der Funktionen $f_k := \min(g_k, |f|)$ ist monoton wachsend und konvergiert gegen $|f|$. Mit f ist auch $|f|$ messbar und daher jede der Funktionen $f_k = [f]_k$ messbar. Da f_k außerdem durch g_k L-beschränkt ist, ist f_k sogar integrierbar. Nach Fubini gilt:

$$\begin{aligned} 0 \le \int f_k\, d\mu_n &= \int\int \ldots \int f_k(x_1, \ldots, x_n)\, dx_1 \ldots dx_n \\ &\le \int\int \ldots \int |f(x_1, \ldots, x_n)|\, dx_1 \ldots dx_n, \end{aligned}$$

wobei die letzte Ungleichung nach Voraussetzung erfüllt ist. Der Satz von der monotonen Konvergenz liefert nun, dass $|f|$ integrierbar ist, und wegen der Messbarkeit von f ist dann auch f integrierbar. ■

2.6.9. Prinzip von Cavalieri

Sei $M \subset \mathbb{R}^{n+m}$ eine endlich-messbare Menge. Dann ist $\mu_n(M_{\mathbf{y}}) < \infty$ für fast alle $\mathbf{y}$, und es gilt:

$$\mu_{n+m}(M) = \int_{\mathbb{R}^m} \mu_n(M_{\mathbf{y}})\, d\mu_m(\mathbf{y}).$$

BEWEIS: Wir wenden den Satz von Fubini auf $f = \chi_M$ an. Für fast alle $\mathbf{y} \in \mathbb{R}^m$ ist die Funktion $\mathbf{x} \mapsto \chi_M(\mathbf{x}, \mathbf{y}) = \chi_{M_\mathbf{y}}(\mathbf{x})$ integrierbar, die Funktion $f_M : \mathbb{R}^n \to \mathbb{R}$ mit

$$f_M(\mathbf{y}) = \begin{cases} \mu_n(M_\mathbf{y}) & \text{falls } M_\mathbf{y} \text{ endlich-messbar,} \\ 0 & \text{sonst.} \end{cases}$$

ist ebenfalls integrierbar, und es gilt:

$$\int_{\mathbb{R}^m} \mu_n(M_\mathbf{y})\, d\mu_m = \int_{\mathbb{R}^m} f_M(\mathbf{y})\, d\mu_m = \int_{\mathbb{R}^{n+m}} \chi_M(\mathbf{x}, \mathbf{y})\, d\mu_{n+m} = \mu_{n+m}(M).$$ ∎

2.6.10. Folgerung

Es seien $M_1 \subset \mathbb{R}^n$, $M_2 \subset \mathbb{R}^m$ und $M := M_1 \times M_2$. Ist M messbar und $\mu_{n+m}(M) > 0$, so sind auch M_1 und M_2 messbar und es ist $\mu_{n+m}(M) = \mu_n(M_1) \cdot \mu_m(M_2)$.

BEWEIS: Sei M messbar. Wäre eine der beiden Mengen M_1, M_2 nicht messbar, so müsste die andere eine Nullmenge sein. Aber dann wäre auch M eine Nullmenge, im Gegensatz zur Voraussetzung. Wir können also annehmen, dass die beiden Mengen M_1 und M_2 messbar und keine Nullmengen sind.

Ist M beschränkt und damit endlich-messbar, so ist die Funktion f_M (aus dem Beweis des Satzes von Cavalieri) integrierbar, und es ist $f_M = \mu_n(M_1) \cdot \chi_{M_2}$, also

$$\mu_{n+m}(M) = \int f_M(\mathbf{y})\, d\mu_m(\mathbf{y}) = \mu_n(M_1) \cdot \int \chi_{M_2}(\mathbf{y})\, d\mu_m(\mathbf{y}) = \mu_n(M_1) \cdot \mu_m(M_2).$$

Ist M unbeschränkt, so wählen wir Quader $Q_\nu = (Q_\nu^{(1)}) \times (Q_\nu^{(2)})$ und betrachten die endlich-messbaren Mengen $M \cap Q_\nu = (M_1 \cap Q_\nu^{(1)}) \times (M_2 \cap Q_\nu^{(2)})$. Der Übergang zum Limes für $\nu \to \infty$ liefert die Behauptung. ∎

Es war die Entdeckung von Bonaventura Cavalieri (1598 - 1647), dass die folgenden Figuren das gleiche Volumen besitzen und der Übergang zu immer dünneren Schichten schließlich zu der Aussage des Satzes von Cavalieri führt.

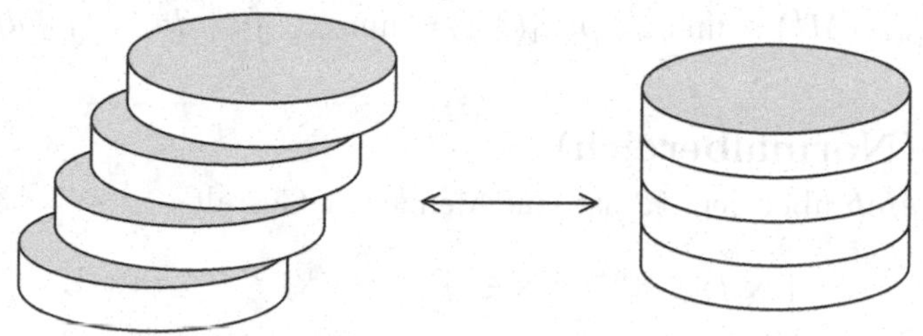

Ist $f : \mathbb{R}^n \to \overline{\mathbb{R}}$ eine nicht-negative Funktion, so ist die ***Ordinatenmenge*** von f gegeben durch $M^f := \{(\mathbf{x}, t) \in \mathbb{R}^{n+1} : 0 \le t < f(\mathbf{x})\}$.

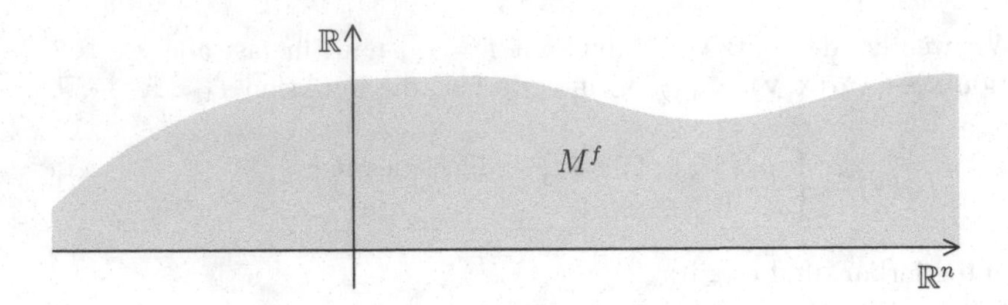

2.6.11. Satz

Sei f messbar (bzw. integrierbar). Dann ist M^f messbar (bzw. endlich-messbar) und $\mu_{n+1}(M^f) = \int f\, d\mu_n$.

BEWEIS: 1) Sei zunächst $f = \sum_{\varrho=1}^{r} c_\varrho \cdot \chi_{Q_\varrho}$ eine Treppenfunktion. Dabei sei stets $c_\varrho > 0$, und die offenen Quader Q_ϱ° seien paarweise disjunkt. Dann gibt es eine Nullmenge $N \subset \mathbb{R}^n$, so dass die Menge

$$M^f = \{(\mathbf{x}, t) \in \mathbb{R}^n \times \mathbb{R} \,:\, 0 \le t < f(\mathbf{x})\}$$

außerhalb der Nullmenge $N \times \mathbb{R}$ mit

$$\bigcup_{\varrho=1}^{r} \{(\mathbf{x}, t) \in Q_\varrho \times \mathbb{R} \,:\, 0 \le t < c_\varrho\} = \bigcup_{\varrho=1}^{r} Q_\varrho \times [0, c_\varrho)$$

übereinstimmt. Also ist $\mu_{n+1}(M^f) = \sum_{\varrho=1}^{r} c_\varrho \cdot \text{vol}_n(Q_\varrho) = \int f\, d\mu_n$.

2) Ist $f \ge 0$ beliebig messbar, so gibt es eine monoton wachsende Folge (φ_ν) von Treppenfunktionen, die gegen f konvergiert. Sei M_ν die Ordinatenmenge von φ_ν. Dann ist

$$M_\nu \subset M_{\nu+1} \quad \text{und} \quad M^f = \bigcup_{\nu=1}^{\infty} M_\nu, \text{ also } M^f \text{ messbar.}$$

Außerdem folgt: $\mu_{n+1}(M^f) = \lim_{\nu\to\infty} \mu_{n+1}(M_\nu) = \lim_{\nu\to\infty} \int \varphi_\nu\, d\mu_n = \int f\, d\mu_n$. ∎

Definition (Normalbereich)

Ein ***Normalbereich*** über dem $\mathbb{R}^n$ ist eine Menge der Gestalt

$$N(A; \varphi, \psi) := \{(\mathbf{x}, t) \in \mathbb{R}^{n+1} \,:\, \mathbf{x} \in A \text{ und } \varphi(\mathbf{x}) \le t \le \psi(\mathbf{x})\}.$$

Dabei sei $A \subset \mathbb{R}^n$ eine messbare Menge, und $\varphi, \psi : A \to \mathbb{R}$ seien integrierbare Funktionen mit $\varphi(\mathbf{x}) \le \psi(\mathbf{x})$ für $\mathbf{x} \in A$.

Ein Normalbereich ist messbar: Die Mengen

$$M_u := \{(\mathbf{x}, t) \,:\, t < \psi(\mathbf{x})\}, \quad M_o := \{(\mathbf{x}, t) \,:\, t > \varphi(\mathbf{x})\} \quad \text{und} \quad A \times \mathbb{R}$$

sind offensichtlich messbar, und daher ist auch $N = M_u \cap M_o \cap (A \times \mathbb{R})$ messbar. Ist $f : N \to \mathbb{R}$ integrierbar (also eigentlich die triviale Fortsetzung von $f \cdot \chi_N$), so folgt mit dem Satz von Fubini sofort:

$$\int_{N(A;\varphi,\psi)} f(\mathbf{x}, t)\, d\mu_{n+1} = \int_A \Big(\int_{\varphi(\mathbf{x})}^{\psi(\mathbf{x})} f(\mathbf{x}, t)\, dt \Big)\, d\mu_n .$$

Angewandt wird diese Formel oft in Fällen, wo A kompakt ist und φ und ψ stetige Funktionen auf A sind.

Immer wieder stellt sich das Problem, die Messbarkeit einer Menge zu beweisen. Hier sind zwei einfache Fälle:

- Ist $U \subset \mathbb{R}^n$ offen, so gibt es eine Ausschöpfungsfolge (K_ν) für U. Dabei kann man die K_ν als Quadersummen definieren. Weil $K_\nu \subset K_{\nu+1}$ und $\bigcup_\nu K_\nu = U$ ist, ist U messbar und $\lim\limits_{\nu \to \infty} \text{vol}_n(K_\nu) = \mu_n(U)$.
- Ist $K \subset \mathbb{R}^n$ kompakt, so ist $\mathbb{R}^n \setminus K$ offen und daher K selbst messbar. Da K außerdem beschränkt ist, ist K sogar endlich-messbar.

2.6.12. Die Homothetieformel

Ist $M \subset \mathbb{R}^n$ messbar und $r > 0$, so ist auch $r \cdot M := \{r\mathbf{x} \,:\, \mathbf{x} \in M\}$ messbar und $\mu_n(r \cdot M) = r^n \cdot \mu_n(M)$.

Beweis: Die Abbildung $\mathbf{x} \mapsto r\mathbf{x}$ nennt man eine Homothetie. Sei $S : \mathbb{R}^n \to \mathbb{R}^n$ definiert durch $S(\mathbf{x}) := r^{-1}\mathbf{x}$. Wir werden allgemeiner zeigen, dass mit f auch $f \circ S$ integrierbar ist und die Formel

$$\int f(r^{-1}\mathbf{x})\, d\mu_n = r^n \cdot \int f(\mathbf{x})\, d\mu_n$$

gilt. Setzt man dann $f = \chi_M$, so erhält man die Homothetieformel.

Weil für jeden Quader Q die Gleichung $\chi_Q \circ S = \chi_{r \cdot Q}$ gilt und

$$\int \chi_Q \circ S(\mathbf{x})\, d\mu_n = \int \chi_{r \cdot Q}(\mathbf{x})\, d\mu_n = \text{vol}_n(r \cdot Q) = r^n \cdot \text{vol}_n(Q) = r^n \cdot \int \chi_Q(\mathbf{x})\, d\mu_n$$

ist, folgt allgemeiner für Treppenfunktionen $\varphi = \sum_\varrho c_\varrho \chi_{Q_\varrho}$:

$$\begin{aligned} \int \varphi \circ S(\mathbf{x})\, d\mu_n &= \sum_\varrho c_\varrho \int \chi_{Q_\varrho} \circ S(\mathbf{x})\, d\mu_n \\ &= \sum_\varrho c_\varrho r^n \,\text{vol}_n(Q_\varrho) = r^n \cdot \int \varphi(\mathbf{x})\, d\mu_n . \end{aligned}$$

Ist $f \in \mathscr{L}^+$, so gibt es eine monoton wachsende Folge (φ_ν) von Treppenfunktionen, die fast überall gegen f konvergiert. Dann bilden die integrierbaren Funktionen $\varphi_\nu \circ S$ eine monoton wachsende Folge, die fast überall gegen $f \circ S$ konvergiert. Weil die Folge der Integrale $\int \varphi_\nu \circ S(\mathbf{x})\, d\mu_n = r^n \cdot \int \varphi_\nu(\mathbf{x})\, d\mu_n$ beschränkt ist, folgt aus dem Satz von der monotonen Konvergenz die Integrierbarkeit von $f \circ S$. Außerdem ist dann

$$\int f \circ S(\mathbf{x})\, d\mu_n = \lim_{\nu\to\infty} r^n \int \varphi_\nu(\mathbf{x})\, d\mu_n = r^n \int f(\mathbf{x})\, d\mu_n.$$

Ist f eine beliebige integrierbare Funktion, so ist $f = g - h$ mit zwei Funktionen $g, h \in \mathscr{L}^+$. Weil die Behauptung für g und h zutrifft, gilt das auch für f. ∎

2.6.13. Beispiele

A. Sei $B \subset \mathbb{R}^n$ eine kompakte Menge und $h > 0$. Dann nennt man die Menge $C := \{\big((1-\lambda)\mathbf{x}, \lambda h\big) : \mathbf{x} \in B \text{ und } 0 \le \lambda \le 1\}$ den ***Kegel*** über B mit der Spitze in $(\mathbf{0}, h)$.

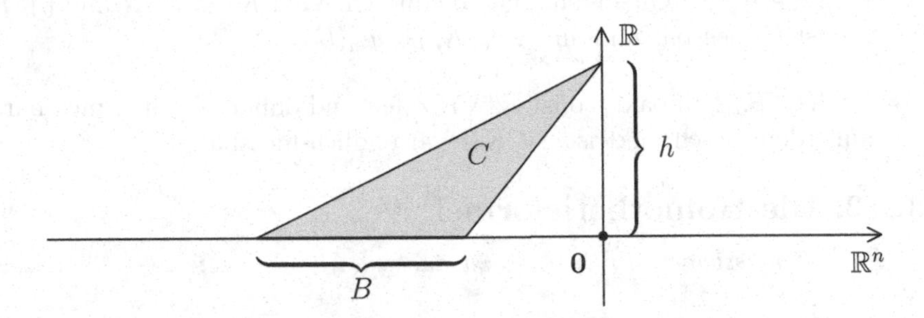

C ist kompakt und damit messbar. Für $t \in [0, h]$ ist auch

$$C_t = \{\mathbf{y} \in \mathbb{R}^n : (\mathbf{y}, t) \in C\} = \{(1 - \frac{t}{h}) : \mathbf{x} \in B\} = (1 - \frac{t}{h}) \cdot B$$

messbar. Nach Cavalieri ist dann

$$\begin{aligned}
\mathrm{vol}_{n+1}(C) &= \int_0^h \mathrm{vol}_n(C_t)\, dt = \int_0^h \mathrm{vol}_n\big((1-\frac{t}{h}) \cdot B\big)\, dt \\
&= \mathrm{vol}_n(B) \cdot \int_0^h (1 - \frac{t}{h})^n\, dt \\
&= \mathrm{vol}_n(B) \cdot (-h) \cdot \int_0^h \varphi(t)^n \varphi'(t)\, dt \qquad (\varphi(t) := 1 - t/h) \\
&= \mathrm{vol}_n(B) \cdot (-h) \cdot \int_1^0 x^n\, dx \\
&= \mathrm{vol}_n(B) \cdot h \cdot \frac{x^{n+1}}{n+1}\Big|_0^1 = \frac{1}{n+1} \cdot \mathrm{vol}_n(B) \cdot h.
\end{aligned}$$

B. Wir können jetzt auch das Volumen einer Kugel im $\mathbb{R}^3$ ausrechnen. Allgemein ist $\mathrm{vol}_3(B_r(\mathbf{0})) = r^3 \cdot \mathrm{vol}_3(B_1(\mathbf{0}))$. Wir müssen also nur das Volumen der Einheitskugel bestimmen. Dafür benutzen wir

$$(B_1(\mathbf{0}))_t = \begin{cases} \varnothing & \text{falls } |t| > 1 \\ B_a(\mathbf{0}) \subset \mathbb{R}^2 & \text{falls } |t| \le 1, \end{cases}$$

wobei $a^2 + t^2 = 1$, also $a = \sqrt{1 - t^2}$ ist.

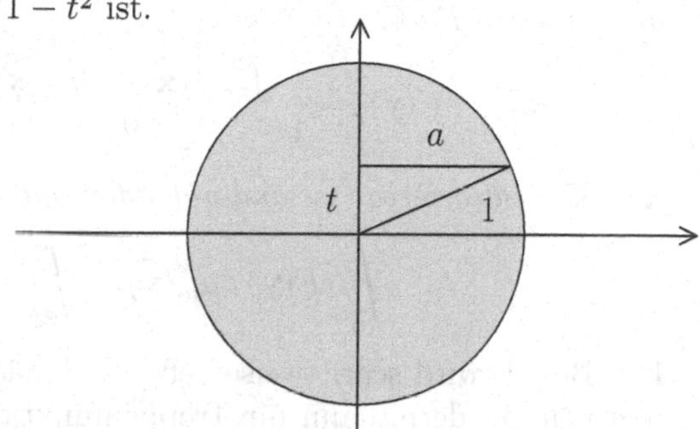

Also ist

$$\begin{aligned} \mathrm{vol}_3(B_1(\mathbf{0})) &= \int_{-1}^{1} \mathrm{vol}_2(B_{\sqrt{1-t^2}}(\mathbf{0}))\,dt \\ &= \int_{1}^{1} (1 - t^2) \cdot \mathrm{vol}_2(B_1(\mathbf{0}))\,dt = \pi \cdot \int_{-1}^{1} (1 - t^2)\,dt \\ &= \pi \cdot (x - \frac{x^3}{3})\Big|_{-1}^{1} = \pi(2 - \frac{2}{3}) = \frac{4}{3}\pi. \end{aligned}$$

C. Eine andere Anwendung ist die Bestimmung des Volumens von Rotationskörpern: Es seien zwei stetige Funktionen f, g auf $[a, b]$ gegeben, mit $0 \le g \le f$. Dann ist

$$R := \{(x, y, z) \in \mathbb{R}^3 \mid g(z) \le \sqrt{x^2 + y^2} \le f(z),\ z \in [a, b]\}$$

der ***Rotationskörper***, der entsteht, indem man den durch g und f bestimmten Normalbereich um die z–Achse rotieren lässt.

Behauptung:

$$\mathrm{vol}_3(R) = \pi \cdot \int_a^b (f(z)^2 - g(z)^2)\,dz.$$

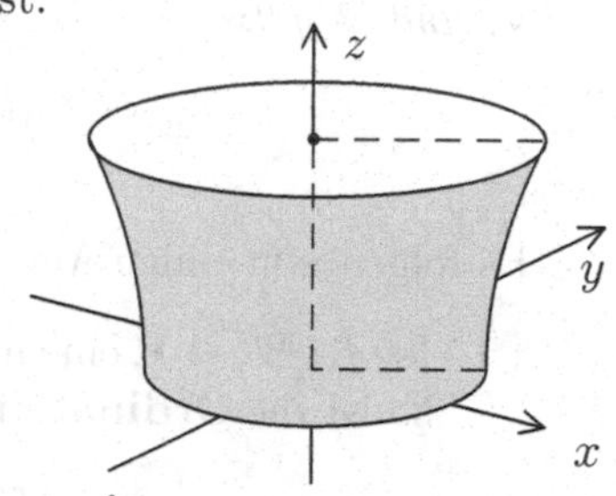

Zum BEWEIS genügt es, den Fall $g(z) \equiv 0$ zu betrachten.

Dann ist aber

$$\mathrm{vol}_3(R) = \int_a^b \mathrm{vol}_2(R_t)\,dt = \int_a^b \mathrm{vol}_2(B_{f(t)}(\mathbf{0}))\,dt = \int_a^b f(t)^2 \pi\,dt.$$

Zusammenfassung

Die Berechnung mehrdimensionaler Integrale erfolgt, indem man sie auf 1-dimensionale Integrale zurückführt. Das entscheidende Hilfsmittel dafür ist der **Satz von Fubini:**

Sei $f : \mathbb{R}^{n+m} \to \mathbb{R}$ integrierbar. Dann gibt es eine Nullmenge $N \subset \mathbb{R}^m$, so dass die Funktion $\mathbf{x} \mapsto f(\mathbf{x}, \mathbf{y})$ für alle $\mathbf{y} \in \mathbb{R}^m \setminus N$ über $\mathbb{R}^n$ integrierbar ist, die Funktion $F : \mathbb{R}^m \to \mathbb{R}$ mit

$$F(\mathbf{y}) := \begin{cases} \int_{\mathbb{R}^n} f(\mathbf{x}, \mathbf{y})\, d\mu_n(\mathbf{x}) & \textit{für } \mathbf{y} \in \mathbb{R}^m \setminus N \\ 0 & \textit{sonst,} \end{cases}$$

über $\mathbb{R}^m$ integrierbar ist und außerdem gilt:

$$\int_{\mathbb{R}^m} F(\mathbf{y})\, d\mu_m(\mathbf{y}) = \int_{\mathbb{R}^{n+m}} f(\mathbf{x}, \mathbf{y})\, d\mu_{n+m}.$$

Der Beweis wird schrittweise geführt, zunächst für charakteristische Funktionen von Quadern, dann für Treppenfunktionen, für Funktionen aus $\mathscr{L}^+$ und schließlich für beliebige integrierbare Funktionen. Wichtig ist dabei die Untersuchung von so genannten „Schnitten"

$$M_{\mathbf{y}} = \{\mathbf{x} \in \mathbb{R}^n \,:\, (\mathbf{x}, \mathbf{y}) \in M\}$$

für Mengen $M \subset \mathbb{R}^{n+m}$ und $\mathbf{y} \in \mathbb{R}^m$ und die Tatsache, dass die Schnitte von Nullmengen fast immer selbst Nullmengen sind.

In der vorliegenden Form ist der Satz von Fubini nur anwendbar, wenn man weiß, dass f integrierbar ist. Der **Satz von Tonelli** hilft meistens weiter:

Ist f messbar und existiert $\int \int \ldots \int |f(x_1, \ldots, x_n)|\, dx_1 \ldots dx_n$ für irgend eine Integrationsreihenfolge, so ist f integrierbar.

Als eine für Volumenberechnungen besonders nützliche Version des Satzes von Fubini sollte man sich auch noch das **Prinzip von Cavalieri** merken:

Ist $M \subset \mathbb{R}^{n+m}$ eine endlich-messbare Menge, so ist $\mu_n(M_{\mathbf{y}}) < \infty$ für fast alle $\mathbf{y}$, und es gilt:

$$\mu_{n+m}(M) = \int_{\mathbb{R}^m} \mu_n(M_{\mathbf{y}})\, d\mu_m(\mathbf{y}).$$

Es folgen nun einige Anwendungen:

1. Ist $f : \mathbb{R}^n \to \overline{\mathbb{R}}$ eine messbare (bzw. integrierbare) nicht-negative Funktion, so ist die **Ordinatenmenge**

$$M^f := \{(\mathbf{x}, t) \in \mathbb{R}^{n+1} \,:\, 0 \le t < f(\mathbf{x})\}$$

messbar (bzw. endlich-messbar) und $\mu_{n+1}(M^f) = \displaystyle\int f\, d\mu_n$.

2. Sei $A \subset \mathbb{R}^n$ eine messbare Menge, $\varphi, \psi : A \to \mathbb{R}$ integrierbar mit $\varphi(\mathbf{x}) \le \psi(\mathbf{x})$ für $\mathbf{x} \in A$ und

$$N = N(A; \varphi, \psi) := \{(\mathbf{x}, t) \in \mathbb{R}^{n+1} \,:\, \mathbf{x} \in A \text{ und } \varphi(\mathbf{x}) \le t \le \psi(\mathbf{x})\}$$

der dadurch festgelegte **Normalbereich**. Ist $f : N \to \mathbb{R}$ integrierbar, so ist

$$\int_{N(A;\varphi,\psi)} f(\mathbf{x}, t)\, d\mu_{n+1} = \int_A \Big(\int_{\varphi(\mathbf{x})}^{\psi(\mathbf{x})} f(\mathbf{x}, t)\, dt \Big)\, d\mu_n \,.$$

Diese Formel gilt z.B., wenn A kompakt ist und φ und ψ stetige Funktionen auf A sind.

Offene, abgeschlossene (und insbesondere kompakte) Mengen sind immer messbar.

Zu weiteren Beispielen führt die **Homothetieformel:**
Ist $M \subset \mathbb{R}^n$ messbar und $r > 0$, so ist auch $r \cdot M := \{r\mathbf{x} \,:\, \mathbf{x} \in M\}$ messbar und $\mu_n(r \cdot M) = r^n \cdot \mu_n(M)$.
Hier kommen einige Anwendungen:

1. Sei $B \subset \mathbb{R}^n$ eine kompakte Menge und $h > 0$. Dann nennt man

$$C := \{((1 - \lambda)\mathbf{x}, \lambda h) \,:\, \mathbf{x} \in B \text{ und } 0 \le \lambda \le 1\}$$

den **Kegel** über B mit der Spitze in $(\mathbf{0}, h)$. Es ist

$$\mathrm{vol}_{n+1}(C) = \frac{1}{n+1} \cdot \mathrm{vol}_n(B) \cdot h.$$

2. Als Volumen der **Einheitskugel** im $\mathbb{R}^3$ errechnet man

$$\mathrm{vol}_3(B_1(\mathbf{0})) = \pi \cdot \int_{-1}^{1} (1 - t^2)\, dt = \frac{4}{3}\pi.$$

3. Sind zwei stetige Funktionen $f, g : [a, b] \to \mathbb{R}$ mit $0 \le g \le f$ gegeben, so hat der **Rotationskörper**

$$R := \{(x, y, z) \in \mathbb{R}^3 \mid g(z) \le \sqrt{x^2 + y^2} \le f(z),\, z \in [a, b]\},$$

der entsteht, indem man den durch g und f bestimmten Normalbereich um die z–Achse rotieren lässt, das Volumen $\mathrm{vol}_3(R) = \pi \cdot \int_a^b (f(z)^2 - g(z)^2)\, dz$.

Ergänzungen

Wir betrachten kurz die Eigenschaften von Schnitten von Borelmengen und messbaren Mengen.

2.6.14. Satz

Ist $M \subset \mathbb{R}^{n+m}$ eine Borelmenge, so ist auch jeder Schnitt $M_{\mathbf{y}}$ eine Borelmenge im $\mathbb{R}^n$.

BEWEIS: Sei $\mathcal{E} := \{M \subset \mathbb{R}^{n+m} : M_{\mathbf{y}}$ ist für jedes $\mathbf{y} \in \mathbb{R}^m$ eine Borelmenge$\}$. Es folgt sehr leicht, dass $\mathcal{E}$ eine σ-Algebra ist. Außerdem enthält $\mathcal{E}$ alle Quader (und damit auch alle offenen Mengen). Daher muss $\mathcal{E}$ auch die Borelalgebra im $\mathbb{R}^{n+m}$ enthalten. ∎

2.6.15. Folgerung

Ist $M \subset \mathbb{R}^{n+m}$ messbar, so ist der Schnitt $M_{\mathbf{y}}$ für fast alle $\mathbf{y} \in \mathbb{R}^m$ als Teilmenge des $\mathbb{R}^n$ messbar.

BEWEIS: Es ist $M = B \cup N$ mit einer Borelmenge B und einer Nullmenge N. Für $\mathbf{y} \in \mathbb{R}^m$ ist $M_{\mathbf{y}} = B_{\mathbf{y}} \cup N_{\mathbf{y}}$, wobei $B_{\mathbf{y}}$ eine Borelmenge und $N_{\mathbf{y}}$ für fast alle $\mathbf{y}$ eine Nullmenge ist. ∎

Bemerkung: „Fast alle" kann man nicht weglassen! Ist $X \subset \mathbb{R}^n$ nicht messbar (solche Mengen gibt es) und $Y \subset \mathbb{R}^m$ eine Nullmenge, so ist $M := X \times Y$ eine Nullmenge im $\mathbb{R}^{n+m}$ und daher messbar. Aber für $\mathbf{y} \in Y$ sind die Schnitte $M_{\mathbf{y}} = X$ nicht messbar.

2.6.16. Folgerung

Es seien $M_1 \subset \mathbb{R}^n$, $M_2 \subset \mathbb{R}^m$ und $M := M_1 \times M_2$. Sind M_1 und M_2 messbar, so ist auch M messbar.

BEWEIS: Die Menge $\mathcal{E} = \{A \subset \mathbb{R}^n : A \times \mathbb{R}^m$ ist Borelmenge $\}$ ist eine σ-Algebra, die alle Quader enthält, also auch alle Borelmengen. Außerdem ist $N \times \mathbb{R}^m$ für jede Nullmenge $N \subset \mathbb{R}^n$ eine Nullmenge im $\mathbb{R}^{n+m}$. Also ist $M_1 \times \mathbb{R}^m$ messbar, und genauso $\mathbb{R}^n \times M_2$. Schließlich folgt daraus, dass

$$M_1 \times M_2 = (M_1 \times \mathbb{R}^m) \cap (\mathbb{R}^n \times M_2)$$

messbar ist. ∎

2.6.17. Aufgaben

A. Sei $Q := [0,1] \times [0,1]$ und $f : Q \to \mathbb{R}$ definiert durch

$$f(x,y) := \begin{cases} 0 & \text{für } x = y = 0, \\ 1/(x+y) & \text{sonst.} \end{cases}$$

Zeigen Sie, dass f integrierbar ist und berechnen Sie $\int_Q f(x,y)\,d\mu_2$.

B. Sei $f(x,y) := \begin{cases} \dfrac{x^2-y^2}{(x^2+y^2)^2} & \text{für } |\mathbf{x}| \le 1, \\ 0 & \text{für } \mathbf{x} = \mathbf{0}. \end{cases}$. Berechnen Sie $\displaystyle\int_0^1 \int_0^1 f(x,y)\,dx\,dy$ und $\displaystyle\int_0^1 \int_0^1 f(x,y)\,dy\,dx$. Was kann man aus dem Ergebnis schließen?

C. Sei $f(x,y) := \begin{cases} \dfrac{xy}{x^2+y^2} & \text{für } \|\mathbf{x}\| \le 1, \\ 0 & \text{sonst.} \end{cases}$. Ist f integrierbar?

D. (a) Sind $f, g : \mathbb{R} \to \mathbb{R}$ messbar, so ist auch $h(x, y) := f(x) \cdot g(y)$ messbar. (Man betrachte zunächst Treppenfunktionen).

(b) Zeigen Sie, dass $f(x,y) := \begin{cases} x^2 e^{-xy} & \text{für } 0 \le x \le y \\ 0 & \text{sonst.} \end{cases}$ integrierbar ist.

E. Sei $T_n := \{(x_1, \dots, x_n) \in \mathbb{R}^n \, : \, 0 \le x_1 \le x_2 \le \dots \le x_n \le 1\}$.

(a) Sei $p_n : \mathbb{R}^n \to \mathbb{R}^{n-1}$ definiert durch $(x_1, \dots, x_n) \mapsto (x_1, \dots, x_{n-1})$. Zeigen Sie, dass $p_n(T_n) = T_{n-1}$ ist.

(b) Berechnen Sie $\text{vol}_n(T_n)$. (Hinweis: Induktion).

F. Sei $f(x, y) := y \cdot e^{-(1+x^2)y^2}$ auf dem $\mathbb{R}^2$. Berechnen Sie $\int_0^\infty \int_0^\infty f(x,y)\, dx\, dy$ und $\int_0^\infty \int_0^\infty f(x,y)\, dy\, dx$. Benutzen Sie das Ergebnis und den Satz von Tonelli, um folgende Formel zu beweisen:

$$\int_0^\infty e^{-x^2}\, dx = \frac{1}{2}\sqrt{\pi}.$$

G. Sei $f : \mathbb{R}^n \to \mathbb{R}$ integrierbar, $f \ge 0$ und $a > 0$. Dann ist

$$\int f\, d\mu_n \ge a \cdot \mu_n(\{\mathbf{x} \, : \, f(\mathbf{x}) \ge a\}).$$

3 Integralsätze

3.1 Die Transformationsformel

Zur Motivation: Aus der Integralrechnung in einer Veränderlichen kennen wir die **Substitutionsregel**: Ist $\varphi : [\alpha, \beta] \to \mathbb{R}$ stetig differenzierbar, $\varphi([\alpha, \beta]) \subset I$ und $f : I \to \mathbb{R}$ stückweise stetig, so ist

$$\int_{\varphi(\alpha)}^{\varphi(\beta)} f(x)\,dx = \int_{\alpha}^{\beta} f(\varphi(t)) \cdot \varphi'(t)\,dt.$$

Wollen wir diese Formel mit den Notationen der Lebesgue-Theorie aufschreiben, so müssen wir beachten, dass auf der linken Seite der Substitutionsformel die natürliche Integrationsrichtung je nach Vorzeichen von φ' beibehalten oder umgekehrt wird, dass aber $\int_b^a f(x)\,dx = -\int_a^b f(x)\,dx$ ist. Ist $J = [\alpha, \beta]$, so müssen wir also schreiben:

$$\int_{\varphi(J)} f\,d\mu_1 = \int_J (f \circ \varphi)|\varphi'|\,d\mu_1.$$

Die **Transformationsformel** ist die Verallgemeinerung der Substitutionsregel auf mehrdimensionale Integrale. Dabei kann man sich ganz leicht überlegen, dass die Ableitung φ' durch die Funktionaldeterminante ersetzt werden muss. Wir wissen, dass die Substitutionsregel das Hilfsmittel schlechthin zur Berechnung 1-dimensionaler Integrale darstellt. Entsprechend wichtig ist die Transformationsformel für Integralberechnungen in mehreren Veränderlichen. Dafür lohnt es sogar, einen etwas längeren Beweis in Kauf zu nehmen.

Als erstes wollen wir sicherstellen, dass Nullmengen bei einer stetig differenzierbaren Transformation keine Rolle spielen.

3.1.1. Bilder von Nullmengen

Sei $B \subset \mathbb{R}^n$ offen, $A \subset B$ eine (Lebesgue-)Nullmenge und $\mathbf{f} : B \to \mathbb{R}^n$ stetig differenzierbar. Dann ist auch $\mathbf{f}(A)$ eine Nullmenge.

BEWEIS: Es reicht, für jeden abgeschlossenen Quader $Q \subset B$ zu zeigen, dass $\mathbf{f}(A \cap Q)$ eine Nullmenge ist (denn man kann B durch abzählbar viele solcher Quader ausschöpfen). Da $\mathbf{f}$ stetig differenzierbar ist, gibt es zu jedem kompakten Quader $Q \subset B$ eine Konstante $C > 0$, so dass $\|D\mathbf{f}(\mathbf{x})\|_{\text{op}} \le C$ für alle $\mathbf{x} \in Q$ ist. Wir halten einen Quader Q und die zugehörige Konstante C fest. Da Q konvex ist, gehört zu je zwei Punkten $\mathbf{x}, \mathbf{y} \in Q$ auch die ganze Verbindungsstrecke zu Q (und damit zu B). Aus dem Mittelwertsatz folgt, dass es einen Punkt $\mathbf{z}$ auf der Verbindungsstrecke mit

$$\mathbf{f}(\mathbf{y}) - \mathbf{f}(\mathbf{x}) = D\mathbf{f}(\mathbf{z})(\mathbf{y} - \mathbf{x})$$

gibt. Dann ist aber $\|\mathbf{f}(\mathbf{x}) - \mathbf{f}(\mathbf{y})\| \le C \cdot \|\mathbf{x} - \mathbf{y}\|$.

Sei nun $\varepsilon > 0$ vorgegeben. Es gibt eine Folge (W_k) von Würfeln mit

$$A \subset \bigcup_{k=1}^{\infty} W_k \quad \text{und} \quad \sum_{k=1}^{\infty} \mu_n(W_k) < \varepsilon.$$

Sei $\mathbf{a}_k$ der Mittelpunkt von $W_k = \{\mathbf{x} : |\mathbf{x} - \mathbf{a}_k| < d_k/2\}$, also d_k seine Kantenlänge. Dann ist $\mu_n(W_k) = d_k^n$ und $\sum_{k=1}^{\infty} d_k^n < \varepsilon$.

Für $\mathbf{x} \in W_k$ ist

$$\begin{aligned} |\mathbf{f}(\mathbf{x}) - \mathbf{f}(\mathbf{a}_k)| &\le \|\mathbf{f}(\mathbf{x}) - \mathbf{f}(\mathbf{a}_k)\| \le C \cdot \|\mathbf{x} - \mathbf{a}_k\| \\ &\le C \cdot \sqrt{n} \cdot |\mathbf{x} - \mathbf{a}_k| < C \cdot \sqrt{n} \cdot \frac{d_k}{2}. \end{aligned}$$

Also liegt $\mathbf{f}(W_k)$ in einem Würfel W_k' mit Mittelpunkt $\mathbf{f}(\mathbf{a}_k)$ und Seitenlänge $\le C \cdot \sqrt{n} \cdot d_k$. Das bedeutet, dass $\mu_n(W_k') \le (C \cdot \sqrt{n} \cdot d_k)^n$ ist.

Dann liegt $\mathbf{f}(A)$ in $\bigcup_k W_k'$ und es ist $\mu_n(\mathbf{f}(A)) \le (C\sqrt{n})^n \cdot \varepsilon$. Weil ε beliebig klein gewählt werden kann, muss $\mathbf{f}(A)$ eine Nullmenge sein. ■

Unser Ziel ist der Beweis des folgenden Satzes:

3.1.2. Die Transformationsformel

Sei $U \subset \mathbb{R}^n$ offen, $\boldsymbol{\varphi} : U \to V$ ein $\mathcal{C}^1$-Diffeomorphismus auf eine offene Menge $V \subset \mathbb{R}^n$.

1. *Eine Funktion $f : V \to \mathbb{R}$ ist genau dann integrierbar, wenn*

$$(f \circ \boldsymbol{\varphi}) \cdot |\det D\boldsymbol{\varphi}| : U \to \mathbb{R}$$

integrierbar ist.

2. *Ist $f : V \to \mathbb{R}$ integrierbar, so ist*

$$\int_V f(\mathbf{y})\, d\mu_n = \int_U f \circ \boldsymbol{\varphi}(\mathbf{x}) |\det D\boldsymbol{\varphi}(\mathbf{x})|\, d\mu_n\,.$$

Zunächst betrachten wir die folgende

3.1.3. Spezielle Transformationsformel

Wie oben sei $\boldsymbol{\varphi} : U \to V$ ein $\mathcal{C}^1$-Diffeomorphismus. Ist $Q \subset V$ ein abgeschlossener Quader, so ist $\boldsymbol{\varphi}^{-1}(Q)$ endlich messbar und

$$\mu_n(Q) = \int_{\boldsymbol{\varphi}^{-1}(Q)} |\det D\boldsymbol{\varphi}(\mathbf{x})|\, d\mu_n.$$

Bemerkung: Da φ ein Homöomorphismus ist, ist $\varphi^{-1}(Q)$ kompakt und damit endlich messbar. Die stetige Funktion $|\det D\varphi(\mathbf{x})|$ ist natürlich über $\varphi^{-1}(Q)$ integrierbar. Es bleibt also nur die Formel zu zeigen.

3.1.4. Äquivalenz von allgemeiner und spezieller Formel

Sei φ ein fester C^1-Diffeomorphismus. Die Transformationsformel gilt genau dann für jede integrierbare Funktion $f : V \to \mathbb{R}$, wenn die spezielle Transformationsformel für jeden Quader $Q \subset V$ gilt.

BEWEIS: Gilt die allgemeine Transformationsformel, so ergibt sich die spezielle, indem man $f = \chi_Q$ setzt.

Sei umgekehrt die spezielle Transformationsformel für jeden abgeschlossenen Quader $Q \subset V$ (und damit die allgemeine Formel für $f = \chi_Q$) bewiesen. Da in der allgemeinen Formel beide Seiten linear in f sind, folgt sie sofort für Treppenfunktionen τ, die außerhalb von V verschwinden.

Ist $g \in \mathscr{L}^+$, $g \geq 0$ und $g = 0$ außerhalb von V, so gibt es eine Folge (τ_ν) von Treppenfunktionen, die fast überall monoton wachsend gegen g konvergiert, so dass

$$\int g\, d\mu_n = \lim_{\nu \to \infty} \int \tau_\nu\, d\mu_n$$

ist. Wir können annehmen, dass $0 \leq \tau_\nu \leq g$ für alle ν gilt. Dann verschwinden auch alle τ_ν außerhalb von V.

Wir haben schon gezeigt, dass $\int_V \tau_\nu(\mathbf{y})\, d\mu_n = \int_U \tau_\nu \circ \varphi(\mathbf{x}) |\det D\varphi(\mathbf{x})|\, d\mu_n$ ist. Die Folge der integrierbaren Funktionen $g_\nu := (\tau_\nu \circ \varphi) \cdot |\det D\varphi|$ konvergiert fast überall monoton wachsend gegen $(g \circ \varphi) \cdot |\det D\varphi|$. Da die Folge der Integrale wegen der schon bewiesenen Transformationsformel für Treppenfunktionen gegen $\int g\, d\mu_n$ konvergiert und damit insbesondere beschränkt bleibt, folgt aus Levi's Satz von der monotonen Konvergenz, dass $(g \circ \varphi) \cdot |\det D\varphi|$ über U integrierbar ist und die Integrale $\int_U g_\nu(\mathbf{x})\, d\mu_n$ gegen $\int_U g \circ \varphi(\mathbf{x}) |\det D\varphi(\mathbf{x})|\, d\mu_n$ konvergieren. Damit ist die allgemeine Transformationsformel für g bewiesen.

Da jede integrierbare Funktion in der Form $f = f^+ - f^-$ als Differenz von zwei positiven integrierbaren Funktionen geschrieben werden kann, brauchen wir im allgemeinen Fall nur eine integrierbare Funktion $f \geq 0$ zu betrachten, die außerhalb von V verschwindet. Dann gibt es Funktionen $g, h \in \mathscr{L}^+$, die ≥ 0 sind und außerhalb von V verschwinden, so dass $f = g - h$ ist. Die allgemeine Transformationsformel folgt nun für f aus der Linearität des Integrals. Und dass aus der Integrierbarkeit der Funktion $(f \circ \varphi) \cdot |\det D\varphi|$ auch die Integrierbarkeit von f folgt, erhält man aus den obigen Betrachtungen, indem man φ durch φ^{-1} ersetzt. ∎

3.1.5. Gültigkeit im 1-Dimensionalen

Die allgemeine Transformationsformel gilt im Falle $n = 1$.

BEWEIS: Es reicht, die spezielle Transformationsformel zu beweisen, etwa in folgender Form: $U, V \subset \mathbb{R}$ seien offene Intervalle, $\varphi : U \to V$ ein Diffeomorphismus (also $\varphi'(t) \neq 0$ für alle $t \in U$), $[c,d] \subset V$ und $[a,b] = \varphi^{-1}([c,d])$ (wobei benutzt wird, dass Diffeomorphismen abgeschlossene Intervalle auf abgeschlossene Intervalle abbilden). Dann ist zu zeigen:

$$d - c = \int_a^b |\varphi'(t)|\, dt.$$

Aber das folgt sofort aus der bekannten Substitutionsregel:

$$\int_{\varphi(a)}^{\varphi(b)} 1\, dx = \int_a^b 1 \circ \varphi(t) \cdot \varphi'(t)\, dt.$$

Da entweder $\varphi' > 0$ (und $\varphi(a) = c$, $\varphi(b) = d$) oder oder $\varphi' < 0$ (und $\varphi(a) = d$, $\varphi(b) = c$) ist, folgt die Behauptung. ■

3.1.6. Gültigkeit für Permutationen der Koordinaten

Ist $\boldsymbol{\varphi}$ eine Permutation der Koordinaten, so gilt die spezielle (und damit auch die allgemeine) Transformationsformel.

BEWEIS: Sei $\sigma \in S_n$ eine Permutation und $\boldsymbol{\varphi}(x_1, \ldots, x_n) = (x_{\sigma(1)}, \ldots, x_{\sigma(n)})$. Dann ist $|\det D\boldsymbol{\varphi}(\mathbf{x})| \equiv 1$. Es ist also nur zu zeigen, dass $\mu_n(Q) = \mu_n(\boldsymbol{\varphi}^{-1}(Q))$ für jeden Quader Q gilt. Das ist aber trivial. ■

3.1.7. Verkettung von Transformationen

Gilt die spezielle Transformationsformel für $\boldsymbol{\varphi} : U \to V$ und für $\boldsymbol{\psi} : V \to W$, so gilt sie auch für $\boldsymbol{\psi} \circ \boldsymbol{\varphi} : U \to W$.

BEWEIS: Es wurde schon gezeigt, dass aus der speziellen auch die allgemeine Transformationsformel folgt. Ist $Q \subset W$ ein abgeschlossener Quader, so ist $A := \boldsymbol{\psi}^{-1}(Q)$ eine endlich messbare kompakte Teilmenge von V. Die stetige Funktion $|\det D\boldsymbol{\psi}(\mathbf{y})|$ ist über A integrierbar, also auch $\chi_A \cdot |\det D\boldsymbol{\psi}|$ über $\mathbb{R}^n$, und es gilt:

$$\begin{aligned}
\mu_n(Q) &= \int_{\boldsymbol{\psi}^{-1}(Q)} |\det D\boldsymbol{\psi}(\mathbf{y})|\, d\mu_n = \int_V \chi_A(\mathbf{y}) |\det D\boldsymbol{\psi}(\mathbf{y})|\, d\mu_n \\
&= \int_U \chi_A \circ \boldsymbol{\varphi}(\mathbf{x}) |\det D\boldsymbol{\psi}(\boldsymbol{\varphi}(\mathbf{x}))| \cdot |\det D\boldsymbol{\varphi}(\mathbf{x})|\, d\mu_n \\
&= \int_U \chi_Q \circ (\boldsymbol{\psi} \circ \boldsymbol{\varphi})(\mathbf{x}) |\det D(\boldsymbol{\psi} \circ \boldsymbol{\varphi})(\mathbf{x})|\, d\mu_n \\
&= \int_{(\boldsymbol{\psi} \circ \boldsymbol{\varphi})^{-1}(Q)} |\det D(\boldsymbol{\psi} \circ \boldsymbol{\varphi})(\mathbf{x})|\, d\mu_n
\end{aligned}$$

Damit ist alles gezeigt. ■

Schließlich brauchen wir noch die folgende Aussage:

3.1.8. Vom Lokalen zum Globalen

Jeder Punkt $\mathbf{x} \in U$ besitze eine offene Umgebung $W \subset U$, so dass die spezielle Transformationsformel für $\varphi|_W : W \to \varphi(W)$ gilt. Dann gilt die spezielle Transformationsformel auch für $\varphi : U \to V$.

BEWEIS: Das System $\mathcal{W}$ aller offenen Kugeln in U mit rationalem Mittelpunkt und rationalem Radius ist abzählbar, und jede offene Teilmenge $W \subset U$ ist Vereinigung solcher Kugeln. Nun sei $\mathcal{W}_0 = \{W_j : j \in \mathbb{N}\}$ das Teilsystem derjenigen Kugeln aus $\mathcal{W}$, die in einer offenen Menge W enthalten sind, auf der die spezielle (und damit auch die allgemeine) Transformationsformel gilt. Dann ist $\mathcal{W}_0$ eine abzählbare offene Überdeckung von U, und die Transformationsformel gilt auch für alle Einschränkungen $\varphi|_{W_j}$, $j \in \mathbb{N}$. Weil φ ein Diffeomorphismus ist, stellen die Mengen $V_j := \varphi(W_j)$ eine Überdeckung von V dar.

Sei $Q \subset V$ ein abgeschlossener Quader. Wir setzen $A_1 := Q \cap V_1$ und $A_{j+1} := (Q \cap V_{j+1}) \setminus (A_1 \cup \ldots \cup A_j)$. Dann sind alle Mengen A_j messbar, und Q ist disjunkte Vereinigung der A_j.

Nun gilt:

$$\begin{aligned}
\int_{\varphi^{-1}(Q)} |\det D\varphi(\mathbf{x})| \, d\mu_n &= \sum_{j=1}^{\infty} \int_{\varphi^{-1}(A_j)} |\det D\varphi(\mathbf{x})| \, d\mu_n \\
&= \sum_{j=1}^{\infty} \int_{W_j} \chi_{A_j} \circ \varphi(\mathbf{x}) |\det D\varphi(\mathbf{x})| \, d\mu_n \\
&= \sum_{j=1}^{\infty} \int_{\varphi(W_j)} \chi_{A_j}(\mathbf{y}) \, d\mu_n = \sum_{j=1}^{\infty} \mu_n(A_j) = \mu_n(Q).
\end{aligned}$$

Das war zu zeigen. ∎

Jetzt setzen wir alle Bausteine zusammen und kommen zum

Beweis der Transformationsformel:

Sei $\mathbf{x}_0 \in U$. Es genügt zu zeigen, dass es eine offene Umgebung U_0 von $\mathbf{x}_0$ in U gibt, so dass die spezielle Formel für $\varphi|_{U_0}$ gilt. Wir führen Induktion nach n. Der Induktionsanfang wurde bereits durchgeführt (mit $U_0 = U$).

Wir nehmen nun an, dass $n \geq 2$ und die Behauptung schon für $n-1$ bewiesen ist. Weil $D\varphi(\mathbf{x}_0) \neq 0$ ist und eine Permutation der Koordinaten nichts ausmacht, können wir annehmen, dass $\dfrac{\partial \varphi_1}{\partial x_1}(\mathbf{x}_0) \neq 0$ ist. Wir setzen dann

$$\boldsymbol{\psi}(x_1, \ldots, x_n) := (\varphi_1(x_1, \ldots, x_n), x_2, \ldots, x_n).$$

Weil $\det J_{\boldsymbol{\psi}}(\mathbf{x}_0) \neq 0$ ist, ist $\boldsymbol{\psi}$ lokal invertierbar. Nach Übergang zu geeigneten kleineren Umgebungen (die wir wieder mit U und V bezeichnen) setzen wir

$$\boldsymbol{\varrho}(\mathbf{y}) := \boldsymbol{\varphi} \circ \boldsymbol{\psi}^{-1}(\mathbf{y})$$

und erhalten folgendes kommutative Diagramm:

$$\begin{array}{ccc} U & \xrightarrow{\varphi} & V \\ & {\scriptstyle\psi}\searrow \quad \nearrow{\scriptstyle\varrho = \varphi \circ \psi^{-1}} & \\ & W & \end{array}$$

Dabei ist W eine geeignete offene Menge, Weil einerseits $\boldsymbol{\varrho} \circ \boldsymbol{\psi}(x_1, \ldots, x_n) = \boldsymbol{\varphi}(x_1, \ldots, x_n) = (\varphi_1(\mathbf{x}), \ldots, \varphi_n(\mathbf{x}))$ und andererseits

$$\boldsymbol{\varrho} \circ \boldsymbol{\psi}(x_1, \ldots, x_n) = \boldsymbol{\varrho}(\varphi_1(\mathbf{x}), x_2, \ldots, x_n)$$

ist, folgt:

$$\boldsymbol{\varrho}(y_1, \ldots, y_n) = (y_1, \varrho_2(\mathbf{y}), \ldots, \varrho_n(\mathbf{y})).$$

$\boldsymbol{\varphi} = \boldsymbol{\varrho} \circ \boldsymbol{\psi}$ setzt sich also aus Abbildungen zusammen, von denen jede mindestens eine Komponente festlässt. Nach einer Permutation der Koordinaten können wir deshalb annehmen, dass $\boldsymbol{\varphi}(x_1, \ldots, x_n) = (x_1, \varphi_2(\mathbf{x}), \ldots, \varphi_n(\mathbf{x}))$ ist. Wir schreiben:

$$\boldsymbol{\varphi}(t, \mathbf{z}) = (t, \boldsymbol{\varphi}_t(\mathbf{z})),$$

wobei $\boldsymbol{\varphi}_t$ eine Abbildung von $U_t := \{\mathbf{z} : (t, \mathbf{z}) \in U\}$ nach $\mathbb{R}^{n-1}$ ist. Für die Funktionalmatrix von $\boldsymbol{\varphi}$ gilt dann:

$$J_{\boldsymbol{\varphi}}(t, \mathbf{z}) = \left(\begin{array}{c|ccc} 1 & 0 & \cdots & 0 \\ \hline * & & & \\ \vdots & & J_{\boldsymbol{\varphi}_t}(\mathbf{z}) & \\ * & & & \end{array}\right).$$

Also ist $\det J_{\boldsymbol{\varphi}}(t, \mathbf{z}) = \det J_{\boldsymbol{\varphi}_t}(\mathbf{z})$. Nun sei $Q \subset V$ ein abgeschlossener Quader. Für $A := \boldsymbol{\varphi}^{-1}(Q)$ gilt dann:

$$\begin{aligned} Q_t = (\boldsymbol{\varphi} A)_t &= \{\mathbf{y} : (t, \mathbf{y}) \in \boldsymbol{\varphi}(A)\} \\ &= \{\mathbf{y} : \exists\, \mathbf{z} \text{ mit } (t, \mathbf{z}) \in A \text{ und } \boldsymbol{\varphi}(t, \mathbf{z}) = (t, \mathbf{y})\} \\ &= \{\mathbf{y} : \exists\, \mathbf{z} \in A_t \text{ mit } \boldsymbol{\varphi}_t(\mathbf{z}) = \mathbf{y}\} = \boldsymbol{\varphi}_t(A_t). \end{aligned}$$

Nach Induktionsvoraussetzung ist

$$\mu_{n-1}(\boldsymbol{\varphi}_t(A_t)) = \int_{\boldsymbol{\varphi}_t(A_t)} 1\, d\mu_{n-1} = \int_{A_t} |\det D\boldsymbol{\varphi}_t(\mathbf{z})|\, d\mu_{n-1}.$$

Daraus folgt:

$$\begin{aligned}
\mu_n(Q) &= \int_{\mathbb{R}} \mu_{n-1}(Q_t)\,dt \quad \text{(Cavalieri)} \\
&= \int_{\mathbb{R}} \mu_{n-1}(\boldsymbol{\varphi}_t(A_t))\,dt \\
&= \int_{\mathbb{R}} \Big(\int_{A_t} |\det D\boldsymbol{\varphi}_t(\mathbf{z})|\,d\mu_{n-1}(\mathbf{z}) \Big)\,dt \\
&= \int_{A} |\det D\boldsymbol{\varphi}(\mathbf{z},t)|\,d\mu_n \quad \text{(Cavalieri)} \\
&= \int_{\boldsymbol{\varphi}^{-1}(Q)} |\det D\boldsymbol{\varphi}(\mathbf{z},t)|\,d\mu_n .
\end{aligned}$$

Damit ist die Transformationsformel bewiesen. ∎

3.1.9. Beispiele

A. Sei $Q \subset \mathbb{R}^n$ ein abgeschlossener Quader, $A \in \mathrm{GL}_n(\mathbb{R})$ eine invertierbare Matrix und $L = L_A$ die zugehörige (bijektive) lineare Transformation mit $L(\mathbf{x}) = \mathbf{x} \bullet A^\top$. Dann ist

$$\mu_n(L(Q)) = |\det A| \cdot \mu_n(Q).$$

Das ergibt sich sofort aus der allgemeinen Transformationsformel, wenn man $U = V = \mathbb{R}^n$ und $f := \chi_{L(Q)}$ setzt und berücksichtigt, dass $J_L(\mathbf{x}) = A$ für alle $\mathbf{x}$ ist.

Sind $\mathbf{a}_1, \ldots, \mathbf{a}_n$ die (linear unabhängigen) Spalten von A, so nennt man

$$P(\mathbf{a}_1, \ldots, \mathbf{a}_n) := \{\lambda_1\mathbf{a}_1 + \cdots + \lambda_n\mathbf{a}_n \,|\, 0 \le \lambda_i \le 1 \text{ für } i = 1, \ldots, n\}$$

das von den Vektoren aufgespannte ***Parallelotop***.

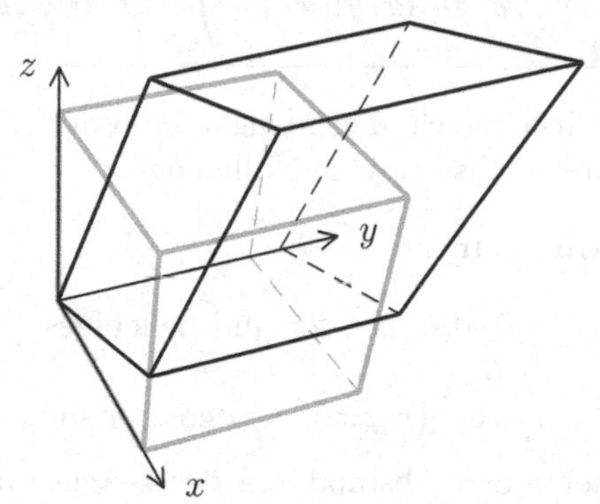

Es handelt sich um das Bild des Einheitsquaders unter der Transformation L_A. Im Falle $n = 2$ ergibt sich ein Parallelogramm, im Falle $n = 3$ spricht man von einem ***Spat***. Nun gilt:

$$\mu_n(P(\mathbf{a}_1, \dots, \mathbf{a}_n)) = |\det(\mathbf{a}_1, \dots, \mathbf{a}_n)|.$$

Diese Aussage liefert eine geometrische Deutung der Determinante. Die Reihenfolge der Vektoren $\mathbf{a}_1, \dots, \mathbf{a}_n$ bestimmt eine Orientierung des $\mathbb{R}^n$. Also kann man $\det(\mathbf{a}_1, \dots, \mathbf{a}_n)$ als „orientiertes Volumen" von $P(\mathbf{a}_1, \dots, \mathbf{a}_n)$ auffassen.

B. Ist A eine orthogonale Matrix und $\mathbf{x}_0$ ein fester Vektor, so nennt man die Abbildung

$$F(\mathbf{x}) := \mathbf{x}_0 + \mathbf{x} \cdot A^\top$$

eine ***euklidische Bewegung***. Im 2-dimensionalen Fall setzt sich jede Bewegung aus Translationen, Spiegelungen und Drehungen zusammen.

Weil $J_F = A$ und im Falle einer orthogonalen Matrix $|\det A| = 1$ ist, lässt jede Bewegung das Volumen invariant, und darüber hinaus ist

$$\int_{F(A)} f(\mathbf{x})\, d\mu_n(\mathbf{x}) = \int_A f \circ F(\mathbf{y})\, d\mu_n(\mathbf{y}),$$

für messbare Mengen A und integrierbare Funktionen f. Das ist die „Bewegungsinvarianz" des Lebesgue-Integrals.

C. Ebene Polarkoordinaten

Die ebenen Polarkoordinaten sind durch die Abbildung $\mathbf{f} : \mathbb{R}_+ \times (0, 2\pi) \to \mathbb{R}^2$ mit $\mathbf{f}(r, \varphi) := (r\cos\varphi, r\sin\varphi)$ gegeben. Bekanntlich ist $\det J_{\mathbf{f}}(r, \varphi) = r$. Ist nun etwa $K := \{(r, \varphi) \in \mathbb{R}^2 : a \le r \le b \text{ und } \alpha \le \varphi \le \beta\}$, mit $0 < a < b$ und $0 < \alpha < \beta < 2\pi$, sowie g stetig auf $\mathbf{f}(K)$, so ist

$$\int_{\mathbf{f}(K)} g(x, y)\, d\mu_2(x, y) = \int_\alpha^\beta \int_a^b g(r\cos\varphi, r\sin\varphi) r\, dr\, d\varphi.$$

Wir können natürlich auch über Mengen integrieren, die die positive x-Achse treffen, denn diese Achse ist eine Nullmenge.

D. Zylinderkoordinaten

Im $\mathbb{R}^3$ sind für $r > 0$, $0 < \varphi < 2\pi$ und beliebiges z die Zylinderkoordinaten gegeben durch

$$\mathbf{F}_{\text{zyl}}(r, \varphi, z) := (r\cos\varphi, r\sin\varphi, z).$$

Dabei bezeichnet r den Abstand von der z-Achse und φ den Winkel gegen die positive x-Achse. Für die Funktionaldeterminante ergibt sich auch hier $\det J_{\mathbf{F}_{\text{zyl}}}(r, \varphi, z) = r$.

Ist $K = \{(r, \varphi, z) : a \le r \le b,\ \alpha \le \varphi \le \beta \text{ und } c \le z \le d\}$, so ist

$$\int_{\mathbf{F}_{\text{zyl}}(K)} g(x,y,z)\,d\mu_3(x,y,z) = \int_c^d \int_\alpha^\beta \int_a^b g(r,\varphi,z) r\,dr\,d\varphi\,dz.$$

Ist etwa $T = \{(x,y,z) \in \mathbb{R}^3 \,:\, x \geq 0,\, y \geq 0,\, x^2+y^2 \leq 1 \text{ und } 0 \leq z \leq 1\}$ ein Viertel einer Torte, so ist $T = \mathbf{F}_{\text{zyl}}(Q)$, mit

$$Q := \{(r,\varphi,z) \,:\, 0 \leq r \leq 1,\, 0 \leq \varphi \leq \frac{\pi}{2} \text{ und } 0 \leq z \leq 1\}.$$

Dann ist z.B.

$$\begin{aligned}
\int_T x^2 y\,d\mu_3(x,y,z) &= \int_Q (r\cos\varphi)^2 \cdot (r\sin\varphi) \cdot r\,d\mu_3(r,\varphi,z) \\
&= \int_0^{\pi/2} \int_0^1 \int_0^1 r^4 \cos^2\varphi \sin\varphi\,dz\,dr\,d\varphi \\
&= \int_0^{\pi/2} \int_0^1 r^4 \cos^2\varphi \sin\varphi\,dr\,d\varphi \\
&= \frac{1}{5} \int_0^{\pi/2} \cos^2\varphi \sin\varphi\,d\varphi \\
&= -\frac{1}{5} \int_{\cos(0)}^{\cos(\pi/2)} t^2\,dt \;=\; -\frac{1}{15} t^3 \Big|_1^0 = \frac{1}{15}.
\end{aligned}$$

E. Räumliche Polarkoordinaten

Für $r > 0$, $0 < \varphi < 2\pi$ und $-\pi/2 < \theta < \pi/2$ sind die räumlichen Polarkoordinaten (Kugelkoordinaten, sphärische Koordinaten) gegeben durch

$$\mathbf{F}_{\text{sph}}(r,\varphi,\theta) := (r\cos\varphi\cos\theta, r\sin\varphi\cos\theta, r\sin\theta).$$

Hier ist φ der Winkel gegenüber der positiven x-Achse (in der x-y-Ebene gemessen) und θ der Winkel gegen die x-y-Ebene. Es sei auch hier noch einmal daran erinnert, dass die Kugelkoordinaten in der Literatur nicht einheitlich definiert werden! Als Funktionaldeterminante erhalten wir hier $\det J_{\mathbf{F}_{\text{sph}}}(r,\varphi,\theta) = r^2\cos\theta$. Offensichtlich ist $r^2\cos\theta > 0$ im ganzen Definitionsbereich von $\mathbf{F}_{\text{sph}}$.

Ist $K = \{(r,\varphi,\theta) \,:\, a \leq r \leq b,\, \alpha \leq \varphi \leq \beta \text{ und } \gamma \leq \theta \leq \delta\}$, so ist

$$\int_{\mathbf{F}_{\text{sph}}(K)} g(x,y,z)\,d\mu_3(x,y,z) = \int_\gamma^\delta \int_\alpha^\beta \int_a^b g(r,\varphi,\theta) r^2 \cos\theta\,dr\,d\varphi\,d\theta.$$

Das (schon früher berechnete) Volumen der 3-dimensionalen Einheitskugel ergibt sich z.B. jetzt auch so:

$$\begin{aligned}\mu_3(B_1(\mathbf{0})) &= \int_{B_1(\mathbf{0})} 1\,d\mu_3 = \int_0^1 \int_{-\pi/2}^{\pi/2} \int_0^{2\pi} r^2 \cos\theta\,d\varphi\,d\theta\,dr \\ &= 2\pi \cdot \int_0^1 \int_{-\pi/2}^{\pi/2} r^2 \cos\theta\,d\theta\,dr = 4\pi \cdot \int_0^1 r^2\,dr = \frac{4}{3}\pi.\end{aligned}$$

F. Auch bei der Berechnung des Integrals $\int_{-\infty}^{\infty} e^{-t^2}\,dt$ sind die Polarkoordinaten nützlich. Es gilt nämlich

$$\begin{aligned}\left(\int_{-\infty}^{\infty} e^{-t^2}\,dt\right)^2 &= \left(\int_{-\infty}^{\infty} e^{-x^2}\,dx\right) \cdot \left(\int_{-\infty}^{\infty} e^{-y^2}\,dy\right) \\ &= \int_{\mathbb{R}^2} e^{-(x^2+y^2)}\,dx\,dy = \int_0^{\infty} \int_0^{2\pi} e^{-r^2} \cdot r\,d\varphi\,dr \\ &= \pi \cdot \int_0^{\infty} 2re^{-r^2}\,dr = \pi(-e^{-r^2})\Big|_0^{\infty} = \pi,\end{aligned}$$

also $\int_{-\infty}^{\infty} e^{-t^2}\,dt = \sqrt{\pi}$.

G. Das Volumen einer „Hyperkugel" (also einer n-dimensionalen Kugel) mit Radius r im $\mathbb{R}^n$ ist

$$\mu_n(B_r(\mathbf{0})) = r^n \cdot \mu_n(B_1(\mathbf{0}))\,.$$

Wir müssen also nur das Volumen der Einheits-Hyperkugel bestimmen. Sei K_n die Einheits-Hyperkugel im $\mathbb{R}^n$ und $\tau_n := \mu_n(K_n)$. Wir wissen bereits, dass $\tau_1 = 2$, $\tau_2 = \pi$ und $\tau_3 = (4/3)\pi$ ist. Allgemein können wir eine Rekursionsformel entwickeln. Es gilt:

$$(K_n)_t = \begin{cases} \varnothing & \text{falls } |t| > 1 \\ a \cdot K_{n-1} & \text{falls } |t| \le 1, \end{cases}$$

wobei $a^2 + t^2 = 1$ ist,
also $a = \sqrt{1-t^2}$.

Damit ist

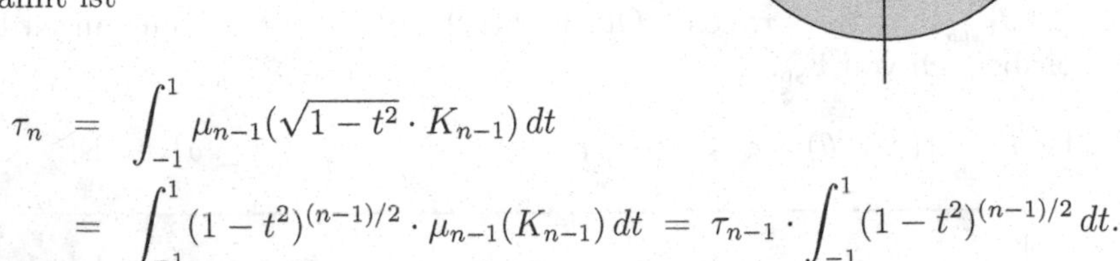

$$\begin{aligned}\tau_n &= \int_{-1}^{1} \mu_{n-1}(\sqrt{1-t^2} \cdot K_{n-1})\,dt \\ &= \int_{-1}^{1} (1-t^2)^{(n-1)/2} \cdot \mu_{n-1}(K_{n-1})\,dt = \tau_{n-1} \cdot \int_{-1}^{1} (1-t^2)^{(n-1)/2}\,dt.\end{aligned}$$

Setzen wir

$$c_n := \int_{-1}^{1} (1-t^2)^{(n-1)/2}\,dt = \int_{-\pi/2}^{\pi/2} \left(\sqrt{1-\sin^2 x}\right)^{n-1} \cos x\,dx = \int_0^{\pi} (\sin x)^n\,dx,$$

so ist $\tau_n = \tau_{n-1} \cdot c_n$. Partielle Integration ergibt:

$$\begin{aligned}\int_0^\pi (\sin x)^n\,dx &= -(\sin x)^{n-1}\cos x\,\Big|_0^\pi + (n-1)\int_0^\pi (\sin x)^{n-2}\cos^2(x)\,dx\\ &= (n-1)\int_0^\pi (\sin x)^{n-2}\,dx - (n-1)\int_0^\pi (\sin x)^n\,dx,\end{aligned}$$

also $c_n = \dfrac{n-1}{n} \cdot c_{n-2}$.

Mit $c_1 = 2$ und $c_2 = \pi/2$ ergibt sich eine Rekursionsformel für τ_n.

3.1.10. Integration rotationssymmetrischer Funktionen

Sei $0 \le a < b$ und $K_{a,b} := \{\mathbf{x} \in \mathbb{R}^n : a < \|\mathbf{x}\| < b\}$. Ist $f : (a,b) \to \mathbb{R}$ integrierbar und existiert $\int_a^b |f(r)|r^{n-1}\,dr$, so ist $\widetilde{f}(\mathbf{x}) := f(\|\mathbf{x}\|)$ über $K_{a,b}$ integrierbar und

$$\int_{K_{a,b}} f(\|\mathbf{x}\|)\,d\mathbf{x} = n \cdot \tau_n \cdot \int_a^b f(r)r^{n-1}\,dr.$$

Dabei bezeichnet τ_n das Volumen der n-dimensionalen Einheitskugel.

BEWEIS: 1) Der Rand der n-dimensionalen Einheitskugel ist eine Nullmenge im $\mathbb{R}^n$, da er lokal ein Graph ist.

2) Zunächst sei $f(r) = c$ eine konstante Funktion. Dann ist auch $\widetilde{f}$ konstant und natürlich über $K_{a,b}$ integrierbar. Es gilt:

$$\begin{aligned}\int_{K_{a,b}} \widetilde{f}(\mathbf{x})\,d\mathbf{x} &= \int c \cdot \chi_{K_{a,b}}\,d\mu_n = c \cdot \mu_n(K_{a,b})\\ &= c \cdot (\mu_n(B_b(\mathbf{0})) - \mu_n(B_a(\mathbf{0}))) = c \cdot \tau_n \cdot (b^n - a^n)\\ &= c \cdot \tau_n \cdot n \cdot \int_a^b r^{n-1}\,dr = n \cdot \tau_n \cdot \int_a^b f(r)r^{n-1}\,dr.\end{aligned}$$

3) Ist sogar $0 < a < b$ und f eine Treppenfunktion auf $[a,b]$, so argumentiert man analog.

4) Ist $f \ge 0$ auf $[a,b]$ und ein Element von $\mathscr{L}^+$, so gibt es eine Folge (φ_k) von Treppenfunktionen auf $[a,b]$, die fast überall monoton wachsend gegen f konvergiert. Dann konvergiert auch $(\widetilde{\varphi}_k)$ fast überall monoton wachsend gegen $\widetilde{f}$, denn wenn $N \subset [a,b]$ eine Nullmenge ist, so gilt das auch für die Menge $\widetilde{N} := \{\mathbf{x} \in K_{a,b} : \|\mathbf{x}\| \in N\}$. Also ist $\widetilde{f}$ integrierbar, und aus dem Satz von der monotonen Konvergenz kann man schließen, dass die Integrale über $\widetilde{\varphi}_k$ gegen das Integral über $\widetilde{f}$ konvergieren. Das ergibt auch in diesem Falle die Behauptung.

5) Ist f über (a,b) integrierbar, so schreibt man f als Differenz zweier Elemente aus $\mathscr{L}^+$. ∎

3.1.11. Beispiel

Sei $f(r) := \frac{1}{r}$ auf $(0,1)$. Das Integral $\int_0^1 r^{n-1-\alpha}\,dr$ existiert genau dann, wenn $-n+1+\alpha < 1$ ist, also $\alpha < n$. Daraus folgt:

Im $\mathbb{R}^n$ existiert $\int_{B_1(\mathbf{0})} \frac{1}{\|\mathbf{x}\|^\alpha}\,d\mathbf{x}$ genau dann, wenn $\alpha < n$ ist.

Im $\mathbb{R}^2$ ist also $1/\|\mathbf{x}\|$ bei $\mathbf{0}$ integrierbar, nicht jedoch $1/\|\mathbf{x}\|^2$. Im $\mathbb{R}^3$ sind beide Funktionen bei $\mathbf{0}$ integrierbar.

Zusammenfassung

Auf dem Weg, die Substitutionsregel auf mehrfache Integrale zu übertragen, haben wir zunächst gezeigt:

Ist $B \subset \mathbb{R}^n$ offen, $A \subset B$ eine (Lebesgue-)Nullmenge und $\mathbf{f} : B \to \mathbb{R}^n$ stetig differenzierbar, so ist auch $\mathbf{f}(A)$ eine Nullmenge.

Im Mittelpunkt stand jedoch der Beweis der **Transformationsformel:**

Sei $U \subset \mathbb{R}^n$ offen, $\boldsymbol{\varphi} : U \to V$ ein $\mathcal{C}^1$-Diffeomorphismus auf eine offene Menge $V \subset \mathbb{R}^n$.

1. Eine Funktion $f : V \to \mathbb{R}$ ist genau dann integrierbar, wenn

$$(f \circ \boldsymbol{\varphi}) \cdot |\det D\boldsymbol{\varphi}| : U \to \mathbb{R}$$

   integrierbar ist.

2. Ist $f : V \to \mathbb{R}$ integrierbar, so ist

$$\int_V f(\mathbf{y})\,d\mu_n = \int_U f \circ \boldsymbol{\varphi}(\mathbf{x}) |\det D\boldsymbol{\varphi}(\mathbf{x})|\,d\mu_n\,.$$

Als interessanter Spezialfall und zugleich als nützliches Beweismittel hat sich die **spezielle Transformationsformel** erwiesen:

Ist $\boldsymbol{\varphi} : U \to V$ wie oben ein $\mathcal{C}^1$-Diffeomorphismus und $Q \subset V$ ein abgeschlossener Quader, so ist $\boldsymbol{\varphi}^{-1}(Q)$ endlich messbar und

$$\mu_n(Q) = \int_{\boldsymbol{\varphi}^{-1}(Q)} |\det D\boldsymbol{\varphi}(\mathbf{x})|\,d\mu_n.$$

Tatsächlich gilt die Transformationsformel genau dann für einen festen Diffeomorphismus $\boldsymbol{\varphi} : U \to V$ und jede integrierbare Funktion $f : V \to \mathbb{R}$, wenn die spezielle Transformationsformel für diesen Diffeomorphismus und jeden Quader $Q \subset V$ gilt.

Der Beweis der Transformationsformel wird nun schrittweise geführt. Zunächst werden die folgenden Aussagen verifiziert:

- Die allgemeine Transformationsformel gilt im Falle $n = 1$ für jedes φ.
- Ist $\boldsymbol{\varphi}$ eine Permutation der Koordinaten, so gilt dafür die spezielle (und damit auch die allgemeine) Transformationsformel.
- Gilt die spezielle Transformationsformel für $\boldsymbol{\varphi} : U \to V$ und für $\boldsymbol{\psi} : V \to W$, so gilt sie auch für $\boldsymbol{\psi} \circ \boldsymbol{\varphi} : U \to W$.
- Besitzt jeder Punkt $\mathbf{x} \in U$ eine offene Umgebung $W \subset U$, so dass die spezielle Transformationsformel für $\boldsymbol{\varphi}|_W : W \to \boldsymbol{\varphi}(W)$ gilt, so gilt sie auch für $\boldsymbol{\varphi} : U \to V$.

Im eigentlichen Beweis der Transformationsformel setzt man alles zusammen. Man führt Induktion nach n, der Anfang $n = 1$ ist schon klar. Ist $n \geq 2$, so kann man zeigen, dass sich $\boldsymbol{\varphi}$ lokal immer in zwei Abbildungen zerlegen lässt, von denen jede mindestens eine Komponente festlässt. Also kann man annehmen, dass $\boldsymbol{\varphi}$ schon diese Eigenschaft besitzt. Mit der Induktionsvoraussetzung und dem Prinzip von Cavalieri schliesst man von $n-1$ auf n.

Besonders wichtige Anwendungen der Transformationsformel stellen die Integrationen in speziellen Koordinaten dar:

1. **Ebene Polarkoordinaten**:

   $\mathbf{f} : \mathbb{R}_+ \times (0, 2\pi) \to \mathbb{R}^2$ wird definiert durch $\mathbf{f}(r, \varphi) := (r\cos\varphi, r\sin\varphi)$. Ist $0 < a < b$, $0 < \alpha < \beta < 2\pi$ und

   $$K := \{(r, \varphi) \in \mathbb{R}^2 \,:\, a \leq r \leq b \text{ und } \alpha \leq \varphi \leq \beta\},$$

   sowie g stetig auf $\mathbf{f}(K)$, so ist

   $$\int_{\mathbf{f}(K)} g(x, y)\, d\mu_2(x, y) = \int_\alpha^\beta \int_a^b g(r\cos\varphi, r\sin\varphi) r\, dr\, d\varphi.$$

2. **Zylinderkoordinaten**:

   $\mathbf{F}_{\text{zyl}} : \mathbb{R}_+ \times (0, 2\pi) \times \mathbb{R} \to \mathbb{R}^3$ wird definiert durch

   $$\mathbf{F}_{\text{zyl}}(r, \varphi, z) := (r\cos\varphi, r\sin\varphi, z).$$

   Ist $0 < a < b$, $0 < \alpha < \beta < 2\pi$, $c < d$ und

   $$K := \{(r, \varphi, z) \,:\, a \leq r \leq b,\ \alpha \leq \varphi \leq \beta \text{ und } c \leq z \leq d\},$$

   sowie g stetig auf $\mathbf{F}_{\text{zyl}}(K)$, so ist

   $$\int_{\mathbf{F}_{\text{zyl}}(K)} g(x, y, z)\, d\mu_3(x, y, z) = \int_c^d \int_\alpha^\beta \int_a^b g(r, \varphi, z) r\, dr\, d\varphi\, dz.$$

3. **Kugelkoordinaten**:

$\mathbf{F}_{\text{sph}} : \mathbb{R}_+ \times (0, 2\pi) \times (-\pi/2, \pi/2) \to \mathbb{R}^3$ wird definiert durch

$$\mathbf{F}_{\text{sph}}(r, \varphi, \theta) := (r \cos\varphi \cos\theta, r \sin\varphi \cos\theta, r \sin\theta).$$

Hier ist θ der Winkel gegen die x-y-Ebene. Ist $0 < a < b$, $0 < \alpha < \beta < 2\pi$, $-\pi/2 < \theta < \pi/2$ und

$$K = \{(r, \varphi, \theta) \,:\, a \le r \le b,\ \alpha \le \varphi \le \beta \text{ und } \gamma \le \theta \le \delta\},$$

sowie g stetig auf $\mathbf{F}_{\text{sph}}(K)$, so ist

$$\int_{\mathbf{F}_{\text{sph}}(K)} g(x, y, z)\, d\mu_3(x, y, z) = \int_\gamma^\delta \int_\alpha^\beta \int_a^b g(r, \varphi, \theta) r^2 \cos\theta \, dr \, d\varphi \, d\theta.$$

Eine weitere wichtige Anwendung ist die Integration rotationssymmetrischer Funktionen. Sei $0 \le a < b$ und $K_{a,b} := \{\mathbf{x} \in \mathbb{R}^n \,:\, a < \|\mathbf{x}\| < b\}$. Ist $f : (a, b) \to \mathbb{R}$ integrierbar und existiert $\int_a^b |f(r)| r^{n-1}\, dr$, so ist $\widetilde{f}(\mathbf{x}) := f(\|\mathbf{x}\|)$ über $K_{a,b}$ integrierbar und

$$\int_{K_{a,b}} f(\|\mathbf{x}\|)\, d\mathbf{x} = n \cdot \tau_n \cdot \int_a^b f(r) r^{n-1}\, dr.$$

Dabei bezeichnet τ_n das Volumen der n-dimensionalen Einheitskugel. Im $\mathbb{R}^n$ bedeutet das z.B.: $\displaystyle\int_{B_1(\mathbf{0})} \frac{1}{\|\mathbf{x}\|^\alpha}\, d\mathbf{x}$ existiert genau dann, wenn $\alpha < n$ ist.

3.1.12. Aufgaben

A. Berechnen Sie das Integral $\displaystyle\int_{-1}^1 \int_0^{\sqrt{1-x^2}} x^2 (x^2 + y^2)^2 \, dy \, dx$ mit Hilfe von Polarkoordinaten.

B. Sei $\mathbf{a} := (2, 2)$, $\mathbf{b} := (1, 2)$ und $P := \{s\mathbf{a} + t\mathbf{b} \,:\, s, t \in [0, 1]\}$. Berechnen Sie $\int_P xy\, d\mu_2$ mit Hilfe der Substitution $x = u - v$ und $y = 2u - v$.

C. Sei $0 < a < b$, $0 < c < d$ und $G \subset \mathbb{R}^2$ das Gebiet, das von den Parabeln $y^2 = ax$, $y^2 = bx$, $x^2 = cy$ und $x^2 = dy$ berandet wird. Berechnen Sie $\mu_2(G)$.

D. Sei $\boldsymbol{\alpha}(t) := 2(\cos t - \sin t \cos t, \sin t - \sin^2 t)$ für $0 \le t \le 2\pi$. Berechnen Sie den Flächeninhalt des von $\boldsymbol{\alpha}$ berandeten Gebietes $G \subset \mathbb{R}^2$.

E. Berechnen Sie das Volumen des „Ellipsoids“

$$E := \{(x, y, z) \,:\, \frac{x^2}{a^2} + \frac{y^2}{b^2} + \frac{z^2}{c^2} \le 1\}.$$

F. Aus dem Rotationsparaboloid, das von oben durch $z = 1 - x^2 - y^2$ und von unten durch $z = 0$ begrenzt wird, soll ein Zylinder mit der Achse $\{(x, y, z) : X = 1/2 \text{ und } y = 0\}$ und dem Radius $r = 1/2$ herausgenommen werden. Berechnen Sie das Volumen des Reststückes.

G. Bestimmen Sie das Volumen des Tetraeders mit den Ecken $(1, 1, 1)$, $(2, 2, 3)$, $(3, 1, 0)$ und $(4, 2, 3)$.

H. Berechnen Sie das Volumen des Gebietes, das von oben durch die Sphäre

$$\{(x, y, z) : x^2 + y^2 + z^2 = 2z\}$$

und von unten durch den Kegel $\{(x, y, z) : z^2 = x^2 + y^2\}$ begrenzt wird.

I. Sei $G := \{(x, y) \in \mathbb{R}^2 : 1 \le x^2 + y^2 \le 2 \text{ und } y \ge 0\}$. Berechnen Sie $\displaystyle\int_G e^{x^2+y^2}\, d\mu_2$.

J. Zeigen Sie, dass $f(x, y) := -\ln(x^2 + y^2)$ über $0 < x^2 + y^2 \le 1$ integrierbar ist, und berechnen Sie das Integral.

3.2 Differentialformen und der Satz von Stokes

Zur Motivation: In der Integrationstheorie benutzt man gerne Differentiale, ohne genau zu wissen, was man da tut. Setzt man $\omega := f\,dx$, so kann man $\int_I \omega$ statt $\int_a^b f(x)\,dx$ schreiben, wenn $I = [a, b]$ ist. Ist φ eine Parametertransformation, so führt man $\varphi^*\omega := (f \circ \varphi)\varphi'\,dt$ ein. Die Substitutionsregel nimmt dann die Gestalt $\int_{\varphi(I)} \omega = \int_I \varphi^*\omega$ an. Das Differential einer Funktion f ist durch $df := f'\,dt$ gegeben, und wenn man für Funktionen noch das Symbol $\varphi^* f := f \circ \varphi$ einführt, dann erhält man die Vertauschungsregel $\varphi^* df = (f' \circ \varphi)\varphi'\,dt = (f \circ \varphi)'\,dt = d(\varphi^* f)$.

Dieser wunderbare Kalkül soll nun mit einer kurzen Einführung in die Theorie der Differentialformen auf höhere Dimensionen verallgemeinert werden. Er vereinfacht die sonst sehr umständlichen Rechnungen mit Funktionaldeterminanten auf bemerkenswerte Weise, und er ermöglicht den Beweis des allgemeinen Satzes von Stokes, der die Substitutionsregel verallgemeinert und aus dem sich die klassischen Integralsätze von Green, Stokes und Gauß herleiten lassen.

Am Ende von Abschnitt 1.6 haben wir Pfaff'sche Formen eingeführt und damit den 1-dimensionalen Differentialen einen Sinn gegeben. Eine Pfaff'sche Form auf einer offenen Menge $B \subset \mathbb{R}^n$ ist eine stetige Abbildung $\omega : B \times \mathbb{R}^n \to \mathbb{R}$, die linear im zweiten Argument ist. Jede solche Pfaff'sche Form besitzt eine eindeutige Darstellung $\omega = \omega_1\,dx_1 + \cdots + \omega_n\,dx_n$ mit (auf B) stetigen Funktionen $\omega_1, \ldots, \omega_n$ und den durch $dx_i(\mathbf{x}, \mathbf{v}) = v_i$ gegebenen „Basisformen“ $dx_i : B \times \mathbb{R}^n \to \mathbb{R}$.

Ist $\mathbf{F} = (F_1, \dots, F_n)$ ein Vektorfeld, so ist $\omega_\mathbf{F} = F_1\,dx_1 + \cdots + F_n\,dx_n$ eine Pfaff'sche Form mit $\omega_\mathbf{F}(\mathbf{x}, \mathbf{v}) = \mathbf{F}(\mathbf{x}) \bullet \mathbf{v}$. Umgekehrt lässt sich jede Pfaff'sche Form auf diese Weise durch ein Vektorfeld beschreiben.

Ist f stetig differenzierbar, so nennt man $df := f_{x_1}\,dx_1 + \cdots + f_{x_n}\,dx_n$ das ***Differential*** von f. Offensichtlich ist $df(\mathbf{x}, \mathbf{v}) = \nabla f(\mathbf{x}) \bullet \mathbf{v}$. Im Falle $f = x_i$ ergibt sich nichts Neues, die Differentiale dx_i stimmen mit den oben schon definierten Basisformen überein.

Ist $U \subset \mathbb{R}^k$ offen und $\mathbf{\Phi} : U \to \mathbb{R}^n$ eine stetig differenzierbare Abbildung mit $\mathbf{\Phi}(U) \subset B$, so lässt sich jede Pfaff'sche Form ω auf B mit Hilfe von $\mathbf{\Phi}$ auf U zurückziehen. Wir definieren $\mathbf{\Phi}^*\omega : U \times \mathbb{R}^k \to \mathbb{R}$ durch

$$\mathbf{\Phi}^*\omega(\mathbf{u}, \mathbf{w}) := \omega\big(\mathbf{\Phi}(\mathbf{u}), D\mathbf{\Phi}(\mathbf{u})(\mathbf{w})\big) = \omega\big(\mathbf{\Phi}(\mathbf{u}), \mathbf{w} \cdot J_\mathbf{\Phi}(\mathbf{u})^\top\big).$$

Mit der Formel $\mathbf{x} \bullet \mathbf{y} = \mathbf{x} \cdot \mathbf{y}^\top$ (für Skalar- und Matrizenprodukt) folgt daraus

$$\begin{aligned} \mathbf{\Phi}^*\omega_\mathbf{F}(\mathbf{u}, \mathbf{w}) &= \omega_\mathbf{F}\big(\mathbf{\Phi}(\mathbf{u}), \mathbf{w} \cdot J_\mathbf{\Phi}(\mathbf{u})^\top\big) = \mathbf{F}\big(\mathbf{\Phi}(\mathbf{u})\big) \bullet \big(\mathbf{w} \cdot J_\mathbf{\Phi}(\mathbf{u})^\top\big) \\ &= \mathbf{F}\big(\mathbf{\Phi}(\mathbf{u})\big) \cdot \big(\mathbf{w} \cdot J_\mathbf{\Phi}(\mathbf{u})^\top\big)^\top = \mathbf{F}\big(\mathbf{\Phi}(\mathbf{u})\big) \cdot J_\mathbf{\Phi}(\mathbf{u}) \cdot \mathbf{w}^\top \\ &= \big(\mathbf{F}\big(\mathbf{\Phi}(\mathbf{u})\big) \cdot J_\mathbf{\Phi}(\mathbf{u})\big) \bullet \mathbf{w} = \big((\mathbf{F} \circ \mathbf{\Phi}) \cdot J_\mathbf{\Phi}\big)(\mathbf{u}) \bullet \mathbf{w}, \end{aligned}$$

also $\mathbf{\Phi}^*\omega_\mathbf{F} = \omega_{(\mathbf{F} \circ \mathbf{\Phi}) \cdot J_\mathbf{\Phi}}$.

Ist f eine stetig differenzierbare Funktion auf B, so ist $f \circ \Phi$ eine stetig differenzierbare Funktion auf U, und es gilt:

3.2.1. Erste Vertauschungsregel: $\mathbf{\Phi}^*(df) = d(f \circ \mathbf{\Phi})$.

BEWEIS: Nach der Kettenregel ist $\mathbf{\Phi}^*(df)(\mathbf{u}, \mathbf{w}) = df\big(\mathbf{\Phi}(\mathbf{u}), \mathbf{w} \cdot \mathbf{\Phi}(\mathbf{u})^\top\big) = \nabla f(\mathbf{\Phi}(\mathbf{u})) \cdot J_\mathbf{\Phi}(\mathbf{u}) \cdot \mathbf{w}^\top = \nabla(f \circ \mathbf{\Phi})(\mathbf{u}) \cdot \mathbf{w}^\top = d(f \circ \mathbf{\Phi})(\mathbf{u}, \mathbf{w})$. ■

Man rechnet auch leicht die folgenden Formeln nach:

$$\mathbf{\Phi}^*(\omega_1 + \omega_2) = \mathbf{\Phi}^*\omega_1 + \mathbf{\Phi}^*\omega_2 \quad \text{und} \quad \mathbf{\Phi}^*(g \cdot \omega) = (g \circ \mathbf{\Phi}) \cdot \mathbf{\Phi}^*\omega.$$

Daraus folgt:

$$\mathbf{\Phi}^*(\omega_1\,dx_1 + \cdots + \omega_n\,dx_n) = (\omega_1 \circ \mathbf{\Phi})\,d\Phi_1 + \cdots + (\omega_n \circ \mathbf{\Phi})\,d\Phi_n,$$

wobei benutzt wird, dass $d(x_i \circ \mathbf{\Phi}) = d\Phi_i$ ist, wenn $\mathbf{\Phi} = (\Phi_1, \dots, \Phi_n)$ ist. Also bildet man $\mathbf{\Phi}^*\omega$ formal, indem man $\mathbf{\Phi}$ in ω überall dort einsetzt, wo es möglich ist.

Pfaff'sche Formen sind genau diejenigen Objekte, die man über Kurven integrieren sollte. Für Integrale über Flächen höherer Dimension braucht man Differentialformen höherer Dimension. Dabei sind Kenntnisse aus der multilinearen Algebra erforderlich, wie sie am Ende des Anhanges behandelt werden.

Definition (Differentialform)

Sei $U \subset \mathbb{R}^n$ offen. Eine k-mal stetig differenzierbare ***Differentialform der Dimension*** q (oder kurz: q-***Form***) auf U ist eine $\mathcal{C}^k$-Abbildung

$$\omega : U \times \mathbb{R}^n \times \ldots \times \mathbb{R}^n \to \mathbb{R},$$

so dass für jedes $\mathbf{x} \in U$ gilt:

1. Die Abbildung $\omega_{\mathbf{x}} : \mathbb{R}^n \times \ldots \times \mathbb{R}^n \to \mathbb{R}$ mit

$$\omega_{\mathbf{x}}(\mathbf{v}_1, \ldots, \mathbf{v}_q) := \omega(\mathbf{x}, \mathbf{v}_1, \ldots, \mathbf{v}_q)$$

ist in jedem einzelnen Argument linear.

2. $\omega_{\mathbf{x}}$ ist alternierend, d.h. für jede Permutation $\sigma \in S_q$ ist

$$\omega_{\mathbf{x}}(\mathbf{v}_{\sigma(1)}, \ldots, \mathbf{v}_{\sigma(q)}) = \operatorname{sign}(\sigma) \cdot \omega_{\mathbf{x}}(\mathbf{v}_1, \ldots, \mathbf{v}_q).$$

Ist ω eine q-Form auf U, so ist $\omega_{\mathbf{x}}$ offensichtlich für jedes $\mathbf{x} \subset U$ eine alternierende q-fache Multilinearform auf dem $\mathbb{R}^n$.

Es ist dann auch klar, dass die Menge $\mathcal{A}^q(U)$ aller k-mal stetig differenzierbaren q-Formen auf U einen $\mathbb{R}$-Vektorraum bildet. Zusätzlich kann man die Elemente von $\mathcal{A}^q(U)$ mit $\mathscr{C}^k$-Funktionen über U multiplizieren:[1]

$$(f \cdot \omega)(\mathbf{x}, \mathbf{v}_1, \ldots, \mathbf{v}_q) := f(\mathbf{x}) \cdot \omega(\mathbf{x}, \mathbf{v}_1, \ldots, \mathbf{v}_q).$$

Sind $\omega_1, \ldots, \omega_q$ Pfaff'sche Formen, so wird die q-Form $\omega_1 \wedge \ldots \wedge \omega_q$ definiert durch

$$(\omega_1 \wedge \ldots \wedge \omega_q)_{\mathbf{x}} := (\omega_1)_{\mathbf{x}} \wedge \ldots \wedge (\omega_q)_{\mathbf{x}},$$

$$\text{also} \quad (\omega_1 \wedge \ldots \wedge \omega_q)(\mathbf{x}, \mathbf{v}_1, \ldots, \mathbf{v}_q) := \det\Big(\omega_i(\mathbf{x}, \mathbf{v}_j) \mid i, j = 1, \ldots, q\Big).$$

3.2.2. Beispiel

Im Falle $n = 2$ ist $\omega_1 \wedge \omega_2(\mathbf{x}, \mathbf{v}_1, \mathbf{v}_2) = \omega_1(\mathbf{x}, \mathbf{v}_1) \cdot \omega_2(\mathbf{x}, \mathbf{v}_2) - \omega_2(\mathbf{x}, \mathbf{v}_1) \cdot \omega_1(\mathbf{x}, \mathbf{v}_2)$. Speziell ist

$$dx_i \wedge dx_j(\mathbf{x}, \mathbf{v}, \mathbf{w}) = v_i w_j - v_j w_i = \det \begin{pmatrix} v_i & w_i \\ v_j & w_j \end{pmatrix}.$$

Die algebraischen Eigenschaften der alternierenden q-Formen auf dem $\mathbb{R}^n$ übertragen sich auf q-Formen über einer offenen Menge, z.B.:

[1] Man sagt, dass $\mathcal{A}^q(U)$ ein $\mathscr{C}^k(U)$-Modul ist. Ein Modul hat die gleiche Struktur wie ein Vektorraum, aber der Skalarenbereich $\mathscr{C}^k(U)$ ist nur ein Ring, kein Körper.

Für $\sigma \in S_q$ ist $\omega_{\sigma(1)} \wedge \ldots \wedge \omega_{\sigma(q)} = \text{sign}(\sigma) \cdot \omega_1 \wedge \ldots \wedge \omega_q$.

*Wenn nichts anderes gesagt wird, soll ab jetzt eine q-Form immer eine **beliebig oft** differenzierbare Differentialform der Dimension q und eine differenzierbare Funktion immer eine **beliebig oft** differenzierbare Funktion sein.*

3.2.3. Basisdarstellung von Differentialformen

Jede q-Form φ auf U kann eindeutig in der Form

$$\varphi = \sum_{1 \le i_1 < \ldots < i_q \le n} a_{i_1 \ldots i_q}\, dx_{i_1} \wedge \ldots \wedge dx_{i_q}$$

geschrieben werden, mit differenzierbaren Funktionen $a_{i_1 \ldots i_q}$. Dabei ist

$$a_{i_1 \ldots i_q}(\mathbf{x}) = \varphi(\mathbf{x}, \mathbf{e}_{i_1}, \ldots, \mathbf{e}_{i_q}).$$

BEWEIS: Der algebraische Teil des Beweises findet sich im Anhang. Wie dort sei auch hier mit $\{\varepsilon^1, \ldots, \varepsilon^n\}$ die duale Basis zur Standardbasis $\{\mathbf{e}_1, \ldots, \mathbf{e}_n\}$ des $\mathbb{R}^n$ bezeichnet, so dass $(dx_i)_{\mathbf{x}}(\mathbf{v}) = \varepsilon^i(\mathbf{v}) = v_i$ für $i = 1, \ldots, n$ gilt. Dann gibt es in jedem $\mathbf{x} \in U$ eine eindeutige Darstellung

$$\varphi_{\mathbf{x}} = \sum_{1 \le i_1 < \ldots < i_q \le n} a_{i_1 \ldots i_q}(\mathbf{x})(dx_{i_1})_{\mathbf{x}} \wedge \ldots \wedge (dx_{i_q})_{\mathbf{x}}.$$

Dabei ist $a_{i_1 \ldots i_q}(\mathbf{x}) = \varphi_{\mathbf{x}}(\mathbf{e}_{i_1}, \ldots, \mathbf{e}_{i_q}) = \varphi(\mathbf{x}, \mathbf{e}_{i_1}, \ldots, \mathbf{e}_{i_q})$, und das ist eine differenzierbare Funktion auf U. ∎

Ist $\varphi \in \mathscr{A}^p(U)$ und $\omega \in \mathscr{A}^q(U)$, so liegt $\varphi \wedge \omega$ mit $(\varphi \wedge \omega)_{\mathbf{x}} := \varphi_{\mathbf{x}} \wedge \omega_{\mathbf{x}}$ in $\mathscr{A}^{p+q}(U)$. Wir wollen uns das bei Basiselementen anschauen. Dabei benutzen wir eine abgekürzte Schreibweise: Ein (aufsteigend oder auch nicht aufsteigend geordnetes) p-Tupel schreiben wir in der Form $I = (i_1, \ldots, i_p)$ und setzen

$$|I| = p \text{ und } dx_I := dx_{i_1} \wedge \ldots \wedge dx_{i_p}.$$

Ist $J = (j_1, \ldots, j_q)$ und $p + q \le n$, so setzen wir $IJ := (i_1, \ldots, i_p, j_1, \ldots, j_q)$. Dann gilt:

Ist $dx_I = dx_{i_1} \wedge \ldots \wedge dx_{i_p}$ und $dx_J = dx_{j_1} \wedge \ldots \wedge dx_{j_q}$, so ist

$$dx_I \wedge dx_J := \begin{cases} 0 & \text{falls } I \cap J \neq \varnothing, \\ dx_{IJ} & \text{sonst.} \end{cases}$$

Das Dachprodukt $(\varphi, \psi) \mapsto \varphi \wedge \psi$ ist linear in jedem Argument, und es gilt:

1. Für beliebige Differentialformen φ, ψ, χ ist $(\varphi \wedge \psi) \wedge \chi = \varphi \wedge (\psi \wedge \chi)$.
2. Ist $\varphi \in \mathcal{A}^p(U)$ und $\psi \in \mathcal{A}^q(U)$, so ist $\varphi \wedge \psi = (-1)^{pq} \psi \wedge \varphi$.

Wie Pfaff'sche Formen kann man auch beliebige q-Formen mit Hilfe differenzierbarer Abbildungen zurückholen. Erst diese Eigenschaft wird es uns ermöglichen, q-Formen über q-dimensionale Flächen zu integrieren.

Definition (Das Urbild einer q-Form)

Ist $U \subset \mathbb{R}^n$ offen, $B \subset \mathbb{R}^m$ offen und $\mathbf{\Phi} : U \to B$ eine $\mathcal{C}^\infty$-Abbildung, so wird jeder q-Form $\omega \in \mathcal{A}^q(B)$ durch

$$\mathbf{\Phi}^*\omega(\mathbf{x}, \mathbf{v}_1, \ldots, \mathbf{v}_q) := \omega\big(\mathbf{\Phi}(\mathbf{x}), D\mathbf{\Phi}(\mathbf{x})(\mathbf{v}_1), \ldots, D\mathbf{\Phi}(\mathbf{x})(\mathbf{v}_q)\big)$$

eine q-Form $\mathbf{\Phi}^*\omega \in \mathcal{A}^q(U)$ zugeordnet, das ***Urbild*** von ω unter $\mathbf{\Phi}$.

Die Differenzierbarkeit von $\mathbf{\Phi}^*\omega$ ergibt sich daraus, dass sich die rechte Seite der Definitionsgleichung aus differenzierbaren Abbildungen zusammensetzt.

3.2.4. Eigenschaften der Zurückholung

Das Zurückholen $\mathbf{\Phi}^* : \mathcal{A}^q(B) \to \mathcal{A}^q(U)$ hat folgende Eigenschaften:

1. *$\mathbf{\Phi}^*$ ist $\mathbb{R}$-linear.*
2. *Ist f eine differenzierbare Funktion auf B und $\omega \in \mathcal{A}^q(B)$, so ist*
$$\mathbf{\Phi}^*(f \cdot \omega) = (f \circ \mathbf{\Phi}) \cdot \mathbf{\Phi}^*\omega.$$
3. *Ist $\varphi \in \mathcal{A}^p(B)$ und $\psi \in \mathcal{A}^q(B)$, so ist $\mathbf{\Phi}^*(\varphi \wedge \psi) = (\mathbf{\Phi}^*\varphi) \wedge (\mathbf{\Phi}^*\psi)$.*

BEWEIS: Die ersten beiden Eigenschaften folgen sofort aus der Definition.

Zu (3): Sind $\omega_1, \ldots, \omega_q$ Pfaffsche Formen auf V, so ist

$$\begin{aligned}
\mathbf{\Phi}^*(\omega_1 \wedge \ldots \wedge \omega_q)(\mathbf{x}; \mathbf{v}_1, \ldots, \mathbf{v}_q) &= \omega_1 \wedge \ldots \wedge \omega_q(\mathbf{\Phi}(\mathbf{x}); D\mathbf{\Phi}(\mathbf{x})\mathbf{v}_1, \ldots, D\mathbf{\Phi}(\mathbf{x})\mathbf{v}_q) \\
&= \det\big(\omega_i(\mathbf{\Phi}(\mathbf{x}), D\mathbf{\Phi}(\mathbf{x})\mathbf{v}_j)\,,\ i,j = 1, \ldots, q\big) \ = \ \det\big(\mathbf{\Phi}^*\omega_i(\mathbf{x}; \mathbf{v}_j)\,,\ i,j = 1, \ldots, q\big) \\
&= \mathbf{\Phi}^*\omega_1 \wedge \ldots \wedge \mathbf{\Phi}^*\omega_q(\mathbf{x}; \mathbf{v}_1, \ldots, \mathbf{v}_q).
\end{aligned}$$

Daraus folgt sofort auch die allgemeine Aussage. ■

3.2.5. Folgerung 1

Ist $\omega = \sum_{1 \le i_1 < \ldots < i_q \le n} a_{i_1 \ldots i_q}\, dy_{i_1} \wedge \ldots \wedge dy_{i_q}$, so ist

$$\mathbf{\Phi}^*\omega = \sum_{1 \le i_1 < \ldots < i_q \le n} (a_{i_1 \ldots i_q} \circ \mathbf{\Phi})\, d\Phi_{i_1} \wedge \ldots \wedge d\Phi_{i_q}.$$

3.2.6. Folgerung 2

Ist $n = m$, so ist

$$\Phi^*(a\, dy_1 \wedge \ldots \wedge dy_n) = (a \circ \Phi) \cdot \det J_\Phi \cdot dx_1 \wedge \ldots \wedge dx_n.$$

BEWEIS: Es ist $\Phi^*(dy_1 \wedge \ldots \wedge dy_n) =$

$$= d\Phi_1 \wedge \ldots \wedge d\Phi_n = \sum_{i_1,\ldots,i_n} (\Phi_1)_{x_{i_1}} \cdots (\Phi_n)_{x_{i_n}}\, dx_{i_1} \wedge \ldots \wedge dx_{i_n}$$

$$= \sum_{\sigma \in S_n} \operatorname{sign}(\sigma)(\Phi_1)_{x_{\sigma(1)}} \cdots (\Phi_n)_{x_{\sigma(n)}}\, dx_1 \wedge \ldots \wedge dx_n = (\det J_\Phi)\, dx_1 \wedge \ldots \wedge dx_n. \blacksquare$$

Definition (äußere Ableitung)

Sei $U \subset \mathbb{R}^n$ eine offene Teilmenge. Dann wird die ***äußere Ableitung*** oder ***Poincaré-Ableitung*** $d : \mathcal{A}^q(U) \to \mathcal{A}^{q+1}(U)$ definiert durch

$$d\Big(\sum_I a_I\, dx_I\Big) := \sum_I da_I \wedge dx_I.$$

Die Abbildung d ist linear, und es gilt:

3.2.7. Eigenschaften der äußeren Ableitung

Ist $\omega = a_I\, dx_I \in \mathcal{A}^p(U)$ und $\varphi = b_J\, dx_J \in \mathcal{A}^q(U)$, so ist

$$d(\omega \wedge \varphi) = d\omega \wedge \varphi + (-1)^p \omega \wedge d\varphi \quad \textit{und} \quad dd\omega = 0.$$

Ist $V \subset U$ offen, so ist $d(\omega|_V) = (d\omega)|_V$.

BEWEIS: Es ist

$$\begin{aligned} d(\omega \wedge \varphi) &= d(a_I b_J\, dx_I \wedge dx_J) = d(a_I b_J) \wedge dx_I \wedge dx_J \\ &= \big[(da_I)b_J + a_I(db_J)\big] \wedge dx_I \wedge dx_J \\ &= (da_I \wedge dx_I) \wedge (b_J dx_J) + db_J \wedge (a_I\, dx_I) \wedge dx_J \\ &= d\omega \wedge \varphi + (-1)^p \omega \wedge d\varphi. \end{aligned}$$

Weiter ist $ddf = d(\sum_i f_{x_i}\, dx_i) = \sum_i d(f_{x_i}) \wedge dx_i = \sum_{i,j} f_{x_i x_j}\, dx_j \wedge dx_i$

$$= \sum_{j<i} \big(f_{x_i x_j} - f_{x_j x_i}\big)\, dx_j \wedge dx_i = 0, \text{ und daher}$$

$$dd(a_I\,dx_I) = d(da_I \wedge dx_I) = dda_I \wedge dx_I - da_I \wedge d(dx_I) = 0.$$

Die letzte Behauptung ergibt sich sofort aus der Definition. ∎

Durch die Eigenschaften und die Linearität ist d schon eindeutig bestimmt.

3.2.8. Beispiele

A. Ist $\omega = a\,dx + b\,dy$ im $\mathbb{R}^3$, so ist

$$\begin{aligned} d\omega &= da \wedge dx + db \wedge dy \\ &= (a_x\,dx + a_y\,dy + a_z\,dz) \wedge dx + (b_x\,dx + b_y\,dy + b_z\,dz) \wedge dy \\ &= a_y\,dy \wedge dx + a_z\,dz \wedge dx + b_x\,dx \wedge dy + b_z\,dz \wedge dy \\ &= -a_y\,dx \wedge dy - a_z\,dx \wedge dz + b_x\,dx \wedge dy - b_z\,dy \wedge dz \\ &= (b_x - a_y)\,dx \wedge dy - (a_z\,dx + b_z\,dy) \wedge dz. \end{aligned}$$

Dabei wurde z.B. benutzt, dass $dy \wedge dx = -dx \wedge dy$ und $dx \wedge dx = 0$ ist.

B. Die äußere Ableitung einer n-Form im $\mathbb{R}^n$ ergibt zwangsläufig Null, denn es gibt im $\mathbb{R}^n$ keine $(n+1)$-Formen $\neq 0$. Die äußere Ableitung einer $(n-1)$-Form ist eine n-Form, also von der Gestalt $dx_1 \wedge \ldots \wedge dx_n$. So ist z.B. im $\mathbb{R}^3$

$$\begin{aligned} d\big((f\,dx) \wedge (g\,dy)\big) &= d(f\,dx) \wedge (g\,dy) - (f\,dx) \wedge d(g\,dy) \\ &= g \cdot df \wedge dx \wedge dy - f \cdot dx \wedge dg \wedge dy \\ &= (g\,f_z)\,dz \wedge dx \wedge dy - (f\,g_z)\,dx \wedge dz \wedge dy \\ &= (g\,f_z + f\,g_z)\,dx \wedge dy \wedge dz. \end{aligned}$$

Die folgende Formel macht den Differentialformenkalkül besonders mächtig.

3.2.9. Die zweite (allgemeine) Vertauschbarkeitsregel

Ist $\mathbf{\Phi} : U \to B$ eine $\mathcal{C}^\infty$-Abbildung und $\omega \in \mathcal{A}^q(B)$, so ist

$$d(\mathbf{\Phi}^*\omega) = \mathbf{\Phi}^*(d\omega).$$

Beweis: Sei $\omega = a\,dy_{i_1} \wedge \ldots \wedge dy_{i_q}$. Dann ist

$$\begin{aligned} d(\mathbf{\Phi}^*\omega) &= d\big((a \circ \mathbf{\Phi})\,d\Phi_{i_1} \wedge \ldots \wedge d\Phi_{i_q}\big) \\ &= d(a \circ \mathbf{\Phi}) \wedge d\Phi_{i_1} \wedge \ldots \wedge d\Phi_{i_q} + (a \circ \mathbf{\Phi})\,d(d\Phi_{i_1} \wedge \ldots \wedge d\Phi_{i_q}) \\ &= \mathbf{\Phi}^*(da) \wedge \mathbf{\Phi}^*(dy_{i_1}) \wedge \ldots \wedge \mathbf{\Phi}^*(dy_{i_q}) \\ &= \mathbf{\Phi}^*(da \wedge dy_{i_1} \wedge \ldots \wedge dy_{i_q}) \;=\; \mathbf{\Phi}^*(d\omega). \end{aligned}$$

Da d und $\mathbf{\Phi}^*$ linear sind, folgt die Aussage allgemein. ∎

3.2.10. Satz

$\mathbf{\Phi} : U \to V$ und $\mathbf{\Psi} : V \to W$ seien $\mathcal{C}^\infty$-Abbildungen, $\omega \in \mathcal{A}^q(W)$. Dann ist

$$(\mathbf{\Psi} \circ \mathbf{\Phi})^* \omega = \mathbf{\Phi}^*(\mathbf{\Psi}^* \omega).$$

(Man beachte die Umkehrung der Reihenfolge!)

BEWEIS:

$$\begin{aligned}(\mathbf{\Psi} \circ \mathbf{\Phi})^* \omega(\mathbf{x}, \mathbf{v}_1, \ldots, \mathbf{v}_q) &= \omega(\mathbf{\Psi} \circ \mathbf{\Phi}(\mathbf{x}), D(\mathbf{\Psi} \circ \mathbf{\Phi})(\mathbf{x})(\mathbf{v}_1), \ldots, D(\mathbf{\Psi} \circ \mathbf{\Phi})(\mathbf{x})(\mathbf{v}_q)) \\ &= \mathbf{\Psi}^* \omega(\mathbf{\Phi}(\mathbf{x}), D\mathbf{\Phi}(\mathbf{x})(\mathbf{v}_1), \ldots, D\mathbf{\Phi}(\mathbf{x})(\mathbf{v}_q)) \\ &= \mathbf{\Phi}^*(\mathbf{\Psi}^* \omega)(\mathbf{x}, \mathbf{v}_1, \ldots, \mathbf{v}_q).\end{aligned}$$

■

Definition (Integration von Differentialformen)

Ist $B \subset \mathbb{R}^n$ offen, $K \subset B$ eine kompakte Teilmenge und $\Omega = f(\mathbf{x})\, dx_1 \wedge \ldots \wedge dx_n$ eine stetige n-Form auf B, so setzt man

$$\int_K \Omega := \int_K f \, d\mu_n.$$

Ist $U \subset \mathbb{R}^q$ offen, $\mathbf{\Phi} : U \to B$ eine stetig differenzierbare Abbildung und ω eine stetige q-Form auf B, sowie $K \subset U$ eine kompakte Teilmenge, so setzt man

$$\int_{\mathbf{\Phi}|_K} \omega := \int_K \mathbf{\Phi}^* \omega.$$

Natürlich könnte man bei der Definition des Integrals einer n-Form die kompakte Menge K durch eine messbare Menge und f durch eine über K integrierbare Funktion ersetzen. Wir begnügen uns hier aber mit der einfacheren Situation.

Ist $\omega = \omega_{\mathbf{F}} = F_1\, dx_1 + \cdots + F_n\, dx_n$ eine Pfaffsche Form auf B und $\boldsymbol{\alpha} : [a, b] \to B$ ein stetig differenzierbarer Weg, so ist

$$\int_{\boldsymbol{\alpha}} \omega = \int_{[a,b]} \boldsymbol{\alpha}^* \omega = \int_a^b \mathbf{F}(\boldsymbol{\alpha}(t)) \bullet \boldsymbol{\alpha}'(t)\, dt = \int_{\boldsymbol{\alpha}} \mathbf{F} \bullet d\mathbf{x}.$$

Das ist das Kurvenintegral, das wir schon aus Abschnitt 1.6 kennen.

3.2.11. Beispiele

A. Sei $\boldsymbol{\alpha} : [0, 2\pi] \to \mathbb{R}^2 \setminus \{\mathbf{0}\}$ die Parametrisierung des Einheitskreises (mit $\boldsymbol{\alpha}(t) := (\cos t, \sin t)$), und ω auf $\mathbb{R}^2 \setminus \{\mathbf{0}\}$ definiert durch

$$\omega := -\frac{y}{x^2+y^2}\,dx + \frac{x}{x^2+y^2}\,dy\,.$$

Dann ist $\displaystyle\int_{\boldsymbol{\alpha}} \omega = \int_{[0,2\pi]} \boldsymbol{\alpha}^*\omega = \int_0^{2\pi} dt = 2\pi.$

B. Sei $\mathbf{\Phi} : K := [0,1]\times[0,2\pi]\times[-\pi/2,+\pi/2] \to \mathbb{R}^3$ definiert durch $\mathbf{\Phi}(r,\varphi,\theta) := (r\cos\varphi\cos\theta, r\sin\varphi\cos\theta, r\sin\theta)$. Dann ist

$$\begin{aligned}\int_{\mathbf{\Phi}|_K} dx\wedge dy\wedge dz &= \int_K \mathbf{\Phi}^*(dx\wedge dy\wedge dz)\\ &= \int_K \det J_{\mathbf{\Phi}}\,dr\wedge d\varphi\wedge d\theta = \int_K r^2\cos\theta\,d\mu_3 = \frac{4\pi}{3}.\end{aligned}$$

3.2.12. Satz über Parametertransformationen

Sei $U \subset \mathbb{R}^q$ offen, $\mathbf{F} : U \to B$ eine differenzierbare Abbildung und ω eine q-Form auf B, sowie $M \subset U$ eine kompakte Teilmenge. Außerdem sei auch $V \subset \mathbb{R}^q$ offen, $\mathbf{\Phi} : V \to U$ ein Diffeomorphismus, $N := \mathbf{\Phi}^{-1}(M)$ und $\det J_{\mathbf{\Phi}} > 0$ auf ganz V. Dann ist

$$\int_{\mathbf{F}\circ\mathbf{\Phi}|_N} \omega = \int_{\mathbf{F}|_M} \omega.$$

Das Integral ist also invariant gegenüber „Parametertransformationen".

BEWEIS: Es ist

$$\int_{\mathbf{F}\circ\mathbf{\Phi}|_N} \omega = \int_N (\mathbf{F}\circ\mathbf{\Phi})^*\omega = \int_N \mathbf{\Phi}^*(\mathbf{F}^*\omega).$$

Ist $\mathbf{F}^*\omega = f\,du_1\wedge\ldots\wedge du_q$, so ist $\mathbf{\Phi}^*(\mathbf{F}^*\omega) = (f\circ\mathbf{\Phi})\cdot\det J_{\mathbf{\Phi}}\,dv_1\wedge\ldots\wedge dv_q$. Weil $\det J_{\mathbf{\Phi}} > 0$ ist, ist $\det J_{\mathbf{\Phi}} = |\det J_{\mathbf{\Phi}}|$. Mit der Transformationsformel folgt nun:

$$\int_{\mathbf{F}\circ\mathbf{\Phi}|_N} \omega = \int_N (f\circ\mathbf{\Phi})\cdot|\det J_{\mathbf{\Phi}}|\,dv_1\wedge\ldots\wedge dv_q = \int_M f\,du_1\wedge\ldots\wedge du_n = \int_{\mathbf{F}|_M} \omega.$$

■

Definition (Simplex)

Sei $Q = [a_1,b_1]\times\ldots\times[a_n,b_n] \subset \mathbb{R}^n$ ein kompakter Quader, $U = U(Q) \subset \mathbb{R}^n$ eine offene Umgebung und $\boldsymbol{\sigma} : U \to \mathbb{R}^m$ eine (beliebig oft) differenzierbare Abbildung. Dann nennt man $\boldsymbol{\sigma}$ ein ***n-dimensionales Simplex*** im $\mathbb{R}^m$ und $|\boldsymbol{\sigma}| := \boldsymbol{\sigma}(Q)$ die ***Spur*** von $\boldsymbol{\sigma}$.

Ist $\boldsymbol{\sigma} : Q \to \mathbb{R}^m$ ein n-dimensionales Simplex im $\mathbb{R}^m$ und ω eine n-Form auf einer Umgebung von $|\boldsymbol{\sigma}|$, so setzt man $\int_{\boldsymbol{\sigma}} \omega := \int_Q \boldsymbol{\sigma}^*\omega$.

Der Begriff „Simplex“ stammt aus der Topologie. Dort wird die konvexe Hülle einer ON-Basis im $\mathbb{R}^n$ (also eine Strecke, ein Dreieck, ein Tetraeder etc.) als affines n-Simplex bezeichnet und eine stetige Abbildung von einem solchen Simplex in einen beliebigen abstrakten Raum als singuläres n-Simplex. Wenn der Raum aus solchen einfachen Stücken zusammengesetzt werden kann, hofft man, aus der Art der Zusammensetzung auf Eigenschaften des Raumes zu schließen. Wir wollen hier allgemeinere Gebiete oder auch Untermannigfaltigkeiten mit einfachen Simplizes „pflastern“. In der Integrationstheorie ist es allerdings etwas praktischer, mit Quadern statt mit Tetraedern zu arbeiten, und die Abbildung in den Raum muss natürlich differenzierbar sein. Dann sind unsere Simplizes aber die idealen Objekte für die Integration von Differentialformen, und man kann sie auf einfache Weise zu komplexeren Gebilden zusammenzusetzen.

Definition (Kette)

Eine ***n-dimensionale Kette*** im $\mathbb{R}^m$ ist eine Abbildung Γ, die jedem n-dimensionalen Simplex $\boldsymbol{\sigma}$ im $\mathbb{R}^m$ eine ganze Zahl $n_{\boldsymbol{\sigma}}$ zuordnet, so dass $n_{\boldsymbol{\sigma}} = 0$ für fast alle $\boldsymbol{\sigma}$ (also alle mit höchstens endlich vielen Ausnahmen) ist. Ist $\Gamma(\boldsymbol{\sigma}_\kappa) = n_\kappa$ für $\kappa = 1, \ldots, k$ und $\Gamma(\boldsymbol{\sigma}) = 0$ für alle anderen Simplizes, so schreibt man

$$\Gamma = n_1\boldsymbol{\sigma}_1 + \cdots + n_k\boldsymbol{\sigma}_k.$$

Die Menge $|\Gamma| := |\boldsymbol{\sigma}_1| \cup \ldots \cup |\boldsymbol{\sigma}_k|$ nennt man dann die ***Spur*** von Γ.

Ist $\Gamma(\sigma) = 0$ für alle σ, so setzt man $\Gamma = 0$ und $|\Gamma| = \varnothing$.

Ist $\Gamma = \sum_{\kappa=1}^k n_\kappa \boldsymbol{\sigma}_\kappa$ eine Kette und ω eine n-Form auf einer Umgebung von $|\Gamma|$, so kann man das Integral

$$\int_\Gamma \omega = n_1 \int_{\boldsymbol{\sigma}_1} \omega + \cdots + n_k \int_{\boldsymbol{\sigma}_k} \omega$$

bilden. Ist $\Gamma = 0$, so definiert man $\int_\Gamma \omega := 0$ für jede n-Form ω.

Sprechen wir jetzt über Ränder: Ist $Q = [a_1, b_1] \times \ldots \times [a_n, b_n] \subset \mathbb{R}^n$ ein kompakter Quader, so definieren wir

$$\begin{aligned} \partial_i^u Q &:= \{(x_1, \ldots, x_n) \in Q \,:\, x_i = a_i\} \\ \text{und} \quad \partial_i^o Q &:= \{(x_1, \ldots, x_n) \in Q \,:\, x_i = b_i\}. \end{aligned}$$

Offensichtlich ist

$$\partial Q = \bigcup_{i=1}^n (\partial_i^u Q \cup \partial_i^o Q).$$

Durch

$$\begin{aligned} \boldsymbol{\sigma}_i^u(x_1, \ldots, \widehat{x_i}, \ldots, x_n) &:= (x_1, \ldots, x_{i-1}, a_i, x_i, \ldots, x_n) \\ \text{und} \quad \boldsymbol{\sigma}_i^o(x_1, \ldots, \widehat{x_i}, \ldots, x_n) &:= (x_1, \ldots, x_{i-1}, b_i, x_i, \ldots, x_n). \end{aligned}$$

werden $(n-1)$-dimensionale Simplizes

$$\boldsymbol{\sigma}_i^u, \boldsymbol{\sigma}_i^o : [a_1, b_1] \times \ldots \times \widehat{[a_i, b_i]} \times \ldots \times [a_n, b_n] \to \mathbb{R}^n$$

definiert, die ***i-te untere Seite*** und die ***i-te obere Seite*** von Q. Das Dach über einem Eintrag bedeutet, dass dieser Eintrag weggelassen werden soll.

Die Parametrisierung gibt zugleich eine Orientierung vor. So wie angegeben werden z.B. im Falle $n = 2$ Boden und Deckel von links nach rechts durchlaufen, die Seitenkanten von unten nach oben (siehe rechte Skizze).

Für die Integration einer $(n-1)$-Form über den Rand von Q wollen wir den Rand aber anders orientieren: Ist $\mathbf{x}_0$ ein Punkt auf dem Rand von Q, der im Inneren einer Seite liegt, so gibt es in $\mathbf{x}_0$ einen eindeutig bestimmten Vektor $\mathbf{N}(\mathbf{x}_0)$ der Länge 1, der auf der Seite senkrecht steht und nach außen zeigt, der ***äußere Normalenvektor***. Der Rand soll nun in $\mathbf{x}_0$ durch Wahl einer angeordneten Basis $\{\mathbf{a}_1, \ldots, \mathbf{a}_{n-1}\}$ des Tangentialraumes der Seite orientiert werden, und zwar so, dass $\{\mathbf{N}(\mathbf{x}_0), \mathbf{a}_1, \ldots, \mathbf{a}_{n-1}\}$ eine positiv orientierte Basis des $\mathbb{R}^n$ ist. Im Falle $n = 2$ liegt dann das Innere des Rechtecks immer „links" vom Randweg, und es sieht wie in der linken Skizze aus:

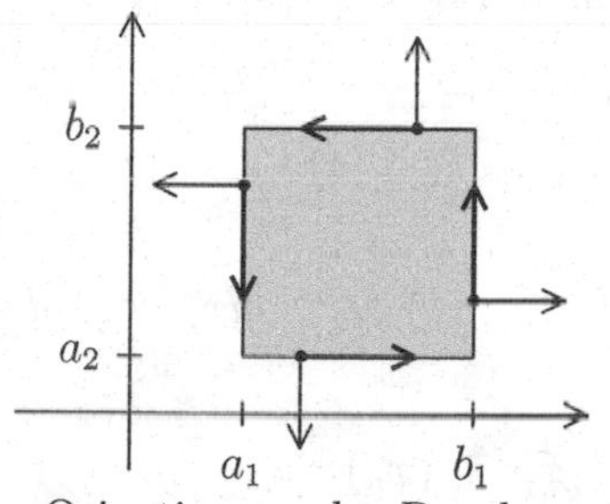

Orientierung des Randes

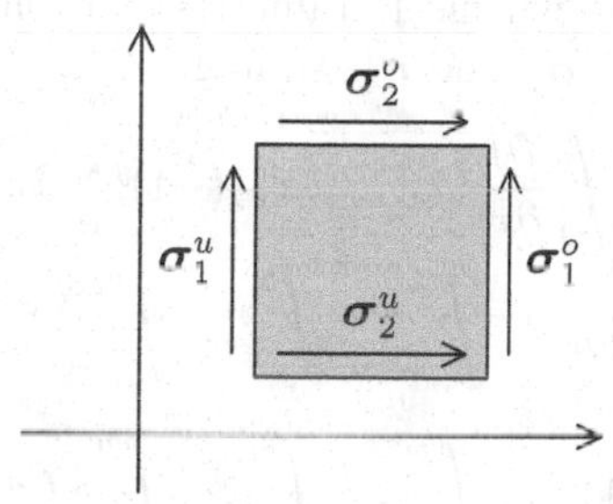

Parametrisierung des Randes

Bei $\boldsymbol{\sigma}_2^u$ und $\boldsymbol{\sigma}_1^o$ stimmt die Orientierung automatisch, bei $\boldsymbol{\sigma}_2^o$ und $\boldsymbol{\sigma}_1^u$ muss man dagegen die Orientierung umkehren. Die Kette $\partial_+ Q := \boldsymbol{\sigma}_2^u + \boldsymbol{\sigma}_1^o - \boldsymbol{\sigma}_2^o - \boldsymbol{\sigma}_1^u$ beschreibt dann den „positiv" orientierten Rand von Q.

Deshalb nennt man im n-dimensionalen Fall die Kette

$$\partial_+ Q := \sum_{i=1}^{n} (-1)^{i-1} (\boldsymbol{\sigma}_i^o - \boldsymbol{\sigma}_i^u)$$

den ***(positiv) orientierten Rand*** von Q. Offensichtlich ist $|\partial_+ Q| = \partial Q$.

Ist $S \subset \mathbb{R}^n$ die Spur eines q-dimensionalen Simplex $\boldsymbol{\sigma} : Q \to S$ und ω eine stetige q-Form auf einer Umgebung von S, so setzt man

$$\int_S \omega := \int_{\boldsymbol{\sigma}} \omega = \int_Q \boldsymbol{\sigma}^* \omega.$$

Die Definition von $\int_S \omega$ hängt nach dem Satz über Parametertransformationen nicht von dem Simplex $\boldsymbol{\sigma}$ ab. Nur wenn man die Orientierung umkehrt, wechselt das Integral sein Vorzeichen. Im Falle eines Quaders Q soll der Rand ∂Q immer durch die oben beschriebene Kette $\partial_+ Q$ orientiert werden. In diesem Sinne gilt:

3.2.13. Satz von Stokes für Quader

Sei $Q \subset \mathbb{R}^n$ ein kompakter Quader und ω eine $(n-1)$-Form auf einer offenen Umgebung U von Q. Dann gilt:

$$\int_Q d\omega = \int_{\partial Q} \omega.$$

BEWEIS: Es reicht, die Behauptung für eine Form ω vom Typ

$$\omega = f\, dx_1 \wedge \ldots \wedge \widehat{dx_j} \wedge \ldots \wedge dx_n$$

zu zeigen. Dann ist

$$d\omega = \frac{\partial f}{\partial x_j}(-1)^{j-1}\, dx_1 \wedge \ldots \wedge dx_n.$$

Bezeichnen wir die Parametrisierungen der Seiten von $Q = [a_1, b_1] \times \ldots \times [a_n, b_n]$ wieder mit $\boldsymbol{\sigma}_i^u$ und $\boldsymbol{\sigma}_i^o$, so folgt:

$$\begin{aligned}
\int_Q d\omega &= \int_Q \frac{\partial f}{\partial x_j}(x_1, \ldots, x_n)(-1)^{j-1}\, dx_1 \ldots dx_n = \\
&= (-1)^{j-1} \cdot \int_{a_n}^{b_n} \ldots \int_{a_j}^{b_j} \ldots \int_{a_1}^{b_1} \frac{\partial f}{\partial x_j}(x_1, \ldots, x_j, \ldots, x_n)\, dx_1 \ldots dx_j \ldots \ldots dx_n \\
&= (-1)^{j-1} \cdot \int_{a_n}^{b_n} \ldots \widehat{\int_{a_j}^{b_j}} \ldots \int_{a_1}^{b_1} \big[f \circ \boldsymbol{\sigma}_j^o(x_1, \ldots, \widehat{x_j}, \ldots, x_n) \\
&\qquad - f \circ \boldsymbol{\sigma}_j^u(x_1, \ldots, \widehat{x_j}, \ldots, x_n) \big]\, dx_1 \ldots \widehat{dx_j} \ldots dx_n \\
&= (-1)^{j-1} \Big[\int_{\boldsymbol{\sigma}_j^o} \omega - \int_{\boldsymbol{\sigma}_j^u} \omega \Big] = \sum_{i=1}^n (-1)^{i-1} \Big[\int_{\boldsymbol{\sigma}_i^o} \omega - \int_{\boldsymbol{\sigma}_i^u} \omega \Big] = \int_{\partial_+ Q} \omega = \int_{\partial Q} \omega,
\end{aligned}$$

denn für $i \neq j$ ist $(\boldsymbol{\sigma}_i^u)^* \omega = 0$ und $(\boldsymbol{\sigma}_i^o)^* \omega = 0$. ∎

Ist $\boldsymbol{\varphi} : Q \to \mathbb{R}^n$ ein p-dimensionales Simplex, so nennt man die $(p-1)$-dimensionale Kette

$$\partial_+ \boldsymbol{\varphi} := \sum_{i=1}^n (-1)^{i-1} (\boldsymbol{\varphi} \circ \boldsymbol{\sigma}_i^o - \boldsymbol{\varphi} \circ \boldsymbol{\sigma}_i^u)$$

den ***positiv orientierten Rand*** von $\boldsymbol{\varphi}$. Ist $S := \boldsymbol{\varphi}(Q)$, so schreibt man $\mathrm{b}S := |\partial_+ \boldsymbol{\varphi}|$. Ist $p = n$, so ist $\mathrm{b}S = \partial S$ der topologische Rand von S. Ist $p < n$, so stimmt das nicht mehr!

Ist $\Gamma = \sum_{\kappa=1}^k n_\kappa \boldsymbol{\sigma}_k$, so setzt man $\partial_+ \Gamma := \sum_{\kappa=1}^k n_\kappa \partial_+ \boldsymbol{\sigma}_k$. Dann kann man nachrechnen, dass $\partial_+ \partial_+ \boldsymbol{\sigma} = 0$ für jedes Simplex $\boldsymbol{\sigma}$ ist. Hier zeigt sich eine Parallelität zu der Beziehung $d \circ d = 0$.

3.2.14. Satz von Stokes für p-dimensionale Simplizes

Ist $B \subset \mathbb{R}^n$ offen, $\boldsymbol{\varphi} : Q \to B$ ein p-dimensionales Simplex und ω eine $(p-1)$-Form auf B, so gilt:

$$\int_{\partial_+\varphi} \omega = \int_{\varphi} d\omega, \quad \textit{also} \quad \int_{b|\varphi|} \omega = \int_{|\varphi|} d\omega.$$

BEWEIS: Es ist

$$\begin{aligned}
\int_{\varphi} d\omega &= \int_{Q} \boldsymbol{\varphi}^*(d\omega) = \int_{Q} d(\boldsymbol{\varphi}^*\omega) = \int_{\partial Q} \boldsymbol{\varphi}^*\omega \\
&= \sum_{i=1}^{p} (-1)^{i-1} [\int_{\boldsymbol{\sigma}_i^o} \boldsymbol{\varphi}^*\omega - \int_{\boldsymbol{\sigma}_i^u} \boldsymbol{\varphi}^*\omega] \\
&= \sum_{i=1}^{p} (-1)^{i-1} [\int_{\boldsymbol{\varphi}\circ\boldsymbol{\sigma}_i^o} \omega - \int_{\boldsymbol{\varphi}\circ\boldsymbol{\sigma}_i^u} \omega] = \int_{\partial_+\varphi} \omega.
\end{aligned}$$

■

3.2.15. Beispiele

A. Sei $Q \subset \mathbb{R}^2$ ein Rechteck und $\omega = f\,dx + g\,dy$, mit differenzierbaren Funktionen f und g auf einer Umgebung von Q. Dann ist

$$\int_{\partial Q} (f\,dx + g\,dy) = \int_{\partial Q} \omega = \int_{Q} d\omega = \int_{Q} (g_x - f_y)\,dx \wedge dy.$$

Das ist ein Spezialfall des Green'schen Satzes, der in den nächsten Abschnitten allgemeiner bewiesen wird.

B. Sei $Q \subset \mathbb{R}^{n-1}$ ein Quader, $f, g : Q \to \mathbb{R}$ differenzierbar und $g(\mathbf{x}) < f(\mathbf{x})$ für $\mathbf{x} \in Q$, sowie $N := \{(\mathbf{x}, t) \in Q \times \mathbb{R} \,:\, g(\mathbf{x}) \le t \le f(\mathbf{x})\}$. Dann ist N ein Normalbereich. Sei $\mathbf{\Phi} : Q \times [0,1] \to \mathbb{R}^n$ definiert durch

$$\mathbf{\Phi}(\mathbf{x}, t) := \big(\mathbf{x}, g(\mathbf{x}) + t \cdot [f(\mathbf{x}) - g(\mathbf{x})]\big).$$

Offensichtlich ist $\mathbf{\Phi}$ differenzierbar und injektiv, und man sieht auch ganz leicht, dass $\mathbf{\Phi}(Q \times [0,1]) = N$ ist. Außerdem ist überall $\det J_{\mathbf{\Phi}}(\mathbf{x}, t) = f(\mathbf{x}) - g(\mathbf{x}) \neq 0$. Also ist Φ ein Diffeomorphismus. Insbesondere ist Φ auch ein Simplex. Ist $\omega = h(\mathbf{x}, x_n)\,dx_1 \wedge \ldots \wedge dx_{n-1}$, so gilt (mit $\mathbf{x} = (x_1, \ldots, x_{n-1})$):

$$\begin{aligned}
\int_{\partial N} h(\mathbf{x}, x_n)\,dx_1 \wedge \ldots \wedge dx_{n-1} &= \int_{\partial N} \omega = \int_{N} d\omega \\
&= (-1)^{n-1} \int_{N} \frac{\partial h}{\partial x_n}(\mathbf{x}, x_n)\,dx_1 \wedge \ldots \wedge dx_{n-1} \wedge dx_n \\
&= (-1)^{n-1} \int_{Q} \Big(\int_{g(\mathbf{x})}^{f(\mathbf{x})} \frac{\partial h}{\partial x_n}(\mathbf{x}, x_n)\,dx_n \Big)\,dx_1 \ldots dx_{n-1} \\
&= (-1)^{n-1} \int_{Q} (h(\mathbf{x}, f(\mathbf{x})) - h(\mathbf{x}, g(\mathbf{x})))\,d\mu_{n-1}.
\end{aligned}$$

Man kann $\int_N d\omega$ natürlich auch mit Hilfe der Parametrisierung $\mathbf{\Phi}$ berechnen:

$$\begin{aligned}
\int_N d\omega &= \int_{Q\times[0,1]} \mathbf{\Phi}^* d\omega \\
&= (-1)^{n-1} \int_{Q\times[0,1]} \mathbf{\Phi}^*\Big(\frac{\partial h}{\partial x_n}\, dx_1 \wedge \ldots \wedge dx_{n-1} \wedge dx_n\Big) \\
&= (-1)^{n-1} \int_{Q\times[0,1]} \frac{\partial h}{\partial x_n}(\mathbf{\Phi}(\mathbf{x},t))\, dx_1 \wedge \ldots \wedge dx_{n-1} \wedge \big(f(\mathbf{x}) - g(\mathbf{x})\big)\, dt \\
&= (-1)^{n-1} \int_{Q\times[0,1]} \frac{\partial (h\circ\mathbf{\Phi})}{\partial t}(\mathbf{x},t)\, dx_1 \wedge \ldots \wedge dx_{n-1} \wedge dt \\
&= (-1)^{n-1} \int_Q \big(h\circ\mathbf{\Phi}(\mathbf{x},1) - h\circ\mathbf{\Phi}(\mathbf{x},0)\big)\, dx_1 \ldots dx_{n-1} \\
&= (-1)^{n-1} \int_Q \big(h(\mathbf{x}, f(\mathbf{x})) - h(\mathbf{x}, g(\mathbf{x}))\big)\, d\mu_{n-1}.
\end{aligned}$$

Es ist klar, dass das gleiche Ergebnis herauskommen muss.

Zusammenfassung

Eine **Differentialform** der Dimension q (oder kurz: **q-Form**) auf einer offenen Menge $U \subset \mathbb{R}^n$ ist eine $\mathcal{C}^k$-Abbildung

$$\omega : U \times \mathbb{R}^n \times \ldots \times \mathbb{R}^n \to \mathbb{R},$$

so dass für jedes $\mathbf{x} \in U$ gilt:

1. Die Abbildung $\omega_{\mathbf{x}} : \mathbb{R}^n \times \ldots \times \mathbb{R}^n \to \mathbb{R}$ mit

$$\omega_{\mathbf{x}}(\mathbf{v}_1, \ldots, \mathbf{v}_q) := \omega(\mathbf{x}, \mathbf{v}_1, \ldots, \mathbf{v}_q)$$

   ist in jedem einzelnen Argument linear.

2. $\omega_{\mathbf{x}}$ ist alternierend, d.h. für jede Permutation $\sigma \in S_q$ ist

$$\omega_{\mathbf{x}}(\mathbf{v}_{\sigma(1)}, \ldots, \mathbf{v}_{\sigma(q)}) = \text{sign}(\sigma) \cdot \omega_{\mathbf{x}}(\mathbf{v}_1, \ldots, \mathbf{v}_q).$$

Es wird hauptsächlich der Fall $k = \infty$ betrachtet, der Raum der q-Formen auf U wird mit $\mathscr{A}^q(U)$ bezeichnet. Sind $\omega_1, \ldots, \omega_q$ Pfaffsche Formen, so wird $\omega_1 \wedge \ldots \wedge \omega_q \in \mathscr{A}^q(U)$ definiert durch

$$\omega_1 \wedge \ldots \wedge \omega_q(\mathbf{x}, \mathbf{v}_1, \ldots, \mathbf{v}_q) := \det\Big(\omega_i(\mathbf{x}, \mathbf{v}_j) \;\Big|\; i,j = 1, \ldots, q\Big).$$

Jede q-Form kann auf eindeutige Weise als Linearkombination der „**Basisformen**“ $dx_{i_1} \wedge \ldots \wedge dx_{i_q}$, $1 \le i_1 < \ldots < i_q \le n$, dargestellt werden.

Das Dachprodukt zwischen p-Formen und q-Formen wird direkt aus der multilinearen Algebra übernommen. Dann ist $(\varphi, \psi) \mapsto \varphi \wedge \psi$ in jedem Argument linear, und es gilt:

1. Für beliebige Differentialformen φ, ψ, χ ist $(\varphi \wedge \psi) \wedge \chi = \varphi \wedge (\psi \wedge \chi)$.
2. Ist $\varphi \in \mathcal{A}^p(U)$ und $\psi \in \mathcal{A}^q(U)$, so ist $\varphi \wedge \psi = (-1)^{pq}\psi \wedge \varphi$.

Ist $U \subset \mathbb{R}^n$ offen, $B \subset \mathbb{R}^m$ offen und $\mathbf{F} : U \to B$ eine $\mathcal{C}^\infty$-Abbildung, so wird jeder q-Form $\omega \in \mathcal{A}^q(B)$ ein **Urbild**, die q-Form $\mathbf{F}^*\omega \in \mathcal{A}^q(U)$, zugeordnet, durch

$$\mathbf{F}^*\omega(\mathbf{x}, \mathbf{v}_1, \ldots, \mathbf{v}_q) := \omega\big(\mathbf{F}(\mathbf{x}), D\mathbf{F}(\mathbf{x})(\mathbf{v}_1), \ldots, D\mathbf{F}(\mathbf{x})(\mathbf{v}_q)\big).$$

Das Zurückholen $\mathbf{F}^* : \mathcal{A}^q(B) \to \mathcal{A}^q(U)$ hat folgende Eigenschaften:

1. $\mathbf{F}^*$ ist $\mathbb{R}$-linear.
2. Ist f eine differenzierbare Funktion auf B und $\omega \in \mathcal{A}^q(B)$, so ist
$$\mathbf{F}^*(f \cdot \omega) = (f \circ \mathbf{F}) \cdot \mathbf{F}^*\omega.$$
3. Ist f eine differenzierbare Funktion auf B, so ist $\mathbf{F}^*(df) = d(f \circ \mathbf{F})$.
4. Ist $\varphi \in \mathcal{A}^p(B)$ und $\psi \in \mathcal{A}^q(B)$, so ist $\mathbf{F}^*(\varphi \wedge \psi) = (\mathbf{F}^*\varphi) \wedge (\mathbf{F}^*\psi)$.

Ist $\varphi = \sum_{1 \le i_1 < \ldots < i_q \le n} a_{i_1 \ldots i_q}\, dy_{i_1} \wedge \ldots \wedge dy_{i_q}$, so ist

$$\mathbf{F}^*\varphi = \sum_{1 \le i_1 < \ldots < i_q \le n} (a_{i_1 \ldots i_q} \circ \mathbf{F})\, dF_{i_1} \wedge \ldots \wedge dF_{i_q}.$$

Sei $U \subset \mathbb{R}^n$ eine offene Teilmenge. Dann wird die **äußere Ableitung** oder **Poincaré-Ableitung** $d : \mathcal{A}^q(U) \to \mathcal{A}^{q+1}(U)$ definiert durch

$$d\Big(\sum_I a_I\, dx_I\Big) := \sum_I da_I \wedge dx_I.$$

Dabei ist $a_I\, dx_I$ die Abkürzung für $a_{i_1 \ldots i_q}\, dx_{i_1} \wedge \ldots \wedge dx_{i_q}$ (und dann $|I| = q$).

Ist $\omega = a_I\, dx_I$ (mit $|I| = p$) und $\varphi = b_J\, dx_J$, so ist

$$d(\omega \wedge \varphi) = d\omega \wedge \varphi + (-1)^p \omega \wedge d\varphi \quad \text{und} \quad dd\omega = 0.$$

Wichtig ist die **Vertauschungsregel**:

Ist $\mathbf{F} : U \to B$ *eine* $\mathcal{C}^\infty$*-Abbildung und* $\omega \in \mathcal{A}^q(B)$, *so ist* $d(\mathbf{F}^*\omega) = \mathbf{F}^*(d\omega)$.

Ist $\omega \in \mathcal{A}^q(W)$ und sind $\mathbf{F} : U \to V$ und $\mathbf{G} : V \to W$ $\mathcal{C}^\infty$-Abbildungen, so ist

$$(\mathbf{G} \circ \mathbf{F})^*\omega = \mathbf{F}^*(\mathbf{G}^*\omega).$$

Ist $B \subset \mathbb{R}^n$ offen, $K \subset B$ eine kompakte Teilmenge und $\Omega = f(\mathbf{x})\, dx_1 \wedge \ldots \wedge dx_n$ eine stetige n-Form auf B, so setzt man

$$\int_K \Omega := \int_K f \, d\mu_n.$$

Ist $U \subset \mathbb{R}^q$ offen, $\mathbf{F} : U \to B$ eine stetig differenzierbare Abbildung und φ eine stetige q-Form auf B, sowie $K \subset U$ eine kompakte Teilmenge, so setzt man

$$\int_{\mathbf{F}|_K} \varphi := \int_K \mathbf{F}^* \varphi.$$

Dabei gilt der **Satz über Parametertransformationen:**

Sei $U \subset \mathbb{R}^q$ offen, $\mathbf{F} : U \to B$ eine differenzierbare Abbildung und φ eine q-Form auf B, sowie $M \subset U$ eine kompakte Teilmenge. Außerdem sei auch $V \subset \mathbb{R}^q$ offen und $\mathbf{\Phi} : V \to U$ ein Diffeomorphismus, so dass $\det J_{\mathbf{\Phi}} > 0$ auf ganz V gilt. Ist $N := \mathbf{\Phi}^{-1}(M)$, so ist

$$\int_{\mathbf{F} \circ \mathbf{\Phi}|_N} \varphi = \int_{\mathbf{F}|_M} \varphi.$$

Das Integral ist also invariant gegenüber „Parametertransformationen“.

Satz von Stokes für Quader:

Sei $Q \subset \mathbb{R}^n$ ein kompakter Quader und ω eine $(n-1)$-Form auf einer offenen Umgebung U von Q. Dann gilt:

$$\int_Q d\omega = \int_{\partial Q} \omega.$$

Dabei muss der Rand von Q so orientiert werden, dass die äußere Normale aus der Sicht des Randes immer nach „oben“ zeigt.

Sei $Q = [a_1, b_1] \times \ldots \times [a_n, b_n] \subset \mathbb{R}^n$ ein kompakter Quader, $U = U(Q) \subset \mathbb{R}^n$ eine offene Umgebung und $\boldsymbol{\sigma} : U \to \mathbb{R}^m$ eine (beliebig oft) differenzierbare Abbildung. Dann nennt man $\boldsymbol{\sigma}$ ein **n-dimensionales Simplex** im $\mathbb{R}^m$ und $|\boldsymbol{\sigma}| := \boldsymbol{\sigma}(Q)$ die **Spur** von $\boldsymbol{\sigma}$. Formale Linearkombinationen von Simplizes nennt man **Ketten.**

Ist $\boldsymbol{\varphi} : Q \to \mathbb{R}^n$ ein p-dimensionales Simplex und sind die Abbildungen $\boldsymbol{\sigma}_i^u$ und $\boldsymbol{\sigma}_i^o$ die kanonischen Parametrisierungen des i-ten Bodens und des i-ten Deckels von Q, so ist

$$\partial_+ \boldsymbol{\varphi} := \sum_{i=1}^n (-1)^{i-1} (\boldsymbol{\varphi} \circ \boldsymbol{\sigma}_i^o - \boldsymbol{\varphi} \circ \boldsymbol{\sigma}_i^u)$$

eine $(p-1)$-dimensionale Kette, die $\mathrm{b}S := |\partial_+ \boldsymbol{\varphi}|$ mit der richtigen Orientierung parametrisiert. Man nennt $\mathrm{b}S$ den **positiv orientierten Rand** von $S := \varphi(Q)$. Ist $p = n$, so ist $\mathrm{b}S = \partial S$ der topologische Rand von S.

Damit gilt der **Satz von Stokes für p-dimensionale Simplizes:**

Ist $B \subset \mathbb{R}^n$ offen, $\boldsymbol{\varphi} : Q \to B$ ein p-dimensionales Simplex und ω eine $(p-1)$-Form auf B, so gilt:

$$\int_{\partial_+\varphi} \omega = \int_{\varphi} d\omega.$$

Ist $S = \boldsymbol{\sigma}(Q)$, so schreibt man auch $\displaystyle\int_{bS} \omega = \int_S \omega.$

3.2.16. Aufgaben

A. Berechnen Sie das Dachprodukt $\varphi \wedge \psi$ für $\varphi := y\,dx \wedge dy + xz\,dy \wedge dz$ und $\psi := dx + y\,dy + z^2\,dz$, sowie das Dachprodukt $\psi \wedge \psi$.

B. Gegeben seien p linear unabhängige Pfaff'sche Formen $\alpha_1, \ldots, \alpha_p$. Zeigen Sie:

(a) Es ist $\alpha_\nu \wedge (\alpha_1 \wedge \ldots \wedge \alpha_p) = 0$ für $\nu = 1, \ldots, p$.

(b) Ist α eine beliebige Pfaff'sche Form, so gilt $\alpha \wedge (\alpha_1 \wedge \ldots \wedge \alpha_p) = 0$ genau dann, wenn α Linearkombination von $\alpha_1, \ldots, \alpha_p$ ist.

(c) Ist α eine beliebige Pfaff'sche Form und $\alpha \wedge (\alpha_1 \wedge \ldots \wedge \alpha_p) = 0$, so gibt es eine $(p-1)$-Form β mit $\alpha \wedge \beta = \alpha_1 \wedge \ldots \wedge \alpha_p$.

C. Berechnen Sie $d\omega$ und $d\Omega$ für die 1-Form $\omega := (x^2 + y^2)\,dx + \sin z\,dz$ und die 2-Form $\Omega := x^3\,dx \wedge dy - x \cos z\,dy \wedge dz$.

D. Die $(n-1)$-Form ω auf dem $\mathbb{R}^n$ sei definiert durch

$$\omega := \sum_{i=1}^{n} (-1)^{i-1} x_i\,dx_1 \wedge \ldots \wedge dx_{i-1} \wedge dx_{i+1} \wedge \ldots \wedge dx_n$$

Berechnen Sie $d\omega$.

E. Sei $\mathbf{F} : \mathbb{R}_+ \times (0, 2\pi) \times (-\pi/2, +\pi/2) \to \mathbb{R}^3$ definiert durch

$$\mathbf{F}(r, \varphi, \theta) := (r \cos\varphi \cos\theta, r \sin\varphi \cos\theta, r \sin\theta).$$

Berechnen Sie $\mathbf{F}^*\omega$ für $\omega := x\,dy \wedge dz + y\,dz \wedge dx + z\,dx \wedge dy$.

F. Sei $\omega := xy\,dx + 2z\,dy - y\,dz$ und $\boldsymbol{\varphi} : \mathbb{R}^2 \to \mathbb{R}^3$ definiert durch $\boldsymbol{\varphi}(u, v) := (uv, u^2, 3u + v)$. Berechnen Sie $d\omega$, $\boldsymbol{\varphi}^*(d\omega)$ und $d(\boldsymbol{\varphi}^*\omega)$.

G. Sei $\omega := x\,dy \wedge dz + \sin y\,dz \wedge dx - \cos z\,dx \wedge dy$ und $\boldsymbol{\Phi} : \mathbb{R}^3 \to \mathbb{R}^3$ definiert durch $\boldsymbol{\Phi}(x, y, z) := (x, y - xz, yz)$. Berechnen Sie $d(\boldsymbol{\Phi}^*\omega)$ und $\boldsymbol{\Phi}^*(d\omega)$.

H. Sei $\boldsymbol{\sigma} : [0, 2\pi] \times [0, 1] \to \mathbb{R}^3$ definiert durch $\boldsymbol{\sigma}(u, v) := (\cos u, \sin u, v)$, sowie $\omega := x\,dy + y\,dz + z\,dx$. Berechnen Sie $\int_{\boldsymbol{\sigma}} d\omega$ und $\int_{\partial_+\boldsymbol{\sigma}} \omega$.

3.3 Die Operatoren der Vektoranalysis

Zur Motivation: In der klassischen Vektoranalysis spielen die Operatoren **grad**, **rot** und div eine wichtige Rolle. Hier soll nun gezeigt werden, wie man Differentialformen vorteilhaft einsetzen kann, um die teilweise komplizierten Beweise von Formeln für diese Operatoren zu vereinfachen.

Zunächst führen wir das Vektorprodukt im $\mathbb{R}^3$ ein.

Jeder Vektor $\mathbf{a} \in \mathbb{R}^3$ definiert durch $\omega_{\mathbf{a}}(\mathbf{w}) := \mathbf{a} \bullet \mathbf{w}$ eine Linearform $\omega_{\mathbf{a}} : \mathbb{R}^n \to \mathbb{R}$ (vgl. Anhang). und durch $\eta_{\mathbf{a}}(\mathbf{v}, \mathbf{w}) := \det(\mathbf{a}, \mathbf{v}, \mathbf{w})$ eine alternierende Bilinearform $\eta_{\mathbf{a}}$. Im Anhang wird jedem Vektor $\mathbf{v} \in \mathbb{R}^n$ eine $(n-1)$-Form $\Lambda_{\mathbf{v}}$ durch $\varphi \wedge \Lambda_{\mathbf{v}} = \varphi(\mathbf{v}) \cdot \varepsilon^1 \wedge \ldots \wedge \varepsilon^n$ definiert. Es ist

$$\Lambda_{\mathbf{v}} = \sum_{i=1}^{n} v_i(-1)^{i+1}\varepsilon^1 \wedge \ldots \wedge \widehat{\varepsilon^i} \wedge \ldots \wedge \varepsilon^n,$$

und der Laplace'sche Entwicklungssatz zeigt dann:

$$\Lambda_{\mathbf{v}}(\mathbf{a}_2, \ldots, \mathbf{a}_n) = \det(\mathbf{v}, \mathbf{a}_2, \ldots, \mathbf{a}_n).$$

Im Falle $n = 3$ ist also $\Lambda_{\mathbf{v}} = \eta_{\mathbf{v}}$. Die Zuordnung $\mathbf{v} \mapsto \Lambda_{\mathbf{v}}$ liefert dann einen Isomorphismus von $\mathbb{R}^3$ auf $A_2(\mathbb{R}^3)$, mit

$$\mathbf{v} = (v_1, v_2, v_3) \mapsto \Lambda_{\mathbf{v}} = v_1\, \varepsilon^2 \wedge \varepsilon^3 + v_2\, \varepsilon^3 \wedge \varepsilon^1 + v_3\, \varepsilon^1 \wedge \varepsilon^2.$$

3.3.1. Existenz des Vektorproduktes

Sind $\mathbf{v}, \mathbf{w}$ *zwei linear unabhängige Vektoren des* $\mathbb{R}^3$*, so gibt es einen eindeutig bestimmten Vektor* $\mathbf{v} \times \mathbf{w} \in \mathbb{R}^3$*, so dass gilt:*

$$\mathbf{a} \bullet (\mathbf{v} \times \mathbf{w}) = \Lambda_{\mathbf{a}}(\mathbf{v}, \mathbf{w}) = \det(\mathbf{a}, \mathbf{v}, \mathbf{w}) \quad \textit{für alle } \mathbf{a} \in \mathbb{R}^3.$$

Es ist $\mathbf{v} \times \mathbf{w} = (v_2w_3 - v_3w_2, v_3w_1 - v_1w_3, v_1w_2 - v_2w_1)$.

BEWEIS: Die Zuordnung $\mathbf{a} \mapsto \Lambda_{\mathbf{a}}(\mathbf{v}, \mathbf{w})$ ist offensichtlich eine Linearform (bei festgehaltenen Vektoren $\mathbf{v}$ und $\mathbf{w}$). Sind $\mathbf{v}$ und $\mathbf{w}$ linear unabhängig, so ist diese Linearform $\neq 0$ und daher von der Gestalt $\omega_{\mathbf{x}}$ mit einem (eindeutig bestimmten) Vektor $\mathbf{x}$. Wir bezeichnen diesen Vektor mit $\mathbf{v} \times \mathbf{w}$.

Aus der Beziehung $\mathbf{e}_i \bullet (\mathbf{v} \times \mathbf{w}) = \det(\mathbf{e}_i, \mathbf{v}, \mathbf{w})$ für $i = 1, 2, 3$ ergeben sich die 3 Komponenten von $\mathbf{v} \times \mathbf{w}$ wie im Satz angegeben. ∎

Sind $\mathbf{v}$, $\mathbf{w}$ linear abhängig, so ist $\det(\mathbf{a}, \mathbf{v}, \mathbf{w}) = 0$ für jeden Vektor $\mathbf{a}$ und wir setzen logischerweise $\mathbf{v} \times \mathbf{w} := \mathbf{0}$.

3.3.2. Eigenschaften des Vektorproduktes

1. $(\mathbf{v}, \mathbf{w}) \mapsto \mathbf{v} \times \mathbf{w}$ *ist bilinear und alternierend.*

2. $\mathbf{v} \bullet (\mathbf{v} \times \mathbf{w}) = \mathbf{w} \bullet (\mathbf{v} \times \mathbf{w}) = 0$.

3. *Ist* $\{\mathbf{a}_1, \mathbf{a}_2, \mathbf{a}_3\}$ *eine positiv orientierte ON-Basis des* $\mathbb{R}^3$, *so gilt:*

$$\mathbf{a}_1 \times \mathbf{a}_2 = \mathbf{a}_3, \quad \mathbf{a}_2 \times \mathbf{a}_3 = \mathbf{a}_1 \text{ und } \mathbf{a}_3 \times \mathbf{a}_1 = \mathbf{a}_2.$$

BEWEIS: 1) ergibt sich aus den Eigenschaften der Determinante.

2) Es ist $\mathbf{v} \bullet (\mathbf{v} \times \mathbf{w}) = \det(\mathbf{v}, \mathbf{v}, \mathbf{w}) = 0$ und analog auch $\mathbf{w} \bullet (\mathbf{v} \times \mathbf{w}) = 0$.

3) In (2) haben wir gezeigt, dass $\mathbf{v} \times \mathbf{w}$ auf $\mathbf{v}$ und $\mathbf{w}$ senkrecht steht. Sei nun $\{\mathbf{a}_1, \mathbf{a}_2, \mathbf{a}_3\}$ eine positiv orientierte ON-Basis des $\mathbb{R}^3$, also $\mathbf{a}_i \bullet \mathbf{a}_j = \delta_{ij}$ und $\det(\mathbf{a}_1, \mathbf{a}_2, \mathbf{a}_3) = 1$. Dann muss $\mathbf{a}_1 \times \mathbf{a}_2 = \varepsilon \cdot \mathbf{a}_3$ sein, mit $\varepsilon \in \mathbb{R}$. Es gilt aber: $1 = \det(\mathbf{a}_1, \mathbf{a}_2, \mathbf{a}_3) = (\mathbf{a}_1 \times \mathbf{a}_2) \bullet \mathbf{a}_3 = \varepsilon \cdot \mathbf{a}_3 \bullet \mathbf{a}_3 = \varepsilon$. ∎

Wir merken uns noch die Formel

$$\omega_{\mathbf{a}} \wedge \omega_{\mathbf{b}} = \Lambda_{\mathbf{a} \times \mathbf{b}}.$$

Zum BEWEIS: Die Bilinearform $\omega_{\mathbf{a}} \wedge \omega_{\mathbf{b}}$ wird durch die Matrix

$$\mathbf{a}^\top \cdot \mathbf{b} - \mathbf{b}^\top \cdot \mathbf{a} = \begin{pmatrix} 0 & a_1 b_2 - b_1 a_2 & a_1 b_3 - b_1 a_3 \\ -(a_1 b_2 - b_1 a_2) & 0 & a_2 b_3 - b_2 a_3 \\ -(a_1 b_3 - b_1 a_3) & -(a_2 b_3 - b_2 a_3) & 0 \end{pmatrix}$$

beschrieben. Aber das ist auch die Matrix zur Bilinearform $\Lambda_{\mathbf{a} \times \mathbf{b}}$. ∎

3.3.3. Eine weitere Eigenschaft des Vektorproduktes

Es ist $(\mathbf{v} \times \mathbf{w}) \bullet (\mathbf{x} \times \mathbf{y}) = \det \begin{pmatrix} \mathbf{v} \bullet \mathbf{x} & \mathbf{v} \bullet \mathbf{y} \\ \mathbf{w} \bullet \mathbf{x} & \mathbf{w} \bullet \mathbf{y} \end{pmatrix}$.

BEWEIS: Aus den schon bewiesenen Eigenschaften folgt:

$$\begin{aligned} (\mathbf{v} \times \mathbf{w}) \bullet (\mathbf{x} \times \mathbf{y}) &= \Lambda_{\mathbf{v} \times \mathbf{w}}(\mathbf{x}, \mathbf{y}) = (\omega_{\mathbf{v}} \wedge \omega_{\mathbf{w}})(\mathbf{x}, \mathbf{y}) \\ &= \omega_{\mathbf{v}}(\mathbf{x}) \cdot \omega_{\mathbf{w}}(\mathbf{y}) - \omega_{\mathbf{w}}(\mathbf{x}) \cdot \omega_{\mathbf{v}}(\mathbf{y}) \\ &= (\mathbf{v} \bullet \mathbf{x}) \cdot (\mathbf{w} \bullet \mathbf{y}) - (\mathbf{w} \bullet \mathbf{x}) \cdot (\mathbf{v} \bullet \mathbf{y}) \\ &= \det \begin{pmatrix} \mathbf{v} \bullet \mathbf{x} & \mathbf{v} \bullet \mathbf{y} \\ \mathbf{w} \bullet \mathbf{x} & \mathbf{w} \bullet \mathbf{y} \end{pmatrix}. \end{aligned}$$ ∎

Ist $B \subset \mathbb{R}^3$ offen und $\mathbf{F} = (F_1, F_2, F_3)$ ein Vektorfeld auf B, so kann man diesem Feld nicht nur die 1-Form $\omega_{\mathbf{F}} = F_1\, dx_1 + F_2\, dx_2 + F_3\, dx_3 \in \mathscr{A}^1(B)$, sondern auch die 2-Form $\Lambda_{\mathbf{F}} = F_1\, dx_2 \wedge dx_3 + F_2\, dx_3 \wedge dx_1 + F_3\, dx_1 \wedge dx_2 \in \mathscr{A}^2(B)$ zuordnen, .

Man kann das Vektorprodukt auf höhere Dimensionen verallgemeinern. Gegeben seien Vektoren $\mathbf{a}_1, \ldots, \mathbf{a}_{n-1} \in \mathbb{R}^n$ $(n \geq 3)$. Durch

$$\lambda(\mathbf{w}) := \det(\mathbf{w}, \mathbf{a}_1, \ldots, \mathbf{a}_{n-1})$$

wird eine Linearform λ auf dem $\mathbb{R}^n$ definiert. Daher gibt es genau einen Vektor $\mathbf{z}$ (der mit $\mathbf{a}_1 \times \ldots \times \mathbf{a}_{n-1}$ bezeichnet wird), so dass $\lambda(\mathbf{w}) = \mathbf{w} \bullet \mathbf{z}$ ist. Also gilt stets:

$$\mathbf{w} \bullet (\mathbf{a}_1 \times \ldots \times \mathbf{a}_{n-1}) = \det(\mathbf{w}, \mathbf{a}_1, \ldots, \mathbf{a}_{n-1}) = \Lambda_{\mathbf{w}}(\mathbf{a}_1, \ldots, \mathbf{a}_{n-1}).$$

Insbesondere ist dann $\mathbf{a}_i \bullet (\mathbf{a}_1 \times \ldots \times \mathbf{a}_{n-1}) = 0$ für $i = 1, \ldots, n-1$, und $\mathbf{a}_1 \times \ldots \times \mathbf{a}_{n-1} = \mathbf{0}$, falls die Vektoren linear abhängig sind.

Wir benutzen die $\mathbf{a}_i$ als Spalten einer $n \times (n-1)$-Matrix:

$$A := (\mathbf{a}_1^\top, \ldots, \mathbf{a}_{n-1}^\top).$$

Für $k = 1, \ldots, n$ sei A_k die quadratische Matrix, die aus A entsteht, indem man die k-te Zeile streicht. Der Laplace'sche Entwicklungssatz besagt dann:

$$\det(\mathbf{w}, \mathbf{a}_1, \ldots, \mathbf{a}_{n-1}) = \sum_{k=1}^{n} (-1)^{k+1} w_k \cdot \det(A_k).$$

Setzt man für $\mathbf{w}$ die Basisvektoren $\mathbf{e}_1, \ldots, \mathbf{e}_n$ ein, so gewinnt man die Komponenten von $\mathbf{a}_1 \times \ldots \times \mathbf{a}_{n-1}$:

$$\begin{aligned} (\mathbf{a}_1 \times \ldots \times \mathbf{a}_{n-1})_i &= \mathbf{e}_i \bullet (\mathbf{a}_1 \times \ldots \times \mathbf{a}_{n-1}) \\ &= \sum_{k=1}^{n} (-1)^{k+1} \delta_{ik} \cdot \det(A_k) \;=\; (-1)^{i+1} \det(A_i). \end{aligned}$$

Daraus folgt: $\|\mathbf{a}_1 \times \ldots \times \mathbf{a}_{n-1}\|^2 = \sum_{i=1}^{n} (\mathbf{a}_1 \times \ldots \times \mathbf{a}_{n-1})_i^2 = \sum_{i=1}^{n} (\det A_i)^2.$

Definition (Gram'sche Determinante)

Ist $A := (\mathbf{a}_1^\top, \ldots, \mathbf{a}_{n-1}^\top) \in M_{n,n-1}(\mathbb{R})$, so heißt

$$G_A = G(\mathbf{a}_1, \ldots, \mathbf{a}_{n-1}) := \det(A^\top \cdot A) = \det\Big(\mathbf{a}_i \bullet \mathbf{a}_j \;\Big|\; i,j = 1, \ldots, n-1\Big)$$

die ***Gram'sche Determinante*** von A bzw. von $\mathbf{a}_1, \ldots, \mathbf{a}_{n-1}$.

3.3.4. Satz: $G_A = \|\mathbf{a}_1 \times \ldots \times \mathbf{a}_{n-1}\|^2$.

BEWEIS: Wenn die Vektoren $\mathbf{a}_1, \ldots, \mathbf{a}_{n-1}$ linear abhängig sind, verschwindet die rechte Seite. Ist etwa $\mathbf{a}_{n-1} = \sum_{j=1}^{n-2} \lambda_j \mathbf{a}_j$, so ist auch $\mathbf{a}_i \bullet \mathbf{a}_{n-1} = \sum_{j=1}^{n-2} \lambda_j \mathbf{a}_i \bullet \mathbf{a}_j$ für $i = 1, \ldots, n-2$, also $G_A = 0$.

Seien nun die Vektoren linear unabhängig und

$$\mathbf{N} := \frac{\mathbf{a}_1 \times \ldots \times \mathbf{a}_{n-1}}{\|\mathbf{a}_1 \times \ldots \times \mathbf{a}_{n-1}\|}$$

der Einheitsvektor, der auf dem von ihnen erzeugten Unterraum senkrecht steht. Dann ist $|\det(\mathbf{N}, \mathbf{a}_1, \ldots, \mathbf{a}_{n-1})| = |\mathbf{N} \bullet (\mathbf{a}_1 \times \ldots \times \mathbf{a}_{n-1})| = \|\mathbf{a}_1 \times \ldots \times \mathbf{a}_{n-1}\|$.

Ist $B := \left(\mathbf{N}^\top, \mathbf{a}_1^\top, \ldots, \mathbf{a}_{n-1}^\top\right) \in M_{n,n}(\mathbb{R})$, so ist $B^\top B = \begin{pmatrix} 1 & 0 \\ 0 & A^\top A \end{pmatrix}$ und daher $\|\mathbf{a}_1 \times \ldots \times \mathbf{a}_{n-1}\|^2 = \det(B)^2 = \det(B^\top B) = \det(A^\top A) = G_A$. ∎

3.3.5. Satz

1. *Sei $A \in M_{n,n-1}(\mathbb{R})$ und $B \in M_{n-1}(\mathbb{R})$. Dann ist $G_{A \cdot B} = \det(B)^2 \cdot G_A$.*
2. *Seien $\mathbf{a}_1, \mathbf{a}_2 \in \mathbb{R}^3$ linear unabhängig und $\angle(\mathbf{a}_1, \mathbf{a}_2)$ der (positive) Winkel zwischen $\mathbf{a}_1$ und $\mathbf{a}_2$. Dann ist*

$$\|\mathbf{a}_1 \times \mathbf{a}_2\| = \|\mathbf{a}_1\| \cdot \|\mathbf{a}_2\| \cdot \sin\bigl(\angle(\mathbf{a}_1, \mathbf{a}_2)\bigr)$$

der Flächeninhalt des von $\mathbf{a}_1$ und $\mathbf{a}_2$ aufgespannten Parallelogramms.

BEWEIS: 1) Es ist $G_{A \cdot B} = \det\bigl((AB)^\top \cdot (AB)\bigr) = \det\bigl(B^\top \cdot (A^\top \cdot A) \cdot B\bigr) = \det(B) \cdot \det(A^\top \cdot A) \cdot \det(B) = \det(B)^2 \cdot G_A$.

2) Sei $\alpha = \angle(\mathbf{a}_1, \mathbf{a}_2)$. Dann ist

$$\begin{aligned} \|\mathbf{a}_1 \times \mathbf{a}_2\|^2 &= G_A = \det\begin{pmatrix} \mathbf{a}_1 \bullet \mathbf{a}_1 & \mathbf{a}_1 \bullet \mathbf{a}_2 \\ \mathbf{a}_2 \bullet \mathbf{a}_1 & \mathbf{a}_2 \bullet \mathbf{a}_2 \end{pmatrix} = \|\mathbf{a}_1\|^2 \cdot \|\mathbf{a}_2\|^2 - (\mathbf{a}_1 \bullet \mathbf{a}_2)^2 \\ &= \|\mathbf{a}_1\|^2 \cdot \|\mathbf{a}_2\|^2 (1 - \cos^2\alpha) = \|\mathbf{a}_1\|^2 \cdot \|\mathbf{a}_2\|^2 \sin^2\alpha, \end{aligned}$$

also $\|\mathbf{a}_1 \times \mathbf{a}_2\| = \|\mathbf{a}_1\| \cdot \|\mathbf{a}_2\| \cdot \sin\alpha$ (weil $\sin\alpha > 0$ für $0 < \alpha < \pi$ ist). Aus der folgenden Skizze ersieht man, dass es sich um den Flächeninhalt des von $\mathbf{a}_1$ und $\mathbf{a}_2$ aufgespannten Parallelogramms handelt. ∎

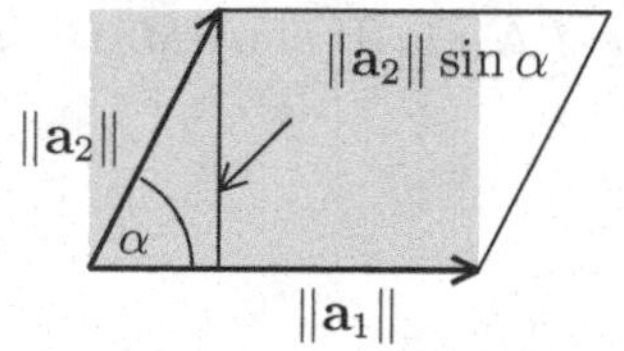

$$\sin\alpha = \frac{\text{Gegenkathete}}{\text{Hypotenuse}}$$

Die klassischen Operatoren der Vektoranalysis wurden schon im Abschnitt 1.6 (Kurvenintegrale) eingeführt. Hier sollen sie durch Differentialformen beschrieben werden.

1. Ist f eine differenzierbare Funktion auf einer offenen Menge $B \subset \mathbb{R}^n$, so ist $\mathbf{grad}\, f = \nabla f = (f_{x_1}, \ldots, f_{x_n})$ der ***Gradient*** von f. Diesem Vektorfeld kann die 1-Form $\omega_{\nabla f} = df$ zugeordnet werden.

2. Ist $\mathbf{F} = (F_1, \ldots, F_n)$ ein differenzierbares Vektorfeld auf B, so versteht man unter der ***Divergenz*** von $\mathbf{F}$ die Funktion $\operatorname{div}(\mathbf{F}) = (F_1)_{x_1} + \cdots + (F_n)_{x_n}$.

   Die Determinanten- oder Volumenform $\Delta = \Omega_{\mathbb{R}^n} = dx_1 \wedge \ldots \wedge dx_n$ wird in der klassischen Literatur gerne Volumenelement genannt und mit dV_n bezeichnet (auch wenn es sich nicht um ein Differential handelt). Man erhält die Gleichung $d\Lambda_{\mathbf{F}} = \operatorname{div}\mathbf{F}\,dV_n$.

3. Die ***Rotation*** eines Vektorfeldes $\mathbf{A}$ ist nur im $\mathbb{R}^3$ definiert. Ist $\mathbf{A} = (A_1, A_2, A_3)$ und $D_i(A_j) = (A_j)_{x_i}$, so ist

$$\mathbf{rot}\,\mathbf{A} = (D_2A_3 - D_3A_2, D_3A_1 - D_1A_3, D_1A_2 - D_2A_1).$$

   Es ist $d\omega_{\mathbf{A}} = \Lambda_{\mathbf{rot}\,\mathbf{A}}$, und das sieht man so:

$$\begin{aligned} d(\omega_{\mathbf{A}}) &= dA_1 \wedge dx_1 + dA_2 \wedge dx_2 + dA_3 \wedge dx_3 \\ &= (A_1)_{x_2}\,dx_2 \wedge dx_1 + (A_1)_{x_3}\,dx_3 \wedge dx_1 \\ &\quad + (A_2)_{x_1}\,dx_1 \wedge dx_2 + (A_2)_{x_3}\,dx_3 \wedge dx_2 \\ &\quad + (A_3)_{x_1}\,dx_1 \wedge dx_3 + (A_3)_{x_2}\,dx_2 \wedge dx_3 \\ &= \big((A_2)_{x_1} - (A_1)_{x_2}\big)\,dx_1 \wedge dx_2 + \big((A_1)_{x_3} - (A_3)_{x_1}\big)\,dx_3 \wedge dx_1 \\ &\quad + \big((A_3)_{x_2} - (A_2)_{x_3}\big)\,dx_2 \wedge dx_3 \\ &= \mathbf{rot}_1\,\mathbf{A}\,dx_2 \wedge dx_3 + \mathbf{rot}_2\,\mathbf{A}\,dx_3 \wedge dx_1 + \mathbf{rot}_3\,\mathbf{A}\,dx_1 \wedge dx_2. \end{aligned}$$

Zusammenfassend gilt also:

$$df = \omega_{\mathbf{grad}\,f}, \quad d\Lambda_{\mathbf{F}} = \operatorname{div}\mathbf{F}\,dV_n \quad \text{und} \quad d\omega_{\mathbf{F}} = \Lambda_{\mathbf{rot}\,\mathbf{F}}.$$

Man kann nun im $\mathbb{R}^3$ viele nützliche Formeln herleiten, z.B.:

3.3.6. Satz

Sei f eine differenzierbare Funktion und $\mathbf{A}$ ein Vektorfeld. Dann gilt:

1. $\mathbf{rot}\,\mathbf{grad}\,f = \mathbf{0}$,
2. $\operatorname{div}\mathbf{rot}\,\mathbf{A} = 0$,
3. $\operatorname{div}(f \cdot \mathbf{A}) = (\mathbf{grad}\,f) \bullet \mathbf{A} + f \cdot \operatorname{div}\mathbf{A}$.

BEWEIS:

1) $0 = ddf = d(\omega_{\mathbf{grad}\,f}) = \Lambda_{\mathbf{rot}\,\mathbf{grad}\,f}$, also $\mathbf{rot}\,\mathbf{grad}\,f = \mathbf{0}$.

2) $0 = dd\omega_{\mathbf{A}} = d(\Lambda_{\mathbf{rot}\,\mathbf{A}}) = (\operatorname{div}\mathbf{rot}\,\mathbf{A})\,dV_3$, also $\operatorname{div}\mathbf{rot}\,\mathbf{A} = 0$.

3) Es ist

$$\begin{aligned}
\operatorname{div}(f\cdot\mathbf{A})\,dV_3 &= d\Lambda_{f\cdot\mathbf{A}} = \\
&= d(f\cdot A_1)\wedge dx_2\wedge dx_3 + d(f\cdot A_2)\wedge dx_3\wedge dx_1 + d(f\cdot A_3)\wedge dx_1\wedge dx_2 \\
&= \big((f\cdot A_1)_{x_1} + (f\cdot A_2)_{x_2} + (f\cdot A_3)_{x_3}\big)\,dx_1\wedge dx_2\wedge dx_3 \\
&= \big((\mathbf{grad}\,f)\bullet\mathbf{A} + f\cdot\operatorname{div}(\mathbf{A})\big)\,dV_3.
\end{aligned}$$

Koeffizientenvergleich liefert die gewünschte Gleichung. ∎

Man kann die Ergebnisse in einem „kommutativen Diagramm" zusammenfassen:

$$\begin{array}{ccccccc}
\{\text{0-Formen}\} & \xrightarrow{d} & \{\text{1-Formen}\} & \xrightarrow{d} & \{\text{2-Formen}\} & \xrightarrow{d} & \{\text{3-Formen}\} \\
\| & & \uparrow\omega & & \uparrow\Lambda & & \uparrow\cdot dV \\
\{\text{Funktionen}\} & \xrightarrow{\mathbf{grad}} & \{\text{Vektorfelder}\} & \xrightarrow{\mathbf{rot}} & \{\text{Vektorfelder}\} & \xrightarrow{\text{div}} & \{\text{Funktionen}\}
\end{array}$$

3.3.7. Satz

Es gelten die Formeln $\omega_{\mathbf{A}}\wedge\omega_{\mathbf{B}} = \Lambda_{\mathbf{A}\times\mathbf{B}}$ *und* $\omega_{\mathbf{A}}\wedge\Lambda_{\mathbf{B}} = (\mathbf{A}\bullet\mathbf{B})\,dV$.

BEWEIS: Die Formel (1) haben wir (punktweise) schon bewiesen.

(2) Wird mit $< i,j,k >$ das Tripel $(1,2,3)$ oder eine seiner zyklischen Vertauschungen bezeichnet, so ist

$$\begin{aligned}
\omega_{\mathbf{A}}\wedge\Lambda_{\mathbf{B}} &= \Big(\sum_{\nu=1}^{3} A_\nu\,dx_\nu\Big)\wedge\Big(\sum_{<i,j,k>} B_i\,dx_j\wedge dx_k\Big) \\
&= \sum_{<i,j,k>} A_iB_i\,dx_i\wedge dx_j\wedge dx_k = \Big(\sum_{\nu=1}^{3} A_\nu B_\nu\Big)\,dx_1\wedge dx_2\wedge dx_3.
\end{aligned}$$

∎

Damit erhalten wir weitere Formeln der klassischen Vektoranalysis:

3.3.8. Satz

Sei f eine differenzierbare Funktion, A und B Vektorfelder. Dann gilt:

1. $\mathbf{rot}(f\cdot\mathbf{A}) = f\cdot\mathbf{rot}(\mathbf{A}) + \mathbf{grad}\,f\times\mathbf{A}$.
2. $\operatorname{div}(\mathbf{A}\times\mathbf{B}) = \mathbf{rot}\,\mathbf{A}\bullet\mathbf{B} - \mathbf{A}\bullet\mathbf{rot}\,\mathbf{B}$.

BEWEIS: 1) Es ist

$$\begin{aligned}
\Lambda_{\mathbf{rot}(f\cdot\mathbf{A})} &= d(\omega_{f\cdot\mathbf{A}}) = d(f\cdot\omega_{\mathbf{A}}) = df\wedge\omega_{\mathbf{A}} + f\cdot d\omega_{\mathbf{A}} \\
&= \omega_{\mathbf{grad}\,f}\wedge\omega_{\mathbf{A}} + f\cdot\Lambda_{\mathbf{rot}\,\mathbf{A}} = \Lambda_{\mathbf{grad}\,f\times\mathbf{A}} + \Lambda_{f\cdot\mathbf{rot}\,\mathbf{A}} \\
&= \Lambda_{\mathbf{grad}\,f\times\mathbf{A}+f\cdot\mathbf{rot}\,\mathbf{A}}.
\end{aligned}$$

und (2)

$$\begin{aligned}(\text{div}(\mathbf{A}\times\mathbf{B}))\cdot dV &= d(\Lambda_{\mathbf{A}\times\mathbf{B}}) = d(\omega_{\mathbf{A}}\wedge\omega_{\mathbf{B}})\\ &= d\omega_{\mathbf{A}}\wedge\omega_{\mathbf{B}} - \omega_{\mathbf{A}}\wedge d\omega_{\mathbf{B}}\\ &= \Lambda_{\mathbf{rot\,A}}\wedge\omega_{\mathbf{B}} - \omega_{\mathbf{A}}\wedge\Lambda_{\mathbf{rot\,B}}\\ &= (\mathbf{rot\,A}\bullet\mathbf{B} - \mathbf{A}\bullet\mathbf{rot\,B})\cdot dV.\end{aligned}$$ ∎

Der Satz von Stokes für Simplizes kann nun ganz unterschiedliche Gestalt annehmen. Dazu betrachten wir ein p-dimensionales Simplex im $\mathbb{R}^n$.

- $p = 1$ und n beliebig: Ist C eine Kurve im $\mathbb{R}^n$ mit Anfangspunkt $\mathbf{x}_A$ und Endpunkt $\mathbf{x}_E$, sowie f eine Funktion auf einer Umgebung von C, so ist

$$\int_C df = f(\mathbf{x}_E) - f(\mathbf{x}_A).$$

Ist auch noch $n = 1$, so ist dies der Hauptsatz der Differential- und Integralrechnung.

- $p = 2$ und $n = 2$: Sei $U \subset \mathbb{R}^2$ offen, $Q \subset\subset U$ ein offener Quader, $\varphi : U \to \mathbb{R}^2$ differenzierbar, $G := \varphi(Q)$ und $\partial G = \varphi(\partial Q)$. Ist $\omega = f\,dx + g\,dy$ eine Pfaffsche Form auf U, so ist $d\omega = (g_x - f_y)\,dx \wedge dy$, und man erhält den folgenden Satz von Green:

$$\int_G (g_x - f_y)\,dxdy = \int_{\partial G} (f\,dx + g\,dy).$$

- $p = 2$ und $n = 3$: Ein glattes Flächenstück $\boldsymbol{\varphi} : Q \to \mathbb{R}^3$ ist ein Simplex. Ist $\boldsymbol{\varphi}$ auf einer offenen Umgebung U von $\overline{Q}$ definiert, so ist $bS := \boldsymbol{\varphi}(\partial Q)$ ein stückweise glatter Weg. Ist $\omega = \omega_{\mathbf{F}} = F_1\,dx + F_2\,dy + F_3\,dz$ eine Pfaff'sche Form auf einer Umgebung von S, so ist $\int_{bS}\omega = \int_{\boldsymbol{\varphi}|_{\partial Q}}\omega = \int_{\boldsymbol{\varphi}|_{\partial Q}}\mathbf{F}\bullet d\mathbf{x}$ ein Kurvenintegral (vgl. Abschnitt 1.6). Wegen $d\omega_{\mathbf{F}} = \Lambda_{\mathbf{F}}$ liefert der Satz von Stokes:

$$\int_S \Lambda_{\mathbf{F}} = \int_{bS} \mathbf{F}\bullet d\mathbf{x}.$$

Wir wissen noch nicht, wie man ein Vektorfeld über eine Fläche integriert. Darum werden wir uns gleich kümmern, und dann erhalten wir den klassischen Satz von Stokes, der eine anschauliche Interpretation der gewonnenen Integralformel liefert.

- $p = 3$ und $n = 3$: Sei Φ ein Diffeomorphismus von einer Umgebung des abgeschlossenen Einheitsquaders $\overline{Q} \subset \mathbb{R}^3$ auf eine offene Menge des $\mathbb{R}^3$. Dann ist Φ ein Simplex, $\Omega := \Phi(Q)$ ein beschränktes Gebiet im $\mathbb{R}^3$ und $\partial\Omega = \Phi(\partial Q)$ dessen Rand, eine „stückweise glatte Fläche". Ist $\mathbf{F}$ ein differenzierbares Vektorfeld auf einer Umgebung von $\overline{\Omega}$ und $\omega := \Lambda_{\mathbf{F}}$, so ist $d\omega = (\text{div}\,\mathbf{F})\,dx \wedge dy \wedge dz$. In diesem Fall erhält man den Satz:

$$\int_{\Omega} (\operatorname{div} \mathbf{F})\, dV_3 = \int_{\partial\Omega} \Lambda_{\mathbf{F}}.$$

Auch hier fehlt uns noch eine anschaulichere Interpretation der rechten Seite, also die Definition des Integrals eines Vektorfeldes über eine Fläche. Wenn die erst mal zur Verfügung steht, dann bezeichnet man die letzte Formel als Gauß'schen Integralsatz.

Wie kann man den Flächeninhakt einer gekrümmten Fläche im $\mathbb{R}^3$ bestimmen? Wir versuchen es mit einer Approximation! Es sei ein Quader $Q \subset \mathbb{R}^2$ und eine Parametrisierung $\boldsymbol{\varphi} : Q \to S \subset \mathbb{R}^3$ gegeben. Wir zerlegen Q in viele kleine Teilquader. $\mathbf{u}_0 \in Q$ sei ein Gitterpunkt. Dann gibt es Zahlen s und t, so dass $\mathbf{u}_0$, $\mathbf{u}_0 + s\mathbf{e}_1$, $\mathbf{u}_0 + t\mathbf{e}_2$ und $\mathbf{u}_0 + s\mathbf{e}_1 + t\mathbf{e}_2$ die Ecken eines Teilquaders sind. Die Bilder dieser vier Ecken auf der Fläche liegen leider nicht unbedingt in einer Ebene!

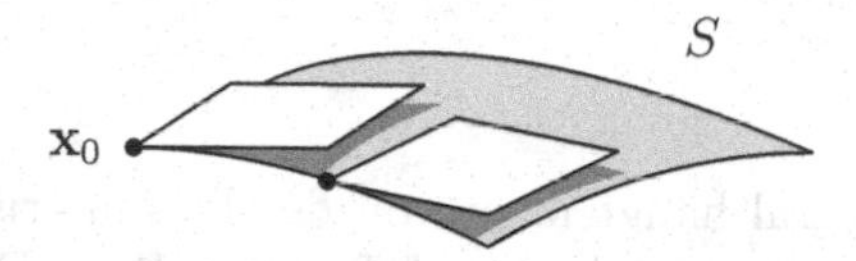

Wir können Genaueres über die Lage der Bilder der Ecken herausbekommen, wenn wir die Differenzierbarkeit von $\boldsymbol{\varphi}$ in $\mathbf{u}_0$ ausnutzen: Es gibt eine (matrixwertige) Funktion $\boldsymbol{\Delta}$, so dass gilt:

1. $\boldsymbol{\varphi}(\mathbf{u}) = \boldsymbol{\varphi}(\mathbf{u}_0) + (\mathbf{u} - \mathbf{u}_0) \cdot J_{\boldsymbol{\varphi}}(\mathbf{u}_0)^{\top} + (\mathbf{u} - \mathbf{u}_0) \cdot \boldsymbol{\Delta}(\mathbf{u})^{\top}$.
2. $\lim\limits_{\mathbf{u} \to \mathbf{u}_0} \boldsymbol{\Delta}(\mathbf{u}) = \mathbf{0}$.

Dabei ist $J_{\boldsymbol{\varphi}}(\mathbf{u}_0) = \big(\boldsymbol{\varphi}_u(\mathbf{u}_0)^{\top}, \boldsymbol{\varphi}_v(\mathbf{u}_0)^{\top}\big)$. Näherungsweise ist also $\boldsymbol{\varphi}(\mathbf{u}_0 + s\mathbf{e}_1 + t\mathbf{e}_2) \approx \boldsymbol{\varphi}(\mathbf{u}_0) + (s\mathbf{e}_1 + t\mathbf{e}_2) \cdot J_{\boldsymbol{\varphi}}(\mathbf{u}_0)^{\top} = \boldsymbol{\varphi}(\mathbf{u}_0) + s\boldsymbol{\varphi}_u(\mathbf{u}_0) + t\boldsymbol{\varphi}_v(\mathbf{u}_0)$, und näherungsweise werden dann die Ecken des Teilquaders auf die Punkte $\boldsymbol{\varphi}(\mathbf{u}_0)$, $\boldsymbol{\varphi}(\mathbf{u}_0) + s\boldsymbol{\varphi}_u(\mathbf{u}_0)$, $\boldsymbol{\varphi}(\mathbf{u}_0) + t\boldsymbol{\varphi}_v(\mathbf{u}_0)$ und $\boldsymbol{\varphi}(\mathbf{u}_0) + s\boldsymbol{\varphi}_u(\mathbf{u}_0) + t\boldsymbol{\varphi}_v(\mathbf{u}_0)$ abgebildet. Das sind die Ecken eines Parallelogramms, und je kleiner s und t sind, desto besser wird die Approximation. Die Fläche des Parallelogramms ist durch

$$\|s\boldsymbol{\varphi}_u(\mathbf{u}_0) \times t\boldsymbol{\varphi}_v(\mathbf{u}_0)\| = st\|\boldsymbol{\varphi}_u(\mathbf{u}_0) \times \boldsymbol{\varphi}_v(\mathbf{u}_0)\|$$

gegeben. Deshalb liegt es nahe, den Flächeninhalt $A(S)$ durch „Riemann'sche Summen“ der Gestalt $\sum_{i,j} \|\boldsymbol{\varphi}_u(s_i, t_j) \times \boldsymbol{\varphi}_v(s_i, t_j)\| \cdot \Delta s_i \Delta t_j$ zu approximieren und den Flächeninhalt selbst deshalb durch

$$A(S) := \int_Q \|\boldsymbol{\varphi}_u(u, v) \times \boldsymbol{\varphi}_v(u, v)\|\, du\, dv$$

zu definieren. Dabei stimmt $\|\boldsymbol{\varphi}_u(u, v) \times \boldsymbol{\varphi}_v(u, v)\|$ mit der Wurzel aus der Gram'schen Determinante der Funktionalmatrix $J_{\boldsymbol{\varphi}}(u, v)$ überein. Das sollte als Motivation für die folgende Definition reichen:

Definition (Flächeninhalt)

Sei $P \subset \mathbb{R}^{n-1}$ ein Parametergebiet, $\boldsymbol{\varphi} : P \to S \subset \mathbb{R}^n$ die Parametrisierung eines glatten Hyperflächenstücks und $G_{\boldsymbol{\varphi}} := \det\big(J_{\boldsymbol{\varphi}}^\top \cdot J_{\boldsymbol{\varphi}}\big)$ die Gram'sche Determinante von $J_{\boldsymbol{\varphi}}$. Ist $f : S \to \mathbb{R}$ eine stetige Funktion, so bezeichnet man

$$\int_S f\,do := \int_P f(\boldsymbol{\varphi}(\mathbf{u}))\sqrt{G_{\boldsymbol{\varphi}}(\mathbf{u})}\,d\mu_{n-1}$$

als das ***(Oberflächen-)Integral*** von f über S. Speziell nennt man

$$A_{n-1}(S) := \int_S 1\,do = \int_P \sqrt{G_{\boldsymbol{\varphi}}(\mathbf{u})}\,d\mu_{n-1} = \int_P \|\boldsymbol{\varphi}_{u_1} \times \ldots \times \boldsymbol{\varphi}_{u_{n-1}}\|\,d\mu_{n-1}$$

den ***Flächeninhalt*** von S.

Bemerkungen:

1. Das Oberflächenintegral hängt nicht von der Parametrisierung ab: Ist $Q \subset \mathbb{R}^{n-1}$ ein weiteres Parametergebiet und $\mathbf{\Phi} : Q \to P$ ein Diffeomorphismus, so ist auch $\boldsymbol{\psi} := \boldsymbol{\varphi} \circ \mathbf{\Phi}$ eine Parametrisierung von S, und mit der Kettenregel folgt: $J_{\boldsymbol{\psi}} = (J_{\boldsymbol{\varphi}} \circ \mathbf{\Phi}) \cdot J_{\mathbf{\Phi}}$.

   Dann ist $\sqrt{G_{\boldsymbol{\psi}}} = \sqrt{\det(J_{\mathbf{\Phi}})^2 \cdot G_{\boldsymbol{\varphi}} \circ \mathbf{\Phi}} = |\det(J_{\mathbf{\Phi}})| \cdot \sqrt{G_{\boldsymbol{\varphi}} \circ \mathbf{\Phi}}$, und mit der Transformationsformel folgt:

$$\begin{aligned}
&\int_Q f\big(\boldsymbol{\psi}(\mathbf{v})\big)\sqrt{G_{\boldsymbol{\psi}}(\mathbf{v})}\,d\mu_{n-1} \\
&\quad= \int_Q f\big(\boldsymbol{\varphi} \circ \mathbf{\Phi}(\mathbf{v})\big)\big|\det\big(J_{\mathbf{\Phi}}(\mathbf{v})\big)\big| \cdot \sqrt{G_{\boldsymbol{\varphi}} \circ \mathbf{\Phi}(\mathbf{v})}\,d\mu_{n-1} \\
&\quad= \int_P f\big(\boldsymbol{\varphi}(\mathbf{u})\big)\sqrt{G_{\boldsymbol{\varphi}}(\mathbf{u})}\,d\mu_{n-1}.
\end{aligned}$$

2. Das Bild einer Nullmenge $N \subset P$ unter $\boldsymbol{\varphi}$ spielt bei der Berechnung des Integrals keine Rolle. Deshalb können wir bei den folgenden Beispielen die „Klebekanten“ ignorieren.

3.3.9. Beispiele

A. Wir beginnen mit der Fläche eines Zylinders. Dabei handelt es sich um den besonders einfachen Fall einer „abwickelbaren“ Fläche. Man kann sich vorstellen, dass ein rechteckiges Blatt Papier mit den Abmessungen $2r\pi \times 2h$ zu einem Zylinder zusammengerollt wird. Der Flächeninhalt $2r\pi \cdot 2h$ sollte sich dabei nicht ändern. Wir benutzen die Parametrisierung

$$\boldsymbol{\varphi} : Q = (0, 2\pi) \times (-h, h) \to S \subset \mathbb{R}^3 \;\text{ mit }\; \boldsymbol{\varphi}(u, v) := (r\cos u, r\sin u, v).$$

Dann ist

$$J_\varphi(u,v) = \begin{pmatrix} -r\sin u & 0 \\ r\cos u & 0 \\ 0 & 1 \end{pmatrix}, \quad \text{also } J_\varphi(u,v)^\top \cdot J_\varphi(u,v) = \begin{pmatrix} r^2 & 0 \\ 0 & 1 \end{pmatrix}.$$

Damit ist die Gramsche Determinante $G_\varphi := \det(J_\varphi^\top \cdot J_\varphi) = r^2$, und es gilt:

$$\begin{aligned} A(S) &= \int_Q \sqrt{G_\varphi(u,v)}\, dudv = \int_0^{2\pi} \int_{-h}^{h} r\, dv\, du \\ &= r \cdot 2h \cdot \int_0^{2\pi} du = 2r\pi \cdot 2h, \end{aligned}$$

ganz so, wie man es erwartet. Die Klebekante spielt dabei keine Rolle.

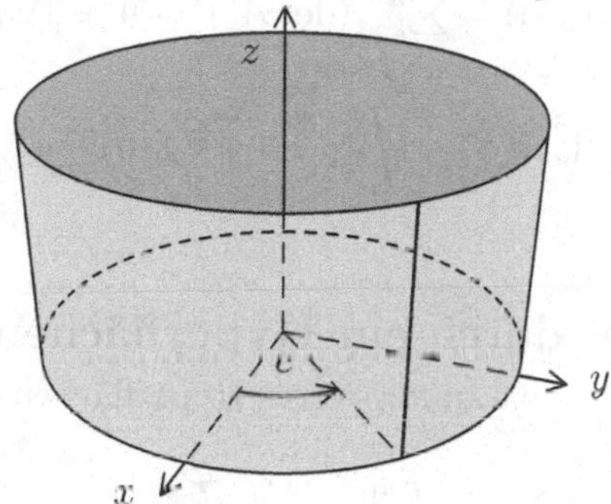

B. Als nächstes wollen wir den Inhalt der Oberfläche einer Kugel vom Radius r berechnen. Dazu benutzen wir die Parametrisierung

$$\varphi(u,v) := \big(r\cos u \cos v, r\sin u \cos v, r\sin v\big),\ 0 \le u \le 2\pi, -\frac{\pi}{2} \le v \le \frac{\pi}{2}.$$

Dann ist $J_\varphi(u,v) = \begin{pmatrix} -r\sin u\cos v & -r\cos u \sin v \\ r\cos u\cos v & -r\sin u\sin v \\ 0 & r\cos v \end{pmatrix}$ und daher

$$G_\varphi(u,v) = \det\big(J_\varphi(u,v)^\top \cdot J_\varphi(u,v)\big) = \det \begin{pmatrix} r^2\cos^2 v & 0 \\ 0 & r^2 \end{pmatrix}.$$

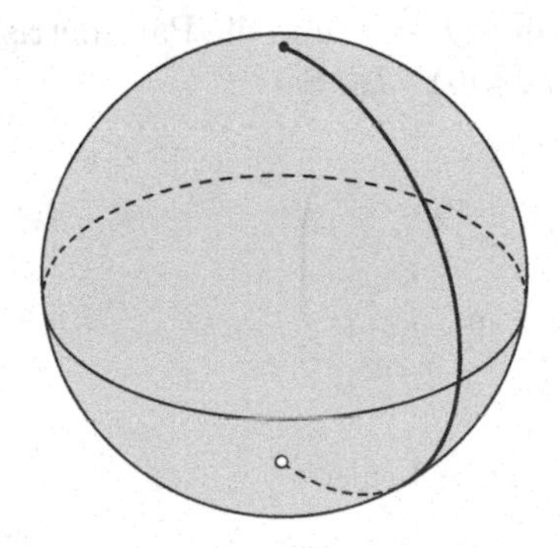

Also ist

$$\begin{aligned} A(S) &= \int_0^{2\pi} \int_{-\pi/2}^{\pi/2} r^2 \cos v\, dv\, du \\ &= r^2 \int_0^{2\pi} \left(\sin v \Big|_{-\pi/2}^{\pi/2} \right) du \\ &= 2r^2 \int_0^{2\pi} du = 4r^2\pi. \end{aligned}$$

C. Sei $P \subset \mathbb{R}^{n-1}$ ein Parametergebiet, $f : P \to \mathbb{R}$ eine differenzierbare Funktion und $S := \{(\mathbf{x}, z) \in P \times \mathbb{R} : z = f(\mathbf{x})\}$ ihr Graph. Dann ist $\boldsymbol{\varphi} : P \to S$ mit $\boldsymbol{\varphi}(\mathbf{u}) := (\mathbf{u}, f(\mathbf{u}))$ eine Parametrisierung von S.

Sei $A := J_{\boldsymbol{\varphi}}(\mathbf{u}) = \begin{pmatrix} E_{n-1} \\ \nabla f(\mathbf{u}) \end{pmatrix}$ und A_k die quadratische Matrix, die aus A entsteht, indem man die k-te Zeile streicht. Berechnet man die Determinante von A_k durch Entwicklung nach der letzten Zeile, so liefert im Falle $k < n$ nur das k-te Element einen Beitrag, und man erhält

$$\det A_k = \pm f_{u_k}(\mathbf{u}) \text{ für } k = 1, \ldots, n-1 \quad \text{und} \quad \det A_n = 1.$$

Daraus folgt, dass $G_{\boldsymbol{\varphi}}(\mathbf{u}) = \sum_{k=1}^{n} (\det A_k)^2 = 1 + \|\nabla f(\mathbf{u})\|^2$ ist, also

$$A_{n-1}(S) = \int_P \sqrt{1 + \|\nabla f(\mathbf{u})\|^2}\, d\mu_{n-1}.$$

Definition (Fluss durch ein Hyperflächenstück)

Sei $\boldsymbol{\varphi} : P \to \mathbb{R}^n$ ein glattes parametrisiertes Hyperflächenstück mit Spur S,

$$\mathbf{N} := \frac{\boldsymbol{\varphi}_{u_1} \times \ldots \times \boldsymbol{\varphi}_{u_{n-1}}}{\|\boldsymbol{\varphi}_{u_1} \times \ldots \times \boldsymbol{\varphi}_{u_{n-1}}\|}$$

das durch $\boldsymbol{\varphi}$ bestimmte Einheits-Normalenfeld und $\mathbf{F}$ ein stetiges Vektorfeld auf einer offenen Umgebung U von S im $\mathbb{R}^n$. Dann bezeichnet man das Integral

$$\int_{\boldsymbol{\varphi}} \mathbf{F} \bullet \mathbf{N}\, do := \int_P \mathbf{F}(\boldsymbol{\varphi}(\mathbf{u})) \bullet \left(\boldsymbol{\varphi}_{u_1}(\mathbf{u}) \times \ldots \times \boldsymbol{\varphi}_{u_{n-1}}(\mathbf{u})\right) d\mu_{n-1}$$

als den ***Fluss*** des Vektorfeldes $\mathbf{F}$ durch die Fläche S.

Wir untersuchen die Abhängigkeit des Integrals von der Parametrisierung. Dazu betrachten wir eine Parametertransformation $\mathbf{\Phi} : Q \to P$ und die Parametrisierung $\boldsymbol{\psi} = \boldsymbol{\varphi} \circ \mathbf{\Phi}$. Nach der Kettenregel ist $J_{\boldsymbol{\psi}} = (J_{\boldsymbol{\varphi}} \circ \mathbf{\Phi}) \cdot J_{\mathbf{\Phi}}$. Sei

$$A := J_{\mathbf{\Phi}}^{\top} = \begin{pmatrix} a_{1,1} & \cdots & a_{1,n-1} \\ \vdots & & \vdots \\ a_{n-1,1} & \cdots & a_{n-1,n-1} \end{pmatrix}.$$

Dann ist $\psi_{s_j} = \sum_{i=1}^{n-1} a_{ji} \cdot (\varphi_{u_i} \circ \mathbf{\Phi})$ für $j = 1, \ldots, n-1$, also

$$\begin{aligned}\det(\mathbf{z},\psi_{s_1},\ldots,\psi_{s_{n-1}}) &= \det\Big(\mathbf{z},\sum_{i_1=1}^{n-1}a_{1,i_1}\varphi_{u_{i_1}},\ldots,\sum_{i_{n-1}=1}^{n-1}a_{n-1,i_{n-1}}\varphi_{u_{i_{n-1}}}\Big)\\ &= \sum_{i_1,\ldots,i_{n-1}} a_{1,i_1}\cdots a_{n-1,i_{n-1}}\det\big(\mathbf{z},\varphi_{u_{i_1}},\ldots,\varphi_{u_{i_{n-1}}}\big)\\ &= \sum_{\sigma\in S_{n-1}}\operatorname{sign}\sigma\, a_{1,\sigma(1)}\cdots a_{n-1,\sigma(n-1)}\det\big(\mathbf{z},\varphi_{u_1},\ldots,\varphi_{u_{n-1}}\big)\\ &= \det(A)\cdot\det\big(\mathbf{z},\varphi_{u_1},\ldots,\varphi_{u_{n-1}}\big)\end{aligned}$$

und $\boldsymbol{\psi}_{s_1}\times\ldots\times\boldsymbol{\psi}_{s_{n-1}} = (\det J_\Phi)\cdot\boldsymbol{\varphi}_{u_1}\times\ldots\times\boldsymbol{\varphi}_{u_{n-1}}$. Also ist

$$\begin{aligned}\int_{\boldsymbol{\psi}}\mathbf{F}\bullet\mathbf{N}\,do &= \int_Q \mathbf{F}(\boldsymbol{\psi}(\mathbf{s}))\bullet\big(\boldsymbol{\psi}_{s_1}(\mathbf{s})\times\ldots\times\boldsymbol{\psi}_{s_{n-1}}(\mathbf{s})\big)\,d\mu_{n-1}\\ &= \int_Q \mathbf{F}(\boldsymbol{\varphi}\circ\boldsymbol{\Phi}(\mathbf{s}))\bullet\big((\boldsymbol{\varphi}_{u_1}\circ\boldsymbol{\Phi})(\mathbf{s})\times\ldots\times(\boldsymbol{\varphi}_{u_{n-1}}\circ\boldsymbol{\Phi})(\mathbf{s})\big)\cdot\det(J_{\boldsymbol{\Phi}})\,d\mu_{n-1}\\ &= \operatorname{sign}(\det J_{\boldsymbol{\Phi}})\cdot\int_P \mathbf{F}(\boldsymbol{\varphi}(\mathbf{u}))\bullet\big(\boldsymbol{\varphi}_{u_1}(\mathbf{u})\times\ldots\times\boldsymbol{\varphi}_{u_{n-1}}(\mathbf{u})\big)\,d\mu_{n-1}\\ &= \operatorname{sign}(\det J_{\boldsymbol{\Phi}})\cdot\int_{\boldsymbol{\varphi}}\mathbf{F}\bullet\mathbf{N}\,do.\end{aligned}$$

Da $\boldsymbol{\Phi}$ ein Diffeomorphismus ist, muss $\det(J_{\boldsymbol{\Phi}}(\mathbf{s}))\neq 0$ für alle $\mathbf{s}\in Q$ sein. Da Q zusammenhängend ist, hat die Funktionaldeterminante konstantes Vorzeichen. Wir nennen $\boldsymbol{\Phi}$ ***orientierungstreu***, falls $\det(J_{\boldsymbol{\Phi}})>0$ ist, und ***orientierungsumkehrend***, falls $\det(J_{\boldsymbol{\Phi}})<0$ ist.

Durch die Festlegung eines Einheitsnormalenvektors erhält ein Hyperflächenstück S in einem Punkt eine ***transversale Orientierung***. Man beachte, dass dies eine willkürliche Festlegung ist. Bei einem Hyperflächenstück im $\mathbb{R}^n$ ist nicht automatisch „oben" und „unten" definiert. Eine ***innere Orientierung*** von S im Punkte $\mathbf{x}_0$ wird durch die Anordnung der Elemente $\mathbf{a}_1,\ldots,\mathbf{a}_{n-1}$ einer Basis von $T_{\mathbf{x}_0}(S)$ festgelegt. Der Zusammenhang zwischen innerer und transversaler Orientierung wird so festgelegt, dass $\det\big(\mathbf{N}(\mathbf{x}_0),\mathbf{a}_1,\ldots,\mathbf{a}_{n-1}\big)>0$ ist. Ist $\boldsymbol{\varphi}:P\to S$ eine Parametrisierung von S und $\boldsymbol{\varphi}(\mathbf{u}_0)=\mathbf{x}_0$, so ist $\{\boldsymbol{\varphi}_{u_1}(\mathbf{u}_0),\ldots,\boldsymbol{\varphi}_{u_{n-1}}(\mathbf{u}_0)\}$ eine Basis von $T_{\mathbf{x}_0}(S)$. Liefert diese die falsche Orientierung, so kann man $\boldsymbol{\varphi}$ durch $\boldsymbol{\varphi}\circ\boldsymbol{\Phi}$ ersetzen, wobei $\boldsymbol{\Phi}$ zum Beispiel die beiden ersten Koordinaten vertauscht. Danach stimmt die innere Orientierung.

Wir erinnern uns an die Formel

$$\mathbf{F}\bullet(\mathbf{a}_1\times\ldots\times\mathbf{a}_{n-1}) = \det(\mathbf{F},\mathbf{a}_1,\ldots,\mathbf{a}_{n-1}) = \Lambda_{\mathbf{F}}(\mathbf{a}_1,\ldots,\mathbf{a}_{n-1})$$

für Vektoren $\mathbf{a}_1,\ldots,\mathbf{a}_{n-1}\in\mathbb{R}^n$ und $\Lambda_{\mathbf{F}}=\sum_{i=1}^n F_i(-1)^{i+1}\,dx_1\wedge\ldots\wedge\widehat{dx_i}\wedge\ldots\wedge dx_n$.

Ist $\boldsymbol{\varphi}:P\to S$ die Parametrisierung eines Flächenstücks S, so folgt mit ihr:

$$\begin{aligned}\int_{\varphi} \mathbf{F} \bullet \mathbf{N}\, do &= \int_P \mathbf{F}(\boldsymbol{\varphi}(\mathbf{u})) \bullet (\boldsymbol{\varphi}_{u_1}(\mathbf{u}) \times \ldots \times \boldsymbol{\varphi}_{u_{n-1}}(\mathbf{u}))\, d\mu_{n-1} \\ &= \int_P \Lambda_{\mathbf{F}(\boldsymbol{\varphi}(\mathbf{u}))}(\boldsymbol{\varphi}_{u_1}(\mathbf{u}), \ldots, \boldsymbol{\varphi}_{u_{n-1}}(\mathbf{u}))\, du_1 \wedge \ldots \wedge du_{n-1} \\ &= \int_P \Lambda_{\mathbf{F}(\boldsymbol{\varphi}(\mathbf{u}))}(D\boldsymbol{\varphi}(\mathbf{u})(\mathbf{e}_1), \ldots, D\boldsymbol{\varphi}(\mathbf{u})(\mathbf{e}_{n-1}))\, du_1 \wedge \ldots \wedge du_{n-1} \\ &= \int_P \boldsymbol{\varphi}^* \Lambda_{\mathbf{F}} = \int_{\varphi} \Lambda_{\mathbf{F}}.\end{aligned}$$

Man kann die obige Gleichung auch in der Form $\int_S \mathbf{F} \bullet \mathbf{N}\, do = \int_S \Lambda_{\mathbf{F}}$ schreiben, wenn S mit der durch $\boldsymbol{\varphi}$ festgelegten Orientierung versehen wird. Damit haben wir die gewünschte anschauliche Interpretation des Integrals $\int_S \Lambda_{\mathbf{F}}$. Es ist einfach der Fluss von $\mathbf{F}$ durch das Flächenstück S.

Zum Schluss dieses Abschnittes wollen wir uns mit **krummlinigen Koordinaten** beschäftigen. Sei $G \subset \mathbb{R}^3$ ein Gebiet. Durch

$$(x, y, z) = \boldsymbol{\Phi}(u, v, w)$$

sei ein Diffeomorphismus von G auf ein anderes Gebiet $\widetilde{G} \subset \mathbb{R}^3$ gegeben. Als Beispiel kann man sich etwa die Zylinderkoordinaten

$$x = r\cos\varphi,\ y = r\sin\varphi \text{ und } z = z$$

vorstellen. Hier ist $G = \{(r, \varphi, z) : r > 0,\ 0 < \varphi < 2\pi,\ z \in \mathbb{R}\}$ und $\widetilde{G} = \mathbb{R}^3 \setminus \{(x, 0, z) : x \geq 0 \text{ und } z \text{ beliebig}\}$.

Die Parameter u, v, w (im Beispiel also r, φ, z) nennt man auch ***krummlinige Koordinaten***. Man nennt sie ***orthogonal***, falls die Gradienten ∇u, ∇v und ∇w überall paarweise zueinander orthogonal sind (wobei u, v, w vermöge $\boldsymbol{\Phi}^{-1}$ als Funktionen von x, y, z aufgefasst werden).

Durch den Punkt $(u, v, w) = (c_1, c_2, c_3)$ gehen die drei Flächen $u = c_1$, $v = c_2$ und $w = c_3$. Auch sie treffen sich dort paarweise orthogonal. Je zwei der Flächen schneiden sich entlang einer Kurve, parametrisiert durch u, v oder w. Die Tangentialvektoren an diese Kurven in $\mathbf{c} = (c_1, c_2, c_3)$ sind die (Spalten-)Vektoren

$$\mathbf{a}_u^\top := \frac{\partial \boldsymbol{\Phi}}{\partial u}(\mathbf{c}),\ \mathbf{a}_v^\top := \frac{\partial \boldsymbol{\Phi}}{\partial v}(\mathbf{c}) \text{ und } \mathbf{a}_w^\top := \frac{\partial \boldsymbol{\Phi}}{\partial w}(\mathbf{c}).$$

Bei orthogonalen krummlinigen Koordinaten sind auch diese Tangentialvektoren paarweise zueinander orthogonal (und natürlich $\neq \mathbf{0}$). Dabei ist

$$\mathbf{a}_u^\top = J_{\boldsymbol{\Phi}}(\mathbf{c}) \cdot \mathbf{e}_1^\top,\ \mathbf{a}_v^\top = J_{\boldsymbol{\Phi}}(\mathbf{c}) \cdot \mathbf{e}_2^\top \text{ und } \mathbf{a}_w^\top = J_{\boldsymbol{\Phi}}(\mathbf{c}) \cdot \mathbf{e}_3^\top.$$

Setzen wir $h_1 := \left\| \frac{\partial \boldsymbol{\Phi}}{\partial u} \right\|$, $h_2 := \left\| \frac{\partial \boldsymbol{\Phi}}{\partial v} \right\|$ und $h_3 := \left\| \frac{\partial \boldsymbol{\Phi}}{\partial w} \right\|$, so bilden die Vektoren

$$\mathbf{e}_u^\top := \frac{1}{h_1} \cdot \frac{\partial \mathbf{\Phi}}{\partial u}, \; \mathbf{e}_v^\top := \frac{1}{h_2} \cdot \frac{\partial \mathbf{\Phi}}{\partial v} \text{ und } \mathbf{e}_w^\top := \frac{1}{h_3} \cdot \frac{\partial \mathbf{\Phi}}{\partial w}$$

ein ON-System.

Außerdem ist immer

$$\begin{aligned} 1 &= \det\Big(\mathbf{e}_u, \mathbf{e}_v, \mathbf{e}_w\Big) = \det\left(\frac{1}{h_1} \cdot \frac{\partial \mathbf{\Phi}}{\partial u}, \frac{1}{h_2} \cdot \frac{\partial \mathbf{\Phi}}{\partial v}, \frac{1}{h_3} \cdot \frac{\partial \mathbf{\Phi}}{\partial w}\right) \\ &= \frac{1}{h_1 h_2 h_3} \cdot \det\Big(\frac{\partial \mathbf{\Phi}}{\partial u}, \frac{\partial \mathbf{\Phi}}{\partial v}, \frac{\partial \mathbf{\Phi}}{\partial w}\Big) = \frac{1}{h_1 h_2 h_3} \cdot \det J_{\mathbf{\Phi}}, \end{aligned}$$

also $\det J_{\mathbf{\Phi}} = h_1 h_2 h_3$.

3.3.10. Beispiele

A. Bei den **Zylinderkoordinaten** $(x, y, z) = \mathbf{\Phi}(r, \varphi, z) = (r\cos\varphi, \, r\sin\varphi, \, z)$ ist

$$\mathbf{a}_r = (\cos\varphi, \sin\varphi, 0), \; \mathbf{a}_\varphi = (-r\sin\varphi, r\cos\varphi, 0) \text{ und } \mathbf{a}_z = (0, 0, 1),$$

also $h_1 = 1, \, h_2 = r, \, h_3 = 1$ und daher

$$\mathbf{e}_r = (\cos\varphi, \sin\varphi, 0), \; \mathbf{e}_\varphi = (-\sin\varphi, \cos\varphi, 0) \text{ und } \mathbf{e}_z = (0, 0, 1).$$

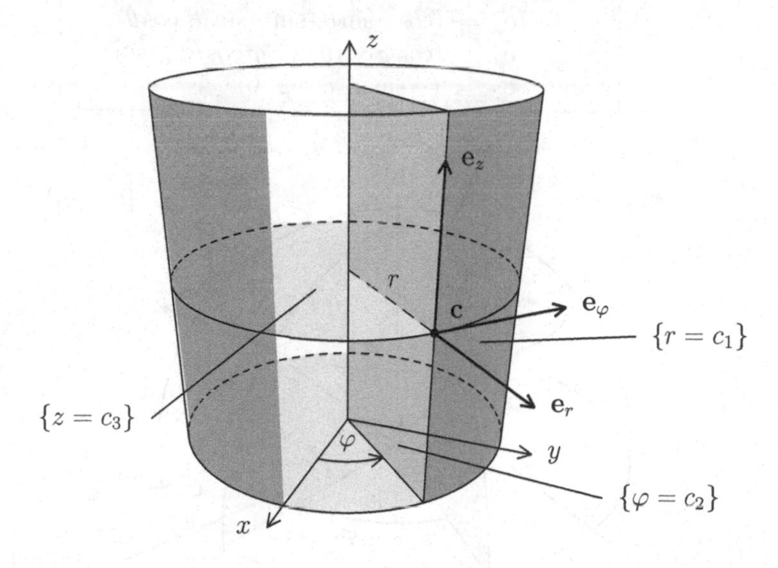

B. Wir betrachten die **Kugelkoordinaten**:

$$(x, y, z) = \mathbf{\Phi}(r, \theta, \varphi) = (r\cos\varphi\sin\theta, \, r\sin\varphi\sin\theta, \, r\cos\theta).$$

Dabei benutzen wir die Variante $\mathbf{\Phi} = \widetilde{\mathbf{F}}_{sph}$ (vgl. ??, Seite ??), die in der Ingenieurmathematik gebräuchlicher ist. Also ist hier $\theta \in (0, \pi)$ der Winkel gegen die z-Achse.

Wieder sei $\mathbf{c} = (c_1, c_2, c_3)$. Die Fläche $r = c_1$ ist eine Sphäre, also zeigt $\nabla r(\mathbf{c})$ in Richtung des Vektors $\mathbf{c}$ (radial nach außen). Die Fläche $\theta = c_2$ ist ein zur z-Achse rotationssymmetrischer Kegel, auf dem $\mathbf{c}$ liegt. Daher ist $\nabla\theta(\mathbf{c})$ orthogonal zu $\mathbf{c}$ und liegt zugleich in der Halbebene $\varphi = c_3$ durch $\mathbf{c}$. Schließlich ist die Fläche $\varphi = c_3$ eine Halbebene, die auf der x-y-Ebene senkrecht steht. Offensichtlich ist $\nabla\varphi(\mathbf{c})$ parallel zur x-y-Ebene und tangential zu der Sphäre durch $\mathbf{c}$, insbesondere orthogonal zu $\mathbf{c}$. Das bedeutet, dass die Kugelkoordinaten ein orthogonales System krummliniger Koordinaten bilden.

Offensichtlich ist

$$\begin{aligned} \mathbf{a}_r &= (\cos\varphi\sin\theta,\ \sin\varphi\sin\theta,\ \cos\theta), \\ \mathbf{a}_\theta &= (r\cos\varphi\cos\theta,\ r\sin\varphi\cos\theta,\ -r\sin\theta) \\ \text{und}\quad \mathbf{a}_\varphi &= (-r\sin\varphi\sin\theta,\ r\cos\varphi\sin\theta,\ 0). \end{aligned}$$

Daraus folgt: $h_1 = 1$, $h_2 = r$ und $h_3 = r\sin\theta$. Als Anwendung erhalten wir sehr viel einfacher als durch Determinantenberechnung:

$$\det J_{\mathbf{\Phi}} = h_1 h_2 h_3 = r^2 \sin\theta.$$

Außerdem ist

$$\begin{aligned} \mathbf{e}_r &= (\cos\varphi\sin\theta,\ \sin\varphi\sin\theta,\ \cos\theta), \\ \mathbf{e}_\theta &= (\cos\varphi\cos\theta,\ \sin\varphi\cos\theta,\ -\sin\theta) \\ \text{und}\quad \mathbf{e}_\varphi &= (-\sin\varphi,\ \cos\varphi,\ 0). \end{aligned}$$

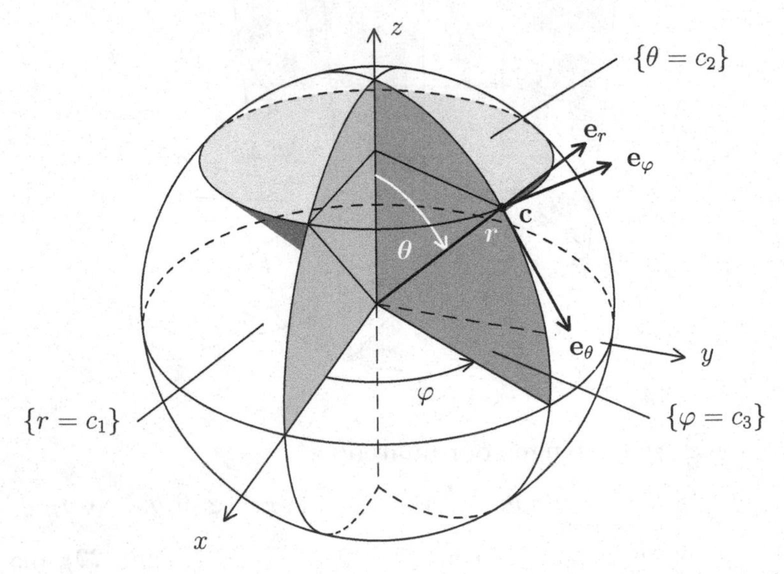

Man möchte nun gerne die Differentialoperatoren **grad**, div und **rot** in krummlinigen Koordinaten ausdrücken. Was heißt das?

Sei $\mathbf{A} = (A_1(x,y,z), A_2(x,y,z), A_3(x,y,z))$ ein Vektorfeld, gegeben in kartesischen Koordinaten. Durch $(x,y,z) = \mathbf{\Phi}(u,v,w)$ seien orthogonale krummlinige Koordinaten gegeben. Da die Felder $\mathbf{e}_u$, $\mathbf{e}_v$ und $\mathbf{e}_w$ in jedem Punkt von G eine ON-Basis bilden, kann man $\mathbf{A}$ auch wie folgt darstellen:

$$\begin{aligned}\mathbf{A} &= \mathbf{A}(\mathbf{\Phi}(u,v,w)) \\ &= (\mathbf{A}(\mathbf{\Phi}(u,v,w)) \bullet \mathbf{e}_u)\mathbf{e}_u + (\mathbf{A}(\mathbf{\Phi}(u,v,w)) \bullet \mathbf{e}_v)\mathbf{e}_v + (\mathbf{A}(\mathbf{\Phi}(u,v,w)) \bullet \mathbf{e}_w)\mathbf{e}_w.\end{aligned}$$

Wir beginnen mit dem Gradienten. Sei f eine differenzierbare Funktion auf $\mathbf{\Phi}(G)$. Dann ist $\nabla f = (f_x, f_y, f_z)$ ein Vektorfeld auf $\mathbf{\Phi}(G)$ und $(\nabla f) \circ \mathbf{\Phi}$ ein Vektorfeld auf G. Wir müssen noch die Skalarprodukte ausrechnen. Nach Kettenregel ist

$$\frac{\partial(f \circ \mathbf{\Phi})}{\partial u} = ((\nabla f) \circ \mathbf{\Phi}) \bullet \frac{\partial \mathbf{\Phi}}{\partial u},$$

denn es ist

$$\begin{aligned}\frac{\partial(f \circ \mathbf{\Phi})}{\partial u} \doteq J_{f \circ \mathbf{\Phi}} \cdot \mathbf{e}_1^\top &= (J_f \circ \mathbf{\Phi}) \cdot J_{\mathbf{\Phi}} \cdot \mathbf{e}_1^\top \\ &= (J_f \circ \mathbf{\Phi}) \cdot \frac{\partial \mathbf{\Phi}}{\partial u} = ((\nabla f) \circ \mathbf{\Phi}) \bullet \frac{\partial \mathbf{\Phi}}{\partial u}.\end{aligned}$$

Daraus folgt:

$$((\nabla f) \circ \mathbf{\Phi}) \bullet \mathbf{e}_u = \frac{1}{h_1} \cdot ((\nabla f) \circ \mathbf{\Phi}) \bullet \frac{\partial \mathbf{\Phi}}{\partial u} = \frac{1}{h_1} \cdot \frac{\partial(f \circ \mathbf{\Phi})}{\partial u},$$

und analog

$$\begin{aligned}((\nabla f) \circ \mathbf{\Phi}) \bullet \mathbf{e}_v &= \frac{1}{h_2} \cdot \frac{\partial(f \circ \mathbf{\Phi})}{\partial v} \\ \text{und} \quad ((\nabla f) \circ \mathbf{\Phi}) \bullet \mathbf{e}_w &= \frac{1}{h_3} \cdot \frac{\partial(f \circ \mathbf{\Phi})}{\partial w}.\end{aligned}$$

3.3.11. Beispiele

A. Im Falle der Zylinderkoordinaten $(x,y,z) = \mathbf{\Phi}(r,\varphi,z)$ ist

$$(\nabla f) \circ \mathbf{\Phi} = \frac{\partial(f \circ \mathbf{\Phi})}{\partial r}\mathbf{e}_r + \frac{1}{r}\frac{\partial(f \circ \mathbf{\Phi})}{\partial \varphi}\mathbf{e}_\varphi + \frac{\partial(f \circ \mathbf{\Phi})}{\partial z}\mathbf{e}_z.$$

B. Im Falle der Kugelkoordinaten $(x,y,z) = \mathbf{\Phi}(r,\theta,\varphi)$ ist

$$(\nabla f) \circ \mathbf{\Phi} = \frac{\partial(f \circ \mathbf{\Phi})}{\partial r}\mathbf{e}_r + \frac{1}{r}\frac{\partial(f \circ \mathbf{\Phi})}{\partial \theta}\mathbf{e}_\theta + \frac{1}{r \sin\theta}\frac{\partial(f \circ \mathbf{\Phi})}{\partial \varphi}\mathbf{e}_\varphi.$$

Es sei noch einmal daran erinnert, dass die Kugelkoordinaten in der Literatur unterschiedlich definiert werden und dass deshalb die obige Formel in der Literatur auch anders aussehen kann.

Bei der Divergenz und der Rotation ist die Darstellung in krummlinigen Koordinaten leider nicht so einfach durchzuführen. Hier erweisen sich die Differentialformen als geeignetes Hilfsmittel.

Es sei $(x_1, x_2, x_3) = \mathbf{\Phi}(u_1, u_2, u_3)$, sowie

$$h_i = \left\| \frac{\partial \mathbf{\Phi}}{\partial u_i} \right\| \quad \text{und} \quad \mathbf{e}_{u_i}^\top = \frac{1}{h_i} \cdot \frac{\partial \mathbf{\Phi}}{\partial u_i}, \text{ für } i = 1, 2, 3.$$

Außerdem sei $f = f(x_1, x_2, x_3)$ eine differenzierbare Funktion und $\mathbf{F} = (F_1, F_2, F_3)$ ein differenzierbares Vektorfeld im (x_1, x_2, x_3)-Raum. Dann erhalten wir die

3.3.12. Differentialformen in krummlinigen Koordinaten

Ist $\mathbf{F} \circ \mathbf{\Phi} = \sum_{i=1}^{3} \widetilde{F}_i \mathbf{e}_{u_i}$ *mit* $\widetilde{F}_i = (\mathbf{F} \circ \mathbf{\Phi}) \bullet \mathbf{e}_{u_i}$, *für* $i = 1, 2, 3$, *so gilt:*

1. *Für* $\omega_{\mathbf{F}} = \sum_{i=1}^{3} F_i \, dx_i$ *ist* $\mathbf{\Phi}^*(\omega_{\mathbf{F}}) = \sum_{j=1}^{3} (\widetilde{F}_j h_j) \, du_j$.

2. *Für* $\Lambda_{\mathbf{F}} = F_1 \, dx_2 \wedge dx_3 + F_2 \, dx_3 \wedge dx_1 + F_3 \, dx_1 \wedge dx_2$ *ist*

$$\mathbf{\Phi}^*(\Lambda_{\mathbf{F}}) = (\widetilde{F}_1 h_2 h_3) \, du_2 \wedge du_2 + (\widetilde{F}_2 h_3 h_1) \, du_3 \wedge du_1 + (\widetilde{F}_3 h_1 h_2) \, du_1 \wedge du_2.$$

3. $\mathbf{\Phi}^*(f \, dx_1 \wedge dx_2 \wedge dx_3) = (f \circ \mathbf{\Phi}) h_1 h_2 h_3 \, du_1 \wedge du_2 \wedge du_3$.

BEWEIS: Die Formel (3) haben wir schon in 3.2.6 (Seite 288) gezeigt. Wir müssen also nur noch die Formeln für $\mathbf{\Phi}^*(\omega_{\mathbf{F}})$ und $\mathbf{\Phi}^*(\Omega_{\mathbf{F}})$ beweisen.

(1) Es ist $\mathbf{e}_{u_i}^\top h_i = \dfrac{\partial \mathbf{\Phi}}{\partial u_i}$, also $\widetilde{F}_i h_i = (\mathbf{F} \circ \mathbf{\Phi}) \cdot \mathbf{e}_{u_i}^\top h_i = (\mathbf{F} \circ \mathbf{\Phi}) \cdot \dfrac{\partial \mathbf{\Phi}}{\partial u_i}$.

Daraus folgt: $\mathbf{\Phi}^*(\omega_{\mathbf{F}}) =$

$$\begin{aligned}
&= \mathbf{\Phi}^* \Big(\sum_{i=1}^{3} F_i \, dx_i \Big) = \sum_{i=1}^{3} (F_i \circ \mathbf{\Phi}) \, d\mathbf{\Phi}_i = \sum_{i=1}^{3} (F_i \circ \mathbf{\Phi}) \sum_{j=1}^{3} \frac{\partial \mathbf{\Phi}_i}{\partial u_j} \, du_j \\
&= \sum_{j=1}^{3} \left(\sum_{i=1}^{3} (F_i \circ \mathbf{\Phi}) \cdot \frac{\partial \mathbf{\Phi}_i}{\partial u_j} \right) du_j = \sum_{j=1}^{3} \Big((\mathbf{F} \circ \mathbf{\Phi}) \bullet \frac{\partial \mathbf{\Phi}}{\partial u_j} \Big) \, du_j = \sum_{j=1}^{3} (\widetilde{F}_j h_j) \, du_j.
\end{aligned}$$

(2) Zunächst ist $\mathbf{\Phi}^*(dx_1 \wedge dx_2) =$

$$\begin{aligned}
&= d\Phi_1 \wedge d\Phi_2 = \sum_{i,j} \frac{\partial \Phi_1}{\partial u_i} \cdot \frac{\partial \Phi_2}{\partial u_j} \, du_i \wedge du_j \\
&= \sum_{i<j} \left[\frac{\partial \Phi_1}{\partial u_i} \cdot \frac{\partial \Phi_2}{\partial u_j} - \frac{\partial \Phi_2}{\partial u_i} \cdot \frac{\partial \Phi_1}{\partial u_j} \right] du_i \wedge du_j = \sum_{i<j} \Big(\frac{\partial \mathbf{\Phi}}{\partial u_i} \times \frac{\partial \mathbf{\Phi}}{\partial u_j} \Big)_3 \, du_i \wedge du_j \, ,
\end{aligned}$$

$$\text{und analog}\quad \mathbf{\Phi}^*(dx_2 \wedge dx_3) = \sum_{i<j} \Big(\frac{\partial \mathbf{\Phi}}{\partial u_i} \times \frac{\partial \mathbf{\Phi}}{\partial u_j}\Big)_1 du_i \wedge du_j$$

$$\text{und}\quad \mathbf{\Phi}^*(dx_3 \wedge dx_1) = \sum_{i<j} \Big(\frac{\partial \mathbf{\Phi}}{\partial u_i} \times \frac{\partial \mathbf{\Phi}}{\partial u_j}\Big)_2 du_i \wedge du_j .$$

Daraus folgt: $\mathbf{\Phi}^*(\Lambda_{\mathbf{F}}) =$

$$\begin{aligned}
&= (F_1 \circ \mathbf{\Phi})\mathbf{\Phi}^*(dx_2 \wedge dx_3) + (F_2 \circ \mathbf{\Phi})\mathbf{\Phi}^*(dx_3 \wedge dx_1) + (F_3 \circ \mathbf{\Phi})\mathbf{\Phi}^*(dx_1 \wedge dx_2) \\
&= \sum_{i<j} (\mathbf{F} \circ \mathbf{\Phi}) \bullet \Big(\frac{\partial \mathbf{\Phi}}{\partial u_i} \times \frac{\partial \mathbf{\Phi}}{\partial u_j}\Big) du_i \wedge du_j \\
&= \sum_{i<j} h_i h_j \, (\mathbf{F} \circ \mathbf{\Phi}) \bullet (\mathbf{e}_{u_i} \times \mathbf{e}_{u_j}) \, du_i \wedge du_j \\
&= \sum_{\substack{i<j \\ \mathrm{sign}(k,i,j)=1}} h_i h_j \, (\mathbf{F} \circ \mathbf{\Phi}) \bullet \mathbf{e}_{u_k} \, du_i \wedge du_j \\
&= (\widetilde{F}_1 h_2 h_3) \, du_2 \wedge du_3 + (\widetilde{F}_2 h_3 h_1) \, du_3 \wedge du_1 + (\widetilde{F}_3 h_1 h_2) \, du_1 \wedge du_2 .
\end{aligned}$$

■

Daraus ergeben sich nun Formeln für div und **rot** in krummlinigen Koordinaten:

3.3.13. Divergenz in krummlinigen Koordinaten

$$(\operatorname{div} \mathbf{F}) \circ \mathbf{\Phi} = \frac{1}{h_1 h_2 h_3} \cdot \left[\frac{\partial}{\partial u_1} (\widetilde{F}_1 h_2 h_3) + \frac{\partial}{\partial u_2} (\widetilde{F}_2 h_3 h_1) + \frac{\partial}{\partial u_3} (\widetilde{F}_3 h_1 h_2) \right] .$$

BEWEIS: Es ist

$$\mathbf{\Phi}^*(\operatorname{div} \mathbf{F} \, dx_1 \wedge dx_2 \wedge dx_3) = ((\operatorname{div} \mathbf{F}) \circ \mathbf{\Phi}) \, h_1 h_2 h_3 \, du_1 \wedge du_2 \wedge du_3 ,$$

und andererseits

$$\begin{aligned}
&\mathbf{\Phi}^*(\operatorname{div} \mathbf{F} \, dx_1 \wedge dx_2 \wedge dx_3) = \mathbf{\Phi}^*(d\Lambda_F) = d(\mathbf{\Phi}^*\Lambda_F) \\
&= d\Big((\widetilde{F}_1 h_2 h_3) \, du_2 \wedge du_3 + (\widetilde{F}_2 h_3 h_1) \, du_3 \wedge du_1 + (\widetilde{F}_3 h_1 h_2) \, du_1 \wedge du_2 \Big) \\
&= \left[\frac{\partial}{\partial u_1} (\widetilde{F}_1 h_2 h_3) + \frac{\partial}{\partial u_2} (\widetilde{F}_2 h_3 h_1) + \frac{\partial}{\partial u_3} (\widetilde{F}_3 h_1 h_2) \right] du_1 \wedge du_2 \wedge du_3 .
\end{aligned}$$

■

3.3.14. Rotation in krummlinigen Koordinaten

$$\begin{aligned}
(\mathbf{rot}\, \mathbf{F}) \circ \mathbf{\Phi} &= \frac{1}{h_2 h_3} \left[\frac{\partial}{\partial u_2} (\widetilde{F}_3 h_3) - \frac{\partial}{\partial u_3} (\widetilde{F}_2 h_2) \right] \mathbf{e}_{u_1} \\
&+ \frac{1}{h_3 h_1} \left[\frac{\partial}{\partial u_3} (\widetilde{F}_1 h_1) - \frac{\partial}{\partial u_1} (\widetilde{F}_3 h_3) \right] \mathbf{e}_{u_2} + \frac{1}{h_1 h_2} \left[\frac{\partial}{\partial u_1} (\widetilde{F}_2 h_2) - \frac{\partial}{\partial u_2} (\widetilde{F}_1 h_1) \right] \mathbf{e}_{u_3} .
\end{aligned}$$

BEWEIS: Es sei $(\mathbf{rot}\,\mathbf{F}) \circ \mathbf{\Phi} = \sum_{i=1}^{3} \widetilde{R}_i\, \mathbf{e}_{u_i}$. Dann ist

$$\mathbf{\Phi}^*(\Lambda_{\mathbf{rot}\,\mathbf{F}}) = (\widetilde{R}_1 h_2 h_3)\, du_2 \wedge du_3 + (\widetilde{R}_2 h_3 h_1)\, du_3 \wedge du_1 + (\widetilde{R}_3 h_1 h_2)\, du_1 \wedge du_2$$

und andererseits

$$\begin{aligned} \mathbf{\Phi}^*(\Lambda_{\mathbf{rot}\,\mathbf{F}}) &= \mathbf{\Phi}^*(d\omega_{\mathbf{F}}) = d(\mathbf{\Phi}^*\omega_{\mathbf{F}}) = d\Big(\sum_{j=1}^{3}(\widetilde{F}_j h_j)\, du_j\Big) \\ &= d\big(\omega_{(\widetilde{F}_1 h_1, \widetilde{F}_2 h_2, \widetilde{F}_3 h_3)}\big) = \Lambda_{\mathbf{rot}(\widetilde{F}_1 h_1, \widetilde{F}_2 h_2, \widetilde{F}_3 h_3)}, \end{aligned}$$

mit

$$\begin{aligned} &\mathbf{rot}(\widetilde{F}_1 h_1, \widetilde{F}_2 h_2, \widetilde{F}_3 h_3) = \\ &= \Big(\frac{\partial}{\partial u_2}(\widetilde{F}_3 h_3) - \frac{\partial}{\partial u_3}(\widetilde{F}_2 h_2), \frac{\partial}{\partial u_3}(\widetilde{F}_1 h_1) - \frac{\partial}{\partial u_1}(\widetilde{F}_3 h_3), \frac{\partial}{\partial u_1}(\widetilde{F}_2 h_2) - \frac{\partial}{\partial u_2}(\widetilde{F}_1 h_1)\Big). \end{aligned}$$

Koeffizientenvergleich liefert das gewünschte Ergebnis. ∎

Der Vollständigkeit halber soll noch an die Formel für den Gradienten erinnert werden:

$$(\mathbf{grad}\, f) \circ \mathbf{\Phi} = \sum_{i=1}^{3} \frac{1}{h_i} \cdot \frac{\partial}{\partial u_i}(f \circ \mathbf{\Phi})\, \mathbf{e}_{u_i}\,.$$

3.3.15. Beispiele

A. Zylinderkoordinaten r, φ, z (mit $h_1 = 1$, $h_2 = r$ und $h_3 = 1$):

$$(\operatorname{div} \mathbf{F}) \circ \mathbf{\Phi} = \frac{1}{r}\left[\frac{\partial}{\partial r}(r\widetilde{F}_1) + \frac{\partial}{\partial \varphi}(\widetilde{F}_2) + \frac{\partial}{\partial z}(r\widetilde{F}_3)\right].$$

Dabei ist

$$\begin{aligned} \widetilde{F}_1 &= (\mathbf{F} \circ \mathbf{\Phi}) \bullet \mathbf{e}_r = (F_1 \circ \mathbf{\Phi}) \cos\varphi + (F_2 \circ \mathbf{\Phi}) \sin\varphi, \\ \widetilde{F}_2 &= (\mathbf{F} \circ \mathbf{\Phi}) \bullet \mathbf{e}_r = -(F_1 \circ \mathbf{\Phi}) \sin\varphi + (F_2 \circ \mathbf{\Phi}) \cos\varphi \\ \text{und} \quad \widetilde{F}_3 &= (\mathbf{F} \circ \mathbf{\Phi}) \bullet \mathbf{e}_z = F_3. \end{aligned}$$

Weiter ist

$$\begin{aligned} (\mathbf{rot}\,\mathbf{F}) \circ \mathbf{\Phi} &= \frac{1}{r}\left[\frac{\partial}{\partial \varphi}(\widetilde{F}_3) - \frac{\partial}{\partial z}(r\widetilde{F}_2)\right] \mathbf{e}_r + \left[\frac{\partial}{\partial z}(\widetilde{F}_1) - \frac{\partial}{\partial r}(\widetilde{F}_3)\right] \mathbf{e}_\varphi \\ &\quad + \frac{1}{r}\left[\frac{\partial}{\partial r}(r\widetilde{F}_2) - \frac{\partial}{\partial \varphi}(\widetilde{F}_1)\right] \mathbf{e}_z. \end{aligned}$$

B. Kugelkoordinaten r, θ, φ (mit $h_1 = 1$, $h_2 = r$ und $h_3 = r \sin(\theta)$):

$$(\operatorname{div} \mathbf{F}) \circ \mathbf{\Phi} = \frac{1}{r^2 \sin\theta} \cdot \left[\frac{\partial}{\partial r}(r^2 \widetilde{F}_1 \sin\theta) + \frac{\partial}{\partial \theta}(r\widetilde{F}_2 \sin\theta) + \frac{\partial}{\partial \varphi}(r\widetilde{F}_3)\right]$$

und $(\mathbf{rot}\, \mathbf{F}) \circ \mathbf{\Phi} = \widetilde{R}_1\, \mathbf{e}_r + \widetilde{R}_2\, \mathbf{e}_\theta + \widetilde{R}_3\, \mathbf{e}_\varphi$, mit

$$\begin{aligned}
\widetilde{R}_1 &= \frac{1}{r^2 \sin\theta}\left[\frac{\partial}{\partial \theta}(r\widetilde{F}_3 \sin\theta) - \frac{\partial}{\partial \varphi}(r\widetilde{F}_2)\right] \\
&= \frac{1}{r \sin\theta}\left[\frac{\partial}{\partial \theta}(\widetilde{F}_3 \sin\theta) - \frac{\partial}{\partial \varphi}(\widetilde{F}_2)\right], \\
\widetilde{R}_2 &= \frac{1}{r \sin\theta}\left[\frac{\partial}{\partial \varphi}(\widetilde{F}_1) - \frac{\partial}{\partial r}(r\widetilde{F}_3 \sin\theta)\right] = \frac{1}{r\sin\theta}\frac{\partial}{\partial \varphi}(\widetilde{F}_1) - \frac{1}{r}\frac{\partial}{\partial r}(r\widetilde{F}_3), \\
\widetilde{R}_3 &= \frac{1}{r}\left[\frac{\partial}{\partial r}(r\widetilde{F}_2) - \frac{\partial}{\partial \theta}(\widetilde{F}_1)\right] = \frac{1}{r}\frac{\partial}{\partial r}(r\widetilde{F}_2) - \frac{1}{r}\frac{\partial}{\partial \theta}(\widetilde{F}_1).
\end{aligned}$$

Zusammenfassung

In diesem Abschnitt geht es um die klassischen Operatoren der Vektoranalysis, **grad**, **rot** und div, und ihre Beziehung zu den Differentialformen.

Jedem Vektorfeld $\mathbf{F} = (F_1, \dots, F_n)$ kann man auf eindeutige Weise eine 1-Form

$$\omega_\mathbf{F} = F_1\, dx_1 + \cdots + F_n\, dx_n$$

und eine $(n-1)$-Form

$$\Lambda_\mathbf{F} = \sum_{i=1}^{n} F_i(-1)^{i+1}\, dx_1 \wedge \ldots \wedge \widehat{dx_i} \wedge \ldots \wedge dx_n$$

zuordnen. Damit gilt im $\mathbb{R}^3$:

$$\omega_\mathbf{A} \wedge \omega_\mathbf{B} = \Lambda_{\mathbf{A}\times\mathbf{B}}, \quad \omega_{\mathbf{grad}\, f} = df, \quad d\omega_\mathbf{F} = \Lambda_{\mathbf{rot}\,\mathbf{F}} \quad \text{und} \quad d\Lambda_\mathbf{F} = \operatorname{div}(\mathbf{F})\, dV_3.$$

Die Rotation eines Vektorfeldes und das einfache Vektorprodukt existieren nur im $\mathbb{R}^3$, aber es gibt eine Verallgemeinerung des Vektorproduktes. Das ***Vektorprodukt*** $\mathbf{a}_1 \times \ldots \times \mathbf{a}_{n-1}$ von Vektoren $\mathbf{a}_1, \dots, \mathbf{a}_{n-1} \in \mathbb{R}^n$ ist der eindeutig bestimmte Vektor, der die Gleichung

$$\mathbf{w} \bullet (\mathbf{a}_1 \times \ldots \times \mathbf{a}_{n-1}) = \det(\mathbf{w}, \mathbf{a}_1, \dots, \mathbf{a}_{n-1}) \text{ für alle } \mathbf{w} \in \mathbb{R}^n$$

erfüllt. Ist $A \in M_{n,n-1}(\mathbb{R})$ die Matrix, deren Spalten von $\mathbf{a}_1, \dots, \mathbf{a}_{n-1}$ gebildet werden, so gilt für die ***Gram'sche Determinante*** $G_A := \det(A^\top \cdot A)$:

$$G_A = \|\mathbf{a}_1 \times \ldots \times \mathbf{a}_{n-1}\|^2.$$

Ist $P \subset \mathbb{R}^{n-1}$ ein Parametergebiet und $\boldsymbol{\varphi} : P \to S \subset \mathbb{R}^n$ die Parametrisierung eines glatten Hyperflächenstücks und $G_{\boldsymbol{\varphi}}$ die Gram'sche Determinante von $J_{\boldsymbol{\varphi}}$, sowie f eine stetige Funktion auf S, so heißt

$$\int_S f\, do := \int_P f(\boldsymbol{\varphi}(\mathbf{u}))\sqrt{G_{\boldsymbol{\varphi}}(\mathbf{u})}\, d\mu_{n-1}$$

das ***(Oberflächen-)Integral*** von f über S. Speziell ist

$$A_{n-1}(S) := \int_S 1\, do = \int_P \sqrt{G_{\boldsymbol{\varphi}}(\mathbf{u})}\, d\mu_{n-1} = \int_P \|\boldsymbol{\varphi}_{u_1} \times \ldots \times \boldsymbol{\varphi}_{u_{n-1}}\|\, d\mu_{n-1}$$

der ***Flächeninhalt*** von S.

Ist $\boldsymbol{\varphi} : P \to \mathbb{R}^n$ die Parametrisierung eines Hyperflächenstücks S, so wird dadurch ein Einheits-Normalenfeld

$$\mathbf{N} := \frac{\boldsymbol{\varphi}_{u_1} \times \ldots \times \boldsymbol{\varphi}_{u_{n-1}}}{\|\boldsymbol{\varphi}_{u_1} \times \ldots \times \boldsymbol{\varphi}_{u_{n-1}}\|}$$

definiert. Ist $\mathbf{F}$ ein stetiges Vektorfeld auf einer offenen Umgebung U von S im $\mathbb{R}^n$, so nennt man

$$\int_{\boldsymbol{\varphi}} \mathbf{F} \bullet \mathbf{N}\, do = \int_P \mathbf{F}(\boldsymbol{\varphi}(\mathbf{u})) \bullet \big(\boldsymbol{\varphi}_{u_1}(\mathbf{u}) \times \ldots \times \boldsymbol{\varphi}_{u_{n-1}}(\mathbf{u})\big)\, d\mu_{n-1}$$

den ***Fluss*** des Vektorfeldes $\mathbf{F}$ durch S. Die Definition des Flusses hängt in Wirklichkeit nicht von der Parametrisierung ab, sofern man die Orientierung des Flächenstücks beibehält. Steht fest, um welche Orientierung es geht (zum Beispie bei der Oberfläche eines Gebietes, die transversal von innen nach außen orientiert wird), so kann man auch $\int_S \mathbf{F} \bullet \mathbf{N}\, do$ schreiben.

Interessant ist auch die Beschreibung mittels Differentialformen:

$$\int_S \mathbf{F} \bullet \mathbf{N}\, do = \int_{\boldsymbol{\varphi}} \mathbf{F} \bullet \mathbf{N}\, do = \int_P \boldsymbol{\varphi}^* \Lambda_{\mathbf{F}} = \int_{\boldsymbol{\varphi}} \Lambda_{\mathbf{F}}\,.$$

Am Schluss des Abschnittes wird das Rechnen mit krummlinigen Koordinaten geübt. Arbeitet man mit Differentialformen, so ergibt sich nicht viel Neues, das ist gerade ihre Stärke. Will man allerdings Gradient, Rotation und Divergenz in Kugel- oder Zylinderkoordinaten berechnen (statt in kartesischen Koordinaten), so ergeben sich recht komplizierte Formeln, die hier in der Zusammenfassung nicht noch einmal wiederholt werden sollen.

3.3.16. Aufgaben

A. Berechnen Sie die Rotation der Vektorfelder $\mathbf{A}(x,y,z) = (x, xy, 1)$, $\mathbf{B}(x,y,z) = (yz, xz, xy)$ und $\mathbf{C}(x,y,z) = (3x^2y, x^3 + y^3, 0)$.

B. Sei $U \subset \mathbb{R}^3$ offen, $\mathbf{F} : U \to \mathbb{R}^3$ ein stetig differenzierbares Vektorfeld. Zeigen Sie:

$$\mathbf{a} \cdot \left(J_{\mathbf{F}} - J_{\mathbf{F}}^{\top}\right) \cdot \mathbf{b}^{\top} = -\det(\mathbf{rot}\,\mathbf{F}, \mathbf{a}, \mathbf{b}) \quad \text{für alle } \mathbf{a}, \mathbf{b} \in \mathbb{R}^3.$$

C. Sei $S := \{\mathbf{x} \in \mathbb{R}^n : \|\mathbf{x}\| = 1\}$ die Einheitssphäre. Berechnen Sie $\int_S x^2\, do$.

D. Sei S das Flächenstück, das aus demjenigen Teil des Graphen von $f(x, y) := y^2 - 4x$ besteht, der über dem Dreieck Δ in der x-y-Ebene mit den Ecken $(0,0)$, $(0,2)$ und $(2,2)$ liegt. Berechnen Sie den Flächeninhalt von S.

E. Durch $\varphi(u, v) := (R \sin u \cos v, R \sin u \sin v, R \cos u)$ für $0 \le u \le \beta$ und $0 \le v < 2\pi$ wird eine „Kugelkappe" S der Höhe h parametrisiert.

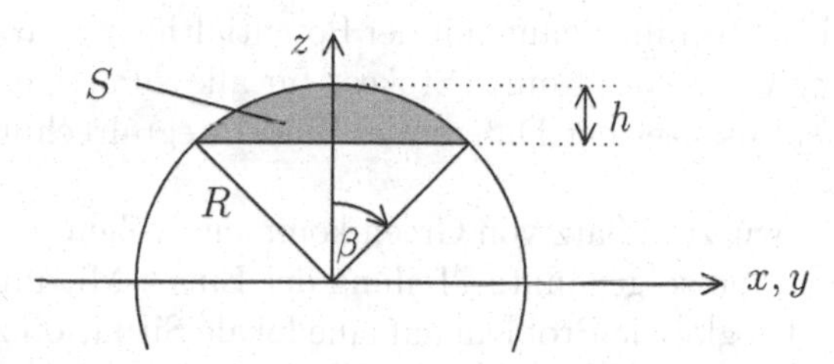

(a) Berechnen Sie die Höhe h als Funktion von R und β.

(b) Berechnen Sie den Flächeninhalt von S.

(c) Berechnen Sie den Fluss des Vektorfeldes $\mathbf{F}(x, y, z) := (-y, x, x^2 + y^2)$ durch S (vom Innern der Kugel nach außen). Welches Ergebnis erhält man für $h = 2R$?

F. Sei $h > 0$. Berechnen Sie den Flächeninhalt des folgenden Kegelmantels:

$$M := \{(x, y, z) \in \mathbb{R}^3 : 0 \le z \le h \text{ und } x^2 + y^2 = z^2/2\}.$$

G. Berechnen Sie den Inhalt der folgenden Fläche:

$$S := \{(x, y, z) \in \mathbb{R}^3 : x^2 + y^2 + z^2 = 1 \text{ und } -1/\sqrt{2} \le z \le 1/\sqrt{2}\}.$$

H. Parametrisieren Sie das durch $z = x^2 + y^2$ und $0 \le z \le 1$ gegebene Paraboloid S so, dass die Flächennormale nach außen zeigt. Berechnen Sie für $\mathbf{F}(x, y, z) := (y, -x, , z^2)$ das Flächenintegral $\int_S \mathbf{F} \bullet \mathbf{N}\, do$.

I. Sei $f : [a, b] \to \mathbb{R}$ eine stetig differenzierbare positive Funktion und $\boldsymbol{\varphi} : [a, b] \times [0, 2\pi] \to \mathbb{R}^3$ definiert durch

$$\boldsymbol{\varphi}(u, v) := (f(u) \cos v, f(u) \sin v, u).$$

Zeigen Sie, dass $\boldsymbol{\varphi}$ die Mantelfläche S eines Rotationskörpers (mit der z-Achse als Symmetrieachse) parametrisiert und berechnen Sie deren Flächeninhalt.

J. Sei $0 < r < R$. Durch $\boldsymbol{\varphi} : [-\pi, \pi] \times [-\pi, \pi] \to \mathbb{R}^3$ mit

$$\boldsymbol{\varphi}(u, v) := \big((R - r \cos v) \cos u, (R - r \cos v) \sin u, r \sin v\big)$$

wird ein „Torus" T parametrisiert. Berechnen Sie die Oberfläche von T.

3.4 Die Sätze von Green und Stokes

Zur Motivation: Der Satz von Green stellt eine Verbindung zwischen einem Kurvenintegral über eine einfach geschlossene ebene Kurve C und einem (Doppel-) Integral über das von C umschlossene Gebiet her. Es handelt sich um einen besonders einfachen Spezialfall des allgemeinen Stokes'schen Satzes, und wir können ihn hier ohne große Mühe für eine stückweise glatte Kurve beweisen. Der klassische Satz von Stokes überträgt das Ergebnis von Green auf ein berandetes 2-dimensionales Flächenstück im $\mathbb{R}^3$.

Die Sätze von Green und Stokes wurden in der Physik entdeckt, bei Untersuchungen im Zusammenhang mit der Potentialtheorie für elektromagnetische Felder. Erst später wurde der Name „Stokes" für alle derartigen Verallgemeinerungen des Fundamentalsatzes der Differential- und Integralrechnung benutzt.

Bevor wir zum Satz von Green kommen, wollen wir ein wichtiges Werkzeug bereitstellen, die so genannte „Teilung der Eins". Mit ihrer Hilfe werden wir in der Lage sein, das globale Problem auf eine lokale Situation zurückzuführen, in der wir dann uns genehme Koordinaten einführen und benutzen können.

Sei $M \subset \mathbb{R}^n$ offen. Ist $f : M \to \mathbb{R}$ irgendeine Funktion, so nennt man die Menge

$$\mathrm{Tr}(f) := \overline{\{\mathbf{x} \in M \,:\, f(\mathbf{x}) \neq 0\}}$$

den ***Träger*** von f. Wir verstehen auch in diesem Abschnitt unter einer ***differenzierbaren Funktion*** eine beliebig oft differenzierbare Funktion. Die Menge aller differenzierbaren Funktionen auf M wird dann mit $\mathcal{C}^\infty(M)$ bezeichnet, die Menge aller Funktionen $f \in \mathcal{C}^\infty(M)$ mit kompaktem Träger mit $\mathcal{C}_c^\infty(M)$.

3.4.1. Satz vom „Hut"

Sei $\mathbf{a} \in \mathbb{R}^n$, $0 < r < R$. *Dann gibt es eine* $\mathcal{C}^\infty$*-Funktion* $f : \mathbb{R}^n \to \mathbb{R}$, *so dass gilt:*

1. $f(\mathbf{x}) \equiv 1$ *auf* $B_r(\mathbf{a})$,
2. $f(\mathbf{x}) \equiv 0$ *auf* $\mathbb{R}^n \setminus B_R(\mathbf{a})$,
3. $0 \le f(\mathbf{x}) \le 1$ *überall sonst.*

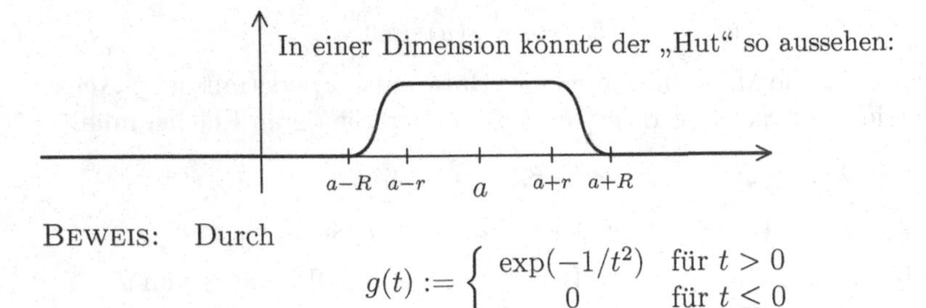

BEWEIS: Durch

$$g(t) := \begin{cases} \exp(-1/t^2) & \text{für } t > 0 \\ 0 & \text{für } t \le 0 \end{cases}$$

wird eine $\mathcal{C}^\infty$-Funktion auf $\mathbb{R}$ definiert, die genau für $x > 0$ Werte > 0 annimmt (Beweis in Analysis 1).

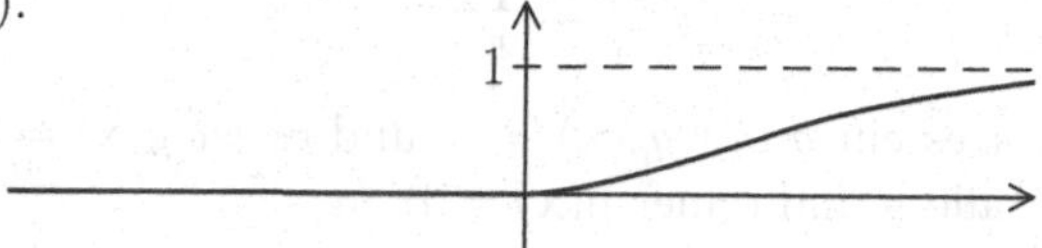

Dann ist $h(t) := g(1+t)g(1-t)$ genau auf dem Intervall $(-1,1)$ positiv und überall sonst $= 0$.

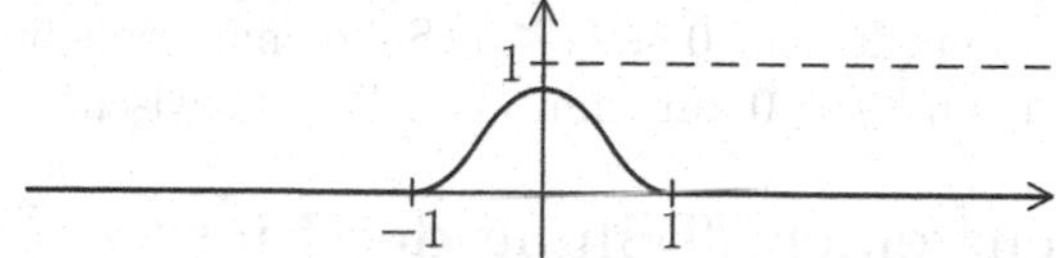

Die Funktion

$$\varphi(t) := \Big(\int_{-1}^{t} h(\tau)\,d\tau\Big) \Big/ \Big(\int_{-1}^{1} h(\tau)\,d\tau\Big)$$

ist wieder eine $\mathcal{C}^\infty$-Funktion, die nur Werte zwischen 0 und 1 annimmt. Für $t \le -1$ ist $\varphi(t) \equiv 0$ und für $t \ge 1$ ist $\varphi(t) \equiv 1$.

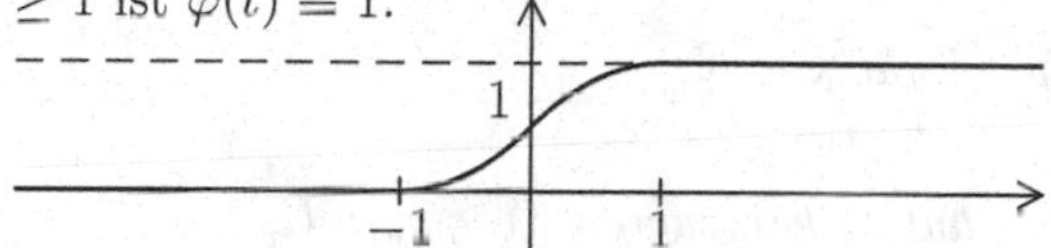

Schließlich setzen wir

$$f(\mathbf{x}) := \varphi\Big(\frac{R + r - 2\|\mathbf{x} - \mathbf{a}\|}{R - r}\Big).$$

Diese Funktion nimmt auch nur Werte zwischen 0 und 1 an. Für $\|\mathbf{x} - \mathbf{a}\| \ge R$ ist $f(\mathbf{x}) \equiv 0$, und für $\|\mathbf{x} - \mathbf{a}\| \le r$ ist $f(\mathbf{x}) \equiv 1$. ∎

3.4.2. Lemma

Sei $U \subset \mathbb{R}^n$ offen und $C \subset U$ kompakt. Dann gibt es offene Mengen V, W mit $C \subset V \subset\subset W \subset U$ und eine $\mathscr{C}^\infty$-Funktion f auf dem $\mathbb{R}^n$ mit $0 \le f \le 1$, $f(\mathbf{x}) = 1$ auf V und $\mathrm{Tr}(f) \subset W$.

BEWEIS: Zu jedem Punkt $\mathbf{x} \in C$ gibt es ein $\varepsilon = \varepsilon(\mathbf{x}) > 0$, so dass die Kugel $B_{2\varepsilon}(\mathbf{x})$ noch ganz in U enthalten ist. Die offenen Kugeln $B_\varepsilon(\mathbf{x})$ überdecken die kompakte Menge C, und dafür reichen natürlich schon endlich viele Kugeln $B_{\varepsilon_1}(\mathbf{x}_1), \ldots, B_{\varepsilon_r}(\mathbf{x}_r)$. Sei

$$V := B_{\varepsilon_1}(\mathbf{x}_1) \cup \ldots \cup B_{\varepsilon_r}(\mathbf{x}_r) \quad \text{und} \quad W := B_{2\varepsilon_1}(\mathbf{x}_1) \cup \ldots \cup B_{2\varepsilon_r}(\mathbf{x}_r).$$

Offensichtlich ist $C \subset V \subset\subset W \subset U$.

Nach dem Satz vom Hut gibt es für jedes $\varrho \in \{1, \ldots, r\}$ eine $\mathcal{C}^\infty$-Funktion g_ϱ auf dem $\mathbb{R}^n$, so dass überall $0 \le g_\varrho \le 1$ ist, $g_\varrho(\mathbf{x}) \equiv 1$ auf $B_{\varepsilon_\varrho}(\mathbf{x}_\varrho)$ und $g_\varrho(\mathbf{x}) \equiv 0$ außerhalb $B_{2\varepsilon_\varrho}(\mathbf{x}_\varrho)$. Für $\mathbf{x} \in U$ sei

$$g(\mathbf{x}) := \prod_{\varrho=1}^{r}(1 - g_\varrho(\mathbf{x}).$$

Ist $\mathbf{x} \in V$, so gibt es ein ϱ mit $g_\varrho(\mathbf{x}) = 1$, und es ist $g(\mathbf{x}) = 0$. Ist $\mathbf{x} \in \mathbb{R}^n \setminus W$, so ist $g_\varrho(\mathbf{x}) = 0$ für alle ϱ und daher $g(\mathbf{x}) = 1$.

Nun sei $f_\varrho := g_\varrho/(g + g_1 + \cdots + g_r)$. Offensichtlich ist der Nenner überall positiv (weil g nur dort verschwindet, wo wenigstens ein $g_\varrho = 1$ ist), und daher ist f_ϱ eine $\mathscr{C}^\infty$-Funktion auf dem $\mathbb{R}^n$ mit $0 \le f_\varrho \le 1$. Setzt man schließlich $f := f_1 + \cdots + f_r$, so ist $f = 1$ auf V und $f = 0$ außerhalb von W. Dazwischen ist $0 \le f \le 1$. ∎

3.4.3. Existenz einer „Teilung der Eins"

Sei $K \subset \mathbb{R}^n$ kompakt und $\{U_1, \ldots, U_N\}$ eine offene Überdeckung von K. Dann gibt es $\mathcal{C}^\infty$-Funktionen φ_i auf dem $\mathbb{R}^n$, so dass gilt:

1. $0 \le \varphi_i(\mathbf{x}) \le 1$ *für* $\mathbf{x} \in \mathbb{R}^n$ *und* $i = 1, \ldots, N$.
2. $\displaystyle\sum_{i=1}^{N} \varphi_i(\mathbf{x}) = 1$ *für* $\mathbf{x} \in K$.
3. *Für jedes i hat φ_i kompakten Träger in U_i.*

Man nennt das System der φ_i eine ***Teilung der Eins*** auf K zur Überdeckung $\{U_1, \ldots, U_N\}$.

BEWEIS: 1) Sei $\{U_1, \ldots, U_N\}$ die gegebene offene Überdeckung von K. Wir konstruieren induktiv eine neue Überdeckung.

Anfang: Die Menge

$$C_1 := K \setminus (U_2 \cup U_3 \cup \ldots \cup U_N)$$

ist (als abgeschlossene Teilmenge einer kompakten Menge) kompakt und in U_1 enthalten. Nach dem Lemma gibt es offene Mengen V_1, W_1 mit $C_1 \subset V_1 \subset\subset W_1 \subset U_1$. Also ist auch $\{V_1, U_2, \ldots, U_N\}$ eine Überdeckung von K.

Induktionsschritt: Für $i = 1, \ldots, k$ seien schon offene Mengen $V_i \subset\subset W_i \subset U_i$ konstruiert, so $\{V_1, \ldots, V_k, U_{k+1}, \ldots, U_N\}$ eine offene Überdeckung von K ist. Nun sei

$$C_{k+1} := K \setminus (V_1 \cup \ldots \cup V_k \cup U_{k+2} \cup \ldots \cup U_N).$$

Dann ist C_{k+1} kompakt und in U_{k+1} enthalten. Wieder findet man offene Mengen $V_{k+1} \subset\subset W_{k+1} \subset U_{k+1}$ mit $C_{k+1} \subset V_{k+1}$ ist. Dann kann man U_{k+1} durch V_{k+1} ersetzen.

2) Nach dem Lemma gibt es $\mathcal{C}^\infty$-Funktionen ψ_i auf dem $\mathbb{R}^n$, die $= 1$ auf V_i und $= 0$ außerhalb von W_i sind und sonst überall Werte zwischen 0 und 1 annehmen.

Dann ist

$$\psi := \prod_{i=1}^{N}(1 - \psi_i) + \psi_1 + \cdots + \psi_N$$

eine überall positive $\mathscr{C}^\infty$-Funktion, und wir setzen $\varphi_i := \psi_i/\psi$, für $i = 1, \dots, N$. Dann ist φ_i eine $\mathscr{C}^\infty$-Funktion mit $\mathrm{Tr}(\varphi_i) \subset U_i$, $0 \le \varphi_i \le 1$ und $\varphi_1 + \cdots + \varphi_N = 1$ auf K. ■

Wir kommen jetzt zum Satz von Green. Er handelt von ebenen Gebieten mit stückweise glattem Rand. Das sind beschränkte Gebiete, deren Rand bis auf endlich viele „Ecken" glatt ist. Wir beschreiben den Rand eines solchen Gebietes lokal in einem (eventuell gedrehten) rechtwinkligen Bezugssystem.

Definition (ebenes Gebiet mit stückweise glattem Rand)

Ein Gebiet $G \subset \mathbb{R}^2$ heißt ***Gebiet mit stückweise glattem Rand***, falls gilt:

1. G ist beschränkt und ∂G besteht aus endlich vielen stückweise glatten einfach geschlossenen Kurven.
2. Zu jedem Punkt $\mathbf{x}_0 \in \partial G$ gibt es eine ON-Basis $\{\mathbf{a}_1, \mathbf{a}_2\}$ des $\mathbb{R}^2$, ein $\varepsilon > 0$, ein $R > 0$ und eine stückweise stetig differenzierbare Funktion $f : [-\varepsilon, +\varepsilon] \to \mathbb{R}$, so dass gilt:
   (a) $f(0) = 0$ und $|f(s)| \le R$ für $|s| \le \varepsilon$.
   (b) Ein Punkt $\mathbf{x} = \mathbf{x}_0 + s\mathbf{a}_1 + t\mathbf{a}_2$ mit $|s| \le \varepsilon$ und $|t| \le R$ liegt genau dann in G, wenn $-R \le t < f(s)$ ist.

Besteht der Rand von G nur aus einer einzigen einfach geschlossenen Kurve, so sprechen wir von einem ***Jordangebiet***.

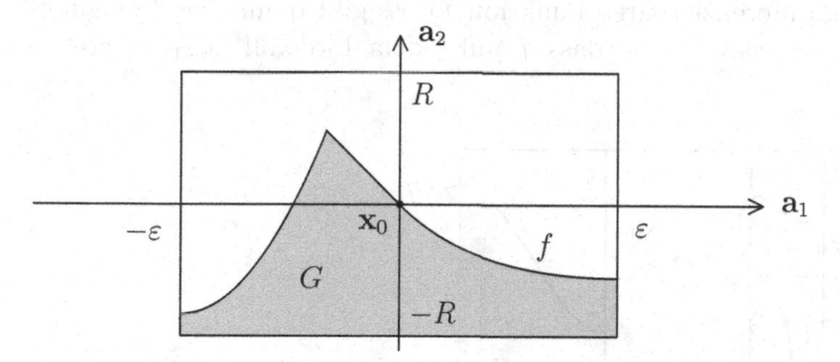

In den durch $\mathbf{x}_0, \mathbf{a}_1, \mathbf{a}_2$ gegebenen lokalen Koordinaten (s, t) haben die Punkte des Randes ∂G die Gestalt $(s, f(s))$. Da f stückweise stetig differenzierbar ist, besitzt der Graph von f an den Ecken zwei verschiedene Tangenten, die einen positiven Winkel einschließen (denn es gibt keine vertikalen Tangenten).

Durch $\boldsymbol{\alpha}(t) := \mathbf{x}_0 + \varepsilon(1 - 2t)\mathbf{a}_1 + f\big(\varepsilon(1 - 2t)\big)\mathbf{a}_2$ und $t \in [0, 1]$ wird eine lokale Parametrisierung des Randes gegeben, die die richtige Orientierung des Randes repräsentiert. Der Rand wird von „rechts“ nach „links“ durchlaufen, das Gebiet liegt dabei immer „links“ vom Rand.

Ein Punkt $\mathbf{x}_0 \in \partial G$ heißt ***regulär***, falls ∂G in der Nähe von $\mathbf{x}_0$ (bezüglich einer geeigneten ON-Basis) Graph einer stetig differenzierbaren Funktion ist. Ist jeder Randpunkt regulär, so nennen wir G ein ***Gebiet mit glattem Rand***. In jedem regulären Randpunkt gibt es einen wohlbestimmten Tangentenvektor und einen Normalenvektor.

3.4.4. Satz von Green

Sei $G \subset \mathbb{R}^2$ ein Gebiet mit stückweise glattem Rand, U eine offene Umgebung von $\overline{G}$ und $\mathbf{F} = (f, g)$ ein stetig differenzierbares Vektorfeld auf U. Dann ist

$$\int_G \Big(\frac{\partial g}{\partial x} - \frac{\partial f}{\partial y}\Big)\, dx\, dy = \int_{\partial G} (f\, dx + g\, dy),$$

wobei der Rand von G so orientiert werden muss, dass das Gebiet links vom Rand liegt.

Beweis: 1) a) Sei $\mathbf{x}_0 \in G$. Dann gibt es eine Rechteck-Umgebung $U = U(\mathbf{x}_0)$, die ganz in G liegt. Wenn der Träger von $\mathbf{F}$ in U enthalten ist, dann verschwinden die Integrale auf beiden Seiten.

b) Liegt $\mathbf{x}_0$ in ∂G, so kann man eine Umgebung der Form

$$U = \{\mathbf{x} = \mathbf{x}_0 + s\mathbf{a}_1 + t\mathbf{a}_2 \,:\, |s| < \varepsilon \text{ und } |t| < R\}$$

finden, wie sie in der Definition von Gebieten mit stückweise glattem Rand gefordert wird, so dass $U \cap G = \{\mathbf{x}_0 + s\mathbf{a}_1 + t\mathbf{a}_2 \,:\, |s| < \varepsilon \text{ und } -R < t < f(s)\}$ ist (mit einer stückweise stetig differenzierbaren Funktion f). Es gibt dann eine Zerlegung $-\varepsilon = s_0 < s_1 < \ldots < s_n = \varepsilon$, so dass f auf jedem Intervall $[s_{i-1}, s_i]$ stetig differenzierbar ist.

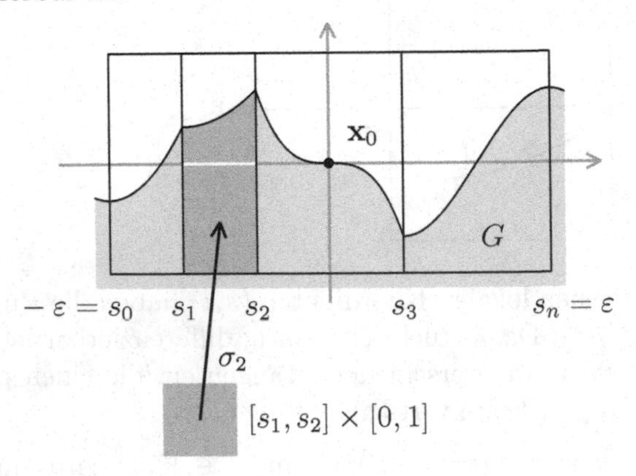

Dann definiert $\sigma_i : [s_{i-1}, s_i] \times [0, 1] \to \mathbb{R}^2$ mit

$$\sigma_i(s,z) := \mathbf{x}_0 + s\mathbf{a}_1 + \big(-R + z(f(s)+R)\big)\mathbf{a}_2$$

eine differenzierbare Abbildung, also ein Simplex, und es ist

$$\sigma_i\big([s_{i-1},s_i]\times[0,1]\big) = G \cap \{\mathbf{x}_0 + s\mathbf{a}_1 + t\mathbf{a}_2 \,:\, s \in [s_{i-1},s_i] \text{ und } |t| < R\}.$$

$\sigma = \sigma_1 + \cdots + \sigma_n$ ist dann eine Kette mit Spur $|\sigma| = \overline{U \cap G}$. Der „obere" Rand von σ wird durch einen stückweise glatten Weg $\boldsymbol{\alpha}$ parametrisiert. Wenn der Träger von $\mathbf{F}$ ganz im Innern von U liegt, dann gilt für $\omega := f\,dx + g\,dy$:

$$\int_G d\omega = \int_{G\cap U} d\omega = \int_\sigma d\omega = \int_{\partial_+\sigma} \omega = \int_{\boldsymbol{\alpha}} \omega = \int_{\partial G} \omega.$$

2) Da $\overline{G}$ kompakt ist, gibt es endlich viele offene Mengen $U_1,\ldots,U_N$, die zusammen G überdecken und die gemäß (1) von der dort betrachteten Art (a) oder (b) sind. Sei $\{\varphi_1,\ldots,\varphi_N\}$ eine dazu passende Teilung der Eins und $\mathbf{F}_i := \varphi_i \cdot \mathbf{F}$. Dann ist $\mathbf{F} = \mathbf{F}_1 + \cdots + \mathbf{F}_N$, und für jedes i liegt der Träger von $\mathbf{F}_i$ ganz in U_i. Für die $\mathbf{F}_i$ haben wir die Formel schon bewiesen, also folgt sie auch für $\mathbf{F}$. ■

Man kann den Satz von Green zur Berechnung von Flächeninhalten heranziehen.

3.4.5. Satz

Ist $G \subset \mathbb{R}^2$ ein Jordan-Gebiet, so ist

$$\mathrm{vol}_2(G) = \frac{1}{2}\int_{\partial G} (x\,dy - y\,dx).$$

BEWEIS: Es ist

$$\begin{aligned}\frac{1}{2}\int_{\partial G}(x\,dy - y\,dx) &= \frac{1}{2}\int_{\partial G}(-y,x)\bullet d\mathbf{x} = \frac{1}{2}\int_G (x_x + y_y)\,dx\,dy\\ &= \int_G dx\,dy = \mathrm{vol}_2(G).\end{aligned}$$

■

3.4.6. Beispiele

A. Ist $G = D_r(0) = \{(x,y) \in \mathbb{R}^2 \,:\, x^2+y^2 < r^2\}$, so ist

$$\begin{aligned}\mathrm{vol}_2(G) &= \frac{1}{2}\int_{\partial G}(x\,dy - y\,dx) = \frac{1}{2}\int_{\partial D_r(0)}(-y,x)\bullet d\mathbf{x}\\ &= \frac{1}{2}\int_0^{2\pi}(-r\sin t, r\cos t)\bullet(-r\sin t, r\cos t)\,dt\\ &= \frac{1}{2}\int_0^{2\pi} r^2\,dt = r^2\pi.\end{aligned}$$

B. Sei G die Ellipse, deren Rand durch $\boldsymbol{\alpha}(t) := (a\cos t, b\sin t)$ beschrieben wird. Dann ist

$$\text{vol}_2(G) = \frac{1}{2}\int_0^{2\pi} (-b\sin t, a\cos t) \bullet (-a\sin t, b\cos t)\,dt = \frac{1}{2}\int_0^{2\pi} ab\,dt \;=\; ab\pi.$$

Wir wollen jetzt eine spezielle Klasse von Flächenstücken betrachten.

Definition (Flächenstück mit Rand)

Sei $G \subset \mathbb{R}^2$ ein Gebiet mit stückweise glattem Rand, $U = U(\overline{G})$ eine offene Umgebung und $\boldsymbol{\varphi} : U \to \mathbb{R}^3$ eine $\mathcal{C}^k$-Abbildung, sowie $S := \boldsymbol{\varphi}(\overline{G})$.

Ist $\boldsymbol{\varphi}$ auf $\overline{G}$ injektiv und außerdem $\text{rg}\, J_{\boldsymbol{\varphi}}(\mathbf{u}) = 2$ für alle $\mathbf{u} \in \overline{G}$, so nennt man S ein ***(glattes) $\mathcal{C}^k$-Flächenstück mit (stückweise glattem) Rand***, und die Menge $bS := \boldsymbol{\varphi}(\partial G)$ nennt man den ***Rand*** von S.

3.4.7. Beispiele

A. Gegeben sei ein Gebiet $G \subset \mathbb{R}^2$ mit stückweise glattem Rand und eine offene Umgebung $U = U(\overline{G})$. Ist $f : U \to \mathbb{R}$ k-mal stetig differenzierbar, so wird der Graph $S = \{(x, y, z) \in \overline{G} \times \mathbb{R} : z = f(x, y)\}$ durch $\boldsymbol{\varphi}(u, v) := (u, v, f(u, v))$ parametrisiert. Offensichtlich ist $\boldsymbol{\varphi}(G)$ ein $\mathcal{C}^k$-Flächenstück. Aber $\boldsymbol{\varphi}$ ist sogar auf $\overline{G}$ injektiv und $\text{rg}\, J_{\boldsymbol{\varphi}}(u, v) = 2$ gilt auf ganz U. Also ist $\overline{S} = \boldsymbol{\varphi}(\overline{G})$ ein glattes Flächenstück mit stückweise glattem Rand.

Es sei $\partial G = C_1 \cup \ldots \cup C_N$, wobei die C_ν glatte Kurven mit Parametrisierungen $\boldsymbol{\alpha}_\nu : I_\nu \to C_\nu$ sind. Die Menge $bS := \boldsymbol{\varphi}(\partial G)$ ist Vereinigung der glatten Kurven $K_\nu := \boldsymbol{\varphi}(C_\nu)$, die durch $\boldsymbol{\varphi} \circ \boldsymbol{\alpha}_\nu : I_\nu \to K_\nu \subset \mathbb{R}^3$ parametrisiert werden. Die Menge bS als „Rand“ von S zu bezeichnen, erscheint anschaulich sinnvoll, aber man darf bS nicht mit dem topologischen Rand ∂S verwechseln. Da S abgeschlossen ist und im $\mathbb{R}^3$ keine inneren Punkte besitzt, ist $\partial S = S$.

B. Leider passt die Definition eines Flächenstücks mit Rand zu vielen naheliegenden Beispielen nicht so gut. Betrachten wir etwa den Zylindermantel

$$S = \{(x, y, z) \in \mathbb{R}^3 : x^2 + y^2 = 1 \text{ und } |z| \le 1\}$$

mit der Parametrisierung $\boldsymbol{\varphi}(u, v) = (\cos u, \sin u, v)$ auf $Q = (0, 2\pi) \times (-1, 1)$, so stellen wir fest, dass $\boldsymbol{\varphi}$ auf ∂Q nicht mehr injektiv ist.

Hier bietet sich eine einfache Lösung an.

Sei $G_1 := (0, \pi) \times (-1, 1)$ und $G_2 := (\pi, 2\pi) \times (-1, 1)$. Dann liefern die Abbildungen $\boldsymbol{\varphi}_1 : \overline{G_1} \to \mathbb{R}^3$ und $\boldsymbol{\varphi}_2 : \overline{G_2} \to \mathbb{R}^3$ mit $\boldsymbol{\varphi}_1(u, v) = \boldsymbol{\varphi}_2(u, v) := (\cos u, \sin u, v)$ Parametrisierungen der beiden Mantelhälften

$$S_1 = \{(x, y, z) \in S : y \ge 0\} \quad \text{und} \quad S_2 = \{(x, y, z) \in S : y \le 0\},$$

wodurch sie zu Flächenstücken mit Rand werden. Es ist $S = S_1 \cup S_2$.

C. Man wird also generell versuchen, kompliziertere Flächen aus einfachen Flächenstücken mit Rand zusammenzusetzen.

Bei der Sphäre $S = S^2$ geht das nicht so einfach. Die Parametrisierung

$$\boldsymbol{\varphi}(u,v) := (\cos u \cos v, \sin u \cos v, \sin v)$$

bildet alle Punkte $(u, \pi/2)$ auf den „Nordpol" $\mathbf{n} := (0,0,1)$ ab. Wir müssten das Parametergebiet auf allen Seiten verkleinern und bräuchten dann mindestens vier Parametrisierungen, mit deren Bildmengen wir die Kugeloberfläche „pflastern" könnten.

Man könnte stattdessen andere Parametrisierungen benutzen. Eine naheliegende Idee wäre es, eine Halbsphäre als Graph zu beschreiben. Ist $G = \{(u,v) \in \mathbb{R}^2 : u^2 + v^2 < 1\}$, so wird durch

$$\boldsymbol{\varphi}_{\pm}(u,v) := (u, v, \pm\sqrt{1 - u^2 - v^2})$$

die obere bzw. untere Hälfte der Sphäre parametrisiert. Leider sind diese Abbildungen auf ∂G nicht differenzierbar. Man müsste wieder das Parametergebiet verkleinern und bräuchte dann auch wieder mindestens vier Parametrisierungen.

Als bessere Lösung bietet sich die „***stereographische Projektion***" $p : S \setminus \{\mathbf{n}\} \to \mathbb{R}^2$ an, die folgendermaßen definiert wird:

Ist $\mathbf{x} = (x,y,z) \in S \setminus \{\mathbf{n}\}$, so trifft der Strahl, der von $\mathbf{n}$ ausgeht und bei $\mathbf{x}$ die Sphäre durchstößt, in einem Punkt $(p(\mathbf{x}), 0)$ die x-y-Ebene. In der Seitenansicht sieht das folgendermaßen aus:

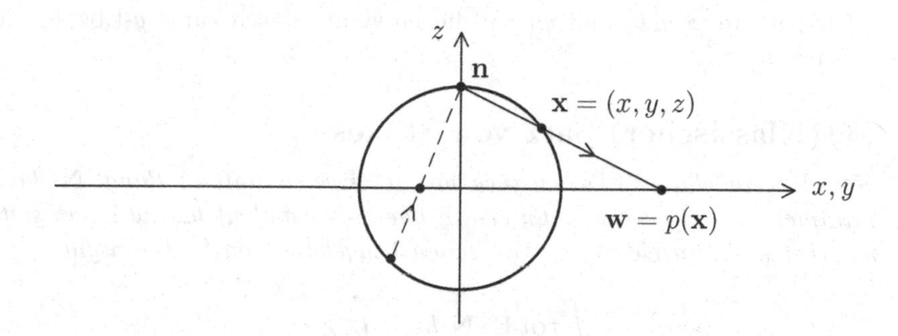

Bei dieser Prozedur wird die obere Halbsphäre stark verzerrt, aber die untere Hälfte recht originalgetreu abgebildet. Ist $(u,v) = \mathbf{w} = p(\mathbf{x})$, so liegt $(\mathbf{w}, 0)$ auf der Geraden durch $\mathbf{n}$ und $\mathbf{x}$. Es gibt also ein $t \in \mathbb{R}$, so dass $(\mathbf{w}, 0) = \mathbf{n} + t(\mathbf{x} - \mathbf{n})$ ist, d.h. $(u, v, 0) = \big(tx, ty, 1 + t(z-1)\big)$. Daraus folgt:

$$p(x,y,z) = \left(\frac{x}{1-z}, \frac{y}{1-z}\right).$$

Weil auf der unteren Hälfte $z \leq 0$ ist, ist p dort wohldefiniert und auf einer offenen Umgebung (beliebig oft) differenzierbar.

Um die untere Hälfte der Sphäre zu parametrisieren, brauchen wir die Umkehrung von p. Ist $(u,v) = p(x,y,z)$, so ist

$$u^2 + v^2 = \frac{x^2+y^2}{(1-z)^2} = \frac{1-z^2}{(1-z)^2} = \frac{1+z}{1-z}.$$

Daraus folgen die Gleichungen

$$z = \frac{u^2+v^2-1}{u^2+v^2+1}, \ x = \frac{2u}{u^2+v^2+1} \text{ und } y = \frac{2v}{u^2+v^2+1}.$$

Die durch

$$\boldsymbol{\varphi}(u,v) := \left(\frac{2u}{u^2+v^2+1}, \frac{2v}{u^2+v^2+1}, \frac{u^2+v^2-1}{u^2+v^2+1}\right)$$

gegebene Parametrisierung der unteren Hälfte von S (mit dem Definitionsbereich $G = \{(u,v) \in \mathbb{R}^2 \,:\, u^2+v^2 < 1\}$) ist auch noch auf ∂G differenzierbar (und stimmt dort sogar mit der Identität überein).

Um die obere Hälfte zu parametrisieren, verwenden wir die stereographische Projektion vom Südpol aus. Dann erhalten wir die Abbildung

$$\boldsymbol{\psi}(u,v) := \left(\frac{2u}{u^2+v^2+1}, \frac{2v}{u^2+v^2+1}, \frac{1-u^2-v^2}{1+u^2+v^2}\right).$$

Die Punkte $\boldsymbol{\varphi}(u,v)$ und $\boldsymbol{\psi}(u,v)$ liegen symmetrisch zur x-y-Ebene, wie man es erwartet.

3.4.8. (Klassischer) Satz von Stokes

Sei $S \subset \mathbb{R}^3$ ein glattes Flächenstück mit stückweise glattem Rand, $\mathbf{N}$ das durch die Parametrisierung von S definierte Einheits-Normalenfeld und $\mathbf{F}$ ein stetig differenzierbares Vektorfeld auf einer offenen Umgebung von S. Dann gilt:

$$\int_S \operatorname{rot} \mathbf{F} \bullet \mathbf{N} \, do = \int_{bS} \mathbf{F} \bullet d\mathbf{x}.$$

Beweis: Sei $\boldsymbol{\varphi} : \overline{G} \to \mathbb{R}^3$ die Parametrisierung von S, $\boldsymbol{\alpha} : [a,b] \to \mathbb{R}^2$ eine Parametrisierung von ∂G und $\boldsymbol{\beta} := \boldsymbol{\varphi} \circ \boldsymbol{\alpha}$ die entsprechende Parametrisierung von bS.

Dann ist

$$\begin{aligned}\int_S \operatorname{rot}\mathbf{F}\bullet\mathbf{N}\,do &= \int_G \varphi^*\Lambda_{\operatorname{rot}\mathbf{F}} = \int_G \varphi^* d\omega_{\mathbf{F}} \\ &= \int_G d(\varphi^*\omega_{\mathbf{F}}) = \int_{\partial G} \varphi^*\omega_{\mathbf{F}} \text{ (Green'scher Satz)} \\ &= \int_a^b \boldsymbol{\alpha}^*(\varphi^*\omega_{\mathbf{F}}) = \int_a^b (\varphi\circ\boldsymbol{\alpha})^*\omega_{\mathbf{F}} \\ &= \int_{bS} \omega_{\mathbf{F}} = \int_{bS} \mathbf{F}\bullet d\mathbf{x}.\end{aligned}$$

Die ersten beiden Gleichungen folgen aus den Ergebnissen von Abschnitt 7.4. Da in Kapitel 1 die Integrale über Pfaffsche Formen sogar für stückweise stetig differenzierbare Wege definiert wurden, folgen auch die letzten Gleichungen. ∎

Bemerkung: Muss eine Fläche aus mehreren Flächenstücken mit Rand zusammengesetzt werden, so kann man über die Stücke einzeln integrieren. Voraussetzung ist nur, dass die Stücke so zusammengeklebt werden, dass sich doppelt auftretende Kurvenintegrale wegheben. Bei einer „orientierbaren" Fläche ist das immer möglich.

Wir wollen den Satz von Stokes benutzen, um die Rotation eines Vektorfeldes zu interpretieren. Sei $U \subset \mathbb{R}^3$ offen, $\mathbf{F}$ ein stetig differenzierbares Vektorfeld auf U, $\mathbf{x}_0 \in U$ und $\mathbf{n}$ ein beliebiger Einheitsvektor. Außerdem sei $\varepsilon > 0$. Mit S_ε sei die Kreisscheibe mit Radius ε um $\mathbf{x}_0$ bezeichnet, die in $\mathbf{x}_0$ auf $\mathbf{n}$ senkrecht steht.

Wir können die Fläche S_ε wie folgt parametrisieren: Ist $\{\mathbf{a},\mathbf{b}\}$ ein ON-System, so dass $\mathbf{a}\times\mathbf{b}=\mathbf{n}$ ist, so setzen wir

$$\varphi(u,v) := \mathbf{x}_0 + u\mathbf{a} + v\mathbf{b}, \text{ für } (u,v)\in D_\varepsilon(\mathbf{0})\subset\mathbb{R}^2.$$

Dann ist $\varphi_u = \mathbf{a}$, $\varphi_v = \mathbf{b}$ und $\varphi_u\times\varphi_v = \mathbf{n}$. Die Kreisscheibe ist also so orientiert, dass die zugehörige transversale Orientierung durch $\mathbf{n}$ gegeben ist. Offensichtlich handelt es sich um ein reguläres Flächenstück mit glattem Rand. Durch

$$\boldsymbol{\alpha}(t) := \mathbf{x}_0 + (\varepsilon\cos t)\mathbf{a} + (\varepsilon\sin t)\mathbf{b}$$

wird eine positive Parametrisierung $\boldsymbol{\alpha} : [0,2\pi]\to bS_\varepsilon$ gegeben. Das Integral

$$Z(\mathbf{F}, bS_\varepsilon) := \int_{bS_\varepsilon} \mathbf{F}\bullet d\mathbf{x}$$

heißt die ***Zirkulation*** von $\mathbf{F}$ auf bS_ε, und die Zahl

$$w_{\mathbf{F}}(\mathbf{x}_0,\mathbf{n}) := \lim_{\varepsilon\to 0}\frac{1}{A(S_\varepsilon)}\int_{bS_\varepsilon}\mathbf{F}\bullet d\mathbf{x}$$

nennen wir die ***Wirbeldichte*** von $\mathbf{F}$ in $\mathbf{x}_0$ bezüglich $\mathbf{n}$.

3.4.9. Zusammenhang zwischen Rotation und Wirbeldichte

Es ist $w_{\mathbf{F}}(\mathbf{x}_0, \mathbf{n}) = \mathbf{rot}\,\mathbf{F} \bullet \mathbf{n}.$

BEWEIS: Es ist

$$\begin{aligned}\int_{bS_\varepsilon} \mathbf{F} \bullet d\mathbf{x} &= \int_{S_\varepsilon} \mathbf{rot}\,\mathbf{F} \bullet \mathbf{n}\, do = \int_{D_\varepsilon(\mathbf{0})} \mathbf{rot}\,\mathbf{F}(\boldsymbol{\varphi}(u,v)) \bullet \mathbf{n}\, du\, dv \\ &= \big(\mathbf{rot}\,\mathbf{F}(\boldsymbol{\varphi}(\mathbf{q}_\varepsilon)) \bullet \mathbf{n}\big) \cdot A(S_\varepsilon),\end{aligned}$$

wobei $\mathbf{q}_\varepsilon$ ein Punkt aus $D_\varepsilon(\mathbf{0})$ ist (Mittelwertsatz der Integralrechnung!). Teilt man durch $A(S_\varepsilon)$, so liefert der Grenzübergang $\varepsilon \to 0$ das gewünschte Resultat. ■

Die Wirbeldichte misst die infinitesimale Zirkulation des Vektorfeldes $\mathbf{F}$ um die Achse $\mathbf{n}$. Dies entspricht dem Anteil von $\mathbf{rot}\,\mathbf{F}$ in Richtung des Vektors $\mathbf{n}$.

3.4.10. Integration über geschlossene Flächen

Sei S *eine glatte kompakte Fläche und* $\mathbf{F}$ *ein stetig differenzierbares Vektorfeld. Dann ist* $\int_S \mathbf{rot}\,\mathbf{F} \bullet \mathbf{N}\, do = 0$.

BEWEIS: Sei $S_0 \subset S$ ein kleines Flächenstück mit stückweise glattem Rand C. Dann ist

$$\int_{S_0} \mathbf{rot}\,\mathbf{F} \bullet \mathbf{N}\, do = \int_C \mathbf{F} \bullet d\mathbf{x}.$$

Den Rest $S \setminus S_0$ kann man (notfalls durch Zerlegung in kleinere Stücke) ebenfalls als Flächenstück mit Rand C auffassen. Dann ist

$$\int_{S \setminus S_0} \mathbf{rot}\,\mathbf{F} \bullet \mathbf{N}\, do = -\int_C \mathbf{F} \bullet d\mathbf{x},$$

weil der Rand eines Flächenstücks immer so orientiert werden muss, dass die Fläche „links“ vom Rand liegt. Nun folgt:

$$\int_S \mathbf{rot}\,\mathbf{F} \bullet \mathbf{N}\, do = \int_{S_0} \mathbf{rot}\,\mathbf{F} \bullet \mathbf{N}\, do + \int_{S \setminus S_0} \mathbf{rot}\,\mathbf{F} \bullet \mathbf{N}\, do = \int_C \mathbf{F} \bullet d\mathbf{x} - \int_C \mathbf{F} \bullet d\mathbf{x} = 0.$$

■

Zum Schluss ein Rechenbeispiel:

3.4.11. Beispiel

Schneidet man im $\mathbb{R}^3$ den durch $x^2 + y^2 = 1$ gegebenen Zylinder mit der durch $z = y$ gegebenen Ebene, so erhält man eine elliptische Fläche S, parametrisiert durch $\boldsymbol{\varphi}(u,v) = (u,v,v)$, für $(u,v) \in D_1(\mathbf{0})$. Dann ist

$$\boldsymbol{\varphi}_u \times \boldsymbol{\varphi}_v = (1,0,0) \times (0,1,1) = (0,-1,1) =: \mathbf{N}.$$

Will man $\int_{bS} \mathbf{F} \bullet d\mathbf{x}$ für das Vektorfeld $\mathbf{F}(x, y, z) := (x, x + y, x + y + z)$ berechnen, so kann man stattdessen $\int_S \mathbf{rot}\,\mathbf{F} \bullet \mathbf{N}\,do$ berechnen.

Nun ist $\mathbf{rot}\,\mathbf{F} = (1, -1, 1)$, also

$$\begin{aligned}\int_{bS} \mathbf{F} \bullet d\mathbf{x} &= \int_S \mathbf{rot}\,\mathbf{F} \bullet \mathbf{N}\,do = \int_{D_1(\mathbf{0})} (1, -1, 1) \bullet (0, -1, 1)\,du\,dv \\ &= \int_0^{2\pi}\int_0^1 2r\,dr\,d\varphi = \int_0^{2\pi} (r^2)\Big|_{r=0}^1 d\varphi = 2\pi.\end{aligned}$$

Man kann das Integral natürlich auch direkt berechnen. Dazu muss man eine Parametrisierung des Randes finden, z.B. $\boldsymbol{\alpha} : [0, 2\pi] \to bS$ mit $\boldsymbol{\alpha}(t) := (\cos t, \sin t, \sin t)$. Dann ist

$$\begin{aligned}\int_{bS} \mathbf{F} \bullet d\mathbf{x} &= \int_0^{2\pi} (\cos t, \cos t + \sin t, \cos t + 2\sin t) \bullet (-\sin t, \cos t, \cos t)\,dt \\ &= \int_0^{2\pi} \big[-\sin t \cos t + \cos^2 t + \sin t \cos t + \cos^2 t + 2 \sin t \cos t\big]\,dt \\ &= \int_0^{2\pi} [\sin(2t) + 1 + \cos(2t)]\,dt \\ &= (t + \frac{1}{2}(\sin(2t) - \cos(2t)))\,\Big|_0^{2\pi} = 2\pi.\end{aligned}$$

Die Ergebnisse der beiden Rechnungen stimmen überein.

Zusammenfassung

Ein Gebiet $G \subset \mathbb{R}^2$ heißt **Gebiet mit stückweise glattem Rand**, falls gilt:

1. G ist beschränkt und ∂G besteht aus endlich vielen stückweise glatten einfach geschlossenen Kurven.

2. Zu jedem Punkt $\mathbf{x}_0 \in \partial G$ gibt es eine ON-Basis $\{\mathbf{a}_1, \mathbf{a}_2\}$ des $\mathbb{R}^2$, ein $\varepsilon > 0$, ein $R > 0$ und eine stückweise stetig differenzierbare Funktion $f : [-\varepsilon, +\varepsilon] \to \mathbb{R}$, so dass gilt:

   (a) $f(0) = 0$ und $|f(s)| \le R$ für $|s| \le \varepsilon$.

   (b) Ein Punkt $\mathbf{x} = \mathbf{x}_0 + s\mathbf{a}_1 + t\mathbf{a}_2$ mit $|s| \le \varepsilon$ und $|t| \le R$ liegt genau dann in G, wenn $-R \le t < f(s)$ ist.

Besteht der Rand von G nur aus einer einzigen einfach geschlossenen Kurve, so sprechen wir von einem **Jordangebiet**.

Der **Satz von Green** besagt:

Sei $G \subset \mathbb{R}^2$ ein Gebiet mit stückweise glattem Rand, U eine offene Umgebung von $\overline{G}$ und $\mathbf{F} = (f, g)$ ein stetig differenzierbares Vektorfeld auf U. Dann ist

$$\int_G \Big(\frac{\partial g}{\partial x} - \frac{\partial f}{\partial y}\Big)\, dx\, dy = \int_{\partial G} (f\, dx + g\, dy),$$

wobei der Rand von G so orientiert werden muss, dass das Gebiet links vom Rand liegt. An Stelle des Integrals über die Pfaff'sche Form $f\,dx + g\,dy$ kann man natürlich auch $\int_{\partial G}(f, g) \bullet d\mathbf{x}$ schreiben.

Ein wichtiger Teil des Beweises des Green'schen Satzes ist der Übergang von einer speziellen lokalen Situation zur allgemeinen globalen Situation. Dazu braucht man die **Existenz einer „Teilung der Eins“:**

Ist $K \subset \mathbb{R}^n$ kompakt und $\{U_1, \ldots, U_N\}$ eine offene Überdeckung von K, so gibt es $\mathcal{C}^\infty$-Funktionen φ_i auf dem $\mathbb{R}^n$, so dass gilt:

1. $0 \le \varphi_i(\mathbf{x}) \le 1$ für $\mathbf{x} \in \mathbb{R}^n$ und $i = 1, \ldots, N$.
2. $\displaystyle\sum_{i=1}^N \varphi_i(\mathbf{x}) = 1$ für $\mathbf{x} \in K$.
3. Der Träger von φ_i liegt ganz im Innern von U_i.

Sei $G \subset \mathbb{R}^2$ ein Gebiet mit stückweise glattem Rand, $U = U(\overline{G})$ eine offene Umgebung und $\boldsymbol{\varphi} : U \to \mathbb{R}^3$ eine $\mathcal{C}^k$-Abbildung, sowie $S := \boldsymbol{\varphi}(\overline{G})$.

Ist $\boldsymbol{\varphi}$ auf $\overline{G}$ injektiv und außerdem $\operatorname{rg} J_{\boldsymbol{\varphi}}(\mathbf{u}) = 2$ für alle $\mathbf{u} \in \overline{G}$, so nennen wir S ein **(glattes) $\mathcal{C}^k$-Flächenstück mit (stückweise glattem) Rand**. Die Menge $bS := \boldsymbol{\varphi}(\partial G)$ bezeichnen wir als den **Rand** von S.

Der klassische **Satz von Stokes** besagt nun:

Sei $S \subset \mathbb{R}^3$ ein glattes Flächenstück mit stückweise glattem Rand und $\mathbf{F}$ ein stetig differenzierbares Vektorfeld auf einer offenen Umgebung von S. Dann ist

$$\int_S \mathbf{rot}\,\mathbf{F} \bullet \mathbf{N}\, do = \int_{bS} \mathbf{F} \bullet d\mathbf{x}.$$

Man kann den Stokesschen Satz benutzen, um die Rotation eines Vektorfeldes zu interpretieren.

Sei $U \subset \mathbb{R}^3$ offen, $\mathbf{F}$ ein stetig differenzierbares Vektorfeld auf U, $\mathbf{x}_0 \in U$ und $\mathbf{n}$ ein beliebiger Einheitsvektor. Außerdem sei $\varepsilon > 0$. Mit S_ε sei die Kreisscheibe mit Radius ε um $\mathbf{x}_0$ bezeichnet, die in $\mathbf{x}_0$ auf $\mathbf{n}$ senkrecht steht.

Das Integral $Z(\mathbf{F}, bS_\varepsilon) := \int_{bS_\varepsilon} \mathbf{F} \bullet d\mathbf{x}$ nennt man die **Zirkulation** von $\mathbf{F}$ auf bS_ε und die Zahl

$$w_{\mathbf{F}}(\mathbf{x}_0, \mathbf{n}) := \lim_{\varepsilon \to 0} \frac{1}{A(S_\varepsilon)} \int_{bS_\varepsilon} \mathbf{F} \bullet d\mathbf{x}$$

nennt man die **Wirbeldichte** von $\mathbf{F}$ in $\mathbf{x}_0$ bezüglich $\mathbf{n}$. Man kann zeigen, dass $w_{\mathbf{F}}(\mathbf{x}_0, \mathbf{n}) = \mathbf{rot}\,\mathbf{F} \bullet \mathbf{n}$ ist.

Bemerkenswert ist auch die folgende Aussage:

Ist S eine glatte kompakte Fläche und $\mathbf{F}$ ein stetig differenzierbares Vektorfeld, so ist $\int_S \mathbf{rot}\,\mathbf{F} \bullet \mathbf{N}\, do = 0$.

3.4.12. Aufgaben

A. Sei $\Delta \subset \mathbb{R}^2$ das Dreieck mit den Ecken $(0,0)$, $(\frac{\pi}{2}, 0)$ und $(\frac{\pi}{2}, 1)$. Berechnen Sie

$$\int_{\partial\Delta} (y - \sin x)\, dx + \cos x\, dy$$

einmal direkt durch Parametrisierung von $\partial\Delta$ und einmal mit Hilfe des Satzes von Green.

B. Sei $G := \{(x,y) \in \mathbb{R}^2 \,:\, 0 < x < 1 \text{ und } x^3 < y < x\}$.

(a) Parametrisieren Sie ∂G und berechnen Sie den Flächeninhalt von G mit Hilfe des Greenschen Satzes.

(b) Überprüfen Sie das Resultat, indem Sie G als Normalgebiet auffassen und den Flächeninhalt direkt berechnen.

C. Sei $C \subset \mathbb{R}^2$ der Rand des Quadrates mit den Ecken $(0,0)$, $(2,0)$, $(2,2)$ und $(0,2)$. Berechnen Sie $\int_C (y^2\, dx + x\, dy)$ auf zweierlei Weise.

D. Sei C der Kreis mit Radius 3 um $(5,-7)$. Berechnen Sie $\int_C \mathbf{F} \bullet d\mathbf{x}$ für

$$\mathbf{F}(x,y) := \big(7y - e^{\sin x}, 15x - \sin(y^3 + 8y)\big).$$

E. Sei $P := \{(x,y) \in \mathbb{R}^2 \,:\, 0 \le x \le 2 \text{ und } 0 \le y \le x^2\}$. Berechnen Sie

$$\int_{\partial P} \big((x^2 + y^3)\, dx + 3xy^2\, dy\big).$$

F. Sei $G := \{(x,y) \in \mathbb{R}^2 \,:\, 0 < x^2 + y^2 < 4\}$. Außerdem seien $f, g : G \to \mathbb{R}$ stetig differenzierbare Funktionen mit $f_y = g_x$. Wieviele verschiedene Werte kann $\int_C f\, dx + g\, dy$ maximal annehmen, wenn C alle einfach geschlossenen stückweise glatten Kurven in G durchläuft?

G. Ist $\boldsymbol{\alpha} : [a,b] \to \mathbb{R}^2$ ein stetig differenzierbarer Weg und g eine stetige Funktion auf der Spur C von $\boldsymbol{\alpha}$, so definiert man das „Kurvenintegral 1. Art" $\int_C g\, ds$ durch

$$\int_C g\, ds := \int_a^b g(\boldsymbol{\alpha}(t)) \cdot \|\boldsymbol{\alpha}'(t)\|\, dt.$$

Sei $G \subset \mathbb{R}^2$ ein Gebiet mit glattem Rand, $\boldsymbol{\alpha} : [a,b] \to \mathbb{R}^2$ eine Parametrisierung von ∂G, $U = U(\overline{G})$ eine offene Umgebung und $f : U \to \mathbb{R}$ zweimal stetig differenzierbar. Dann wirkt der ***Laplace-Operator*** Δ auf f definitionsgemäß durch $\Delta f := f_{xx} + f_{yy}$. Beweisen Sie die Gleichung

$$\int_G \Delta f \, d\mu_2 = \int_{\partial G} \nabla_{\mathbf{n}} f \, ds,$$

wobei $\mathbf{n}$ das äußere Einheitsnormalenfeld auf ∂G ist.

H. Die Kurve $C \subset \mathbb{R}^3$ sei der Schnitt des Zylinders $x^2+y^2 = 1$ und des Paraboloids $z = y^2$. Beschreiben Sie C als Rand eines parametrisierten Flächenstücks S und berechnen Sie $\int_C \mathbf{F} \bullet d\mathbf{x}$ mit Hilfe des Satzes von Stokes (für das Vektorfeld $\mathbf{F}(x,y,z) := (2yz, xz, xy)$).

I. Sei $S = \{(x,y,z) \in \mathbb{R}^3 : z = 2 - x^2 - y^2 \text{ und } x^2 + y^2 \le 1\}$ und $\mathbf{F}(x,y,z) = (2, x, y^2)$. Berechnen Sie $\displaystyle\int_{bS} \mathbf{F} \bullet d\mathbf{x}$ und $\displaystyle\int_S \operatorname{rot} \mathbf{F} \bullet \mathbf{N} \, do$ und vergleichen Sie die Resultate. Kommentieren Sie das Ergebnis des Vergleichs.

J. Sei $\mathbf{V}(x,y,z) := (-y^3, x^3, -z^3)$ das Geschwindigkeitsfeld einer Flüssigkeit, die durch den Zylinder $Z := \{(x,y,z) : x^2 + y^2 = 1\}$ strömt. Berechnen Sie die Zirkulation der Flüssigkeit entlang der Kurve, die sich durch den Schnitt von Z mit der Ebene $\{(x,y,z) : x + y + z = 1\}$ ergibt.

3.5 Gebiete mit Rand und der Satz von Gauß

Zur Motivation: Wir behandeln hier einen der wichtigsten Sätze der mehrdimensionalen Analysis. Genau wie der Green'sche und der Stokes'sche Satz stellt der Satz von Gauß eine Verbindung zwischen dem Integral über ein Gebiet und einem Integral über den Rand des Gebietes her. Carl Friedrich Gauß entdeckte den Satz, der häufig auch als „Divergenzsatz" bezeichnet wird, um 1840 während seiner Erforschung elektrostatischer Vorgänge. In Osteuropa wird der Satz nach dem russischen Mathematiker Mikhail Ostrogradsky benannt, der ihn 1826 veröffentlichte.

Eine wichtige Anwendung der Sätze von Gauß und Stokes ist die heuristische Herleitung der Maxwell'schen Gleichungen der Elektrodynamik aus Ergebnissen der Experimentalphysik, aber auch in der Theorie der partiellen Differentialgleichungen stellt der Gauß'sche Satz ein unverzichtbares Hilfsmittel dar.

Definition (glatt berandetes Gebiet)

Unter einem ***glatt berandeten Gebiet*** verstehen wir ein **Parametergebiet** $\Omega \subset \mathbb{R}^n$, dessen Rand eine **glatte Hyperfläche** ist.

3.5.1. Theorem

Sei $\Omega \subset \mathbb{R}^n$ ein glatt berandetes Gebiet. Dann gibt es zu jedem Punkt $\mathbf{x}_0 \in \partial\Omega$ eine zusammenhängende offene Umgebung $U = U(\mathbf{x}_0) \subset \mathbb{R}^n$ und eine differenzierbare Funktion $h : U \to \mathbb{R}$, so dass gilt:

1. $U \cap \Omega = \{\mathbf{x} \in U : h(\mathbf{x}) < 0\}$.
2. $\nabla h(\mathbf{x}) \neq \mathbf{0}$ *für* $\mathbf{x} \in U$.
3. $U \cap \partial\Omega = \{\mathbf{x} \in U : h(\mathbf{x}) = 0\}$.

BEWEIS: Sei $\mathbf{x}_0 \in \partial\Omega$. Als glatte Hyperfläche sieht $\partial\Omega$ in der Nähe von $\mathbf{x}_0$ wie ein Graph aus. O.B.d.A. kann man eine offene Umgebung $U = U(\mathbf{x}_0) \subset \mathbb{R}^n$, ein Gebiet $V \subset \mathbb{R}^{n-1}$, ein offenes Intervall I und eine differenzierbare Funktion $g : V \to I$ finden, so dass gilt:

$$U \cap \partial\Omega = \{(\mathbf{y}', y_n) \in V \times I : y_n = g(\mathbf{y}')\}.$$

Sei $h : U \to \mathbb{R}$ definiert durch $h(\mathbf{y}', y_n) := y_n - g(\mathbf{y}')$. Dann setzen wir

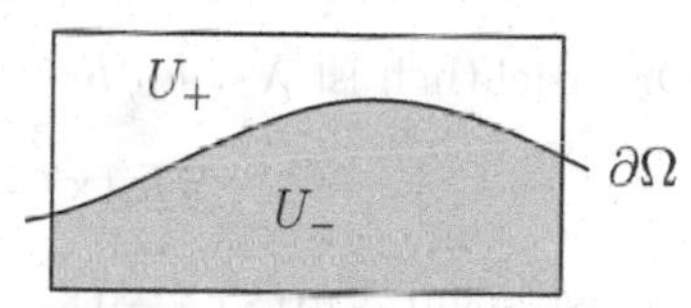

$$\begin{aligned} U_- &:= \{\mathbf{y} \in U : h(\mathbf{y}) < 0\}, \\ U_+ &:= \{\mathbf{y} \in U : h(\mathbf{y}) > 0\} \\ \text{und } U_0 &:= \{\mathbf{y} \in U : h(\mathbf{y}) = 0\} = U \cap \partial\Omega. \end{aligned}$$

Man kann annehmen, dass $I = (a, b)$ ist und dass es ein $\varepsilon > 0$ gibt, so dass $a + \varepsilon \le g(\mathbf{y}') \le b - \varepsilon$ für $\mathbf{y}' \in V$ gilt. Dann sind U_- und U_+ Gebiete, und wir haben eine disjunkte Zerlegung $U = U_- \cup U_+ \cup (U \cap \partial\Omega)$.

Indem man notfalls h durch $-h$ ersetzt, kann man annehmen, dass es einen Punkt $\mathbf{x}_1 \in U_- \cap \Omega$ gibt. Wir zeigen, dass dann $U_- \subset \Omega$ ist. Dazu sei $\mathbf{x}_2 \in U_-$ ein weiterer Punkt. Der kann nicht in $\partial\Omega$ liegen. Wir nehmen an, dass $\mathbf{x}_2$ in $\mathbb{R}^n \setminus \overline{\Omega}$ liegt. Es gibt einen stetigen Weg $\boldsymbol{\alpha} : [0, 1] \to U_-$, der $\mathbf{x}_1$ mit $\mathbf{x}_2$ innerhalb von U_- verbindet.

Sei $t_0 := \sup\{t \in [0, 1] : \boldsymbol{\alpha}(t) \in \Omega\}$. Dann ist $0 < t_0 < 1$, und $\boldsymbol{\alpha}(t_0)$ muss in $\overline{\Omega}$ liegen. Weil der Weg in U_- verläuft, kann er $\partial\Omega$ nicht treffen, aber $\boldsymbol{\alpha}(t_0) \in \Omega$ kann auch nicht gelten. Das ist ein Widerspruch.

Analog zeigt man, dass $U_+ \subset \mathbb{R}^n \setminus \overline{\Omega}$ ist. Aber dann ist $U_- = U \cap \Omega$. ∎

Man nennt h eine ***lokale Randfunktion***. Diese Randfunktion ist nicht eindeutig bestimmt.

3.5.2. Satz

Sei Ω ein glatt berandetes Gebiet. Sind h_1, h_2 zwei lokale Randfunktionen auf einer Umgebung U eines Punktes $\mathbf{x}_0 \in \partial\Omega$, so gibt es eine differenzierbare Funktion λ auf U, so dass gilt:

1. $\lambda > 0$ *auf* U.

2. $h_1 = \lambda \cdot h_2$ *auf* U.

3. $\nabla h_1(\mathbf{x}) = \lambda(\mathbf{x}) \cdot \nabla h_2(\mathbf{x})$ *auf* $U \cap \partial\Omega$.

BEWEIS: Durch eine Koordinatentransformation kann man erreichen, dass $\mathbf{x}_0 = \mathbf{0}$ und $h_2 = x_n$ ist. Für festes $\mathbf{x} = (x_1, \ldots, x_n) \in U$ ist $g(t) := h_1(x_1, \ldots, x_{n-1}, t)$ eine differenzierbare Funktion, die bei $t = 0$ verschwindet. Dann folgt:

$$\begin{aligned} h_1(x_1, \ldots, x_{n-1}, x_n) &= g(x_n) - g(0) = \int_0^{x_n} g'(s)\,ds \\ &= x_n \int_0^1 g'(tx_n)\,dt \quad \text{(mit Substitution } \varphi(t) = tx_n) \\ &= h_2(x_1, \ldots, x_n) \cdot \lambda(x_1, \ldots, x_n), \end{aligned}$$

wobei $\lambda(x_1, \ldots, x_n) := \displaystyle\int_0^1 \frac{\partial h_1}{\partial x_n}(x_1, \ldots, x_{n-1}, tx_n)\,dt$ nach den Sätzen über Parameterintegrale eine differenzierbare Funktion ist.

Offensichtlich ist $\lambda = h_1/h_2 > 0$ auf $U \setminus \partial\Omega$. Weil h_2 auf $\partial\Omega$ verschwindet und

$$\nabla h_1(\mathbf{x}) = \lambda(\mathbf{x}) \cdot \nabla h_2(\mathbf{x}) + h_2(\mathbf{x}) \cdot \nabla\lambda(\mathbf{x})$$

ist, ist sogar $\nabla h_1(\mathbf{x}) = \lambda(\mathbf{x}) \cdot \nabla h_2(\mathbf{x})$ auf $U \cap \partial\Omega$. Das zeigt aber, dass λ auf $\partial\Omega$ nicht verschwinden kann. Aus Stetigkeitsgründen muss $\lambda \geq 0$ auf ganz U gelten. Also ist $\lambda > 0$ auch auf $U \cap \partial\Omega$. ∎

3.5.3. Existenz (und Eindeutigkeit) der äußeren Normale

Sei $\Omega \subset \mathbb{R}^n$ ein glatt berandetes Gebiet und $\mathbf{x}_0 \in \partial\Omega$. Dann gibt es einen eindeutig bestimmten normierten Vektor $\mathbf{N} = \mathbf{N}(\mathbf{x}_0)$ und ein $\varepsilon > 0$, so dass gilt:

1. $\mathbf{N} \bullet \mathbf{v} = 0$ *für alle* $\mathbf{v} \in T_{\mathbf{x}_0}(\partial\Omega)$.

2. $\mathbf{x}_0 + t \cdot \mathbf{N}$ *liegt für* $-\varepsilon < t < 0$ *in* Ω *und für* $0 < t < \varepsilon$ *in* $\mathbb{R}^n \setminus \overline{\Omega}$.

BEWEIS: Es gibt eine Umgebung $U = U(\mathbf{x}_0) \subset \mathbb{R}^n$ und eine lokale Randfunktion auf U, also eine stetig differenzierbare Funktion $h : U \to \mathbb{R}$, so dass gilt:

$$U \cap \partial\Omega = \{\mathbf{x} \in U \,:\, h(\mathbf{x}) = 0\} \quad \text{und} \quad U \cap \Omega = \{\mathbf{x} \in U \,:\, h(\mathbf{x}) < 0\}.$$

Außerdem kann man annehmen, dass $\nabla h(\mathbf{x}) \neq \mathbf{0}$ auf U ist.

Ist $\mathbf{v} \in T_{\mathbf{x}_0}(\partial\Omega)$ tangential zu $\partial\Omega$, so gibt es einen stetig differenzierbaren Weg $\boldsymbol{\alpha} : (-\varepsilon, \varepsilon) \to \partial\Omega$ mit $\boldsymbol{\alpha}(0) = \mathbf{x}_0$ und $\boldsymbol{\alpha}'(0) = \mathbf{v}$. Dann ist $h \circ \boldsymbol{\alpha}(t) \equiv 0$, also

$$0 = (h \circ \boldsymbol{\alpha})'(0) = \nabla h(\boldsymbol{\alpha}(0)) \bullet \boldsymbol{\alpha}'(0) = \nabla h(\mathbf{x}_0) \bullet \mathbf{v}.$$

Das bedeutet, dass $\nabla h(\mathbf{x}_0)$ auf dem Tangentialraum senkrecht steht. Wir setzen

$$\mathbf{N}(\mathbf{x}_0) := \frac{\nabla h(\mathbf{x}_0)}{\|\nabla h(\mathbf{x}_0)\|},$$

sowie $\varrho(t) := h(\mathbf{x}_0 + t \cdot \mathbf{N}(\mathbf{x}_0))$. Dann ist $\varrho(0) = h(\mathbf{x}_0) = 0$ und $\varrho'(0) = \nabla h(\mathbf{x}_0) \bullet \mathbf{N}(\mathbf{x}_0) = \|\nabla h(\mathbf{x}_0)\| > 0$. Also wächst ϱ in der Nähe von $t = 0$ streng monoton. Daraus folgt: Es gibt ein $\varepsilon > 0$, so dass $\varrho(t) < 0$ für $-\varepsilon < t < 0$ und $\varrho(t) > 0$ für $0 < t < \varepsilon$ ist. Das bedeutet:

$$\mathbf{x}_0 + t \cdot \mathbf{N}(\mathbf{x}_0) \in \Omega \text{ für } -\varepsilon < t < 0 \text{ und } \mathbf{x}_0 + t \cdot \mathbf{N}(\mathbf{x}_0) \in \mathbb{R}^n \setminus \overline{\Omega} \text{ für } 0 < t < \varepsilon.$$

Der Raum aller Vektoren $\mathbf{v} \in \mathbb{R}^n$, die in $\mathbf{x}_0$ auf $\partial\Omega$ senkrecht stehen, ist 1-dimensional. Weil der Vektor $\mathbf{N}(\mathbf{x}_0)$ normiert sein und nach außen zeigen soll, ist er eindeutig bestimmt. ∎

Wir nennen $\mathbf{N}(\mathbf{x}_0)$ den ***äußeren (Einheits-)Normalenvektor*** von $\partial\Omega$ in $\mathbf{x}_0$. Er legt eine „transversale Orientierung" des Randes fest. Die „innere Orientierung" des Randes im Punkte $\mathbf{x}_0$ wird durch die Anordnung der Elemente $\mathbf{a}_1, \ldots, \mathbf{a}_{n-1}$ einer Basis von $T_{\mathbf{x}_0}(\partial\Omega)$ festgelegt. Sie ist so zu wählen, dass $\det\big(\mathbf{N}(\mathbf{x}_0), \mathbf{a}_1, \ldots, \mathbf{a}_{n-1}\big) > 0$ ist. Ist $\boldsymbol{\varphi} : P \to S \subset \partial\Omega$ eine lokale Parametrisierung des Randes und $\boldsymbol{\varphi}(\mathbf{u}_0) = \mathbf{x}_0$, so ist $\{\boldsymbol{\varphi}_{u_1}(\mathbf{u}_0), \ldots, \boldsymbol{\varphi}_{u_{n-1}}(\mathbf{u}_0)\}$ eine Basis von $T_{\mathbf{x}_0}(\partial\Omega)$.

Ist Ω ein glatt berandetes Gebiet im $\mathbb{R}^3$, $\mathbf{x}_0 \in \partial\Omega$, $\boldsymbol{\varphi} : P \to \mathbb{R}^3$ eine lokale Parametrisierung des Randes und $\boldsymbol{\varphi}(\mathbf{u}_0) = \mathbf{x}_0$, so steht das Vektorprodukt $\boldsymbol{\varphi}_u(\mathbf{u}_0) \times \boldsymbol{\varphi}_v(\mathbf{u}_0)$ in $\mathbf{x}_0$ auf $\partial\Omega$ senkrecht. Kann man die Parametrisierung so wählen, dass $\boldsymbol{\varphi}_u(\mathbf{u}_0) \times \boldsymbol{\varphi}_v(\mathbf{u}_0)$ und $\mathbf{N}(\mathbf{x}_0)$ in die gleiche Richtung zeigen (was der Fall ist, wenn $\det(\mathbf{N}, \boldsymbol{\varphi}_u, \boldsymbol{\varphi}_v) > 0$ ist), so ist

$$\mathbf{N}(\mathbf{x}_0) = \frac{\boldsymbol{\varphi}_u(\mathbf{u}_0) \times \boldsymbol{\varphi}_v(\mathbf{u}_0)}{\|\boldsymbol{\varphi}_u(\mathbf{u}_0) \times \boldsymbol{\varphi}_v(\mathbf{u}_0)\|}.$$

Andernfalls unterscheiden sich die beiden Vektoren um das Vorzeichen. Im Falle eines Gebietes im $\mathbb{R}^n$ funktioniert es mit dem verallgemeinerten Vektorprodukt analog.

3.5.4. Satz

Sei $Q \subset \mathbb{R}^{n-1}$ ein offener Quader, $g : \overline{Q} \to \mathbb{R}$ eine stetig differenzierbare Funktion und $a < g(\mathbf{u}) < b$ für alle $\mathbf{u} \in Q$. Weiter sei

$$\Omega := \{(\mathbf{u}, u_n) \in Q \times (a, b) \, : \, a < u_n < g(\mathbf{u})\},$$

$\mathbf{N}$ das äußere Normalenfeld auf $S := \partial\Omega \cap (Q \times (a,b))$ und $f : Q \times (a,b) \to \mathbb{R}$ eine stetig differenzierbare Funktion mit kompaktem Träger. Für $\mathbf{F}_i := f \cdot \mathbf{e}_i$ und $i = 1, \ldots, n$ gilt dann:

$$\int_\Omega \operatorname{div} \mathbf{F}_i \, d\mu_n = \int_S \mathbf{F}_i \bullet \mathbf{N} \, do.$$

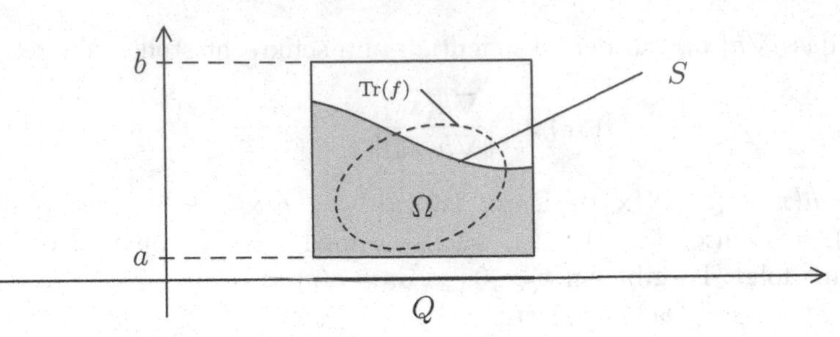

BEWEIS: Sei $\boldsymbol{\sigma} : \overline{Q} \times [0,1] \to \mathbb{R}^n$ definiert durch $\boldsymbol{\sigma}(\mathbf{u}, t) := \big(\mathbf{u}, a + t(g(\mathbf{u}) - a)\big)$. Dann ist $\boldsymbol{\sigma}$ ein n-dimensionales Simplex mit $|\boldsymbol{\sigma}| = \overline{\Omega} \subset \overline{Q} \times [a,b]$. Nun gilt:

$$\begin{aligned}
\int_\Omega \operatorname{div} \mathbf{F}_i \, d\mu_n &= \int_\Omega \operatorname{div} \mathbf{F}_i \, dx_1 \wedge \ldots \wedge dx_n \\
&= \int_\Omega d\Lambda_{\mathbf{F}_i} = \int_{\overline{Q} \times [0,1]} \boldsymbol{\sigma}^* d\Lambda_{\mathbf{F}_i} \\
&= \int_{\overline{Q} \times [0,1]} d(\boldsymbol{\sigma}^* \Lambda_{\mathbf{F}_i}) = \int_{\partial(\overline{Q} \times [0,1])} \boldsymbol{\sigma}^* \Lambda_{\mathbf{F}_i} \\
&= \int_{\overline{Q}} \widetilde{\boldsymbol{\sigma}}^* \Lambda_{\mathbf{F}_i} \quad (\text{mit } \widetilde{\boldsymbol{\varphi}}(\mathbf{u}) = \boldsymbol{\sigma}(\mathbf{u}, 1) = (\mathbf{u}, g(\mathbf{u}))\,) \\
&= \int_S \mathbf{F}_i \bullet \mathbf{N} \, do,
\end{aligned}$$

denn $\widetilde{\boldsymbol{\sigma}} : \overline{Q} \to \mathbb{R}^n$ parametrisiert das Flächenstück S. ∎

Mit diesem Satz haben wir die Hauptarbeit für den Gauß'schen Satz schon erledigt. Der lautet nun folgendermaßen:

3.5.5. Gauß'scher Integralsatz

Sei $\Omega \subset \mathbb{R}^n$ ein glatt berandetes, beschränktes Gebiet, $\mathbf{N}$ das äußere Normalenfeld auf $\partial\Omega$, $U = U(\overline{\Omega})$ eine offene Umgebung und $\mathbf{F}$ ein stetig differenzierbares Vektorfeld auf U. Dann ist

$$\int_\Omega \operatorname{div} \mathbf{F} \, d\mu_n = \int_{\partial\Omega} \mathbf{F} \bullet \mathbf{N} \, do.$$

BEWEIS: Ist $\mathbf{F} = F_1\mathbf{e}_1 + \cdots + F_n\mathbf{e}_n$, so ist

$$\int_\Omega \operatorname{div} \mathbf{F} \, d\mu_n = \sum_{i=1}^n \int_\Omega \operatorname{div}(F_i\mathbf{e}_i) \, d\mu_n \quad \text{und} \quad \int_{\partial\Omega} \mathbf{F} \bullet \mathbf{N} \, do = \sum_{i=1}^n \int_{\partial\Omega} F_i\mathbf{e}_i \bullet \mathbf{N} \, do.$$

Es reicht also, den Satz für ein Vektorfeld der Gestalt $\mathbf{F} = f\mathbf{e}_i$ zu beweisen. Dabei können wir o.B.d.A. annehmen, dass $i = 1$ ist.

1) Hat f kompakten Träger in Ω, so verschwindet natürlich das Randintegral. Andererseits ist $\operatorname{div}\mathbf{F} = \dfrac{\partial f}{\partial x_1}$. Weil f auf den ganzen $\mathbb{R}^n$ stetig differenzierbar (durch Null) fortgesetzt werden kann und Ω in einem Quader $Q = [-R, R]^n$ liegt, ist

$$\int_\Omega \frac{\partial f}{\partial x_1}\, d\mu_n = \int_{-R}^{R} \cdots \int_{-R}^{R} \big[f(R, x_2, \ldots, x_n) - f(-R, x_2, \ldots, x_n)\big]\, dx_2 \ldots dx_n = 0.$$

2) Ist $\Omega = \{(\mathbf{u}, u_n) \in P \times (a,b) \,:\, a < g(\mathbf{u}) < u_n\}$ und hat f kompakten Träger in $P \times (a,b)$, so folgt der Gauß'sche Satz aus dem vorigen Satz. Das bleibt auch richtig, wenn man die Koordinaten vertauscht.

3) Nun kommen wir zum allgemeinen Fall.

Ist $\mathbf{x} \in \Omega$, so gibt es eine Umgebung von $\mathbf{x}$, die ganz in Ω liegt. Ist $\mathbf{x} \in \partial\Omega$, so gibt es – wegen des Satzes über implizite Funktionen und nach geeigneter Nummerierung der Koordinaten – einen offenen Quader $Q \subset \mathbb{R}^{n-1}$, ein Intervall $I = (a,b)$ und eine Funktion $g : Q \to I$, so dass $\Omega \cap (Q \times I) = \{(\mathbf{u}, u_n) \in Q \times I \,:\, a < u_n < g(\mathbf{u})\}$ ist.

Da $\overline{\Omega}$ kompakt ist, kann man endlich viele Umgebungen U_ν finden, $\nu = 1, \ldots, N$, die entweder von dieser Gestalt sind oder ganz in Ω liegen.

Sei (ϱ_ν) eine passende Teilung der Eins zu der Überdeckung (U_ν). Dann hat $\varrho_\nu f$ jeweils kompakten Träger in U_ν. Nach (1) und (2) gilt der Satz für jedes Vektorfeld $\varrho_\nu \mathbf{F} = (\varrho_\nu f)\mathbf{e}_1$. Dann ist

$$\int_\Omega \operatorname{div}\mathbf{F}\, d\mu_n = \sum_{\nu=1}^{N} \int_\Omega \operatorname{div}(\varrho_\nu \mathbf{F})\, d\mu_n = \sum_{\nu=1}^{N} \int_{\partial\Omega} \varrho_\nu \mathbf{F} \bullet \mathbf{N}\, do = \int_{\partial\Omega} \mathbf{F} \bullet \mathbf{N}\, do. \qquad \blacksquare$$

3.5.6. Beispiel

Wir betrachten das Vektorfeld $\mathbf{F}(x,y,z) := \big(x^3 + (1+x)y^2 + (x-1)z^2, y^3 + y(x^2+z^2) + e^{xz}, z^3 + z(x^2+y^2) + \sin(xy)\big)$ und wollen $\int_{\partial B} \mathbf{F} \bullet \mathbf{N}\, do$ für $B := B_1(\mathbf{0}) \subset \mathbb{R}^3$ berechnen.

Die direkte Berechnung dürfte in diesem Fall recht unangenehm werden. Deshalb benutzen wir den Gauß'schen Integralsatz: Es ist

$$\operatorname{div}\mathbf{F} = (3x^2 + y^2 + z^2) + (3y^2 + x^2 + z^2) + (3z^2 + x^2 + y^2) = 5(x^2 + y^2 + z^2).$$

Zur Berechnung des Integrals verwenden wir Kugelkoordinaten:

$$\begin{aligned}\int_{\partial B} \mathbf{F} \bullet \mathbf{N}\, do &= \int_B \operatorname{div} \mathbf{F}\, d\mu_3 \;=\; \int_{-\pi/2}^{\pi/2} \int_0^{2\pi} \int_0^1 5r^2 \cdot r^2 \cos\theta \, dr\, d\varphi\, d\theta \\ &= 5 \int_{-\pi/2}^{\pi/2} \int_0^{2\pi} \int_0^1 r^4 \cos\theta\, dr\, d\varphi\, d\theta \;=\; 10\pi \int_{-\pi/2}^{\pi/2} \Big(\frac{r^5}{5}\Big)\Big|_0^1 \cos\theta\, d\theta \\ &= 2\pi \int_{-\pi/2}^{\pi/2} \cos\theta\, d\theta \;=\; 4\pi.\end{aligned}$$

In der Praxis ist der Gauß'sche Satz für Gebiete mit glattem Rand nur von beschränktem Wert, denn bei vielen Anwendungen hat man es mit Gebieten mit nur stückweise glattem Rand zu tun. Es gibt verschiedene Möglichkeiten, den Gauß'schen Integralsatz auch für diesen Fall zu beweisen. Leider sind alle diese Wege relativ kompliziert. Wir beschränken uns hier auf folgenden Spezialfall:

Sei $\Omega_0 \subset \mathbb{R}^{n-1}$ ein Gebiet, das diffeomorph zu einem Quader Q ist, und

$$\Omega := \{(\mathbf{u}, t) \in \Omega_0 \times \mathbb{R} \,:\, g(\mathbf{u}) < t < h(\mathbf{u})\},$$

wobei $g, h : \Omega_0 \to \mathbb{R}$ differenzierbare Funktionen mit $g < h$ sind. Dann gibt es ein Simplex $\boldsymbol{\sigma} : Q \times [0, 1] \to \mathbb{R}^n$ mit $|\boldsymbol{\sigma}| = \Omega_0$, und der Gauß'sche Satz ist für Ω gültig. Und das gilt auch noch für Gebiete, die zu solch einem Gebiet Ω diffeomorph sind.

3.5.7. Beispiel

Sei $\Omega := \{(x, y, z) \in \mathbb{R}^3 \,:\, |x| \le 1,\, 0 \le z \le 1 - x^2 \text{ und } 0 \le y \le 2 - z\}$.

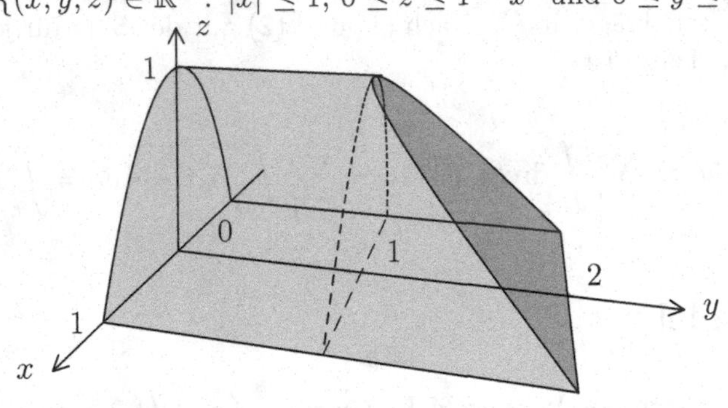

Das Gebiet $\Omega_0 := \{(x, y, z) \in \mathbb{R}^3 \,:\, |x| \le 1,\, 0 \le y \le 2 \text{ und } 0 \le z \le 1 - x^2\}$ ist von der Gestalt, dass der Gauß'sche Satz für Ω_0 gilt. Da $\boldsymbol{\Phi} : \Omega_0 \to \Omega$ mit $\boldsymbol{\Phi}(x, y, z) := (x, (1 - (z/2))y, z)$ offensichtlich ein Diffeomorphismus ist, gilt der Gauß'sche Satz auch für Ω.

Sei nun $\mathbf{F}(x, y, z) := \big(xy, y^2 + x^3 e^{2z}, \cos(x + y)\big)$. Es soll $\int_{\partial\Omega} \mathbf{F} \bullet \mathbf{N}\, do$ berechnet werden. Nach Gauß reicht es dafür, $\int_\Omega \operatorname{div} \mathbf{F}\, d\mu_3$ auszurechnen. Es ist $\operatorname{div} \mathbf{F}(x, y, z) = y + 2y = 3y$, also

$$\begin{aligned}
\int_{\partial\Omega} \mathbf{F} \bullet \mathbf{N}\, do &= \int_\Omega \operatorname{div} \mathbf{F}\, d\mu_3 = \int_\Omega 3y\, dx\, dy\, dz \\
&= 3 \int_{-1}^{1} \int_0^{1-x^2} \int_0^{2-z} y\, dy\, dz\, dx = \frac{3}{2} \int_{-1}^{1} \int_0^{1-x^2} (2-z)^2\, dz\, dx \\
&= -\frac{3}{2 \cdot 3} \int_{-1}^{1} (2-z)^3 \Big|_0^{1-x^2} dx = -\frac{1}{2} \int_{-1}^{1} \big((1+x^2)^3 - 8\big)\, dx \\
&= -\frac{1}{2} \int_{-1}^{1} \big(x^6 + 3x^4 + 3x^2 - 7\big)\, dx \\
&= -\frac{1}{2} \Big(\frac{x^7}{7} + \frac{3x^5}{5} + x^3 - 7x\Big) \Big|_{-1}^{1} \\
&= -\frac{5 + 21 + 35 - 245}{35} = \frac{184}{35}
\end{aligned}$$

Für Anwendungen des Gauß'schen Satzes ist es nützlich zu wissen, dass man eine stetige Funktion f schon dann kennt, wenn man die Werte aller Integrale über f und beliebige kleine Kugeln kennt.

3.5.8. Hilfssatz

Sei f stetig auf dem Gebiet Ω.

Ist $\int_B f(\mathbf{x})\, d\mu_3 = 0$ für jede Kugel $B \subset \Omega$, so ist $f(\mathbf{x}) = 0$.

BEWEIS: Sei $\mathbf{x}_0 \in \Omega$. Für kleines $\varepsilon > 0$ liegt die Kugel $B_\varepsilon = B_\varepsilon(\mathbf{x}_0)$ in Ω und nach dem Mittelwertsatz der Integralrechnung gibt es ein $\mathbf{q}_\varepsilon \in B_\varepsilon$, so dass gilt:

$$\int_{B_\varepsilon} f(\mathbf{x})\, d\mu_3 = f(\mathbf{q}_\varepsilon) \cdot \operatorname{vol}_3(B_\varepsilon).$$

Also ist $f(\mathbf{x}_0) = \lim_{\varepsilon \to 0} f(\mathbf{q}_\varepsilon) = \lim_{\varepsilon \to 0} \frac{1}{\operatorname{vol}_3(B_\varepsilon)} \int_{B_\varepsilon} f(\mathbf{x})\, d\mu_3 = 0.$ ∎

Wir werden den Satz benutzen, um die Divergenz zu interpretieren.

Ist $\mathbf{F}$ ein stetig differenzierbares Vektorfeld auf einem Gebiet Ω, so nennen wir

$$\delta_{\mathbf{F}}(\mathbf{x}_0) := \lim_{\varepsilon \to 0} \frac{1}{\operatorname{vol}_3(B_\varepsilon)} \int_{\partial B_\varepsilon} \mathbf{F} \bullet \mathbf{N}\, do$$

die ***Quelldichte*** von $\mathbf{F}$ in $\mathbf{x}_0$. Dabei bezeichnet B_ε wieder eine Kugel mit Radius ε um $\mathbf{x}_0$. Wir stellen uns vor, dass $\mathbf{F}$ ein strömendes Medium beschreibt. In der Nähe einer „Quelle“ von $\mathbf{F}$ sollte die Gesamtbilanz des Flusses von $\mathbf{F}$ durch die Oberfläche einer beliebigen Umgebung der Quelle (von innen nach außen) positiv sein, bei einer „Senke“ von $\mathbf{F}$ sollte sie negativ sein. Nun ist aber

$$\lim_{\varepsilon \to 0} \frac{1}{\mathrm{vol}_3(B_\varepsilon)} \int_{\partial B_\varepsilon} \mathbf{F} \bullet \mathbf{N}\, do = \lim_{\varepsilon \to 0} \frac{1}{\mathrm{vol}_3(B_\varepsilon)} \int_{B_\varepsilon} \mathrm{div}\, \mathbf{F}(\mathbf{x})\, d\mu_3 = \mathrm{div}\, \mathbf{F}(\mathbf{x}_0).$$

Die Quelldichte ist also nichts anderes als die Divergenz! Positive Werte der Divergenz deuten auf Quellen hin, negative auf Senken.

3.5.9. Beispiel

Wir betrachten die Strömung eines flüssigen oder gasförmigen Mediums. Das (zeitabhängige) Geschwindigkeitsfeld sei durch das Vektorfeld $\mathbf{F} = \mathbf{F}(\mathbf{x}, t)$ beschrieben, die Dichte des Mediums durch die Funktion $\varrho = \varrho(\mathbf{x}, t)$. Es werde im Innern der Strömung weder Masse produziert noch vernichtet. Ist B ein kleines Gebiet, so wird durch

$$M(t) := \int_B \varrho(\mathbf{x}, t)\, d\mu_3$$

die Gesamtmasse in B zur Zeit t gegeben. Der Fluss des Mediums durch ein Flächenstück S wird durch das Integral $\int_S (\varrho \cdot \mathbf{F}) \bullet \mathbf{N}\, do$ gegeben. Ist der Fluss durch ∂B positiv, so nimmt die Masse im Innern ab! Also gilt die Gleichung

$$-M'(t) = \int_{\partial B} (\varrho \cdot \mathbf{F}) \bullet \mathbf{N}\, do.$$

Andererseits folgt aus der Definition von $M(t)$:

$$-M'(t) = -\frac{d}{dt} \int_B \varrho(\mathbf{x}, t)\, d\mu_3 = -\int_B \frac{\partial \varrho}{\partial t}(\mathbf{x}, t)\, d\mu_3.$$

Nach dem Gauß'schen Satz ist dann

$$\int_{\partial B} (\varrho \cdot \mathbf{F}) \bullet \mathbf{N}\, do = \int_B \mathrm{div}(\varrho \cdot \mathbf{F})\, d\mu_3,$$

und mit dem Hilfssatz folgt daraus die ***Kontinuitätsgleichung***:

$$\boxed{\frac{\partial \varrho}{\partial t} + \mathrm{div}(\varrho \cdot \mathbf{F}) = 0.}$$

In der Physik spielt auch die folgende Formel eine wichtige Rolle.

3.5.10. Gauß'sches Gesetz

Sei $\Omega \subset \mathbb{R}^3$ ein Gebiet mit glattem Rand, $\mathbf{0} \notin \partial\Omega$. Setzt man $r := \|\mathbf{x}\|$, so folgt:

$$\int_{\partial\Omega} \frac{\mathbf{x}}{r^3} \bullet \mathbf{N}\, do = \begin{cases} 4\pi & \textit{falls } \mathbf{0} \in \Omega, \\ 0 & \textit{sonst.} \end{cases}$$

BEWEIS: Das Vektorfeld $\mathbf{F}(\mathbf{x}) := \dfrac{\mathbf{x}}{r^3}$ beschreibt das elektrische Feld einer (normierten) Punktladung.

1. Fall: $\mathbf{0} \notin \Omega$. In diesem Fall ist $\mathbf{F}$ stetig differenzierbar auf Ω, und es ist $\operatorname{div}\mathbf{F} = 0$:

$$\begin{aligned}\left(x_\nu \cdot r^{-3}\right)_{x_\nu} &= 1 \cdot r^{-3} - 3x_\nu \cdot r^{-4} \cdot r_{x_\nu} = r^{-3} - 3x_\nu^2 \cdot r^{-5},\\ \text{also } \operatorname{div}\mathbf{F} &= r^{-5} \cdot \sum_{\nu=1}^{3}\left(r^2 - 3x_\nu^2\right) = r^{-5} \cdot (3r^2 - 3r^2) = 0.\end{aligned}$$

Daraus folgt:

$$\int_{\partial\Omega} \mathbf{F} \bullet \mathbf{N}\, do = \int_{\Omega} \operatorname{div}\mathbf{F}\, d\mu_3 = 0.$$

2. Fall: $\mathbf{0} \in \Omega$. Dann gibt es ein $\varepsilon > 0$, so dass $\overline{B_\varepsilon(\mathbf{0})} \subset \Omega$ ist. Sei $\Omega' := \Omega \setminus \overline{B_\varepsilon(\mathbf{0})}$. Dann ist

$$0 = \int_{\partial\Omega'} \mathbf{F} \bullet \mathbf{N}\, do = \int_{\partial\Omega} \mathbf{F} \bullet \mathbf{N}\, do - \int_{\partial B_\varepsilon} \mathbf{F} \bullet \mathbf{N}\, do,$$

also

$$\int_{\partial\Omega} \mathbf{F} \bullet \mathbf{N}\, do = \int_{\partial B_\varepsilon} \mathbf{F} \bullet \mathbf{N}\, do = 4\pi.$$

■

Zusammenfassung

Ein **Gebiet mit glattem Rand** ist ein (beschränktes) Parametergebiet $\Omega \subset \mathbb{R}^n$, dessen Rand eine glatte Hyperfläche ist.

Ist $\mathbf{x}_0 \in \partial\Omega$, so gibt es eine offene Umgebung $U(\mathbf{x}_0) \subset \mathbb{R}^n$ und eine (beliebig oft) differenzierbare Funktion $h : U \to \mathbb{R}$, so dass gilt:

$$U \cap \Omega = \{\mathbf{x} \in U \,:\, h(\mathbf{x}) < 0\} \quad \text{und} \quad \nabla h(\mathbf{x}) \neq \mathbf{0} \text{ für } \mathbf{x} \in U.$$

Dann ist auch $U \cap \partial\Omega = \{\mathbf{x} \in U \,:\, h(\mathbf{x}) = 0\}$, und es gibt einen eindeutig bestimmten Einheitsvektor $\mathbf{N}(\mathbf{x}_0)$ und ein $\varepsilon > 0$, so dass gilt:

1. $\mathbf{N}(\mathbf{x}_0) \bullet \mathbf{v} = 0$ für alle $\mathbf{v} \in T_{\mathbf{x}_0}(\partial\Omega)$.
2. $\mathbf{x}_0 + t \cdot \mathbf{N}(\mathbf{x}_0) \in \Omega$ für $-\varepsilon < t < 0$ und $\mathbf{x}_0 + t \cdot \mathbf{N}(\mathbf{x}_0) \in \mathbb{R}^n \setminus \overline{\Omega}$ für $0 < t < \varepsilon$.

Man nennt $\mathbf{N}(\mathbf{x}_0)$ den **äußeren (Einheits-)Normalenvektor** von $\partial\Omega$ in $\mathbf{x}_0$. Die Parametrisierung des Randes ist in der Nähe von $\mathbf{x}_0$ so zu wählen, dass $\varphi_{u_1}(\mathbf{u}_0) \times \ldots \times \varphi_{u_n}(\mathbf{u}_0)$ und $\mathbf{N}(\mathbf{x}_0)$ in die gleiche Richtung zeigen.

Im Zentrum dieses Abschnittes steht der **Integralsatz von Gauß**:

Sei $\Omega \subset \mathbb{R}^n$ ein Gebiet mit glattem Rand und $\mathbf{F}$ ein Vektorfeld, das auf einer Umgebung von $\overline{\Omega}$ stetig differenzierbar ist. Dann ist

$$\int_{\Omega} \operatorname{div} \mathbf{F} \, d\mu_n = \int_{\partial\Omega} \mathbf{F} \cdot \mathbf{N} \, do.$$

Der Satz gilt auch für Gebiete mit stückweise glattem Rand, zum Beispiel Standardgebiete der Form

$$\Omega := \{(\mathbf{u}, u_n) \in \mathbb{R}^{n-1} \times \mathbb{R} \,:\, \mathbf{u} \in G \text{ und } g(\mathbf{u}) < u_n < h(\mathbf{u})\},$$

mit einem Parametergebiet $G \subset \mathbb{R}^{n-1}$ und stetig differenzierbaren Funktionen g und h auf einer Umgebung von $\overline{G}$.

Der Gauß'sche Satz liefert u.a. eine anschauliche Deutung der Divergenz eines Vektorfeldes. Die Zahl

$$\delta_{\mathbf{F}}(\mathbf{x}_0) := \lim_{\varepsilon \to 0} \frac{1}{\operatorname{vol}_3(B_\varepsilon)} \int_{\partial B_\varepsilon} \mathbf{F} \cdot \mathbf{N} \, do$$

– wobei B_ε eine kleine Kugel mit Radius ε um $\mathbf{x}_0$ ist – kann man als die **Quelldichte** von $\mathbf{F}$ in $\mathbf{x}_0$ bezeichnen. Die Quelldichte gibt andererseits den Wert der Divergenz von $\mathbf{F}$ in $\mathbf{x}_0$ an. Positive Werte der Divergenz deuten also auf Quellen hin, negative auf Senken.

In physikalischen Anwendungen spielt das **Gauß'sche Gesetz** eine wichtige Rolle: *Ist* $\Omega \subset \mathbb{R}^3$ *ein Gebiet mit stückweise glattem Rand,* $\mathbf{0} \notin \partial\Omega$ *und* $r := \|\mathbf{x}\|$*, so ist*

$$\int_{\partial\Omega} \frac{\mathbf{x}}{r^3} \cdot d\mathbf{O} = \begin{cases} 4\pi & \text{falls } \mathbf{0} \in \Omega, \\ 0 & \text{sonst.} \end{cases}$$

3.5.11. Aufgaben

A. Sei $G = \{(x, y, z) \in \mathbb{R}^3 \,:\, x^2 + y^2 < 4 \text{ und } 0 < z < 5\}$. Berechnen Sie den Fluss des Vektorfeldes $\mathbf{F}(x, y, z) = (y^2, x^2, z^2)$ durch ∂G einmal direkt und einmal mit Hilfe des Satzes von Gauß.

B. Sei $G \subset \mathbb{R}^3$ das Gebiet, das durch die Ebenen $z = 0$, $y = 0$ und $y + z = 2$, sowie durch die Fläche $z = 1 - x^2$ begrenzt wird. Weiter sei $\mathbf{F}(x, y, z) = (xy, y^2 + e^{xz^2}, \sin(xy))$. Es soll der Fluss von $\mathbf{F}$ durch ∂G berechnet werden.

C. (a) Geben Sie eine Parametrisierung des Flächenstücks

$$S := \{(x, y, z) \in \mathbb{R}^3 \,:\, z = x^2 + y^2 \leq 4\}$$

über der Kreisscheibe $D := \{(u, v) \in \mathbb{R}^2 \,:\, u^2 + v^2 \leq 4\}$ an. Dabei soll die Flächennormale nach außen zeigen.

(b) Parametrisieren Sie $T := \{(x, y, z) \in \mathbb{R}^3 \,:\, x^2 + y^2 \leq z = 4\}$ so, dass der Normalenvektor nach oben zeigt.

(c) Sei $\Omega := \{(x, y, z) \in \mathbb{R}^3 \,:\, x^2 + y^2 \leq z \leq 4\}$ das von S und T berandete Gebiet. Bestimmen Sie den Fluss des Vektorfeldes $\mathbf{F}(x, y, z) := (x, y, 3)$ durch $\partial\Omega$ (von innen nach außen), indem Sie die Flächenintegrale direkt berechnen.

(d) Verwenden Sie den Gaußschen Integralsatz, um den Fluss in (c) auf eine zweite Weise zu berechnen.

(e) Zeigen Sie, dass $\mathbf{F}(x, y, z) := (4xe^z, \cos y, 2x^2e^z)$ ein Potential besitzt, und berechnen Sie $\int_C \mathbf{F} \bullet d\mathbf{x}$ für eine beliebige Kurve von $(0, 0, 2)$ nach $(1, \pi, 0)$.

(f) Berechnen Sie auf möglichst einfache Weise den Fluss $\displaystyle\int_S \mathbf{rot}\,\mathbf{F} \bullet d\mathbf{O}$.

D. Sei $h > 0$, $R > 0$ und $Z := \{(x, y, z) \,:\, 0 < z < h \text{ und } x^2 + y^2 < R\}$.

a) Parametrisieren Sie ∂Z (als Vereinigung von Boden, Deckel und Mantel) mit Hilfe von Zylinder- und Polarkoordinaten.

b) Sei $\mathbf{F} = \mathbf{F}(r, \varphi, z) = (f(r)\cos\varphi, f(r)\sin\varphi, 0)$ ein „zylindersymmetrisches" Vektorfeld. Berechnen Sie den Fluss $\int_{\partial Z} \mathbf{F} \bullet d\mathbf{O}$.

E. Sei $\mathbf{F}(x, y, z) := (2xy, x + z, y - z)$. Berechnen Sie den Fluss von $\mathbf{F}$ durch die Oberfläche des unten dargestellten Prismas (von innen nach außen). Gehen Sie dabei möglichst geschickt vor.

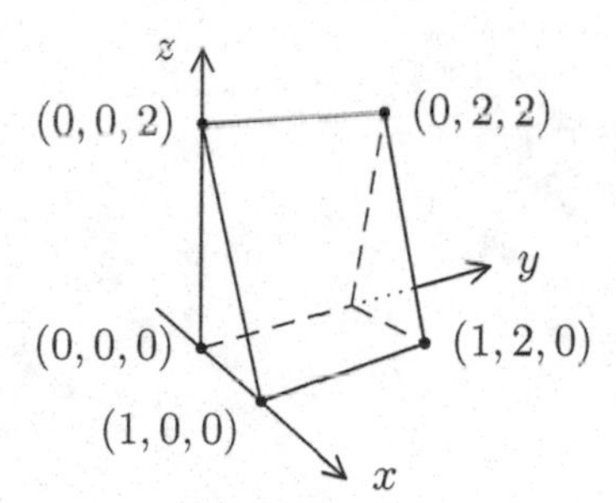

F. Sei $Q := \{(x, y, z) \in \mathbb{R}^3 \,:\, 0 \leq z \leq 4 - x^2 - y^2\}$. Berechnen Sie den Fluss von $\mathbf{F}(x, y, z) := (x^3, y^3, z^3)$ durch ∂Q.

4 Anhang: Ergebnisse der linearen Algebra

Zielsetzung: Hier werden die für uns wichtigsten Begriffe und Resultate aus der linearen und multilinearen Algebra zusammengefasst.

4.1 Basen und lineare Abbildungen

Die Begriffe „Vektorraum" und „Unter(vektor)raum" werden als bekannt vorausgesetzt. Sei zunächst V ein fester $\mathbb{R}$-Vektorraum.

Eine Menge $A = \{\mathbf{a}_1, \ldots, \mathbf{a}_k\}$ von Vektoren aus V heißt ***linear abhängig***, falls einer der Vektoren $\mathbf{a}_i \in A$ eine *Linearkombination* der anderen Elemente von A ist:

$$\mathbf{a}_i = \sum_{j \neq i} \alpha_j \mathbf{a}_j, \text{ mit } \alpha_j \in \mathbb{R}.$$

Die Menge A heißt ***linear unabhängig***, falls sie **nicht** linear abhängig ist. Äquivalent dazu ist: Ist $\alpha_1 \mathbf{a}_1 + \cdots + \alpha_k \mathbf{a}_k = \mathbf{0}$, so muss $\alpha_1 = \ldots = \alpha_k = 0$ sein.

Sei $U \subset V$ ein Unterraum. Eine Teilmenge $E \subset U$ heißt ***Erzeugendensystem*** von U, falls jedes Element von U eine (endliche) Linearkombination von Elementen von E ist. Man nennt U dann den von E ***erzeugten*** Unterraum und schreibt $U = \text{Lin}(E)$.

Definition (Basis)

Sei $U \subset V$ ein Untervektorraum. Eine Menge $B = \{\mathbf{a}_1, \ldots, \mathbf{a}_k\} \subset U$ heißt ***Basis*** von U, falls B linear unabhängig und ein Erzeugendensystem von U ist.

Jeder Vektor in U lässt sich auf eindeutige Weise als Linearkombination der Basisvektoren schreiben. Eine Basis ist immer zugleich ein minimales Erzeugendensystem und ein maximales linear unabhängiges System.

4.1.1. Existenz einer Basis

Jeder Untervektorraum $U \subset V$ besitzt eine endliche Basis. Alle Basen von U enthalten gleich viel Elemente.

Die Anzahl der Elemente einer Basis von U bezeichnet man als ***Dimension*** von U (kurz $\dim(U)$). Die Einheitsvektoren $\mathbf{e}_1, \ldots, \mathbf{e}_n$ bilden die so genannte ***Standardbasis*** des $\mathbb{R}^n$. Da im $\mathbb{R}^n$ je $n + 1$ Vektoren linear abhängig sind, gilt $\dim(U) \leq n$ für jeden Unterraum $U \subset \mathbb{R}^n$.

Allgemeiner besitzt jeder endlich erzeugte Vektorraum eine Basis und damit eine wohlbestimmte Dimension.

4.1.2. Basisergänzungssatz

Sei V ein endlich erzeugter $\mathbb{R}$-Vektorraum, $n = \dim(V)$. Sind die Vektoren $\mathbf{a}_1, \dots, \mathbf{a}_k \in V$ linear unabhängig, so kann man sie durch weitere Vektoren $\mathbf{a}_{k+1}, \dots, \mathbf{a}_n$ zu einer Basis von V ergänzen.

Definition (lineare Abbildung)

V, W seien zwei $\mathbb{R}$-Vektorräume. Eine Abbildung $\mathbf{F} : V \to W$ heißt ***linear***, falls gilt:

$$\mathbf{F}(\alpha\mathbf{x} + \beta\mathbf{y}) = \alpha \cdot \mathbf{F}(\mathbf{x}) + \beta \cdot \mathbf{F}(\mathbf{y}),$$

für $\mathbf{x}, \mathbf{y} \in V$ und $\alpha, \beta \in \mathbb{R}$.

Eine ***Linearform*** auf V ist eine lineare Abbildung $f : V \to \mathbb{R}$.

Ist $\{\mathbf{a}_1, \dots, \mathbf{a}_n\}$ eine Basis von V und sind dazu beliebige Vektoren $\mathbf{b}_1, \dots, \mathbf{b}_n \in W$ vorgegeben, so gibt es genau eine lineare Abbildung $\mathbf{F} : V \to W$ mit $\mathbf{F}(\mathbf{a}_i) = \mathbf{b}_i$, für $i = 1, \dots, n$.

Eine Linearform auf dem $\mathbb{R}^n$ hat die Gestalt $\mathbf{x} \mapsto \mathbf{a} \bullet \mathbf{x} = a_1x_1 + \cdots + a_nx_n$.

Ist $\mathbf{F} : V \to W$ eine lineare Abbildung, so sind

$$\begin{aligned} \operatorname{Ker}\mathbf{F} &:= \{\mathbf{x} \in V : \mathbf{F}(\mathbf{x}) = \mathbf{0}\} \quad &(\text{der } \textbf{\textit{Kern}} \text{ von } \mathbf{F}) \\ \text{und} \quad \operatorname{Im}\mathbf{F} &:= \{\mathbf{F}(\mathbf{x}) : \mathbf{x} \in V\} \quad &(\text{das } \textbf{\textit{Bild}} \text{ von } \mathbf{F}) \end{aligned}$$

Unterräume von V bzw. W. Die lineare Abbildung $\mathbf{F}$ ist genau dann injektiv, wenn $\operatorname{Ker}\mathbf{F} = \{\mathbf{0}\}$ ist, und sie ist genau dann surjektiv, wenn $\operatorname{Im}\mathbf{F} = W$ ist. Ist beides der Fall, so bezeichnet man $\mathbf{F}$ als ***Isomorphismus***. Bei linearen Abbildungen zwischen Räumen gleicher Dimension braucht dafür nur die Injektivität oder nur die Surjektivität überprüft zu werden. Allgemein gilt die

4.1.3. Dimensionsformel

Ist $\mathbf{F} : V \to W$ eine lineare Abbildung (zwischen endlich-dimensionalen Räumen), so ist $\dim V = \dim \operatorname{Ker}\mathbf{F} + \dim \operatorname{Im}\mathbf{F}$.

Ist $\mathbf{F} : \mathbb{R}^n \to \mathbb{R}^m$ linear, so gibt es eine eindeutig bestimmte Matrix $A \in M_{m,n}(\mathbb{R})$, so dass gilt:

$$A \cdot \mathbf{x}^\top = \mathbf{F}(\mathbf{x})^\top \quad (\text{oder } \mathbf{x} \cdot A^\top = \mathbf{F}(\mathbf{x})).$$ [1]

Umgekehrt bestimmt A über diese Gleichungen eine lineare Abbildung $\mathbf{F} = \mathbf{F}_A$.

In der linearen Algebra arbeitet man am besten mit Spaltenvektoren $\vec{x} = \begin{pmatrix} x_1 \\ \vdots \\ x_n \end{pmatrix}$.

Dann ist speziell $A \cdot \vec{e}_i$ die i-te Spalte von A.

[1] $A^\top$ ist die zu A transponierte Matrix.

In der Analysis denkt man bei n-Tupeln $\mathbf{x} = (x_1, \ldots, x_n)$ an Punkte des $\mathbb{R}^n$, rechnet mit ihnen aber auch wie mit Vektoren. Das erfordert etwas Umdenken bei den Formeln, in denen Matrizen vorkommen. Es ist $\vec{x} = \mathbf{x}^\top$ und aus der Beziehung $\vec{y} = A \cdot \vec{x}$ wird zunächst $\mathbf{y}^\top = A \cdot \mathbf{x}^\top$ und dann – nachdem man auf beiden Seiten transponiert hat – die Gleichung $\mathbf{y} = \mathbf{x} \cdot A^\top$.

Definition (Rang einer linearen Abbildung)
Ist $\mathbf{F} : V \to W$ linear, so heißt $\mathrm{rg}(\mathbf{F}) := \dim \mathrm{Im}\, \mathbf{F}$ der ***Rang*** von $\mathbf{F}$.

Bei linearen Abbildungen $\mathbf{F} : \mathbb{R}^n \to \mathbb{R}^m$ ist der Rang eine Invariante der zugehörigen Matrix. Weil $\mathbf{F}_A(\mathbf{e}_i)^\top = A \cdot \mathbf{e}_i^\top$ die i-te Spalte von A ist und die Vektoren $\mathbf{F}_A(\mathbf{e}_1), \ldots, \mathbf{F}_A(\mathbf{e}_n)$ ein Erzeugendensystem von $\mathrm{Im}\, \mathbf{F}_A$ bilden, ist $\mathrm{rg}(\mathbf{F}_A)$ die maximale Anzahl linear unabhängiger Spalten von A. Mit Hilfe der Theorie der linearen Gleichungssysteme zeigt man, dass der Rang auch die maximale Anzahl linear unabhängiger Zeilen von A ist.

4.2 Orthogonalbasen

Definition (Orthonormalbasis)
Unter einer ***Orthonormalbasis*** im $\mathbb{R}^n$ versteht man ein System von n Vektoren $\{\mathbf{a}_1, \ldots, \mathbf{a}_n\}$, so dass $\|\mathbf{a}_i\| = 1$ für alle i und $\mathbf{a}_i \bullet \mathbf{a}_j = 0$ für $i \neq j$ ist.

Führt man das ***Kroneckersymbol*** ein,

$$\delta_{ij} := \begin{cases} 1 & \text{falls } i = j, \\ 0 & \text{sonst.} \end{cases},$$

so kann man die beiden Eigenschaften zusammenfassen zu $\mathbf{a}_i \bullet \mathbf{a}_j = \delta_{ij}$.

Die Standardbasis $\{\mathbf{e}_1, \ldots, \mathbf{e}_n\}$ bildet stets eine Orthonormalbasis des $\mathbb{R}^n$. Umgekehrt bilden die Vektoren einer Orthonormalbasis immer auch im üblichen Sinne eine Basis. Ist nämlich $\{\mathbf{a}_1, \ldots, \mathbf{a}_n\}$ eine Orthonormalbasis und $\alpha_1 \mathbf{a}_1 + \cdots + \alpha_n \mathbf{a}_n = \mathbf{0}$, so kann man auf beiden Seiten das Skalarprodukt mit einem $\mathbf{a}_j$ bilden und erhält die Gleichung $\alpha_j = 0$. Das funktioniert für alle j und zeigt, dass die Vektoren $\mathbf{a}_1, \ldots, \mathbf{a}_n$ linear unabhängig sind. Jedes System von n linear unabhängigen Vektoren im $\mathbb{R}^n$ bildet aber eine Basis.

Besonders leicht lässt sich auf diesem Wege auch ein beliebiger Vektor als Linearkombination der Elemente einer ON-Basis schreiben.

4.2.1. Darstellung bezüglich einer ON-Basis
Ist $\{\mathbf{a}_1, \ldots, \mathbf{a}_n\}$ eine Orthonormalbasis und $\mathbf{x}$ ein beliebiger Vektor im $\mathbb{R}^n$, so ist

$$\mathbf{x} = (\mathbf{x} \bullet \mathbf{a}_1)\mathbf{a}_1 + \cdots + (\mathbf{x} \bullet \mathbf{a}_n)\mathbf{a}_n .$$

BEWEIS: Weil eine Basis vorliegt, gibt es Skalare α_i mit $\mathbf{x} = \alpha_1\mathbf{a}_1 + \cdots + \alpha_n\mathbf{a}_n$. Bildet man das Skalarprodukt mit $\mathbf{a}_j$, so erhält man die Gleichung $\alpha_j = \mathbf{x} \bullet \mathbf{a}_j$. ∎

4.2.2. Schmidt'sches Orthogonalisierungsverfahren

Sei $U \subset \mathbb{R}^n$ ein k-dimensionaler Unterraum und $\{\mathbf{x}_1, \ldots, \mathbf{x}_k\}$ eine Basis von U. Dann besitzt U eine ON-Basis $\{\mathbf{a}_1, \ldots, \mathbf{a}_k\}$, so dass gilt:

$$\mathrm{Lin}(\mathbf{a}_1, \ldots, \mathbf{a}_\varrho) = \mathrm{Lin}(\mathbf{x}_1, \ldots, \mathbf{x}_\varrho) \text{ für } \varrho = 1, \ldots, k.$$

Der Beweis wird konstruktiv geführt.

Zunächst setzt man $\mathbf{a}_1 := \mathbf{x}_1/\|\mathbf{x}_1\|$.

Sind dann schon Vektoren $\mathbf{a}_1, \ldots, \mathbf{a}_r$ mit den gewünschten Eigenschaften konstruiert und ist $r < k$, so setzt man

$$\mathbf{b}_{r+1} := \mathbf{x}_{r+1} - \sum_{i=1}^{r} (\mathbf{x}_{r+1} \bullet \mathbf{a}_i)\,\mathbf{a}_i \quad \text{und} \quad \mathbf{a}_{r+1} := \frac{1}{\|\mathbf{b}_{r+1}\|} \cdot \mathbf{b}_{r+1}\,.$$

Definition (orthogonales Komplement)

Sei $U \subset \mathbb{R}^n$ ein Unterraum. Dann nennt man

$$U^\perp := \{\mathbf{x} \in \mathbb{R}^n \,:\, \mathbf{x} \bullet \mathbf{y} = 0 \text{ für alle } \mathbf{y} \in U\}$$

das ***orthogonale Komplement*** von U.

Man sieht schnell, dass auch $U^\perp$ ein Untervektorraum von $\mathbb{R}^n$ ist. In Verallgemeinerung des Satzes von der orthogonalen Projektion gilt:

4.2.3. Die orthogonale Zerlegung von Vektoren

Ist $U \subset \mathbb{R}^n$ ein Unterraum und $\mathbf{x} \in \mathbb{R}^n$ beliebig, so gibt es eindeutig bestimmte Vektoren $\mathbf{u} \in U$ und $\mathbf{v} \in U^\perp$, so dass $\mathbf{x} = \mathbf{u} + \mathbf{v}$ ist.

BEWEIS: 1) Eindeutigkeit: Sei $\mathbf{x} = \mathbf{u} + \mathbf{v} = \mathbf{u}' + \mathbf{v}'$ mit $\mathbf{u}, \mathbf{u}' \in U$ und $\mathbf{v}, \mathbf{v}' \in U^\perp$. Dann ist $\mathbf{u} - \mathbf{u}' = \mathbf{v}' - \mathbf{v}$, also $(\mathbf{u} - \mathbf{u}') \bullet (\mathbf{u} - \mathbf{u}') = (\mathbf{u} - \mathbf{u}') \bullet (\mathbf{v}' - \mathbf{v}) = 0$. Daraus folgt $\mathbf{u} - \mathbf{u}' = \mathbf{0}$, also $\mathbf{u} = \mathbf{u}'$ und $\mathbf{v} = \mathbf{v}'$.

2) Existenz: Sei $\{\mathbf{a}_1, \ldots, \mathbf{a}_k\}$ eine ON-Basis von U. Dann setzen wir

$$\mathbf{u} := \sum_{i=1}^{k} (\mathbf{x} \bullet \mathbf{a}_i)\,\mathbf{a}_i \quad \text{und} \quad \mathbf{v} := \mathbf{x} - \mathbf{u}.$$

Offensichtlich ist $\mathbf{u} \in U$ und $\mathbf{v} \bullet \mathbf{a}_j = \mathbf{x} \bullet \mathbf{a}_j - \mathbf{u} \bullet \mathbf{a}_j = \mathbf{x} \bullet \mathbf{a}_j - \mathbf{x} \bullet \mathbf{a}_j = 0$ für alle j, also $\mathbf{v} \in U^\perp$. ∎

Den eindeutig bestimmten Vektor

$$\mathbf{p}_U(\mathbf{x}) := \mathbf{u} = \sum_{i=1}^{k} (\mathbf{x} \bullet \mathbf{a}_i)\, \mathbf{a}_i$$

nennt man die ***orthogonale Projektion*** von $\mathbf{x}$ auf U.

Die orthogonale Projektion $\mathbf{p}_U : \mathbb{R}^n \to U$ ist linear und surjektiv, mit $\mathbf{p}_U \circ \mathbf{p}_U = \mathbf{p}_U$ und $\mathrm{Ker}(\mathbf{p}_U) = U^\perp$. Daraus folgt mit Hilfe der Dimensionsformel:

1. Ist $U \subset \mathbb{R}^n$ ein Unterraum, so ist $\dim(U^\perp) = n - \dim(U)$.
2. Es ist stets $U^{\perp\perp} = U$.

4.3 Determinanten

Der Begriff der Determinante wird als bekannt vorausgesetzt.

Ist $A = (a_{ij} \mid i, j = 1, \ldots, n)$, so ist $\boxed{\det A = \sum_{\sigma \in S_n} \mathrm{sign}(\sigma) a_{1,\sigma(1)} \cdots a_{n,\sigma(n)}}$.

Es sei noch an die Tatsache erinnert, dass für eine n-reihige quadratische Matrix A genau dann $\det(A) = 0$ gilt, wenn $\mathrm{rg}(A) < n$ ist, sowie an den *Determinantenproduktsatz*:

$$\boxed{\det(A \cdot B) = \det(A) \cdot \det(B).}$$

Man kann die Determinante als eine Abbildung $\det : \mathbb{R}^n \times \ldots \times \mathbb{R}^n \to \mathbb{R}$ auffassen, die in jedem einzelnen Argument linear ist. Vertauscht man zwei Argumente, so ändert sich das Vorzeichen. Zur Berechnung der Determinante der Matrix A kann man wahlweise die Zeilen oder die Spalten von A einsetzen, es ist $\det(A^\top) = \det(A)$.

Ist $A = (\mathbf{a}_1^\top, \ldots, \mathbf{a}_n^\top) \in M_n(\mathbb{R})$ (mit Spalten $\mathbf{a}_i^\top$), so nennt man

$$A_{ij} := \det(\mathbf{a}_1, \ldots, \mathbf{a}_{j-1}, \mathbf{e}_i, \mathbf{a}_{j+1}, \ldots, \mathbf{a}_n)$$

den ***Cofaktor*** oder die ***Adjunkte*** von A zur i-ten Zeile und j-ten Spalte. Ist $S_{ij}(A)$ die Matrix, die man aus A durch Streichen der i-ten Zeile und der j-ten Spalte gewinnt, so folgt für alle i, j:

$$A_{ij} = (-1)^{i+j} \det S_{ij}(A).$$

Daraus ergibt sich

4.3.1. Der Laplace'sche Entwicklungssatz

Ist $A = \left(a_{ij} \;\middle|\; i, j = 1, \ldots, n\right) \in M_n(\mathbb{R})$, *so gilt für jedes feste* j :

$$\det(A) = \sum_{i=1}^{n} (-1)^{i+j} a_{ij} \cdot \det S_{ij}(A) = \sum_{i=1}^{n} a_{ij} \cdot A_{ij}.$$

Man spricht hier von der *Entwicklung nach der j-ten Spalte*. Analog kann man nach der i-ten Zeile entwickeln.

Ist $\{\mathbf{a}_1, \dots, \mathbf{a}_n\}$ eine Orthonormalbasis des $\mathbb{R}^n$ und A die Matrix, deren Zeilen die Vektoren $\mathbf{a}_i$ sind, so ist

$$A \cdot A^\top = E_n$$

die n-reihige Einheitsmatrix, denn die Elemente dieser Matrix sind die Skalarprodukte $\mathbf{a}_i \bullet \mathbf{a}_j = \delta_{ij}$. Eine Matrix A mit $A \cdot A^\top = E_n$ nennt man auch eine ***orthogonale Matrix***. Offensichtlich gilt $1 = \det(E_n) = \det(A \cdot A^\top) = \det(A)^2$ und daher $\det(A) = \pm 1$ für jede orthogonale Matrix. Insbesondere ist A invertierbar, $A^{-1} = A^\top$ und deshalb auch $A^\top \cdot A = E_n$. Ist sogar $\det(A) = 1$, so spricht man von einer ***Drehmatrix***.

Definition (positiv orientierte ON-Basis)

Eine Orthonormalbasis $\{\mathbf{a}_1, \dots, \mathbf{a}_n\}$ des $\mathbb{R}^n$ heißt ***positiv orientiert***, falls gilt:

$$\det(\mathbf{a}_1, \dots, \mathbf{a}_n) = 1.$$

Bemerkung: Man beachte, dass es bei der Entscheidung, ob eine Basis positiv orientiert ist, auf die Reihenfolge der Basiselemente ankommt. So ist z.B. die Standardbasis $\{\mathbf{e}_1, \dots, \mathbf{e}_n\}$ in der natürlichen Reihenfolge positiv orientiert, nicht aber in der Reihenfolge $\mathbf{e}_2, \mathbf{e}_1, \mathbf{e}_3, \dots, \mathbf{e}_n$.
Eine Orthonormalbasis ist genau dann positiv orientiert, wenn ihre Elemente die Zeilen oder Spalten einer Drehmatrix bilden. Im Falle $n = 2$ haben die Drehmatrizen immer die Gestalt

$$D_\alpha = \begin{pmatrix} \cos\alpha & \sin\alpha \\ -\sin\alpha & \cos\alpha \end{pmatrix},$$

wobei α der Drehwinkel ist.

4.4 Linearformen und Bilinearformen

Ist $\mathbf{v} \in \mathbb{R}^n$, so wird durch $\omega_\mathbf{v}(\mathbf{w}) := \mathbf{v} \bullet \mathbf{w}$ eine Linearform $\omega_\mathbf{v} : \mathbb{R}^n \to \mathbb{R}$ definiert. Umgekehrt gibt es zu jeder Linearform $f \neq 0$ auf dem $\mathbb{R}^n$ einen Vektor $\mathbf{v} \in \mathbb{R}^n$, so dass $f = \omega_\mathbf{v}$ ist. Man gewinnt $\mathbf{v}$ folgendermaßen: Ist f gegeben und $\{\mathbf{e}_1, \dots, \mathbf{e}_n\}$ die Standardbasis des $\mathbb{R}^n$, so setzt man $\mathbf{v} := \big(f(\mathbf{e}_1), \dots, f(\mathbf{e}_n)\big)$. Dann ist

$$f(w_1\mathbf{e}_1 + \cdots + w_n\mathbf{e}_n) = w_1v_1 + \cdots + w_nv_n = \omega_\mathbf{v}(\mathbf{w}).$$

Ist $\omega_\mathbf{v} = 0$, so ist $\mathbf{v} \bullet \mathbf{w} = 0$ für alle $\mathbf{w} \in \mathbb{R}^n$, also insbesondere $0 = \mathbf{v} \bullet \mathbf{v} = \|\mathbf{v}\|^2$, und das ist nur möglich, wenn $\mathbf{v} = \mathbf{0}$ ist. Also ist die (lineare) Zuordnung $\mathbf{v} \mapsto \omega_\mathbf{v}$ zwischen Vektoren und Linearformen bijektiv.

Zum Beispiel ist $\varepsilon^i := \omega_{\mathbf{e}_i}$ die Projektion auf die i-te Komponente:

$$\varepsilon^i : (x_1, \ldots, x_n) \mapsto x_i, \qquad \text{für } i = 1, \ldots, n.$$

Definition (Bilinearform)

Eine ***Bilinearform*** auf dem $\mathbb{R}^n$ ist eine Abbildung $\varphi : \mathbb{R}^n \times \mathbb{R}^n \to \mathbb{R}$ mit folgenden Eigenschaften:

1. $\varphi(\mathbf{x}_1 + \mathbf{x}_2, \mathbf{y}) = \varphi(\mathbf{x}_1, \mathbf{y}) + \varphi(\mathbf{x}_2, \mathbf{y})$ für alle $\mathbf{x}_1, \mathbf{x}_2, \mathbf{y} \in \mathbb{R}^n$,
2. $\varphi(\mathbf{x}, \mathbf{y}_1 + \mathbf{y}_2) = \varphi(\mathbf{x}, \mathbf{y}_1) + \varphi(\mathbf{x}, \mathbf{y}_2)$ für alle $\mathbf{x}, \mathbf{y}_1, \mathbf{y}_2 \in \mathbb{R}^n$,
3. $\varphi(\alpha\mathbf{x}, \mathbf{y}) = \varphi(\mathbf{x}, \alpha\mathbf{y}) = \alpha \cdot \varphi(\mathbf{x}, \mathbf{y})$ für alle $\alpha \in \mathbb{R}$ und $\mathbf{x}, \mathbf{y} \in \mathbb{R}^n$.

Die Bilinearform φ heißt ***symmetrisch***, falls $\varphi(\mathbf{x}, \mathbf{y}) = \varphi(\mathbf{y}, \mathbf{x})$ für alle $\mathbf{x}, \mathbf{y} \in \mathbb{R}^n$ gilt. Sie heißt ***alternierend***, falls $\varphi(\mathbf{x}, \mathbf{y}) = -\varphi(\mathbf{y}, \mathbf{x})$ für alle $\mathbf{x}, \mathbf{y} \in \mathbb{R}^n$ ist.

Zu jeder Bilinearform $\varphi : \mathbb{R}^n \times \mathbb{R}^n \to \mathbb{R}$ gibt es eine (eindeutig bestimmte) quadratische Matrix $A \in M_n(\mathbb{R})$, so dass gilt:

$$\varphi(\mathbf{x}, \mathbf{y}) = \mathbf{x} \cdot A \cdot \mathbf{y}^\top, \text{ für alle } \mathbf{x}, \mathbf{y} \in \mathbb{R}^n.$$

Die Einträge a_{ij} in der Matrix A gewinnt man aus den Gleichungen

$$a_{ij} = \mathbf{e}_i \cdot A \cdot \mathbf{e}_j^\top = \varphi(\mathbf{e}_i, \mathbf{e}_j), \text{ für } i, j = 1, \ldots, n.$$

Wir schreiben dann auch $\varphi = \varphi_A$.

Offensichtlich ist φ genau dann symmetrisch (bzw. alternierend), wenn $a_{ij} = a_{ji}$ (bzw. $a_{ij} = -a_{ji}$) für alle i, j gilt, also $A^\top = A$ (bzw. $A^\top = -A$). Im ersten Fall nennt man auch die Matrix A ***symmetrisch***, im zweiten Fall ***schiefsymmetrisch***.

Die Matrix-Darstellung der Bilinearformen zeigt: Die symmetrischen Bilinearformen auf dem $\mathbb{R}^n$ bilden einen $\mathbb{R}$-Vektorraum $S_2(\mathbb{R}^n)$ der Dimension

$$\dim S_2(\mathbb{R}^n) = n + \frac{n^2 - n}{2} = \frac{n(n+1)}{2},$$

die alternierenden Bilinearformen einen Vektorraum $A_2(\mathbb{R}^n)$ der Dimension

$$\dim A_2(\mathbb{R}^n) = \frac{n^2 - n}{2} = \frac{n(n-1)}{2} = \binom{n}{2}.$$

Ist φ_A eine alternierende Bilinearform und $n = 3$, so hat die zugehörige Matrix A die Gestalt

$$A = \begin{pmatrix} 0 & a_{12} & a_{13} \\ -a_{12} & 0 & a_{23} \\ -a_{13} & -a_{23} & 0 \end{pmatrix}.$$

Ist E_{ij} die Matrix mit einer 1 an der Stelle (i, j) und lauter Nullen sonst, so wird der Raum der schiefsymmetrischen 3×3-Matrizen von den drei Matrizen

$$E_{12} - E_{21} = \begin{pmatrix} 0 & 1 & 0 \\ -1 & 0 & 0 \\ 0 & 0 & 0 \end{pmatrix}, \quad E_{13} - E_{31} = \begin{pmatrix} 0 & 0 & 1 \\ 0 & 0 & 0 \\ -1 & 0 & 0 \end{pmatrix}$$

$$\text{und} \quad E_{23} - E_{32} = \begin{pmatrix} 0 & 0 & 0 \\ 0 & 0 & 1 \\ 0 & -1 & 0 \end{pmatrix}$$

erzeugt.

Wir bezeichnen die Menge aller linearen Abbildungen von V nach W mit $L(V, W)$ und die Menge aller Bilinearformen auf V mit $L_2(V; \mathbb{R})$. In beiden Fällen handelt es sich um Vektorräume.

Ist eine Bilinearform $\varphi = \varphi_B$ auf dem $\mathbb{R}^n$ und ein fester Vektor $\mathbf{v} \in \mathbb{R}^n$ gegeben, so wird durch

$$\omega_{\varphi,\mathbf{v}} : \mathbf{w} \mapsto \varphi(\mathbf{v}, \mathbf{w}) = \mathbf{v} \cdot B \cdot \mathbf{w}^\top$$

eine Linearform auf dem $\mathbb{R}^n$ definiert. Die Zuordnung $\omega : \mathbf{v} \mapsto \omega_{\varphi,\mathbf{v}}$ ist eine lineare Abbildung $\omega : \mathbb{R}^n \to L(\mathbb{R}^n, \mathbb{R})$, also ein Element aus $L(\mathbb{R}^n, L(\mathbb{R}^n, \mathbb{R}))$.

Ist umgekehrt eine lineare Abbildung $\lambda \in L(\mathbb{R}^n, L(\mathbb{R}^n, \mathbb{R}))$ gegeben, so erhält man eine Bilinearform $\varphi = \varphi^{(\lambda)} : \mathbb{R}^n \times \mathbb{R}^n \to \mathbb{R}$ mit

$$\varphi^{(\lambda)}(\mathbf{v}, \mathbf{w}) := \lambda(\mathbf{v})(\mathbf{w}).$$

Die Abbildung $\lambda \mapsto \varphi^{(\lambda)}$ von $L(\mathbb{R}^n, L(\mathbb{R}^n, \mathbb{R}))$ nach $L_2(\mathbb{R}^n; \mathbb{R})$ ist ein Isomorphismus von $\mathbb{R}$-Vektorräumen, die Umkehrabbildung ist gegeben durch $\varphi \mapsto (\mathbf{v} \mapsto \omega_{\varphi,\mathbf{v}})$.

4.5 Eigenwerte und Eigenvektoren

Definition (Eigenwerte und Eigenvektoren)

Sei $A \in M_n(\mathbb{R})$ eine n-reihige quadratische Matrix und $\mathbf{f}_A : \mathbb{R}^n \to \mathbb{R}^n$ die durch $\mathbf{f}_A(\mathbf{x}) := \mathbf{x} \cdot A^\top$ definierte lineare Abbildung. Eine reelle Zahl λ heißt ***Eigenwert*** von A, falls es einen Vektor $\mathbf{x} \neq \mathbf{0}$ gibt, so dass $\mathbf{f}_A(\mathbf{x}) = \lambda\mathbf{x}$ ist. Der Vektor $\mathbf{x}$ heißt dann ***Eigenvektor*** von A zum Eigenwert λ.

Genau dann ist $\mathbf{x}_0$ Eigenvektor zum Eigenwert λ, wenn $\mathbf{x}_0$ eine nichttriviale Lösung des Gleichungssystems $(A - \lambda \cdot E_n) \cdot \mathbf{x}^\top = \mathbf{0}^\top$ ist. Eine solche Lösung gibt es genau dann, wenn $\det(A - \lambda \cdot E_n) = 0$ ist.

Die Eigenwerte von A sind daher genau die Nullstellen des ***charakteristischen Polynoms*** $p_A(x) := \det(A - x \cdot E_n)$. Dieser Zusammenhang liefert die gebräuchlichste Berechnungsmethode für die Eigenwerte.

Nach dem Fundamentalsatz der Algebra zerfällt jedes Polynom über $\mathbb{C}$ in Linearfaktoren. Also besitzt jede Matrix $A \in M_n(\mathbb{R})$ genau n „komplexe Eigenwerte" (mit Vielfachheit gezählt). Die Eigenvektoren zu komplexen Eigenwerten sind dann allerdings Elemente des $\mathbb{C}^n$.

Eine besondere Situation liegt im Falle von symmetrischen Matrizen vor.

4.5.1. Alle Eigenwerte einer symmetrischen Matrix sind reell

BEWEIS: Wir benutzen das kanonische hermitesche Skalarprodukt $<\mathbf{v} \mid \mathbf{w}> := \mathbf{v} \cdot \overline{\mathbf{w}}^\top$. Ist A eine symmetrische reelle Matrix (also $A^\top = A$), so kann man $\mathbf{f}_A$ auch auf Elemente des $\mathbb{C}^n$ anwenden, und dann gilt:

$$<\mathbf{f}_A(\mathbf{x}) \mid \mathbf{y}> = (\mathbf{x} \cdot A^\top) \cdot \overline{\mathbf{y}}^\top = \mathbf{x} \cdot (A \cdot \overline{\mathbf{y}}^\top) = \mathbf{x} \cdot (\overline{\mathbf{y}} \cdot A^\top)^\top = <\mathbf{x} \mid \mathbf{f}_A(\mathbf{y})>$$

Ist λ ein (eventuell komplexer) Eigenwert von A und $\mathbf{x} \in \mathbb{C}^n$ ein zugehöriger Eigenvektor, so ist

$$\begin{aligned} \lambda \cdot <\mathbf{x} \mid \mathbf{x}> &= <\lambda\mathbf{x} \mid \mathbf{x}> = <\mathbf{f}_A(\mathbf{x}) \mid \mathbf{x}> \\ &= <\mathbf{x} \mid \mathbf{f}_A\mathbf{x}> = <\mathbf{x} \mid \lambda\mathbf{x}> = \overline{\lambda} \cdot <\mathbf{x} \mid \mathbf{x}>. \end{aligned}$$

Weil $<\mathbf{x} \mid \mathbf{x}> \neq 0$ ist, folgt daraus, dass $\lambda = \overline{\lambda}$ ist, also λ reell und der zugehörige Eigenvektor ein Element des $\mathbb{R}^n$. ∎

Sind $\lambda \neq \mu$ zwei (reelle) Eigenwerte zu der symmetrischen Matrix A, mit Eigenvektoren $\mathbf{x}, \mathbf{y} \in \mathbb{R}^n$, so ist

$$\begin{aligned} \lambda \cdot <\mathbf{x} \mid \mathbf{y}> &= <\lambda\mathbf{x} \mid \mathbf{y}> = <\mathbf{f}_A(\mathbf{x}) \mid \mathbf{y}> \\ &= <\mathbf{x} \mid \mathbf{f}_A(\mathbf{y})> = <\mathbf{x} \mid \mu\mathbf{y}> = \mu \cdot <\mathbf{x} \mid \mathbf{y}>. \end{aligned}$$

also $(\lambda - \mu) \cdot <\mathbf{x} \mid \mathbf{y}> = 0$ und daher $<\mathbf{x} \mid \mathbf{y}> = 0$. Weil $<\mathbf{x} \mid \mathbf{y}> = \mathbf{x} \bullet \mathbf{y}$ für Vektoren $\mathbf{x}, \mathbf{y} \in \mathbb{R}^n$ gilt, folgt:

Eigenvektoren zu verschiedenen Eigenwerten einer symmetrischen Matrix stehen aufeinander senkrecht.

Sei V ein n-dimensionaler euklidischer Vektorraum, also ein reeller Vektorraum mit einem Skalarprodukt $(\ldots \mid \ldots)$. Ein ***Endomorphismus*** f von V (also eine lineare Abbildung $f : V \to V$) heißt ***selbstadjungiert***, falls $(f(v) \mid w) = (v \mid f(w))$ für alle $v, w \in V$ gilt. Ist z.B. $V = \mathbb{R}^n$ und $f = \mathbf{f}_A$ mit einer symmetrischen Matrix A, so ist f selbstadjungiert. Eigenvektoren und Eigenwerte von Endomorphismen definiert man genauso wie im Falle von Matrizen:

Ist f Endomorphismus eines beliebigen $\mathbb{R}$-Vektorraumes, so heißt eine reelle Zahl λ ***Eigenwert*** von f, falls es einen Vektor $x \neq 0$ in V gibt, so dass $f(x) = \lambda x$ ist. Der Vektor x heißt dann (wie im $\mathbb{R}^n$) ***Eigenvektor*** von f zum Eigenwert λ.

4.5.2. Diagonalisierung selbstadjungierter Endomorphismen

Sei V ein n-dimensionaler euklidischer Vektorraum, f ein selbstadjungierter Endomorphismus von V. Dann gibt es in V eine Orthonormalbasis von Eigenvektoren von f.

BEWEIS: Ist $U \subset V$ ein Untervektorraum und $f(U) \subset U$ (also f sogar ein selbstadjungierter Endomorphismus von U), so ist auch $f(U^\perp) \subset U^\perp$. Ist nämlich $y \in U^\perp$ und $x \in U$, so ist $(f(y) \,|\, x) = (y \,|\, f(x)) = 0$.

Der Beweis des Satzes wird jetzt durch Induktion nach $n = \dim(V)$ geführt.

a) Der Fall $n = 1$ ist trivial.

b) Sei jetzt $n \geq 2$ und die Behauptung für $n-1$ bewiesen. Es gibt zumindest einen Eigenvektor x (zu einem Eigenwert λ) von f. Sei $U := \mathbb{R}x$. Dann ist $f(U) \subset U$ und daher auch $f(U^\perp) \subset U^\perp$. Also ist f ein selbstadjungierter Endomorphismus von $U^\perp$. Nach Induktionsvoraussetzung gibt es eine ON-Basis $\{a_2, \ldots, a_n\}$ von Eigenvektoren von f in $U^\perp$. Setzt man noch $a_1 := x/\|x\|$, so ist $\{a_1, a_2, \ldots, a_n\}$ eine ON-Basis von Eigenvektoren für V. ∎

4.5.3. Diagonalisierbarkeit symmetrischer Matrizen

Ist $A \in M_n(\mathbb{R})$ symmetrisch, so gibt es im $\mathbb{R}^n$ eine Orthonormalbasis von Eigenvektoren von A.

4.6 Alternierende Multilinearformen

Sei V ein n-dimensionaler $\mathbb{R}$-Vektorraum. Dann heißt der Vektorraum $V^* := L(V, \mathbb{R})$ der Linearformen auf V der ***Dualraum*** von V. Ist $A = \{a_1, \ldots, a_n\}$ eine Basis von V, so wird durch $\alpha^i(a_j) = \delta_{ij}$ eine Basis $A^* = \{\alpha^1, \ldots, \alpha^n\}$ von V^* definiert, die ***duale Basis*** zu A. Insbesondere ist $V^* \cong V$.

Die Menge der q-fachen Multilinearformen $\varphi : V \times \ldots \times V \to \mathbb{R}$ bildet einen Vektorraum $L_q(V)$. Eine Multilinearform $\varphi \in L_q(V)$ heißt ***alternierend***, falls für alle $i = 1, \ldots, q-1$ gilt: $\varphi(x_1, \ldots, x_i, x_{i+1}, \ldots, x_q) = -\varphi(x_1, \ldots, x_{i+1}, x_i, \ldots, x_q)$.

Die Menge der alternierenden q-fachen Multilinearformen auf V wird mit $A^q(V)$ bezeichnet. Ist $\varphi \in A^q(V)$, so gilt:

1. $\varphi(x_{\sigma(1)}, \ldots, x_{\sigma(q)}) = \operatorname{sign}(\sigma) \cdot \varphi(x_1, \ldots, x_q)$ für alle Permutationen $\sigma \in S_q$.

2. $\varphi(x_1, \ldots, x_q) = 0$, falls zwei Argumente gleich sind.

4.6.1. Beispiele

A. $A^0(V) = \mathbb{R}$ und $A^1(V) = V^*$.

B. Bilinearformen, also Elemente aus $L_2(V)$, wurden oben schon behandelt. Die Menge $A_2(\mathbb{R}^n)$ der schiefsymmetrischen Bilinearformen auf dem $\mathbb{R}^n$, die ebenfalls schon betrachtet wurde, stimmt natürlich mit $A^2(\mathbb{R}^n)$ überein.

C. Die Determinante kann man als alternierende n-Form $\det : \mathbb{R}^n \times \ldots \times \mathbb{R}^n \to \mathbb{R}$ auffassen.

Man sieht leicht, dass $L_q(V)$ und $A^q(V)$ Vektorräume sind, mit $\dim L_q(V) = n^q$.

Definition (Dachprodukt von Linearformen)

Sind $\lambda_1, \ldots, \lambda_q \in V^*$ Linearformen, so wird durch

$$\lambda_1 \wedge \ldots \wedge \lambda_q(v_1, \ldots, v_q) := \det\Big(\lambda_i(v_j) \,\Big|\, i, j = 1, \ldots, q\Big)$$

ein Element $\lambda_1 \wedge \ldots \wedge \lambda_q \in L_q(V)$ definiert.

4.6.2. Folgerung

$\lambda_1 \wedge \ldots \wedge \lambda_q$ ist alternierend, und für $\sigma \in S_q$ ist

$$\lambda_{\sigma(1)} \wedge \ldots \wedge \lambda_{\sigma(q)} = \operatorname{sign}(\sigma) \cdot \lambda_1 \wedge \ldots \wedge \lambda_q.$$

Beweis: Die Determinante $\det\big(\lambda_i(v_j) \mid i, j = 1, \ldots, q\big)$ ist alternierend in den Zeilen (also den λ_i) und den Spalten (also den v_j). ■

Sei $1 \le i_1, \ldots, i_q \le n$. Sind die i_ν paarweise verschieden, so versteht man unter $\delta(i_1, \ldots, i_q)$ das (eindeutig bestimmte) Vorzeichen derjenigen Permutation, die $(i_1, \ldots, i_q)$ auf $(j_1, \ldots, j_q)$ mit $1 \le j_1 < \ldots < j_q \le n$ abbildet. Stimmen zwei der i_ν überein, so setzt man $\delta(i_1, \ldots, i_q) = 0$.

4.6.3. Hilfssatz 1

Ist $\{\alpha^1, \ldots, \alpha^n\}$ die duale Basis zu $\{a_1, \ldots, a_n\}$ und $1 \le j_1 < \ldots < j_q \le n$, so ist

$$\alpha^{i_1} \wedge \ldots \wedge \alpha^{i_q}(a_{j_1}, \ldots, a_{j_q}) = \begin{cases} 0 & \text{falls } \{i_1, \ldots, i_q\} \ne \{j_1, \ldots, j_q\}, \\ \delta(i_1, \ldots, i_q) & \text{falls } \{i_1, \ldots, i_q\} = \{j_1, \ldots, j_q\}. \end{cases}$$

Beweis: Es ist nur der Fall $\{i_1, \ldots, i_q\} = \{j_1, \ldots, j_q\}$ zu betrachten. Dann ist

$$\begin{aligned}\alpha^{i_1} \wedge \ldots \wedge \alpha^{i_q}(a_{j_1}, \ldots, a_{j_q}) &= \delta(i_1, \ldots, i_q)\alpha^{j_1} \wedge \ldots \wedge \alpha^{j_q}(a_{j_1}, \ldots, a_{j_q}) = \\ &= \delta(i_1, \ldots, i_q) \sum\nolimits_{\sigma \in S_q} \operatorname{sign}(\sigma)\alpha^{j_1}(a_{j_{\sigma(1)}}) \cdots \alpha^{j_q}(a_{j_{\sigma(q)}}) \\ &= \delta(i_1, \ldots, i_q),\end{aligned}$$

denn von der Summe bleibt nur der Summand mit $\sigma = \text{id}$ übrig. ■

4.6.4. Hilfssatz 2

Ist $\varphi \in A^q(V)$, $\{a_1, \ldots, a_n\}$ eine Basis von V und $\varphi(a_{i_1}, \ldots, a_{i_q}) = 0$ für $1 \le i_1 < \ldots < i_q \le n$, so ist $\varphi = 0$.

Beweis: Ist $\{i_1, \ldots, i_q\} = \{j_1, \ldots, j_q\}$ mit $1 \le j_1 < \ldots < j_q \le n$, so ist

$$\varphi(a_{i_1}, \ldots, a_{i_q}) = \delta(i_1, \ldots, i_q) \cdot \varphi(a_{j_1}, \ldots, a_{j_q}) = 0.$$

Sind nun $x_j = x_{j1}a_1 + \cdots + x_{jn}a_n$, $j = 1, \ldots, q$, beliebige Vektoren, so ist $\varphi(x_1, \ldots, x_q) = \sum_{i_1, \ldots, i_q} x_{1i_1} \cdots x_{qi_q} \cdot \varphi(a_{i_1}, \ldots, a_{i_q}) = 0$. ■

4.6.5. Eine Basis von $A^q(V)$

Die Formen $\alpha^{i_1} \wedge \ldots \wedge \alpha^{i_q}$ mit $1 \le i_1 < \ldots < i_q \le n$ bilden eine Basis von $A^q(V)$. Insbesondere ist $\dim(A^q(V)) = \binom{n}{q}$.

Beweis: 1) Lineare Unabhängigkeit: Ist $\sum_{1 \le i_1 < \ldots < i_q \le n} c_{i_1 \ldots i_q} \alpha^{i_1} \wedge \ldots \wedge \alpha^{i_q} = 0$, so ist $0 = \Big(\sum_{1 \le i_1 < \ldots < i_q \le n} c_{i_1 \ldots i_q} \alpha^{i_1} \wedge \ldots \wedge \alpha^{i_q} \Big)(a_{j_1}, \ldots, a_{j_q}) = c_{j_1 \ldots j_q}$ für $j_1 < \ldots < j_q$.

2) Erzeugendensystem: Sei $\varphi \in A^q(V)$. Dann definiere man $\psi \in A^q(V)$ durch

$$\psi := \sum_{1 \le i_1 < \ldots < i_q \le n} \varphi(a_{i_1}, \ldots, a_{i_q}) \alpha^{i_1} \wedge \ldots \wedge \alpha^{i_q}.$$

Man sieht dann sofort: $\psi = \varphi$.

Die Dimension von $A^q(V)$ ist die Anzahl der q-Tupel $(i_1, \ldots, i_q)$ mit $1 \le i_1 < \ldots < i_q \le n$. Jedes solche q-Tupel bestimmt genau eine q-elementige Teilmenge von $\{1, \ldots, n\}$, und zu jeder der Mengen gibt es nur eine zulässige Anordnung der Elemente. ■

4.6.6. Satz

Sei W ein beliebiger Vektorraum und $h : V^* \times \ldots \times V^* \to W$ eine q-fach multilineare, alternierende Abbildung. Dann gibt es genau eine lineare Abbildung $\widehat{h} : A^q(V) \to W$ mit

$$\widehat{h}(f_1 \wedge \ldots \wedge f_q) = h(f_1, \ldots, f_q).$$

Beweis: Die lineare Abbildung $\widehat{h}$ wird durch Festlegung auf den Elementen einer Basis definiert. Das ergibt auch schon die Eindeutigkeit. Wir müssen nur sehen, dass die gewünschte Eigenschaft erfüllt ist. Ist $\{\alpha^1, \ldots, \alpha^n\}$ eine Basis von V^*, so gilt für Elemente $f_\nu = \sum_{i_\nu} a_{\nu,i_\nu} \alpha^{i_\nu}$:

$$\begin{aligned}
\widehat{h}(f_1 \wedge \ldots \wedge f_q) &= \widehat{h}\Big(\sum_{i_1,\ldots,i_q} a_{1,i_1} \cdots a_{q,i_q} \alpha^{i_1} \wedge \ldots \wedge \alpha^{i_q}\Big) = \\
&= \sum_{i_1,\ldots,i_q} a_{1,i_1} \cdots a_{q,i_q} \widehat{h}(\alpha^{i_1} \wedge \ldots \wedge \alpha^{i_q}) = \sum_{i_1,\ldots,i_q} a_{1,i_1} \cdots a_{q,i_q} h(\alpha^{i_1}, \ldots, \alpha^{i_q}) \\
&= h\Big(\sum_{i_1} a_{1,i_1} \alpha^{i_1}, \ldots, \sum_{i_q} a_{q,i_q} \alpha^{i_q}\Big) = h(f_1, \ldots, f_q).
\end{aligned}$$

■

4.6.7. Satz

Es gibt genau eine bilineare Abbildung $\Phi : A^p(V) \times A^q(V) \to A^{p+q}(V)$ mit

$$\Phi(f_1 \wedge \ldots \wedge f_p, g_1 \wedge \ldots \wedge g_q) = f_1 \wedge \ldots \wedge f_p \wedge g_1 \wedge \ldots \wedge g_q.$$

Beweis: Für $\mathbf{u} = (u_1, \ldots, u_p) \in (V^*)^p$ sei $g_\mathbf{u} : (V^*)^q \to A^{p+q}(V)$ definiert durch

$$g_\mathbf{u}(w_1, \ldots, w_q) := u_1 \wedge \ldots \wedge u_p \wedge w_1 \wedge \ldots \wedge w_q.$$

Weil $g_\mathbf{u}$ q-fach multilinear und alternierend ist, gibt es eine eindeutig bestimmte lineare Abbildung $\widehat{g}_\mathbf{u} : A^q(V) \to A^{p+q}(V)$ mit

$$\widehat{g}_\mathbf{u}(w_1 \wedge \ldots \wedge w_q) = g_\mathbf{u}(w_1, \ldots, w_q).$$

Die Abbildung $h : (V^*)^p \to L(A^q(V), A^{p+q}(V))$ mit $h(\mathbf{u}) := \widehat{g}_\mathbf{u}$ ist p-fach multilinear und alternierend. Also gibt es eine eindeutig bestimmte lineare Abbildung $\widehat{h} : A^p(V) \to L(A^q(V), A^{p+q}(V))$ mit $\widehat{h}(u_1 \wedge \ldots \wedge u_p) := \widehat{g}_\mathbf{u}$.

Für $\omega \in A^p(V)$ und $\psi \in A^q(V)$ sei $\Phi(\omega, \psi) := \widehat{h}(\omega)(\psi)$. Offensichtlich ist Φ bilinear und (durch die Werte auf Basis-Elementen) eindeutig bestimmt. Es ist

$$\begin{aligned}
\widehat{h}(f_1 \wedge \ldots \wedge f_p)(g_1 \wedge \ldots \wedge g_q) &= \widehat{g}_{(f_1,\ldots,f_p)}(g_1 \wedge \ldots \wedge g_q) \\
&= g_{(f_1,\ldots,f_p)}(g_1, \ldots, g_q) \\
&= f_1 \wedge \ldots \wedge f_p \wedge g_1 \wedge \ldots \wedge g_q.
\end{aligned}$$

Die Konstruktion beweist die Existenz, die Eindeutigkeit erhält man über Basisdarstellungen. ■

So erhält man das ***Dachprodukt***

$$A^p(V) \times A^q(V) \xrightarrow{\wedge} A^{p+q}(V), \text{ mit } (\varphi, \psi) \mapsto \varphi \wedge \psi := \Phi(\varphi, \psi).$$

Dieses Produkt hat folgende Eigenschaften:

1. $(\omega \wedge \varphi) \wedge \psi = \omega \wedge (\varphi \wedge \psi)$.
2. $\omega \wedge \varphi = (-1)^{pq} \varphi \wedge \omega$ für $\omega \in A^p(V)$, $\varphi \in A^q(V)$. (Antikommutativgesetz).
3. Für Linearformen $\varphi, \psi \in V^*$ ist $\varphi \wedge \psi(v, w) = \varphi(v) \cdot \psi(w) - \psi(v) \cdot \varphi(w)$.

Die Eigenschaften (1) und (2) folgen ganz leicht für Basisformen und dann wegen der Bilinearität für beliebige Formen. Die Eigenschaft (3) ergibt sich aus der Definition des Dachproduktes von Linearformen.

4.7 Orientierung

Sei V ein n-dimensionaler $\mathbb{R}$-Vektorraum. Jede Basis $\mathscr{B} = \{b_1, \ldots, b_n\}$ von V definiert einen Isomorphismus $\varphi_{\mathscr{B}} : \mathbb{R}^n \to V$ durch $\varphi_{\mathscr{B}}(x_1, \ldots, x_n) := x_1 b_1 + \cdots + x_n b_n$. Man nennt $\varphi_{\mathscr{B}}$ auch ein ***Koordinatensystem*** für V.

Ist $A \in M_n(\mathbb{R})$ und $\mathbf{F}_A : \mathbb{R}^n \to \mathbb{R}^n$ der zugehörige Endomorphismus mit $\mathbf{F}_A(\mathbf{x}) = \mathbf{x} \cdot A^\top$, so kann man durch $f_A := \varphi_{\mathscr{B}} \circ \mathbf{F}_A \circ \varphi_{\mathscr{B}}^{-1}$ einen Endomorphismus $f_A : V \to V$ definieren. Umgekehrt kann man jeden Endomorphismus von V so beschreiben. Man setzt dann $\det(f_A) := \det(A)$.

Die Definition der Determinante hängt nicht von der Wahl des Koordinatensystems ab. Es sei $f : V \to V$ irgend ein Endomorphismus, und es seien zwei Koordinatensysteme $\varphi_{\mathscr{B}_1}$ und $\varphi_{\mathscr{B}_2}$ für V gegeben. Dann gibt es Matrizen $A, B \in M_n(\mathbb{R})$, so dass gilt:

$$\varphi_{\mathscr{B}_1} \circ \mathbf{F}_A \circ \varphi_{\mathscr{B}_1}^{-1} = f = \varphi_{\mathscr{B}_2} \circ \mathbf{F}_B \circ \varphi_{\mathscr{B}_2}^{-1}.$$

Außerdem gibt es eine invertierbare Matrix P, so dass $\varphi_{\mathscr{B}_1}^{-1} \circ \varphi_{\mathscr{B}_2} = \mathbf{F}_P$ ist. Dann folgt

$$\begin{aligned} \mathbf{F}_B = \varphi_{\mathscr{B}_2}^{-1} \circ f \circ \varphi_{\mathscr{B}_2} &= \varphi_{\mathscr{B}_2}^{-1} \circ \varphi_{\mathscr{B}_1} \circ \mathbf{F}_A \circ \varphi_{\mathscr{B}_1}^{-1} \circ \varphi_{\mathscr{B}_2} \\ &= \mathbf{F}_P^{-1} \circ \mathbf{F}_A \circ \mathbf{F}_P = \mathbf{F}_{P^{-1}AP}. \end{aligned}$$

Also ist $\det(B) = \det(P^{-1}AP) = \det(P)^{-1} \cdot \det(A) \cdot \det(P) = \det(A)$.

Definition (gleich orientierte Basen)

Zwei (geordnete) Basen $\{a_1, \ldots, a_n\}$, $\{b_1, \ldots, b_n\}$ eines n-dimensionalen Vektorraumes V heißen ***gleich-orientiert***, falls der durch $T(a_i) = b_i$ gegebene Automorphismus von V eine positive Determinante besitzt.

Die Menge der geordneten Basen von V wird durch die Relation „gleichorientiert“ in zwei Äquivalenzklassen zerlegt. Basen in zwei verschiedenen Klassen gehen durch einen Automorphismus mit negativer Determinante auseinander hervor. Unter einer ***Orientierung*** von V versteht man die Auswahl einer der beiden Klassen. Wir bezeichnen hier die Äquivalenzklasse von $\{a_1, \ldots, a_n\}$ mit $[a_1, \ldots, a_n]$, die entgegengesetzte Orientierung mit $-[a_1, \ldots, a_n]$. Dann gilt:

$$[a_{\sigma(1)}, \ldots, a_{\sigma(n)}] = \text{sign}(\sigma) \cdot [a_1, \ldots, a_n] \quad \text{für } \sigma \in S_n.$$

Der $\mathbb{R}^n$ hat hier eine Sonderstellung inne. Eine Basis des $\mathbb{R}^n$ heißt ***positiv orientiert***, wenn sie in der gleichen Orientierungsklasse wie die Standardbasis $\{\mathbf{e}_1, \ldots, \mathbf{e}_n\}$ liegt. So ist z.B. $\{\mathbf{e}_2, \mathbf{e}_3, \mathbf{e}_1\}$ eine positiv orientierte Basis des $\mathbb{R}^3$, während $\{\mathbf{e}_2, \mathbf{e}_1, \mathbf{e}_3\}$ negativ orientiert ist.

4.7.1. Lemma

Sei V ein n-dimensionaler $\mathbb{R}$-Vektorraum, $A = \{a_1, \ldots, a_n\}$ eine Basis von V, $\{\alpha^1, \ldots, \alpha^n\}$ die duale Basis von V^* und $T : V \to V$ ein Endomorphismus. Dann ist

$$\alpha^1 \wedge \ldots \wedge \alpha^n(Ta_1, \ldots, Ta_n) = \det T.$$

BEWEIS: Ist etwa $Ta_i = \sum_j c_{ij} a_j$, so ist

$$\begin{aligned}
\alpha^1 \wedge \ldots \wedge \alpha^n(Ta_1, \ldots, Ta_n) &= \alpha^1 \wedge \ldots \wedge \alpha^n\Big(\sum_{j_1} c_{1,j_1} a_{j_1}, \ldots, \sum_{j_n} c_{n,j_n} \mathbf{a}_{j_n}\Big) \\
&= \sum_{j_1,\ldots,j_n} c_{1,j_1} \cdots c_{n,j_n}\, \alpha^1 \wedge \ldots \wedge \alpha^n(a_{j_1}, \ldots, a_{j_n}) \\
&= \sum_{j_1,\ldots,j_n} \delta(j_1, \ldots, j_n)\, c_{1,j_1} \cdots c_{n,j_n} \\
&= \sum_{\sigma \in S_n} \text{sign}(\sigma)\, c_{1,\sigma(1)} \cdots c_{n,\sigma(n)} = \det T.
\end{aligned}$$

■

Ist σ eine Permutation aus S_n und $T_\sigma \mathbf{e}_i := \mathbf{e}_{\sigma(i)}$ für $i = 1, \ldots, n$, so ist

$$\det T_\sigma = \varepsilon^1 \wedge \ldots \wedge \varepsilon^n(\mathbf{e}_{\sigma(1)}, \ldots, \mathbf{e}_{\sigma(n)}) = \text{sign}(\sigma).$$

4.7.2. Satz

Ist V ein n-dimensionaler orientierter Vektorraum mit Skalarprodukt, so gibt es genau eine alternierende n-Form Ω_V, so dass

$$\Omega_V(a_1, \ldots, a_n) = 1$$

für jede positiv orientierte ON-Basis $\{a_1, \ldots, a_n\}$ von V ist.

BEWEIS: Wir wählen eine spezielle positiv orientierte ON-Basis $\{a_1, \ldots, a_n\}$ und die dazu duale Basis $\{\alpha^1, \ldots, \alpha^n\}$. Dann setzen wir

$$\Omega_V := \alpha^1 \wedge \ldots \wedge \alpha^n.$$

Offensichtlich ist $\Omega_V(a_1, \ldots, a_n) = 1$. Ist $\{b_1, \ldots, b_n\}$ eine andere (ebenfalls positiv orientierte) ON-Basis, so geht sie aus $\{a_1, \ldots, a_n\}$ durch eine Transformation T mit $\det(T) = 1$ hervor. Also ist $\Omega_V(b_1, \ldots, b_n) = \alpha^1 \wedge \ldots \wedge \alpha^n(Ta_1, \ldots, Ta_n) = \det(T) = 1$.

Da $A^n(V)$ 1-dimensional ist, ist Ω_V schon bis auf einen Faktor bestimmt. Die Normierung liefert die Eindeutigkeit. ■

Definition (Volumenform)

Die n-Form Ω_V heißt ***Volumenform*** von V. Speziell wird

$$\Delta := \Omega_{\mathbb{R}^n} = \varepsilon^1 \wedge \ldots \wedge \varepsilon^n$$

auch als ***Determinantenform*** bezeichnet.

Ist M eine (n, n)-Matrix mit den Zeilenvektoren $\mathbf{x}_1, \ldots, \mathbf{x}_n$, so ist $\Delta(\mathbf{x}_1, \ldots, \mathbf{x}_n) = \det(M)$.

Es sei weiterhin V ein n-dimensionaler orientierter $\mathbb{R}$-Vektorraum mit Skalarprodukt, $A = \{a_1, \ldots, a_n\}$ eine positiv orientierte Orthonormalbasis und $\{\alpha^1, \ldots, \alpha^n\}$ die zugehörige duale Basis. Wir wollen den Raum $A^{n-1}(V)$ untersuchen.

Es ist $\dim\big(A^{n-1}(V)\big) = n$, eine Basis bilden die (n-1)-Formen

$$\omega^i := \alpha^1 \wedge \ldots \wedge \widehat{\alpha^i} \wedge \ldots \wedge \alpha^n, \quad i = 1, \ldots, n,$$

wobei das Dach über α^i bedeutet, dass dieser Faktor weggelassen werden soll. Man erhält also die Formen

$$\omega^1 = \alpha^2 \wedge \ldots \wedge \alpha^n, \quad \omega^2 = \alpha^1 \wedge \alpha^3 \wedge \ldots \wedge \alpha^n, \quad \ldots, \quad \omega^n = \alpha^1 \wedge \ldots \wedge \alpha^{n-1}.$$

4.7.3. Satz (Die kanonische $(n-1)$-Form zu einem Vektor)

Es gibt zu jedem Vektor $v \in V$ genau eine $(n-1)$-Form $\Lambda_v \in A^{n-1}(V)$, so dass gilt: $\varphi \wedge \Lambda_v = \varphi(v) \cdot \Omega_V$ für alle $\varphi \in V^*$.

Ist $\{a_1, \ldots, a_n\}$ eine positiv orientierte ON-Basis und $\{\alpha^1, \ldots, \alpha^n\}$ die dazu duale Basis, sowie $v = v_1 a_1 + \cdots + v_n a_n$, so ist

$$\Lambda_v = \sum_{i=1}^{n} v_i (-1)^{i+1} \alpha^1 \wedge \ldots \wedge \widehat{\alpha^i} \wedge \ldots \wedge \alpha^n.$$

BEWEIS: Der Eindeutigkeitsbeweis liefert auch gleich die Formel:

Wenn es eine Form $\Lambda_v = \sum_{j=1}^{n} c_j \omega_j$ mit der geforderten Eigenschaft gibt, so muss für $v = v_1 a_1 + \cdots + v_n a_n$ gelten:

$$\begin{aligned} v_i \cdot \Omega_V &= \alpha^i(v) \cdot \Omega_V = \alpha^i \wedge \Lambda_v \\ &= \sum_{j=1}^{n} c_j \alpha^i \wedge \alpha^1 \wedge \ldots \wedge \widehat{\alpha^j} \wedge \ldots \wedge \alpha^n = c_i \cdot (-1)^{i+1} \cdot \Omega_V. \end{aligned}$$

Der Koeffizientenvergleich liefert dann $\Lambda_v = \sum_{i=1}^{n} v_i (-1)^{i+1} \alpha^1 \wedge \ldots \wedge \widehat{\alpha^i} \wedge \ldots \wedge \alpha^n$.

Zum Beweis der Existenz lege man Λ_v durch die obige Formel fest. Dann ist offensichtlich $\alpha^j \wedge \Lambda_v = v_j = \alpha^j(v)$. Da jede Linearform φ eine Linearkombination der α^j ist, hat Λ_v die gewünschte Eigenschaft. ∎

4.7.4. Beispiel

Im $\mathbb{R}^3$ benutzen wir das euklidische Skalarprodukt und als Orthonormalbasis die Basis $\{\mathbf{e}_1, \mathbf{e}_2, \mathbf{e}_3\}$ der Einheitsvektoren. Ist $\mathbf{a} = (a_1, a_2, a_3) \in \mathbb{R}^3$, so ist

$$\Lambda_{\mathbf{a}} = a_1 \varepsilon^2 \wedge \varepsilon^3 + a_2 \varepsilon^3 \wedge \varepsilon^1 + a_3 \varepsilon^1 \wedge \varepsilon^2$$

und deshalb $\Lambda_{\mathbf{a}}(\mathbf{v}, \mathbf{w}) = a_1(v_2 w_3 - v_3 w_2) + a_2(v_3 w_1 - v_1 w_3) + a_3(v_1 w_2 - v_2 w_1)$.

Literaturverzeichnis

Zu Ehren meines Lehrers, Prof. Dr. Hans Grauert:

[1] Hans Grauert, Ingo Lieb: *Differential- und Integralrechnung I,*. Springer, 4. Auflage (1976).

[2] Hans Grauert, Wolfgang Fischer: *Differential- und Integralrechnung II,*. Springer, 3. Auflage (1978).

[3] Hans Grauert, Ingo Lieb: *Differential- und Integralrechnung III,*. Springer, 2. Auflage (1977).

Aus der Reihe moderner Klassiker:

[4] Martin Barner, Friedrich Flohr: *Analysis II.* Walter de Gruyter, 2. Auflage (1983).

[5] Otto Forster: *Analysis 2 und 3.* vieweg studium, (2005 bzw. 1984).

[6] Harro Heuser: *Lehrbuch der Analysis, Teil 2.* Teubner, 12. Auflage (2002).

[7] Jürgen Jost: *Postmodern Analysis.* Springer, 2. Auflage (2002).

[8] Konrad Königsberger: *Analysis 2.* Springer, 5. Auflage (2004).

[9] Wolfgang Walter: *Analysis 2.* Springer Grundwissen Mathematik, (1990)

Noch mehr von modernen Autoren:

[10] Theodor Bröcker: *Analysis II.* Spektrum Akademischer Verlag, 2. Auflage (1995).

[11] Stefan Hildebrandt: *Analysis 2.* Springer, (2002).

[12] Horst S. Holdgrün: *Analysis, Band 2.* Leins Verlag Göttingen, (2001).

[13] Winfried Kaballo: *Einführung in die Analysis II und III.* Spektrum Akademiacher Verlag, 2. Auflage (2000) bzw. 1. Auflage (1999).

Englischsprachige Literatur zur Differentialrechnung:

[14] Tom M. Apostol: *Calculus, volume 2.* John Wiley & Sons, Inc., second Edition (1969).

[15] Serge Lang: *Undergraduate Analysis.* Springer, second Edition (2001).

[16] Theodore Shifrin: *Multivariable Mathematics.* John Wiley & Sons, (2005).

[17] Michael Spivak: *Calculus on Manifolds.* Benjamin, (1965).

Englischsprachige Literatur zur Integralrechnung:

[18] Tom M. Apostol: *Mathematical Analysis.* Addison-Wesley, second Edition (1974).

[19] Soo Bong Chae: *Lebesgue Integration.* Springer, second Edition (1995).

[20] Norman B. Haaser, Joseph A. Sullivan: *Real Analysis.* Dover Publications, (1991).

[21] H. A. Priestley: *Introduction to Integration.* Clarendon Press, Oxford, (1997).

[22] Alan J. Weir: *General Integration and Measure.* Cambridge University Press, (1974).

Vektoranalysis:

[23] Klaus Jänich: *Vektoranalysis.* Springer, 4. Auflage (2002).

[24] Jerrold E. Marsden, Anthony J. Tromba: *Vektoranalysis.* Spektrum Akademischer Verlag, (1995).

Noch zwei Klassiker:

[25] Henri Cartan: *Differentialformen.* Bibliographisches Institut (1974).

[26] F. Riesz, B. Sz.-Nagy: *Vorlesungen über Funktionalanalysis.* VEB Wissenschaften, Berlin, (1968).

Zur linearen Algebra:

[27] Gerd Fischer: *Lineare Algebra.* vieweg studium, 12. Auflage (2000).

[28] Falko Lorenz: *Lineare Algebra I.* Spektrum Akademischer Verlag, 4. Auflage (2003).

Ergänzungen anlässlich der 2. Auflage:

[29] Tilo Arens, Rolf Busam, Frank Hettlich, Christian Karpfinger, Hellmuth Stachel: *Grundwissen Mathematikstudium.* Springer Spektrum (2013).

[30] Richard Courant: *Vorlesungen über Differential- und Integralrechnung, Band 2.* Springer (1928 – 1955).

[31] Jean Dieudonné: *Grundzüge der modernen Analysis, Band 1 und 2.* Vieweg + VEB Wissenschaften, (1972 bzw. 1975).

[32] Kurt Endl, Wolfgang Luh: *Analysis I und II, eine integrierte Darstellung.* AULA-Verlag Wiesbaden (1986 bzw. 1989).

[33] G.M.Fichtenholz: *Differential- und Integralrechnung I.* Übersetzung aus dem Russischen, VEB Wissenschaften (1959).

[34] Theo de Jong: *Analysis in einer Veränderlichen*, Pearson (2012).

[35] Günter Köhler: *Analysis.* Heldermann Verlag, 1. Auflage (2006).

[36] Walter Rudin: *Analysis.* Oldenbourg Verlag, 3. Auflage (2005).

[37] Rolf Walter: *Einführung in die Analysis 2 und 3.* de Gruyter (2007 und 2009).

Neue Auflagen:

Otto Forster, *Analysis 2 und 3*: 9. bzw. 7. Auflage (2011 bzw. 2012).

Harro Heuser, *Lehrbuch der Analysis, Teil 2*: 13. Auflage (2004).

Stichwortverzeichnis